梅岸 배인휴 교수와 함께 하는

실용치조전서

배인휴(裵仁烋) 저

yh 도서출판 유한문화사

머 리 말

치즈 제조기술은 단순한 제조기법이나 방식의 구현이 아닙니다. 또한 치즈는 과학보다 깊고 예술보다 높은 치즈만의 영역을 갖고 있습니다. 그래서 치즈의 세계를 가볍게 범접하려 들거나 쉽게 뛰어 넘으려고 해서는 안 될 영역입니다. 우리나라에서 치즈를 만들겠다고 나섰던 사람들이 중도에 포기하거나 오래 지속하지 못하는 이유가 아무래도 여기에 있을 것입니다. 그렇다고 어떤 사람도 치즈세계에 도무지 범접할 수 없는 분야라고 단정 지어 말할 수도 없습니다. 그저 치즈가 좋아서 치즈와 동행하는 사람, 치즈를 능가하지 않고 치즈가 가는 길, 자연이 가는 길을 즐거이 따라 가겠다는 겸비한 마음을 가진 사람들이 갈 수 있는 진솔한 길입니다. 그런 사람들에게는 즐겁고 행복한 길이 치즈제조로 가는 길이며, 그들이야말로 진정으로 치즈 만들기를 즐기는 사람들인 셈입니다. 그래서 이렇게 접근한 사람들에게는 치즈제조가 결코 어려운 것으로만 여겨지지 않을 것입니다.

저자는 그 동안 치즈공부를 평생의 업(業)으로 여기며 살아 온 사람입니다. 그러면서 제가 언젠가는 이런 치즈 만들기를 즐기는 사람들에게 좋은 치즈 책을 한권 손에 잡혀 드리리라는 마음이 자리 잡기에 이릅니다. 그래서 저는 지금까지 무작정 치즈 책들을 사 모으고, 치즈 자료는 무조건 스크랩하고 모아두는 것이 제 삶에 있어서 또 하나의 즐거움이요 습관이 되었습니다. 제가 보유한 서적 가운데 가장 많은 분야의 책은 단연 치즈관련 서적입니다. 그리고 그 첫 시도로 이 책을 출판하게 되었습니다. 부족한 부분들은 다음에 채워가기로 하고 우선은 첫 시도, 주춧돌을 놓고 기반을 잡는 일이 중요하다는 생각으로 이 책을 출판할 용기를 낸 것입니다.

그리고 생각 같아서는 아무나 접근하기 어렵게만 여겨지는 치즈제조의 세계에 쉽게 들어갈 수 있도록 이끌어 가는 재미난 이야기로 저술방식을 채용한 치즈 책을 제공하고 싶었습니다. 그래서 저는 가진 글 솜씨를 총동원하여 이 책의 집필을 마치 이웃집 할아버지, 할머니가 치즈제조 방법이나 기술들을 재미난 옛날이야기 들려주듯 하는 구어체 문장으로 어려운 치즈제조 과정을 정리하려고 애썼습니다. 이제 막 처음으로 치즈를 만나게 될 초보자를 위한 치즈 책, 낙농가와 일반 치즈 제조가를 위한 쉬운 치즈 만들기 책을 목표로 하였으나 치즈라는 영역은 여전히 어려운 이야기가 많고 복잡한 것이 사실입니다.

어쨌든 저의 소박한 바람이 있다면 이 책이 치즈제조의 세계에 선뜻 들어서기를 망설이는 사람들에게 함께 가자며 손을 맞잡아 주고 동행이 되어주는 지침서이자 좋은 안내 역할을 해 주는 것입니다. 그래서 책의 제목을 『梅岸 **배인휴 교수와 함께 하는 실용치즈전서**(實用치즈全書)』로 했던 것입니다. 이제 다음번의 개정증보판에서 저의 그런 의도가 더 많이 반영되기를 한 번 더 기대하기로 하고 이번에는 이 정도에서 만족해야만 하겠습니다.

먼저 여전히 황무지나 다름없는 한국 치즈산업의 발전을 위해 기꺼이 졸저(拙著)의 출판을 맡아주신 유한문화사 천승배 사장님을 비롯한 임직원 여러분께 감사드립니다. 아울러 이 책이 나오기까지 원고의 워딩 작업과 자료정리에 수고를 아끼지 않았던 국립순천대학교 「우유과학・미생물실험실」 출신 김경희(농학석사), 최희영 박사(매일유업 중앙연구소), 김다영(학부생), 그리고 좋은 치즈 사진들을 제공해 주신 프로마쥬 김은주 대표의 도움에도 깊은 치하와 고마움을 표하며 또한 우리 실험실의 1회 실장(1982학번)이었던 무공 김영양(無空 金泳亮) 군의 제자(題字) 증정에도 고마움을 표합니다.

2018년(戊戌年) 6월 梅谷書齋에서

매화언덕(梅岸) 배 인 휴 識

차 례

제 3 장 주요 치즈 제조의 실제기술 / 261

컬러화보

원유처리

염화칼슘 첨가

스타터 접종
(본문 151쪽 참조)
(저자 사진)

렌넷 첨가와 정치

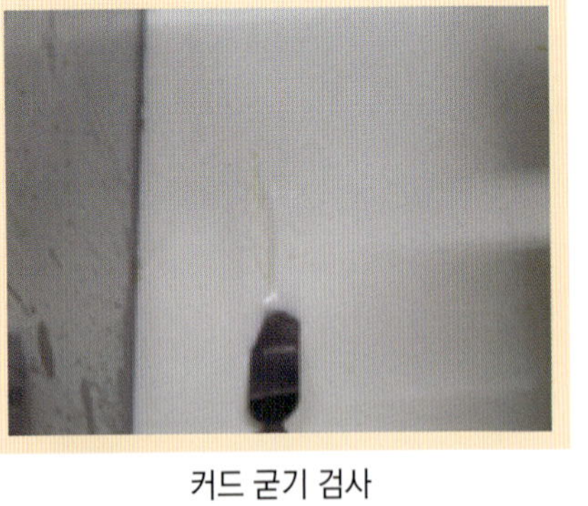

커드 굳기 검사

커드 절단
(본문 152쪽 참조)
(저자 사진)

커드 가온과 교반

커드 정치 (본문 154쪽 참조) (저자 사진)

유청 배제 (본문 156쪽 참조) (저자 사진)

예비가압과 반전에 의한 조직형성 → 성형 (본문 157쪽 참조) (저자 사진)

가 압 (본문 158쪽 참조) (저자 사진)

가염처리와 표면 관리 (본문 159쪽 참조) (저자 사진)

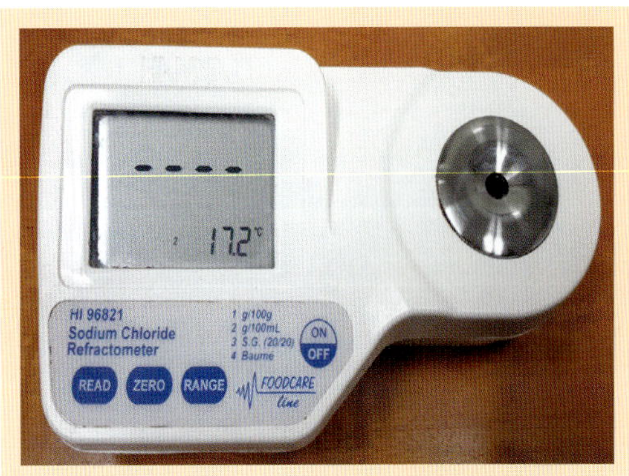

디지탈 방식의 보메 염도계 (본문 163쪽 참조)
Sodium Chloride Refractometer/HANNA Instrunents Inc., Woonsocket RI. U.S.A, HI96821 Model (저자 사진)

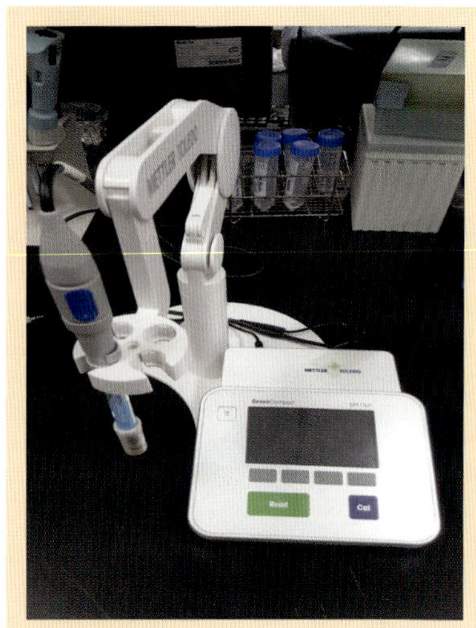

pH 측정기구(pH meter)
(본문 218쪽 참조) (저자 사진)

캐네디언 리코타 치즈 (본문 263쪽 참조)
(Arthur R. Hill 교수 제공)

모짜렐라 치즈 (본문 267쪽 참조)
(Arthur R. Hill 교수 제공)

크림 치즈 (본문 282쪽 참조)
(Arthur R. Hill 교수 제공)

오막살이 치즈(본문 294쪽 참조)
(출처: http://en.wikipedia.org)

그리폰 프라잉 치즈 (본문 312쪽 참조)
(최희영 박사 제공)

신선치즈(본문 320쪽 참조)
(프로마쥬 김은주 대표 제공)

로크포르 치즈 (본문 329쪽 참조)
(Arthur R. Hill 교수 제공)

숙성한 뒤 2년 보관한 블루 치즈
(본문 329쪽 참조) (저자 사진)

블루치즈 커드에 블루치즈 곰팡이균
분말 접종 (본문 333쪽 참조) (저자 사진)

터키 이스탄불 힐튼호텔 조식뷔페에
제공된 스트링 치즈 (본문 275쪽 참조) (저자 사진)

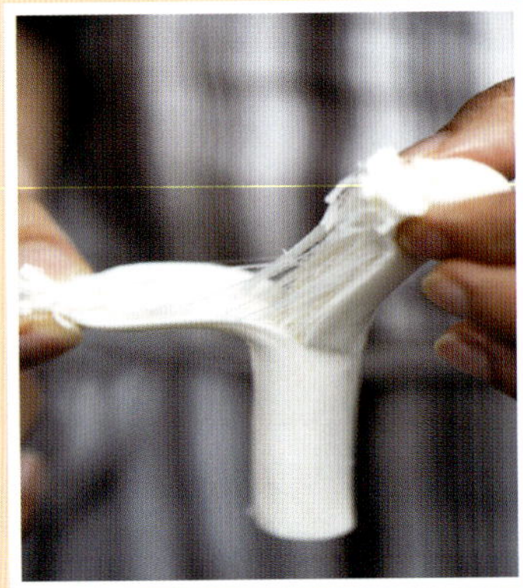

(우리나라 최초로 스트링 치즈를 상업화 시킨 순천 낙안창녕영농법인의 스트링 치즈)
스트링 치즈 (본문 275쪽 참조) (김귀진 대표 제공)

까망베르 치즈 (본문 340쪽 참조)
(프로마쥬 김은주 대표 제공)

몰드해제 뒤에 치즈가염과 숙성을 위해 절단하기
(본문 344쪽 참조) (저자 사진)

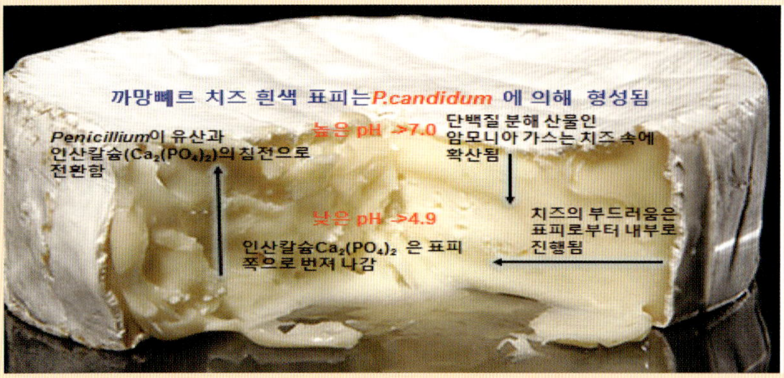

까망베르 치즈 숙성기간 중의 내 · 외부 주요 변화의 정체 (본문 345쪽 참조)

프랑스 까망베르 마을 생산 까망베르 치즈
(본문 346쪽 참조) (저자 사진)

적절하게 잘라 둔 브리 치즈 (본문 349쪽 참조)
(프로마쥬 김은주 대표 제공)

깜블루 치즈 (본문 354쪽 참조)
(Arthur R. Hill 교수 제공)

깜블루 치즈 일종인 깜보졸라
(본문 354쪽 참조)

스틸튼 치즈 절단면 모음 (본문 357쪽 참조)
(프로마쥬 김은주 대표 제공)

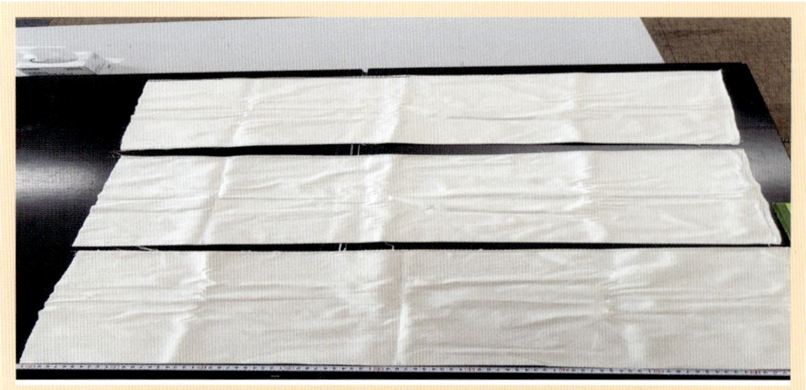

이 자루 하나의 크기는 길이 90cm×폭 50cm의 튼튼한 면포(綿布)

스틸튼 치즈 유청 배제용 커드자루(Bag) (본문 359쪽 참조)
(Arthur R. Hill 교수 제공)

스틸튼 치즈의 몰드형태 (본문 360쪽 참조)
(경남농업기술원, 노치원 박사 제공)

시식용 고르곤졸라 치즈 (본문 362쪽 참조)
(안동 강부성 사장 제공)

르불로숑 드 사부아 치즈 (본문 366쪽 참조)
(출처: http://en.wikipedia.org)

가우다 치즈 (본문 371쪽 참조)
(프로마쥬 김은주 대표 제공)

르불로숑 드 사부아 치즈 (본문 367쪽 참조)
(프로마쥬 김은주 대표 제공)

르블로숑 치즈를 일본식으로 개조한 미토모 유미코(三友有美子)
선생의 그랜마(Granma) 치즈 (본문 368쪽 참조) (최희영 박사 제공)

네델란드 오로라(Aurora) 유기농 치즈공장의 가우다 치즈의
플라스틱 코팅 자동처리 장치 (본문 376쪽 참조) (저자 사진)

(프로마쥬 김은주 대표 제공)

(순천대학교 실습 치즈/최희영 박사 제공)

가우탈러 치즈 (본문 395쪽 참조)

네덜란드 가우다 치즈 공장의 가염용 치즈고정 망 선반

선반에 넣은 치즈 가염 중 상태

건조가 끝난 치즈에 바이오 플라스틱 바르기 작업

플라스틱 바른 뒤 치즈 건조와 숙성하기

(본문 384쪽 참조) (저자 사진)

호두 향을 내기 위해 복숀크레(Bockshornklee)
종자를 첨가한 가우다 치즈 (본문 394쪽 참조)

독일의 유기농 가우다 치즈
(본문 394쪽 참조) (저자 사진)

① 한 묶음이 10매가 되게 모음

② 85℃ 열수로 세척

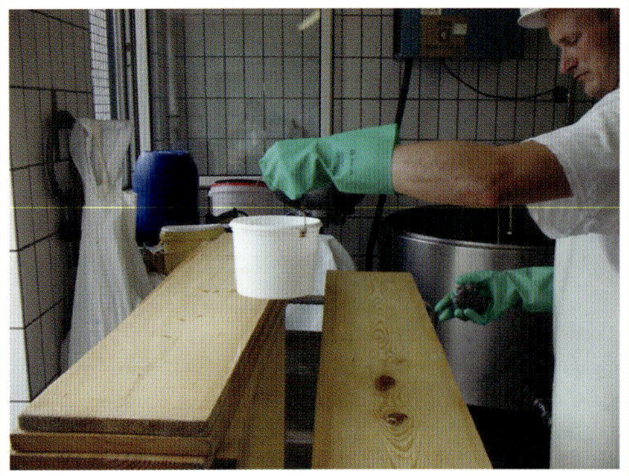

③ 적당량의 1.0% P3 Oxonia aktiv액을 선반에 뿌림

④ P3 Oxonia aktiv액을 표면에 부어서 철 솔로 닦아 줌

⑤ 열수(85℃)로 세정하여 헹굼

⑥ 그늘에 세워 건조시킴

독일 노르드라인-베스트팔렌 주 소재 하우스 리스빅 산양유 치즈공장의
숙성실 선반 청결 소독방법 (본문 389쪽 참조) (저자 사진)

출처: http://en.wikipedia.org

순천대학교 치즈사관학교 실습 치즈

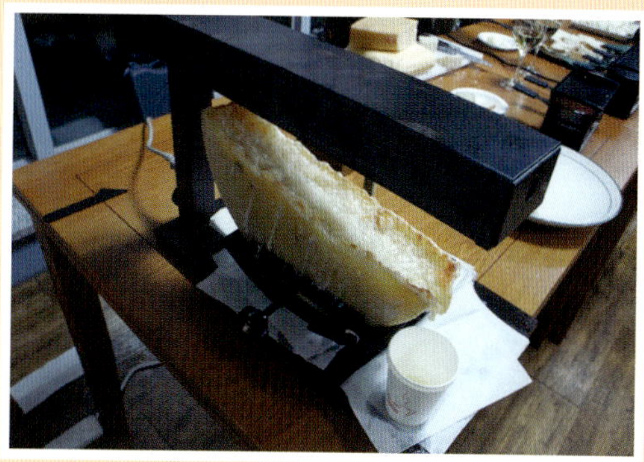

제8회 대한민국자연치즈페스티벌(2015년) 행사에서 서빙 중인
순천대학교 치즈사관학교 실습 치즈 (프로마쥬 김은주 대표 제공)

라클렛 치즈 (본문 399쪽 참조)

http://www.ricetteecooking.com/

http://en.wikpedia.org

몬타지오 치즈(Montasio cheese) (본문 408쪽 참조)

생 넥타르 치즈 (본문 412쪽 참조)
(저자 사진)

아펜젤러 치즈 (본문 417쪽 참조)
(프로마쥬 김은주 대표 제공)

스위스 아펜젤 칸톤 산 아펜젤러 치즈
(본문 417쪽 참조) (저자 사진)

마리보 치즈 (본문 404쪽 참조)
(최희영 박사 제공)

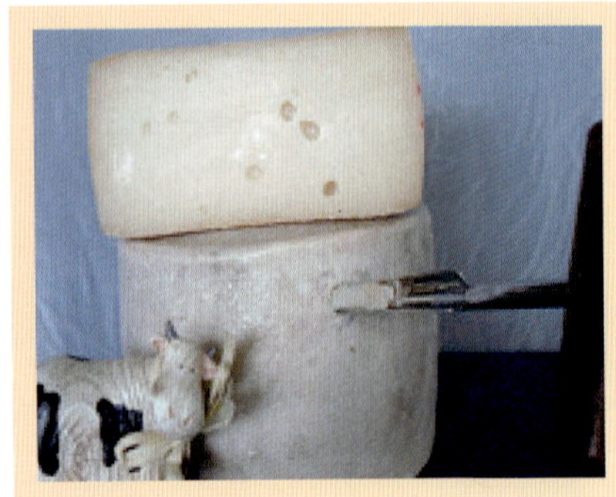

안드레 고메 치즈 (본문 431쪽 참조)
(최희영 박사 제공)

체다 치즈(최희영 박사 제공)

치즈숙성 선반과 손잡이

천으로 감싸 숙성하는 광경

숙성한 치즈의 내면

(본문 436쪽 참조) (저자 사진)

영국 전통 방식으로 치즈 천으로 감싸서
숙성한 체다 치즈 (본문 444쪽 참조)
(Arthur R. Hill 교수 제공)

일본 북해도 미토모(三友) 치즈목장 생산
카시오카발로 치즈 (본문 447쪽 참조) (저자 사진)

순천대학교에서 가염중인 카시오카발로 치즈
(본문 447쪽 참조) (저자 사진)

숙성실의 카시오카발로 치즈
(본문 447쪽 참조) (저자 사진)

콜비 치즈 (본문 452쪽 참조)
(프로마쥬 김은주 대표 제공)

지롤(Girolle)을 사용하여 테트 드 모앙 치즈 서빙을
준비하는 저자의 외손녀 (본문 459쪽 참조) (저자 사진)

지롤(Girolle) 위에 놓인 테트 드 모앙 치즈
(본문 457쪽 참조)
(Arthur R. Hill 교수 제공)

2011년 독일 뉘렌베르크 유기농치즈 박람회 전시 중인
테트 드 모앙 치즈 (본문 457쪽 참조) (저자 사진)

틸지터 치즈-내부에 물리적 구멍이 있음 (본문 463쪽 참조)
(최희영 박사/프로마쥬 김은주 대표 제공)

독일에서 시판 중인 소포장 틸시터 치즈
(본문 463쪽 참조) (저자 사진)

프로볼로네 치즈 (본문 471쪽 참조)
(http://www.theworldwidegourmet.com)

이탈리아 베네토 지역의 프로볼로네 치즈 공장의 구리판을 처리한
소형 치즈 벳트 설치 운영광경 (본문 156, 471쪽 참조) (저자 사진)

이탈리아 베네토 지역의 프로볼로네 치즈 공장의 Provolone
Valpadana 숙성광경 (본문 471쪽 참조) (저자 사진)

2015년 미국 ACS 치즈 컨테스트에 출품된
그뤼에르 치즈 (본문 483쪽 참조)
(Arthur R. Hill 교수 제공)

그뤼에르 치즈
(본문 483쪽 참조) (저자 사진)

하바티 치즈 (본문 478쪽 참조)
http://www.practicallyedible.com

독일 뉘렌베르크 유기농치즈 박람회에서 만난
꽁떼 치즈 (본문 489쪽 참조) (저자 사진)

현대화 된 프랑스의 꽁떼 치즈공장 내부와 꽁떼 치즈
(본문 493쪽 참조) (Arthur R. Hill 교수 제공)

대광목장의 유기농 베르크 치즈 상품
소개자료 (본문 500쪽 참조)
(김홍철 사장 제공)

스위스 알프스 지역의 베르크 치즈
(본문 500쪽 참조) (저자 사진)

로마노 치즈 (본문 494쪽 참조)
(최희영 박사 제공)

서빙 된 대광목장의 유기농 베르크 치즈
(강부성 사장 제공)

대광목장의 유기농 베르크 치즈가
익어가는 전용 숙성실
(본문 505쪽 참조) (김홍철 사장 제공)

2016년에 한국 최초로 유기농 원유로 제조한
베르크 치즈를 출시한 전북 완주군
대광목장의 김홍철 대표(좌)와 저자(우)
(본문 505쪽 참조)(김홍철 사장 제공)

스위스의 에멘탈 치즈 숙성 관리
(본문 510쪽 참조) (현지 홍보사진)

스위스 치즈 공장의 치즈 표면 클리너
(본문 510쪽 참조) (Arthur R. Hill 교수 제공)

독일 뉘렌베르크 전시장의 에멘탈 치즈
(본문 512쪽 참조) (저자 사진)

스위스 에멘탈 지역 산 에멘탈 치즈
(본문 512쪽 참조) (저자 사진)

아시아고 치즈 (본문 537쪽 참조)
(http://en.wikipedia.org)

아시아고 치즈 (본문 537쪽 참조)
(저자 사진)

이탈리아 아시아고 지역의 치즈 숙성고
(본문 537쪽 참조) (저자 사진)

아시아고 치즈 플레이트
(본문 537쪽 참조) (저자 사진)

교반정지 시점을 보임

가염이 끝난 치즈의 건조

치즈의 숙성실-발효 소시지가 함께 익어갑니다

견학자를 대접할 치즈를 준비함

말가의 치즈 마에스트로 할아버지 (본문 548쪽 참조) (저자 사진)

순천대학의 9개월 숙성된 아시아고 치즈와 서빙용 큐브 (본문 537쪽 참조)
(프로마쥬 김은주 대표 제공)

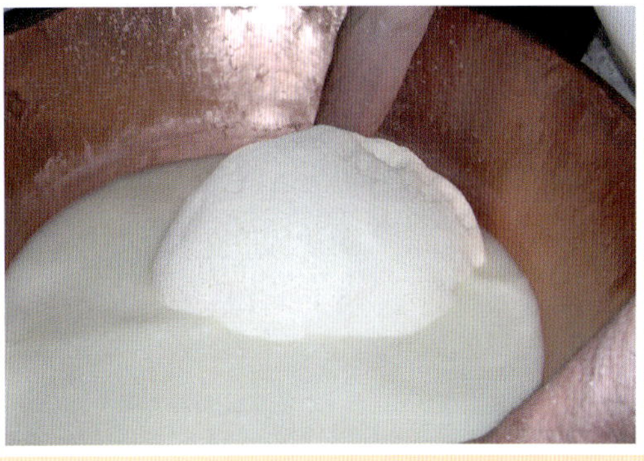

몰드 크기로 자른 커드

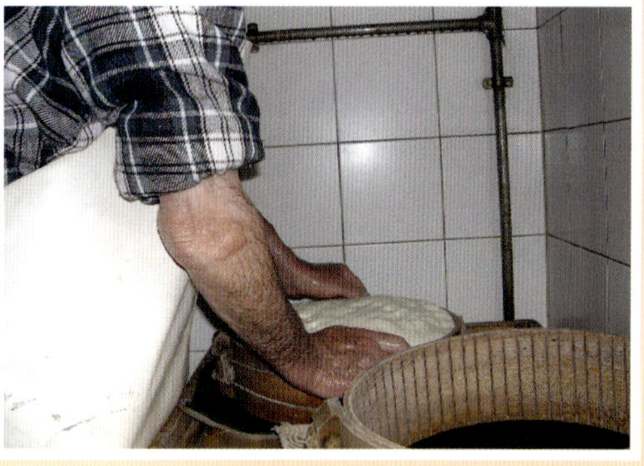

후핑(hooping)

가염 식선 몰드

가염/가압 중

아시아고 말가의 치즈공방에서 후핑과 가염/가압 (본문 549쪽 참조) (저자 사진)

시판용 아시아고 치즈
(본문 550쪽 참조) (저자 사진)

아시아고 치즈 제조에 사용하는 각종
도구들 (본문 549쪽 참조) (저자 사진)

프랑스 CLOUGER사의 치즈 숙성실
환경조절장치 (본문 255쪽 참조) (저자 사진)

기계화된 치즈 숙성실
(본문 242쪽 참조)

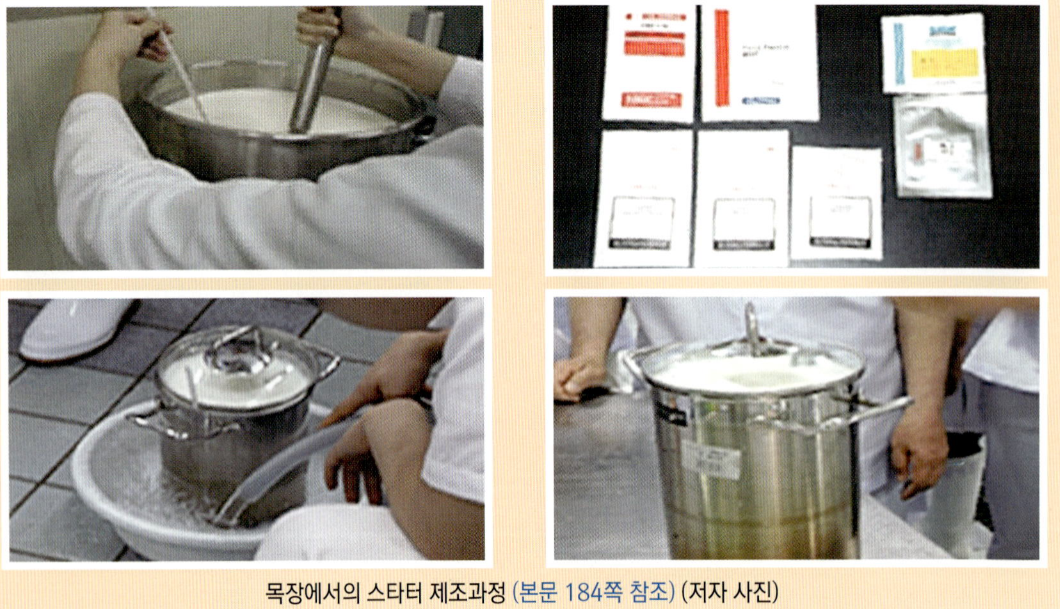

목장에서의 스타터 제조과정 (본문 184쪽 참조) (저자 사진)

제 1 장

치즈의 세계

1. 치즈의 개요

도대체 치즈라는 물건은 어디서 왔을까요? 저는 치즈란 단연코 자연의 소산, 자연이 인간에게 준 선물이라고 말합니다. 그러니까 치즈는 누구의 발명품이 아니라 자연에 기원을 두고 자연의 원리를 인간들이 발견하여 유사이전(有史以前), 수천 년 전부터[1)] 인간에게 알려진 발효식품의 하나라는 이야기입니다. 여러 문헌 자료가 말하는 것으로 미루어 보건데 치즈의 기원은 인류가 야생동물을 길들여 가축으로 사육할 수 있을 정도 되었을 무렵, 즉 B.C 12000~6000년경[2)]으로 거슬러 올라가야 할 것으로 봅니다.

치즈는 그냥 자연 속에서 사람들에게 우연히 발견되었고, 사람들은 치즈가 되는 원리 즉 자연현상이 이끄는 대로 따라 갔을 뿐입니다. 그래서 치즈의 출현에 대한 초기의 이런저런 이야기들은 그야말로 전설이나 "설(說)"에 지나지 않는 하나의 이야기, 스토리텔링을 위한 가상의 줄거리라고 보면 될 것입니다. 그렇지만 저는 여기서는 각종 치즈문헌 앞부분에 등장하는 그 줄거리들의 일부를 소개해 두고자 합니다.

---

1) 저자가 2005년에 스웨덴의 세계 최대 야외박물관으로 알려진 스칸센(SKANSEN, '부두'라는 뜻)을 방문한 일이 있습니다. 이 박물관은 민속학자이자 교육자인 A. 하젤리어스(A. Hazelius)가 1891년에 스웨덴 수도 스톡홀름에 있는 Djurgarden 섬에 설립한 세계 최초 야외 박물관입니다. 그곳에는 그들의 조상들이 고대로부터 근세에 이르는 민속사를 전시하는 주요 건물, 가옥과 농가, 목장, 농가 치즈제조기술 재현 가옥 등이 있습니다. 원시적인 방법으로 유청치즈를 만들어 보이는 전시용 시연 목장 유가공장에 들렀을 때 스웨덴 사람들은 언제부터 치즈를 제조하여 이용했느냐는 저자 질문에 치즈 시연 종사자들은 "우리의 조상들은 1만 년 전부터 목축업을 했고, 그때부터 치즈를 만들어 이용했었다"라고 들려주었습니다(관련 자료 : Ralph Edenheim 1995. SCKANSEN Traditional Swedish Style. Scaler Publishers. Stockholm, Sweden. pp. 29-44).

2) 최초에 가축화 된 동물은 개(犬)가 유력시 되는 때는 B.C 12000년경이고, 그 다음이 산양, 면양, 소, 돼지이고 연대는 B.C 12000~5000년경으로 추정되며, 말은 B.C 5000년경, 닭은 B.C 2000년경으로 추정됩니다. <김동암 등 1995. (4정 축산학 개론) 향문사. 서울. p. 22>

치즈는 지금으로부터 8000년 전 쯤 세계사에서 인류 문명의 기원을 이루는 초두(初頭)의 문명 발상지에 등장하는 티그리스와 유프라테스 강 사이에 있는 비옥한 초승달 지역에서 유래한 것으로 봅니다. 치즈는 당시 그곳의 소위 농업혁명기간 동안에 일어난 초곡류(草穀類)나 소동물이 농업개발의 소재로 순화(馴化)되던 시절에 식품재료로 발견되어 인류에게 전해져 내려온 것이었기 때문입니다. 그 당시에는 야생동물이 가축화되는 과정에서 체구가 작은 염소며 면양 따위가 제일 먼저 순화가 되었는데 인류는 그런 가축들로부터 가죽, 고기, 젖 그리고 털을 얻기 위해서 순화시킨 것입니다. 한편, 대체로 체구가 컸던 소는 사람들이 한참동안 가축화하기 어려웠을 것인데 그것은 야생우 자체가 오늘날의 가축화 된 소에 비해 체구도 훨씬 컸고 거칠고 성질도 잔인했었기 때문입니다. 더구나 기후 풍토가 척박하고 건조했던 중동지역에서는 다루기 힘들고 덩치 큰 소보다 염소, 면양이 순화하기에 더 알맞은 야생동물이었을 터입니다.

그로부터 머나먼 치즈문화의 여정이 인류 문명에 돌변을 일으킨 산업화 이전, 그러니까 파스퇴르가 발효와 저온살균법을 소개하기 이전까지 치즈제조는 순전히 "자연스러움"의 영역에 고스란히 갇혀있었습니다. 우리가 지금 향유(享有)하는 치즈의 과학화, 치즈제조 공정의 표준화가 정립된 것의 역사란 불과 150여년 안팎의 지극히 짧은 이야기이고 맙니다. 아직도 사람들은 전 세계에서 제조되고 있는 치즈의 종류가 정확히 몇 가지나 되는지도 밝혀내지 못합니다. 자연과 인간이 번갈아 가며 새로운 치즈들을 계속 만들어 내고 있기 때문이지요. 저는 이런저런 전설 같은 이야기들을 상상해 보면서 치즈의 발견과정을 다음과 같이 정리해 둡니다.

『아직 도자기나 유리가 만들어지지 못했던 태고의 시절에 어떤 아라비아 상인이 털 깎는 양(면양)의 위를 사용하여 만든 물주머니에 양젖을 넣어서 끈 양쪽에 하나씩 단단히 묶은 다음, 낙타 등에 걸치고 사막 길을 한나절이나 갔습니다. 양젖은 한나절 동안의 태양열과 위벽에서 스며 나온 단백질분해 효소의 공동작용으로 눈처럼 하얀 덩어리(커드)와 묽고 시큼한 액체로 변화되어 있었습니다. 뜨거운 태양아래 긴 여정으로 피곤함에 지친 그는 양젖을 마셔서 타는 목의 갈증을 없애려고 위주머니를 들어 입에 넣는 순간 시큼한 액체가 나와서 "으웩" 하고 내어 뱉어버리고 말았겠지요! 이게 무슨 날벼락 같은 일이 일어 난거냐 싶었지만 그는 그래도 그렇지 하고 다시 거꾸로 치켜든 위 주머니를 입으로 가져간 순간 이번에는 하얀 덩어리가 나오는 것이 아닙니까? 두 손으로 위주머니를 꾹꾹 눌러 입안으로 그 덩어리를 짜 넣고서 오물거리며 먹는데 그 맛이 처음엔 시큼하더니 뒷맛은 고소하고 담백한 것이 예전에 전혀 맛보지 못한 특이한 감미로움을 주었습니다. 그 뒤로 그 사람은 고향으로 돌아와 사람들에게 그가 겪은 신기한 경험을 들려주자 사람들은 양젖을 그냥 마시기보다 위주머니에 넣어서 한나절 또는 하루를 매달아 바람결에 흔들리게 하여 시큼한 액상 물은 버리고 덩어리만 꺼내어 그냥 먹거나 햇빛에 말려서 이용하기 시작했을 것입니다. 이렇게 우연히 발견된 치즈는 사람들이 여러 방면으로 퍼트리면서 가는 곳마다 그 지역 사람들에 의해 다르게 변신하면서 오늘날과 같이 종류도 다양해졌던 것입니다.』

또 다른 한 갈래의 이야기는 이렇습니다.

『유목 생활하는 몽골이나 베드윈 족의 삶의 터전인 초원에서 어떤 아주머니가 가족이 함께 먹도록 양젖을 모아 둔 투박한 질그릇 항아리를 두어 개 마련해 두고 사용해 왔습니다. 그러다가 한 통을 깜박 잊고 사용치 않고 두었다가 다음날 뚜껑을 열어 보니 젖이 그만 덩어리가 되어 있지 않겠습니까? 건조하고 따스한 초원의 바람이 젖을 넣어 둔 질그릇 항아리에 적당한 열을 가해 주자 젖 속에 자연적으로 존재하던 유산균의 증식이 진행되어 자연스럽게 젖에서는 유산 발효가 일어났던 것입니다. 발효가 진행되었을 뿐인데 젖은 전혀 다른 성질의 식품으로 변해 있었고, 그 아주머니는 이것을 조금씩 이용했습니다. 이렇게 항아리에 젖을 발효시킨 것을 적당한 용기에 나누어 퍼 담아 두어 유청이 빠져나간 뒤의 고형물(커드)만을 모아서 햇빛에 말리기도 하고 그냥 그늘에 두어서 음건한 것을 이용한 것이 후에는 치즈로 발전해 나갔던 것입니다. 요즘 흔히 요구르트 치즈라고 만드는 것이 어쩌면 현존하고 있는 치즈의 조상일지도 모릅니다.』

또 다른 치즈의 유래를 알려 주는 이야기로써 약 7,500년 전에 메소포타미아의 수메르(오늘날의 이라크 지역) 근처에서 생겨난 설화입니다[3].

『양치기들은 오랫동안 자기 양떼의 젖을 짜서 짧은 시간 내에 마시지 않고 방치해 두면 그것이 어느 순간 덩어리로 변형된다는 것을 알아챘습니다. 그런데 그 덩어리로부터 유청을 제거하면 하얀 덩어리가 나오는데 과연 그 유청을 어떤 방식으로 제거할 수 있다는 아이디어를 생각해 냈는지 역사는 도무지 우리에게 알려 주지 않습니다. 아마도 그것은 의심의 여지없이 하나의 우연한 "사건"에서 발견되었을 터인데 역시 어느 날 어떤 목동이 양젖을 그릇에 담아 두었다가 깜박 잊고 있었는데 그 항아리가 매우 가늘게 금이 간 깨진 것이었던지 젖을 담아 두었던 항아리에는 유청은 온데 간데 없고 하얀 커드만 남아 있는 채로 발견되었기 때문입니다. 이 "사건"을 통해 치즈는 태어났고 그 지역에서는 젖을 효율적으로 오랫동안 저장할 수 있는 획기적인 혁명적 방법으로 채택되었던 것입니다. 이런저런 우연한 사건들이 발단이 되어 인류에게 다가온 원시적인 치즈를 맨 처음 치즈 제조자들은 젖이 응고된 것을 발견하고 그 응고물(커드, curd)을 버드나무 가지나 갈대로 엮은 소쿠리나 광주리에 천을 깔고 커드로부터 유청을 제거했을 것이고, 그로

3) http://www.fromages.com/chro/chro1198.htm

부터 수백 년이 지나서는 구멍이 뚫린 항아리를 사용했던 것입니다. 지난날 '금간 항아리 사건' 이후 응고된 젖으로부터의 유청 제거가 시작되었고, 한참의 오랜 세월이 지나간 뒤에서야 사람들은 그렇게 유청이 제거되고 남은 커드를 적절히 처리하여 숙성이 되면서 더 맛있는 식재료로 변화한다는 사실도 자연스럽게 터득했을 것입니다.』

이상의 세 가지 이야기는 인류 역사에 놀라운 행복을 가져다 준 사건(Serendipity, A Happy Accident)을 소개한 것입니다. 이 소개에 따르면 치즈의 탄생은 "젖의 자연발효"라는 측면으로 조명한 것이지만, 전자는 젖과 위벽의 효소작용 결과 엉킨 젖으로부터 치즈가 나온 것으로 보는 반면 후자는 젖과 자연속의 유산균 작용결과 응고된 젖으로부터 치즈가 나온 것으로 보고 있음이 약간 다르지요. 그러나 알고 보면 인류가 자연속의 "효소와 유산균" 작용에 의해 치즈가 만들어진다는 사실을 알아차리기까지는 아마 수천 년이 걸려야만 했을 것입니다.

이러한 전설적인 발견시대를 거친 인류는 수많은 실험을 거쳐 다양한 치즈, 조직의 부드러움에서 단단함, 향미의 온화함에서 톡 쏘는 맛(sharp taste)이나 견디기 힘든 냄새에 이르는 수많은 종류의 치즈들을 만들어 냈습니다. 치즈의 기본 기술인 「응고」법이 역사의 변천과 함께 조금씩 변해갔습니다. 결국 인류가 야생동물을 가축화 하고 젖을 이용하게 되면서 젖은 상온에서 오래 보관할 수 없다는 것을 알았고, 젖을 상온에 두면 발효가 일어나는데 그렇게 발효된 젖은 쉽게 상하지 않으면서 방금 짜낸 젖보다 맛이 좋고 오히려 오랫동안 보관하기에 좋다는 것을 알아차리는 데는 결코 오랜 세월이 걸리지 않았을 것입니다. 아마 인류가 지구에 출현하여 문명의 시원(始原)을 열어가던 매우 초창기 시절부터 거기에는 술을 비롯한 여러 종류의 발효식품이 있었습니다. 그래서 문명이 일어난 발원지(發源地)와 민족마다 그 지역의 음식물들을 발효시켜 먹는 것이 전통으로 자리 잡아 전해 내려오게 된 거지요. 그러면서도 지역과 민족을 대표하는 발효식품류는 그들에 의해 수많은 발효 시도 끝에 정착된 고유한 식품들이 되었습니다.

이상의 이야기를 정리하면서 저자는 치즈의 출현의 발원지 격이 되는 제품은 드라마틱한 우연 속에서 얻어진 요구르트였다고 봅니다. 어느 날 태고적의 사람들이 양젖을 투박한 질그릇 속에 담아 두었는데 야생의 유산균 같은 유용균들이 바람을 타고 날아들어 작용하자 액상의 젖이 하얗고 고운 모양의 응고물로 가라앉고, 위에는 맑은 물(유청)이 떠 있음을 발견하게 되면서 이른바 발효유제품, 즉 원시적인 요구르트 치즈가 인류 앞에 출현하게 되었을 것이기 때문입니다.

그러니까 인류 최초의 치즈제품은 응고도 없이 죽 같은 모양으로 우연히 만들어진 요구르트로부터 출발하였다가 어느 지역에서 한번 제조원리가 확립되면 보다 쉽게 비슷한 제품으로 응용생산이 가능하여 각지로 전파되면서 그 지역 특성에 맞춘 다른 종류의 치즈들로 제조되었던 것입니다. 그러다가 어느 순간 어떤 지역 사람들이 렌넷[4]을 사용하여 젖을 응고시키게 되는 새로운(?) 치즈제조를 계기로 하여 두 제품 간의 "**경계**"가 확실히 그어지는 기술적인 진보가 이루어졌던 것이지요. 이렇게 탄생한 것이 본격적인 치즈이며 오늘날 1,700여 종류가 넘는 다양한 치즈의 세계가 열리는 변곡점이 마련되었던 것입니다. 그러는 과정에서 치즈의 경우 요구르트와 치즈 사이에는 한참동안 경계가 불분명한 상태로 진행되어 왔을 것입니다. 왜냐하면 가정마다에서는 요구르트에서 유청을 제거한 커드 덩어리를 치즈로 여전히 이용할 수 있었기 때문입니다.

이처럼 인류가 렌넷을 원유에 넣어서 치즈를 제조할 수 있다는 것을 발견한 것은 자연으로부터 받은 엄청난 행운이 아닐 수 없었습니다. 렌넷을 사용하면 우선 원유를 낮은 온도(32℃)에서도 응고시킬 수 있어서 유익한 원유 중의 천연 유산균류를 고스란히 보유한 채로 치즈를 만들 수 있었고 그렇게 살아있는 천연 유산균에 의해 치즈를 숙성시켜 맛좋은 향미를 형성시킨 치즈들을 오랫동안 보존하면서 귀중한 식량자원으로 사용할 수 있게 되었기 때문입니다.

수천 년 혹은 수세기가 지나면서 치즈는 사람들, 국가들 사이에서 주목할 만한 경제적 교역수단의 역할을 해주었습니다. 원시 유목민들 사이에서는 운반이 용이한 형태로 만들어진 치즈가 중요한 물물교환 상품이 되었는데, 이는 당시 쉽게 부패되지 않는 성질을 가진 얼마 안 되는 식품 중의 하나였기 때문이지요. 오랜 옛날, 과학이 없던 시대에는 치즈제조 기술이 젖의 풍부한 영양소를 젖의 향미와 조직감을 그대로 살려 농축시켜 보관할 수 있는 실로 가장 오랜 수단의 하나로 채용된 것입니다.

역사의 변천은 치즈제조 기본 기술이 조금씩 변화 받는 과정을 거치게 하였고, 결국 치즈라는 것은 원유가 응유효소와 유산균의 분리 혹은 조합작용을 받아 응고된 것이며, 응고물로부터 유청을 제거하는 과정을 진행시켜 나가는 과정의 차이에 의해서 수많은 종류의 치즈가 생산되는 것이라고 밝혀지는 것입니다. 드디어 치즈가 인류 앞에 신비한 그 베일을 벗었는데 여기에는 르네상스 이후의 진보된 과학의 힘이 컸다고 봐야 합니다. 그렇다고 저는 과학의 힘이 과연 신비에 둘러싸인 치즈의 모든 것을 밝

4) 렌넷(rennet): 생후 21일령 이내의 송아지 제4위 벽 또는 다른 포유류의 어린가축(幼畜)의 위벽에서 분비되는 응유효소로서 화학명은 카이모신(chymosin), 카이마제(chymase) 또는 렌닌(rennin)으로도 불립니다. 송아지 제4위벽에서 생산되는 렌넷에는 불순물이 많이 포함되어 있는 조효소(粗酵素)이며, 이 중에서 응유 기능이 있는 것은 카이모신입니다. 상업화된 렌넷은 불순물을 제거하고 일정단위의 역가(32℃에서 100kg의 원유를 40분에 응고시킬 수 있는 역가)를 갖도록 정제하여 표준화 한 것입니다.

혀냈을 것이라고 생각하지 않습니다. 기껏 과학이 밝혀냈다고 하는 것도 빙산의 일각에 지나지 않는데다가 무궁무진한 「치즈신비」를 밝히기는 아직도 여전히 진행형이며 아마 영원히 풀리지 않을 신비의 존재로 남아있게 될지도 모르는 일입니다.

〈칼럼〉

《치즈 - 자연이 날라다 준 선물[5)]》

『지금까지 전 세계에서 만들어지고 이용되고 있는 치즈의 종류는 1,500여 종류가 넘습니다. 아마 지금도 계속 다른 종류의 치즈들이 새로이 만들어지고 있을 것이다. 치즈는 인간이 발명한 것이 아니라 자연이 날라다 준 선물이다. 지금도 사실은 자연이 계속 새로운 종류의 치즈들을 만들어 가고 있는 것이다. 치즈가 자연의 선물일 수밖에 없는 것은 그 시원(始原)이 분명하지 않고, 인류가 언제부터 이렇게 정교한 식품을 일상식품으로 먹기 시작했는지가 정확히 알려져 있지 않기 때문이다. 치즈의 기원을 논한 문헌이나 '설'들은 단연코 인간이 지어낸 근거 없는 이야기일 뿐이다.

2005년 여름에 저자는 스웨덴의 세계 최대 야외 박물관인 'SCANSEN'을 방문하였는데, 그 때 알게 된 놀라운 사실은 스웨덴 원주민들이 이미 1만 년 전부터 정교한 방법으로 치즈를 만들어 먹었다면서 복원한 당시의 원시 귀틀집 가옥에서 아주머니들이 그 기술을 그대로 재현하고 있었던 점이었다. 그러니 치즈의 역사 자체가 아련하고 아득한 이야기라는 사실이다. 세계적인 명품 치즈들은 누가 만드는지 아는가? 혹자는 기술자가 만들고, 치즈 장인(匠人, Meister, Artisan)이 만든다고 할런지도 모른다. 그러나 단연코 아니다. 치즈는 철저히 자연이 만드는 것이다. 아니 자연과 완벽하게 동화된 사람, 즉 자연의 일부인 순수한 사람이 만든다고 봐야 한다.

치즈의 원료는 크게 세 가지이다. 포유류의 젖, 유산균 그리고 렌넷 등이다. 이 모두가 철저히 신비한 존재요 자연의 소산이다. 가끔씩 바람에 붙잡혀 온 곰팡이들이 치즈의 숙성을 돕기도 한다. 치즈가 제조되고 나서 3개월～100년에 이르는(필자는 스위스 베른 근처의 알파인계 치즈 보관고에서 100년이 넘은 치즈들을 직접 보았다) 숙성기간을 거쳐 치즈 완제품이 되기까지의 전 과정은 철저히 자연이 주관하고 있다. 치즈제조 단계에서부터 숙성이 끝나기까지 주도권을 쥐고 있는 유산균이 바로 그 주인공이다. 유산균이 없으면 치즈는 아예 만들어지지도 않고 숙성 자체가 불가능한 일이 되고 만다.

필자는 우리 대학의 치즈 숙성실에 들어서면 치즈들의 대화들을 상상하곤 한다. 그리고 슬며시 장난기가 들면 그들의 대화에 끼어들고 싶어진다. 치즈의 대화를 이끌어 가는 주인공은 바로 유산균이다. 그런데 도대체 유산균들이 사람의 대화를 알아들을 수 있는 것일까? 저자는 그렇다고 대답한다. 그래서 저자는 숙성실에 가서 두고 쓰는 말이 '칭찬하기'이다. 숙성실에서 익어 가는 치즈들을 칭찬해 준다는 말이다.

5) 이 글은 저자가 순천대신문<2005년 11월 28일자>에 기고한 칼럼을 수정 보완한 것임.

"아~ 오늘 치즈들이 참 옷을 곱게 입었네?", "어이 체다 군, 오늘 기분 어때? 참 잘 익어가고 있네? 그 옆의 아펜젤러 양, 오늘 화장이 은은하고 예쁜데? 좋은 일 있어? 어쩌고저쩌고…." 합니다.. 그들에게 칭찬을 하되 진실로 마음에서 우러난 말로 해야만 한다. 그들에게 립 서비스(lip service)는 절대 금물이다. 유산균은 내 몸의 물과 반응한다. 우리의 말은 우리 몸의 물을 움직이는데 유산균은 자기 몸(균체)의 물로서 반응하고 즉각 우리 몸의 물의 흐름을 알아차리기 때문이다.

필자는 어느 날 우리 대학 치즈 숙성고에 정교한 스피커가 장착된 음향장치를 해두고 다양한 장르의 음악을 들려 줄 요량이다. 치즈는 제조단계와 숙성단계로 나뉘는데, 둘 다 매우 중요한 무게를 지닌 과정이다. 이탈리아의 유명한 치즈 상표명 하나가 생각이 난다. "ORO PEL TEMPO"이다. '시간이 만들어낸 금'이라는 뜻이다. 치즈는 이른바 '시간이 만드는 황금'이란다. 이탈리아 치즈업계에서는 "**Cimbro**"라는 말도 쓴다. 시간이 흐르면 뭔가 된다는 뜻이다. 그러니까 우리말의 '시나브로'와 같은 의미인 셈이다.

이탈리아에서는 치즈를 잘 만들어서 숙성실에 두고서 치즈를 찾으러 오는 사람이 올 때까지 마냥 느긋이 기다리기만 하면 된다는 것이다. 이탈리아에서는 치즈 못 팔아 굶어 죽을 일이 없는 사람들이 치즈를 만든다. 이를테면 마음이 넉넉하고 살림살이도 넉넉한 사람들이 만드는 것이 이탈리아 치즈이다. 그래서 그들은 치즈를 만들어서 거의 자연풍에 의해 숙성조건이 조절되는 널찍한 숙성고에 수십 미터 높이의 수많은 선반을 질러 놓고 엄청나게 많은 치즈를 넣어 숙성하고 있었다(숙성고에는 보통 20만 개~40만 개의 치즈가 숙성되고 있다). 그리고 시간이 지나갈수록 치즈는 계속 맛있게 익어 간다. 그것이 곧 비싼 가격으로 팔릴 수 있는 소중한 치즈로 '시나브로' 익어가고 있는 것이다. 마침내 그것들이 언젠가는 금쪽 같이 비싸지는 날이 올 수밖에 없는 것이 아닌가? 그러고 보면 잘 익은 치즈와 황금은 같은 색갈인 노란색이다.

프랑스는 생산되는 치즈 종류만도 400여 종이 넘는 나라다. "치즈가 없는 식탁은 외눈박이 미인과 같다"는 말도 역시 프랑스 금언이다. 와인의 나라 프랑스는 와인의 동반자(안주)인 치즈의 나라이기도 하다. 자연을 사랑하는 나라 프랑스는 세계 유명치즈 생산의 보고이다. 까망베르, 로크포르, 브리, 보포르, 꽁떼 등등 어느새 우리 귀에 익숙한 이름들이 프랑스산 치즈들이다. 자연을 사랑하는 사람들은 모든 것이 넉넉하다. 넉넉한 자연 속에서 철저히 자연에 동화된 사람들에 의해 세계적인 명품치즈들이 제조되는 것이다. 우리의 치즈 환경은 자연적인가? 날로 황폐해 가고 오염이 번져가는 우리의 자연과 국민들을 생각해 보면 우리나라에서 세계적인 명품치즈의 출현은 아득한 이야기인가 하는 우려가 깊다.』

2. 치즈의 역사[6)]

2.1 세계 치즈의 역사

이제 좀 더 사실적인 내용으로 들어가 보실까요?

유사(有史) 이후에 나타난 기록에 의하면 치즈는 적어도 지금으로부터 5000년 전에 기록이 남아 있는 시대와 비슷한 시기에 탄생한 식품으로 보입니다. 성경적으로 사무엘서에 사울 왕이 **필리스틴** 인(우리말 성경에는 블레셋 인으로 번역됨)과의 전쟁 중인 때의 기록에서 처음으로 치즈는 다음과 같이 언급되고 있습니다[7)].

*『구약성경 사무엘상서 17장 17～18절에 보면 당시 어린 다윗의 아버지 이새가 전쟁에 나가 있는 다윗의 형들에게 갖다 줄 음식물들을 언급할 때: **"네 형들을 위하여 볶은 곡식 한 에바와 빵 열 덩이를 가지고 진영에 있는 네 형들에게 달려가 이 치즈 열 개를 네 형의 천부 장에게 가져다주고 네 형들이 어떻게 지내는가를 보고 언질을 가져오라"** 고 한다. 그러고 나서 사무엘하서 17장 27～29절에 다시 언급되기를 다윗이 그의 아들 압살롬의 반란으로 쫓겨나 마하나임에 왔을 때, 암몬 자손에 속한 랍바 사람 소비와 로데발 사람 마길과 길르앗 사람 바실래가 다윗에게 음식물을 제공하는데 **"다윗과 그의 사람들이 먹을 수 있도록 꿀과 버터 그리고 양고기와 치즈 덩이를 제공하였다"** 라고 되어 있다. 또 구약성경 욥기 10장 10절에서 다윗 보다 훨씬 이전에 살았던 욥이 말하기를 **"주께서는 나를 젖처럼 쏟지 아니하셨으며 나를 치즈같이 엉키게 하지 아니하셨나이까?"** 라고 되어 있어서 결국 치즈야말로 고대시대 중동지역에서의 매우 귀중한 식품중의 하나였다는 사실을 알 수 있다.*

*산악지대가 많은 그리스는 석회암이 모암인 많은 산악지의 돌쩌귀 산지사육에 알맞은 가축은 산양, 면양 같은 작은 유생산 동물(small dairy ruminants)이었으며, 그 젖을 이용하는 좋은 방편으로 치즈를 발전시키는 배경이 되었을 터이다. 그리스의 유명한 고대 서사(敍事) 시인이었던 호머의 2대 서사시(敍事詩)인 「일리아드」와 「오디세이」에 치즈가 등장하는데 가령 산양유와 양젖으로 치즈를 만들지만 우유를 사용하여 치즈를 만들었다는 기록은 없다. 서사시 「오디세이」에서 호머는 **"유청을 마시고 치즈를 먹게 되면 젊은 여인은 아름다워지고 지혜를 얻게 되고, 남자는 강인해 지리라"**고*

---

6) 치즈의 역사에 관한 흥미 있는 저술이 있는데 그것은 앤드류 달비(Andrew Dalby)가 저술한 『치즈의 지구사, A Global History of Cheese』로 <강경이>가 번역하여 2011년에 (주)휴매니스트출판그룹이 펴냈습니다. 이 책에서는 각 지역의 특성 있는 치즈의 생산역사를 매우 흥미롭게 잘 정리해 두고 있습니다.

7) Layton, T. A. 1973. The Cheese Handbook. –Over 250 Varieties described with recipes. Dover Publishing, Inc. London, UK. p. 9.

되어 있다. 이 시구(詩句)를 통해 이미 그 시절에 산양이나 면양유 치즈의 공헌성을 노래하고 있음을 알 수 있다. 고대의 그리스인들은 이러한 산양유, 면양유로 만든 치즈를 신전의 제물로도 바친 것으로 보인다.』

치즈문화 관련 연구자들은 오랜 전승에 근거하여 야생동물의 가축화는 중근동을 중심으로 한 서아시아를 기점으로 원유를 이용한 유식품 문화는 세 갈래의 흐름을 통해 전파되었던 것으로 보고 있습니다[8)9)10)].

첫 번째 흐름은 건조한 서아시아로부터 북동 몽골지역에 전해진 것입니다. 사막이나 건조한 지대가 대부분을 차지하는 몽골의 혹독한 생활 조건하의 유목민은 원유를 이용하는 식량 의존도가 높고, 보존성이 낮은 원유로부터 많은 보존성이 좋은 유제품을 만들고자 노력했을 터입니다. 그들은 먼저 원유를 가열 농축해서 응고시킨 경질치즈나 산으로 응고시킨 연질치즈를 개발하여 이용하였습니다. 이러한 몽골지역의 치즈제조기술의 특징은 원유를 가열이나 산에 의해 응고시켜서 치즈를 제조하였을 뿐 그 어떤 커드(원유 응고물) 효소도 이용하지 않았던 점이 특징입니다.

두 번째 치즈제조 기술 전파의 흐름은 중근동 지역으로부터 터키, 그리스를 걸쳐 이탈리아에 전해진 경로입니다. 이 지역으로 흘러 들어간 치즈제조 기술의 특징은 원유에 커드(원유 응고물) 효소를 사용했다는 점이 특징입니다. 이 경로를 따라 전해진 치즈제조 기술이야말로 오늘날 우리가 즐길 수 있는 좋은 향미의 치즈가 출현할 수 있게 된 기술적 원류가 되었습니다. 원래부터 터키나 그리스에서는 유생산 동물로써 면양이나 유산양을 주로 사육하였고, 이것들의 원유를 이용한 치즈류가 그 지역 치즈의 대부분을 차지하고 있습니다. 그리스의 대표적인 치즈인 양젖 치즈인 페타는 이미 그리스 신화시대(B.C. 1500～1000년)에 제조되었던 것이지요. 2010년까지만 해도 세계에서 국민 1인당 연간 치즈 소비량이 많은 국가그룹에 그리스와 터키가 포함 되었습니다[11)].

그리스로부터 이탈리아에 전해진 치즈제조 기술은 로마제국의 세력이 가장 번성했던 무렵, 그리스의 선진문화를 동경하던 로마 상류층의 기묘한 미식을 향한 집착에 의해 큰 진전의 계기를 맞습니다. 즉 이 여세를 타고 로마가 지배하는 식민지마다에서 주민 동화(同化)정책의 하나로 치즈 보급이 왕성하게 이루어졌기 때문입니다. 따라서 오늘날 치즈제조 기술의 보고가 된 유럽형 치즈기술은 식민지 개척에 열을 올렸

8) 齊藤忠大. 堂迫俊一. 井越敬司. 2008. 現代 チーズ學. 食品資材研究會. pp. 4-5.
9) クレレンプロデュース. 1989. チーズ工房(Home Making Cheese). (株)平凡社. pp. 26-27.
10) 中江利孝. 1982. 世界のチーズ要覽. 三洋出版貿易株式會社. pp. 3-6.
11) IDF. 2010. The World Dairy Situation 2010. IDF Bulletin p. 446.

던 로마제국에 의해 기초가 닦여진 것으로 봐도 무방할 것으로 생각됩니다. 오늘날까지도 미식가들에게 사랑을 받고 있는 초경질의 파르메산(Parmesan) 치즈나 세계 3대 블루치즈의 하나로 일컬어지는 고르곤졸라(Gorgonzola A.D. 879년) 치즈는 로마제국 시절의 산물이기 때문입니다[12].

로마제국은 유럽의 각 지역에 식민지를 개척하고 군대를 주둔시켰고 그 때문에 당시로서는 첨단 선진기술인 로마 치즈제조 기법이 영국을 비롯한 스위스, 프랑스 및 네덜란드 등지에 확실히 전해질 수 있었습니다. 알프스의 헬베티아(Helvetia)족이 B.C. 58년 **에멘탈** 치즈를 만들기 시작하였는데 사실은 스위스의 대표적인 초경질 치즈, **스브린츠**(Sbrintz)의 제조 역사는 그것보다도 더더욱 오래된 것이라고 전해지고 있습니다. 수도원 발달과 십자군 운동이 겹쳐 있었던 중세 암흑기는 그야말로 인류 문명사에서 치즈 기술의 성숙과 치즈 종류의 다양화를 진보시킨 태반(胎盤) 노릇을 하는데 거기에는 중세에 발달한 수도원들이 그 역할의 중심지가 되는 것입니다. 중세 수도원은 유럽 각지에서 치즈지식의 보존과 확산에 중요한 역할을 하면서 유럽의 농업 발전에 기여하는데 식품가공기술의 체계화에 공을 들인 것으로 맥주, 와인, 그리고 치즈가 대표적인 것입니다.

결국은 로마제국 멸망과 함께 유럽을 덮친 중세 암흑기간 동안 이러한 치즈 비법들이 수도원 속으로 스며들 듯이 감추어집니다. 그러한 중세 암흑기에 수차례 일어난 십자군 운동[13]의 진행에 따른 십자군들은 중동지역의 진보적인 치즈제조 비법들을 유럽 각지로 가져왔는데 치즈문화의 전파에서 그리스도교의 역할은 중요한 전기(轉機)를 제공하게 됩니다. A.D. 313년, 그리스도교 공인 이전에는 로마제국의 로마인들이 치즈문화를 전파하다가 중세 암흑기 이전까지는 그리스도교의 순례자, 전도자, 수행 수도승들이 기독교를 전파하기 위해 가는 곳마다 그리스도교 교리와 함께 자국의 치즈문화를 가져가게 되었기 때문입니다.

영국에서도 역시 로마사람의 기술전파에 의하여 A.D. 100～300년에 치즈제조가 시작되었고, 후에는 영국사람 자신들의 손에 의해 유명한 **체다**(Cheddar) 치즈나 **스틸튼**(Stilton) 치즈를 탄생시키기도 하였지요. 영국을 대표하는 앵글로 색슨족은 자신들의 식품에 대하여 자긍심으로 가득 찬 보수 성향이었고, 그들은 대영제국 시절에

---

12) Fox. P. F. Guine, T. P., Cogan, T. M., and McSweeney, P. L. H. 2000. Fundamentals of Cheese Science. Aspen Publication. Maryland, USA. p. 4.

13) 십자군 운동은 예루살렘이 A.D 638년 이슬람교 2대 칼리프 '오마르'에 의해 점령당한 이후 점점 성지순례가 방해받고 위협의 도가 높아지자 비잔틴 제국 알렉시우스 콤비누스가 유럽 국가들에 도움을 요청하자 그리스도교의 성지 예루살렘 회복을 위한 종교적 전쟁을 벌입니다. 1096년～1099년 어간의 제1차 십자군 운동부터 1270년의 제8회까지 84년간에 걸쳐 치러진 전 유럽 그리스도교국들과 이슬람교 간의 전쟁이었습니다. 8회에 걸쳐 진행되었던 십자군 운동에는 많은 수도승(신학생)들이 참전하고 되돌아왔던 것입니다.

개척한 식민지에서도 과거 로마인들보다 더 완고할 정도로 자신들의 긍지로 가득 찬 전통식품인 치즈를 가지고 들어갔습니다. 결국 체다 계열의 치즈는 미국, 캐나다, 호주, 뉴질랜드 그리고 남아공과 같은 영연방국가들에 확실히 전파되었습니다(그런데 이상하게도 홍콩만은 예외였습니다). 영국이 행사한 이런 식민지 식문화 동화정책 결과는 오늘날까지도 체다 치즈가 과거 영국 식민지 국가들에서 대량으로 생산될 수 있게 되었고, 치즈 중에서는 세계 최대의 생산량을 유지하면서 오늘날에는 국제 치즈경매가의 기준 치즈가 되었습니다. 당연히 체다 치즈 또한 제조기술의 연구도 가장 깊고 넓으며 다양하게 진행되어 왔습니다.

프랑스에서는 고대 로마인들에 의해 전해진 치즈제조 기법을 그 풍부한 개성을 가진 민족성에 의해 여러 종류의 특색 있는 치즈로 발전시켜 왔습니다. 세계 3대 블루치즈의 하나인 **로크포르**(Roquefort) 치즈를 이미 1세기 무렵에, **블루** 치즈를 14세기 무렵에, **까망베르** 치즈를 18세기 말엽에 만들어 오늘날 세계 유명 치즈 반열에 올려놓았습니다. 특히 흰곰팡이로 숙성한 치즈류가 많은 점, 목장의 주부들이 고안하여 개발되어 왔다는 사실은 매우 흥미롭습니다. 스위스나 영국에서는 보존성이 좋은 경질치즈가 주류를 이룬 것에 반하여, 프랑스에서는 빨리 숙성할 수 있고, 보존성이 짧으면서 향취가 짙은 연질치즈가 주류인 것은 민족성이 그만큼 독특하거나 기후조건이 다른 것 그리고 프랑스 대 혁명기를 거친 역사적 배경 등이 원인일 것입니다.

저자의 생각으로는 프랑스 치즈가 이처럼 다양하고 풍부한 다양성을 지닌 데에는 18세기에 일어났던 프랑스 대혁명기의 수도원 폐쇄정책과도 깊은 연관이 있었을 것으로 봅니다. 프랑스혁명 수백 년 전 여덟 차례에 걸친 십자군 운동 시기에 수행했던 수도승들이 중동지역을 왕래하는 동안 치즈의 원조(origin)격이라 할 수 있는 중동지역의 치즈기술을 숙지하고 수도원으로 돌아가 수도원마다 독특한 치즈제조 기술을 발달시켜 왔을 것인데, 수도원과 민간 사이의 소통이 원만하지 않던 시절에는 그러한 다양한 치즈 기술들이 수도원들에 꼭꼭 갇혀 있었을 것입니다. 그 후 프랑스 혁명정부의 완고한 수도원 폐쇄 정책[14]에 의해 잠시 농촌으로 피신하여 숨어 들어간 수도승들이 농촌의 아낙들에게 그 기술들을 전수한 것이 바로 오늘날 500여 종의 각종 치즈를 생산하는 프랑스 치즈산업이 되는 전기가 된 것이라고 보는 것입니다.

치즈제조 기술은 항해술의 발달로 유럽인들이 전 세계에 식민지 건설과 통치제도를 수립할 때 어느새 유럽 문화들과 함께 동반되어 세계 각지로 퍼져 나갔으며 각 지역에서는 그 기술을 스스로 발전시키고 개조하여 자신들만의 고유한 형식의 지역치

14) 빅톨 위고가 쓴 『레미제라블』에는 혁명정부가 수도원 제도를 철폐하면서 '모일, 모시'까지 수도원에 있는 이들이 피신하지 않으면 그 시간 이후 그들이 죽는 것은 피신하지 않은 당사자의 책임이라고 포고령을 내린 것이 생생히 묘사되어 있습니다.

즈로 탄생시켰고, 결국 그것들이 오늘날의 유명치즈들이 된 것입니다. 오늘날까지 제조되고 있는 대부분의 치즈류가 수도원에서 발전시킨 것들이라고 봐도 무리가 없을 텐데요, 이를테면 **웬스리데일**(영국, 요크셔주 리복스 Rievaulx 수도원), **포트 드 샬류** 혹은 **생 폴린**(프랑스, **노트르 담 드 포트 두 샬루 라발**(Notre Dame du Port du Salut, Laval 수도원), **포르마지 드 타미**(프랑스, Tamie, Lac d'Annecy 수도원) 그리고 **트라피스트**[보스니아의 Banja Luka의 마리아 스턴(Maria Sterm)] 수도원 치즈가 그것들 이지요[15]. 어찌 보면 치즈 역사에서 치즈문화 확산 흐름의 두 번째가 그 중심을 이루는 대류(大流)였기에 두 번째 흐름에 대한 이야기가 다소 길어졌습니다.

이제 **세 번째**의 치즈문화 흐름이 있었는데 그것은 역시 출발은 중근동으로부터 시작하여 동남쪽에, 인도와 티베트 지역 방면으로의 뻗어 나간 전파경로가 그것입니다. 인도에서의 원유 이용은 석가모니 시대 이전부터 알려져 있었고, B.C 600년 무렵의 바라몬족 시대에 많은 유제품이 등장하고 있습니다. 이 흐름의 특징은 가열이나 산에 의한 응고방식 이외에 식물성이나 동물성의 커드(원유 응고물) 효소를 이용한 방법까지 여러 종류가 있는 점입니다. 인도에서는 가장 좋은 것이라고 알려져 있는 **파니르**(Paneer)는 비숙성 연질치즈이고, 물소 원유를 82℃로 끓인 후 70℃로 냉각하여 산성 유청이나 유산균 발효액을 사용해 응고시킨 커드를 건져 올려 모으고 성형 틀에 넣어 20분간 가압하여 제조한 것입니다.

지금까지 제대로 남아있는 문헌상의 치즈역사 관련 기록은 구약성경의 욥기(B.C. 1520년경), 사무엘서(B.C. 1170~1017년경), 이집트의 고대 무덤의 벽화, 호머(B.C. 1200년경), 헤로도토스(B.C. 484~408년경) 그리고 아리스토텔레스(B.C 384~322년경)의 저술에서 짧은 언급이나 흔적들이 나타나 있습니다. 여기서 간단히 유사 이래 문헌들에 나타난 치즈제조에 관련된 기록들을 정리한 폭스(Fox) 등의 자료[16]를 중심으로 긴 치즈역사를 요약했으니 참고하시기 바랍니다.

『확실한 성경 기록들에 따르면 치즈와 젖의 이용 기록들이 고대로부터 전해 내려옴을 알 수 있다. 먼저 B.C. 1520년경에 기록된 것으로 알려진 욥기 10장 10절에는 「주께서 나를 젖과 같이 쏟으셨으며 엉긴 젖(영어 성경, cheese)처럼 하지 아니 하셨나이까?」 라는 기록이 있고, B.C. 1170~1017년경의 기록으로 보이는 사무엘상서 17장 18절에는 「다윗의 아버지 이새가 다윗을 심부름 보내며 이르기를 "이 치즈 열 개

---

15) Fox, P.F, T.P. Guinee, T.M. Cogan, P.L.H. McSweeney. 2000. Fundamentals of Cheese Science. An Aspen Pub. Maryland, USA. p.3.

16) Fox. P.F., McSweeney, P.L.H., Cogan, T.M., and Guine, T.P. 2004. Cheese Chemistry, Physics and Microbiology - Vol. 1. General Aspects. Elsevier Academic Press. pp. 2-3.

를 그들의 천부장에게 가져다 주고"」라고 기록되어 있다. 또한 사무엘하서 17장 29절에는 「꿀과 버터와 양과 치즈를 가져다가 다윗과 그와 함께한 백성으로 먹게 하였으니」라는 기록이 구체적으로 등장한다. 그리스 문헌에서도 고대 이집트 무덤의 벽화에 치즈가 나타나 있다고 했고, B.C 8세기경의 호머는 그의 시 일리아드에서 무화과 즙으로 만든 치즈가 언급되며, 오딧세이에서는 Cyclops, Polyphemus가 양젖으로 치즈를 만들었노라고 기록했다(9권). 역사의 아버지 헤로도투스(Herodotus)는 'Scythian cheese'를 언급하고 있고, 철학자 아리스토틀(Aristotle)은 'Phrygian cheese'는 마유, 나귀의 젖으로 만들어진다고 했다.』

치즈의 역사는 실로 그 내용이 방대하여 여기서 모두 다루기에는 무리하다는 생각에서 주요 치즈 연표를 만들어 이를 간략히 정리해 두었습니다. 표 1-1은 세계 주요 치즈 발달의 연대기적 내용을 압축한 것이며, 일본과 한국의 치즈 역사 연표도 함께 제시해 두었습니다.

이처럼 오랜 역사를 거쳐 제조된 식품인 치즈도 19세기 중반까지는 여전히 목장 혹은 가족단위에서 제조하는 「부엌제조(Kitchen Creamery) 수준」의 가내수공업적인 치즈기술로 갇혀만 있었답니다. 이러한 치즈 발달의 연혁적인 흐름은 불과 20～30년 전의 우리나라 옛날 방식의 전통 두부공장, 된장·고추장·간장공장 수준을 연상하면 될 것입니다. 이러한 가내수공업 수준에서 만들어지던 치즈는 자기 집 원유를 가지고 목장주 맘대로 제조 직후 바로 먹을 치즈와 저장하여 먹을 수 있는 치즈로 구분해서 그 굳기와 형태를 정해서 만들었던 것입니다. 그래서 치즈는 지역마다, 사용하는 원유마다 그리고 치즈업자의 취향에 따라 다양하게 만들어지다 보니 지금까지 알려진 치즈 이름만도 1,700개 이상에 이르는 것입니다.

그런데 어찌하면 그토록 과학적으로 미개한 시대에, 오늘날처럼 과학적 분석이나 시험에 의한 이론적인 해석을 생각지도 못하던 시대에, 자연의 유산균이나 응유효소류를 잘도 가려내고 알아내서 이토록 우수하게 사용해 왔던 것일까요? 그들은 과학이나 이성보다 더 논리적이고 정확한 감각과 느낌의 예지력(叡智力)과 통찰력(洞察力)을 발휘하여 오늘날까지도 여전히 정밀과학을 동원해도 풀리지 않는 발효의 신비를 치즈의 제조에 적절히 활용하였던 것일 터입니다.

근대과학이 치즈기술에 필요한 요점들을 체계화 해 놓기 이전에는 조상들도 치즈 만들기 작업에는 숱한 실패도 많았을 것은 불문가지의 일입니다. 품질이 양호한 치즈를 언제나 똑같이 틀리지 않고 만들어 낸다는 것은 매우 어려웠을 것입니다. 그러다 보니 오히려 이러한 결함을 극복하기 위해 치즈제조에는 많은 연구가 투입되었고, 특히 19세기에 들어서부터 파스퇴르의 저온살균법 등장과 렌넷의 상용화, 유산균 스타

표 1-1. 치즈 제조기술관련 주요 연표[17)18)]

B.C. (기원전)	3500년	지역별 치즈 발생(메소포타미아, 이집트, 인도 지역)
	1500~1000년경	페타 치즈(그리스)
	100년경	헬베티커스 치즈(스위스), 스브린츠 치즈(스위스)
	58년	에멘탈 치즈(스위스)
A.D. (기원후 서력)	481~751년경	랑그르 치즈(프랑스)
	897년	고르곤졸라 치즈(이탈리아)
	900년경	파르메산 치즈(이탈리아)(혹은 1579년)
	1070년	로크포르 치즈(프랑스)
	12세기	파르메지아노・레지아노 치즈(이탈리아)
	1282년	딸레쬬(Taleggio) 치즈(이탈리아)
	14세기	브리(Brie) 치즈(프랑스)
	1440년	에멘탈 치즈의 본격적 생산 개시(스위스)
	1500년	체다 치즈의 본격적 생산 개시(영국)
	1697년	가우다 치즈(네덜란드)
	1785년	스틸튼 치즈(영국)
	1791년	까망베르 치즈(프랑스)
	1851년	미국에서 체다 치즈 공장 설립과 공장 치즈 생산 개시
	1875년	가열형 치즈(乾牛酪) 제조(일본)
	1904년	가우다 치즈 시범제조(일본)
	1905년	가공치즈의 공장 생산 개시(스위스)
	1932년	가공치즈 시범제조(일본)
	1942년	크박(Quarg) 제조 개시(독일)
	1948년	체다, 에담 치즈 생산 개시(일본)
	1969년	포르 샬류(Port Salut)형 치즈[정환(正煥) 치즈]를 브랜드로 생산(한국 임실)[19)]
	1970년	체다 치즈를 성가(城街) 치즈 브랜드로 생산[20)]
	1974년	삼양유업, 국내 최초 가공치즈 생산[21)]

A.D. (기원후 서력)	2004년	매일유업 상하치즈, 까망베르, 브리 치즈를 상업적으로 생산
	2005년	전북 임실 숲골유가공, 「황금 먹음은 가우다」 치즈 생산
	2009년	전북 진안 데미샘 목장, 유기농 아펜젤러, 산(山) 치즈 생산
	2010년	전북 임실 휴먼 푸드, 베르크, 아펜젤러 치즈 생산
	2010년	전남 고흥 TPK유가공연구소, 유기농 스트링 치즈 생산
	2001년 이후 한국의 전국 도처에 목장 유가공장 설립 운영으로 2016년 말 현재 전국에 150여 개소가 운영 중이며, 이 중 20% 정도는 목장치즈를 생산 시판 중에 있습니다. 주요 치즈로는 할루미, 가우다, 스트링, 모짜렐라, 카쵸카발로, 베르크, 아펜젤러, 까망베르, 콜비, 그리폰 프라잉 등이 있습니다[22].	

터의 순수분리법 수립과 상용화와 같은 과학기술의 진보가 치즈 기술에도 획기적인 개선을 가져왔고 마침내 공장에서 치즈를 생산하는 산업화가 가능해졌던 것입니다.

가령 1만년에 가까운 치즈의 오랜 역사 중에서 오늘날과 가장 가까운 시대인 1883년경에도 오늘날의 치즈등급제 기준에 따르면 1등급 A정도의 치즈는 10% 정도에 지나지 않았다고 합니다. 그 시절만 해도 저장중인 치즈가 악취를 내고 팽화를 일으키며 그로인해 치즈껍질이 파열되고 짜개지거나, 치즈로부터 내부에 고여 있던 유청이 밖으로 흘러나오기도 했고, 껍질이 가죽 같이 딱딱한 치즈가 되었거나, 심지어는 구더기가 발생하는 등의 수많은 결함이 나타나 치즈 만드는 사람들을 힘들게 해 왔던 것입니다. 그러니 고대와 과학이 발달하기 이전의 암흑기부터 근대에 이르는 수많은 세월 동안 치즈제조라는 작업 자체가 치즈 제조자에게는 고난에 찬 수행이었을 것입니다. 그러한 연유 때문은 아니지만 유독 유럽의 진귀한 치즈 기술은 수도원과 수녀원에서 정제한 것처럼 발달하였고 고이 간직되어 전해 내려오는 전승을 갖고 있는 것입니다. 그것은 세속과 격리된 수도원들이 자급자족을 위한 방편이기도 했겠지만 당

17) 齊藤忠夫. 堂迫俊一. 井越敬司. 2008. 現代 チーズ學. 食品資材硏究會. 東京. 日本. p. 4
18) Fox. P. F., Guine, T. P., Cogan, T. M., and McSweeney, P. L. H. 2000. Fundamentals of Cheese Science. An Aspen Publication. Maryland, USA. p. 4.
19) 고동희. 박선영. 2007. 치즈로 만든 무지개. 명인문화사. pp. 112-114.
20) 고동희. 박선영. 2007. 치즈로 만든 무지개. 명인문화사. pp. 114-125.
21) 전호남. 2005. 한국유가공업의 발전과 전망-치즈. 한국유가공기술과학회지 23(2) : 161-166.
22) 한국의 목장유가공장 분포나 숫자에 대한 최근 자료는 국립축산과학원이 2015년에 펴낸 『목장형 유제품 제조기술 개발 및 목장형 유가공 낙농가 활성화 지원』 부분을 참고하시기 바랍니다(http://www.nias.go.kr).

시로서는 워낙 치즈 만드는 과정이 복잡하고 까다로워서 온 정성을 기우려야 하는 정신집중을 요구하는 작업이었기에 치즈제조 작업 자체가 수행과 구도자(求道者)의 길로 받아들여졌기 때문이었겠지요. 어쨌든 인류의 치즈제조 기술은 19세기까지도 표준화되지 못했고 오직 치즈제조자의 마음과 손안에 갇힌 채로 목장수준의 가내수공업 수준에 머물러 있었습니다.

근대적인 치즈공장이 미국에 처음 세워진 때가 1851년 뉴욕 주의 로마(Rome) 부근에서였고, 영국 최초의 치즈공장도 1870년 더비셔(Dervyshire)의 롱포드에 세워졌던 것으로 미루어 19세기 내내 치즈 소비가 많았던 모든 나라의 치즈는 목장에서의 전통적 방법에 의한 가내공업 수준의 즉 목장 유가공장(Farmstead Creamery)에서 생산 공급되고 있었던 셈입니다. 이는 곧 세계적인 유명치즈들의 근대적인 치즈제조기법이 정립되어 문서기록으로 남은 것은 다음 표 1-2에서 보는 것처럼 그 역사가

표 1-2. 주요 치즈에 대한 문헌상의 출현연도[23)]

치즈 종류	연 도
고르곤졸라(Gorgonzola)	897
쉬압지거(Schabzieger)	1000
로크포르(Roguefort)	1070
마로일레스(Maroilles)	1174
쉬방겐캐제(Schwangenkäse)	1178
그라나(Grana)	1200
탈레지오(Taleggio)	1282
체다(Cheddar)	1500
파르메산(Parmesan)	1579
가우다(Gouda)	1697
글로우세스터(Gloucester)	1783
스틸튼(Stilton)	1785
까망베르(Camembert)	1791
생.폴린(St.Paulin)	1816

23) 18)번 Fox 등의 책 p. 4.

그렇게 길지 않다는 것입니다. 이러한 현상이 오늘날 까지도 유구한 전통이 되어 유럽치즈들의 다양성을 유지, 공급하는 원동력으로 작동하고 있습니다. 이로 미루어 볼 때 우리가 이제 시작해도 결코 늦지 않았음을 알 수 있습니다.

저자가 본서를 집필하는 것은 언젠가 본격적으로 전개될 한국의 치즈문화 융성을 위한 대장정의 출발, 지정환의 시도를 진보시킨 제2 도약의 역사적 족적(foot-print)을 남기는 시도라고 봅니다. 이런 저런 우여곡절을 겪으면서 진행되어 온 치즈의 역사는 이제 1800년대 중반 이후로부터 1900년대 초쯤에 이르면 치즈제조 기술 분야에서 몇 가지 진보가 이루어져 상업적 치즈제조의 길을 열어 주는 바탕이 제공됩니다. 인류가 비로소 치즈의 과학적인 기술수준의 진보에 눈이 열리고 안목이 넓어지면서 치즈의 과학화, 산업화의 길로 접어드는 것이지요.

그런 기술들을 진보시킨 역사상의 주요 사건들을 연대별로 요약하면 표 1-3에 나타난 바와 같습니다. 여기서 치즈기술 발달 역사상 가장 눈여겨 봐야할 기술적 진보로는 먼저 치즈 제조상 유해세균을 파괴할 수 있도록 고안된 저온살균법의 사용입니다. 애초에 프랑스의 파스퇴르에 의한 저온살균법의 도입(1857년)은 프랑스의 보르도(Bordeaux) 지역 와인의 산패(酸敗)를 억제하는 방법으로 창안되었지만, 이 기술은 1800년대 말에 덴마크에서 우유가공에 도입했고, 치즈업계에서 사용하게 된 것은 비로소 1930년대 이후의 일입니다.

다음은 덴마크의 스토크(Storch, 1890년)나 올라 얀센(Orla-Jensen, 1919년)[24]에 의한 순수배양법에 따른 '스타터' 유산균, 즉 스타터 균주의 사용방법 체계가 확립(종

[Tip 01] 인류 최초의 대형치즈 공장 출현

1851년은 치즈산업계에서 획기적인 연도입니다. 1851년에 미국 뉴욕 주의 Rome에 Jesse Williams가 세계 최초의 치즈공장을 세웠고[25] 이어서 치즈공장이 유럽에서도 출현했는데 주로 농민들이 협동조합으로 운영되는 것이었습니다. 영국 최초의 치즈공장은 1870년에 더비(Derby)에서 세워졌고, 이어 1874년에는 더비셔(Derbyshire)에서만 6개의 공장이 가동되었습니다. 그 뒤로 다른 지역들에서 치즈공장들이 속속 들어서기 시작했습니다.[26]

---

24) Orla-Jensen, S. 1919. The lactic acid bacteria. Andr. Fred. Host and Son., Copen-hagen. In Fourth Long Ashton Symposium 1973. Lactic Acid bacteria in Beverage and Food. Academic Press NY. USA. pp. 1-13.

25) Sandine, W. E. 1979. Lactic Starter Culture Technology. Pfizer cheese monographs Vol. Ⅵ. Pfizer Inc. NY. USA. p. 16.

26) Scott, R. 1954. Dairyman, Ⅰ(Ⅱ) : 229. R. Scott 1981. Cheesemaking Practice, An Aspen. Publication. Maryland, USA. pp. 7-8.

표 1-3. 세계 유가공과 치즈제조의 약사[27)28)29)]

연 도	내 용
B.C 6000년경	남아시아, 중동지역 일부 양젖과 우유 음용
B.C 4000～2000년경	메소포타미아, 이집트, 인도 등지에서 버터와 치즈 제조가 이루어짐
395년	로마제국의 멸망
774년	샤를르마뉴 대제 「브리」 치즈를 즐김
800년경	샤를르마뉴 대제 「로크포르」 치즈를 즐김
875년	고르곤졸라 마을이 이탈리아 치즈제조 중심지가 되다.
1000년경	뉴사텔 치즈가 고대문서에 기록됨
A.D 1070년경	로크포르 치즈가 본격적으로 제조됨(프랑스)
1100년경	스위스 그뤼에르 치즈 탄생
1180년	문헌상으로 Fromage(프랑스어로 '치즈'라는 뜻)라는 단어가 나타남
1200년경	몽골이 휴대용 분유 개발, 병사지급
1236년	프랑스 폰-레베크(Pont-l'Evegue)의 전신인 안제로(Angelots) 기록
1394년	플아스 블루(靑脈, Blue vein) 드 젝(Bleu de Gex) 치즈 제조 개시
1400년경	에멘탈 치즈 제조(스위스)
1500년경	체다 치즈 제조(영국)
1558년 이후	영국의 체이셔 치즈가 알려지기 시작함
1622년	네덜란드의 알크마 지역 치즈운반인협회 구성됨
1624년경	시유의 상품화(미국)
1750년	영국에서 스틸튼 치즈가 제조되기 시작함
1763년	프랑스 파리에 치즈 레스토랑 출현
1791년경	프랑스 까망베르(Camembert) 치즈 제조시작
1814～1815년	브리 치즈가 비엔나 회의에서 '치즈의 왕'으로 선정됨

27) NPO 法人チーズプロフェッショナル協會 2008. C. P. A. チーズプロフェッショナル 教本. 飛鳥出版. 東京. 日本. p. 14.
28) チーズ & ワイソフカテミ－ 東京. 1996. チーズ (株)西東社. 東京. 日本. p. 13.
29) 이수원 등. 2005. 최신 유가공학. 유한문화사. 서울. pp. 217-219 재인용 및 수정 보완함.

(계속)

연 도	내 용
1819년경	착유기(milking machine) 시작품 출현(미국)
1835년경	진공솥으로 가당연유 제조(영국)
1851년	미국 뉴욕 주의 로마 근처에 본격적인 체다 치즈 공장이 설립됨
1857년	프랑스의 루이 파스퇴르에 의한 저온살균법(Pasteurization) 도입
1870년경	덴마크의 크리스챤 한센(Christian Hansen), 정제된 렌넷을 시판함으로써 상업적 렌넷을 치즈제조에 본격 사용하게 됨
1870년	영국 최초의 치즈공장이 더비셔 주 롱 포드에 세워짐
1875년경	드 라발 식 크림 원심분리기 시판(스웨덴)
1880년경	본격적인 유가공장 출현(독일)
1885년	1885년 독일, 1904년 스위스에서 가공치즈 출현(1917년에 미국의 J. K. Kraft가 이 공법을 미국 특허 취득 후 제품화 되고, 이후 세계 각국에서 일반화 됨)
1899년	로이드(Loyid)에 의해 산도 적정법(Titratable acidity)이 도입됨
1901년	분무건조식 분유제조(독일)
1919년	올라 얀센(Orla - Jensen)에 의해 유산균의 순수배양액 스타터 사용체계 수립
1957년	연속식 버터제조기 출현(독일)

균 - 모배양 - 벌크배양)된 것이 근대 치즈기술의 진보에 크게 기여합니다. 나아가 덴마크의 크리스챤 한센(Christian Hansen)에 의한 렌넷의 역가 검정법(rennet activity test)의 확립과 렌넷의 상업적 생산, 판매(1873년)는 치즈제조의 획기적인 진보를 가져 다 줍니다[30].

왜냐하면 그동안 렌넷의 무분별한 사용은 치즈 품질형성에 치명적인 결과를 낳았

30) 원래 화학자였던 크리스챤 한센(Christian Hansen 1843~1922)은 1873년에 송아지 4위로부터 렌넷을 추출 상품화하는 공장을 세웠고 1874년에는 정식으로 Chr. Hansen's Teknisk-Kemiske Laboratorium을 세워 오늘날 유명한 [크리스챤 한센(Chr. Hansen)]사가 되었습니다. 창립 이후 주요 연표를 보면 1878~1879 미국공장 설립, 1893 치즈 스타터생산 개시, 1974 DVS를 처음 생산 1979 생균제 소개, 1983 유전자 재조합 Chymosin 생산, 1985 R604 박테리오파지 내성 유산균 스타터(phage control) 생산, 2014 창립 140주년을 맞았습니다(https://www.chr-hansen.com).

기 때문입니다. 이어서 로이드(Lloyd, F. J)가 1899년에 산도 측정방법(Titration of Acidity, T. A)을 고안하게 되자 비로소 원유의 산도(酸度)를 분석함으로써 원유의 신선도와 적절한 품질 확인을 거쳐 치즈제조를 성공적으로 해낼 수 있게 되었습니다.[31] 그 이전에는 냉장시스템이 없어 원유의 품질도 형편없었거니와 원유의 품질을 확인도 하지 못한 채 치즈를 제조하다 보니 실패하기 일쑤였습니다. 1800년대 말에 독일과 1900년대 초 스위스에서 발명되어 1917년에 미국인 크래프트(J. K. Kraft)에 의해 특허권이 등록된 가공 치즈의 등장인데, 이로써 치즈 저장성 증가와 치즈의 식품 소재 활용의 다양성이 훨씬 넓혀졌습니다. 1940년대 들어 냉장기술이 치즈제조에 도입되고 치즈숙성에 저온유지 설비의 실용화가 숙성의 균일성을 가져다줍니다.

한편, 치즈의 다양성에는 중세 수도원, 수도승들의 역할도 컸지만 당시의 운송수단의 후진성, 치즈 보존설비의 미비는 결국 치즈가 생산된 지역 중심으로 소비되면서 지방마다의 독특한 치즈로 고착되는 배경이 되기도 하였습니다. 유럽이 해상무역을 활발히 하면서 신대륙 발견과 식민지 개척에 열을 올리는 과정에 유럽의 이민자들이 자기 고향의 치즈기술도 가져가서 신대륙 각 지역에 이식을 합니다. 이것이 오늘날 세계 어느 나라보다 미국이 치즈의 다양성을 보유하기에 이른 근본 배경이 됩니다. 아프리카, 남북아메리카(특히 미국의 뉴잉글랜드 지역[32]과 동부지역), 호주, 뉴질랜드와 같이 유럽인들이 이주하여 새로운 문명을 일으킨 지역마다 원산지가 유럽인 치즈들이 그 전통성과 정통성을 우직하게 지켜가면서도 조금씩 그 지역 풍토에 적응해 가며 치즈산업은 다양한 형태로 계속 발전하였습니다.

원유의 치즈제조 이용 역사 면에서 보면 인류가 각종 포유동물의 젖을 이용하여 다양한 치즈들을 제조해 왔지만 아마 초기에는 산양유, 면양유, 물소 젖 순서로 이용하다가 마지막으로 우유를 이용하게 되었을 것입니다. 그러니까 1700년대 이전까지의 치즈제조의 주요 원유는 산양유, 면양유가 주류를 이루고 있었다고 봐야 합니다. 그렇지만 2015년 기준으로 세계에서 제조되는 상업용 치즈의 2300만 톤 중 90.0%가 우유(Cow milk)를 사용한 것들[33]이지만 프랑스를 비롯한 주요 치즈 선진국들에서의 목장 특수 치즈인 수제치즈들은 상당수가 아직도 여전히 산양유와 면양유 사용을 고집하고 있습니다. 가령 원산지 명칭보호를 받고 있는 **로크포르**, **페타**, **로마노**, **만체고** 치즈 같은 것들은 면양 젖으로만 만들어서 상품화 하고 있고, 이탈리아의 고급 모짜

31) 이수원. 김거유. 남명수. 배인휴. 오세종. 하월규. 2005. 최신 유가공학. 도서출판 유한문화사. 서울. pp. 217-219.

32) 미국의 뉴잉글랜드 지역은 청교도들이 메이플라워호를 타고 대서양을 건너와 건설하게 된 미국 동북부 6개 주(버몬트, 매사추세츠, 코네티컷, 로드 아일랜드, 뉴햄프셔, 메인 주 등)를 일컫는 말로서 전통적인 유럽의 치즈제조기술을 고스란히 보유한 지역이기도 합니다.

33) IDF 2016. The World Dairy Situation 2015. Bulletin of the IDF 485 : 13-14.

렐라 치즈는 반드시 물소 젖으로 만드는 것을 고유 전통으로 고수해 오고 있지요.

오늘날 우리 세대는 선인들이 부단한 각고의 노력과 연구결과로 정립시킨 치즈제조 기술의 혁명에 따라 오늘날 목장 치즈공장에서의 장인 치즈(Artisan cheese)로부터 대규모 공장의 자동화 생산 라인에 이르는 대중적 치즈(Industrial cheese) 생산에 이르기까지 확실히 균일한 품질의 좋은 치즈를 생산할 수 있게 된 것입니다. 따라서 우리는 이러한 선구자들의 치즈제조 기술 발전에 대한 열정의 소산인 진보적인 치즈기술 유산을 항상 존중하고 계승해 나가면서 우리도 다음 세대에 물려줄 우리의 유산이 될 만한 진보적이고 차원 높은 치즈기술 발전을 위해 부단히 연구하고 개발하여 인류의 유구한 치즈문화 전통의 역사를 이어가게 해야 할 것입니다.

표 1-4. 세계 각국의 연간 1인당 치즈 소비량 TOP 15 (IDF, 2015년 기준)[34]

NO.	국 가	소비량(kg)
1	프랑스	26.8
2	핀란드	26.7
3	덴마크	26.2
4	아이슬란드	26.1
5	독 일	24.6
6	키프로스	24.2
7	룩셈부르크	22.8
8	스위스	21.8
9	이탈리아	21.5
10	스웨덴	20.7
11	라트비아	20.3
12	노르웨이	19.5
13	리투아니아	18.3
14	네덜란드	18.2
15	이스라엘	16.9
※	대한민국	2.68

34) 2016 IDF KOREA Annual Report(연차보고서) 2017. 낙농진흥회. pp. 136-137.

[Tip 02] 역사를 초월한 「동굴치즈」[35)]

유럽 치즈제조법은 역사의 흐름을 비웃기라도 하듯이 성장을 계속하면서 풍성한 다양성을 갖추어 왔습니다. 고대 로마제국이 쇠퇴한 후 프랑크 왕국의 성립은 유럽의 전국시대(戰國時代)를 열었다고 볼 수 있지요. 난리와 혼란으로 점철되던 전국시대의 가장 큰 희생자들은 역시 힘없는 농민들이었을 것입니다. 유럽지역에서도 남부 이탈리아는 19세기 중반의 이탈리아 통일이 완성되기 까지 대부분의 세월을 외부 침략세력의 지배하에 있었고, 외국인의 습격이나 그 지역을 정복하기 위한 군대들로부터 끊임없는 위협을 받았습니다. 그래서 그들은 식량의 확보는 생활을 유지하는 가장 기본적인 생존조건이 아닐 수 없었습니다. 그래서 언젠가부터 시작된 "식량을 숨기기"로 생활이 이어지다 보니 치즈의 세계에도 절실한 숨기기 수단이 나타나는데 이는 치즈를 숨기기 위한 방법으로 매우 비밀한 폐쇄된 장소에 치즈를 숙성하는 것을 고안하였다고 합니다.

이 이야기는 "「포르마지오 디 포사(Formaggi di Fossa)」=동굴치즈" 라는 명칭 탄생의 배경이 되는 슬픈 전승이 바닥에 깔려 있었습니다. 그런데 외부 침략자에 대한 동굴에 치즈 숨기기가 중세시대로부터 지금까지도 전통적으로 계승되어 오는 방식으로 남아 있다고 합니다. 그 산지는 이탈리아 아드리아해에 면해 있는 리소토지방 리민(Rimin)읍 근처에 있는 「소리아노 루비콘」 마을입니다. 그 마을은 해발 400 m인 아페닌 산맥의 중턱에 있습니다. 그렇게 작은 마을은 현재에도 3～4층의 건물의 검게 칠한 벽에 의해 집과 집이 창을 마주하고 유복한 가정들을 갖추어 놓고 살고 있습니다. 대부분 가정마다 올리브나 포도 같은 과수재배를 생업으로 삼고 있습니다.

이 마을에는 낙농가는 없는 것일까요? 물론 낙농가가 있고 여전히 치즈도 생산하고 있답니다. 그런데 이 마을은 10여 개의 동굴을 가지고 있다고 합니다. 동굴 현관의 문지방 아래 모래바위(砂岩)에 굴을 파서 바위동굴을 만들었는데, 대체적인 평균 크기는 깊이 3.0m, 폭 2.0 m로서 바닥의 한 가운데는 직경 40～50 cm, 폭 30 cm 정도의 깊이의 구덩이도 있습니다. 굴의 출입구는 직경 80 cm의 후라스코 형으로 되어 있다고 합니다. 전통에 따르면 이 마을 사람들이 옛날 난리가 심하던 시절에 군대로부터 치즈를 탈취당하지 않으려고 치즈 숨기는 암굴을 파고 그 속에 치즈를 채우고 나서 「굴 막기」를 했는데 이 작업은 매년 8월 16일부터 작업이 개시된다고 합니다.

작업요령을 보면:

① 동굴 가운데서 보리 짚을 태워서 연기를 내면 그것에 의해 동굴 속은 소독이 되고 습도도 낮추어 치즈가 장기 밀폐에 잘 견딜 수 있는 환경이 만들어집니다.

② 이렇게 타고 남은 보리 짚의 재는 동굴의 습도를 조절해서 치즈 숙성 환경을 정리해 주는 한편 살균효과도 있었습니다.

③ 재는 살짝 집어내어 제거하고 바닥에 두터운 목제로 된 발을 덮습니다.

---

35) 木村利昭 等. 2007. ミルク & チ-ズサイエンス. テリィマン社. 東京. 日本. p. 32.

④ 동굴의 벽면을 따라 같은 간격을 두고 짚류를 집어넣어서 단속합니다. 이 때 동굴바닥의 중심의 구덩이는 숙성중인 치즈로부터 떨어져 나온 수분과 지방분을 모으는 역할을 하게 했습니다.

⑤ 이에 따라 잘 정돈된 굴의 하부 가운데는 사각형이나 둥근형의 1.5 kg 크기인 토스카나 산을 중심으로 한 숙성 전의 페코리노(양젖치즈 일종)를 무명천 자루에 5~6개 정도씩 넣고는 그 자루를 쌓아 올렸습니다. 이러한 동굴 하나에는 4~5톤의 치즈가 들어갈 수 있었습니다.

⑥ 그러고 나서 맨 나중에 판을 붙여 공기가 들어갈 만한 곳들은 석고로 막아서 밀폐시킵니다.

⑦ 이 동굴을 개봉하는 때는 11월 25일 「산타 카테리나」의 축제일이라고 합니다.

오늘날 이를 구경하려고 오는 관광객의 매년 예약이 넘친다고 하는군요. 동굴 개봉을 하면 또한 눈에 날아들 듯이 들어오는 것은 부드러운 하얀 곰팡이가 굴의 벽면과 산더미처럼 쌓인 치즈의 산을 덮고 있는 것이 놀라운 광경이랍니다. 사람들이 그것을 바라보면서 가슴에 강렬하게 와 닿는 느낌이란 무엇으로 표현하겠는지요!

하나하나의 자루 포대 안에 들었던 치즈는 동굴 속에 가득한 발효열로 인하여 36~38℃까지 올라가게 되고, 3개월 동안 치즈의 수분과 기름기가 흘러 나와서 치즈의 중량은 15~20% 정도가 줄어들게 되면서 그 형태도 유연해집니다. 페코리노는 진정한 백색 표면의 동굴 속에서 겪은 고난의 기간을 통과한 은은하고도 강렬한 황색 기를 지니며 치즈의 내부 조직 모양은 보리 속살 같은 색으로부터 「화이트 아이보리」색으로 그 성숙도를 더해 간다고 합니다. 치즈 맛의 여운이 오래 간 후 여전한 맛이 뒤에 까지도 지속되는 역사를 타고 흘러 와서 이 지역 농민들의 끈질긴 삶의 지혜가 담긴 맛을 아련하고 그윽한 전설처럼 들려줍니다.

2.2 한국의 치즈 역사

한국의 치즈 역사는 표 1-1의 하단에 간략히 제시했지만 우리 조상은 오랜 세월을 소와 함께 가족처럼 지냈으면서도 아쉽게도 우유를 이용하는 기술은 보편화 시키지 못하였습니다. 다만 소는 사람을 대신하여 노역에 사용하고 노역에 사용할 수 없는 정도로 나이가 들면 고기를 이용하는 정도였지요. 우유는 조선조 시절, 궁내에 그나마 젖이 잘 나는 한우를 선발하여 사육하면서 궁중에서만 왕의 보양식으로 사용되었을 뿐 백성과는 머나먼 우유 이용 역사였던 것입니다. 중국이나 일본에서도 그러한 경향이 강하였고 18세기, 근대 문명시대가 열리기 전까지 동양의 식문화는 소를 사육해도 그 원유를 이용하는 기술을 고안해 내지 못하였습니다.

한국에서의 치즈 역사는 의외로 외국인들에 의해 열립니다. 하나는 외국인이 직접 유생산 동물 사육을 장려하여 그 젖을 이용한 자연치즈(놀랍게도, 숙성치즈였습니다!!) 제조기술을 소개한 경우였고, 다른 하나는 전쟁과 함께 외국 군인의 주둔에 의해 민간에 흘러들어간 경우입니다. 전자는 1960년대 가난에서 헤어 나오지 못하는 전북 임실군 주민을 안타깝게 생각하여 농토는 부족하고 임야가 많은 그 지역 환경을 역으로 이용하여 유산양을 사육하게 하고, 그 젖으로 치즈제조를 시도하여 갖은 노력 끝에 「정환치즈」와 「성가치즈」를 상품화한 지정환 신부(1931년 벨기에 태생, 본명 디디에 세스테벤스, Didier t'Serstevens)입니다[36].

그는 척박한 한국의 치즈 황무지에 치즈나무를 심어서 울창한 숲을 꿈꾸었으나 너무도 치즈에 미개한 한국 실정 앞에 좌절하고 결국은 그 꿈은 오늘날까지도 잠든 휴면기에 묻혀 있는 셈 입니다[37]. 후자는 미군이 1950년부터 3년간 겪은 한국 전쟁에 참여하면서 미군 PX(Post Exchange, 미군기지 영내 매점)를 통해 당시 미군에게 보급되고 있었던 체다 치즈가 특정 시장에 흘러나오면서 소개되었고, 야전군에게 수송기로 뿌려졌던 *C*-레이션(*C-ration*)[38] 속에 포함된 체다 치즈를 같은 전투부대에 있는 한국군과 나누어 먹으면서 소개된 경우입니다. 전자이든 후자이든 한국인에게 최초로 소개되었던 자연 치즈들이 풍기는 향미는 고소한 콩 단백질에 수천 년간 길들여 온 한국인들에게 감당할 수 없는 악취(?) 식품으로 다가왔고, 그로부터 60년이 지난 한국에서는 여전히 숙성치즈는 국민 대다수에게 분명한 기피식품으로 남아 있는 셈입니다.

그러나 한국경제가 성장하면서 1988년 세계 올림픽, 2002년 축구 월드컵과 같은 잦은 국제행사와 빈번한 해외여행을 통한 국제화 이후 한국이 미국 치즈 수입국 중 2위를 차지할 정도로 급속한 치즈 소비가 이루어지고 있는 상황입니다.[39]

참고로 2011년 말 기준 한국이 소비하고 있는 주요 치즈 소비 종류를 보면 피자요리에 사용하는 모짜렐라 치즈 60%, 가공치즈 36%, 그리고 기타 치즈 4%였으며[40], 2016년도 우리 국민 1인당 치즈 소비량은 2.68kg에 달해 불과 15년 전인 2000년의 0.89kg 보다 세 배나 증가한 상황입니다. 문제는 매년 국민의 치즈 소비량은 증대하고 있는데 치즈의 자급도는 매년 낮아져 2015년 치즈 소비량은 자연 치즈의 경우 총

---

36) 고동희. 박선영. 2007. 치즈로 만든 무지개. 명인문화사. 서울. pp. 112-114.

37) 고동희. 박선영. 2007. 치즈로 만든 무지개. 명인문화사. 서울. pp. 114-125.

38) *C-ration*은 야전에 전투 중인 군인들에게 조리과정을 거치지 않고 현장 즉석식으로 보급되었던 야전식량의 하나입니다. 참고로 당시 미군에서는 *A-ration*은 식자재 원료, *B-ration*은 반 가공 식자재를 의미했습니다.

39) 미국유제품수출협회(U.S. DEC). 2017. Business & Innovation Conference 발표자료. (www.thinkUSAdairy.kr/www.USdec.org/Seoul2017)

40) 배인휴. 2016. 고품질 장인치즈 육성을 통한 한국치즈 산업의 발전 방안. 사단법인 한국유가공기술과학회 제78차 춘계학술대회 발표 자료집.

소비량 106,794톤 중 95.0%(101,519 M/T)가 수입산이고, 국산은 5.0%(5,275M/T) 였으며, 가공 치즈의 경우 소비량 26249톤 중 38%(10,002M/)가 수입산이 차지하였고, 나머지 62%(15,940M/T)가 국산 가공 치즈였습니다.

그러나 사실은 국산 가공 치즈의 원료가 대부분 수입산 치즈커드가 사용되고 있어서 무늬만 국산인 셈으로 치즈 자급 도는 바닥권을 면치 못하고 있습니다. 어쨌든 한국의 지난 10년간 치즈 소비추세를 집계하여 연평균 소비 증가율을 기준으로 향후 5년간 치즈소비 잠재 수요를 추정해 볼 때 상당히 밝은 전망이 보입니다. 지난 10년간(2007년~2016년) 연평균 소비 증가율은 평균 8.37%였는데 향후 5년간 연간 치즈 소비량은 2017년 156,246 M/T, 2018년 169,323 M/T, 2019년 183,495 M/T, 2020년 198,853 M/T, 2021년 215,497 M/T로 추정되기 때문입니다. 이러한 향후 5년을 내다보는 한국의 치즈 소비전망 추정치는 지금은 모두 안일하지만 치즈산업의 미래 대처방안 마련에 중요한 지표라 할 수 있습니다.

표 1-5. 한국의 연간 1인당 유제품 소비량 추이(2008년~2015년)

(단위 : kg)

			2015	2014	2010	2009	2008
국 내 소비량	총량 (M/T)		3,834,096	3,645,665	3,171,341	3,036,455	2,980,812
	1인당 유제품		75.7	72.4	64.2	61.7	60.9
1인당 소비량	음용유		32.6	32.5	33.2	34.6	34.8
	발효유	액 상	9.41	9.18	7.44	5.35	5.81
		호 상	2.39	2.16	2.62	3.6	3.38
	치 즈	자 연	2.16	1.88	1.3	1.05	1.08
		가 공	0.52	0.48	0.49	0.4	0.39
		계	2.68	2.36	1.79	1.48	

주) 1. 우유 소비량 총량 : 국내 원유 생산량 + 전기 이월 + 수입 - 수출 - 재고 2. 우유 소비량 1인당 : 국내 우유소비 총량 / 인구수 3. 국민 1인당 유제품별 소비량 : 유제품별 소비량 / 인구수

자료 ; 낙농진흥회. 2015. 낙농통계연감

3. 치즈의 정의와 분류

3.1 치즈의 정의

치즈는 크게 세 그룹으로 나누어집니다. 자연치즈, 가공치즈, 대용치즈가 그것입니다. 따라서 이런 구분에 따라 치즈의 정의도 각각 달라집니다.[41].

1) 자연치즈(Natural cheese)

식품의약품안전처에서는 그동안의 치즈 정의를 다음과 같이 개정하였습니다.

[**자연치즈**라 함은 원유 또는 유가공품에 유산균, 단백질 응유효소[42], 유기산 등을 가하여 응고시킨 후 유청을 제거하여 제조한 것을 말한다. 또한 유청 또는 유청에 원유, 유가공품 등을 가한 것을 농축하거나 가열 응고시켜 제조한 것도 포함한다.]

이어서 비살균 원유로 숙성치즈를 제조할 수 있는 허용 기준도 새롭게 제정하였습니다. 그 내용은 다음과 같습니다.

[치즈용 원유 및 유가공품은 63～65℃에서 30분간, 72～75℃에서 15초간 이상 또는 이와 동등 이상의 효력을 가지는 방법으로 살균하여야 한다. 다만, 2℃ 이상에서 60일 이상 숙성하는 치즈용 원유 및 유가공품은 위에서 정한 온도 등 살균조건을 적용하지 아니할 수 있다.][43]

2) 가공치즈(Process cheese)

가공치즈라 함은 「자연 치즈를 원료로 하여 이에 다른 식품 또는 식품첨가물들을 가한 후 유화시켜 가공한 것이거나 자연 치즈에 속하지 아니하는 치즈로 총 유고형분 중 자연 치즈에서 유래한 유 고형분이 50% 이상인 것」을 말합니다.

3) 대용치즈, 아날로그 치즈(Cheese Substitute[44], Analog Cheese)

---

41) 우리나라 축산물의 가공기준과 성분규격을 관장하는 식품의약품안전처에서는 아직까지 치즈를 자연치즈와 가공치즈 두 그룹으로 구분할 뿐 소비자들에 대한 혼동 때문에 대용치즈를 치즈그룹에 포함시키는 것을 보류 중에 있습니다. 2016. 축산물의 가공기준 및 성분규격. 식품의약품안전처. pp. 48-51.

42) 이 효소는 원유의 단백질을 응고시켜 커드(원유 응고물)를 형성케 합니다. 렌넷으로 알려져 있습니다[각주 4) 참조].

43) 식약처. 2016. 축산물의 가공기준 및 성분규격 식품의약품안전처 고시 제2016-48호(2016. 6. 24. 개정) 자연치즈 가공기준 개정-자연치즈 제조 시 비살균 원유 허용하는 가공기준 개정.

44) 이 말은 원래 이미테이션 치즈(imitation cheese)와 치즈 대용품(substitute cheese)을 일컫는 다른 명칭임(Herbst, S & R. Herbst 2007. The Cheese Lover's Companion. William Morrow(imprint of Harper-Collins Publishers. NY. USA.). p. 63.

대용치즈라 함은 「유단백질(카제인, casein) 분말과 유지방을 대체시킨 식물성유를 조합하여 제조한 자연 치즈의 대체품」을 말합니다. 대용치즈에는 이 외에도 합성대용치즈(대두단백질 분말과 식물성유의 조합품)와 유제품 조합형 대용치즈(카제인 분말과 버터 오일(butter oil)의 조합품이 있습니다.

3.2 「치즈」라는 단어의 어원(語源) 유래

우리가 오늘날 사용하고 있는 「치즈」라는 말은 어디서 왔던 것일까요? 물론 한국어는 영어를 한국어화 한 외래어로 사용하고 있습니다. 그러면 영어의 「CHEESE」는 어디에서 왔을까요? 영어에서 치즈(Cheese)라는 말의 어원은 라틴어 「CASEUS」에서 유래합니다.

여기서 연결되어 이루어진 이름이 「Käse, 독일어」, 「KAAS, 네덜란드어」, 「CASIS, 아일랜드어」, 「CAWS, 웨일즈어」, 「CYSE, A.D. 1100년경의 영어」 등이 나왔던 것입니다. 영국에서는 그 후에 「COES」라든지 「CEASE」로 변형되어 사용되다가 16세기~17세기에 이르면 「CHES」, 「CHIESE」, 「SCHESE」 등으로도 일컬어지게 되어 현대어로서 「CHEESE」가 된 것으로 관찰 됩니다[45]. 그러나 「치즈」라는 의미의 말은 프랑스나 이탈리아로 가면 전혀 다른 말이 치즈를 의미하게 됩니다.

프랑스어에서는 「FROMAGE」라고 하는데 이는 고대 프랑스어 「FORMOS」와 라틴어 「FORMIA」와 연관이 있는 고대 그리스어 「FORMOS」에서 유래한답니다. 이들 용어는 용기(容器)를 의미하는 라틴어 「forma」와 연관되며, 이는 그리스어에서 버드나무 가지로 만든 바구니에 치즈를 넣어 커드의 유청을 제거하거나 그렇게 얻어진 치즈를 숙성시키는 데 사용할 때 formos라 한데서 유래하였다는 것입니다. 결국 이런 유연관계를 가진 formos가 formage로 변형되어 이탈리아에서는 치즈를 뜻하는 말은 「포르마지오, FORMAGGIO」가 되었고, 프랑스어로는 「프로마쥐, FROMAGE」가 된 것으로 보입니다[46][47].

이러한 언어의 흐름을 거쳐 오늘날 각국에서 치즈를 의미하는 단어가 나름대로 정해진 것입니다. 이를테면 각 언어별 치즈 명칭은 영어 <Cheese, **치즈**>, 프랑스어 <Fromage, **프로마쥐**>, 독일어 <Käse, **캐제**>, 이탈리아어 <Formaggio, **포르마지오**>,

---

45) (社)日本セルフサ-ビス協會. 1981. 食品知識ミニブックスシリ-ズ「チ-ズ入門」. (株)日本食糧新聞社. 東京. 日本. pp. 18-19.

46) 고준수. 곽해수. 김용휘. 김종우. 남명수. 박승용. 배인휴. 백승천. 윤성식. 이부웅. 인영민. 임종우. 정재복. 최양일. 허경택. 윤호. 황수환. 2002. 乳食品加工學. 先進文化社. 서울. p. 435.

47) 小野村正敏 譯. 1973. 世界の チ-ズ百科(원제 Cheese and Cheese Cookery, 1967년 판) 鎌倉書房. 東京. 日本. p. 11.

스페인어 <Queso, **퀘소**>, 스칸디나비아 3개국(덴막, 스웨덴, 노르웨이) <Őst, **오스트**>라고 부르게 된 것입니다. 동양에서 한국은 영어의 Cheese를 그대로 「**치즈**」라 하고, 일본 사람들은 영어의 cheese를 [가다가나, *カタカナ*]로 표기하여 <*チーズ*, **치즈**>라고 하며, 중국에서는 <牛奶餠, **니우나삥**>이라 부르게 된 것입니다.

3.3 좋은 치즈는 어떻게 만들어질까요?

저자가 치즈를 전혀 접해 본 일이 없는 한국 사람에게 치즈를 어떤 것으로 아느냐고 질문을 하면 그들의 80~90%는 "고약한 냄새, 맛이 쓰고 먹기 힘든 서양 발효식품"이라고 답합니다. 치즈가 과연 그러한 식품입니까? 전혀 그렇지 않습니다. 치즈의 종류가 1,700여 종이 넘지만 고약한 냄새를 풍기고 먹기 곤란한 종류는 10여 종(0.58%)이 안 될 것입니다. 치즈는 정말 맛이 있는 발효식품인 셈이지요.

그러면 우리가 먹기에 좋은 치즈, 맛있는 치즈의 생산 비결은 무엇이겠습니까? 좋은 치즈는 먼저 좋은 고품질의 원유에서 나옵니다. 그리고 치즈 제조에 알맞은 유산균 스타터(치즈마다 다를 수 있음), 제조공정 각 단계에서의 지켜져야 할 산도 이력(acidity history)과 온도 흐름(temperature curve) 나아가 그 제조 단계마다에서 고유한 제조기법(예를 들면 체다 치즈에서의 체다링)을 정해진 기법대로 잘 진행했는지의 결과에 따라 그 여부가 결정됩니다.

저자는 여기까지가 치즈제조 기술단계의 전단계라고 하고, 나머지는 치즈를 제품화하는 마지막 단계인 숙성관리를 후단계로 나누고 품질 결정의 60~70%는 후단계인 **치즈숙성 관리단계**에서 결정된다고 봅니다. 즉 치즈의 품질은 적절한 미생물의 작용에 의해 치즈 주요 성분인 유단백질과 유지방분의 원활한 분해작용을 최대한 이끌어 내는 치즈 **숙성단계**에서 결정된다고 할 수 있기 때문이지요. 그래서 결국 **좋은 치즈**는 **좋은 숙성고**에서 나온다고 해도 과언이 아닐 것입니다.

3.4 치즈의 분류

치즈의 종류가 1,700여 종류에 이르지만 알고 보면 그 많은 치즈들도 유사한 그룹들이 있어서 이를 그 갈래에 따라 분류하다 보면 서로 비슷한 것끼리 묶어질 수 있기 때문에 치즈 분류가 그리 복잡한 것이 아닙니다. 치즈 종류가 1,700여 종이라고 해도 그 중에서 실제로 상품화 되어 소비되는 것은 1,000여 종이며, 나머지 700여 종은 상품화는 안 되었지만 지역 전통이나 가정에서 가문의 비법처럼 제조되어 상품화가 안 된 채로 자체적으로 소비되고 있다고 봐야할 것입니다. 알고 보면 세상에 상품화 되지 않고도 존재하는 물건들이 얼마나 많은지 모릅니다.

치즈는 크게 자연치즈, 가공치즈, 대용치즈[48] 등 세 부류로 구분되며, 유엔 산하 기구인 국제식품규격위원회(Codex)에서는 계속해서 치즈의 품질 규격을 검토해 나가면서 기존의 치즈의 종류와 새로운 치즈의 분류에 대한 기준들을 개정해 나가고 있습니다(Codex Alimentarius Commition). 최신 치즈분류 목록은 미국 낙농협회(American Dairy Association)를 대표하는 DAIRY Management INC(DMI)의 치즈 홈페이지(http://www.ilovecheese.com)나 국제낙농연맹(IDF, International Dairy Federation)의 홈페이지(www.fil-idf.org) 검색을 통해 새로운 치즈 정보를 파악할 수 있습니다.

치즈 종류들을 잘 정리해 둔 도서로는 1,200여 종의 치즈를 정리해 둔 **바들레미**와 **스페라-차르**의 책[49]이 있고, 그들이 계절별 치즈를 정리해 둔 「세계의 치즈」[50] 그리고 세계적인 백과사전의 진수로 알려진 프랑스의 「라루즈 치즈백과사전(Robert J. Courtine 저)」을 일본어로 번역해 발간된 「ラルース. チーズ 辭典(Larousse des Fromages)」[51] 이 있습니다.

기본적인 치즈 분류는 ① 원산지, ② 제조방식, ③ 일반적인 외관, ④ 물리적 성질, ⑤ 화학적 성분조성, ⑥ 미생물학적 성질, ⑦ 가문(cheese family)별로 나눌 수 있습니다[52]. 먼저 원산지에 따른 분류법은 일반적으로 행하는 가장 보편적인 분류법이지요. 제조방식에 따른 분류는 치즈제조 기술자에 따라 달라지므로 매우 흥미로운 분류 방식입니다. 일반적으로 치즈의 외관(appearance)에 의한 분류 방법은 소비자들이 가장 쉽게 받아들이는 방법이며, 물리적 성질에 따른 분류는 먼저 유동성(rheology), 화학, 미생물학적 구분에 의한 분류법인데 과학자들은 흥미를 갖고 이렇게 분류하기를 좋아합니다.

실제로는 원산지에 의한 분류법 이외 분류법은 상호 연관성들이 모두 있는데 이를테면 제조법의 차이 탓에 따로 물리적 성질이 변하는 것과 외관이 변하는 것은 서로 연관이 되기 때문입니다. 따라서 동일한 제조법이라 해도 자연치즈는 생 치즈(Green Cheese)가 숙성이 나날이 진행되면서 향미나 조직의 굳기가 현저하게 변화하는 것입니다. 다음으로는 ①, ②가 같은데 ③에 와서는 달라질 수가 있습니다. 이는 곧 치즈

---

48) 국내에서 대용치즈라는 명칭은 저자가 2007년에 맨 처음 사용하기 시작했습니다. 이 치즈를 캐나다 겔프대학교 식품과학과 치즈 집중코스(Cheesemaking Intensive Course)에서 사용하는 교재를 소개받아 번역하면서 부터입니다. 배인휴. 안종건 공역. 2007. 치즈과학과 제조기술. 도서출판 유한문화사. 서울. pp. 261-263.

49) Barthelemy, R. and A. Sperat-Czar 2005. Guide to Cheeses of the World - 1200 Cheeses of the world. Octopus Publishing Group, London. UK.

50) Barthélemy, R. and A. Sperat-Czar 2005. Guide to Cheeses of the World - 1200 Cheeses of the world. Octopus Publishing Group, London. UK.

51) ロベール. クルティーヌ(Robert J. Courtine) 著 松木脩司 譯 1979. ラルース. チーズ 辭典 <Larousse des Fromages> 三洋出版貿易株式會社. 東京. 日本.

52) 仁木達. 1974. チーズ博士の本. 株式會社 地球社. 東京. 日本. p. 47.

를 만들고 나서 몇 주째, 몇 달간 숙성한 것이냐에 따라 치즈의 성질은 크게 달라지기 때문입니다. 그러므로 어떤 치즈를 먹을 때에는 우선 그것을 먹는 개인이 섭취할 때의 치즈 성질에 따라 여러 가지 경우가 달라지는 것이지요. 같은 종류의 치즈라 해도 치즈의 숙성 정도에 따라 "이 치즈는 싱겁다"라든지 "이 치즈는 맛이 깊다"로 표현이 나올 수가 있는 것입니다. 숙성 정도가 1~2개월만 차이가 나도 반드시 그런 결과가 나타난다는 것을 기억하십시오.

1) 치즈분류의 개요

(1) 커드를 모아서 맷팅(matting)시키는 것 : 체다(Cheddar) 계열

(2) 커드를 분리시킨 채 만드는 것 : 콜비(Colby) 계열

[Tip 03] 고춘수 등[53]은 치즈의 분류를 12가지로 해 둔 바 있습니다. 이를 다시 저자는 다음과 같이 크게 4가지로 압축 요약하였습니다.

(1) 원료유의 종류에 따른 분류

① 우유, ② 산양유(山羊乳), ③ 면양유(緬羊乳), ④ 물소 젖(水牛 乳), ⑤ 야크 젖(Yak 乳), ⑥ 낙타 젖(駱駝 乳), ⑦ 순록(馴鹿) 젖 치즈 등

(2) 건물량에 따른 분류

① 신선치즈(Fresh cheese), ② 연질 숙성치즈(Soft cheese), ③ 반경질치즈(Semi-hard cheese), ④ 경질치즈(Hard cheese) 등

(3) 치즈 표피의 형태에 따른 분류

① 무표피(Rindless), ② 건조피(Rinded), ③ 착색피(Colored rind), ④ 백화피(White flowered rind), ⑤ 청맥형(Bule vined rind) 등

(4) 지방량에 따른 분류방법

치즈의 건물함량(乾物含量) 중 지방량(fat in dry matter, FDM) 계산에 근거하여 분류하는데, 즉 치즈 건물 중에 지방량이 차지하는 비율을 가지고 분류하는 것이지요. 가령 어떤 치즈의 FDM이 50%이고, 건물함량이 40%이면 이 치즈 중의 지방량은 20%가 됩니다(40% 건물량, 60% 수분). 보통 FDM 50% 치즈를 전 지방치즈(Full fat cheese)라고도 구분합니다. 이는 치즈의 지방량이 높을수록 조직감이 부드러워지는 성질이 있으므로 치즈 선택의 주요 지표가 될 수 있는데 일반 소비자가 이를 분별해내기란 그리 쉽지가 않습니다.

53) 고춘수. 곽해수. 김용휘. 김종우. 남명수. 박승용. 배인휴. 백승천. 윤성식. 이부웅. 인영민. 임종우. 정재록. 최양일. 허경택. 홍윤호. 황주환. 2002. 유식품가공학. 선진문화사. 서울. pp. 436-439.

(3) 치즈제조 공정에 특별 세균을 접종시켜 치즈 내부에 치즈 눈(cheese eyes)을 형성시키는 치즈 : 스위스(Emmenthal), 삼소(Samsoe), 그뤼에르(Gruyere), 에담(Emmer), 가우다(Gouda), 아펜젤러(Appenzeller) 계열

(4) 숙성기간이 해를 넘겨가며 진행해야만 하는 장기 숙성 치즈들 : 파르메산, 로마노, 아시아고, 스브린츠 계열

(5) 파스타 필라타(열수에 스트렛칭 함)형 치즈 : 모짜렐라, 프로블롱, 카쵸카발로, 스트링 계열

(6) 곰팡이로 내부 숙성한 치즈 : 블루 치즈 계열(로크포르, 다나블루, 스틸튼, 고르곤졸라와 같이 치즈 내부에 블루베인(blue vein, 청맥, 靑脈)을 갖는 것

(7) 세균과 효모에 의해 표면 숙성한 치즈 : 브릭, 틸지터, 하바르티, 림버거 계열

(8) 곰팡이에 의해 표면 숙성한 치즈 : 까망베르, 브리와 같이 푸른 곰팡이류로 표면을 하얀색으로 덮어서 숙성하는 백화피(白花皮) 치즈 계열

(9) 산에 의해 응고시킨 치즈 : 오막살이(Cottage), 크림, 크박, 마스카르포네, 뉘샤텔 계열

(10) 산과 열로 응고시킨 치즈 : 그리폰 프라잉, 리코타, 파니어 계열

(11) 가공치즈와 관련된 제품류 : 살균가공치즈, 살균가공 치즈식품, 살균가공치즈 스프레드, 콜드 팩 치즈, 콜드 팩 치즈식품, 슬라이스형 치즈, 분말형 치즈 등

2) 수분함량에 따른 분류

치즈의 분류방식은 나라마다 다르고 분류 방식이 많은데 일반적으로 굳기 정도(수분함량)에 따라 다음과 같이 4종류로 구분합니다.

(1) 연질치즈(Soft Cheese) : 치즈의 수분함량이 50~60%인 것

① 비숙성형 : 오막살이(Cottage, 저자는 일찍이 1998년부터 순천대학교에서 실시했던 낙농가들을 위한 「농가 치즈제조기술 워크숍」에서 카티지 치즈(Cottage cheese)를 소개하면서 '**오막살이 치즈**'로 바꾸어 소개했습니다.[54]

---

54) 영국에서 마을 유가공장을 Creamery라고 하였는데, 이는 목장주들이 원유로부터 크림을 걷어 유가공장에 가져오면 유가공장에서는 이를 버터제조에 사용했고, 목장들은 남은 탈지유를 버리거나 돼지 사료로 사용해 오다가 어느 날 이 탈지유를 유산균으로 발효시켜 하얀색 신선치즈를 제조해 사용하기 시작한 것이 카티지 치즈의 탄생이 된 것입니다. 그리고 가난한 사람들이 이 탈지유를 얻어다가 집(Cottage)에서 발효시켜 사용한 것이 유래가 되어 가난한 자들의 치즈가 되었다고 전해집니다.

크림, 모짜렐라, 크박, 스트링, 미소스트, 마스카르포네 등

② 숙성형 : 림버거, 벨 피아제, 까망베르, 브리

(2) 반경질치즈(Semi-hard Cheese) : 치즈의 수분함량이 40~50%인 것

① 숙성형

- 표면에 세균을 도포하여 숙성한 것들입니다 : 뮌스터, 생 폴(폴르살류), 틸지터, 브릭, 하바티
- 치즈 내부를 세균증식에 의해 숙성하는 것들입니다 : 삼소, 마리보
- 치즈 내부를 곰팡이로 숙성하는 것들입니다 : 블루, 스틸튼, 고르곤졸라, 로크포르

(3) 경질치즈(Hard Cheese) : 치즈의 수분함량이 35~40%인 것

① 내부에 세균생육에 의해 숙성하는 것들입니다

- 치즈 눈(CO_2가스구멍)이 있는 것 : 에멘탈, 그뤼에르
- 치즈 눈이 없는 것 : 체다, 가우다, 에담, 콜비

(4) 초경질치즈(Very Hard Cheese): 치즈의 수분함량이 25~35.0%인 것

① 숙성형

- 치즈 내부를 세균증식에 의해 숙성하는 것들입니다 : 파르메산(파르메지아노 레지아노, 그라나 파다노), 로마노, 아시아고

3) 제조공정에 따른 분류

(1) 비숙성 신선치즈(Fresh unripened cheese) :

이 그룹에 속하는 치즈류는 대부분 신선치즈로써 숙성과정을 거치지 않는 치즈류인데 우유, 산양유, 면양유를 사용하여 제조할 수 있습니다. 이 그룹의 치즈는 대개 제조법이 매우 단순 간단하고 제조 직후 식품 소재로의 사용이 가능합니다. 그래서 이 그룹의 치즈는 국내 생산 시 수입치즈와의 경쟁력이 좋아서 제조 판매해 볼만합니다.

신선치즈 제조는 기본적으로 산에 의해 응고시켜 얻는 것이고 때때로 렌넷을 아주 미량 첨가하거나 하지 않는데 렌넷의 사용은 조직의 좋은 견고도를 얻으려고 할 때 사용합니다. 이때 젖의 산성화는 비교적 많은 양으로 접종된 유산균(주로 중온성 균)에 의한 것으로 유산균을 20~30℃ 범위의 배양 온도 하에 장시간 배양에 의해 증식됨으로써 유산의 양을 점증시켜서 비교적 견고한 젖의 응고물을 얻을 수 있습니다.

이런 그룹 치즈의 바람직한 응고물을 얻을 수 있는 적정 pH 수준은 4.6~4.8의 범위일 때 얻어집니다. 또한 치즈의 수분함량은 유청 배제시간을 늘리거나(유청 빼는 자루에 넣어 걸어 두는 시간) 벳트 내에서의 가온 온도를 높여 주면 커드로부터 유청의 방출 또는 밀어냄(syneresis, expulsion)의 정도에 따라(오막살이 치즈) 조절할 수 있게 됩니다.

신선치즈의 좋은 저장조건은 4℃ 이하이고, 이런 종류의 치즈 유통기한은 2주 정도입니다. 신선치즈는 제조 직후 신선한 상태에서 먹는데 이 점 때문에 전문가들은 신선치즈 제조 원유는 반드시 저온살균한 원유로 신선치즈를 만들게 되면 앞서 말한 대로 유통기한이 2주 이내가 될 수 있다고 하는 것입니다. 신선치즈는 높은 수분을 갖고 있고 부드러운 조직이면서 매끄럽고 크림이 풍부한 조직을 갖게 됩니다. 신선치즈는 그대로 이용할 수 있지만 소금, 고춧가루, 허브, 건포도나 양 호두, 해조류와 같은 것들을 혼합한 양념을 처리하면 그 이용 폭이 넓어지고 특성이 강화됩니다. 아울러 이런 신선치즈에 꿀, 설탕, 초콜릿, 과일류를 섞어 준비하면 훌륭한 디저트로도 쓸 수 있게 됩니다. IDF[55)56)]의 보고에 따르면 전 세계적으로 신선치즈는 수많은 요리의 재료로 광범위하게 사용되고 있고, 2004년 이래 매년 생산과 소비가 증가일로에 있다고 합니다.

신선치즈류는 크림치즈, 오막살이(Cottage) 치즈, 크박, 사우어 크림, 프로마쥐 블랑 그리고 쉐브르 프레이즈 치즈와 같은 것들입니다.

(2) 렌넷 응고 신선치즈류 :

세계 일부 지역들, 가령 라틴아메리카, 중부유럽과 서부유럽 지역에서는 원유를 살균하거나 살균하지 않은 것에다 유산균과 렌넷을 같이 첨가하여 엄격한 방식으로 몇 가지 신선치즈류를 생산 이용해 오고 있었습니다. 이런 신선치즈는 독특하게 향미가 부족하고 높은 pH를 갖고 있어서 열을 가해도 녹지 않습니다.

이 치즈류는 유산균으로만 즉 유기산에 의해서만 제조된 것도 있는데 퀘소 블랑코 치즈가 그 좋은 예입니다. 이 치즈류의 pH 범위는 5.8~5.9이고, 수분함량은 치즈에 가온하는 정도에 따라 조절이 가능해집니다. 이 치즈류의 수분함량 범위는 50~70% 수준으로 이런 치즈류의 유통기한은 2주 이내입니다.

---

55) IDF(International Dairy Federation, IDF-국제낙농연맹) : 이 단체는 1903년에 세계 낙농 전문가들이 낙농분야의 공동과제 해결, 정보와 경험교환의 협의체로서 결성하여 활동해 오고 있으며, 오늘날 49개국 회원국을 갖고 있습니다. 한국은 지난 2006년에 가입이 이루어졌고, 낙농진흥회 산하에 IDF한국위원회가 구성되어 활동하고 있습니다. 2018년 10월, 대전에서 IDF 세계총회가 열립니다. (http://www.fil-idf.org).

56) IDF. 2016. The World Dairy Situation 2015. IDF Bulletin 423 : 1-90.

(3) 연질숙성 치즈 :

연질숙성 치즈류에는 까망베르와 블루치즈[57], 페타, 발렝캐이, 뷔헤드 쉐브르와 같은 것들이 있습니다. 이런 치즈들은 산과 렌넷에 의한 응고물로부터 얻은 류[백화피(白花皮), 블루(청맥, 靑脈), 페타, 브리 등)]와 산으로 응고시킨 것으로부터 얻은 것(발렝캐이, 뷔헤드 쉐브르, 샤우르스 등)들이 있습니다. 비숙성 신선치즈에서와 같이 산(酸)으로 응고시키는 연질숙성 치즈는 원유를 스타터가 생성한 유산의 수준을 증가시켜 응고시키는데 유산과 렌넷의 혼합형 응고 치즈의 저산성은 치즈 성형 전 치즈 커드 조직 형성의 발달을 도와줍니다.

어떤 응고방식을 거쳤든 간에 연질 숙성형 치즈는 성형 틀에 커드를 담은 뒤 실온 하에 수시간을 방치해 두는 것을 원칙으로 합니다. 왜냐하면 이 과정에서 커드로부터의 추가적인 유청 배제가 이루어질 뿐만 아니라 산생성이 진행되기 때문인데 보통 몰드에 커드를 담아서 이 과정을 끝내기까지 12～16시간이 소요됩니다. 이 혼합형 연질숙성 치즈류의 유청 배제가 끝난 때의 pH 범위는 5.2～5.5인데 이 연질치즈는 응고시킬 때의 pH 범위는 4.6～4.8입니다.

연질숙성 치즈의 수분함량은 45～60% 이내로써 연질숙성 치즈의 유통기한은 다양합니다. 대부분은 생산 후로부터 2～8주 범위 안에 있습니다. 이때 유통기한(shelf-life)은 치즈의 크기(크기가 큰 치즈가 길지요), 지방함량(지방함량이 높은 것이 깁니다)에 따라 영향을 받으며 원유의 종류, 저장온도와 습도 범위에 따라 달라지기도 합니다.

(4) 반경질 치즈[가수세척(加水洗滌, Wash)]형 :

반경질 치즈(워시형)는 유산균과 렌넷에 의해 얻어진 커드로부터 생산됩니다. 치즈제조 과정에 워시형(가수 세척) 과정이 들어가는 치즈[가우다Gouda), 에담(Edam), 하바르티(Havart), 생 폴린(St. Paulin), 아펜젤러(Appenzeller), 콜비(Colby), 베르크(Berg)]는 치즈제조 공정 중에 특정 온도의 열수(hot water)를 서서히 첨가, 교반해 주면서 커드를 씻어 주듯이(wash) 하는 작업[58]이 있는 치즈입니다. 결국 열수를 넣어서 커드를 씻어 주듯이 하는(wash) 과정은 커드 내

57) 저는 까망베르의 표면이 하얀 눈꽃처럼 순백 표피를 갖는다는 점에 착안하여 백화피(白花皮) 치즈라 했고, 블루 치즈는 내부에 푸른곰팡이의 균사 맥이 파랗게 형성된다는 점에서 "블루(청맥, 靑脈) 치즈"라고 명명하였습니다.

58) 치즈제조 공정에 워시(wash, 加水 洗滌) 과정이란 치즈 벳트 내에 열수(hot water)를 서서히 가해 가온과 커드 세척(wash)을 함으로써 치즈 벳트 내 유청의 유당이 희석되고 뜨거운 열수가 커드를 수축시키면서 유청 방출이 되는데, 결국 전체적인 유당희석(감소)으로 제조중의 유산균 증식이 저감하면서 유산균 유래 단백질 가수분해 효소와 유산생성량이 감소되어 비교적 온화한 향미의 치즈제품을 얻을 수 있게 됩니다.

유당함량을 희석시켜 주는 효과가 있어 그 이후의 치즈제조 공정에 더 이상의 과도한 가수분해 효소 생성 억제와 유산(lactic acid)량의 최소화로 온화한 맛을 내는 치즈를 얻고자 하는 목적을 이룰 수 있게 되는 것입니다.

한국 사람들이 감당하기 곤란하게 독한 냄새가 나는 특수한 유럽 전통치즈에 거부감을 갖고 있다는 점에서 치즈의 한국화를 위해 과도기적으로 일부 독한 향미를 갖는 서양치즈에 커드 세척(wash) 작업을 도입해서 치즈 향미와 맛을 완화시켜 보급해줄 필요가 있다고 봅니다. 왜냐하면 커드 세척작업을 통해 보다 연한 조직감과 부드럽고 온화한 향미의 치즈를 얻을 수 있기 때문입니다.

나아가 커드세척(Curd wash) 작업은 치즈의 적절한 수분조절 수단으로도 쓸 수 있습니다. 즉 고온(보통 70℃)의 열수가 첨가되면 38℃ 이상이 유지되고 고온이 치즈커드 내 유청 방출(syneresis)을 촉진시켜 적절한 치즈 수분함량으로 낮출 수가 있습니다. 반면 낮은 온도(32～35℃)에서 가온교반(cooking)하게 되면 커드 수분의 방출이 원활하지 못하여 커드 내에 많은 수분이 잔류하게 되면서 최종 제품에서 수분함량이 높은 치즈가 얻어지기 마련입니다. 커드세척(wash) 과정이 있는 치즈류의 경우 제조 후 1～3일경 수분함량 범위는 40～50%이고, pH 5.1～5.2 범위입니다.

(5) 경질치즈 :

경질치즈는 유럽인을 비롯한 서구문화가 정착된 지역마다에서 매일 식탁에서 그리고 각종 요리재료로 이용되는 거의 대부분의 치즈가 포함되고 있습니다. 이 치즈류 역시 유산균과 렌넷을 사용하여 얻은 커드로 만들어집니다. 이 치즈에 속하는 주요 치즈는 톰(Tomme), 모르비어(Morbier), 몬터리 잭(Montery Jack), 체이셔(Cheshire), 로마노(Romano), 파르메산(Parmesan), 에멘탈(Emmental), 그뤼에르(Gruyere), 꽁떼(Comté) 등입니다.

결국 최종 제품이 얻어지는 데는 가압과정을 거쳐야 하는 경질치즈가 가압과정이 없는 연질숙성 치즈보다 더 오랜 시간이 소요됩니다. 이를테면 유산과 렌넷에 의해 응고되어 절단된 커드는 이어지는 가온교반을 거치면서 커드는 보다 더 치밀한 조직을 얻게 되고 치즈의 수분함량을 더 낮추기 위해 정교한 가압과정을 거치게 되는 것입니다. 그래서 경질치즈는 일반적으로 다른 치즈류 보다 숙성기간을 포함한 전체적인 제조공정이 길 뿐만 아니라 제품의 품질 손상 없이 장기간 저장이 가능한 특징을 갖추게 되는 것이지요.

사실 이렇게 장기간 제조과정을 거치면서 지속적인 숙성이 이루어지고 치즈마다의 고유하고 독특한 향미를 얻게 되는 것입니다. 이런 점 때문에 우리는 반경질 치즈이면서도 숙성기간을 연장하면 경질치즈가 되는 두 종류의 특별치즈인 올드 체다와 올드 파르메산을 예로 들 수 있는데 이들은 10년 이상 보존이 가능한 경질치즈로 손색이 없습니다. 여기서 경질치즈를 두 개의 그룹으로 나눌 수 있는데 하나는 40℃ 이하에서 가열 교반한 그룹이고, 다른 하나는 50℃ 이상의 가열 교반을 거친 치즈그룹입니다.

4) 치즈의 계열(Family)별 분류[59)]

지금까지 우리가 배워 온 치즈의 분류나 치즈의 종류 파악 방식이 매우 단편적이었습니다. 왜냐하면 우리에게 전해진 치즈 지식이 제한적이었고 분류 자체가 그리 중요하게 인식된 바가 없었기 때문입니다. 그런데 이제 다음 자료들을 보시면 매우 구체적이면서도 손에 잡히는 듯하게 안목이 열릴 것입니다.

「치즈에도 사촌간이 있다」고 누군가가 저자에게 일러준 것이 새삼스러운 자료입니다. 치즈를 마치 인간 가문의 인척관계의 가깝고 먼 족벌을 나누듯이 계열별로 묶어 구분해 두었기 때문에 복잡한 치즈 분류가 한결 쉽게 다가와 접근하기가 편해졌다는 것입니다. 저는 누구든 이러한 안목이 열린 사람은 어떤 치즈를 만났을 때 치즈를 한눈에 알아보고 치즈를 논할 수 있는 전문가적 식견을 갖춘 수준이라고 판단합니다. 자료가 익숙해지기까지 자주 살펴보십시오. 이제 여러분이 바로 그 사람입니다.

---

59) 본 자료는 프랑스의 롤란드 바델레미와 아르노드 스페랏-차가 집필한 『Guide to Cheeses of the World- 1200 Cheeses of the World-』에서 주요 치즈를 발췌 정리한 것입니다. 이 책 프랑스어판 제목은 『Fromages du Monde』이며, 2003년에 영국의 Translate-A-Book, Oxford에서 영어로 번역 출판한 것입니다. 롤란드 바델레미는 30년에 걸친 치즈 판매상이자 치즈숙성 전문가입니다. 그는 생 치즈들을 구입해다가 자기 숙성실에서 전문적으로 숙성 관리하여 판매하는 사람입니다. 그는 일찍이 프랑스 치즈제조 길드의 회장, 프랑스 아티잔 치즈(Artisan Cheese) 제조인협회 회장 등을 역임하고, 2001년에 레종 되뇌에르 훈장(Legion of d'Honour Chevalier)을 받기도 하였습니다. 아르노드 스페랏-차는 프랑스에서 1994년에 창간된 『L'Amateur de Fromage(아마츄어 치즈)』의 발행에 참여하는 언론인이자 비살균 원유로 치즈 만들기가 취미인 분입니다. Barthelemy, R. and A. Sperat-Czar 2003. 『Guide to Cheeses of the World.-1200 cheeses of the world-』 Hachette illustrated UK. Oktopus Pub. Group. London. UK. 이와 더불어 Burno Battistotti, Vittorio Bottazzi, Antonio Piccnardi and Giancarlo Volpato가 정리한 『Cheese : A guide to the World of Cheese and Cheesemaking』. 1983. Facts on File Publications. NY. USA를 참고하였습니다. 이 책은 세계 주요 치즈 중 400여 종을 엄선하여 사전 형식으로 정리해 둔 것입니다.

(1) 브리 드 모 계열(The Brie de Meaux family)

No	치즈 명칭	별 칭	제조국(지방)	원 유	숙성기간
1	썸머셋 브리 (Somerset brie)		영국 / Somerset	우 유	1개월
2	브리(Brie)		프랑스	우 유	1개월
3	브리 드 모 (Brie de Meaux)	Brie de Valois	프랑스 / Seine-et-Marne	우 유	3개월
4	브리 드 믈랭 (Brie de Melun)		프랑스 / Seine-et-Marne-Brie	우 유	3개월
5	그래이프 바인 애쉬 브리 (Grape vine ash brie)		호주 / New South Wales	우 유	1개월
6	애비 블루 브리 (Abbey blue brie)		아일랜드	우 유	2개월

(2) 까망베르 계열(The Camembert family)

No	치즈 명칭	별 칭	제조국(지방)	원 유	숙성기간
1	썸머셋 까망베르 (Somerset Camembert)		영국 / Somerset(영국)	우 유 산양유	1개월
2	본체스터 (Bonchester)		영국 / Roxburghshire (Scotland)	우 유	2개월
3	테비오 데일 (Teviotdale)		영국 / Scotland	우 유	3개월
4	까망베르 (Camembert)		프랑스 / Southern Normandy	우 유	3주
5	까망베르 드 노르망디 (Camembert de Normandie)		프랑스 / Normandy	우 유	1개월
6	카프리스 드 디외 (Caprice des dieux)		프랑스 / Champagne	우 유	2주

(3) 뮌스터 계열(The Munster family)

No	치즈 명칭	별 칭	제조국(지방)	원 유	숙성기간
1	뮌스터 (Münster)		독일 / Bavaria	우 유	3개월
2	비어캐제 (Bierkäse)		오스트리아	우 유	3개월
3	뷕스 프레스 (Beaux prés)		벨기에	우 유	2개월
4	에르브 (Herve)	Herve kaas	벨기에 / Herve	우 유	3개월
5	테띨라 (Tetilla)		스페인 / Galicia	우 유	2개월
6	리바로 (Livarot)	Colonel	프랑스 / Pays d'Auge	우 유	2개월
7	마르와이으 (Maroilles)		프랑스 / Nord et Aisne	우 유	4개월
8	미뇽 [Mignon(maroilles)]		프랑스 / Flanders	우 유	3개월
9	뮈잉스테르 (Munster)	Géromé	프랑스 / Vosges	우 유	3개월
10	뽕 레베끄 (Pont-l'évê que)		프랑스 / Normandy	우 유	2개월

(4) 바슈랑 계열(The Vacherin family[60])

No	치즈 명칭	별 칭	제조국(지방)	원 유	숙성기간
1	바슈랑 샤푸 (Vacherin Chaput)		캐나다 / Montérégie	우 유	1개월
2	까브리 아리제오스 (Cabri ariégeois)		프랑스 / Comté de Foix	산양유	6주
3	바슈랑 데스 아일롱 (Vacherin des Aillons)[61]		프랑스 / Bauges	우 유	3개월
4	바슈랑 몽 도르 (Vacherin mont-d'or)	Mont-d' or de joux	스위스 / Swiss jura	우 유	1개월

60) 바슈랑 치즈는 원래 알프스 산악지에 속하는 스위스, 프랑스에서 제조한 것입니다.
61) 바슈랑 보쥬(Vacherin Bauges)라고도 칭합니다.

(5) 생 넥타르 계열(The Saint-Nectaire family)

No	치즈 명칭	별 칭	제조국(지방)	원 유	숙성기간
1	노썸버랜드 (Northumberland)		영국 / Northumberland	우 유	3개월
2	보부르드 (Beauvoorde)		벨기에	우 유	2개월
3	빅터 에 베르돌드 (Victor et Berthold)		스위스 / Lanaudiére	우 유	3개월
4	콜롬비에르 (Colombière)		프랑스 / Alps	우 유	3개월
5	푸름 드 로크포르 (Fourme de Rochefort)		프랑스 / Auvergne	우 유	3개월
6	프로마즈 드 레즈 (Fromage de Lège)		프랑스 / Central Pyrenees	우 유	6개월
7	뮈롤(Murol)		프랑스 / Auvergne	우 유	2개월
8	르블로숑(Reblochon)		프랑스 / Aravis	우 유	6주
9	생 넥타르 (Saint-nectaire)		프랑스 / Auvergne	우 유	3개월
10	듀러스(Durrus)		아일랜드 / Coles	우 유	3개월
11	캐필리(Caerphilly)		영국 / Wales	우 유	2개월

(6) 체다 계열(The Cheddar family)

No	치즈 명칭	별 칭	제조국(지방)	원 유	숙성기간
1	체다(Cheddar)		영국 / Somerset	우 유	1년
2	체이셔(Cheshire)	Chester	영국 / Cheshire	우 유	3개월
3	더비(Derby)		영국 / derbyshire	우 유	4개월
4	더블 글로스터 (Double Gloucester)		영국 / Gloucestershire	우 유	6개월

5	더블 우스터 (Double Worcester)		영국 / Worcestershire	우 유	9개월
6	랭커셔(Lancashire)		영국 / Lancashire	우 유	6개월
7	라이체스터 (Leicester)	Red'Leicester	영국 / Leicestershire	우 유	6개월
8	세이지 더비 (Sage Derby)		영국 / Derbyshire	우 유	1년
9	웬슬리데일 (Wensleydale)	White Wensleydale -White Cheese	영국 / Yorkshire	우 유	6개월
10	치담(Cheedam)		호주	우 유	1년
11	던롭(Dunlop)		영국 / Ayrshire	우 유	1년
12	아이슬 어브 뮬 (Isle of Mull)		영국 / Isle of Mull	우 유	6개월
13	콜비 크라울리 (Colby crowley)		미국 / Wisconsin, Vermont	우 유	6개월
14	몬트레이 (Monterey)	Monterey jack-Jack bear flag	미국 / California	우 유	10개월
15	깡탈(Cantal)	Fourme du Cantal	프랑스 / Cantal	우 유	1년
16	라기올(Laguiole)		프랑스 / Aubrac(Aveyron, Cantàl, Lozère)	우 유	18개월
17	살레르(Salers)	Fourme de Salers-Cantal salers	프랑스 / Cantal	우 유	18개월

(7) 가우다 계열(The Gouda family)

No	치즈 명칭	별 칭	제조국(지방)	원 유	숙성기간
1	비앙코(Bianco)		독일	우 유	2개월
2	겔팅거(Geltinger)		독일 / Schleswig-Holstein	우 유	3개월
3	가우다 알레만트 (Gouda allemand)	Deutscher gouda	독일	우 유	6개월

4	쉬베비셔 란트캐제 (Schwäbischer landkäse)		독일	우 유	2개월
5	틸지트(Tilsit)		독일 / Lithuania	우 유	3개월
6	빌스터 마쉬캐제 (Wilster marschkäse)	Wilstermarsch	독일 / Holstein	우 유	3개월
7	커버데일(Coverdale)		영국 / Yorkshire	우 유	2개월
8	에스롬(Esrom)	BütterKäse danois	덴마크	우 유	3개월
9	하바티(Havarti)	Tilsit danois	덴마크	우 유	2개월
10	마리보(Maribo)		덴마크 / Island of Lolland	우 유	4개월
11	몰보(Molbo)		덴마크	우 유	3개월
12	브릭(Brick)		미국 / Wisconsin	우 유	2개월
13	미모렛(Mimolette)	Boule de Lille-Vieux lille	프랑스 / Nord	우 유	2년
14	파베 드 루베 (Pavé de Roubaix)		프랑스 / Nord	우 유	1년
15	베이비 가우다 (Baby Gouda)		네덜란드	우 유	3개월
16	에담(Edam)	Tête de maure-Manbollen-Katzenkopf-Tête de chat	네덜란드	우 유	6개월
17	가우다(Gouda)	Gouda kaas	네덜란드 / Northern Netherlands	우 유	6개월
18	파르다노(Pardano)		네덜란드	우 유	1개월
19	샹 죠지(São Jorge)		포르투갈 / Azores	우 유	6개월
20	스베시아오스트 (Sveciaost)	Svecia	스웨덴	우 유	3개월

(8) 트라피스트 계열(The Trappiste family)

No	치즈 명칭	별 칭	제조국(지방)	원 유	숙성기간
1	부터캐제 (Butterkäse)		독일	우 유	2개월
2	림부르커 (Limbourg)	Limburger	독일	우 유	3개월
3	트라피스텐캐제 (Trappistenkäse)		오스트리아	우 유	3개월
4	아베이 드 레페 (Abbaye de Leffe)		벨기에	우 유	2개월
5	포르 쌀뤼 (Port-Salut)		프랑스 / Mayenne-Maine	우 유	3개월

(9) 만체고 계열(The Manchego family)

No	치즈 명칭	별 칭	제조국(지방)	원 유	숙성기간
1	더들스웰(Duddleswell)		영국 / Sussex	면양유	4개월
2	이디아자발(Idiazábal)		스페인 / Basque country-Navarre	면양유	6개월
3	만체고(Manchego)		스페인 / La Mancha	면양유	1년
4	롱칼(Roncal)		스페인 / Navarre	면양유	1년
5	세레나(Serena)		스페인 / Andalusia-Cordoba	면양유	6개월
6	사모라노(Zamorano)	Queso Zamorano	스페인 / Castille-Léon	면양유	3～9개월
7	오쏘 이라띠 (Ossau-iraty)		프랑스 / Béarn-Basque country	면양유	6개월
8	카네스트라토 풀리에세 (Canestrato pugliese)		이탈리아 / Apuglia	면양유	1년
9	페꼬리노 로마노 (Pecorino romano)		이탈리아 / Lazio-Sardinia	면양유	9개월

10	페꼬리노 사르도 (Pecorino sardo)	Fiore sardo- Pecorino fiore sardo	이탈리아 / Sardinia	면양유	6개월
11	페꼬리노 시칠리아노 (Pecorino siciliano)	Canestrato siciliano	이탈리아 / Sicily	면양유	6개월
12	페꼬리노 토스카노 (Pecorino toscano)	Pecorino toscanello	이탈리아 / Tuscany	면양유	6개월
13	에보라(Evora)		포르투갈	산양유, 면양유	4개월

(10) 그뤼에르 계열(The Gruyére family)

No	치즈 명칭	별 칭	제조국(지방)	원 유	숙성기간
1	알고이어 베르크캐제 (Allgäuer Bergkäse)	Alpkäse	독일 / Bavcaria	우 유	1년
2	하이디 그뤼에르 (Heidi Gruyère)		호주 / Tasmania	우 유	18개월
3	베르크캐제(Bergkäse)		오스트리아	우 유	12개월
4	꽁떼(Comté)	Gruyére de comté	프랑스 / 오스트리아 Jura Mountains	우 유	18개월
5	아시아고(Asiago)		이탈리아 / North-east Alpine	우 유	18개월
6	아시아고 프레사토 (Asiago pressato)	Pressato	이탈리아 / North-east	우 유	1개월
7	몬타지오(Montasio)		이탈리아 / Veneto-Friuli	우 유	1년
8	보포르(Beaufort)		프랑스 / Beaufortin- Taretaise-Maurienne	우 유	12개월
9	그뤼에르(Gruyère)		스위스 / French Switzerland	우 유	18개월
10	테데 드 모앙 (Tête-de-moine)	Bellelay	스위스/Bernese Jura	우 유	6개월

(11) 에멘탈 계열(The Emmental family)

No	치즈 명칭	별 칭	제조국(지방)	원 유	숙성기간
1	알프스베르크(Alpsberg)		독일	우 유	6개월
2	에멘탈 바바루아 (Emmental Bavarois)	Allgäuer Emmental	독일 / Bavaria	우 유	4개월
3	에멘탈 오트리셴 (Emmental Autrichien)		오스트리아	우 유	4개월
4	티롤러 알프캐제 (Tiroler Alpkäse)		오스트리아	우 유	6개월
5	에멘탈 드 사부아 (Emmental de Savoie)		프랑스 / Haute-Savoie-Savoie	우 유	6개월
6	에멘탈 프랑세 (Emmental Francais)		프랑스 / Savoie-Haute-Savoie	우 유	6개월
7	레르담머(Leerdamer)		네덜란드	우 유	1개월
8	얄스베르크(Jarlsberg)		노르웨이	우 유	6개월
9	에멘탈(Emmental)		스위스 / Emmental valley	우 유	12개월

(12) 파르메산 계열(The Parmesan family)

No	치즈 명칭	별 칭	제조국(지방)	원 유	숙성기간
1	비토(Bitto)		이탈리아 / Lombardy	우 유	12개월
2	그라나(Grana)		이탈리아 / North	우 유	18개월
3	그라나 파다노 (Grana Padano)		이탈리아 / Northern Italy-Poriver valley	우 유	24개월
4	파르미지아노 레지아노 (Parmigiano Reggiano)		이탈리아 / Lombardy-Emilia-Romagna	우 유	36개월
5	자넨(Saanen)	Hobelkase	스위스 / Fribourg	우 유	24개월
6	스브린츠(Sbrinz)		스위스 / Central Switzerland	우 유	18개월
7	샤프찌거 (Schabzieger)	Sapsago (Suisse romande) -Kauterkase (Suisse alemanique)	스위스 / Eastern Switzerland	우 유	12개월

(13) 고르곤졸라 계열(The Gorgonzola family)

No	치즈 명칭	별 칭	제조국(지방)	원 유	숙성기간
1	캄보졸라 (Cambozola)		독일	우 유	1개월
2	엑스무어 블루 (Exmoor Blue)		영국 / Somerset	우 유	2개월
3	블뢰 드 브레스 (Bleu de Bresse)	Bresse bleu	프랑스	우 유	2개월
4	블뢰 드 베르코-사쉬나지- (Bleu du Vercors-Sassenage)		프랑스 / Vercors	우 유	3개월
5	고르곤졸라 (Gorgonzola)		이탈리아 / Piedmont-Lombardy	우 유	4개월

(14) 로크포르 계열(The Roquefort family)

No	치즈 명칭	별 칭	제조국(지방)	원 유	숙성기간
1	요크셔 블루 (Yorkshire Blue)		영국 / Yorkshire	면양유	2개월
2	블뢰 드 모토니에 (Bleu de la Moutonniere)		케나다(Quebec) / Bois-Francs	면양유	4개월
3	블뢰 드 브랙 (Bleu de Brach)	Tomme de Brach	프랑스 / Limousin	면양유	3개월
4	로크포르(Roquefort)		프랑스 / Roguefort-sur-Sulzon	면양유	6개월

(15) 라클렛테 계열(The Raclette family)

No	치즈 명칭	별 칭	제조국(지방)	원 유	숙성기간
1	케이브 치즈 (Cave cheese)		덴마크	우 유	4개월
2	댄보(Danbo)		덴마크	우 유	6개월
3	엘보(Elbo)		덴마크	우 유	6개월

4	아봉당스 (Abondance)	Tomme d' Abondance	프랑스 / Haute-Savoie-Chablais	우 유	6개월
5	모르비에(Morbier)	Faux septmoncel	프랑스 / Franche-Comte	우 유	4개월
6	폰텔라(Fontella)		이탈리아 / Aosta valley	우 유	3개월
7	폰티나(Fontina)		이탈리아 / Aosta valley	우 유	6개월
8	아펜젤라(Appenzeller)		스위스 / Appenzell Canton	우 유	3~6개월
9	오르시에르(Orsières)		스위스(라클렛용)	우 유	6개월
10	라끌렛(Raclette) (fromage à)		스위스	우 유	6개월
11	틸지트(Tilsit)	Royalp	스위스 / Saint-Gall-Thurgau	우 유	6개월

(16) 스틸튼 계열(The Stilton family)

No	치즈 명칭	별 칭	제조국(지방)	원 유	숙성기간
1	블루 체셔 (Blue Cheshire)		영국 / Cheshire	우 유	4개월
2	벅스턴 블루 (Buxton Blue)		영국 / Derbyshire	우 유	3개월
3	도버데일 블루 (Dovedale Blue)		영국	우 유	3개월
4	스틸튼(Stilton)	Blue Stilton-White Stilton	영국 / Leicestershire	우 유	3개월
5	다나블루 (Danablu)	Danish blue cheese-Danblue-Marmora	덴마크	우 유	3개월
6	멜로우 블루 (Mellow Blue)		덴마크	우 유	2개월

7	아메리칸 블루 (American Blue)		미국	우 유	2개월
8	블루치즈 (Blue cheese)		미국	우 유	3개월
9	블뢰 도베르뉴 (Bleu d'Auvergne)		프랑스 / Auvergne	우 유	6개월
10	블뢰 드 젝스 (Bleu de Gex)	Bleu du Haut-Jura- Bleu de Septmoncel	프랑스 / Franche-Comte	우 유	2개월
11	블뢰 데 꼬스 (Bleu des Causses)		프랑스 / Aveyron-Lot-Lozè	우 유	6개월
12	Fourme d' Ambert		프랑스 / Auvergne	우 유	4개월
13	Fourme de Montbrison		프랑스 / Auvergne	우 유	4개월

(17) 브리야-사브랭 계열(The Brillat-Savarin family)〈안데름, Anthelme〉[62]

No	치즈 명칭	별 칭	제조국(지방)	원 유	숙성기간
1	핀(Finn)		영국 / Hereford-Worcester	우 유	1개월
2	브리야 샤브랭 (Brillat-Savarin)		프랑스 / Normandy-Burgundy	우 유	1개월
3	프로마쥬 드 뮤슈 (Fromage de Monsieur)	Monsieur fromage	프랑스 / Normandy-Calvados	우 유	3주
4	그랜드 바텔 (Grand Vatel)		프랑스 / Burgundy	우 유	1개월
5	로얄 브리야르 (Royal Briard)		프랑스 / Île-de-France	우 유	6주
6	슈프렘(Suprême)		프랑스 / Normandy	우 유	2개월

62) <안데름 브리야 샤브랭>은 프랑스의 유명한 미식학자(美食學者, 1755~1826)로서 그의 저서 『미각의 생리학, Physiologie du goût』에서 다음과 같은 불멸의 금언을 남겼습니다. "치즈가 나오지 않는 디저트란 외눈박이 미인과 같다." ロベール. クルティーヌ(Robert J. Courtine) 著, 松木脩司 譯. 1979. ラルース. チーズ 辭典<Larousse des Fromages> 三洋出版貿易株式會社. 東京. 日本. p. 36.

(18) 카티지 치즈 계열(The Cottage cheese family)

No	치즈 명칭	별 칭	제조국(지방)	원 유	숙성기간
1	크박(Quark)	Speisequark	독일 / Bavaria	우 유	신선치즈
2	쉬이트캐제 (Schitkäse)		독일	우 유	신선치즈
3	락틱 치즈 (Lactic cheese)		영국	우 유	신선치즈
4	싱글 크림 치즈 (Single cream cheese)		영국	우 유	신선치즈
5	요크(York)		영국	우 유	신선치즈
6	데미 셀(Demi-sel)		프랑스 / Bray region	우 유	신선치즈
7	쿼크(Quark)		네덜란드	우 유	신선치즈
8	무라짜노 (Murazzano)		이탈리아 / Piedmont	우 유	신선치즈
9	스트라키노 (Stracchino)		이탈리아 / Lombardy	우 유	신선치즈
10	카티지 치즈 (Cottage cheese)		전세계적	우 유	신선치즈
11	프로마쥬 블랑 (Fromage Blanc)		전세계적	우 유	신선치즈

(19) 가디언 치즈 계열(The Gardian cheese family)

No	치즈 명칭	별 칭	제조국(지방)	원 유	숙성기간
1	가디언(Gardian)		이탈리아 / Provence	산양유	신선치즈
2	페타(Feta)		그리스	우유, 산양유, 면양유	신선치즈
3	카시오타(Caciotta)		이탈리아	우유, 산양유, 면양유, 물소젖	신선치즈

(20) 프로볼로네 치즈 계열(The Provolone cheese family)

No	치즈 명칭	별 칭	제조국(지방)	원 유	숙성기간
1	파스토렐로(Pastorello)		호주 / Victoria	우 유	6개월
2	카세리(Kasseri)	Kaseri	그리스	산양유, 면양유	3개월
3	카시오카발로 (Caciocavallo)		이탈리아 / Southern Italy	우 유	1년
4	카시오카발로 실레인 (Caciocavallo Silano)		이탈리아 / Southern Italy	우 유	1년
5	프로볼로네(Provolone)		이탈리아 / Lombardy	우 유, 물소젖	6개월
6	프로볼로네 발다파나 (Provolone Valdapana)		이탈리아 / Northernn Italy	우 유	1년
7	라구자노(Ragusano)		이탈리아 / Sicily	우 유	6개월

(21) 브로슈 치즈 계열(The Brocciu cheese family)

No	치즈 명칭	별 칭	제조국(지방)	원 유	숙성기간
1	브로슈(Brocciu)	Broccio-Brucciu	프랑스 / Quercy	면양유	신선치즈
2	마노우리(Manouri)		그리스 / Crete-Macedonia	산양유, 면양유	신선치즈
3	리코타 피아첸티나 (Ricotta Piacentina)		이탈리아	우 유	신선치즈
4	리코타 로마나 (Ricotta Romana)		이탈리아	우 유	신선치즈
5	메소스트(Mesost)		스웨덴	우 유	2주

(22) 모짜렐라 치즈 계열(The Mozzarella cheese family)

No	치즈 명칭	별 칭	제조국(지방)	원 유	숙성기간
1	보꼰치니(Bocconcini)		이탈리아 / All Italy	우 유	신선치즈
2	부라따(Burrata)		이탈리아 / Apuglia	우 유	신선치즈
3	부리노(Burrino)	Butirro, burri	이탈리아 / Southern Italy	우 유	1개월
4	모짜렐라 디 버팔로 캄파나(Mozzarella di bufala Campana)		이탈리아 / Sicily	물소젖	신선치즈
5	바스테다 (Vastedda del belice)		이탈리아 / Sicily	면양유	신선치즈

5) 계절별 제조 치즈의 분류

치즈의 종류도 1년 사계의 변화에 따라 다르게 만들어 집니다. 이는 기후환경이 달라지면 가축의 사육조건들이 달라짐에 따라 원료유 또한 뚜렷하게 변화하기 때문에 그 원료유에 맞춘 치즈들이 각각 다르게 제조될 수밖에 없습니다. 특히 5월부터 9월에 이르는 청초기에 생산되는 원유와 건초나 사일리지를 급여해야 하는 가을부터 이른 봄까지의 원유 성분 조성이 현저하게 달라집니다.

치즈제조 기술이 발달한 지역이 대부분 북반구의 유럽에 속하다 보니 우리나라처럼 4계가 뚜렷하지 않지만 여기서는 롤란드 바델레미와 아르노드 스페랏-차가 4계절(四季節)을 따라 달리 제조되는 치즈들을 분류한[63] 자료를 발췌 정리한 것을 제시함으로써 계절에 따른 치즈 특성을 살펴보도록 하겠습니다.

---

63) 프랑스의 롤란드 바델레미와 아르노드 스페랏-차가 주로 치즈를 계절 중심으로 분류하여 정리한 『Cheeses of the World』에서 발췌 정리한 자료입니다. Barthelemy, R. and A. Sperat-Czar 2004. Cheeses of the World. Hachette illustrated UK. Oktopus Pub. Group Ltd.. London. UK. pp. 19-197.

▣ 봄(Spring)

No.	명　칭	제조국(지방)	원　유
1	브로드슈 / Brocciu	프랑스(Corsica)	비살균 면양유나 산양유 치즈의 유청과 산양유, 면양유
2	카브리 아리지오스 / Cabri Ariégeois	프랑스 (Southern Pyrenees)	산양유
3	퐁 레베크 / Pont-l' Evêque	프랑스 (Lower Normandy)	우 유
4	생 마르쉘랭 / Saint-Marcellin	프랑스(RhÔne-Alpes)	우 유
5	스틸튼 / Stilton	영국 (central England)	우 유
6	포니 생드리 / Pougne Cendré	프랑스 (Poitou-Charentes)	산양유
7	크로탱 드 샤비뇰 / (Crottin de Chavignol)	프랑스(Centre)	산양유
8	쉐브로땅 데 보쥬 / Chevrotin des Bauges	프랑스(RhÔne-Alpes)	산양유
9	돔므 뒤 푸아투 / DÔme du Poitou	프랑스 (Poitou-Charentes)	산양유
10	페코리노 사르도 / Pecorino Sardo	이탈리아 (Sardinia)	면양유
11	비유 블로뉴 / Vieux-Boulogne	프랑스(North)	우 유
12	로얄 브리아르 / Royal Briard	프랑스(Ile de 프랑스)	우 유
13	이디아저블 / Idiazabal	스페인(Basque provinces and Navarre)	면양유
14	그라다롱 다롱슈 / Grataron d'Arèches	프랑스(RhÔne-Alpes)	산양유
15	아봉당스 / Abondance	프랑스(RhÔne-Alpes)	우 유

No.	명 칭	제조국(지방)	원 유
16	생 넥타르 / Saint-Nectaire	프랑스(Auvergne)	우 유
17	빽시예 드 띤뉴 / Persillé de Tignes	프랑스(RhÔne-Alpes)	산양유
18	톰 데 보쥬 / Tome des Bauges	프랑스(RhÔne-Alpes)	우 유
19	피코동 / Picodon	프랑스 (RhÔne-Alpes)	산양유
20	가디안 / Gardian	프랑스 (Provence-CÔte d'Azur)	산양유
21	셀 써 셰르 / Selles-sur-cher	프랑스(Centre)	산양유
22	베사체 / Besace, made with pure	프랑스(RhÔne-Alpes)	산양유
23	샤롤레 / Charolais	프랑스 (Burgundy)	산양유
24	페타 / Feta	그리스	산양유, 면양유
25	로카마두르 / Rocamadour	프랑스 (Midi-Pyrénées)	산양유
26	팜 하우스 가우다 / Farmhouse Gouda	네덜란드	우 유
27	푸럼 당베르 / Fourme d' Ambert	프랑스(Auvergne)	우 유
28	마꿔 브르넬 / Maquis Brunelli	프랑스(Corsica)	면양유
29	파베 드 가틴 / Pavé de Gâtine	프랑스 (Poitou-Charente)	산양유
30	생 모르 드 투렌 / Sainte-Maure-de-Touraine	프랑스(Central)	우 유
31	아시아고 / Asiago	이탈리아(North-east)	우 유
32	성드레 드 샹파뉴 / Cendré de Champagne	프랑스 (Champagne-Ardennes)	우 유
33	쿠-르 퇴츠키 / Coeur Téotski	프랑스(Midi-Pyrénées)	산양유

No.	명 칭	제조국(지방)	원 유
34	생 머슬랑 오 마드래신 / Saint-Marcellin au Marc de Raisin	프랑스(RhÔne-Alpes)	우 유
35	라보트 / Lavort	프랑스(Auvergne)	면양유
36	페-티 까망베르 오 칼바 / Petit Camembert au Calva	프랑스(Basse-Normandie)	우 유

▣ 여름(Summer)

No.	명 칭	제조국(지방)	원 유
1	브리예르 드 쥐르작 / Bruyère de Joursac	프랑스(Auvergne)	우 유
2	카티지 / Cottage	영국(England)	우 유
3	세르벨 드 카뉴 / Cervelle de Canut	프랑스(RhÔne-Alpes)	우 유
4	퐁텐블로 / Fontainebleau	프랑스(Ile-de-프랑스)	우 유
5	퓌유 드 세이지 / Feuille de Sauge	프랑스(Centre)	우 유
6	로브 데르 가리그 / Rove des Garrigues	프랑스(Langedoc-Roussillon)	산양유
7	샤비슈 뒤 뿌아뚜 / Chabichou du Poitou	프랑스(Poitou-Charentes)	산양유
8	브루스 두 로바 / Brousses du Rove	프랑스(Provence-CÔte d' Azur)	산양유 혹은 우유, 면양유
9	부라타 / Burrata	남부 이탈리아	우유나 물소젖
10	델리세 두 포마드 / Délice de Pommard	프랑스(Burgundy)	우 유
11	톰 카프라 / Tomme Capra	프랑스(RhÔne-Alpes)	산양유
12	프로볼로네 / Provolone	남부 이탈리아	우 유

No.	명 칭	제조국(지방)	원 유
13	봉뒤 드 가탱 / Bonde de Gâtine	프랑스(Poitou-Charentes)	산양유
14	카베쿠 드 씨에르스 / Cabécou de Thiers	프랑스(Auvergne)	산양유
15	페라르동 / Pélardon	프랑스 (Languedoc-Roussillon	산양유
16	레비베스 / Rebibes	스위스 (Bernese Oberland)	우 유
17	로또로 / Rotolo	프랑스(Corsica)	면양유
18	풀리니 생 피에르 / Pouligny-Saint-Pierre	프랑스(Centre)	산양유
19	블뢰 드 텔미뇽 / Bleu de Termignon	프랑스(RhÔne-Alpes)	우 유
20	브렉 달랑세 / Briquette d' Allanche	프랑스(Auvergne)	산양유
21	쉐브로탕 / Cheverotin	프랑스(RhÔne-Alpes)	산양유
22	테데 드 모앙 / Tâte-de-Moine	스위스	우 유
23	페르 세 위이 데 라-테랭토이제 / Persillé de la Tarentaise	프랑스(RhÔne-Alpes)	산양유
24	오소 / Ossau-이탈리아	프랑스(Midi-Pyrénées)	면양유
25	케어필리 / Caerphilly	영국(Wales)	우 유
26	까망베르 드 노르망디 / Camembert de Normandie	프랑스(Basse-Normandie)	우 유
27	솔룩스로이스 / Saulxurois	프랑스 (Champagne-Ardenne)	우 유
28	크레욜 드 롱크 / Crayeux de Roncq	프랑스(North)	우 유
29	똠 데스 그랜드 코스 / Tomme des Grand Causses	프랑스(Midi-Pyrénées)	면양유
30	파브 드 라 지앙스타리 / Pavé de la Ginestarie	프랑스(Midi-Pyrénées)	면양유

■ 가을(Fall)

No.	명　칭	제조국(지방)	원　유
1	프쥬류 / Fougeru	프랑스(Ile de 프랑스)	우 유
2	세이지 더비 / Sage Derby	영국(England)	우 유
3	바농 / Banon	프랑스 (Provence-CÔtes d' Az)	산양유
4	죵체 / Jonchée from Niort	프랑스(Poitou-Charentes)	우 유
5	모떼 서 퓨릴 / Mothais sur Feuille	프랑스(Poitou-Charentes)	산양유
6	톰 데스 쿠와트레 랭스 드 포칼뤄어 / Tomme des Quatres Reines de Forcalquier	프랑스 (Provence-CÔtes d' Azur)	산양유
7	블뢰 데 꼬스 / Bleu des Causses	프랑스(Midi-Pyrenées)	면양유
8	블뢰 드 세브락 / Bleu de Séverac	프랑스(Midi-Pyrenées)	면양유
9	블뢰 두 콜 바얀 / Bleu du Col Bayan	프랑스 (Provence-CÔtes d' Azur)	산양유
10	카브랄레스 / Cabrales	북부 스페인	우유, 면양유 혹은 산양유
11	고르곤졸라 / Gorgonzola	북부 이탈리아	우유나 산양유
12	로크포르 / Roquefort	프랑스(Midi-Pyrénées)	면양유
13	샤우르스 / Chaource	프랑스 (Champaque-Ardenne)	우 유
14	체이셔 / Cheshire (프랑스에는 as' le chester'로 알려짐)	영국(north-west England)	우 유
15	라기올 / Laguiole	프랑스(Auvergne)	우 유
16	뉘샤텔 / Neufchâtel	프랑스 (Haute-Normandie)	우 유

No.	명 칭	제조국(지방)	원 유
17	미몰렛 / Mimolette	프랑스와 네덜란드	우 유
18	올리브 쌍드레 / Olivet Cendré	프랑스(Centre)	우 유
19	에르브 / Herve	벨기에	우 유
20	르블로숑 / Reblochon	프랑스(RhÔne-Alpes)	우 유
21	생 펠리시앙 / Saint-Félicien	프랑스(RhÔne-Alpes)	우 유
22	깡꾸와요뜨 / Cancoillotte	프랑스(Franche-Comté)	우유치즈 유청
23	가프롱 / Gaperon	프랑스(Auvergne)	버터밀크와 유청 (우유에서 얻음)
24	샴베라 / Chambérat	프랑스(Auvergne)	우 유
25	불라모 / Boulamour	프랑스	우 유
26	그라트-파이유 / Gratte-Paille	프랑스(Ile-de-프랑스)	우 유
27	랑그르 / Langres	프랑스 (Champagne-Ardenne)	우 유
28	리바로 / Livarot	프랑스 (Basse-Normandie)	우 유
29	파르미지아노 레지아노 / Parmigiano Reggiano	북부 이탈리아	우 유
30	페타퓐 / Pétafine	프랑스(RhÔne-Alpes)	우유치즈 유청
31	체다 / Cheddar	영국(England)	우 유
32	그라마 / Gramat	프랑스(Midi-Pyrénees)	산양유
33	플뢰르 뒤 마키 / Fleur du Maquis	프랑스(Corsica)	면양유
34	그리 드 릴르 / Gris de Lille	북부 프랑스	우 유
35	로엘 두 트랑 / Rouelle du Tarn	프랑스 (Midi-Pyrénées)	산양유
36	마꼬네 / Mâconnais	프랑스(Burgundy)	산양유

▣ 겨울(Winter)

No.	명 칭	제조국(지방)	원 유
1	블뢰 드 베르코르-사느나쥬 / Bleu de Vercors-Sassenage	프랑스(RhÔne-Alpes)	우 유
2	브리 드 말제르브 / Brie de Malesherbes	프랑스(Ile-de-프랑스)	우 유
3	꽁떼 / Comté	프랑스(Franche-Comté)	우 유
4	끌로미에 / Coulommiers	프랑스(Ile-de-프랑스)	우 유
5	던롭 / Dunlop	영국(Scotland)	우 유
6	파베이 도쥐 / Pavé d' Auge	프랑스(Basse-Normandie)	우 유
7	탈레지오 / Taleggio	북부 이탈리아	우 유
8	바슈랑 데스 보쥐 / Vacherin des Bauges	프랑스(RhÔne-Alpes)	우 유
9	바슈랑 프리브르주아 / Vacherin Fribourgeois	스위스	우 유
10	모르비예 / Morbier	프랑스(Franche-Comté)	우 유
11	생 니클라우스 / Saint-Niklauss	스위스(Valais)	우 유
12	몽도르 / Mont d' Or	프랑스(Franche-Comté)	우 유
13	브리 드 모 / Brie de Meaux	프랑스(Ile de 프랑스)	우 유
14	블뢰 드 젝스 / Bleu de Gex	프랑스(Franche-Comté)	우 유
15	퓨 드 드와르 / Feuille de Dreux	프랑스(Centre)	우 유
16	스만뜨랑 / Soumaintrain	프랑스(Burgundy)	우 유
17	스브린츠 / Sbrinz	중부 스위스	우 유
18	틸지트 / Tilsit	동부 스위스	우 유
19	도핀 / Dauphin	북부 프랑스	우 유
20	쿠르 다라스 Coeur d' Arras	북부 프랑스	우 유

No.	명 칭	제조국(지방)	원 유
21	보똥 드 크로떼 / Bouton de Culotte (trouser button)	프랑스(North)	우 유
22	엑스프로토와르 / Explorateur	프랑스(lle de 프랑스)	우 유
23	베나코 / Venaco	프랑스(lle de 프랑스)	산양유, 면양유
24	라룅 / Laruns	프랑스(Aquitaine)	면양유
25	삐에흐 끼비르 / Pierre-qui-Vire	프랑스(Burgundy)	우유, 산양유
26	트로이복스 / Troisvaux	프랑스(Picardy)	우 유
27	베르그 / Bergues	Northern 프랑스	우유와 유청
28	에프와스 / Epoisses	프랑스(Burgundy)	우 유
29	뮌스터 / Munster	프랑스(Lorraine)	우 유
30	오르발 / Orval	벨기에 (Champagne-Ardenne)	우 유
31	부렛 드 캄브라이 / Bulette de Cambrai	북부 프랑스	버터밀크 (버터제조 시 얻음)
32	브리 드 메렁 / Brie de Melun	프랑스(lle de 프랑스)	우 유
33	만체고 / Manchego	스페인(La Mancha)	면양유
34	마스카레 / Mascaré	프랑스 (Provence-CÔte d' Azur)	산양유, 면양유
35	페라유 / Pérail	프랑스 (Midi Pyrénées)	면양유
36	똠 드 브레비 알레스 / Tomme de Brebis d' Arles	프랑스 (Bounches-du-RhÔne)	면양유

[Tip 04]

치즈 선진국인 영국, 프랑스, 이탈리아어에서 사용하는 각종 치즈관련 용어는 치즈를 공부하는 사람들에게 필수 언어이기도 합니다. 이번 기회에 간단한 이들 필수용어를 공부해 둠으로써 장차 국제 치즈 박람회나 경진대회, 페스티벌에서 이들 치즈 선진국 전문가들과 교류시 잘 활용해 보시기 바랍니다.

▣ 프랑스어, 이탈리아어, 영어의 치즈용어 대조표[64)]

프랑스어	발 음	의 미	이탈리아어	발 음	영 어
Affiné	아퓌네	숙성한	Stagionato	스타지오나토	Ripened
Alpage	알파쥐	알프스 고지대방목	Alpeggio	알페지오	*
Brebis	브레빗	암양 / 양젖 치즈	Pecora / Pecorino	페코라 / 페코리노	Ewe
Bufflonne	부파로네	물소	Bufala	바팔라	Buffalo
Cave	까뷔	지하저장 숙성고	*	*	*
Caillé	까이에	응유	Cagliata	카그리아타	Curd
Cendré	산도레	회색을 띠는	*	*	*
Chévre	쉐브르	유산양 / 산양유 치즈	Capra / Caprino	카프라 / 카프리노	Goat
Créme	크램	크림	Panna	파나	Cream
Croûte	끄렛또-	외피, 표피	*	*	Rind
Doux	도와	온화한 맛	Dolce	돌체	Mild
Dur	듀르	경질의	Duro	듀-로	Hard
Ecremé	에크레메	탈지한	*	*	Skimed
Fermier	페르미애	목장 / 농장	*	*	Farmstead

64) C.P.A. 教本委員會. 2015. C.P.A. チズプロフエッショナル 教本. 飛鳥出判株式會社. 東京. 日本. p. 208.

프랑스어	발 음	의 미	이탈리아어	발 음	영 어
Fromage	프로마쥐	치즈	Formaggio / Cacio	포르마지오 / 카쇼	Cheese
Fromage fondu	프로마쥐 퐁뒤	가공치즈	*	*	Process cheese
Frais	프레	신선한	Fresco	프레스코	Fresh
Fumé	퓨메	훈제, 훈연	Affumicato	아푸미카토	Smoked
Lait	레	젖(乳)	Latte	랏떼	Milk
Mou / Molle	무 / 모레	연질	Tenero	테네로	Soft
Moule	모레	성형틀, 몰드	Forma	포르마	Mould / Hoop
Pâte	빠트	치즈 응고물	Pasta	파스타	Curd
Pâte filée	빠트 필레	파스타 필라타	Pasta filata	파스타 필라타	Streched curd
Persillé	페르실레	푸른곰팡이 정맥상(靜脈狀)의	Erborinato	에르보리낫토	Blue veined
Petit-lait	뿌띠-레	유청(乳靑)	Siero	씨에로	Whey
Piquant	빠캉	샤프한, 톡 쏘고 짜릿한	Piccante	피칸테	Sharp
Présure	뿌레슈-르	응유효소	Caglio	카그리오	Rennet
Rocou	로꿔-	안나토 색소	*	*	Anatto
Sel	세루	소금	Sale	샤-레	Salt
Vache	밧체	암소	Vacca	바카	Cow
Vieux / Vieille	뷰- / 비에이유	장기 숙성한	Vecchio	베끼오	Old

3.5 치즈의 명칭 유래[65)]

이상의 치즈 분류와 명칭의 면면을 살펴보니 치즈 종류의 큰 갈래들이 보이기 시작합니다. 지금까지 알려진 1,700여 종류의 치즈도 막상 분류를 하고 보면 그리 복잡한 것이 아니라는 생각이 들지 않습니까? 그런데 그토록 수많은 치즈의 이름(명칭)들이 등장하였는데 여기서도 치즈 명칭 부여에도 어느 정도 질서와 갈래가 있을 듯하지 않습니까? 사실은 알고 보면 이 세상에 존재하는 여러 사물이나 산, 강, 도시, 무수한 상품들 그리고 유명 인사들의 이름에는 반드시 뜻이 있고 지어진 독특한 유래와 배경 그리고 명칭부여 규범이 존재하기 마련입니다. 마찬가지로 치즈의 1,700여 종류 모두가 제각각 명칭들이 주어지기까지에는 저마다 그 유래와 사연 그리고 명명규약 같은 것이 있다는 이야기지요. 이러한 유래에는 적어도 열 가지 이상의 갈래, 가문, 종족과 족보의 항렬(項烈) 같은 형식의 원천적인 유래와 구획이 있음을 알 수가 있습니다.

1) 제조한 지방의 지명에서 유래한 것

유명한 치즈의 이름에는 대개 그것을 제조한 지방 또는 그것을 주로 생산하고 있는 지방의 이름을 사용하는 경우가 많습니다. 가령 영국의 체이셔(Cheshire), 랭카셔(Lancashire), 프랑스의 깡탈(Cantal), 스위스의 에멘탈(Emmental), 이탈리아의 로마노(Romano)와 같은 류에서 볼 수 있는 것이지요.

2) 생산지의 마을 이름에서 유래한 것

이런 방식의 명칭 유래는 사실 매우 많은데 때로는 그 마을이 지방에서 인구가 가장 많은 곳일 수가 있는 것은 결국 치즈가 생산되어 소비되는 중심지가 되기 때문에 그렇게 유래될 수도 있었을 것입니다. 영국의 체다(Cheddar), 프랑스의 뉘샤텔(Neufchatel), 까망베르(Camembert), 쿨로미에(Coulommiers), 로크포르(Roquefort)와 같은 것들입니다.

3) 생산지 이외의 마을 이름에서 유래한 것

가령 영국에서 제일 유명한 치즈의 하나인[66)] 스틸튼(Stilton) 치즈가 있는데, 이 치즈는 스틸튼 마을 이름을 땄지만 그곳에서 만들어진 바가 없고 오히려 그 부근 지역[67)]에서 생산되었다는 것입니다. 이를테면 말톤 몬부데이 근방에 있는 더버셔

65) 仁木達. 1974. チーズ博士の 冊. (株)地球社. 東京. 日本. pp. 54-58.

66) 영국에서는 이 치즈를 “치즈의 왕(King of Cheese)”으로 일컫는답니다.

67) 영국의 캐임브리지셔의 스틸튼 마을에서 이름만 가져왔습니다. 이 치즈는 로크포르, 고르곤졸라와 함께 세계 3대 블루 치즈에 속합니다.

(Derbyshire) 군(郡, county), 라이체스터셔 군, 노팅햄셔 군 등지에서 생산되었던 것이지요. 다만 스틸튼 마을의 역마차 역의 여관주인이 여행자들에게 이 치즈를 판매하게 되면서부터 이 치즈가 스틸튼 치즈라고 불리어지게 되었답니다. 결국 그런 배경을 가진 이 치즈는 1730년경부터 유명세를 탔던 것이며, 이 치즈가 잘 팔리던 마을 이름으로 치즈 명칭이 정착된 것입니다.

4) 교회나 수도원의 이름에서 유래한 것

수도원의 이름에서 유래한 치즈명이 참 많습니다. 이를테면 포르 살류(Port Salut)라는 수도원의 수도사들이 1938년에 등록한 치즈가 있었는데 그것의 변형으로 알려져 있는 트라피스트 치즈가 있습니다. 그것은 원래부터 트라피스트(Trappist) 수도원의 수도사들이 만든 전형적인 수도원 스타일 치즈입니다. 포르 살류, 쌩 폴랭(Saint-Paulin), 뻬르 조세프(Pere Joseph) 같은 것은 수도원과 연관된 치즈들로 유명합니다.

5) 원유나 크림처리 형식에 따라 유래한 것

서양에서는 우유 외에도 산양유나 면양 젖(ewe's milk)이 치즈제조에 많이 사용되고 있는데 이렇게 사용하는 원료유에 따라 치즈 이름이 지어지기도 하였습니다. 가령 독일어권 지역 사람들은 찌거(Zieger), 이태리어 지역 사람들은 페꼬리노(Pecorino)라는 말을 붙여서 산양유나 양젖을 사용하여 제조한 치즈의 이름을 만들었습니다. 예를 들면 페꼬리노 토스카노, 페꼬리노 로마노, 페꼬리노 샤르도, 페꼬리노 세네제, 페꼬리노 시칠리아노라는 치즈들은 모두 산양유나 면양 젖을 원료유로 하여 제조했다는 것이 되는 것이지요.

탈지유를 써서 만든 치즈도 많은데 보통 이런 류의 치즈 이름 앞에는 탈지유를 의미하는 말을 붙여두고 있습니다. 이를테면 스위스의 마게레 쉬바이쩌캐제(Magere Schweizerkäse)라는 것은 "탈지한 스위스 치즈"라는 뜻입니다. 영국의 경우 싱글 크림 치즈(Single cream cheese), 더블 크림 치즈(Double cream cheese)가 있는데, 앞의 것은 지방률 25.0%, 후자는 50% 크림 함유 원유로 치즈를 제조했다는 뜻이며, 싱글, 더블이라는 말 자체가 치즈원유의 지방률을 나타낸 것이 어느새 고유의 치즈 이름으로 정착한 사례가 된 것입니다.

6) 회사의 상표명(Brand)이 치즈명이 된 경우

우리가 제록스하면 복사기, 포드 하면 자동차 그리고 프리마 하면 분말형 모조커피 크림을 의미하는 것으로 되어 있지만 사실은 모두가 상표명이 그 사물의 이름처럼 통용되는 경우가 있습니다. 유명한 치즈 중에도 그것을 개발한 회사의 상표명(Trade Mark, Brand)이 치즈명칭으로 자리 잡은 것이 많습니다. 이를테면 영국의 세인트 이벨(Saint Ivel)이라든지 이탈리아의 벨 피아제(Bel Pease : 아름다운 나라, beautiful country라는 뜻) 같은 치즈는 에기디오 갈바니(Egidio Galbani)에 의해 창립된 유명한 이탈리아 치즈회사 갈바니 그룹(Galbani group)이 만든 상표(Brand, Trade mark)에서 유래했습니다. 벨 피아제(Bel Pease)라는 상표는 갈바니(Galbani)의 친구가 쓴 책의 제목에서 따온 상표명이기도 합니다.

7) 치즈의 형태에 따라 유래된 이름

곰팡이로 숙성한 치즈가 많은데 푸른곰팡이로 숙성시킨 치즈에는 일반적으로 "블루(Blue 또는 Bleu)"라는 말이 붙습니다. 이는 치즈 내부에 푸른곰팡이가 자라면서 마치 손등에 나타나는 정맥(靜脈, vein)을 형성해 가며 숙성된 것이라는 뜻입니다. 가령 덴마크의 블루치즈는 다나블루(Danablue), 프랑스의 블뢰 도 베르뉴(Bleud'Auvergne), 블뢰 드 브레스(Bleu de Bresse), 블뢰 드 젝스(Bleu de Gex), 블뢰 드 셉모앙셀(Bleu de Septmoncel) 같은 것들이 있지요.

8) 외관에 따라 유래된 것

치즈 중 어떤 것들은 특징을 나타내는 외관을 갖고 있는 것들이 있습니다. 프랑스 치즈 중에 톰 드 레잔[Tom de Raisins 또는 톰 오 레진(Tome aux raisins[68])], 이탈리아의 카시오카발로[Caciocavalo, 마상(馬上)의 치즈, 말과 관련된 치즈, 마구간 숙성(?) 치즈, 말의 신체 부위와 관련 있는 모양의 치즈라는 의미] 치즈는 특징적인 표주박 모양을 갖습니다. 이 치즈의 표주박 모양의 두 부분에서 작은 부분을 끈으로 묶어 말의 등에 얹어서 짐처럼 걸친 것을 연상하게 합니다. 미국의 브릭 치즈(Brick Cheese = 벽돌치즈라는 뜻)는 그 모양이 벽돌과 비슷하며, 실제로 치즈제조 시 유청을 배제하는 가압과정에 벽돌을 치즈 위에 올려 배제하기도 합니다.

9) 첨가물의 이름에서 유래한 것

치즈제조 시 향료, 허브, 종실(seed), 과육이나 채소 등을 넣어서 치즈를 만들었을 때 그것들의 이름을 따라 치즈 이름으로 붙인 경우가 있습니다. 영국의 더비(Derby) 치즈와 세이지 더비(Sage Derby) 치즈는 그 지역에서 생산된 허브, 시금치나 야채즙

---

68) 세계적인 치즈백과 사전인 라루스 데스 프로마쥐(Larausse des Fromages)에는 Tome aux raisins로 명기되어 있습니다.

을 넣어서 제조한 것입니다. 더비는 노랑-노랑-진황색이 섞인 모양이나 세이지 더비는 녹색소가 대리석 문양(mabling)처럼 남은 것이 특징이지요. 더비 치즈에 세이지를 넣어서 만든 것이 17세기경으로 건강에 세이지[69]가 좋은 것이라고 생각하여 넣기 시작한 것이 정착된 것입니다. 치즈가 숙성되면서 이 초본 류의 성분과 색소가 치즈 조직 내에 배어듭니다.

10) 빌려 온 이름

유명한 치즈는 그것의 이름에 가치가 있어서 세계 각지에서 그 이름으로 치즈를 제조하여 판매하기도 합니다. 그에 따라 제품의 원산지와 다른 것이 나오거나 저질품이 출시되면 원산지 치즈들이 피해를 입게 마련입니다. 그래서 유명치즈의 원산지를 갖는 나라들이 그것을 법적으로 금지하는 운동을 벌이게 되었습니다. 즉 원산지 명칭통제(A.O.C : Appellation d' origine Controlee)나 원산지 명칭보호(P.D.O : Protective Denomination of Origin) 제도를 도입하게 된 것입니다.

수많은 유명치즈를 갖고 있는 프랑스가 이 제도의 도입에 가장 발 빠르게 움직였는데, 프랑스는 유명 치즈의 원산국으로써 일찍이 유명 치즈조합이나 업체들이 이 제도의 도입을 강력히 주장하였고 관철시켰습니다. 따라서 자기 나라 국내법으로 정해 둔 원산지 명칭통제라고 해도 다른 나라와의 법률협약을 맺고 원산지의 전통적인 치즈명칭 사용을 금지하는 법적규제를 요구하여 따르도록 하고 있습니다. 그래서 나온 것이 「각각의 치즈 국제제조기준규격안」이며, 이를 관련 국제회의에 붙여서 가결 받은 바 있습니다.

그래서 일반적으로 그 동안 전통적인 유명 치즈 명을 다른 나라에서 그 제조법과 같이 제조하였더라도 그 명칭을 사용하고자 할 경우 원산지를 구별해 두기 위하여 치즈의 이름 앞에 생산한 자국 명을 붙이고 있습니다. 이를테면 아메리칸 스위스라든지 뉴질랜드 체다, 캐네디언 체다가 그 예입니다. 마치 어느 도시나 지역의 유명 거리 명칭을 한국에서 사용하고자 하는 경우 "한국의 파리", "한국의 마로니에 거리"와 같은 방식이지요. 그래서 자국의 명칭을 앞에 두고 유명 치즈 명을 사용하는 "빌려온 이름" 방식이 치즈 명에 있습니다.

이제 우리나라에서도 한·EU FTA협정이 발효되었으므로 원산지 명칭보호 인증을 받은 상당수의 유럽 정통 치즈 명칭을 한국에서는 사용할 수 없게 되었습니다. 가령 가우다, 에멘탈, 로마노, 아시아고 치즈 등등 수많은 유럽 지역의 P.D.O인증 치즈명을 대체한 한국식 치즈명의 개명작업이 반드시 필요한 때입니다.

---

69) Sage는 차조기과에 속하는 다년생 초본으로 약용이나 조미료용으로 사용됩니다.

11) 치즈를 제조한 곳의 이름을 원래 명칭(원산지 명칭)에 붙이는 경우

저자가 앞서 「빌려 온 이름」에 대해 언급했지만 원칙적으로는 전통적인 치즈이름을 그 원산지 이외에서 사용하는 것이 도의적으로 바람직한 일이 아닙니다. 지금까지는 더러 분쟁사안이 없었으므로 넘어가 주고 무던히 용납을 해서 그 명칭들을 한국이나 일본에서 사용(꽁떼, 아펜젤러, 로마노, 아시아고, 카시오카발로 등을 그대로 썼음)해 왔다 해도 현실적으로 금지된 일임을 반드시 알아야 합니다.

이를테면 체다는 유럽 각국은 물론 영어 사용국(특히 구 영국 식민지였던 영국연방)에서 두루 제조하고 있습니다. 영국에서 소비되는 체다 치즈의 전량이 영국에서 생산된 것이 아니라 미국이나 캐나다, 오스트레일리아, 뉴질랜드 등지의 제품을 수입하여 충당하고 있는 것입니다. 덴마크에서 프랑스의 로크포르 치즈 방식 그대로 치즈를 생산했어도 그 치즈의 이름을 데니쉬 로크포르(Danish Roquefort)라고 이름을 붙인다면 프랑스 사람들은 대단히 분개하게 될 것이 분명합니다.

본토 원산지의 지역민들은 더욱 분노할 것입니다. 그래서 덴마크 사람들은 그것을 피해 나가고자 다음과 같은 묘안을 만들어 사용하고 있답니다(표 1-6). 우리도 유럽식 치즈를 상표화 할 때 원산지 명칭보호법을 피해 나가는 방법으로 한번 벤치마킹해 봐야 할 부분입니다. 우리도 이제 막 치즈제조와 명칭부여가 시작되는데, 이러한

표 1-6. 외국 원산 치즈명칭을 원용한 덴마크식 치즈명명(命名) 방식

전통적인 치즈명	덴마크 치즈명
로크포르	다나 블루(青脈, Danablue)
스위스	삼소(Samso)
고르곤졸라	미세라
포르샬류	에스롬(Esrom)
틸시터	하바르티(Havarti)
가우다(치즈 눈 있음)	휜보
가우다(커드의 가염)	마리보(Maribo)
에담(환형)	모루보
에담(사각형)	치보
에담(장방형)	에루보

지혜를 빌려서 외국의 원래 치즈 이름을 원용하거나 우리식의 적절한 명칭들을 만들어 가야만 할 것입니다.

4. 치즈의 영양효과

4.1 개 요

그리스의 신화에서는 치즈가 정력제와 최음제로써 아주 효과가 좋고, 남자의 수정능력을 북돋아주므로 신과 영웅의 영양제라 불렀다고 합니다. 치즈의 주성분인 단백질은 질적으로도 가치가 높은 고급 단백질 식품으로 치즈에는 보통 20~30% 이상 포함되어 있는데, 이는 20% 정도인 육류를 능가하는 수준으로 성장기 어린이들의 영양 공급원으로서 유용합니다.[70] 치즈의 단백질은 숙성과정에서 유산균과 렌넷, 푸른곰팡이로부터 생기는 단백질 가수분해효소에 의해 단백질을 아미노산 단계까지 분해해 주기 때문에 소화관에서의 흡수력이 높아져서 이용효율이 좋습니다.[71]

치즈는 식사 시 필요한 위액의 분비를 자극시켜 소화를 촉진시켜 주는 아미노산도 함유되어 있습니다. 또한 유당 함량이 줄어들기 때문에 유당불내증이 심한 사람도 우유 대체식품으로 치즈를 섭취함으로써 우유의 영양을 그대로 섭취가 가능해집니다. 유지방 역시 소화 흡수되기 쉬운 형태로 분해되어 콜레스테롤이 거의 없으며, 당뇨병을 앓고 있는 환자에게도 좋은 고영양 식품의 하나입니다. 치즈하면 먼저 성장기 어린이나 노인에게 좋은 칼슘이 다량 함유되어 있는 것으로 잘 알려져 있는데, 치즈의 칼슘 소화 흡수력은 60~70%로 뼈째 먹는 생선이나 야채가 10~20%인 것과 비교하면 훨씬 탁월한 흡수효과를 가지고 있고, 최고의 칼슘 공급원이라 할 수 있습니다. 또한 치즈에는 칼슘의 흡수를 돕는 비타민 D, 칼슘과 같은 비율의 인을 함유하고 있습니다. 치즈에는 비타민 A가 녹황색 채소보다 더 많이 함유되어 있어 몸의 저항력을 키워서 면역성을 높여 우리 몸을 보호하며, 비타민 B그룹과 함께 성장을 촉진시키는 인자가 됩니다.

치즈는 동물성 식품이면서도 알칼리성 식품으로 성인병 예방에 탁월한 효능을 지닙니다. 치즈는 제조에 사용되는 원유의 살균형태와 제조방법에 따른 수분의 함량 등에 따라 종류가 다양하게 분화되어 있습니다. 그래서 각기 다른 사람들의 입맛과 취향에 맞는 치즈를 다양하게 선택할 수 있는 즐거움을 주고 건강까지 제공하는 풍부한

70) 사토 도미오(김숙이 역). 1998. 레드 와인과 치즈가 노화를 막는다. 삶과 꿈. 서울. p. 42, 130.

71) 최형식. 1995. 치즈와 건강(2). 자연과 문명의 조화. 구 토목공학회지, 한국토목학회. 51(5) : 71-76.

영양식품으로서 그 가치는 매우 크다고 말할 수 있습니다.[72] 게다가 치즈 속에 들어있는 메티오닌은 간장의 활동을 강화시키고, 알코올 분해를 촉진시키는 역할을 합니다. 치즈는 스테로이드계 호르몬과 성호르몬의 분비를 촉진시켜 아름다움을 유지할 수 있게 함과 동시에 또한 치즈는 충치예방에도 효과가 뛰어나다는 것이 치과학계의 정설로 되어 있습니다.[73]

최근 일본의 유키지루시유업(雪印乳業) 연구소의 연구 결과 「치즈를 섭취하면 내장지방의 축적이 억제되는 효과가 있다」고 발표한 바 있습니다. 치즈는 우유를 보통 10배로 농축시켜 놓은 것이기 때문에 치즈를 먹으면 우유의 10배 정도 되는 영양분을 섭취한다고 볼 수 있습니다. 단백질과 지방 등 영양성분 함량이 높은 점은 우리나라의 전통 발효식품인 된장, 청국장과 닮았고, 영양소 구성의 장점과 기능성 생리활성 물질의 다량 함유는 현대인들이 추구하는 건강기능성 식품으로써 무한한 가치와 식자재, 외식산업체의 다양한 소재로의 개발 잠재성을 가진 탁월한 식품소재입니다.

근본적으로 젖이 생산되고 치즈가 제조되는 과정은 자연이 빚어내는 신비 그 자체이기 때문에 아마 치즈라는 식품은 신비 그 자체일런지도 모르겠습니다. 인간의 과학이 아무리 발달하고 첨단지경을 넘나든다고 해도 젖 합성의 원리, 치즈가 익어가는 원리는 두고두고 풀지 못하는 수수께끼, 신비의 영역으로 남아있을 터입니다. 우선 유즙 생산부터가 신비 그 자체입니다. 우선 유즙 생산의 최말단 기관인 유선포(乳腺胞)부터 살펴보면 유선포는 공 같은 모양(球狀體)인데 외부에는 모세혈관이 잔뜩 배치되어 있습니다. 그 사이사이에는 근상피세포가 적당한 간격으로 배치되어 있는데 각각 존재의 이유나 역할, 기능이 분명하게 나뉘어 있습니다. 유선포 내부에는 유즙합성 상피세포가 모여서 공처럼 구조를 이루고 유즙합성의 원료를 전적으로 모세혈관을 통한 혈액으로부터 공급받습니다. 즉 피 500방울이 유선상피세포를 순환하여 한 방울의 유즙이 합성되는 셈입니다.

유즙의 주성분인 단백질, 지방, 유당을 혈액으로부터 공급된 유리 아미노산, 유리지방산 그리고 포도당(Glucose)을 원료로 하여 각각 합성하고 수분과 무기질은 혈액으로부터 그대로 이행되어 이들이 유선포강에 모아지면 유즙이 완성됩니다. 이제 유선포를 감싸는 모세혈관은 유즙합성에 필요한 원료 공급선인 혈액을 순환하는 데 필요하고, 근상피세포는 유선포 안에 합성되어 모아진 유즙을 유선포 밖으로 내보내는 데 필요한 수축작용을 위해 필요하여 그들의 존재 이유가 밝혀진 것입니다. 근상피세포의 수축작용에는 뇌하수체 후엽에서 분비되는 옥시토신(oxytocin) 호르몬의 강한 수축동력이 작동시키는데 유즙의 합성, 유즙의 배출은 이 두 개의 조직이 밀아 주는 것

72) www.sangha.co.kr
73) 상게서 사토 도미오. p. 75.

표 1-7. 우유 · 유제품에 함유된 영양소[1)]

100g당 함유량	열량	수분	단백질	지질	탄수화물		회분	무기질					비타민							
					당분	섬유소		칼슘	인	철	나트륨	칼륨	A 레치놀	A 카로틴	A 효력	B_1	B_2	나이아신	C	D
식품명 / 단위	Kcal	g						mg					μg		IU	mg				IU
우 유	59	88.7	2.9	3.2	4.5	0	0.7	100	90	0.1	50	150	27	11	110	0.03	0.15	0.1	Ø	-
요구르트	69	82.1	1.1	0.1	16.4	0	0.3	43	30	Ø	18	48	0	0	0	0.01	0.05	Ø	Ø	
[치 즈]																				
자연치즈																				
에 담	356	41.0	28.9	25.0	1.4	0	3.7	660	470	0.3	780	65	240	150	1,100	0.04	0.45	0.1	0	-
에멘탈	429	33.5	27.3	33.6	1.6	0	4.0	1,200	720	0.3	500	110	200	180	970	0.02	0.48	0.1	0	
카티지	105	79.0	13.3	4.5	1.9	0	1.3	55	130	0.1	400	50	35	20	150	0.02	0.15	0.1	0	-
까망베르	310	51.8	19.1	24.7	0.9	0	3.5	460	330	0.2	800	120	230	140	1,000	0.03	0.48	0.7	0	
크 림	346	55.5	8.2	33.0	2.3	0	1.0	70	85	0.1	260	70	240	170	1,100	0.03	0.22	0.1	0	
가우다	380	40.0	25.8	29.0	1.4	0	3.8	680	490	0.3	800	75	260	170	1,200	0.03	0.33	0.1	0	-
체 다	423	35.3	25.7	33.8	1.4	0	3.8	740	500	0.3	800	85	310	210	1,400	0.04	0.45	0.1	0	-
파르메산	475	15.4	44.0	30.8	1.9	0	7.9	1,300	850	0.4	1,500	120	230	120	970	0.05	0.68	0.1	0	
블 루	349	45.6	18.8	29.0	1.0	0	5.6	590	440	0.3	1,500	120	270	170	1,200	0.03	0.42	0.8	0	-
가공치즈	339	45.0	22.7	26.0	1.3	0	5.0	630	730	0.3	1,100	60	240	230	1,200	0.03	0.38	0.1	0	-
버 터	745	16.3	0.6	81.0	0.2	0	1.9	15	15	0.1	750	28	500	140	1,900	0.01	0.03	0	0	

1) クレインプロデュース 1989 チーズ工房. 平凡社. 東京. 日本 p. 30. 자료: 日本科學技術廳資源調査會編 「四訂日本食品標準成分表」 Ø: 미량을 의미(재인용)

입니다. 젖을 떼기 전까지의 송아지를 생육시키는 생명줄의 근원이 여기에 있습니다. 치즈는 바로 이렇게 신비한 유즙에서 나온 것입니다. 치즈의 생산량은 원유량의 10~20%(우유 10%, 산양유 15%, 면양유 20%) 정도입니다. 결국 치즈는 원유의 농축물인데 유즙은 피(血液) 중의 피이며, 결국 치즈는 유즙의 핵심이라는 사실이 드러납니다. 그것도 핵심 영양분인 지방과 단백질 그리고 무기질과 비타민이 고스란히 모아진 고영양 식품입니다. 이제 치즈가 왜 영양적으로 좋을 수밖에 없는지의 근본을 알 수 있을 것입니다. 우리는 여기서 치즈가 영양적으로 우수한 점들을 한 걸음 더 들어가 살펴보기로 하겠습니다.

4.2 치즈의 주요 영양성분

1) 단백질

자연계에서 단백질은 생명의 탄생, 구성, 성장, 번식에 없어서는 안 될 원초적인 생명근원 물질입니다. 단백질은 혈액, 근육, 세포, 골격, 호르몬, 효소 등의 원료로서 인체 생명을 유지하는 데 있어서 필수 불가분의 영양성분입니다. 단백질을 보통 프로테인이라고 하는데 이 말은 그리스어의 "제일의 것"이라는 의미입니다. 치즈의 단백질로 함유되어 있는 카제인(casein)은 숙성 중에 분해되어 펩티드와 아미노산 단계까지 분해되므로 생체 내 소화, 흡수가 좋아지고 소화율은 70% 이상 됩니다. 생체 내에서 합성은 되지 않고 신체 대사상 정상적인 생리작용을 하는 데 반드시 필요한 필수 아미노산도 균형을 갖추어 함유되어 치즈는 양질의 단백질을 함유한 식품이라 할 수 있습니다.

2) 지 방

식품 지방은 생체활동에 필요한 에너지원[74]일 뿐만 아니라 신체를 구성하는 세포막의 구성성분으로써도 중요한 영양성분입니다. 원유로부터 유래하여 치즈에 함유되는 유지방은 각종 향기물질의 창고와 같은 역할을 하여 치즈 특유 향미의 원천이 되는 매우 중요한 요소이기도 하지요. 치즈에 함유된 지방의 대부분이 중성지질이기 때문에 효율적인 농축된 에너지 공급원이며, 지용성 비타민의 흡수 촉진과 맛, 향미를 제공할 뿐만 아니라 섭취하는 사람에게 포만감을 주는 기능이 있습니다. 지방은 물에 비해 열전도율이 낮아 체온 변동을 적게 해주며, 주요 장기를 둘러싸 외부 충격으로부터 장기를 보호하는 역할을 합니다.[75].

---

74) 지방은 g당 열량이 단백질(4 kcal/g), 탄수화물 (4 kcal/g)보다 2배나 높은 9 kcal이어서 열량 공급원으로 중요합니다.

75) 박건영. 2000. 영양과 질병예방. 도서출판 유한문화사. 서울. pp. 29-30.

일반적으로 치즈 전체 중량의 25~50%가 지방입니다. 단백질과 함께 치즈의 2대 영양성분으로 구성되고 있습니다. 따라서 유지방은 치즈 숙성 중에 유산균 스타터의 지방분해효소에 의해 지방산으로부터 분해되기 때문에 소화 흡수가 우수합니다. 또한 치즈에 함유되어 있는 비타민 B_2는 신체 내 지방의 대사를 좋게 하고, 지방군이 체내에 남아있지 않게 하는 한편 간장의 기능을 높여 주고, 몸에 외부 감염형 질병을 예방해 주는 효과도 있습니다.

3) 칼 슘

칼슘의 인체 내 주된 역할은 골격과 치아(hard tissue)를 형성할 뿐만 아니라 생리활성 유지에 필수 무기물의 하나입니다. 또한 칼슘은 신경전달, 혈액응고나 근육의 수축활동, 신경전달을 통한 세포대사 조절기능을 맡는 한편 사람의 면역력을 돕는데 관여합니다. 또한 칼슘이 정상적으로 함유되어 기능을 발현하게 되면 뼈나 치아 등을 형성하고, 혈액을 알칼리성으로 조정하며, 혈액응고에 관여하여 지혈을 돕습니다. 나아가 체내 대사기능을 조절하여 호르몬 분비를 원활하게 하고, 신경을 안정시키는 작용을 합니다. 이와 반대로 칼슘 결핍 시 약한 뼈와 치아를 만들고, 신경이 예민해지면서 초조해 하고, 성격이 충동적으로 변하는 등의 현상이 나타나 몸의 조절을 혼란시키고 맙니다. 지속적인 칼슘 흡수와 이용 불량 시 골조직의 침착을 방해하고, 유출이 심해져서 결국 골연화증과 골다공증을 유발합니다. 한편 지나친 칼슘결핍이 초래되었을 때 세포내 칼슘축적이 일어나는 **칼슘 패러독스**(Calcium Paradox)가 일어나면서 혈관이상 수축에 의한 혈압상승, 동맥경화가 일어나고, 연골에 침착 시 근육강직과 관절통이 초래될 수 있습니다.

체내 칼슘 함유량은 체중의 2% 정도인 900~1,200g을 차지하며, 이 중 97%는 골격과 치아에 인산칼슘 복합염인 hydroxyapatite 형태[76]로 존재하고, 나머지 1.0%는 혈액 중에 남아 산/알칼리성 균형유지에 중요한 역할을 합니다.[77] 이와 같이 중요한 역할을 하는 영양소이지만 체내에서는 만들어낼 수 없습니다. 그 때문에 칼슘은 식품이나 칼슘 제제를 통해 섭취해야만 합니다. 치즈는 칼슘섭취에 가장 우수한 식품으로 알려져 있습니다. 치즈는 다른 칼슘이 다량 함유되어 있는 멸치나 야채 등에 비해 소화 흡수율이 매우 높기 때문입니다. 특히 비타민 D를 함유하는 식품과 함께 먹었을 때 흡수율은 더욱 좋아집니다.

---

76) Hydroxyapatite(하이드록시아파타이트), 수산화 인회석이라고도 합니다. 뼈나 치아의 기질 중에 존재하며, 그 구조를 견고하게 하는 작용이 있습니다(이우주 편저. 1990. 의학대사전. 도서출판 아카데미서적. 서울. p. 1027 Hydroxyapatite 항목 참조).

77) 허갑범. 2002. 영양의학. 도서출판 고려의학. 서울. pp. 423-424.

우리나라 보건복지부는 지난 1998년부터 국민영양조사를 통해 한국인이 하루에 섭취해야 하는 각종 성분에 권장량을 보고하고 있습니다[78]. 2011년의 조사결과(2012. 12. 30 보고)에 따르면 우리나라 베이비부머 세대라 할 수 있는 50~64세의 연령층의 경우 1일 칼슘 섭취량은 465.6 mg으로 목표 섭취량 700 mg의 66.5%에 지나지 않았습니다. 주요 칼슘 섭취원으로는 우유 16.8%(87.2 mg), 멸치 6.3(32.7 mg) 김치 6.2%(32.2 mg) 두부 5.2%(26.9 mg) 순이었습니다.

결국 다른 영양소는 1인당 하루 섭취해야 하는 영양섭취량의 목표량을 대부분 초과하고 있는데 비해 칼슘의 경우는 목표량에 미달하고 있었습니다.[79] 여기에 치즈 30g짜리 조각 하나를 보태서 먹는다면 그러한 목표대비 부족량을 충분히 채울 수 있을 것으로 생각됩니다. 2014년도 유엔 인구연감에 따르면 한국 사람의 평균 수명은 남성은 79세, 여성은 85.5세로서 세계 4위의 뛰어난 장수 국가가 되었으나[80] 무병장수일 때 좋은 것이지 병을 가지고 오래 산다는 것은 본인뿐만 아니라 주위 사람들에게도 매우 불편한 존재가 될 것입니다.

노년기에 칼슘 부족으로 뼈에 작은 구멍들이 많아지는 골다공증(骨多孔症, Osteoporosis)이 유발되면 골절이 쉽게 일어나고 다른 합병증을 가져 올 수 있습니다. 뼈는 신체 내 칼슘의 주요 저장고로서 매우 좋은 기관인데 혈중 칼슘 부족 시에는 뼈로부터 칼슘을 가져와 필요량을 충당하는 현상이 일어납니다. 평소에 뼈에 칼슘이 많이 축적되어 골밀도가 높다면 문제가 안 되지만, 뼈의 칼슘 부족 시 뼈는 매우 가벼워지고 늘어나면서 뼈에 구멍이 생길 수밖에 없게 됩니다. 사람의 일생 중 골 양이 많고 골밀도가 최대가 되는 20대~30대인데 이 시기에 사람은 평생을 지탱해 나갈 수 있는 골격을 만들게 됩니다. 그때에 효율적인 칼슘을 섭취하기 위해서는 치즈의 역할이 매우 중요합니다. 전 세계적으로 고령화 속도가 매우 빠른 나라로 수위를 다투는 한국의 입장에서는 노년층이 튼튼한 뼈와 치아를 갖는 삶의 질을 보장해 주는 것이 매우 중요합니다. 그러한 보장정책에는 치즈만큼 최적 식품도 없을 것입니다.

4) 비타민

---

78) '국민건강영양조사'는 '국민영양조사'(1969년 도입)와 '국민건강 및 보건의식행태조사'(1971년 도입)를 통합하여 1998년부터 시작되었습니다. 지금까지 제1기(1998), 제2기(2001), 제3기(2005), 제4기(2007~2009) 조사가 실시되었으며, 제5기(2010~2012), 제6기(2013~2015)가 끝나고 제7기(2016~)조사가 진행 중인데, 2007년부터 질병관리본부에서 '전문조사 수행팀'을 구성하여 계절적 편향 없이 매년 통계생산이 가능한 연중조사로 수행하고 있습니다(http://knhanes.cdc.go.kr).

79) 국민영양통계 2012. 국민건강영양통계 제5기 2차년도(2011). 보건복지부. 질병관리본부.

80) 평균 수명이란 태어난 아이가 평균 몇 살까지 살 것인가를 예측한 수치입니다. 연합뉴스 2016. 7. 28 기사 재인용.

인간에게 비타민의 결핍증 현상이 알려진 것은 6천년 전부터였고, 그것이 비타민인지는 몰랐지만 미지 영양소로써 중요성만 인정되어 왔다가 비타민의 특이한 화학적 역할이 인간에게 알려진 것은 1900년대 초였습니다. 인체 내 비타민 B_{12}의 생화학적 역할은 1950년이 지나서야 알려지게 되었습니다.[81] 영국의 펑크(Funk, C)는 쌀겨에서 미지성분으로서 유용한 성분을 분리하고 이를 비타민이라 명명했는데, 그 후로 여러 가지 비타민들이 발견되면서 발견된 순서에 따라 비타민 D. E. K. L 등의 명칭이 붙여졌습니다.[82]

비타민은 생명을 위하여 필수적이고 위 장관을 통해 흡수되는 소량 요구성 필수 유기화합물입니다. 비타민은 신체의 각종 기능과 활성을 조정해 주는 작용을 합니다. 비타민은 지용성(脂溶性)과 수용성(水溶性)으로 나눌 수 있습니다. 치즈에는 피부미용과 눈 건강에 매우 좋은 지용성 비타민 A(retinol)와 수용성 비타민 B_2가 풍부하게 함유되어 있습니다. 그러므로 치즈는 인체의 피부에 윤기를 더해주고 눈을 건강하게 유지해 주는 탁월한 효과가 있습니다. 치즈에는 비타민 A의 흡수를 높여주는 유효지방이 상당부분 함유되어 있습니다. 비타민 A는 피부와 점막을 건강하게 보호함으로써 신체의 저항력을 강화해주고 질병으로부터 몸을 보호해 주는 작용을 합니다.

비타민 B_2는 특이하게 작용하는 물질로써 우리 신체의 성장이나 피로회복을 도와주는 성분입니다(우리나라 피로회복제로 널리 판매 중인 「아x나x」은 그 주성분이 비타민 B_2). 또한 이 비타민은 간장의 작용을 활발하게 해주는 비타민으로써 간장 질환 예방효과도 있습니다. 나아가 비타민 B_2는 지방의 대사에 효과를 발휘하여 여분의 피하지방을 연소시키는 효과도 발휘합니다. 이러한 작용을 하는 치즈는 체중조절 식이(Diet) 중인 사람들에게 권장할 만한 식품입니다. 또한 비타민 B_2는 좋은 피부를 유지하는 데 필수 불가결한 영양소이고, 더욱이 치즈에 많이 포함되어 있는 비타민 A는 신체의 저항력을 높이는 데 기여합니다.

박건영은 비타민 A의 인체 상피세포 건강과의 관계를 다음과 같이 설명합니다[83].

"상피세포의 건강을 유지하는데 상피세포는 전신의 피부와 모든 기관의 점막을 포함한다. 비타민 A는 뮤코단백질(mucoprotein)과 뮤코다당류(mucopolysaccharides)와 같은 점액성 물질을 생성하는 데 효력이 있다. 점막의 분비물은 상피세포, 특히 눈, 입, 귀, 위장, 호흡기계, 비뇨기, 생식기관의 점막세포를 건강하게 유지시킨다. 비타민 A는 세균의 감염을 방지하므로 모든 점막의 최저조건에서 세균의 침입을 막는 역할

81) Forsythe, W. A. 1998. Nutrition and You with Readings. Contemporary Pub. Co. 김대진 등 공역. 2000. 영양과 건강. 유한문화사. 서울. p. 179.
82) 박건영. 2000. 영양과 질병예방. 유한문화사. pp. 37-38.
83) 위의 책 p. 39.

을 *한다.*" 그래서 비타민류가 풍부한 치즈는 유・노년층과 여성에게 있어서 더욱더 좋은 식품의 하나가 되는 것입니다.

4.3 고품질 영양식품으로써의 치즈

한국 사람들에게 치즈의 개념은 단순히 고영양 덩어리쯤으로 치부되고 있습니다. 그러나 저자는 언제나 오래된 꿀이 단순한 식품이 아니고 약재에 속하듯이 오래된 치즈는 식품의 개념을 넘어 기능성분이 다량 함유된 약재와 같은 식품이라고 봅니다. 그렇지만 치즈는 여전히 식품으로서의 탁월한 영양과 건강보강 기능을 기본으로 합니다. 일단 치즈는 다음과 같은 조건에서 다양성과 필요성을 갖춘 식품이라고 볼 수 있습니다[84].

- 간단하게(편안하게) 먹을 수 있습니다.
- 매일 먹어도 질리지 않습니다(습관적인 먹을거리가 될 수 있습니다).
- 단식품(單食品)이기도 하고, 각종 요리 소재로써 응용 범위가 넓습니다.
- 남녀노유, 동서고금을 아우르는 많은 사람들이 선호하는 식품입니다(매우 맛이 있습니다).
- 그러나 이러한 좋은 점에도 불구하고 일상에서 치즈를 활용한 식문화 생활에서는 적절한 융통성이 필요합니다. 이를테면 치즈 중에서 가장 고약한 냄새와 한국인에게 견뎌내기 힘들 정도로 거북스러운 맛(거의 금속성 맛)을 지닌 치즈 중의 하나인 프랑스 산 로크포르(Roquefort) 치즈를 고급 영양식품이라고 판매하다가는 오히려 큰 봉변을 당할 것이기 때문입니다.

따라서 한국에서의 경우 그 동안 유업체들이 소비자가 감당하기 곤란한 향미를 가진 자연 치즈를 그대로 소비시키지 않고 그러한 특유의 향미를 가진 자연 치즈를 원료로 하여 순화시킨 향미를 갖도록 조정한 가공치즈(Process cheese)로 상품화한 것이 현명한 접근법이었다고 생각됩니다. 저자는 이러한 예로 일본을 거쳐 우리나라에 소개된 「야X르X」가 정통 발효유 소비로 가는 교량역할을 했다고 봅니다. 왜냐하면 1970년대의 빈약한 우리의 경제 수준에서 정통 요구르트는 가격이 너무 비쌀 수밖에 없어 소비 자체가 어려웠기 때문입니다. 물론 가공치즈 소비의 경우는 가격보다는 자연 치즈의 독특한 향미처리를 통해 장차 특유한 향미를 지닌 자연 치즈들로 자연스럽게 다가갈 수 있게 하는 다리역할을 한 점이 더 크지요.

치즈의 장점으로는 이러한 남녀노유를 불문하고 여러 가지 소비자의 기호성 요구를 포용할 수 있는 다양성이 있으면서 서양풍의 향미를 진하게 전달하는 요리 소재로

84) NPO 法人. チ-ズプロフェショナル協會. 2008. C.P.A. チ-ズプロフェショナル敎本. p. 139.

도 널리 사용 가능하다는 점이 특징입니다. 신체에 필요한 영양소는 다양한 식품과의 조합을 통해서 골고루 얻어지는 것이 이상적인데 치즈는 바로 그러한 다양한 요리 소재들과 잘 어울리는 특성을 지녔습니다. 따라서 한국인의 식단 서구화 열풍 속에서 치즈는 매우 소중한 필수 요리소재가 되고 있습니다. 치즈를 소재로 하여 제조하는 요리치고 한국의 젊은 층에게 외면 받는 것이 거의 없을 정도입니다. 스파게티류, 피자, 퐁뒤, 라클렛테, 그리고 이러한 요리를 잘해 주는 프랑스 요리 전문식당, 이탈리아 요리 전문식당은 신세대의 선호식품이며 대도시마다 진품 명가로 자리 잡아가고 있습니다. 왜 그럴까요? 답은 간단합니다. 치즈가 들어가는 요리의 향이 사람들을 사로잡아 그쪽으로 유인하고 있기 때문입니다.

인체에 필요한 영양식품으로서 치즈 그 자체가 완전한 소재가 아닌 것은 분명합니다. 사실 치즈에는 비타민 C나 D, 철분과 같은 성분이 빈약하고 식이섬유소(diet fiber)가 전혀 없기 때문에 그러한 부족 성분들이 다량 함유된 야채나 과일과 조합시키면 부족한 영양소가 보충되면서 조화로운 향미와 식사의 즐거움을 더해줄 것입니다. 결국 치즈는 독특한 향미가 있고, 먹는 이에게 즐거움을 선사할 수 있는 식품, 언제든 간편히 먹을 수 있는 것으로써 그 응용역역이 넓어서 식품 중에서 굉장히 희소성을 갖는 우수 식품소재입니다. 치즈를 단품요리(單品料理)[85]로 섭취해도 소화가 느리게 되며, 고영양성을 띠고 있어서 시장기가 빨리 오지 않고 소식(小食)을 해도 영양적으로 손색이 없는 한 끼 식사거리로도 충분할 것입니다. 그러므로 소화・흡수력은 떨어지고 섭취량을 제한받는 유년기나 노년 세대들의 소식(小食)형 식단에 치즈는 필수적인 요소가 아닐 수 없습니다.

1) 치즈의 기능성, 특히 건강기능 활성

(1) 기능성 영양 성분[86][87]

치즈처럼 영양학적으로 우수하고 다양한 기능을 가진 식품은 없습니다.

다음 표 1-8에서 보는 바와 같이 치즈의 골격 성분은 지방과 단백질입니다. 그리고 치즈의 영양성분은 포유류 품종별 원유, 비유단계, 지방함량 그리고 제조공정에 따라 다양하게 변화합니다. 치즈는 단백질과 아미노산의 주요 공급원입니다. 치즈는 메티오닌과 시스테인을 제외한 모든 필수 아미노산을 함유하고 있습니다. 단백질과 아미

---

85) 단품요리(單品料理)란 하나의 식재료가 요리 자체라는 뜻입니다. 즉 레스토랑에서 후식으로 치즈 한 조각을 접시에 올려놓은 상태로 제공될 때 그 치즈는 단품요리가 되는 것입니다.

86) www.idfnutrition.org

87) Walther, B., Schmid, A., Sieber, R. and Wehrmüller, K. 2008. Cheese in Nutrition and Health. Dairy Sci. Technol. 88 : 389-405.

노산은 사람에 있어서 영양소에 중요한 역할을 해왔고, 단백질이 아미노산으로 가수분해 된 중간 생성물인 생리활성 펩타이드(Bioactive peptides, BP)에 관심이 집중되어 왔습니다. 이들 BP류는 그것들이 갖는 특이한 염기서열을 갖고 있습니다. 이 펩타이드류의 생리활성 기능들이 널리 알려진 것들이 있는데 항산화성(antioxidant) 펩타이드, 모르핀과 같은 작용을 하는 Opioid라든지 혈압을 낮춰주는 것(antihypertensive), 무기질 결합(metal-binding)으로 특이성질을 갖는 것과 항균성, 면역성제어, 세포조절, 항발암성, 항우치성(抗齲齒性), 항혈전성, 항염증, 콜레스테롤 저감성을 갖는 것들이 알려져 있습니다[88].

표 1-8. 주요 치즈별 영양성분 조성[89]

치즈 종류	참고 문헌	열 량 (kcal/ 100g)	수 분 (%)	단백질 (%)	지 방 (%)	유 당 (%)	무기질 (g/100g)	콜레스테롤 (mg/100g)
브 리	1, 3	319	48.6	19.2	26.9	미량		100
까망베르	4	310	51.8	19.1	24.7	0.9	3.5	87
체 다	4	423	35.3	25.7	33.8	12.4	3.8	100
체이셔	1, 3	379	40.6	24.0	31.4	0.1		90
카티지	4	105	79.0	13.3	4.5	1.9	1.3	2
크 림	4	346	55.5	8.2	33.0	2.3	1.0	99
에멘달	4	429	33.5	27.3	33.6	1.6	4.0	85
페 타	1, 3	250	56.5	15.6	20.2	1.5		70
가우다	4	380	40.0	25.8	29.0	1.4	3.8	83
그뤼에르	1, 3	409	35.0	27.2	33.3	미량		100
모짜렐라	1, 3	289	49.8	25.1	21.0	미량		65
파르메산	4	475	15.4	44.0	30.8	1.9	7.9	96
블 루	4	349	45.6	18.8	29.0	1.0	5.6	90
로크포르	1, 3	375	41.3	19.7	32.9	미량		90
스틸튼	1, 3	411	38.6	22.7	35.5	0.1		105

88) Akuzawa, R., Miura, T., and Kawakami, H. 2009. Bioactive Components in Caseins, Caseinates, and Cheese. in Park, Y.W. edited, Bioactive Components in Milk and Dairy Products. Wiley-Blackwell Publishing. NY. USA. pp. 217-234.

치즈의 숙성 정도 또한 치즈의 영양성분 조성에 영향을 미칩니다. 치즈 성분은 치즈제조 시의 응유효소 렌넷에 의해 카제인과 함께 콜로이드상 무기물, 지방과 지용성 비타민류가 커드 안에 응집하면서 핵심 치즈성분을 구성합니다. 치즈 부산물인 유청에는 유청 단백질, 유당 그리고 수용성 비타민, 무기물이 함유되어 유청으로 이행(移行)한 뒤 커드와 분리 시 제거되면서 치즈에는 거의 남아 있지 않게 됩니다. 치즈 제조과정에서 유청 단백질의 대부분은 유청 쪽으로 이동하고 치즈 중의 유청 단백질 함량은 전 치즈 단백질 함량의 2～3% 정도만 함유됩니다. 유청 단백질에는 면역기능과 항균작용이 있는 lactoferine, 뼈를 강하게 유지해주는 유 염기성 단백질(Milk Basic Protein, MBP)이 있는데, MBP는 카제인과 상호작용을 하는 관계로 치즈 커드 중에 일부 잔류하여 대부분의 카제인 단백질에 존재합니다..

치즈제조 후 숙성과정에서 우유의 주단백질인 카제인[90)]은 서서히 분해되어 수용성 펩타이드와 유리아미노산으로 분해됨에 따라 치즈 단백질의 소화 흡수력이 높아지게 됩니다.

치즈 중의 탄수화물은 매우 희소량이 있는데 치즈의 탄수화물은 주로 유당으로써 제조중 대부분이 유청쪽으로 이동하고 치즈쪽으로 옮겨진 유당도 숙성 1개월 이내에 치즈 중의 유산균 발효에 의해 분해되어 거의가 소멸되고 없는 셈이 됩니다(표 1-9 참조). 나머지 유당성분 잔류분도 유산(lactic acid)과 치즈의 향기성분인 diacetyl, acetaldehyde, acetic acid, ethanol 및 CO_2로 발효됩니다. 그러므로 숙성 치즈에는 유당이 없으므로 유당불내증을 가진 사람들에게 기능성 식품으로 제공할 수 있습니다.

치즈 중의 지방함량은 다양한데 이는 원유 종류, 공정에 의해 달라지기 때문입니다. 치즈의 지방분은 치즈의 향입니다. 식감(texture)에 영향을 주고 특히 숙성 중 지방이 분해되어 생성된 유리지방산과 그 대사산물은 중요한 향기 성분으로써 다양한 치즈의 특성을 만들어 냅니다.

---

89) 표 1-8에 제시된 참고문헌 내역 : 1. O'Brien, N. M. and O'Connor, T. P. 2004. Nutritional Aspects of Cheese, Cheese Chemistry, Physics and Microbiology, Vol. 1. 3rd Edited by Fox, P. F., Mc Sweeney, P. L. H., Cogan, T. M. and Guinee, T. P. Elsevier A.P., London, 573-581. 2. 香村芳子 監修, 2006. 5訂 增補 食品成分表, 女子榮養大學出版部, 東京. 3. Holland, B., Unwin, I. D. and Buss, D. H. 1988. Milk Products and Eggs : The fourth Supplement to McCance and Widdowson's The Composition of Foods 4th. ed., Royal Society of Chemistry/Ministry of Agriculture, Fisheries and Food, Cambridge, UK. 4. 科學技術廳資源調査會編. 2000. 5訂 日本食品標準成分表.

90) 우유단백질은 카제인 80 : 유청단백질 20의 점유비로 존재합니다. 여기서 카제인은 대부분 치즈 커드(curd) 쪽으로 이동하고, 유청단백질(락트알부민과 락토글로부린)은 거의 대부분이 유청 부분으로 이동합니다.

표 1-9. 각종 치즈와 주요 유제품, 식품류의 영양성분 구성[1] (100g당 함량) ※Tr = 미량(微量) (제5개정 일본식품성분표시에 따름)

치즈명	열량	수분	단백질	지방	탄수화물(유당)	회분	무기질					비타민									
							Na	K	Ca	P	Fe	A 레티놀	A 카로틴	A 레티놀당량	E	K	B_1	B_2	나이아신	B_6	B_{12}
	kcl	(····g····)					(······mg·······)					(····μg····)			(mg)	μg	(·· mg·····)				μg
에 담	356	41.0	28.9	25.0	1.4	3.7	780	65	660	470	0.3	240	150	270	0.8	14	0.04	0.42	0.1	0.06	2.8
에멘탈	429	33.5	27.3	33.6	1.6	4.0	500	110	1200	720	0.3	200	180	230	1.3	8	0.02	0.48	0.1	0.07	1.0
카티지	105	79.0	13.3	4.5	1.9	1.3	400	50	55	130	0.1	35	20	38	0.1	2	0.02	0.15	0.1	0.03	1.0
까망베르	310	51.8	19.1	24.7	0.9	3.5	800	120	460	330	0.2	230	140	250	0.9	1	0.03	0.48	0.7	0.08	1.3
가우다	380	40.0	25.8	29.0	1.4	3.8	800	75	680	490	0.3	260	170	290	0.8	12	0.03	0.33	0.1	0.05	1.9
체 다	423	35.3	25.7	33.8	1.4	3.8	800	85	740	500	0.3	310	210	350	1.6	12	0.04	0.45	0.1	0.07	1.9
파르메산	475	15.4	44.0	30.8	1.9	7.9	1500	120	1300	850	0.4	230	120	250	0.8	15	0.05	0.68	0.1	0.05	2.5
블 루	349	45.6	18.8	29.0	1.0	5.6	1500	120	590	440	0.3	270	170	300	0.6	11	0.03	0.42	0.8	0.15	1.1
가공치즈	339	45.0	22.7	26.0	1.3	5.0	1100	60	630	730	0.3	240	230	280	1.1	2	0.03	0.38	0.1	0.01	3.2

1) 坂本 嵩 等. 2008. C.P.A.チ－ズプロフェショナル教本 NPO法人 チ－ズプロフェショナル協會. p. 141.

(계속)

치즈명	열량	수분	단백질	지방	탄수화물(유당)	회분	무기질					비타민										
							Na	K	Ca	P	Fe	A			E	K	B₁	B₂	나이아신	B₆	B₁₂
												레티놀	카로틴	레티놀당량							
	kcl	(····g····)					(······ mg ·······)					(···· μg ····)			(mg)	μg	(·· · mg ·····)				μg
〈치즈 비교용 참조자료〉																					
모 유	65	88.0	1.1	3.5	7.2	0.2	15	48	27	14	Tr	45	12	47	0.4	1	0.01	0.03	0.2	Tr	Tr
산양유	63	88.0	3.1	3.6	4.5	0.8	35	220	120	90	0.1	36	(0)	36	0.1	2	0.04	0.14	0.3	0.04	0
일반시유	67	87.4	3.3	3.8	4.8	0.7	41	150	110	93	Tr	38	6	39	0.1	2	0.04	0.15	0.1	0.03	0.3
요구르트(무당전지)	62	87.7	3.6	3.0	4.9	0.8	48	170	120	100	Tr	33	3	33	0.1	1	0.04	0.14	0.1	0.04	0.1
두 유	46	90.8	3.6	2.0	3.1	0.5	2	190	15	49	1.2	(0)	(0)	(0)	0.3	4	0.03	0.02	0.5	0.06	(0)
두 부	72	86.8	6.6	4.2	1.6	0.8	13	140	120	110	0.9	(0)	0	(0)	0.6	13	0.07	0.03	0.1	0.05	(0)
낫 또	200	59.5	16.5	10.0	12.1	1.9	2	660	90	190	3.3	(0)	0	(0)	1.2	870	0.07	0.56	1.1	0.24	Tr
피하지방 없는 지육	456	43.7	12.9	42.5	0.3	0.6	34	200	3	110	0.8	3	Tr	3	0.6	9	0.05	0.13	4.0	0.26	1.1

치즈지방의 구성을 살펴보면 포화지방산이 66～74%, 단가 불포화지방산 23～30%, 다가불포화지방산 2.5～4.0%로 구성됨에 따라 치즈는 결국 총지방과 포화지방산의 훌륭한 공급원이라는 것을 알 수 있습니다. 치즈의 콜레스테롤 함량은 지방량에 대비해서 볼 때 치즈 종류에 따라서 차이가 있겠지만 약 10～100mg/100g 범위로 함유하고 있습니다. 치즈 중에는 항산화, 항암작용을 하는 것으로 알려진 공액 리놀렌산(Conjugated Linoleic Acid, CLA)도 함유되어 있습니다. 몇몇 동물실험 연구들은 CLA의 유익한 효과에 대한 보고들이 있었고, 포화지방산이 혈중 지방량을 높인다고 보는 부정적인 연구보고 때문에 나쁜 인식을 심어 주다 보니 치즈지방이 관상동맥성 심장병의 증대를 초래할 것이라는 우려를 보여주고 있습니다.

포화지방산들은 혈중 콜레스테롤치에 다르게 영향을 미칩니다. 치즈 지방산의 대부분을 차지하는 포화지방산은 **팔마틱산**, **미리스트산**, **스테아릭산**이며, 불포화지방산은 **올레익산**입니다. 또한 치즈의 지방에는 트렌스 지방산도 있으며, 이 트렌스 지방산은 관상동맥성 심장의 위험을 높인다는 비난을 받아왔으나, 이러한 호들갑을 떠는 가설을 뒷받침할 근거는 아직 없으며, 반대로 중립적이거나 조금은 부(負)의 상관성이 있는 것으로 남녀 모두에게서 관찰되었습니다.[91),92),93),94)] 단백질의 변형에 의한 세포조절에 있어서 포화지방산들은 유전자의 발현뿐만 아니라 유전자 조절, 과다불포화지방산의 생물학적 이용 가능성을 나타냈고, 지방축적의 역할을 해왔습니다.[95)]

치즈 중에 함유된 비타민은 주로 치즈지방에 녹아있는 지용성 비타민인데, 그 중

---

91) Da-silva, M.S., Julien, P., Perussel, L., Vohl, M.C., Rudikowska. I. 2015. Natural rumen-derived trans-fatty acids are associated with metabolic markers of cardiac health. -46684N- Lipids, 59(9):873 - 882에서도 적당량의 트랜스지방산이 인슐린 저항성을 낮추고 혈압을 낮추었으며 오히려 심혈관 건강위험에 유리했다고 보고하였습니다.

92) Radtke, T., Schmid, A., Dahler, F, Coslovsky, M., Eser, P., Wilherm, M., Saner, H. 2017. Short-term effects of trans fatty acids from ruminantand industrial sources on surrogate makers of cardiovascular risk in healthy men and women : A randomized, controlled, double-blind trial. Eur. J. Prev. Cardiol. : 버터나 마가린에 함유된 트랜스지방산이 염증반응이나 혈액응고에 거의 영향을 미치지 않았다고 보고했습니다.

93) Hunter, J.E. 2014. Health and nutrition update on trans fatty acids. -45964N- Lipid Technology. 26(9):1-3. 2003년에 미국인 평균 1인당 1일 소비하는 트랜스지방산이 46g이었던 것이 최근에는 10g 이하로 낮아졌다고 하면서 이 수준에서는 트랜스지방산이 LDL 감소나 HDL 높이는 데 아무런 효과가 없었습니다.

94) Kuhnt, K., Degen, C., and Jahreis, G., 2015. Evaluation of the impact of ruminant trans fatty acids on Human health : Important Aspects to Consider. -46363N- Cit. Rev. Food Sci. Nutr. <in Press> 이 논문에서는 트랜스지방산 섭취가 우리 생각처럼 건강에 해롭지 않다고 했습니다. 버터 같은 반추가축유 내 트랜스지방산이나 마가린 같은 상업적 수소화를 거쳐 만들어진 트랜스지방산 모두가 인체 내 소화기관의 소화과정을 거치면서 헤리되기 때문이라고 하였습니다.

95) Luc, J.C. Van Loon. 2012. Dairy protein and muscle maintenance in the elderly. Proceedings of the Nutrition and Health Conference. IDF World Diary Summit 2012-. pp. 49-54를 참고하십시오.

비타민 A의 좋은 공급원이라 할 수 있습니다. 그 외에 비타민 B_2(riboflavin)나 B_{12} 등 비타민 B군의 좋은 공급원이기도 하지요. 치즈에는 지용성 비타민 함량은 높은 반면 수용성 비타민은 유청 쪽으로 이동하기 때문에 상대적인 함유량은 미미한 편입니다. 그나마 비타민 B군이 다소 나타나는 것은 치즈 숙성 중 미생물들에 의해 합성된 결과 보완이 이루어진 것으로 보입니다. 특히 에멘탈 치즈와 같이 프로피온산균을 부가 스타터로 사용하는 치즈에서 합성이 현저하게 증가하는 것을 볼 수 있습니다. 비타민 C는 치즈에서 전혀 찾아 볼 수 없으므로 공급을 기대할 수가 없습니다.

치즈의 무기물 함량은 치즈의 종류에 따라 다르지만 대략 1.0%(크림)에서 7.9%(파르메산) 범위로 함유되는데(표 1-9 참조) 평균 4.0% 정도 함유되어 있는 것으로 보면 됩니다. 치즈의 주요 무기질 성분으로는 칼슘, 인, 마그네슘, 그리고 아연, 철분, 요소, 셀레니움, 구리 등 생체 기능 발현에 중요한 성분들이 식이성 무기물 공급원으로써 함유되어 있습니다. 반경질 치즈에는 600～1,200 mg/100g의 칼슘이 들어 있으며, 연질치즈에는 제조과정의 원유 산성화 때문에 함량은 낮아지지만 다른 치즈의 경우 일일 칼슘 공급량의 1/3을 차지합니다. 게다가 치즈는 인과 아연의 좋은 공급원이며, 칼슘과 마그네슘과도 연관성이 있습니다.

치즈의 높은 소금 함량은 고혈압과 연관되어 많은 논쟁들이 있었지만 치즈의 요소들(칼슘이나 BP)은 부정적인 영향들을 넉넉히 상쇄하고 남을 정도입니다. 이를테면 사람이 경질 치즈 20g을 섭취하면 칼슘 약 60mg을 공급받을 수 있기 때문입니다. 치즈 칼슘의 생체 이용성은 우유 칼슘 이용성과 동등한 효과를 갖습니다. 멸치, 야채, 과일에 함유된 칼슘보다 흡수율이 높지요. 치즈 숙성중 β-카제인으로부터 분해 생성된 카제인 인 함유 펩타이드(Casein Phospho-Peptide, CPP)는 칼슘의 생체 흡수를 돕는 작용을 합니다. 그러니까 치즈는 노년층 세대에게서 빈발하는 골다공증을 예방하고 치료해 주는 우수한 칼슘 공급원이자 흡수촉진 식품이라 할 수 있습니다.[96),97)]

2) 최근에 밝혀진 치즈의 건강 기능성 비밀들

한국이 치즈 선진국들인 EU와 미국 그리고 영연방제국(캐나다, 호주, 뉴질랜드, 남아공)과의 FTA가 발효된 지난 2010년부터 한국에는 많은 종류의 숙성치즈들이 저렴한 가격으로 수입되고 있습니다. 그동안 신선 치즈류의 밋밋한 맛에 갇혀 있던 한국의 치즈 소비자들이 서서히 숙성형 자연치즈를 구매하는 쪽으로 변화하고 있습니다.

---

96) Miller, G.D., Jarvis, J.K., and McBean, L.D. 2007. Handbook of Diary Foods and Nutrition. National Dairy Council, CRC. Press NY. USA. pp. 181-244.

97) Colette, S., and O'Brein, J. (Ed). 2003. Handbook of Functional Dairy Products. CRC Press LLC, NY. USA. pp. 177-190.

물론 오늘날 통계적으로 한국의 치즈 소비는 자연치즈 60%, 가공치즈 36%, 기타 치즈 4%가 소비 점유율로 나타나지만 여기서의 자연치즈란 피자요리에 사용하는 모짜렐라가 전부라고 보고 숙성형 자연치즈는 아예 기타 치즈로 분류되고 있다고 보면 됩니다. 하여튼 일부 고급식품을 취향으로 갖는 소비자들도 치즈구매의 목표는 먹을거리나 기호품으로서의 식자재를 충당하는 데 있었을 것입니다. 사람들은 그동안 치즈를 단순한 식재료로 접근해 왔는데 최근 분석화학이 발달하고 영양학 분야의 연구가 깊어지면서 치즈는 단순한 식품 이상의 건강증진과 생리활성을 강화하는 기능성분 함유가 높은 기능성 식품이라는 것이 속속 알려지고 있습니다. 이제 사람들이 치즈에 항 우울제나 몰핀 기능(opoid activity)을 발현하는 BP성분이 있다는 것을 알게 되면 의아해 할 것입니다. 그런데 현대 과학의 집요함은 치즈에 이러한 성분이 다분히 함유되어 있다는 것을 면밀하게 밝혀 줍니다.

최근 한국은 세계 치즈시장에서 크게 주목을 받는 나라입니다. 왜냐하면 2013년 이후 치즈 소비량이 연평균 7.8%로 가파르게 증가하고 있으며, 그에 따른 수입량이 많기 때문입니다. 그러나 선진국의 치즈 소비량에 비해 극히 미미한 수준에 지나지 않기 때문에 치즈 소비 주요국의 반열에 오르기에는 여전히 미흡한 상황입니다. 낙농진흥회가 내놓은 2015년 말 기준 세계 유제품 소비량 중 국민 1인당 연간 소비량에 따르면 세계에서 치즈 소비가 가장 많은 나라는 프랑스로서 무려 26kg을 소비하고, 그리스 24kg, 아이슬란드 22kg, 영국 20kg, 미국 16kg 수준인데 반해 한국은 겨우 2.68kg을 소비하는 것으로 나타났습니다. 치즈 소비 선진국의 1/10도 안 되는 셈이지요.[98]

아직 한국에서는 치즈에 대한 인식 부족, 상업화에 몰입된 치즈 소비의 왜곡 측면 그리고 국민 영양교육의 미흡이 작용한 결과라고 볼 수 있습니다. 이제부터라도 치즈의 영양학적 우수성, 치즈의 인체 생리활성과 건강효과에 대한 지식을 정리하여 일반 소비 대중에게 확산시킴으로써 치즈 소비의 균형과 영양 보강효과로 기대해야 할 것입니다. 따라서 치즈에 있는 몇 가지 주요 생리학적 기능성을 정리해 두고자 합니다.

(1) 치즈의 충치 예방효과

영국 치아건강재단(British Dental Health Foundation, BDHF)이 지난 2007년 5월 13일~6월 12일까지 기간을 「국민 미소의 달(National Smile Month)」 제정을 제안하였고, 영국 치즈위원회(British Cheese Board, BCB)가 지원에 나섰다는 기사가 있었습니다.[99] BDHF는 "매 끼니마다 식후에 작은 경질치즈 한 조각을 먹을 것, 특히

98) 농림축산식품부. 낙농진흥회. 2017/2016 낙농통계연감. p. 165.
99) Dairy Industries International. 2007년 5월호 보도.

설탕 함유 음식, 음료를 먹고 난 후 그리할 것을 권장한다. 치즈를 먹게 되면 입안에 침의 분비량이 늘어나게 되고, 약알칼리성(pH 8.1～8.3)을 띠는 침이 음식에 의해 생성된 산을 중화시키면서 그 산 성분을 세척해 내는 효과가 있다."고 하였습니다.

堂迫俊一은 치즈의 치아건강 효과의 원리에 대해 정리했는데 그 주요 내용을 보면

『치아에는 음식물 섭취 결과 치석(plague)이 생기게 되는데, 그 속에 함유된 세균이 치석에 함유된 당질을 대사하여 산을 생성하게 된다. 이러한 산 성분이 치아의 칼슘이나 무기물질을 녹여 버리면서 충치가 되는 것이다. 충치 예방에 치즈와 유제품, 특히 경질치즈가 유력하게 효과가 있다.』고 하였습니다. 그는 또한 『유제품, 치즈가 치아건강에 어떤 효과가 있는지에 대한 과학적 증거는 인체와 동물실험을 통해 입증된 바 있다.』고 하였습니다.[100)]

한편, 堂迫俊一은 치즈와 치아건강 효과에 대하여 인간을 대상으로 한 실험에서의 결과를 다음과 같이 정리하였습니다.

『12g의 설탕이 함유된 커피 130 mL을 마신 뒤, 15g의 체다 치즈를 섭취하면 침의 분비가 촉진되었고, 치석의 pH가 상승하였다는 보고도 있었다. 10% 설탕물을 입에 머금고 난 뒤 5g의 체다 치즈를 씹어 먹은 71%의 피검자가 치아에 에나멜질(琺瑯質)의 탈 회화(에나멜질이 녹아들어가 치아에 구멍이 생기는 증상)가 저하되고, 치석의 pH가 상승했다는 보고가 그 예이다. 가공치즈도 똑같이 충치예방과 에나멜층 보호작용이 있으며, 이런 효과는 치즈를 토핑한 파스타요리 섭취 시에도 있다는 보고가 있다. 치즈에 풍부하게 함유된 인과 칼슘은 산성 환경에서 용해도가 높아져서 법랑질(hydroxyapertite)의 탈 회화를 감소시키는 성질이 나타난다는 것이 가장 중요하다. 또 다른 치아보호 작용 근거로 제시되는 것은 단백질의 완충능인데, 카제인이 법랑질 표면에 흡착하여 보호작용을 나타낸다는 것이다. 또 하나는 충치 원인균에 대한 효과인데 카제인 입자(Casein micelle)가 *Streptococcus sorbrinus*의 균총(colony) 형성을 억제한다는 보고와 침을 결합한 법랑질에 치즈 카제인이 흡착하게 되면 치아에 충치 유발세균인 *Str. mutans*균의 흡착을 억제한다는 보고가 있었다. 이 효과는 κ-카제인의 Caseinoglyco-Peptide 부분에 의해 나타난다.』고 하였습니다.

또한 그는 영국 치아건강재단(BDHF)이 권장했던 치즈 섭취가 침의 분비량을 늘려서 치아 건강에 영향을 미친다는 권장내용을 뒷받침할 내용을 다음과 같이 소개하였습니다.

---

100) 齊藤忠夫. 堂迫俊一. 井越敬司. 2008. 現代 チ-ズ學. 食品資材硏究會. 東京. 日本. pp. 319-320.

『치즈의 물성에 의한 효과로써 치즈를 씹어 먹음으로 인해 침의 분비가 촉진되면서(침은 약알칼리성) 치석의 pH 저하를 억제하는 것이다. 경질 치즈가 충치예방 효과가 높은 것은 이렇게 씹어 먹는 과정을 거쳐 섭취되기 때문이다. 실험용 쥐를 이용한 치아부식 유발 실험에서 치즈를 투여한 군과 대조군 비교 결과 치즈 투여군에서 부식이 억제되는 것으로 나타났다. 두 개의 실험구간에 세포 수 차이로 나타났는데, 이는 치즈의 항균작용에 의해서도 치아 분해가 억제되는 것으로 보고되었다.[101] 치아 분해 억제에는 비정질(非晶質) 인산칼슘(Amorphous Calcium Phosphate, ACP)의 공급이 중요한데, 치즈에 함유된 Casein phospho peptide(CPP)와 ACP가 항우식(抗齲蝕) 작용으로 발전하는 것으로 고려되고 있다.』고 하였습니다.

우리는 아주 오랜 옛날부터 사람이 노년까지도 행복하게 지낼 수 있는 오복 중의 하나가 '치아건강'이라고 해 왔습니다. 남녀노유 모두의 치아건강, 충치예방에 치즈만한 식품이 또 있을까 싶습니다. 다만 충치예방에 효과가 있는 경질 자연치즈가 아직은 우리나라에서 활발하게 생산되지 못하고 수입산에 의존해야 한다는 아쉬움이 남아 있습니다.

(2) 당뇨병 환자에 유리한 치즈

국제당뇨병연맹(International Diabate Federation, IDF)이 2013년에 내놓은 세계 각국의 당뇨병 환자 수에서 한국의 당뇨병 환자 수는 프랑스 338만 명에 이어 332만 명으로 세계 20위라고 했습니다. 국민건강보험재단은 여기에 그치지 않고 2050년이면 591만 명으로 증가할 것으로 추정하고 있습니다.[102)103] 당뇨병 환자는 선천적인 경우와 후천적인 경우로 나뉘는데 후자는 비만과 밀접한 관계가 있어 국내 비만인구 증가(성인 중 30% 이상)가 당뇨병 환자 증가를 견인하고 있다고 봐야 합니다.

영양·의학적인 분야에서는 "당지수(Glycemic Index, GI)" 값을 가지고 혈당조절 지표로 삼고 있는데 GI 값이란 사람이 포도당을 섭취하고 시간이 경과하면서 증가하는 혈당치 커브의 면적과 어떤 식품을 섭취한 때의 혈당치 상승 커브 면적과 비교하여 얻어낸 수치를 의미합니다.[104] Brand-Miller 등(1999)에 따르면 건강한 사람도 높은 GI값을 갖는 식품을 지속적으로 섭취하면 인슐린 저항성을 나타내는 위험성을

101) Krobicka, A., Bowen, W.H. Pearson, S. 1987. The effects of cheese snacks on caries in desalivated rats. J. Dent. Res. 66 : 1116-1119.

102) The Euro Journal. EK NEWS. 2014. 2. 14.일자 보도 http://www.eknews.net/xe/431817

103) 홍은기 2012. 2050년 국내 당뇨병환자 591만 명 내란. 조선일보 헬스 O. 2012년 11월 13일자 보도.

104) Brand-Miller, J. and Foster-Powell, K. 1999. Diets with a low glycemic index : from theory to practice. Nutrition Today. 34 : 64-72.

높이는데, 당뇨병 환자의 경우에는 심각하게 위험한 상태가 되어 버린다는 것입니다.

나아가 당뇨병 환자는 인슐린 저항성이 높기 때문에 높은 GI 값을 가진 식품을 섭취하게 되면 인슐린 저항성이 매우 높아져 결국 이를 낮추는 약을 투여할 필요가 있는데 인슐린 수준이 높은 상태가 지속되고, 지방산의 산화가 일어나면서 당분의 산화가 촉진된다는 것입니다. 이런 경우 초저밀도 콜레스테롤(Very-low-density cholesterol)의 합성으로 이어져 지방의 축적과 함께 비만으로 이어지게 됩니다. Brand-Miller 등(1999)은 여기서 높은 GI 값의 식품이란 GI 70인 경우이고, 낮은 GI 값의 식품이란 GI 55 미만의 식품이라고 정리하였습니다. 먼저 고 GI식품으로는 흰쌀과 빵(70~90), 과자류(70~80), 감자(80~100) 등이 대표적입니다. 한편 유제품류(27~33), 과일류(28~43)는 저 GI 식품의 대표 주자라고 본 것입니다.

堂迫俊一(2008)[105]에 따르면『원래 치즈는 당분 함량 자체가 낮은데다가 GI 값도 낮기 때문에 당뇨병 환자에게 있어서는 유용한 식품이 된다. 또한 당분 함량이 풍부한 식품과 치즈를 함께 섭취하게 되면 위내 당분 체류시간을 연장하게 됨에 따라 낮은 GI 값을 지속시켜 준다. 흰 쌀밥의 GI 값이 100인데 카레라이스로 만들면 GI 값은 82로 낮아지고, GI 값이 92인 빵을 치즈와 함께 섭취하게 되면 GI 값이 71로 낮추어진다. 이와 같이 혈당치의 관리에는 치즈나 유제품이 유효하게 되는 것으로 평가된다.』고 하였습니다.

(3) 순환기계 환자에 미치는 치즈의 영향

오늘날의 소비자들은 인터넷과 SNS(Social Network System) 발달로 인해 지나친 건강정보 과다 유통이 일어나고 그 결과 상당수의 정보들이 「**왜곡된 정보의 홍수시대**」를 살아가고 있습니다. 가령 그동안 우리나라 건강정보계를 압도해왔던 “모든 콜레스테롤은 나쁘다”라는 정보는 상당히 왜곡되어 있다고 봐야 합니다. 원래 콜레스테롤은 건강을 유지하는데 필수적인 생체 성분입니다. 그래서 인체는 총 콜레스테롤의 70%는 간이나 소장에서 합성하고, 나머지는 식사를 통해 공급받고 있습니다. 다음은 서울대학교 조철훈 교수가 한 축산전문지[106]에 연재하는 내용 중에서 콜레스테롤에 관한 설명을 압축하여 본 것입니다.

『콜레스테롤은 우리 몸에 필수적이다. 콜레스테롤은 세포막의 구성성분으로 우리 몸의 대부분의 세포는 콜레스테롤을 함유하고 있다. 이는 콜레스테롤 없이는 세포가 제대로 기능을 하지 못한다고 봐야 한다. 게다가 콜레스테롤은 담즙산을 생산하는 주

105) 齊藤忠夫. 堂迫俊一. 井越敬司. 2008. 現代 チ-ズ學. 食品資材研究會. 東京. 日本. p. 322.
106) 조철훈. 2013,『계란과 콜레스테롤(上)』 축산신문(http://www.chuksannews.co.kr) 5월 20일자 보도.

요 물질로 지방을 소화하는 데 중요하고 섭취하는 지방의 양이 많아질 경우 우리 몸은 신호를 통하여 더 많은 담즙산을 생산하게 하는데, 이를 위해서는 우리 몸은 더 많은 콜레스테롤을 합성해야 한다. 그 외에도 콜레스테롤은 우리의 뇌나 신경조직에 다량 분포하고 성호르몬의 주요 전구체로 우리 몸에 꼭 필요한 물질이다.…(중략)

우리 몸의 콜레스테롤은 식품으로 섭취하는 것과 우리 체내에서 스스로 합성하는 두 가지의 경로로 얻고 있다. 우리 체내의 콜레스테롤 수준은 일부 유전적 영향도 있어 높은 혈중 콜레스테롤을 갖는 사람 중에는 불행하게도 유전적으로 그렇게 되어 있는 경우가 많다.…… 종종 의사 선생님들이 고 콜레스테롤 혈증을 가지고 있는 환자들에게 이러한 식품류의 섭취를 줄이는 것이 좋겠다고 권고하기도 하는데 사실은 이러한 동물성 식품으로부터 섭취되는 콜레스테롤의 양은 우리 체내에서 매일 스스로 합성하는 양보다 훨씬 적은 양이다.…… 콜레스테롤은 간을 포함한 몇 개의 기관에서 합성되며 복잡하지만 그 대사 경로는 대부분 밝혀져 있다. 식품으로 섭취하는 콜레스테롤보다 훨씬 더 많은 양을 체내에서 매일 생합성하고 있다. 대략 우리 몸은 하루에 1,000mg의 콜레스테롤을 합성하고 있는데 식품으로 섭취하는 콜레스테롤의 양에 따라 체내에서 생합성 되는 콜레스테롤의 양은 조절되게 되고, 혈액 내 콜레스테롤은 지질단백질의 형태로 구성되어 있다. 이를 4가지로 비중에 따라 구분해 보면 클로미크론(chlyomicron), VLDL(very low density lipoprotein ; 초저밀도 지질단백질), LDL(low density lipoprotein ; 저밀도 지질단백질), 그리고 HDL(high density lipoprotein ; 고밀도 지질단백질)로 나누어진다. 가장 비중이 높은 HDL은 단백질이 40~50%를 차지하는 반면 클로미크론은 지질이 98%를 차지하는데, 기능적 특성은 ① 클로미크론은 식품의 지방을 간으로 운반하는 역할을 함 ② VLDL은 중성지방을 지방산으로 분해하여 지방조직으로 운반하거나 지용성 비타민을 운반하는 역할도 함 ③ LDL은 우리 몸 구석구석 세포에 콜레스테롤을 운반하는 기능을 하는데, 혈중 LDL이 많으면 동맥경화의 원인이 된다고 해서 속칭 나쁜 콜레스테롤로 알려져 있음 ④ HDL은 우리 몸의 여러 세포들에서 여분의 콜레스테롤을 회수하는 기능을 갖기 때문에 좋은 콜레스테롤로 인식된다.』

그러므로 "모든 콜레스테롤은 항상 나쁘다"는 것은 결단코 올바른 정보가 아닙니다. 유지방은 다른 식품지방을 많이 함유하고 있으므로 혈중 콜레스테롤 특히 LDL을 상승시킨다는 지적을 받고 있습니다. 많아진 LDL은 혈관 벽에 침착되어 혈관이 좁아지면 심장압박이 심해지면서 심장병 위험이 높아집니다. 여기서 이러한 배경으로 우유, 유제품의 섭취를 줄여야 한다고 강조하는 사람들이 많습니다. 그렇지만 1990년 이후에 진행된 최근 연구에 따르면 우유, 유제품의 섭취가 순환기계 질환 위험에 직접적으로 영향을 미친다는 관련성을 인정할 수 없고 과학적인 해석이나 역학적 연구에 따르면 유제품의 섭취가 오히려 순환기계 질환 위험을 저감시키는데 기여한다는 보고가 적지 않게 나오고 있는 것이 사실입니다.[107] 堂迫俊一[108]은 이러한 사실을 다음과 같이 정리해 두고 있습니다.

『많은 나라들과 지역을 대상으로 대대적인 역학조사나 진료데이터를 종합적으로 해석한 메타분석에 따르면 우유, 유제품의 섭취가 순환기계 질환 발병을 억제하였다는 객관적인 결론을 얻어냈던 것이다. 대규모적이고 장기간에 걸친 진료데이터 연구 10건의 종합적인 해석을 실시한 결과 40만 명을 검사대상으로 하고 8,500건의 순환기계 질환 발병 예를 대상으로 한 조사결과 주목할 만한 해석이 나온 것이다. 즉 양자는 확실한 인과관계가 있고 오히려 뇌졸중이나 심장발작 같은 발병은 우유, 유제품을 적극적으로 섭취한 그룹에서 15%가 낮았다.

또한 캐나다 퀘벡 시에서 실시한 순환기계 연구결과를 사용했을 때 유제품의 섭취와 순환기계 질환 위험의 상관관계를 조사한 바 있었다. 1985년에 순환기계 질환을 갖고 있는 약 2,000명을 대상으로 한 13년에 걸친 추적조사 결과 217명이 순환기계 질환을 발병했다. 1985년의 시점에서 유제품의 섭취는 1일 평균 1.5±1.3포션(치즈 47%, 2%유지방유 35%, 무조정유 13%, 크림 19%, 요구르트 5%) 정도였다. 1일 평균 중간치의 1.2포션 제품 섭취 군을 2개로 나눈 경우 유제품 섭취가 많은 군은 수축기 혈압, 혈장 LDL 콜레스테롤, 아포 B(아포 리포단백질의 일종) 농도가 유의적으로 낮아졌다. 유제품의 섭취량이 많은 군에서는 13년간의 순환기계 질환 위험 중 28항목이 낮아졌을 뿐만 아니라 유제품의 섭취가 오히려 순환계 질환 위험을 저감할 수 있는 가능성이 있었다.

CARDIA(Coronary artery risk development in young adults) 연구로 불리어지고 있는 미국에서의 대규모 조사에서는 18~30세의 3,150명에 대하여 1985~1986년부터 1995~1996년까지의 10년간에 걸쳐서 인슐린 저항성 신드롬과 유제품 섭취 상황 관계를 조사했다. BMI가 25 kg/m2 사람은 유제품을 하루 2~3회 이상 섭취하면 위험은 약 절반가량 낮아졌고, 1일 5회 이상 먹을 경우에는 위험이 약 30%로 낮아졌다. 특히 치즈는 다른 유제품과 비교해서 혈중 콜레스테롤 상승을 억제하는 효과가 높았다. 와인을 잘 마시는 프랑스 사람들은 지방 섭취량이 매우 많음에도 불구하고 순환기계 질환이 적은 것으로 알려졌는데 이는 '프렌치 페라독스(French Paradox)'라고 알려져 있다. 종래에는 적포도주의 소비가 순환계 질환의 예방에 기여할 수 있는

---

107) DuBroff, R. 2017. Cholesterol paradox : a correlate does not a surrogate make. Evid. Based Med. 22(1):15-19.

108) 齊藤忠夫. 堂迫俊一. 井越敬司. 2008. 現代 チーズ學. 食品資材硏究會. 東京. 日本. p. 324.

현상으로 간주해 왔으나 똑같이 치즈에 소비량과 순환기계 질환과의 상관에 관해 해석한 것도 있는데 치즈 소비량과 순환기계 질환에 의한 사망률과의 관계는 적포도주와 똑같이 매우 높은 부(負)의 상관관계가 있음이 명확해졌다.』고 하였습니다.

Roupas 등[109)]은 "**쥐에게 체다 치즈를 급여한 결과 총 콜레스테롤 수치가 저하하며 LDL 콜레스테롤도 저하한다.**"는 것을 보고한 바 있습니다. 우유, 유제품 특히 치즈를 섭취하는 경우 혈중 콜레스테롤 수치 상승을 억제하는 메커니즘이 있다는 것이 여러 보고를 통해 보고된 바 있습니다. 치즈는 숙성이라는 발효과정을 거치는 자연식품으로써 치즈 속에 함유된 유산균이나 효소에 의해 다양한 대사산물이 발생하여 생체 이용성이 높은 칼슘, 숙성 중에 생성된 각종 BP 등이 함유되어 있어서 이러한 여러 종류의 작용을 갖는 성분이 복합적으로 순환기계 질환에 예방기능을 나타낸다고 보고되었습니다. 중・장년층에서 항상 조심스러워 하는 질병 중 하나가 바로 순환기계 질환입니다. 일상 식단에 적절한 치즈식이를 가미하여 이러한 걱정으로부터 해방되시기 바랍니다.

(4) 비만에 미치는 치즈의 영향

어느 정도 나이가 든 중・장년층은 신체 활동량은 현격히 줄어드는데 음식물 섭취량은 그대로 이거나 오히려 기호식품, 음주나 음료수 섭취 등을 통해 늘어납니다. 이러한 생활 습관은 바로 비만이라는 고질병을 가져오기 마련입니다. 노년기의 심장질환의 위험성을 높여 주는 복합형 위험증후군을 '메타볼릭 신드롬(Metabolic Syndrom), 대사증후군'이라 부르며 순환기계 질환의 중요한 위험인자로서 인식되고 있습니다. 보건의학계에서는 이 증상의 진단기준으로 내장지방을 허리둘레가 남성은 85cm, 여성에서는 90cm 이상을 요주의로 하고 이 중에서 ① 혈중 지질 이상(트리글리세라이드 : 150 mg/100 mL, 또한 HDL콜레스테롤 : 40 mg/100 mL 미만), ② 혈압(최고 혈압 : 130 mmHg 이상, 최저 혈압 : 85 mmHg), ③ 고혈당(공복 시 혈당치 : 110 mg/100 mL) 이상의 3항목 중 2항목 이상에 해당하는 경우 대사증후군이라고 진단합니다.[110)].

미국에서는 성인의 25%, 60세 이상의 남녀 50% 가량이 여기에 해당됩니다. 한국에서도 보건복지부가 행한 2014년도 국민건강 영양조사 결과[111)] 남성 37.7%, 여성 23.3%가 비만에 해당하고 있습니다. 소비자 조사에 따르면 '치즈는 지방이 매우 많은

---

109) Roupas, P., Royle, P. Descamps, R. 2006. The impact of cheese consumption on makers of cardiovascular risk in rat. International Dairy J. 16 : 243-251.
110) 齊藤忠夫. 堂迫俊一. 井越敬司. 2008. 現代 チ-ズ學. 食品資材硏究會. 東京. 日本. p. 324.
111) 보건복지부. 2014. 국민건강영양조사 http://knhanes.cdc.go.kr 보고자료.

식품'이라고 생각하는 사람이 많습니다. 그렇지만 다음에 설명하는 것을 살펴보면 그 이미지가 오해였음을 알 수 있습니다. 치즈를 포함한 우유, 유제품에는 비만을 억제하는 효과가 있으며, 수많은 임상연구를 통한 검증이 된 바 있기 때문입니다.

Zimmel 등[112)]은 32명의 비만 성인이 하루 섭취하는 칼로리를 500칼로리 줄여버린 기준 식사를 급여하고 여기에 400~500mg의 칼슘을 보충해주는 강화그룹(저칼슘군), 800mg에 칼슘을 보충한 강화군(고칼슘군) 또한 1200~1300mg의 칼슘을 유제품으로 강화한 군(유제품군)의 체중 변화를 관찰하였습니다. 24주간 계속 섭취시킨 결과 저칼슘 군에서는 체중이 5.4% 낮아지고, 고칼슘 군은 8.6% 낮아졌는데 유제품군에서는 확실히 10.9%의 체중 감소가 확인되었습니다. 이러한 임상시험은 그 후에도 많은 연구자들에 의해 실시되었습니다.

어떤 경우에도 유제품을 섭취한 비만자들의 체중 감소가 확인되었고, 특히 하루 섭취 칼로리를 낮추고 우유, 요구르트 또는 치즈를 하루 3회 이상 섭취한 경우에는 현저한 효과가 확인되었지요. 성인에게 있어서 유아기에 우유 유제품을 섭취하지 않은 경우 18세까지 체지방이 축적되는 경향이 있었습니다. 이에 따라 치즈를 함유하는 유제품에는 비만을 억제하는 효과가 있었는데 그 메커니즘에 대해서는 아직 완전한 해명이 되어 있지 않습니다. 유력한 인자로서 칼슘이 고려되고 있습니다. 지방세포 내의 칼슘은 지방 대사를 억제 또는 **지방분해**를 **촉진**시킵니다. 따라서 고칼슘을 섭취하게 되면 보충된 섭취량으로써 유제품과 동시에 칼슘을 섭취하는 방법이 비만 억제효과가 높다는 것이 밝혀진 것입니다. 여기서 칼슘 이외에도 비만 억제에 도움이 되는 인자가 있는지 고려해볼 필요가 있습니다.

유즙에 함유된 안지오텐신 전환효소(Angiotensin Conversion Enzyme, ACE) 저해인자 아미노산, 특히 분지사슬 아미노산(Branch Chain Amino acid, BCAA) 또한 비만예방에 관여하고 있는 것으로 고려되고 있습니다. ACE 저해인자는 지방세포의 지방대사에 관련할 가능성을 보여 주었는데, BCAA는 근육합성을 촉진합니다.[113)] 그 결과 에너지 소비가 높은 비만 억제에 작용하는 것으로 생각됩니다.

(5) 치즈와 항암작용

인류과학이 발전을 거듭하고 있지만 인체에 불현듯이 출현하여 삶의 바탕을 흔들

---

112) Zimmel, M.B. 2010. The Role of Milk Products in Metabolic health and Weight management. Proceedings of Korean Society of Dairy Science and Technology for the Memorial International Symposia of World Milk Day. pp.17-64.

113) 하월규. 2013. 고령화시대의 식품트랜드와 유제품. 한국유가공기술과학회 제71회 심포지엄 발표자료. pp.93-111. 하 박사는 이 발표에서 유청단백질의 BCAA가 노인층 근육 감소 현상을 효과적으로 지연시켜 준다고 하였습니다.

고 전부를 뒤엎는 각종 암 정복에는 아득한 전망뿐입니다. 그래서 사람들은 각종 항암성 물질, 발암 억제성 물질 그리고 발암 전구물질 제거작용이 있는 물질 찾기에 골몰하고 있습니다. 그 중 하나가 우유, 유제품의 항암관련성, 암 예방성에 관한 과학적 탐구입니다. 최근 堂迫俊一 114)은 이에 관한 배경을 다음과 같이 정리해 주고 있습니다.

『*유제품을 섭취하는 경우 특별한 우유에서 비롯된 위험이 높아진다는 지적을 하는 사람들이 있다. 그 근거로서 유제품은 포화지방산을 함유하는 지방이 많고 인슐린 유사 성장인자(Insulin-like growth factor, IGF), 에스트로겐 등 성질을 갖는 호르몬 타입 물질이 함유되어 있다는 것을 들고 있다.… 실제로 지방섭취량과 유방암 발생 관계가 있다고 하는 발표가 많은데 그 논문을 정밀하게 조사해 보면 제시한 케이스에서 양자 간의 상관이 없다는 것이 오히려 분명하게 밝혀지고 있다. IGF는 세포증식이나 분화에 있어서 중요한 작동을 하기 때문에 유방암 발병 관련성을 시사하는 사람들도 있다. 따라서 폐경기 전후 혈액 중에 있는 IGF-1 농도가 높아지는 수준에 있는 여성에 있어서는 유방암 발병위험이 상관관계가 있고, 폐경 후의 상관된 경우가 많다. 침, 소화관, 담즙선, 췌장액 등이 하루에 분비되는 내인성 IGF-1은 약 38μg 인데 비해 우유의 함유된 IGF-1 수 ng/mL 이하이다. 여기서 우유를 하루에 1.5L를 마시는 사람이 있다고 할 때 거기에 함유된 IGF-1의 양은 10μg/일 이하도 되지 않는다.*

치즈를 하루에 50g을 먹는다고 할 때도 거기에 함유된 IGF-1은 불과 2μg 정도 밖에 되지 않는다. 이와 같이 우유, 유제품을 섭취한다고 해도 여기에 함유되어 있는 IGF-1은 내인성 IGF-1의 함량에 비하면 1/100 수준도 되지 않는다. 유방암 발생 위험과 관계가 없다는 것도 우리는 말할 수 있다. 성호르몬으로 알려진 에스트로겐이나 프로게스테론이 고농도로 존재할 때 유방암 위험이 높아진다. 생리 중에 있는 여성은 하루에 약 1mg의 에스트라디올과 0.7mg의 에스트로겐을 방출한다. 폐경 후에도 40~200μg 에스트로겐을 분비한다. 이에 대비해서 우유, 유제품으로부터 섭취되는 에스트로겐은 많아봐야 0.05μg일 정도이고, 여성이 하루에 분비하는 성호르몬의 양에 비해서도 매우 적은 양이 되기 때문에 무시해도 되는 양이다. 그럼에도 불구하고 우유 유래에 성호르몬은 생체 이용성이 낮고, 간장에서 불활성화가 되어 버린다. 그렇기 때문에 우유, 유제품에 함유되어 있는 성호르몬이 유방암 발병과는 무관하다고 볼 수 있다.』라고 하여 우유, 유제품의 암 발병 관련설을 반박하였습니다.

이러한 연구들은 그동안 우유, 유제품 섭취가 암 발병 관련성이 있다고 믿고(상당한 추리력의 상상물) 우유, 유제품, 특히 치즈 섭취 반대운동을 벌여 온 사람들을 머

114) 齊藤忠夫. 堂迫俊一. 井越敬司. 2008. 現代 チ-ズ學. 食品資材硏究會. 東京. 日本. p. 326.

쓱하게 만들었습니다. 치즈를 섭취하면 오히려 암 발병이 억제되고, 암세포의 성장이 위축된다는 연구 보고들이 속속 발표되고 있습니다. 그 중에서도 치즈에 함유되어 있는 락토페린(Lf)과 공액 리놀레익산(Conjugated Linoleic Acid, CLA)이 있습니다. 천연성 트랜스지방산은 생체 내에서는 CLA의 합성에 중요한 전구물질입니다. CLA는 체지방 감소작용, 면역 조절작용이 있어서 건강기능성이 있는 것으로 알려져 있을 뿐만 아니라 나아가 암 억제 효과가 큰 것으로 알려져 있습니다.

(6) 치즈의 골다공증 예방효과

인체는 튼튼한 골격의 도움으로 직립 보행이 가능해졌습니다. 뼈는 인간 건강의 근간을 이루는 구성물이면서 혈액을 합성하는 골수가 들어 있는 생명유지 기관이기도 한데 사람들에게 뼈 건강의 중요성이나 지식은 그리 풍부하지 않은 것이 사실입니다. 특히 노년기의 뼈 건강은 노인건강의 핵심이라 해도 과언이 아닐 것입니다. 堂迫俊一 등은 뼈에 대한 간략한 지식을 다음과 같이 전해주고 있습니다.

『*골격은 칼슘과 인산 등을 주성분으로 하는 무기질(骨鹽)로서 콜라겐을 주요 단백질(骨基質)로 구성하고 있다. 뼈의 대사에는 오래된 뼈를 파괴하는 작용(骨吸收)을 하는 파골세포(破骨細胞)와 새로운 뼈를 형성하는 골아세포(骨牙細胞)가 관여하는데 양자 간의 균형을 유지하는 것이 중요하다. 오래된 뼈에 파골세포가 작용하면 뼈로부터 칼슘을 내보내게 되고 콜라겐을 분해한다. 그 다음 골아세포가 칼슘을 뼈에 침착하면서 콜라겐을 만들어 새로운 뼈를 형성하게 된다. 이에 따라 뼈는 항상 소멸됨과 동시에 생성되는 변화가 이루어지는데 이것을 뼈의 '재생'이라 한다. 뼈의 재생에 있어서는 파골세포의 작용과 골아세포의 작용이 있는데 연령에 따라 변화한다. 유아기에는 골아세포의 작용이 파골세포의 작용보다 강해서 골량이 증대한다.*[115)116)]』

인간은 20세 전후에는 골 흡수와 골 형성이 평형을 잘 이루지만 연령이 지나면서 골 형성보다 골 흡수부분이 높아지게 되고, 골량은 서서히 낮아지게 됩니다. 30세 이후부터 골 질량은 손실되기 시작하여 10년마다 3%씩 손실되는 것으로 보고된 바 있습니다[117)]. 더욱이 인간이 고령에 도달하면 골 형성은 약해지고 골량도 저하되면서 결국 골다공증이라는 질환이 많아지게 됩니다. 골다공증에 걸리는 경우 골절이 쉽게 일어나는 부위가 척추-골반-손목뼈 순인데 한번 손상된 뼈는 대치시킬 방법이 아

115) 堂迫俊一. 川上 浩, 吉岡俊満, 2005. *チ-ズの榮養健康機能*. 乳業技術 55 : pp. 21-33.
116) 堂迫俊一. 2006. 骨粗鬆症豫防食. アクテイブシニア社會の 食品開發指針. 津志田二郎, 高城孝助, 小久保貞之 等 編輯. サイエンスフォラム. pp. 91-98.
117) 양은주. 2013. 고령화시대의 식품트랜드와 유제품. 한국유가공기술과학회 제71회 심포지엄 발표자료. pp. 56-80.

직은 없다는 것이 노인기 뼈 건강의 문제입니다[118].

특히, **여성들은 폐경에 따른 성호르몬 에스트로겐의 분비 저하가 일어나 급격한 골량 저하와 골다공증 위험이 남성보다 7배나 높아지게 됩니다.** 골다공증이 되는 것은 골절 위험이 높아지는 것과 여러 가지 침윤상태가 이루는 경우도 있습니다. 이에 따라 생애주기에 따른 골량의 감소 변화는 결코 피할 수가 없습니다. 따라서 노년기에 하루 1000mg 이상의 칼슘 보충과 금연, 금주, 운동 강화로 골량을 높이는 데에 적극적으로 대처하는 것이 중요합니다.[119]

2011년의 한국 노년기 골다공증 환자 수가 77만 3천명으로 2007년보다 44%나 증가하였습니다. 그리고 골다공증 환자의 93%가 여성 노인들이었습니다.[120] 한국의 50세 이상 장년층의 93.7%에서 골다공증 현상이 빚어지고 있다고 건강보험심사평가원이 밝힌 것입니다. 우유, 유제품의 섭취의 빈도가 높은 사람에게 골다공증이 걸리지 않는다는 것이 잘 알려져 있고, 이에 대한 다수의 보고도 있습니다.[121]

치즈는 생체 이용성이 우수한 칼슘이 풍부한 식품입니다. 자연 치즈나 가공 치즈에 함유된 칼슘의 생체 이용성이 높다는 것은 옛날부터 잘 알려져 있는데 그 이유를 堂迫俊一은 다음과 같이 설명하고 있습니다.[122]

『첫째, 치즈 숙성과정에 생산되는 카제인 포스포-펩타이드(Casein Phospho-Peptide, CPP)가 칼슘 흡수 촉진작용을 나타내고 있는 것으로 시사되고 있다. 또한 칼슘 함량이 높은 식품을 섭취한 뒤 혈중 갑상선 호르몬(Plasma Thyroid Hormon, PTH) 농도를 조사했을 때 치즈는 우유보다 골 흡수를 촉진하여 골 형성을 억제하는 PTH 생성을 억제하는 작용이 우수함이 확인되었다. 뼈의 구성성분으로서 칼슘과 함께 중요한 콜라겐이 있다. 뼈의 철근 콘크리트와 같은 역할을 하는 것은 칼슘을 콘크리트라 하고, 콜라겐은 철근이라 할 수 있다. 콜라겐이 적은 뼈는 힘을 잃게 된다.

콜라겐을 늘리는 방법으로는 단백질의 섭취가 필수적이다. 우유에는 유염기성 단백질(MBP)라고 부르는 등전점이 염기성을 갖는 다수의 단백질들이 구성되어 있다. MBP는 골아세포에 형성을 높게 하고, 파골세포의 과잉 작동을 억제하는 작용이 있으며, 골대사의 균형을 바로잡아 주는 골 건강상의 유용한 성분으로서 동물실험이나

118) 위의 116)번 자료.
119) Miller, G. D., Avis, J. K. and McBean, L. D. 2007. Handbook of Dairy Foods and Nutrition. CRC. NY. USA. pp. 181-187.
120) 송대웅. 2013. 골다공증환자 5년 사이 44% 증가. 서울경제 2013년 2월 3일 보도.
121) National Dairy Council : Bone health/osteoporosis Dairy's role in adolescent bone health. http://www.nationaldairycouncil.org/National Dairy Council /Nutrition/Reducing/adolescent Bone Health.htm.
122) 齊藤忠夫. 堂迫俊一. 井越敬司. 2008. 現代 チーズ學. 食品資材研究會. p. 329.

인체 임상실험에서 확인된 바 있다. MBP는 골아세포에 있어서 콜라겐 생성을 높게 하는 것으로부터 칼슘과 함께 섭취하는 것이 바람직하다. MBP는 유청 단백질의 일부에도 있고, 치즈 중에도 함유되어 있다. 이에 따라 치즈는 흡수성이 우수한 칼슘이 풍부하고, 그 칼슘의 흡수를 높게 함으로써 CPP가 함유된다.

양질의 단백질이 풍부하게 함유되어 있으면 역시 골아세포에도 좋은 콜라겐 생성을 촉진하면서 파골세포의 과잉 작동을 억제하는 MBP도 함유하게 된다. 식사 섭취량이 감소하게 되는 고령자 모두에게 일상적으로 필요한 칼슘과 단백질을 식사로부터 섭취해야 하는데 소량의 식사 섭취에서 많은 양의 칼슘과 단백질을 섭취할 수 있는 치즈가 이상적인 식품이다.』

또한 한국 현대사회에서의 식문화에 깊이 파고들어 신세대 식품소재로서 각광을 받는 치즈는 알게 모르게 일상 식단을 통해 섭취하게 되는데, 치즈가 소재로 들어가는 식품일수록 영양가가 풍부한 식품이 되면서 나아가 중장년기의 골밀도 저하문제를 예방해 줄 수 있는 훌륭한 식단이 될 것입니다.

5. 치즈가 와인을 만났을 때

프랑스 금언에 「치즈가 빠진 식탁은 외눈박이 미인과 같다.」는 말[123]이 있을 정도로 미식가 집단인 프랑스인의 식탁에는 언제나 치즈가 필수 식품입니다. 그런데 프랑스인들에게 붙여진 또 하나의 경구 같은 말이 있는데 그것은 「프렌치 패러독스(Franch Paradox)」입니다. 이는 프랑스인들의 식사문화에서 나온 말인데 그들이 매일 기름기 많은 음식을 즐기는데도 프랑스인들은 심장병으로 사망하는 예가 적다는 것입니다. 이를 과학자들이 살펴 본 결과 그들이 매일 포도주를 즐기는데 그 포도주(특히 적포도주)에 함유되어 있는 라스페라디올(Rasferadiol) 성분이 혈관 벽에 쌓일 수 있는 저분자 지질단백질(low density lipoprotein, LDL)을 녹이고 청소를 해주어 심혈관질병이 예방되기 때문임이 밝혀진 것입니다.

그런데 프랑스는 놀랍게도 500여 종 이상의 자연 치즈가 생산되는데 그들이 와인을 즐기는데 없어서는 안 될 식품이 다양한 치즈라는 것입니다. 한국인은 와인 안주가 적당히 소개되어 있지 않아 적포도주는 육류를 안주로, 백포도주는 생선요리나 횟

123) 이 말은 프랑스의 유명한 미식학자(美食學者)인 안데름 브리야 샤브랭(1755~1826)의 저서에 『미각의 생리학, Physiologie du goût』에서 "치즈가 나오지 않는 디저트란 외눈박이 미인과 같다"는 불멸의 금언을 남겼는데, 지금은 프랑스인들에게 하나의 속담으로 전해져 내려오는 듯합니다[출처 : ロベール. クルティーヌ(Robert J. Courtine) 著. 松木脩司 譯]. 1979. ラルース. チーズ 辭典(Larousse des Fromages). 三洋出版貿易株式會社. 東京. 日本. p. 36.

감을 안주로 해서 마시고 있지요. 그러나 프랑스인들을 비롯한 서구인들은 와인을 마실 때는 거의 대부분 반드시 「와인의 특성에 맞춘 치즈 짝(Wine and Cheese Pair)」으로 하여 즐긴다는 것입니다. 지난 2004년부터 2007년까지 우리 대학에 초빙되어 치즈전문 교육을 강의해준 아더 R. 힐(Arthur R. Hill) 교수가 소개했던 와인과 치즈의 짝에 대한 자료를 보면 흥미 있습니다. 여기서는 그의 강의 자료를 중심으로 하여 몇 가지 자료를 참고 자료로써 본항을 정리해 두고자 합니다.

5.1 와인의 기본상식

『1) 적포도주(Red wine) :

검정빛 혹은 자주색 포도를 포도즙, 섬유질, 포도씨 그리고 껍질째로 모두 으깨어 포도즙을 분리하기 위해 가압하기 전에 며칠 동안 발효시킨 것입니다. 적포도주는 과일향이 그윽하고 청량감이 드는 것에서 부터 술맛이 감칠맛 나고 강렬한 것까지 광범위합니다.

2) 백포도주(White wine) :

백·초록 혹은 적·자색 포도를 발효 전에 고형물로부터 액상부분만 분리하기 위해 으깨서 가압한 것으로 제조한 포도주입니다. 백포도주는 맛이 대체로 상큼하고 가벼우며, 향미가 강하고 향기가 풍긴다거나 달콤하면서 감미로운 맛이 나는 식의 맛을 갖는 범위로 구성되어 있습니다.

3) 아이스 와인(Ice wine) :

일반적으로 포도농사 끝물에 일부 포도를 남기어 기온이 일률적으로 8℃ 이하에 도달했을 때 손으로 수확합니다(-8∼-12℃ 범위가 이상적입니다). 수확도 아침 일찍 햇볕이 나기 전에 일일이 손으로 딴 다음 수확 즉시 가압하는데 포도의 상태는 얼다가 녹다가 하면서 건조가 이루어졌으므로 매우 달고 진한 포도주를 얻을 수 있습니다. 따라서 포도 자체가 반건조형이어서 매우 고농도로 농축된 소량의 포도즙을 서서히 발효하여 얻습니다.

4) 강화 와인(Fortified wines) :

와인에 추가적인 알코올이 첨가됩니다. 쉐리주(sherries, 스페인 남부산의 독한 백포도주)와 포트와인(Port, 포르투갈 원산의 단맛이 섞인 적포도주)이 여기에 속합니다.

5.2 포도주와 치즈의 짝을 위한 원칙들

- 치즈보드(Cheese-board)를 너무 꽉 채우지 말아야 합니다.
- 같은 지역에서 생산된 포도주와 치즈를 서로 연결 지으십시오.
- 강한 향미의 치즈는 강한 향의 포도주와 감칠맛 나는 와인과 신선치즈, 온화한 풍미의 치즈와 부드러운 맛의 와인을 서로 맞추십시오.
- 적포도주는 경질치즈와, 백포도주는 연질치즈와 맞추는 것이 좋습니다.

5.3 포도주와 치즈 짝의 추가적 원칙

- 출발은 가장 쉬운 치즈와 짝을 맞추는 것입니다. 이를테면 산양유 치즈와 고온성 경질 치즈류를 고르는 것입니다. 짝 맞추기가 가장 곤란한 것은 잘 숙성된 껍질이 있는 치즈류(Epoisse and Münster)이고, 강한 맛을 내는 블루계열 치즈입니다.
- 포도주도 짝을 고르기에 제일 쉬운 것을 선택합니다. 이를테면 오래 숙성하지 않아서 신맛이 살아있고 과일취가 있는 적포도주가 좋습니다. 너무 오래 숙성하여 오크취가 나고 탄닌 성분이 많은 드라이한 포도주는 피해야 합니다.
- 치즈는 실온 하에서 제공합니다. 그러나 너무 오래 실온에 두어 조직성이 물렁한 정도가 되면 안 됩니다.

5.4 권장할 만한 몇 가지 짝들

- 강한 맛의 블루치즈와 짠맛이 강한 치즈류는 단맛이 강한 포도주(sweet wine)와 시도합니다. 블루치즈의 대표주자 로크포르(Roquefort) 치즈와 소테른(Sauternes, 프랑스 소테른산 백포도주), 헝가리산 토카지(Tokaji)는 스틸튼(Stilton) 혹은 아일랜드산 카셀 블루(Irish cashel blue)와 같은 강한 향취의 치즈류와 믿어지지 않을 정도로 잘 맞는 짝을 이룬답니다.
- 포트(Port), 마데이라(Madeira), 아몬틸라도(Amontillado)그리고 올로소 쉐리(Oloroso sherries)주 역시 블루치즈나 강한 경질치즈와 뜻밖에 잘 맞지만 지나치게 많은 지방성이 장애요소가 될 수 있습니다.

5.5 더 좋은 치즈와 포도주의 짝

- 샴페인(Champagne)과 같은 스파클링 와인은 오래 숙성된 파르메산(Parmesan) 치즈와 까망베르와 썩 잘 어울립니다.

- 숙성이 덜 된 뷰조레(Beaujolais), 꼬티스 드 롱(Cotes du rhone)과 같은 신선한 적포도주, 가벼운 버건디스(Burgundies) 그리고 발포리셀라나 돌체또(Valpolicella or Dolcetto)와 같은 가벼운 이탈리안 적포도주는 산양유 치즈, 브리, 까망베르와 잘 어울리고 온화하게 숙성한 반연질 치즈류와도 잘 맞습니다.

5.6 한층 더 좋은 짝 맞춤(Pairing)

- 보르도(Bordeaux), 까르보네 쇼비뇽(Cabernet sauvignons), 산티(Chianti)와 연한 숙성을 거친 리요자(Young rioja)같은 포도주는 가우다, 파르메산, 잘 익은 체다 치즈나 빼꼬리노 치즈와 매우 잘 어울립니다.
- 호주의 쉬라지(Australian shiraz)와 캘리포니아 찐판델(Californian zinfandel)은 너무 오랫동안 오크통에 숙성하지 않은 것을 전제로 몇몇 블루치즈나 껍질 있는 세척형 치즈와 제법 어울릴 수 있습니다. 프랑스의 온화한 향미를 갖는 블루 드 젝과 찐판델을 엮어 보십시오. 좋은 짝이 될 것입니다.』

5.7 치즈와 포도주의 페어링(Pairing) 보충 자료

참고로 저자는 여기서 영국의 유명한 「와인과 식품 출판사/Wine and food Society Publishing」에서 펴낸 레이톤의 저서[124] 중에서 그가 와인과 치즈에 관하여 명쾌히 정리해 둔 것을 부분적으로 발췌 요약하여 옮겨 둠으로써 간단한 와인과 치즈의 짝에 대한 보충자료로 제시해 두고자 합니다.

『포도주와 치즈는 상호간에 잘 어울릴 수 있는 특성을 지녔다는 것은 놀라운 일이 아닐 수 없다. 그래서 항상 치즈에 맞는 마땅한 포도주가 있다는 것을 알아야 하고 설령 그에 관한 이야기가 매우 과장된 것이라 해도 그것이 크게 틀리지 않은 것으로 봐야 한다. 모든 포도주에는 꼭 그에 걸맞은 치즈가 있는 것은 아니다. 비슷하게 맞을 수는 있다는 이야기이다. 실제로 치즈를 보급하는 한 사람의 입장에서 포도주마다 어울리는 치즈가 있다고 강조한다. 어떤 치즈를 먹었을 때 구미(口味)에 맞는 적포도주와 절대적으로 어울린다고 단정적으로 말해서는 안 되고 자신이 경험한 바에 따르면 수많은 짝들이 있다고 말해야 한다.

최근에 포도주와 치즈에 관련된 파티가 인기리에 널리 퍼져가고 있는데 이러한 것에 포도주와 치즈의 pairing을 알아내는 기회가 되고, 어떤 경우에는 약간만 pairing 경험이 있다면 기대 이상의 효과를 얻을 수가 있다. 따라서 문제는 그에 맞는 경제적 뒷받침이 필요하다. 어떤 치즈에 맞추어 포도수를 마실 것인가를 생각할 때 기본적으

124) Layton, T. A. 1967. Cheese and Cheese Cookery. Wine and Food Society Publishing Co., London, U. K. pp. 103-122.

로 와인의 종류를 어떻게 나누느냐가 중요한 점으로 고려되어야 한다. 치즈와 걸맞은 포도주를 분류하면 그 수가 12종류로부터 1,000종류에 이르기까지 허다히 많기 때문에 가볍게 취급하지 말아야 한다. 누구든 실제로 기회가 많은 주요한 포도주 종류에 한하여 고려해 둘 필요가 있다.

다음은 포도주의 리스트로서 이것을 치즈와 멋진 조합을 갖춘 Pairing을 돕고자 한다. 이러한 선택은 먼저 명확히 공상하고 호기심을 갖는 총명한 독자들이 할 일은 아니다. Pairing을 할 때는 반드시 포도주 리스트를 보고 실시해야 한다. 36가지로 분류한 다음의 포도주들은 아주 독특한 향미(flavor)를 갖고 있는 것이 특징이다.

1) 적포도주(Red Table Wines)

(1) 클라레(Claret) : 보르도의 수준급 있는 것으로 코티스 드 브레에(Cotes de Blaye), 메독(Medoc), 메독 슈퍼리어(Medoc Superieur)를 말하며, 보통 마르고(Margaux), 생 에밀리옹(St. Emilion), 폼머롤(Pomerol)을 포함한 생 줄링(St. Julien) 등 최고급의 보르도 포도주이다.

(2) 클라레(Claret) : 유명한 연도의 클러 버루시오우(Crus Bourgeois), 비상하게 좋은 연도의 4급 및 5급, 숙성이 빨리 끝난 연도의 1급부터 3급의 보르도 포도주

(3) 클라레(Claret) : 최고로 좋은 연도의 4급 및 5급의 보르도 포도주

* 이상 3가지의 클라레의 보르도 포도주는 적당한 양의 탄닌을 함유하고 있는 것을 원료로 하여 만든 것이기 때문에 바강디 보다 우수한 향미를 갖고 있다.

(4) 바강디(Burgundy) : 고도 드 보네의 작은 마을에서 만든 것. 예를 들면 고도 드 보네 브이라슈(Cotes de Beaune Villages), 보네(Beaune), 산토네(Santenay), 푸마르(Pommard), 볼네이(Volnay) 등

(5) 바강디(Burgundy) : 상등품 고도 드 뉴이로써 수확년도가 특별히 좋고, 프랑스에서만 병입한 것. 예를 들면 클로 버겟(Clos Vougeot), 샴버팅(Chambertin), 보네 로마니(Bosne-Romanee), 플라쥐 에슈쏘(Flagey-Echezeaux) 등

(6) 바강디(Burgundy)(남부) : 마콘(Macon), 쥴리에나스(Julienas), 보조래(Beaujolais), 물랑 아 방(Moulin-a-Vent) 등

(7) 로네(Rhone) : 헤르미타쥐(Hermitage), 사또 네프 두 파프(Chateau-neuf-du-pape), 코드 로띠(Cote Rotie) 등이 남부지방의 것이다.

표 1-10. 치즈와 포도주의 적절한 페어링(Pairing) 예시

	White	Red	
Baby Swiss			Asti Spumanti
Brie		+	Cabernet, Beaujolais
Camembert		+	Cabernet, Chenin Blanc
Caraway			Gewurztraminer
Cheddar, Mild	+		Cabernet Blanc, Pinot Blanc
Cheddar, Strong	+	+	Cabernet, Rioja, Sauvignon Blanc
Chevre			Gewurztraminer, Champagne
Colby, Jack			Riesling, Dry champagne
Cream Cheese	+		Vinho Verde
Danish Blue		+	Cabernet
Edam			Riesling, Dry Champagne
Feta			Beaujolais
Goat Cheese			Sancerre - Vouvray
Gorgonzola			Sauternes - Bordeaux
Gouda	+		Riesling, Champagne
Gruyere			Chardonnay, Sauvignon Blanc
Havarti			Bordeaux, Rioja
Muenster			Beaujolais, Zinfandel
Provolone	+		Chardonnay
Stilton			Port

* 고도 드 보네, 고도 드 뉴이와 같은 포도주는 비노 노와 루라고 하는 품종의 포도부터 만들어진 것이고, 다른 품종에 의해 유럽이나 세계 곳곳의 생산량이 증가하고 있다. 프랑스 남부지방에서 생산된 바강디는 가메와 같은 품종의 포도로부터 얻어진 것이며, 비노 노와 루는 상등품으로써 포도주가 갖고 있는 품종이 아니고 마공이라든지 보조레 지방에는 양질의 적포도주가 나오고 있다. 로네와 같은 포도주는 한두 가지 품종의 포도를 혼합하여 만든 것이다.

(8) 이탈리안 레드와인(Italian Reds) : 칸떼(Chianti), 바롤로(Barolo), 바르베라(Barbera), 네비올로(Nebbiolo) 등

* 이상의 이탈리아산 포도주가 종종 동일한 품종으로 나타나지 않는다. 그러한 것을 갖고 있는 것이 향미가 있다. 프랑스의 포도주보다 깨끗하고 감미가 강한

것이 특징이다.

(9) 기타 국가의 레드와인 : 오스트리아, 스페인(리오하), 포르투갈, 프랑스의 미떼이, 남아프리카, 미국 캘리포니아, 알제리, 튜니지, 모로코, 칠레 등에서 산출되는 적포도주가 있다.

2) 백포도주(White Table Wines)

(1) 라인(Rhine) : 오펜하임(Oppenheim), 니어쉬타인(Nierstein) 등 군소 백포도주 그룹

(2) 라인(Rhine) : 양질의 중급(medium) 정도 당도를 갖는 것으로, 이를테면 리브프라우밀히(Liebfraumilchs)라는 상표로 시판중인 포도주

(3) 라인(Rhine) : 뤼데샤임(Rüdeshime), 요하니스베르크(Johannisberg), 마코브룬(Marcobrunn), 할가르텐(Hallgarten), 볼라드(Vollads), 호흐하임(Hochheim), 윙켈(Winkel), 가이센하임(Geisenheim), 에르바흐(Erbach), 키드리히(Kiedrich)와 같은 명장품이 이에 속한다.

(4) 팔라티네이트(Palatinate) : 일종의 소담한 단맛의 팔라티네이트 포도주에는 바흐넨하임(Wachnenheim), 포르스트(Forst), 다이데샤임(Deidesheim), 루퍼르츠베르크(Ruppertsberg) 등이 있다.

(5) 모젤(Moselles) : 코프레시스로부터 알프스까지 이르는 모젤지구, 토리일과 도리땡하임까지 룩셈부르크 대공국과 국경선을 따라서 이루어진 모젤지구의 포도주이다. 또한 쓰루칭겐, 엥키루슈, 에루덴 등 비교적 이름이 낮은 중앙 모젤지방의 포도주이다.

(6) 모젤(Moselles) : 포도원의 이름에 따라서 중앙 모젤지역에 두루 퍼진 포도주이다. 와렌(Wehlen), 쏜넨누어(Sonnenuhr), 파인털 뮌짤레이(Feinter Münz-lay), 브라우너베르크(Brauneberg), 쥬퍼(Juffer), 깜머(Kammer), 프랑켄부르크(Falkenburg), 베른카스텔(Bernkastel), 독터(Doktor), 로젠베르크(Rosen-berg) 등이 있다.

(7) 프랑코니아(Franconia) : 뷔르츠베르크 근방에 있는 포도주이다.

(8) 화이트 보르도(White Bordeaux) : 향미가 고풍스럽고 가격은 저렴한 그레이브스(Graves), 그레이브 슈퍼리어스(Graves Superoeurs), 엔트리 드 메어스(Entre-deux-Mers) 등의 보르도 지방 백포도주이다.

(9) 화이트 보르도(White Bordeaux) : 이 또한 새로운 신맛이 있는 화이트 보르도 포도주로서 유럽 타 지방산의 포도나무 품종의 포도를 넣었을 때 현대적인 향을 가질 수 있도록 만든 것이다. 따라서 이 포도주에서 신맛이 있다 해도 변질 포도주가 아니다.

(10) 화이트 보르도(White Bordeaux) : 보르도의 등급품에 들어가는 것으로 발작(Barsac), 소트네스(Sau-ternes) 등의 맛이 좋은 포도주이다.

(11) 알사티앙 와인(Alsatian Wine) : 실바너스(Sylvaners), 리스링스(Rieslings) 등이 있다.

(12) 알사티앙 와인(Traminers) : 트라미너스(Gewurztraminers), 게뷔르쯔 트라마이너스(Gewurztraminers) 등이다.

(13) 화이트 부르건디(White Burgundy) : 부르고뉴 알리고떼(Bourgogne Aligote), 폴리-퓌세(Pouilly-Fuisse), 마콘 블랑(Macon Blanc) 등 작은 그룹의 포도주이다.

(14) 화이트 부르건디(White Burgundy) : 샤블리스(Chablis), 몬트라쉐(Montra-chet), 코르톤 샤르마뉴(Corton Charlemagne)와 같은 맛이 있는 포도주이다.

(15) 로이래(Loire) : 머스카떼(Muscadet), 폴리 퓨메(Pouilly Fume), 상세르(San-cerre), 퀸시(Quincy) 등 신맛이 나는 드라이한 포도주이다.

(16) 로이레 : 보브레(Vouvray), 콰트 드 숌(Quart de Chaume) 등 단맛이 나는 포도주이다.

(17) 스파클링 와인(Sparkling Wines): 치즈를 맛있게 먹으려면 샴페인을 더하면 좋다.

(18) 유고슬라비아 와인(Yugoslav Wines) : 유고슬라비아의 포도주들이다.

3) 로제 와인(Rose Wines)

(1) 강한 신맛의 로제 : 스페인, 포루투칼, 다베루, 보르도 산이 있다.

(2) 중간 정도의 단맛이 있는 로제 : 알소 로제(Anjou Rose)가 있다.

4) 세리(Sherries)주

(1) 쓴맛 세리주 : 피노(Finos), 만자니랴(Manzanillas), 몬테리아(Montillas)

(2) 중간 정도의 단맛과 또 다른 단맛 : 아모니틸라도(Amontillados), 오로로쏘

(Olorosos), 올드 브라운(Old Brown)

5) 포트와인(Ports Wines)

(1) 토니(Tawny) : 황갈색의 포트와인

(2) 루비(Ruby) : 선홍색의 포트와인

(3) 빈티지(Vintage) : 포도주 병에 새겨진 「맛좋은 해」의 포트와인

6) 마데이라(Madeira)

(1) 셰르샬(Serials) : 담색의 드라이한 마데이라

(2) 스위트 마데이라 : 부알(Bual), 베르데로(Verdelho), 마름시(Malmsey) 등 단맛이 나는 마데이라 등이 있다.』

※ 아울러, 몇 가지 치즈와 와인의 페어링 관련 참고도서를 아래에 소개해 둡니다.

- McCalman, M., and Gibbons, D. 2002. The Cheese Plate. Carlson Potter. NY. USA.
- Ray, N. and B. 2006. Wine & Cheese Pairing Guide. Rayve Productions Inc., CA. USA.
- Fletcher, J. 2006. Cheese & Wine - A guide to Selecting, Pairing, and Enjoying. Chronicle Books. San Francisco. USA.
- Fletcher, J. 2013. Cheese & Beer. Andrews McMeel Publishing, LLC. Kansas City, MI. USA.

제 2 장

치즈의 과학적 배경과 주요 이론

1. 원유[125]의 일반성분 구성

1.1 개 요

총 조성물의 88%가 수분으로 채워진 것이 원유이지만 이상하게도 「완전식품」[126]으로 평가되고 있습니다. 원유는 수분 이외의 고형분으로는 지방분, 단백질, 유당, 효소, 무기질, 비타민 등으로 조성되어 있지요. 이 중 단백질과 지방은 치즈제조상 가장 중요한 조성분이라 할 수 있습니다.

원유의 조성은 크게 다르지는 않지만 포유동물의 종류, 품종, 계절, 사료의 종류와 착유단계에 따라 다양해집니다. 이 중에서 포유류의 종류와 품종에 따른 원유 조성분의 차이가 치즈제조 공정과 수율, 그리고 최종제품에서 어떤 영향을 미치는지를 숙지하는 것은 매우 중요하지요. 즉 포유동물의 종류와 치즈 간에 밀접한 관계가 있는데 그 원유의 특성을 고려하여 그에 맞는 특별한 치즈를 제조하면 나름대로 이점이 있음을 파악하고 치즈에 응용하는 것이 좋을 것입니다. 일반적으로 홀스타인 프리지안종 원유는 전 세계 치즈제조에 가장 널리 사용되는 원유로써 가장 신축성이 좋고 모든

---

125) 치즈의 제조에는 각종 포유류의 젖이 사용될 수 있습니다. 그 중 우유(Cow milk), 산양유(Goat milk), 면양유(Ewe milk)가 대표적인데 본서에서는 그것을 일일이 구분하여 표시하지 않고 그냥 '원유(Raw milk)'라는 통일된 용어로 사용합니다.

126) 「완전식품」이라는 용어는 일본인 의사 후타키 겐조(二木謙三)가 1921년에 처음 사용했는데, 그는 "아직 살아있는 식품이자 우리 몸에 필요한 영양소를 풍부하게 포함한 식품"을 완전식품이라고 했습니다. 그는 의외로 '현미'를 완전식품으로 주장했습니다. (http://biotechnology.tistory.com/1191). [건강상 필요로 하는 영양소를 거의 대부분 갖춘 단독식품을 완전식품이라 하고 우유, 달걀 따위가 있다.(다음 국어사전)] 식품영양학적 입장에서 보는 「완전식품」이란 단백질의 아미노산 구성 측면을 가시고 이르는 말입니다. 즉 어떤 식품의 단백질을 구성하는 아미노산이 필수 아미노산 모두를 함유하고 있을 때 그 식품을 「필수아미노산 완전함유식품」을 줄여서 「완전식품」이라고 칭합니다. 그렇지만 자연계에는 완전식품이 없다는 것이 학자들의 공통적인 견해입니다.

평판 있는 치즈의 본래 품질(Real Quality)에도 맞는 치즈 생산에 적합합니다.

대개 반경질이나 연질치즈 제조에는 저지종이나 건지종의 원유가 좋고, 장기 숙성 체다 치즈(Old cheddar)와 톡 쏘는 이탈리아계 치즈에는 에어셔 종 원유가 딱 좋다고 합니다. 특히 에어셔 종 원유는 다른 젖소들보다 지방구가 작은 원유를 내놓기 때문에 그렇습니다. 이러한 젖소 품종과 치즈와의 연관성은 유산양에서도 유사한 이야기가 됩니다. 가령 누비안 종은 저지와 건지종의 원유처럼 반경질과 연질치즈 제조에 알맞은 반면 자아넨종의 원유는 홀스타인 프리지안 종처럼 어느 치즈 제조에나 보편적으로 사용될 수 있습니다. 이와는 다르게 토겐부르크(Toggenburgs) 종은 에어셔 종처럼 매우 농도가 짙고 톡 쏘는 향미를 갖는 경질치즈 제조에 알맞은 젖을 낸답니다.

표 2-2에 따르면 산양유는 pH가 낮아서(산도가 높고) 이 젖으로 치즈를 만들면 산성화에 민감하고 렌넷 반응이 대단히 좋기 때문에 상대적으로 우유로 만드는 치즈에서보다 렌넷을 적게 사용하여도 질 좋은 치즈를 만들 수 있음을 알 수 있습니다. 산양유와 면양유의 유지방구 크기가 작고 유당함량이 우유에 비해 상대적으로 높기 때문에 치즈의 향미가 강하게 숙성이 되는 특징을 갖습니다. 치즈의 생산수율(生產收率, yield)과 관계가 깊은 성분인 유단백질과 유지방분의 농도가 우유보다 산양유나 면양유가 높기 때문에 치즈의 수량도 표 2-3과 같이 각각 차이가 나는 것은 당연한 이야기가 되는 것입니다.

1.2 원유 주요 성분의 특성

1) 유지방

표 2-1. 젖소 품종별 원유 성분 조성

품 종	지방(%)	단백질(%)	유 당	무기질
홀스타인 프리지안 종	3.40	3.15	4.60	0.73
저지종	5.14	3.80	5.00	0.75
건지종	4.90	3.85	4.95	0.75
쇼트 혼 종	3.65	3.30	4.80	0.69
에어셔 종	3.85	3.35	4.95	0.69

자료 : Biss, K. 1988. Practical Cheesemaking. The Crowood Press. Wiltshire. UK. p. 28.

유지방은 마치 공(球)과 같은 모양새를 갖고 있어서 통상 유지방구(fat globule)라고 부르고, 유지방분의 대부분이 지방구 피막에 둘러 싸여 있습니다. 유지방은 포화지방산과 불포화지방산이 뒤섞여 긴 체인처럼 엮여진 구상체(球狀體)를 이루고 있습니다. 지방은 단백질 다음으로 중요한 치즈 구성분입니다. 유지방은 글리세롤에 결합

표 2-2. 각종 유생산 동물의 유성분별 차이

성 분 / 종 류	pH	유지방 (%)	지방구 크기(㎛)	지방산[127] (총지방분 중 %)					
				But.	Cap.	Cap.	Cap.	Lav.	Myr.
우 유	6.7	3.9	4.5	2.9	2.2	1.1	3.0	2.7	9.0
산양유	6.4	6.0	3.5	3.1	2.8	3.0	10.1	6.0	12.2
면양유	6.7	9.0	3.3	4.2	2.0	2.2	6.0	3.1	5.5

성 분 / 종 류	지방산(총 지방분 중 %)			유당 (%)	단백질 (%)	케이신 (총 단백질 중 의%)	수분 (%)	총 고형분(%)
	Pal.	Ste.	Ole.					
우 유	25.0	13.8	33	4.11	3.9	65	87.5	12.5
산양유	27.2	27.5	25.6	4.88	3.5	69	87.5	12.5
면양유	16.9	15.8	38.8	7.91	8.2	50	75	25.0

자료 : Scott, R. 1981. Cheesemaking Practice. Elsevier Applied Science Publ. London. UK. p. 46.
: Biss, K. 1988. Practical Cheesemaking. The Crowood Press. Wiltshire. UK. p. 28.

표 2-3. 우유, 산양유, 면양유로부터 생산되는 치즈수량(yield, %) 비교

치즈 종류	우 유	산양유	면양유
경질치즈	10～12	8～10	15～20
반경질치즈	12～15	10～12	20～25
연질치즈	20～25	18～20	30～50

자료 : Peters-Morris, M. 2003. The Cheesemaker's Manual. Glengarry cheesemaking Inc. ON. Canada. p. 23. Biss, K. 2002. Practical Cheesemaking. Crowood Press. Wiltshire. UK. p. 29.

127) 약자 풀이(위 표 2-2의 순서에 따라) : But. : Butyric, Cap. : Caproic, Cap. : Caprylic, Cap. : Capric, Lav. : Lavric, Myr. : Myristic, Pal. : Palmitic, Ste. : Stearic, Ole. : Oleic

되어 구성되는데 유지방이 가장 다양한 지방산 결합물이지요.

치즈에 있어서 유지방의 기능성과 역할은 치즈의 향미생성, 향미 구성, 그리고 치즈 조직의 유연성 형성이라 하겠습니다. 이를테면 원유에서 유지방을 완전히 제거한 탈지유를 써서 치즈를 제조한다면 그 치즈는 딱딱한 식감(texture)에 밋밋한 향미 그리고 그 어떤 오밀조밀한 맛이 없는 밋밋한 치즈가 되고 말 것입니다. 또한 유지방에 함유되어 있는 지방산의 함량은 치즈의 향미나 식감의 특수성을 부여하는 데 밀접한 영향을 미칩니다. 그래서 똑같은 치즈 종류라도 어떤 원유로 치즈를 제조했느냐에 따라 다른 향미와 식감을 갖는 치즈가 얻어지는 것이지요. 유지방구의 크기 역시 치즈 제조 공정에 영향을 미칩니다. 즉, 큰 지방구의 젖은 열에 훨씬 민감해지기 때문에 큰 유지방구의 젖으로 치즈를 제조할 때는 커드의 가온 시 기술적 조정이 요구됩니다.

표 2-4. 우유 중의 단백질 구성

구 분	우유 중의 함량(g/kg)	전 단백질(w/w)
카제인		
αs_1-카제인	10.0	30.6
αs_2-카제인	2.6	8.0
β-카제인	10.1	30.8
κ-카제인	3.3	10.1
전 카제인	26.0	79.5
유청 단백질		
α-락토알부민	1.2	3.7
β-락토글로부린	3.2	9.8
혈장알부민	0.4	1.2
면역글로부린	0.7	2.1
기타(프로테오스펩톤 포함)	0.8	2.4
전 유청 단백질	6.3	19.3
지방구 피막 단백질	0.4	1.2
전 단백질	32.7	100.0

자료 : Bylund, G. 1995. Dairy Processing Handbook. Tetra Pak Processing Systems AB Lund, Sweden. 2010. 한국낙농유가공기술원. 서울. p. 27.

지방구 크기가 큰 젖으로 치즈를 제조할 때의 커드 가온(cooking)은 치즈 레시피가 지시한 온도보다 1.0℃ 정도를 반드시 낮추어 주어야 합니다. 그렇게 하면 레시피대로 만든 치즈보다 훨씬 많은 양의 유지방을 치즈에 함유시킬 수 있기 때문입니다. 그러니까 저지종 원유에 비해 지방구 크기가 작은 홀스타인 프리지안 종이나 에어셔종 원유의 경우 유지방이 치즈커드에 보다 쉽게 결합되어 많은 양이 함유될 수 있습니다. **저지종**이나 **건지종** 같이 유지방구가 큰 젖은 경질치즈의 경우에는 유지방을 커드에 많이 결합시키는 것이 어렵지만, 반대로 연질치즈에는 보다 쉽게 많이 결합시킬 수 있게 되는 것입니다. 그래서 지방구가 큰 젖으로는 경질치즈보다 연질치즈를 만드는 것이 훨씬 유리하다는 이야기가 됩니다. 그러면 자연스럽게 우유보다 상대적으로 유지방구 크기가 작은 산양유, 면양유(우유 : Ø4.5㎛ 대비 산양유, 면양유 : Ø3.5, 3.3㎛)의 경우에는 연질치즈 보다 **경질치즈** 제조가 훨씬 유리하다는 것이 분명해지는 것입니다(표 2-4 참조).

2) 유단백질

유단백질의 구성은 크게 카제인, 알부민, 글로부린, 레시틴 그리고 피브린 등으로 구성되어 있는데, 여기서 가장 중요한 구성분은 카제인입니다. 왜냐하면 치즈 제조시 치즈원유를 응고시켜 그 응고물인 커드(curd)를 얻게 되는데, 이는 곧 카제인이 산이나 응유효소인 렌넷에 반응하여 얻어진 결과물이기 때문입니다. 결국 치즈는 단백질을 골격으로 하는 복합식품입니다. 치즈의 골격이 되는 카제인은 산에 반응하여 자연스럽게 원유를 응고시키는가 하면 카제인은 적당한 산성 환경 하에서 렌넷을 사용하여 원유를 응고시켜 치즈제조의 장엄한 서막을 열어주는 것입니다.

다른 단백질 성분, 즉 알부민, 글로부린, 레시틴 그리고 피브린은 원유 응고에 아무런 작용을 하지 못하고 결국 유청으로 이동하고 맙니다. 그래서 치즈 중에는 이런 단백질류는 거의 찾아 볼 수 없습니다. 한편 유단백질은 치즈 숙성 중에 분해되어 치즈의 최종 제품에서의 향미성분을 공급하게 되어 치즈마다의 독특한 특성을 부여합니다(표 2-4 참조).

3) 유 당

유당은 자연계에서 젖에서만 발견되는 이당류로 된 탄수화물입니다. 치즈제조 과정에서 유당은 유산균에 의해 발효되어 유산생성을 하게 하는데 치즈제조에서 절대적인 과정진행을 이끄는 성분입니다. 그러므로 유당함량은 유산(乳酸, lactic acid) 생성량과 밀접한 관계가 있는데 유산 생성량이 적절하면 원유의 응고성이 좋아지면서 커드 굳기 검사에서 '깨끗한 짜개짐'의 현상을 보여줍니다. 치즈제조 과정에서 유당은 그 대부분이 유청 쪽으로 이행되고, 치즈 중에는 1.0% 미만으로 남아 있다가도 숙성 1개월경이면 유산균에 의해 거의 소멸됩니다. 엄밀히 말하자면 잘 숙성된 치즈 안에는 유당성분이 전혀 없는 셈이지요. 그래서 치즈의 성분함량 표시에는 유당 함량은 제외 된답니다.

4) 무기질

원유에 많은 주요 무기질 성분은 소디움(Na), 칼륨(K), 칼슘(Ca), 철분(Fe)과 황(S), 마그네슘(Mg), 인(P) 그리고 염소(Cl)와 같은 것들이며, 치즈제조 시 렌넷 첨가 후 응고작용 진행에 영향력을 행사합니다.

5) 효소류

원유는 많은 효소류를 천연적으로 함유하고 있습니다. 이런 원유에 함유된 효소들은 원유 생산 시 원유 내에서 발생한데서 근원을 찾을 수 있는데 상당수의 효소들은 놀랍게도 공기를 통한 잡균의 오염으로 유입된 것으로 봐야 합니다. 효소가 원유에서 일으키는 기능은 유성분의 가수분해를 통한 소화활동 촉진입니다. 젖에서는 지금까지 40여 종의 효소가 발견되었는데, 이것들이 치즈 숙성 중에 유산균이 죽게 되면 유산균의 균체 내 효소가 방출됨으로써 치즈의 향미나 조직에 영향을 미치는 것과 마찬가지로 치즈의 조직과 향미 생성에 역할을 하고 있는 것으로 보입니다.

젖에 천연적으로 함유되는 효소 가운데 플라스민(plasmin)이라는 효소는 제법 강력한 단백질 분해효소인데, 이 효소는 원유 살균온도에서도 불활성화 되지 않고 치즈에 남아서 치즈 숙성 시 단백질 분해에 중요한 역할을 하게 됩니다. 또한 우유를 사용해 페타 치즈를 제조할 때 관례적으로 대부분의 나라에서 지방분해효소(lipase)를 첨가하는데 이는 전통적인 페타를 산양유나 면양 젖으로 제조할 때와 같은 향미와 조직 감을 얻기 위한 조치입니다. 왜냐하면 면양 젖이나 산양유에는 천연적으로 존재하는 지방분해효소가 우유에는 존재하지 않아서 그렇게 해야 전통적인 페타 치즈 고유의 맛과 조직을 얻을 수 있기 때문입니다.

6) 비타민류

원유에는 비타민 A. B. C. D. E와 K가 천연적으로 함유되어 있습니다. 이것들은 미생물의 증식이나 각종 효소의 활성발현에 일정한 기능을 발휘하고 그것이 치즈의 제조결과에 일부 영향을 미치고 있습니다.

7) 천연색소

젖소의 원유가 노란색을 연하게 띠는 것은 우유에 함유된 카로틴(carotene) 색소 때문입니다. 이 카로틴은 청초를 방목하여 얻은 젖에 많이 함유되어 있는데, 그래서 여름우유는 황색소가 많은 것입니다. 여름에는 방목을 해서 청초 섭취량이 많기 때문에 원유의 카로틴 함량이 높아집니다. 그런데 산양유나 면양유는 카로틴을 많이 함유하지 않는 성질 때문에 그런 젖으로 만든 치즈색은 우유치즈 보다 하얗게 됩니다. 그리고 치즈 제조 시 천연색소(아나토 색소)를 첨가하여 치즈에 색소를 부여하면 훨씬 강한 색감을 지니게 됩니다.

1.3 원료유의 성분적 품질이 치즈제조에 미치는 영향

원유성분 함량은 최종 제품 치즈의 향미나 식감을 좌우하게 됩니다. 나아가 제조공정의 여러 부분에도 영향을 미치게 되는 것입니다. 결국 좋은 토양은 좋은 원유를 내고 좋은 원유가 좋은 치즈를 내는 것입니다. 일본의 유명한 북해도 낙농업 개척자이자 낙농학원대학 설립자였던 黑澤酉藏 씨는 대학의 사명을 「健土健民」으로 내세워 훌륭한 낙농지도자들을 양성해 냈습니다. 이 대학은 일찍이 1950년에 『황금의 흙(黃金の土)』이라는 '유기낙농업' 강조 책자에서 "좋은 흙을 가꾸지 않고는 좋은 젖을 기대하지 말라"고 강조합니다.[128)]

따라서 치즈 원유의 성분 고・저가 치즈제조 과정의 다음 부분에 밀접하게 영향을 미치게 된다는 사실을 유의해야 합니다.

① 유산 발효성
② 렌넷 응고성
③ 커드의 굳기 정도
④ 커드로부터의 유청의 분리성(syneresis)
⑤ 최종 제품의 수율(收率, yield) 등입니다.

1.4 원유의 미생물학적 품질

원유는 미생물에게 있어 천혜의 증식 배지입니다. 비살균 원유로 제조되는 치즈에 들어 있는 미생물의 상당수가 원유로부터 유래한다는 점에서 그 의미가 큽니다. 그래서 치즈는 미생물의 집합체인데, 원하지 않는 미생물의 혼입이나 증식에 따른 오염은 제조작업이 정상적으로 진행되지 않을 뿐만 아니라 제품의 품실과 식품안전성에 위

128) 赤堀香苗. 1950. 黃金の土(J. I. Rodale. 1945. Pay Dirt, 原著) 酪農學園大學 エクステンションセンター. 北海道. 日本.

해를 미치게 됩니다. 치즈원유는 원유 중의 가능한 한 미생물 수가 적은 것을 사용하고, 특히 치즈제조에 유해한 다음과 같은 미생물 오염에는 매우 조심할 필요가 있습니다.

1) 내열성 균

치즈 원료유는 62~63℃에서 30분간 또는 72~73℃에서 15초간의 저온살균을 하기에 이런 가열조건에 내성이 있는 세균은 사멸되지 않습니다. **바실러스속**(*Bacillus*)이나 **클로스트리디움속**(*Clostridium*) 등에는 아포(芽胞, endo-spore)가 형성된 경우 살균처리 후에도 그대로 남아 치즈 속에서 증식하여 이상발효를 일으키면 치즈의 품질을 저하시키거나 돌이킬 수 없는 품질이 되게 만드는 팽화(膨化, Blowing) 등의 원인을 조성하고 맙니다. 또 비교적 내열성이 있는 **마이크로박테리움**(*Microbacterium*), **마이크로코크스**(*Micrococcus*) 등도 잔존할 수 있습니다.

특히 낙산균(*Clostridium tyrobutyricum*)은 반경질·경질치즈 숙성 중의 후기(숙성개시로부터 2개월경에 시작됨)에 출현하는 팽화의 이상발효의 원인균으로, 낙산을 생성하여 불쾌한 냄새를 나타낼 뿐만 아니라 가스(CO_2) 생성에 의한 치즈의 내부팽창, 표피균열과 짜개지는 현상까지 초래합니다. 치즈 원유의 낙산균 오염은 주로 사일리지로부터의 오염에 의한 것이므로 사일리지나 사일리지가 함유된 TMR(Total Mixed Ration, 완전혼합사료) 급여 시기나 그러한 젖을 생산 공급 받아 치즈를 제조할 때는 이에 대한 충분한 대책 마련이 필요합니다. 이에 대한 대책은 일종의 단백질 분해효소인 라이소자임(Lysozyme)을 원유에 첨가하는 것인데, 이에 대한 자세한 내용은 제3장 주요 치즈제조의 실제기술 편을 참조하시기 바랍니다.

2) 저온세균

저온세균(저온균)이란 IDF가 정의한 바에 따르면 "7℃ 이하에서도 증식이 가능한 세균의 총칭"으로 저온균은 원유냉각 탱크에서 장시간 저장한 원유에서 증식하여 원유의 품질을 저하시킵니다. 일반적으로 세균은 5℃ 이하에서는 증식활동이 정지되는 데 반하여 저온균은 저온 환경에서도 증식이 가능한데 그럼에도 불구하고 최적 생육온도는 20~30℃라는 점에서 주의가 필요합니다.

슈도모나스(*Pseudomonas*)가 대표적인 저온균인데, 저온균은 열처리에 약한 반면에 이들 균들이 이미 진행된 증식과정에서 생성한 단백질 분해효소, 지방분해 효소는 내열성이 높기 때문에 이들이 원유 안에서 증식한다면 살균하더라도 이들 효소의 내열성은 그대로 활성이 남아 있어 제품의 향미와 품질 이상을 일으키는 원인이 됩니다.

즉 시유의 악취(rancidity), 부패취, 쓴맛 등의 결함이 바로 저온균이 내는 내열성 단백질, 지방분해효소 활성이 원인인 경우가 많습니다.

3) 효모, 곰팡이

효모는 보존중이나 숙성 중에 치즈의 이상발효의 원인이 될 수 있습니다. 곰팡이는 치즈 표피(rind)를 손상시켜(오염) 상품 가치를 현저히 손상시킵니다.

4) 병원균

치즈를 비롯하여 유제품에 의한 식중독은 많지 않지만 세계 각지에서 발생하고 있습니다. 사람과 소의 공통 전염병을 일으키는 균으로 최근에 특히 주의를 요구하는 병원균은 **캄피로박터**(*Campylobacter*), 연쇄상구균(*Str. agalactiae*), **살모넬라**(*Salmonella*), 황색포도상구균(*Staph. aureus*), **리스테리아균**(*Listeria monocytogenes*) 등이 있습니다. 그 중에서도 황색포도상구균과 리스테리아균에 의한 식중독 사고는 치즈에서도(숙성시키지 않았거나 숙성기간이 짧은 치즈류 중심) 발생하기 쉬우므로 각별한 주의가 필요합니다.

(1) 황색포도상구균(*Staphilococcus aureus*) :

용혈 연쇄구균과 나란히 유방염의 주요 원인균으로 원유에서의 검출율이 높은 균입니다. 황색포도상구균은 저온살균으로 쉽게 사멸되지만 생성하는 장관독소(enterotoxin)는 높은 내열성(120℃ 20분 가열에도 완전 파괴되지 않고 218~248℃에서 30분 가열에 의해 활성을 잃음 [129])을 나타내어 상업적 가열 세균으로 파괴가 안됩니다. 또 5~10℃와 같은 통상의 냉장용 저온환경에서도 증식되는 것으로 보고됨으로써 원유의 저온저장에서도 주의가 요망됩니다.

황색포도상구균의 유·유제품 오염은 원유 유래뿐만 아니라 사람이 개입된 오염도 있습니다. 건강한 사람의 약 30%가 보균자이며 코, 목, 피부, 분변 등에 존재합니다. 특히 상처나 고름이 나는 상처부위(화농한 부분)에 반드시 존재하고, 상처가 난 손가락으로 치즈를 제조한다든지, 제품에 직접 닿게 하면 안 됩니다. 우리나라 식약처는 식품 중에 황색포도상구균이 10^5 cfu/g 정도의 증식에 이르면 균 장관독소(enterotoxin) 발생에 의한 식중독 위험이 초래되는 것으로 간주하여 식품회수 폐기처리 규정에 따라 관리되고 있습니다.[130]

---

129) 김종화. 소명환. 손규옥. 오승희. 유영균. 이상일. 조석금. 이미옥 2004. 21세기 식품위생학. 도서출판 효일. 서울. p. 81.

130) 식품의약품안전처. 2014. 황색포도상구균 등 기준 초과 '과자' 회수 조치. 식약처 식품관리총괄과 보도자료(2014. 9. 26).

(2) 리스테리아균 :

이 균에 의해 일어나는 식중독인 **리스테리아 증**은 유유아, 임산부, 면역력이 저하된 사람에게 발병합니다. 발병자의 사망률은 20%이라고 하는 조사 결과가 있을 정도로 유럽이나 미주지역에서는 심각합니다[131]. 많은 식품이 원인이 되는 식중독균으로 나와 있지만, 치즈에 의한 리스테리아증은 유럽·미국에서 자주 발생하였기 때문입니

[Tip 05] 체세포 수가 많은 원유가 치즈의 생산량에 미치는 영향은?

우리가 흔히 사용하는 체세포(體細胞, Somatic Cell)란 동물의 신체를 구성하는 세포 중 생식세포를 제외한 모든 세포를 의미합니다. 그러나 우리 낙농업 분야에서 체세포란 유방의 유즙을 통해 배출되어 유즙 중에 함유된 체세포류(임파구, 백혈구, 노쇠 탈락세포, 유선상피세포 등)에 한정하여 사용하는 말입니다. 그런데 원유에 체세포 수가 증가한다는 것은 유방의 위생관리가 나빴거나 유방에 질병이 생겼음을 의미하는 것입니다. 보통 건강한 젖소라도 유즙 중에 함유되는 체세포 수는 15만~20만 개 / mL수준인데 유방염에 걸린 젖소의 경우 50만 개 / mL 수준을 넘어서는 것입니다. 그러니까 유즙에 체세포수가 많은 젖은 좋은 원유라고 볼 수 없지요. 원유에 체세포수가 많아지면 유성분 구성에 영향을 주고, 결국 치즈 생산 수량을 감소시키게 됩니다.

따라서 체세포 수가 많은 원유로 치즈를 만들면,

① 원유 내 무기질 함량을 높여서 원유 응고에 영향을 줍니다.

② 원유 내 유당함량 감소로 벳트 원유의 유산발효를 부실하게 하고, 유산균 수가 상대적으로 감축되어서 치즈 숙성에도 부정적인 영향을 미칩니다.

③ 원유 중의 유당 감소는 치즈의 무지유고형분 함량을 감소시켜서 규격 미달이 됩니다.

④ 카제인 함량은 감소시키고 상대적으로 유청단백질 함량은 증가시켜(특히 면역글로부린 함량이 증가하는데 이는 유방염 진단의 지표가 됨) 치즈의 생산수량에 부정적인 영향을 미칩니다. 즉 치즈의 생산량이 평균치 이하가 됩니다.

⑤ 병원균인 대장균이나 황색포도상구균(*Staphilococcus aureus*)의 수를 증가시킵니다.

⑥ 원유 내 비단백질질소(Non Protein Nitrogen, NPN) 함량을 높여 그런 성분들이 유청으로 빠져나가면 결국 치즈 생산량이 감소됩니다.

⑦ 정상원유 pH가 6.7~6.8인데 pH가 7.5로 높아져서 원유의 효소적 응고에 영향을 미치게 되어 연약한 커드가 형성됩니다. 연약한 커드는 교반과정에 부스러지면서 커드가 많은 미세가루(fine) 형태로 진행되어 유청으로 빠져나갑니다. 그래서 당연히 치즈 수량이 낮아지는 것입니다.

---

131) 심상국. 이영근. 주난영. 허남윤. 2000. 실무 식품위생학. 진로연구사. 서울. pp.65-66.

다. 특히 흰곰팡이나 **브레비박테리움 라이넨스균**(*Brevibacterium linens*, 속칭 BL균)으로 숙성시킨 연질 타입의 치즈에 의해 식중독 사고가 일어나곤 합니다.

리스테리아균은 자연계에 널리 분포되어 0℃의 저온에서도 확실하게 증식하여 다른 식중독 균과 비교하면 가열에도 강한 편입니다. 우유에서는 품질이 떨어지는 사일리지, 소의 몸, 분변 등이 오염원이 됩니다. 리스테리아균에 대한 대책으로는 원유의 확실한 가열살균 (63~65℃, 30분간 또는 73~75℃, 15초간) 또한 치즈제조 설비, 제조자의 신체, 의복으로 인한 2차 오염을 막는 제조 전반의 위생관리를 철저히 해야 한다는 것입니다. 이것은 리스테리아균뿐만 아니라 다른 병원성 미생물의 오염방지에도 도움을 주는 것입니다. 최근 미국의 GRAS(Generally Recognised as Safty)와 FDA 그리고 USDA / FSIS가 인증한 리스테리아균 박테리오파지 제품인 Litex은 1,500종 이상의 리스테리아 균주들을 99% 이상 박멸했다는 보고가 나와 있어 치즈공장에서 실용화 될 것으로 기대가 되고 있습니다. Litex는 화학약품이 아닌 자연 유래 바이러스를 활용한다는 점에서 유기농치즈 제조업자들에게 널리 환영을 받고 있습니다.[132)]

5) 병원균 검사 시의 주의

병원균의 검사측정은 치즈 제조공장 내에서 하지 않으면 안 됩니다. 검사는 엄중한 관리 하에 필요한 설비를 갖춘 시험기관의 전문가에 의한 것이라야 합니다. 지금까지는 치즈공장들이 HACCP의 적용을 많이 하다가 이의 문제점이 발견되어 최근에는 제2세대 HACCP(Secondary HACCP)이 소개되고 있습니다. 나아가 HACCP와 ISO9900을 결합한 ISO22000이 널리 확산되어가고 있습니다.

각국에서는 식품안전을 위한 새로운 프로그램들이 진행 중에 있는데 미국의 식품안전을 위한 근대화 법(The U. S. Food Safty Modernization Act, FSMA)이 추진중인 HARPC(Hazard Analysis Risk-based Preventive Control)가 주목을 끌고 있습니다[133)]. 이러한 변화는 치즈공장에서의 미생물 증식예찰 프로그램에 의한 치즈제조 단계별 미생물 증식 차단장치를 마련하기 위한 조치입니다.

---

132) www.dairyindustries.com 2009. 12월호 Listeria must die pp. 29-30.

133) 이것은 기존의 HACCP을 더욱 강화한 식품안전관리 제도입니다. 2015년에 공포된 이 제도의 목적은 위험감소, 식품안전, 소비자 보호, 제조 투명성 확보, 파트너 신뢰 등이며, 2018년 9월부터 적용됩니다. 정세진 2016. 4 - HACCP / HARPC (사)한국낙농유가공기술원 제12회 유가공기술 기초과정 교재. (사)한국낙농유가공기술원(서울). pp. 591-607.

[Tip 06] 원유성분의 치즈로의 이동[134)]

원유에는 수분을 제외한 여러 가지 고형성분이 포함되어 있는데, 치즈 제조에서는 치즈 부분으로 이행되는 성분과 유청으로 이행되는 성분으로 나누어집니다.

- 치즈로 이행되는 주요 성분 : 지방, 카제인, 무기질, 지용성 비타민, 일부 수분
- 유청으로 이행되는 주요 성분 : 유당, 유청단백질, 무기질, 수용성 비타민, 대부분의 수분

▶ 치즈제조 중 우유의 구성분의 분포(중량%)와 우유로부터 치즈로의 이행률[135)]

	지 방	단백질	유 당	무기질	고형분
원유의 조성분 %	3.3	3.2	5.0	0.7	12.4
치즈의 조성분 %	31	25	2.0	2.1	60
유청의 조성분 %	0.22	0.61	5.3	0.58	7.0
각 성분의 치즈전환 %	93	78	4	30	49

▶ 체다 치즈 제조 시 원유 영양소의 치즈와 유청으로의 이행도[136)]

영양소	치즈 커드 중 %	유청 중 %
수 분	6	94
총 고형분	48	52
카제인	96	4
가용성 단백질 (유청 단백질)	4	96
지 방	94	6
유 당	6	94
칼 슘	62	38
디아민	15	85
비타민 A	94	6
비타민 B_2	26	74
비타민 C	6	84

134) 가와구찌 오사무(河口 理). 2008. 2008년도 치즈제조전문교육교재. 순천대 동물자원과학과. pp. 2-3.

135) 배인휴 역(Arthur. R. Hill 저). 2017. (증보개정판) 치즈과학과 제조기술. 도서출판 유한문화사. 서울. p. 193.

136) National Dairy Council. 1979. Newer Knowledge of Cheese and other cheese products. Rosement IL. USA. p. 25.

[Tip 07] 원유 성분과 치즈의 품질[137)]

치즈 선진국들은 오랜 치즈제조 경험에서 얻은 지혜로써 "비옥한 토양이 좋은 치즈를 낸다. 왜냐하면 토양이 비옥하면 풀이 좋아지고, 좋은 풀을 먹은 포유동물이 질 좋은 젖을 내며, 질 좋은 젖으로 만든 치즈는 품질이 매우 뛰어나기 마련이다"는 원리를 얻었습니다. 따라서 좋은 원유가 갖는 각종 성분이 치즈 쪽으로 이행되면서 비로소 좋은 치즈가 얻어지는 것입니다. 이는 역으로 아무리 치즈제조 기술이 뛰어난다고 하드라도 원유 품질이 떨어지면 좋은 치즈는 기대하기 곤란하다는 이야기입니다.

(1) 카제인

원유의 주 단백질이며, 치즈의 제일 기본적인 골격이 되는 성분으로 품질과 생산량에 큰 영향을 줍니다. 렌넷에 의한 응고 시 치즈 본체를 형성하며 동시에 카제인의 그물조직에 유지방구와 적당량의 수분을 둘러싸는 형식으로 치즈 본체를 구성합니다. 치즈의 수분함량 조절도 카제인의 기능에 의해 좌우되는 것입니다. 또 카제인은 치즈의 숙성 중에 가수분해 됨으로써 치즈의 독특한 향미를 내게 됩니다. 그래서 치즈의 제조에는 사용하는 원유의 카제인과 유지방의 비율(Protein / Fat ratio, P/F)이 중요하고, 치즈의 종류에 맞는 P/F에 따라 이 비율을 조정(표준화)하지 않으면 적절한 굳기의 제품이 되지 않고, 목적하는 치즈의 규격에도 부적합하게 됩니다.

(2) 유지방

카제인과 함께 치즈의 기본 구성분이 됩니다. 카제인과 마찬가지로 제품의 품질과 수량에 크게 영향을 줍니다. 유지방은 역시 치즈의 향미와 조직에도 영향을 미쳐 숙성에 의해 독특한 향미를 형성합니다. 가령 유지방이 함유되지 않은 치즈가 있다고 할 때 이 치즈는 마치 고무조직처럼 되면서 시간이 지나면 매우 딱딱해져서 아예 식품으로써 섭취가 곤란해집니다. 지방이 없으면 숙성에 의한 치즈 향미도 거의 생성되지 않게 되는 참 밋밋한 맛의 치즈가 될 것입니다. 그렇다고 너무 많은 지방이 좋은 것은 아니기에 원유 중의 카제인 양에 따라 지방의 양을 가감하여 조정하는 것이 좋습니다.

(3) 유 당

치즈제조 과정에서 유당의 대부분(96%)은 유청으로 이동되고, 방금 제조한 치즈라고 해도 그 안에 남아있는 유당함량은 아주 미미한 수준일 것입니다. 그것마저도 유산균의 대사활동에 의해 유산으로 변하기 때문에 치즈 안에서는 통상 2주간 이내에 소실되고 맙니다. 그럴 수는 없지만 혹시 유당이 유산으로 변하지 않고 치즈 안에 남아 있게 된다면 바람직하지 않은 발효, 정확히 말하면 심각한 부패가 일어날 것입니다. 치즈제조 중 유당은 유산으로 바뀌어 렌넷에 의한 응고작용에 활력을 부여하거나(賦活作用) 커드의 수축을 통한 유청배제, 유산발효에 의한 pH 저하로 잡균의 증식억제 등 중요한 역할을 맡아주고 있습니다.

---

137) 가와구찌 오사무(河口 理). 2008. 2008년도 치즈제조전문교육교재. 순천대 동물자원과학과. pp. 2-3.

(4) 무기질

원유의 무기질 성분은 열 안정성이나 가교역할에 의한 렌넷의 응고성에 큰 영향을 주는 중요한 요소입니다.

(5) 수 분

치즈의 조직을 매끄럽게 하고, 발효나 지방·단백질의 분해, 즉 숙성의 촉진에 커다란 역할을 하고 있습니다. 치즈제조에서 수분을 그냥 물로만 봐서는 안 되는 것이 치즈의 종류에 따라 수분함량은 다르나 치즈의 향미생성, 미생물 생육, 그리고 조직성과 색도 결정 등 다방면에 영향을 미치는 치즈의 주요 성분의 하나이기 때문입니다.

[Tip 08] 원유의 살균과 치즈의 품질 관계

지금 우리나라를 비롯한 세계 각국들은 법적으로 치즈 원유는 반드시 살균을 하도록 강제 규정으로 요구하고 있지만 구미지역의 일부(EU, 캐나다, 오스트리아, 미국, 호주, 뉴질랜드, 덴마크 등)에서는 여전히 비살균 원유를 사용한 치즈 제조를 허용합니다.[138] 어떤 원유이든 살균을 하면 원치 않는 유해균과 병원균은 제거됩니다. 이 과정은 특히 연질치즈에서 중요한데 이는 연질치즈의 약점인 짧은 유통기한을 연장할 수 있기 때문이지요. 그러나 원유를 살균하면 커드가 연약하게 얻어지므로 치즈제조자는 이를 피하고 단단한 커드를 얻는데 도움이 되는 칼슘을 첨가하게 됩니다(비살균 원유에는 첨가하지 않아도 됨). 살균처리를 하면 상당수의 유익 균인 유산균을 사멸시키고(모두 파괴하지 않지만) 치즈에 필요한 원유 유래 효소나 향취들을 불활성화 시킵니다. 그래서 치즈의 숙성은 지연되고 향미 발달은 억제되어 천연 원유에 존재하는 유산균 대신에 넣는 인공배양 유산균 스타터로는 비살균 원유로 만든 치즈의 천연적인 치즈 향미를 얻을 수가 없습니다.

전통적으로 비살균 원유에 의해 만든 치즈 브랜드를 살균한 원유로 제조한 치즈가 도무지 흉내 낼 수 없는 이유가 여기에 있는 것입니다. 비살균 원유로 치즈제조를 허용하는 일부 국가와 지역에서는 최소한 60일 이상 숙성하는 경질치즈의 경우 조심스럽게 허용하고 있는 경향을 보입니다. 왜냐하면 정상적인 치즈 숙성 과정을 거치는 동안에 치즈 내 유해균은 이미 치즈 숙성 초기단계에서 사멸되어 버리기 때문입니다. 지금까지 여러 가지 검사와 시험과정을 거쳐 얻은 연구결과는 비살균 원유로 만든 치즈는 반드시 최소 60일 이상을 숙성시키기만 하면 살모넬라균, 황색포도상구균과 대장균 그리고 리스테리아균 같은 병원성 균수를 확실히 감소시킬 수 있음을 확인하였습니다.[139][140]

138) EU, 미국, 캐나다, 덴마크: 60일 이상 숙성치즈 비살균 허용, 호주, 뉴질랜드: 살균 대신 64.5℃에서 16초간 가열처리한 경우 90일 이상 숙성치즈, 48℃ 이상에서 가열처리하고 6개월 이상 숙성된 경질치즈 제조 시 원유의 비살균을 허용하고 있습니다.

139) 김홍석, 천정환, 임종수, 김현숙, 김동현, 송광영, 김수기, 서건호. 2015. 비살균 원유로 만든 다양한 치즈의 안전성에 관한 연구 : 총설. 한국유가공기술과학회지. 33(1) : 1-15.

또한 비살균 원유로 만든 치즈는 판매 이전에 세균 분석시험을 통해 이러한 유해세균과 병원균 수가 법적규제 최소치 이하임을 반드시 확인하고 인증하는 규정 준수를 전제로 허용하고 있습니다. 우리나라에서도 2016년 입법예고를 거쳐 2017년에 세균수 5천 cfu/mL이고, 체세포수 10만 개/mL 이하 정도의 최고급 원유를 사용하여 2개월 이상 숙성하는 자연 치즈는 비살균 원유를 사용하여 제조·판매할 수 있도록 허용하고 있습니다.[141)]

[Tip 09] 치즈 원유의 균질효과

치즈 원유의 균질(Homogenization)은 원유의 지방구에 기계적 압력, 충격을 가하여 작은 크기로 파쇄함으로써 원유 전체에 일정 크기로 분산 현탁시켜 크림층 형성을 방지하는 목적으로 하는 것입니다. 그래서 균질처리 한 우유의 표면에는 크림층이 형성되지 않는 거지요. 우리나라 시유의 대부분은 균질처리 되어 있어서 혹시 가정에서 시유를 사용하여 치즈를 만들고자 할 경우 이점을 유념해야 합니다. 즉 균질된 원유로 치즈를 만들면 매우 부드럽고 연약한 커드가 생산됩니다. 그래서 균질원유로 치즈를 제조할 때 제조자는 렌넷 첨가하기 전에 반드시 칼슘($CaCl_2$)을 첨가하여 원유를 안정화시키고 커드가 단단히 응고되도록 해야 합니다. 균질유를 가지고 치즈를 제조하는 경우 커드가 부드럽고 수량이 늘어나기 때문에 신선치즈제조에는 사용하지만 경질치즈 제조에는 사용하지 않는 것이 관례입니다.

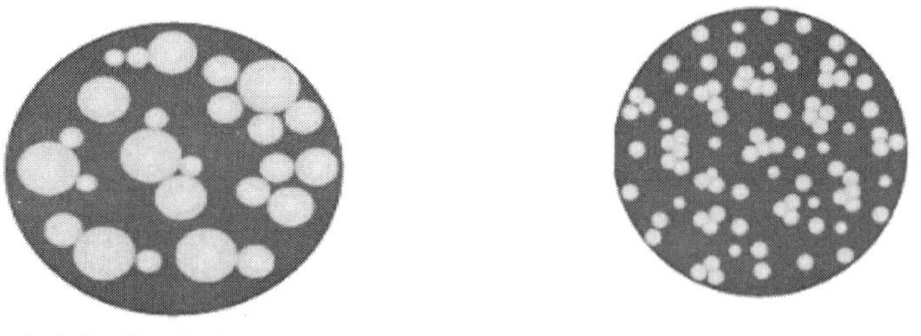

〈균질과정은 유 지방구를 파쇄시켜 매우 많은 소형 지방구가 되게 함〉

(좌) : 균질 전 원유의 지방구 형태, (우) ; 균질 후 지방구 형태

자료 : Bylund, G. 2010. Dairy Processing Handbook. Tetra Pak Processing Systems AB Lund, Sweden. 한국낙농유가공기술원. 서울. p. 123.

140) 김동현, 천정환, 김현숙, 이수경, 김홍석, 이주연, 임진혁, 송광영, 김영지, 강일병, 정다나, 박진형, 정호석, 서건호. 2016. 비살균 숙성치즈의 미생물 균총 분석에 이용되는 새롭게 개발된 분자생물학적 방법 : 총설. 한국유가공기술과학회지. 34(1) : 9-20.

141) 식품의약품안전처. 2016. 축산물의 가공기준 및 성분규격 식품의약품안전처 고시 제 2016-48호 (2016. 6. 24., 개정) 자연치즈 가공기준 개정 -자연치즈 제조 시 비살균 원유 허용하는 가공기준 개정. 「치즈용 원유 및 유가공품은 63~65℃에서 30분간, 72~75℃에서 15초간 이상 또는 이와 동등 이상의 효력을 가지는 방법으로 살균하여야 한다. 다만, 2℃ 이상에서 60일 이상 숙성하는 치즈용 원유 및 유가공품은 위에서 정한 온도 등 살균조건을 적용하지 아니할 수 있다」로 개정되었습니다.

2. 치즈제조 기본 8단계[142][143]

모든 식품제조 기술에는 중요한 핵심 단계들이 있고, 이를 보조하는 부대 기능적 기술이 있습니다. 여기서는 치즈제조 기술의 기본 골격이면서 핵심이 되는 과정별 치즈제조 단계를 설명하여 치즈제조 기술의 척추 뼈(Backbone)를 확립해 두고자 합니다. 치즈제조는 엄밀히 말하자면 하나의 긴 여정으로 온도와 시간을 달리하여 진행되는 경이로운 흐름입니다. 치즈의 제조 단계를 보면 세 가지의 주요 흐름이 함께 조합하고 결탁되어 진행되는데 첫째는 온도, 둘째는 시간 그리고 셋째는 유산균의 증식단계(pH이력)의 흐름입니다. 이 흐름의 한 중심에 유산균이 있고 그 치즈를 만드는 사람이 있습니다. 그러므로 치즈는 유산균과 시간과 온도가 흘러가는데 사람은 그 흐름을 따라 가는 것입니다.

저자는 목장유가공 교육 치즈 강의시간이면 강조해 두는 것이 있습니다. "**치즈는 자연의 선물입니다. 결코 인간이 개발하였다거나 발명했다고 볼 수가 없는 것입니다. 치즈는 철저히 자연의 산물이며 자연의 손길이 미치는 영역의 식품입니다. 그러므로 인간은 자연의 일부가 되어 자연에 순응하여 흐름에 따라가는 것입니다. 치즈는 결국 [유산균 - 시간 - 온도]가 만드는 것이며, 인간은 그들의 경로를 잘 따라가면 되는 것입니다.**" 저자가 이를 강조하고 또 강조해 두는 것은 치즈제조에 임하는 치즈제조자들의 교만과 우쭐댐을 미연에 방지하려고 경고해 두고자 함에 있습니다.

누구든지 좋은 치즈제조가가 되기 위해서는 이러한 주요 세 가지 흐름의 철저한 기록 정신이 필요합니다. 기록을 통해 자기 자신을 보정하고 바로잡아 잘 되는 부분은 더욱 능숙하게 하고, 잘 안 되는 부분은 수많은 교정을 통해 정갈하게 자기만의 기술로 완성해 낼 수 있을 터입니다. 이의 기본이 바로 치즈제조 기록입니다. 수많은 치즈교과서들이 강조하는 바는 치즈제조 시의 단계별 시간과 온도 흐름 그리고 유산균의 증식상황을 나타내는 적정산도나 pH 변화 이력(pH history of cheese-making step)을 중심으로 치즈별 제조공정의 다름을 설명하고 있다는 것입니다.

세상에는 1,700여 종류의 치즈가 있다고 하나 모두가 이런 흐름의 다양성일 뿐 이 근본 흐름을 벗어나지 않습니다. 심지어 대단위 자동화된 치즈공장이라 할지라도 이 흐름을 거스를 수는 없는 것입니다. 그러므로 여기서 소개하는 치즈제조 8단계적 흐름은 모든 치즈 공부를 하는 사람들에게 귀중한 핵심 가이드가 될 것입니다. 이제 그

142) Peter Dixon. 2006. Farmstead and Artisan Cheesemaker's Training Manual. (Non-Published Note). pp. 7-11.

143) 배인휴 역(Arthur R. Hill 저). 2017. (증보개정판) 치즈과학과 제조기술. 도서출판 유한문화사. 서울. pp. 161-173.

흐름과 변화에 따라 원유가 액상에서 치즈라는 고체상으로 가공되어 우리 손에 쥐어지는 각 단계들을 살펴서 여러분의 치즈기술 기본 골격으로 확보해 두시기 바랍니다.

2.1 제1단계 : 원유 정치

■ 목 적 : 원유를 응고시켜서 커드를 얻기 위한 것입니다.

원유 정치에는 두 가지 생물학적인 소재가 사용됩니다. 우리는 이 두 가지 소재에 의해 원유 응고물을 얻어낼 수 있는데 이를 「산 응고」와 「렌넷 응고」로 나누며, 전자는 유산균의 유산발효에 따라 생성된 유산에 의해서, 후자는 렌넷의 효소 응유작용에 의해 응고가 일어나는 것입니다. 하나를 더 추가한다면 「열과 산에 의한 응고」가 있는데 이는 원유를 85℃ 이상으로 가열한 뒤 적절한 유기산(식초, 구연산, 레몬 즙)을 첨가하여 응고시켜 커드를 얻는 것이지요.

1) 스타터 균주

■ 정 의 : 치즈제조에 목적하는 바람직한 특성을 갖도록 사용하는 특수 미생물(대개 세균, 유산균, 일부 곰팡이)을 말합니다.

2) 렌 넷

■ 정 의 : 치즈제조 조건하에서 원유를 신속히 응고시키도록 작용하는 특수한 단

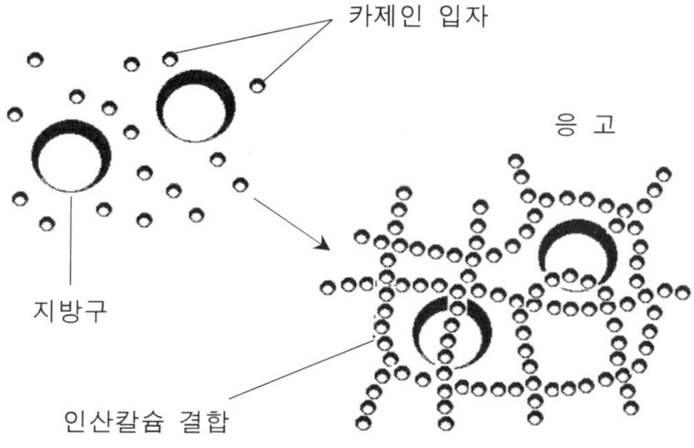

그림 2-1. 원유 응고의 모식도144)

144) Peter Dixon. 2006. Farmstead and Artisan Cheesemaker's Training Manual. Dairy Food Consulting. (Non-Published Note). p. 8.

백질 분해효소(류)입니다. 상당히 많은 치즈류에서 렌넷은 치즈 숙성기간 중에도 지속적으로 단백질 분해활성을 나타내 치즈 향미와 조직발달에 기여합니다.

앞서 언급한 대로 원유의 응고는 세 가지 소재와 방법에 의해 얻어진다고 했습니다. 여기서는 렌넷에 의한 응고와 대비시키기 위하여 산에 의한 응고(산성 커드)의 특성을 먼저 설명해 두고자 합니다.

(1) 산 응고(산성커드)

- 보통 렌넷 응고형 치즈보다 많은 유산균 스타터를 접종합니다.
- 렌넷은 아주 적은 양을 사용하거나 전혀 사용하지 않습니다.
- 이 때 스타터 균은 상당량의 유산을 생성하여 원유의 pH를 낮추게 됩니다.
- 결국 원유는 카제인의 등전점[145](pH 4.6)에서 응고가 일어납니다.
- 응고과정에 카제인 입자들이 칼슘을 끌어가게 되면 커드는 연약해져서 수축도 안 되고 수분방출도 안됩니다. 이 결과로 인해 치즈는 매우 연약해지며 치즈의 수분함량은 높아지게 됩니다.(예 : 오막살이[146], 파머스 치즈, 크박, 크림치즈)

(2) 렌넷 응고(단맛 커드)

- 스타터는 적은 양을 접종합니다.
- 원유의 응고를 위해 다소 높은 pH에서(예 : pH 6.5) 렌넷을 첨가합니다.

---

145) 등전점(等電點, isoelectric point)이란 수용액 속의 양쪽성 전해질 또는 콜로이드 입자 등의 전하(電荷)의 대수 합이 영(零, 0)이 될 때를 용액의 수소이온 농도 지수 즉 pH로 나타낸 것 또는 양성 전해질(단백질) 용액에서 동일한 원소가 염기와 산으로 해리된 경우에 두 이온화 정도가 같아지는 때의 수소이온 농도 지수(한국과기총 2005. 과학기술대사전. 아카데미서적 p. 979). 일반적으로 양쪽성 콜로이드 전해질의 등전점은 분산매로서 쓰인 완충수용액 속에서 염류의 종류에 따라 조금씩 다름. 등전점에 이른 콜로이드 용액은 전기 이동의 속도, 점성, 삼투압 등이 최소로 되고, 또 엉김(응고), 거품일기 등의 성질은 가장 세어짐(김병희 등 1983. 성문 이화학사전. 성문각. p. 268).

146) 「오막살이 치즈」라는 명칭은 본 저자가 1998년부터 낙농가를 위한 농가형 유가공 워크숍 진행 시 Cottage 치즈를 우리 식으로 명명한 데서 유래합니다. 카티지라는 단어의 의미가 '오두막집'이란 뜻이기에 오두막과 비슷한 의미의 「오막살이」를 사용한 것입니다. 순천대학교 동물자원과학과 우유과학・미생물연구실 1998. 제3차 농가형 유가공기술 강습회 교재. pp. 14-27.

2.2 제2단계 : 커드(Curd, 응유물) 절단 혹은 잘게 부수기

■ 목 적 :

(1) 커드 나이프에 의해 적절한 크기로 커드를 절단하면 커드의 표면적이 증대됩니다.

(2) 커드로부터 유청 배출을 일정하게 일어나도록 하는 수단이 됩니다. 즉 커드의 수분함량 조절 수단이 되는 것입니다(커드 크기가 크면 유청이 적게 배출되어 연질치즈, 작으면 유청이 많이 배출되어 경질치즈가 생성됨).

(3) 커드의 쿠킹(가열, 가온)을 일정하게 할 수 있는 수단입니다.

■ 노 트 : 커드의 절단은 액상 원유로부터 고체 치즈가 되게 해주는 선택적 농축과정을 주도하는 작업이기도 합니다.

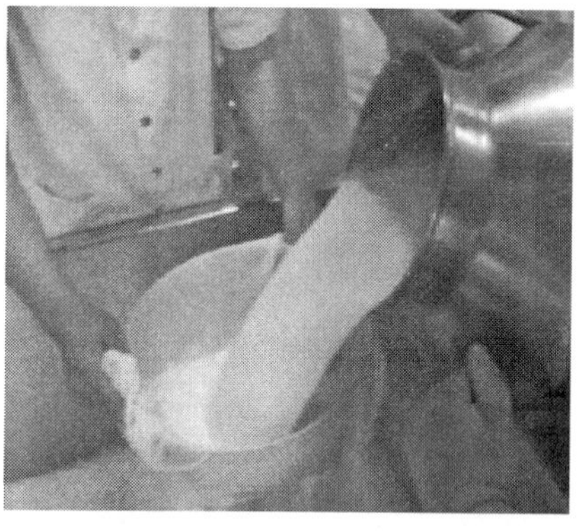

그림 2-2. 원유처리 (화보 10쪽, 저자 사진)

염화칼슘 첨가 (저자 사진)

스타터 접종 (저자 사진)

〈커드 절단에 사용되는 여러 가지 도구들〉

- 수평형과 수직형 나이프 또는 하프형 나이프 등
- 직사각형 강철 프레임에 일정한 간격(0.6∼5.0cm)으로 철사 줄을 당겨 맵니다.
- 칼이나 사브르[147] : 옛날 치즈 그러니까 브리 드 모(Brie de Meaux) 같은 전통적인 프랑스 치즈제조에 쓰였습니다. 이때는 오직 수직으로만 절단해 줍니다.
- 래들(raddle) 혹은 디퍼 : 브리 드 모 같은 전통 치즈의 제조에 쓰였습니다. 이때 수평으로만 절단해 줍니다.
- 커드 파쇄 등입니다.

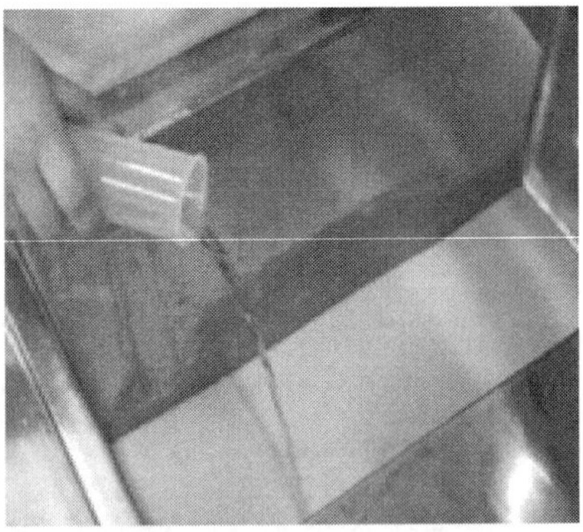

그림 2-3. 렌넷 첨가와 정치 (화보 10쪽, 저자 사진)

커드 굳기 검사 (저자 사진)

커드 절단 (저자 사진)

147) 사브르(Saber) : 기병대의 긴 칼, 기병, 기병대.

〈커드 절단 시 유의사항〉

- 렌넷을 너무 많이 첨가하면 그 대신 절단할 최적 순간(cutting window)은 매우 짧습니다. 그 짧은 기회를 놓치지 말아야 합니다. 지극히 순간적으로 응고커드 절단 적기(cutting window)가 지나쳐 버릴 수가 있기 때문입니다.
  저자가 이탈리아 아시아고 지역의 목장치즈 공장들을 시찰하던 중 한 치즈장인이 커드 절단을 이렇게 표현했습니다. "저는 치즈 커드 절단시점을 치즈 커드에 제 혼을 불어넣는 순간이라고 생각합니다." 그만큼 중요한 단계라는 뜻입니다.
- 연약한 커드: 빠른 절단 / 단단한 커드 : 늦은 절단
- 절단 후 바로 교반하면 커드가 너무 연약하여 부서지기 쉽습니다. 그래서 치유(healing) 시간을 3분 정도 주어 커드의 표면이 코팅되게 한 뒤에 매우 느린 속도로 교반해 주는 것이 중요합니다. 치유를 통해 커드 내 지방과 단백질의 유출을 막는 피막이 형성됩니다.
- 커드 절단한 뒤 유청 지방은 full fat 치즈(50% 지방)의 경우 0.3% 이하여야 잘 된 커드 절단이라고 할 수 있습니다. 이는 공장에 원유성분 분석기가 있으면 이것은 간단히 확인할 수 있는 것이지요.

[Tip 10] 커드의 치유(Curd healing)에 대하여

응고된 커드를 절단한 다음 커드를 잘려진 채로 잠시 3~4분간 정치시켜 두는데 이를 커드 치유라고 합니다. 이제 막 잘려진 커드의 외부는 매우 연약한 상태인데다가 표면은 거의 부스러져 가루가 되기 직전의 상태를 가졌습니다. 만약 이 상태에서 바로 교반, 가열을 한다면 연약한 커드 표면은 부스러지고 대부분이 미세 커드가루(fine)가 되기 쉽습니다.

그래서 절단한 커드(예리한 칼에 상처를 입은 커드)를 잠시 정치해 두면 커드 표면은 유청 성분과 결합하여 표면피복(coating)이 형성됩니다. 즉 커드 표면 가장자리 부분에 코팅이 되어 연약한 커드가 부스러지지 않도록 보호를 받을 수 있는 치유가 이루어집니다. 그래서 커드 절단 후에는 잠시 정치해 두고 기다리는 것입니다. 이것은 유청 쪽으로 지방과 단백질이 빠져 나가는 것을 방지하기 위한 치즈제조 선배들의 오랜 경험에서 얻은 지혜입니다. 그렇다고 치유시간을 너무 오래 두지 말고 3분 정도가 안전합니다.

2.3 제3단계 : 커드의 가온, 가열(Cooking)

■ 정 의 : 커드/유청 혼합물을 특정의 온도에 이르도록 특정한 속도로 특정한 시간 동안 가온하는 것입니다.

■ 목 적

(1) 커드 수축 : 열에 의해 커드는 수축됩니다.
(2) 커드로부터의 유청 배제 : 수축되는 커드로부터 유청이 스며 나옵니다(syneresis).
(3) 커드의 수분함량 조절 : 가온 정도를 달리해 주면 커드의 수분함량이 조절됩니다.
(4) 스타터 활력의 조절 : 가열에 의해 스타터 증식이 억제되어 온화한 치즈를 얻을 수 있을 것입니다.

〈유의사항〉

가온 속도와 가온 시간이 매우 중요합니다. 이 때 커드 중의 수분 방출이 일어나는데 이것을 syneresis라 하지요. 이 때 커드 내 수분만 방출되는 것이 아니고 수분이 빠져 나올 때 커드 내 유당이나 무기물을 함께 데리고 나오기 때문에 이 과정이 매우 중요합니다. 과도한 가온과 오랫동안 하는 강한 교반은 오히려 치즈 품질을 떨어뜨릴 수 있습니다.

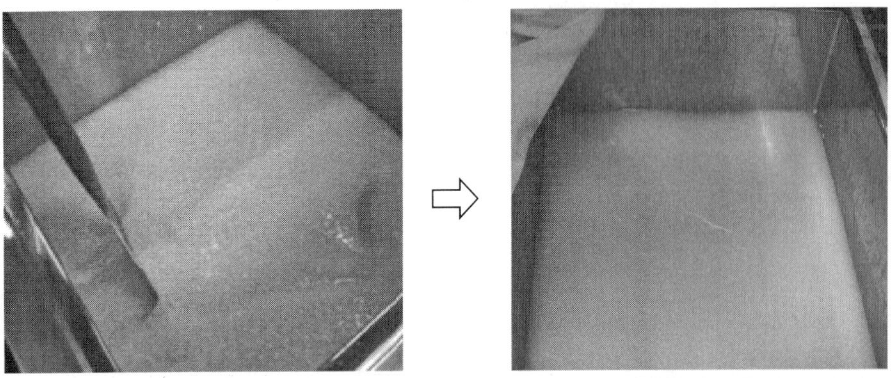

그림 2-4. 커드 가온과 교반 (화보 11쪽, 저자 사진)

커드 정치 (저자 사진)

2.4 제4단계 : 유청 배제 / 천으로 커드 건져 올리기

■ 정 의 : 유청으로부터 커드 분리, 달리 말하자면 커드로부터의 유청 빼기(排除)입니다.

이 과정은 세 가지 방식으로 실시 할 수 있습니다.

(1) 유청의 배출(벳트의 출구를 열어서 커드는 남기고 유청을 흘려보내기, 유청빼기) : 유청을 벳트의 밑부분에 있는 출구 밸브를 열어 빼내는 것입니다. 이 때 금속으로 된 거름망을 유청 흐름부분에 대서 함께 나오는 커드를 회수합니다(예 : 체다, 콜비, 모짜렐라).

(2) 커드 건져 올리기 : 적절한 기구(예 : 구멍이 많이 뚫린 큰 국자)나 치즈 천을 사용하여 치즈 벳트에서 커드를 한데 모아서 건져 올리는 것입니다. 커드는 적절히 구멍이 뚫린 성형틀에 위치시키면 그 틀 안에서 계속 유청이 빠져 나갑니다(예 : 스위스, 아펜젤러, 틸지터, 베르크 등). 때로는 성형틀을 벳트의 출구에 위치시키고 커드와 유청을 함께 성형틀에 퍼붓거나 성형틀을 높은 선반 위에 여러 개 위치 시켜 놓고 펌프로 뿜어서 넣기도 합니다.

(3) 성형틀에 커드와 유청을 함께 붓기 : 여러 개의 성형틀이 연결된 틀에 벳트의 커드와 유청을 한꺼번에 부어서 커드는 몰드에 갇히게 하고 유청은 빠져 나가게 하여 유청을 분리시킵니다(예 : 까망베르, 샤우르스, 작은 브리 등).

■ 목 적

(1) 커드로부터 유청의 영구적 분리를 달성하고
(2) 커드들이 동일한 덩어리가 되도록 합체를 이루게 합니다.
(3) 나아가 커드 내 무기질 함량과 pH조절 수단이 됩니다.

<유청 배제 시 유의사항 01>

유청 배제나 커드 건져 올리는 시점과 pH를 적절히 선택하는 것이야 말로 좋은 치즈 제조의 매우 중요한 포인트라고 할 수 있습니다. 너무 이르면 커드가 수분을 많이 함유하여 무른 치즈가 나오고, 너무 늦으면 커드에 수분이 적어서 성형 후에 치즈가 표면에 금이 가고, 더 심하면 치즈 자체가 짜개지기까지 합니다. 그러면 그 치즈는 쪼개지고, 금이 간곳이 많은 표면 때문에 치즈는 숙성 중 각종 곰팡이 오염으로부터 자유롭지 못하게 됩니다.

〈유청 배제 시 유의사항 02〉

- 유청 배제 시 유청의 pH 6.2를 강조하는 이유 : 이보다 낮은 pH가 되면 무기질이 유청 쪽으로 너무 많이 손실되어 치즈가 거친 식감(고무질감)이 되어 버리기 때문입니다.
- 유청 배제 시 유청의 pH가 너무 낮으면 칼슘 이온이 많이 빠져 나가면서 치즈 조직이 거칠어지고 스트레칭도 잘 안됩니다. 숙성치즈의 경우 조직 결착력이 약해져서 푸석푸석한 커드 조직의 원인이 되기도 합니다.
- 공장 규모가 커서 벳트(Vat) 용량이 큰 경우 유청 배출시간을 지연시키지 않으려고(배출시간이 길어지면 : 유산균 발효 → pH저하 → 다량의 무기물 손실 → 거친 조직 치즈) 아예 치즈 한 덩이를 생산하기에 알맞은 작은 Vat를 여러 개 갖추고 있습니다. (저자가 방문했던 이탈리아 베네토 지역의 대규모 치즈공장이 그렇게 하고 있었습니다. 그림 2-6 참조)

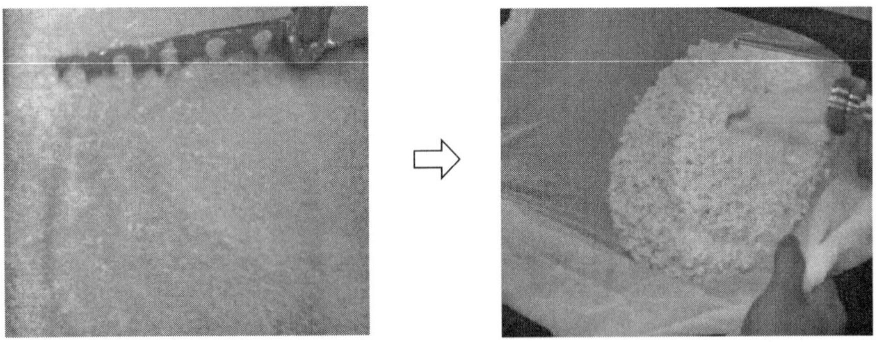

그림 2-5. 유청 배제 (화보 11쪽, 저자 사진)

그림 2-6. 이탈리아 베네토 지역의 프로볼로네 치즈 공장에서 여러 개의 작은 벳트 설치 운영광경 (화보 26쪽, 저자 사진)

2.5 제5단계 : 성형, 커드 접착하기(조직 형성)

■ 정 의 : 커드 입자들이 서로 결착하여 동일한 덩어리로 연합체가 되게 하는 것인데, 커드 합체를 위한 접착작업은 따뜻한 온도를 유지하며 일정한 간격을 두고 몰드를 자주 뒤집어 주는 작업(反轉)을 반복하여 실시합니다. 반복할 때 중량을 높여가며 함으로써 성형을 매끈하고 고르게 할 수 있습니다.

■ 목 적

(1) 이 과정을 거치는 동안 스타터균주의 지속적인 증식과 산 생성을 위한 배양시간이 되기도 하여 중요한 단계입니다.
(2) 몰드를 뒤집어 주는 과정에서 추가적으로 유청이 배제되므로 커드의 수분조절 수단이 됩니다.
(3) 커드의 무기질 함량 조절 수단입니다.
(4) 바람직한 커드 조직성 발달 수단입니다.

표 2-5. 주요 치즈의 생 치즈(Green cheese) 때의 적정 pH 범위

치즈류	최저 pH(minimum pH)	비 고
모든 가우다 타입, 에멘탈,	5.20～5.30	숙성 후 pH = 5.5 부근
마리보, 하바르티	5.15～5.20	숙성 후 pH = 5.4 부근
체다형	4.9～5.1	숙성 후 pH = 5.4 부근
블루형	4.7	숙성 후 pH = 6.8 부근
까망베르 계열	4.6	숙성 후 pH = 7.0 부근

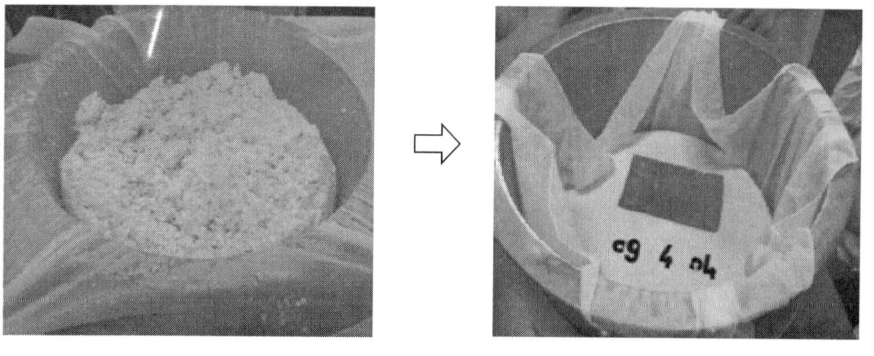

그림 2-7. 예비가압과 반전에 의한 조직형성 → 성형 (화보 11쪽, 저자 사진)

2.6 제6단계 : 가압(Press)

■ 정 의 : 커드를 치밀하게 하여 고체형(예, 블록이나 원반, 차륜형)을 만드는 것, 외부에서 압력을 가하거나 자체 중량에 의해 일정 시간동안 일정한 압력을 가하는 것입니다.

■ 목 적

(1) 가압 역시 커드의 수분 조절 수단이며

(2) 치즈의 바람직한 외형, 몸체(Body) 그리고 좋은 식감(texture)을 얻기 위한 과정으로 중요합니다.

[Tip 11] 가압 요령과 유의점

(1) 가압요령은 낮은 압력으로부터 서서히 30분~1시간 간격으로 높여 갑니다. 처음에는 치즈 무게의 1/2이나 1배 무게로 시작하여 서서히 늘려서 3~5회 가압 단위를 높여 가는데 반경질 치즈의 경우 최종 무게가 치즈의 5배, 경질치즈의 경우 10배 무게로 가압되게 하여 하룻밤을 보냅니다.

(2) 가압조건

- 온도가 중요한데, 일반적으로 중온성 치즈의 경우 26℃를 유지해주는 것이 좋고, 일부 고온성 치즈는 30℃를 유지합니다. 스타터에 따라 온도를 유지해 주어야 배양이 제대로 일어나 생치즈 목표 pH인 5.1~5.2 범위를 얻을 수 있음을 명심하십시오.
- 가압하는 곳의 습도는 70% 범위를 유지하고, 바람이 유통되지 않도록 해야 합니다.

그림 2-8. 가 압 (화보 11쪽, 저자 사진)

2.7 제7단계 : 가염과 침지(浸漬)

■ 정 의 : 커드에 소금(NaCl)을 첨가하는 것으로, 가염은 두 가지 방식으로 할 수 있습니다.

(1) 건염법 : 소금을 그냥 치즈 표면에 문질러가며 발라주거나 커드를 잘게 파쇄(Milling)하고 그 커드 조각들과 소금을 혼합해 주는 방식

(2) 침지법(浸漬法) : 몰드에서 꺼낸 치즈를 소금물(20° Bé / 약 20% NaCl액)에 치즈 중량에 따라 일정시간 동안 잠기게 해서 담가 두는 방식

■ 목 적

(1) 커드 수축 유발을 통한 치즈의 몸과 조직의 개선입니다.

(2) 스타터 증식, 활력, 산 생성 중지 : 어떤 치즈에서는 매우 중요합니다(예, 체다치즈).

(3) 오염된 잡균의 증식억제[예, 낙산균(*Cl. butyricum*)]입니다.

(4) 치즈 숙성 중 효소 활성 균일성을 유지시켜 치즈 숙성에 강한 영향력을 발휘하게 합니다(특히 단백질 분해효소).

(5) 향미(양념)와 향미 발달을 촉진합니다.

(6) 추가적인 유청 배제가 이루어고 조직성이 강화됩니다. 일종의 커드 수분함량 조절수단이지요.

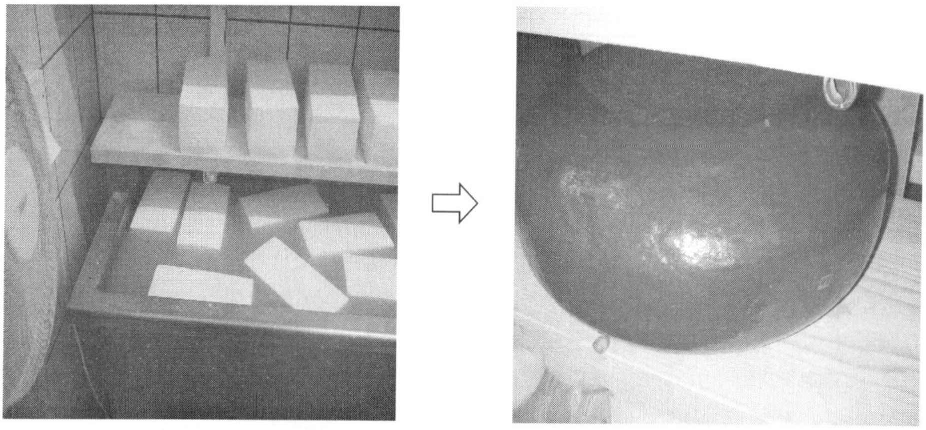

그림 2-9. 가염처리와 표면 관리 (화보 12쪽, 저자 사진)

[Tip 12] 가염 요령과 유의점

(1) 소금 종류와 소금 첨가 수준의 기능이 한 그룹의 치즈에서 다른 그룹에 이르기까지 매우 광범위하게 다양합니다.

(2) 파쇄한 커드에 가염하는 중요한 기준(예, 체다 치즈)은 아래와 같습니다.

- 커드의 온도
- 가염량(예, 커드 중량의 1.7%)
- 분쇄된 커드 조각의 크기와 균일성
- 자동화 기계에서의 교반과 윤기가 나기까지의 시간

(3) 소금물 가염 시의 중요한 기준

- 소금물의 온도(7～10℃)
- 소금물의 pH(생 치즈 pH와 일치시킬 것) : 생 치즈의 pH가 5.2이면 소금물도 pH 5.2일 것
- 소금물의 농도(보통 염도 20° Bé액)
- 치즈와 치즈 사이의 간격
- 소금물의 순환(보통 큰 염지통의 경우 소금물 순환용 수중 펌프를 사용합니다)

[가염의 방법]

(1) 건염법

체다 치즈형의 치즈류(콜비, 농민치즈, 체이셔 등)는 대부분이 커드밀링 뒤 벳트 안에서 가염하는 방식이 사용됩니다. 치즈 가염 시 염분함량은 커드의 2.0～3.0%를 사용하고 10～15분간 방치합니다. 이런 방법으로 가염을 해도 커드 내에 충분한 염 농도가 유지되는 것은 일부 염분이 추가적인 유청 배출 시 염분 손실이 일어나기 때문이지요. 목장치즈 공방의 작은 치즈 벳트 안에서 가염이 이루어질 때는 같은 양의 소금을 2～3회 나누어서 소금치기를 할 수도 있습니다. 가염작업이 진행되는 동안의 벳트 내 온도는 32.2～34℃ 정도 유지해 주면 성형틀(Mould)에 커드를 넣어 가압하는 동안의 커드의 온도가 31.1～33℃ 정도가 유지될 수 있게 됩니다.

※ 자연스럽게 치즈표피(rind)를 형성시키는 치즈의 경우 치즈 표면에 소금을 발라 가염 할 수 있습니다. 조악한 굵은 소금을 사용하되 치즈 1.0～1.5kg마다 하루 한 번씩 소금을 표면에 끼얹어 치즈 바깥 표면을 중심으로 골고루 문질러 줍니다. 이런 가염방식은 치즈 내부에 소금이 충분히 가해지고 표피 형성이 되기까지 적어도 6～10일 간에 걸쳐 매일 혹은 이틀에 한 번씩 작업해 주어야 합니다. → 제3장의 아시아고 치즈 항에서 아시아고 지방 전통 방식 제조공정 중 가염방식 참조.

(2) 침지법(습염법)

쉬운 말로 20% 정도의 소금물(침지액)에 치즈를 중량에 따라 시간을 달리하면서 담가 두는 방식입니다. 이때 치즈 침지용 소금물의 소금농도(염도)는 80～96% 포화액(비중계 측정)또는 염도계로 측정 시 20～24° Bé(보메)148)의 염도가 되도록 조정합니다.

① 침지용 소금물은 물 80 : 유청 20으로 배합하거나 물만 사용해서 소금물을 만들고 염화칼슘을 첨가해 주고, 담그려는 치즈의 pH와 소금물 pH가 일치하도록 조정해야 하며, 이때 pH를 조절하기 위해 사용하는 희석한 구연산이나 식초가 함유될 수 있습니다.

② 침지액에 유청(20%)을 사용한 경우 가염 시의 온도가 반드시 10～13℃ 범위로 유지되어야 합니다. 왜냐하면 당류를 좋아하는 효모와 같은 미생물의 오염증식을 방지하기 위함입니다.

③ 치즈의 가염 침지시간은 치즈의 무게, 두께 그리고 수분함량을 감안하여 조정해 주어야 합니다. 일반적인 방식으로 치즈 두께 7.6cm, 무게 500g당 1시간 정도 침지해주는 것이 좋습니다. 또한 수분함량이 높은 치즈는 침지시간을 약간 짧게 해주고, 낮은 치즈는 약간 길게 해주어야 합니다. 그러나 자신의 치즈 맛을 결정하는 것은 전적으로 수많은 경험의 몫입니다.

④ 소금물 통의 벽면은 가끔씩 젖은 수건으로 깨끗이 닦아주어 벽에 묻은 치즈가루나 지방분이 결합되어 형성된 접착물을 제거해 주어 항상 청결을 유지해야 합니다.

[노 트]

(1) 가정용 치즈 제조 시 간단한 소금물 만들기 : pH는 5.2로 맞추어 고정하기

① 3.8L의 물 준비
② 900g～1.4kg의 소금 넣고 녹이기
③ 30%액 염화칼슘(예, CalSol) 1티스푼 넣기
④ 1배 식초 1티스푼 넣기

(2) 전문 치즈제조 공장에서의 과학적인 조정을 한 소금물 만들기(미국 위스콘신주립 대학)

□ 준비물

- 소금(NaCl) : 19.95kg

148) 발명자인 앙투안 보메(Antoine Baum)의 이름을 딴 것으로 °Bé로 표시합니다. 보메 도(度)는 액체의 비중을 나타내는 단위로 보메 비중계를 액체에 띄웠을 때 나타나는 눈금으로 보메 도가 그려져 있습니다. 보메에는 물보다 가벼운 용액에 쓰는 경액용(輕液用)과 물보다 무거운 용액에 쓰는 중액용(重液用) 2가지가 있습니다. 『네이버 지식백과』 보메(두산백과) 참조.

- 염화칼슘($CaCl_2 \cdot 2H_2O$) : 1.58kg
- 초산(Acetic acid) : 31mL pH 5.00
- 소디움 아세테이트(Sodium Acetate $NaC_3OO \cdot 3H2O$) : 0.38 kg

  이들을 물 100kg에 잘 저어서 녹여 혼합해 줍니다.

(3) 치즈 침지법의 핵심 포인트

① 소금물의 농도입니다.
- 염분 흡수: 소금물의 염도가 높으면 소금 흡수율도 높아집니다.
- 소금농도 측정법은 보메(Baume's) 비중계와 염도계를 사용합니다.

② 산도(Acidity)
- 소금물의 pH는 반드시 생 치즈의 pH와 같도록 조정해 주어야 합니다.
- pH가 낮은 소금물에 침지한 치즈의 표피는 매우 단단하게 만들어 집니다.
- pH가 높은 소금물에 침지한 치즈의 표피는 미끄럽거나 끈적거리는 치즈가 됩니다.

③ 칼슘 농도가 중요합니다.
- 치즈의 칼슘농도와 소금물 칼슘 농도가 같아야 합니다. 치즈의 칼슘 농도는 종류에 따라 다르지만 100g당 700~1,100mg이 함유되므로 0.7~1.1%가 함유되어 있습니다.
- 소금물의 칼슘농도가 낮으면 연약한 표피가 형성되고 치즈가 부스러집니다. 반대로 높은 칼슘농도는 치즈가 너무 단단하고 껍질이 휘어지는 현상이 나타난다는 점에 유의하셔야 합니다.

④ 치즈 종류별 가염방식
- 치즈 벳트 내에서 파쇄한 커드조각에 정제염을 직접 뿌려가며 혼합 가염하는 것 : 체다, 콜비, 농민 치즈(Farmers cheese), 오막살이(Cottage), 그리폰 프라잉 치즈
- 건염이나 소금 현탁액을 표면에 발라 문질러 가염하는 것 : 블루, 까망베르, 하바르티
- 소금물에 침지하는 것[염도 20° Bè(보메)] : 에담, 가우다, 모짜렐라, 프로볼로네, 베르크, 아펜젤러, 틸지터, 생 넥타르, 마리보, 스트링, 카시오 카발로
- 복합 가염법으로써 소금물에 담갔던 치즈를 꺼낸 뒤 숙성기간에 소금물로 표면을 닦아 주는 것 : 전통적인 스위스 치즈류

⑤ 가염 시의 침지 소금물 온도
- 이상적인 소금물 온도는 7.0℃ 부근입니다.
- 온도가 낮으면 치즈에 염분흡수 속도가 느려지면서 소금물 속으로의 유청 유출도 줄어듭니다.
- 온도가 높으면 치즈의 염분 흡수가 빨라지고 소금물에 유청 유출이 많아지면서 잠재적인 문제의 하나로 치즈 단백질이 부풀어 오르고 치즈 내 바람직하지 않은 미생물의 증식 우려가 있습니다. 그러니 소금물의 온도는 차라리 낮은 것이 안전합니다.
- 항상 유의해야 할 점은 소금물 pH가 치즈의 pH와 같아야 함을 강조했듯이 치즈의 온도가 소금물의 온도와도 같아야 한다는 점입니다.

⑥ 침지용 소금물의 관리와 유지

- 소금물 관리는 나이론 망으로 1주일마다 한 번씩 치즈 부스러기와 지방분을 제거해 주고 전체적으로 휘저어 둡니다. 소금의 추가적인 보충은 염도계로 점검해서 보완하되 치즈를 담갔을 때 소금물에 잠기도록 스테인리스 스틸이나 녹슬지 않는 재질로 제조한 염지용 선반을 사용하면 치즈의 부상(浮上)을 방지하면서 올바른 가염이 가능해집니다(제3장 「가우다 치즈」 항을 참조하십시오).
- 소금물을 주기적으로 저어주면 치즈 주변의 희석된 염도를 균일하게 유지할 수 있습니다. 저자가 방문했던 이탈리아 치즈공장에서는 소금물통 밑부분에 두 줄의 작은 교반식 수직형 날개를 붙인 체인이 느린 속도로 이동을 하면서 소금물 농도를 균일하게 하도록 장치해 두고 있었습니다.
- 항상 눈에 보이는 치즈 덩어리, 뭉친 것을 치워주고 염도는 수시로 검사해 줍니다.
- 주기적으로 소금물의 미생물 생균수 검사를 해야 합니다. 즉, 내염성 효모와 곰팡이, 대장균 군수에 관심을 갖고 조사하고 델보사이드(Delvocide) 같은 항 진균제를 첨가해 두면 좋습니다.
- 일정한 농도의 염분을 유지하도록 소금물량이 적은 양은 매일, 많은 양은 1주일에 한 번 씩 유지방분을 제거해 주어야 합니다. 천을 통해 여과해 주고 85℃ 이상에서 10분 정도 가열처리 후 냉각하고 염도와 pH(5.2)를 맞춥니다. 최근에는 한외여과기(UF)를 통과시킨 다음 청결, 보정작업을 거치는 연속식 소금물 처리시스템이 선을 보인 바 있습니다.[149] 소금물은 영구 사용이 가능하지만 주기적인 위생처리가 필요하고 반드시 소금농도와 pH를 일정하게 맞추어 주는 작업을 실시해야 안전하고 좋습니다.

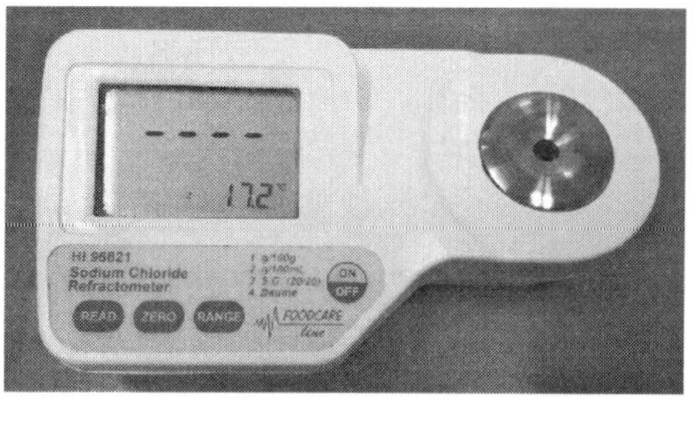

그림 2-10. 디지탈 방식의 보메(BAUMÉ/°Bé) 염도계
[Sodium Chloride Refractometer / HANNA Instrunents Inc., Woonsocket - RI. USA, HI96821 Model] (화보 12쪽, 저자 사진)

149) www.gotocompletefiltration.com이나 www.sulbana.com에 들어가시면 치즈전문 공장용 치즈 침지 소금물 관리시스템이 소개되어 있습니다.

2.8 제8단계 : 숙 성

저는 셰익스피어의 37개 희곡 중 어두운 희극 제목을 기억합니다. 바로 "**끝이 좋으면 다 좋다.** / All's well that Ends well"이라는 말입니다. 저는 치즈 교육 시마다 축구 선수가 축구경기에서 아무리 기교를 부려 골대 앞까지 공을 가져 왔을지라도 마지막 슈팅을 잘못하여 공을 다른 곳으로 날려 버렸다면 그 동안의 기교와 애썼던 일은 아무런 소용이 없는 일이 되고 만다는 것으로 치즈숙성의 중요함을 설명하곤 합니다. 골대 앞에 놓인 공을 슈팅하기 전처럼 치즈제조 단계에서는 바로 그 맨 마지막 절대 절명의 단계가 숙성입니다. 숙성이 잘 되면 치즈는 모두 잘 된 것입니다. 반대로 치즈 숙성을 실패하면 그 이전의 어떤 화려했던 성공도 한 순간에 무의미해지고 마는 것입니다. 이 일이 얼마나 처참한 것이냐 하면 결국 처치 곤란한 쓰레기만 만들고 말았기 때문입니다!

치즈에서 숙성은 모든 것을 좌우할 정도로 중대한 과정입니다. 그러면 치즈에서의 「숙성」이란 무엇일까요? 우리가 김장김치를 만들어서 땅 속에 김치 독을 묻고 한 달 보름이나 두어 달을 보낸 후에 꺼내 먹을 때 고유의 김장김치 맛이 나고 된장, 고추장을 담가서 어느 정도 시간이 지나서야 제 맛이 나듯이 치즈에서도 치즈 종류에 따라 제 맛이 나는 원리가 있습니다. 즉 일정한 온도와 습도를 유지할 수 있는 숙성실에서 일정한 기간 치즈를 관리하는 동안 치즈의 본래 맛이 형성되는 것이지요.

일반적으로 치즈 중에서 렌넷으로 응고시켜 얻은 치즈들은 대부분 짧게는 2주간으로부터 긴 것은 2년 혹은 수년간 숙성과정을 거치는데 이때 치즈 고유의 조직, 향미가 획득됩니다(저는 스위스 베른지역 알프스 계곡의 치즈 숙성관리 대행소<Käserifungslager, Käse Ripung>에서 100년 동안이나 보존중인 치즈를 보았습니다. 치즈 숙성의 원동력은 어디서 오는 것입니까? 김치나 된장이 숙성되는 데는 유산균{주로 **락토바실러스 플란타룸**(*Lactobacillus plantarum*)과 **류코노스톡 메센테로이데스**(*Leuconostoc mesenteroides*) 균인데, 이 중 50%는 **류코노스톡균**속입니다[150])}과 고초균(*Bacillus subtilis*)의 작용이 있듯이 치즈 숙성에도 미생물이 집중적으로 관여합니다. 결국 치즈 숙성의 원동력은 미생물로부터 온다고 봐야 합니다.

그러한 미생물에는 유산균 스타터의 살아있는 균과 이미 죽은 균, 비스타터 세균류, 부가적인 스타터 균류(스위스 치즈에서의 **프로피오니박테리움 프뢰든라이치** ssp. **쉐르마니**, *Propionibacterium freudenreichii* ssp. *shermanii*)나 곰팡이 숙성치즈의 곰

150) 조재선. 2000. 김치의 연구. 도서출판 유한문화사. 서울. pp. 231-247.

팡이 스타터, 점질균으로 표피를 세척해서 숙성하는 치즈의 그람 음성균인 코리네박테리움속의 점질균류인 **브레비박테리움 라이넨스**(*Brevibacterium linens* ; 치즈업계에서는 그냥 BL균이라고 합니다)균이 그 원동력으로 작용하는 것입니다. 이들 미생물들은 저마다 독특한 효소를 분비하거나 죽은 후 세포파열에 의한 균체 내 효소 방출로 치즈의 각 성분들을 분해하고 다른 성분으로 변화시켜 치즈의 조직과 향미를 형성시키는 것이지요.

가령, 부가적으로 첨가한 스타터 균들은 치즈 조직과 향미형성을 주도하고 곰팡이 숙성치즈에서 표면에 증식하는 곰팡이가 치즈의 조직과 향미를 조성하는 것입니다. 그러므로 치즈 숙성의 주도세력이자 원동력이 미생물이라 할 때 치즈의 숙성환경은 미생물의 증식에 초점이 맞추어져야 하는 것이 당연한 이치인 것입니다. 그래서 서구의 치즈의 선조들은 치즈의 숙성을 지하창고나 특별한 조건이 맞추어진 저장고를 이용하여 실시해 왔던 것입니다. 그들은 가능하면 언제나 치즈 숙성고를 천연동굴의 환경과 상태를 본 뜬 설비를 갖추었는데, 이는 수세기 전부터 치즈 숙성에 동굴[로크포르 마을의 천연 석회암 동굴인 **플뢰린느**는 연중 거의 동일한 온도와 습도를 유지하므로 치즈 숙성에 적합하여 로크포르 치즈 숙성이 유명한 동굴 숙성치즈의 좋은 사례입니다]을 사용해온 것입니다. 이는 치즈 특유의 맛과 향미 때문입니다.

그런 동굴 환경을 생각해보면 일반적인 치즈 숙성고는 약간 습하고 따스해야 하며, 적어도 시원하면서 일정 수준의 수분이 유지되어야만 합니다. 치즈 숙성고의 환경조건은 온도계와 상대 습도계를 가지고 측정할 수 있는데 그 기준은 대기 중의 천연 바람이 숙성실 안에 순환하는 정도만큼 되어야 합니다. 숙성실의 온도범위는 극단적으로 0℃～25.6℃ 정도이지만 대개는 7.8℃～15.6℃ 범위 안에서 숙성시키고 있습니다. 상대습도도 극단적 범위는 75～98%지만, 일반적으로 85～95% 정도에서 숙성시키는 것이 치즈업계의 일반적인 규범처럼 되어 있답니다.

치즈 숙성실에서 치즈가 숙성되면 일정량의 숙성 중 가스발생과 순환이 이루어지는데 그 가스류에는 이산화탄소(CO_2), 암모니아(NH_3) 같은 것이며, 이는 치즈와 외부유입 산소와 더불어 발생한 것들입니다. 이런 가스류는 치즈 표면의 균총이나 내부균총의 증식을 억제하기도 합니다. 곰팡이 숙성치즈의 경우 일정기간 환기가 이루어지게 해야 하는데 곰팡이류는 호기성 미생물이기 때문입니다. 대부분의 치즈들은 치즈 숙성기간 중에 치즈의 주요 성분류[수분, 염분(NaCl), 유당, 유산]가 치즈 전체에 고루 분산되게 하여 균형을 갖추도록 하는 중요한 과성이기 때문에 숙성은 비교적 느린 속도로 진행되어야 합니다.

우리는 이 과정이 숙성개시 점부터 끝까지 서서히 그리고 쉬지 않고 지속적으로 이루어진다는 점을 깊이 인식하는 것이 중요합니다. 이 과정이 치즈 숙성 초기부터 확실히 발동되는 것이 필수적인 요소이며, 이 과정의 작동이 제대로 진행되어야 치즈 숙성이 순조롭게 이루어질 수 있기 때문이지요. 우리가 영어에서 치즈의 숙성을 나타내는 단어가 여러 개 있음을 알 수 있는데, 이를 테면 'aging', 'curing', 'maturation', 'ripening'이 그것이지요. 왜 영어에서 숙성을 이렇게 많은 단어를 가지고 표현하고 있는 것입니까? 이런 단어가 내포하고 있는 의미들에는 '시간'과 '성분 변화'라는 내용을 갖고 있는 공통점이 있습니다. 결국 치즈 숙성이란 치즈 안에 함유되어 있는 주요 유성분들(유단백질, 유지방, 유당 잔류물과 같은 것들)이 일정 시간을 두고 지속적이고 추가적으로 서서히 분해됨으로써 치즈 고유의 향미나 품질 형성에 필요한 분해 산물들을 생성하여 고유화 한다는 것을 설명하고자 하는 것입니다.

더욱 핵심적으로 압축하여 말한다면 효소작용이야말로 치즈 숙성 전 과정을 이끄는 원동력입니다. 그러면 이 효소들은 과연 어디로부터 온 것들일까요?

먼저 우유 자체에 천연적으로 존재하는 것들이 있고, 치즈제조에 사용한 첨가효소(렌넷, 렌넷 원액, 지방분해 효소 칵테일) 그리고 치즈제조 과정 중에 접종되거나 접촉되어(가령, 생 치즈가 여러 치즈 기구류에 접촉되고 소금물에 들어갔다 나오며, 그런 과정상 공기 접촉으로) 유입된 미생물의 자연스러운 생육, 증식활동으로 인해 내어놓은 효소들이 그것들입니다. 그 중에서 핵심적인 주요 효소 공급원은 역시 치즈제조 과정에서 원유를 숙성시키고 산성화시키려고 사용한 스타터 균주가 되겠습니다.

아주 드문 경우이기는 하지만 유산균 스타터가 오직 원유의 산성화만을 위해 사용(신선치즈 제조 시 산 응고물을 얻기 위해 사용되는 것처럼)되는 것을 제외하고는 대부분의 치즈에서의 스타터 미생물은 치즈 숙성에 관여할 뿐만 아니라 그 미생물 구성도 다양한 세균 그룹으로 이루어져 있다는 것입니다. 그러니까 스타터 미생물 구성 스펙트럼을 보자면 유산균을 비롯하여 프로피온산균, BL균(일부 경질치즈 경우), 효모 그리고 '고상'한 자태를 뽐내는 곰팡이류(까망베르 치즈, 블루치즈류에 쓰이는 페니실리움속 곰팡이)가 포함되고 있습니다[151].

151) Christian Teubner, F. W. Ehlert and H. Mair-Walburg. 1998. Cheese Bible. East Ratherford, N. J.: Penguin Studio, NY. USA. p. 83, 84, 85, 87, 104.

[Tip 13] 치즈 숙성과 관련한 몇 가지 좋은 힌트[152]

(1) 프랑스어에서 치즈 숙성을 "Affinage(ɑfinaʤ, 아피나쥐)[153]"라고 하는데, 이는 치즈 숙성에 바람직한 환경(온도, 습도, 바람, 분위기, 소리, 빛 등) 하에서 일정한 시간에 걸쳐 자연 치즈가 완성되어 가는 "예술과 과학"이라는 뜻입니다.

치즈 제조에 있어서 가장 중요한 유일한 성공의 열쇠는 어떤 치즈가 매우 우수한 품질의 원유로부터 제조된 것이라 해도 어떻게 숙성되었는가에 따라 결정되는 「치즈의 품질」이라는 점입니다. 아주 훌륭한 치즈 장인이 최고급 원유로 치즈를 잘 만들었다 할지라도 가장 우수한 조건의 숙성을 거치지 못한다면 그 무슨 의미가 있겠습니까? 우리는 어떤 치즈가 숙성을 잘 거쳐서 좋은 치즈가 될 수 있다고 판단할 수 있을까요? 그것은 세심한 관찰과 경험을 통해서만 체득이 가능한 부분일 것입니다.

(2) 숙 성

프랑스어에서 숙성을 뜻하는 "Affinage(아퓌나쥐)"란 말은 "끝내기, 마무리 과정"이라는 뜻도 갖고 있습니다. 프랑스 치즈 원산지 명칭보호 규정에 따라 치즈를 검사, 관리하는 AOC(Appellation d'Origine Controlée)[154] 위원회의 「치즈 숙성」에 관한 정의를 인용하여 옮겨 보면 아래와 같습니다.

『이 과정은 치즈라는 식품에게 **가장 근본적인 특성**을 부여하는 단계라 할 수 있다. 즉, 이때 치즈는 자신만의 향미, 색조, 조직감의 특성을 획득하게 되는 것이다. 그러니까 대부분의 치즈들이 저마다 다르고 특징적인 최적의 숙성 조건들을 갖게 되는 것이다. 그러한 조건들이란 숙성시의 온도, 상대습도, 숙성기간과 같은 것들이다. 치즈가 숙성되는 동안 일정한 간격을 두고 반전(뒤집기)이 이루어지면서 표면은 숙성관리 솔이나 천에 의해 문질러지며 소금물로 닦아지고 더러는 그 표면 처리액에는 재(ash), 건초분말, 또는 허브류가 혼합되어 있기도 한다.』

---

152) Peter Dixon, 2006. Farmstead and Artisan cheesemakers training Manual. pp. 51-52.

153) 프랑스어로 치즈숙성을 뜻하는 "프로마쥬 아피나쥐 (Fromage affinage)"라는 말의 정확한 사전적 풀이로는 "잘 조정된 일정한 조건의 환경 하에서 치즈를 숙성하는 과정(The process of aging or ripening cheese in carefully controlled environments)"입니다. <http://blog.naver.com/lego8099/80099515286> 참고.

154) AOC(Appellation d'Origine Controlée)란 원산지 명칭통제 제도입니다. 원래 프랑스의 와인에서 시작된 제도가 치즈를 비롯한 각종 식품류에 확산되어 사용되고 있었던 제도인데 유럽에서 EU 가입국들은 최근에는 PDO(Protected Designation of Origin)로 통일하여 사용하도록 변경되었습니다. 이 제도의 인증을 받은 제품에는 고유의 로고가 붙여지는데 이는 소비자로 하여금 이 제품이 생산 공급되는 것은 원산지의 엄격한 제조공정과 규격에 따라 제조된 것임을 인식하게 하여 그 제품의 특성화와 신뢰도를 제고하는 것입니다.

한편, Teubner 씨는 그의 책 『The Cheese Bible[155]』에서 숙성에 관해 다음과 같이 정리해 두었습니다.

「치즈의 숙성(Ripening), 이것은 더러 "묵히기(Aging)"라고 하거나 "익히기(Curing)"라고 부르기도 하는데 이는 원유에서 치즈 쪽으로 이행되어 함유된 유성분들이 추가적이고 점진적으로 분해되면서 개개 치즈 고유의 품질과 향미 형성에 필요한 성분들을 공급받는 것이라고 할 수 있다.」

(3) 치즈 숙성의 주요 구성 요소들(Building Blocks of Cheese ripening)

특별히 좋은 품질의 치즈란 숙성하기에 좋은 구조를 지니고 있다고 봐야 합니다. 결국 숙성이 잘 되는 좋은 치즈를 뽑아내려면 치즈 제조자 입장에서는 최고 품질의 원유로 치즈를 만드는 것이 첫 출발이 된다는 것입니다. 그러고 나서 숙성에 가장 중요한 초점은 치즈제조시 치즈 벳트 내에서의 '단계적인 유산생산 조절'이 그 다음이 될 것입니다. 일종의 pH 구배를 단계의 흐름에 알맞도록 순조롭게 진행해야 한다는 이야기지요. 나아가 개개의 치즈 숙성 조건에 맞춘 숙성실의 적정온도와 습도유지, 수분의 균일한 분산화, 중화를 위한 치즈 뒤집어 주기(반전), 표면처리에 의한 표피(rind) 형성과 적절한 곰팡이 표면증식 조절, 그리고 치즈마다의 완벽한 품질 형성에 필요한 충분한 시간 부여가 치즈 숙성의 주요 구성요소가 될 것입니다. 이를 요약하면 치즈 숙성의 골격은

☞ 고품질 원유로 치즈 제조 → 제조단계 마다의 pH 구배 조절 → 최적 숙성환경의 정립과 관리입니다.

결국 "**환경을 바꾸어 주어라. 그러면 당신의 치즈도 바뀔 것이다!**" 라고 마리아노 곤잘레즈가 한 말이 치즈 숙성 설명의 집약판입니다!

(4) 치즈 종류에 따른 적정 숙성 온도와 습도

치즈 숙성에서 일률적인 원칙은 없다고 생각하십시오. 왜냐하면 같은 종류의 치즈라고 해도 생산하는 치즈 벳트 마다 독특하기 때문에 치즈 숙성에 어떤 방법이든 어렵지 않은 것이 없고 용이한 지름길도 없는 천차만별이라고 봐야 합니다. 다음에 제시한 표는 단지 하나의 참고자료이고 기본원칙을 제공하는 골격일 뿐 최종 치즈제품의 품질은 자신의 치즈 품질을 위해 얼마나 최선을 다해 숙성 관리하여 얻어 축적한 경험이 어느 정도이냐에 달렸습니다. 일반적으로 제시되는 치즈류의 적정 숙성온도와 습도조건은 다음과 같습니다.

- 14℃, 상대습도 95% ⇒ 세척형 표피형성 치즈
- 12℃, 상대습도 85% ⇒ 표피 있는 전통적인 경질치즈
- 10℃, 상대습도 90% ⇒ 흰곰팡이 표면 숙성 치즈(까망베르, 브리)
- 5℃ ⇒ 블루 치즈류와 일부 신선 치즈류

155) Teubner, C. 1988. The Cheese Bible. Penguin Studio. NY. USA. p. 13.

표 2-6. 치즈 종류별 적정 숙성온도와 상대습도[156)]

치즈 종류	온 도(℃)	상대습도 (%)	숙성기간	비 고
아펜젤러	10~14	75~80	4~6개월	Suiz액[157)] 코팅
로크포르	8~10	96	5~10개월	동굴 내 숙성
아시아고	10~12	85~90	4~6개월	분말화 하여 요리 재료 사용 치즈 → 12~18개월
스틸튼(블루곰팡이 가 핀 이후)	18~21(7)	80~90	5~9주 (6~15개월)	
브리(백색 곰팡이 표피 형성 후)	10~14(10)	80~85	4주(4~5개월)	
까망베르	12~13	90~95	21~35일	
깡 탈	8~10	70~75	3개월	
체 다	7~12	80~85	Young 5~6개월 숙성 9~14개월 초 숙성 2년 이상	10년 이상 된 것은 Old Cheddar라고 함
쿨로미어 (Coulommiers)	10	90	8주	
다나 블루	5~10	90~95	6~8주	
에 담	12~14	70~80	8주 이상	
에멘탈 (치즈 눈 형성과정)	3~7 (20~24)	85~90 (80~85)	6~12개월 (3~6주)	
고르곤졸라	4~5	80~90	5개월	
그뤼에르	초기 10 3주 이후 15~20	80~85 90~95	3주 2~3개월	건조기간 반전, 표면 닦기
림버거	15	90~95	3~4주	
리바로(Livarot)	12	95	2~3개월	

156) Peter Dixon의 매뉴얼 노트 p. 52.

157) Suiz액 : 이것은 아펜젤 지역 아펜젤러 치즈 표면 관리에 사용하는 액체입니다. 이것은 백포도주용 효모, 소금 그리고 그 지방의 특유한 허브(양념)를 혼합한 것입니다. 이 Suiz는 아펜젤 지역에서 두 명만 그 혼합비를 알고, 그들만이 이 Suiz액을 제조하도록 비밀에 부쳐두고 있는 전통이 있습니다(제3장의 아펜젤러 치즈항을 참조).

(계속)

치즈 종류	온 도(℃)	상대습도 (%)	숙성기간	비 고
만체고	초기 12～15 8주 이후 5	75～90 70	8주(프레스코 5일 쿠라도 90일 비조 90일 이상)	와인과 올리브유 혼합액으로 닦기. 왁스코팅
파르마산	10	75	2～4년	와인과 올리브유 혼합액으로 표면 닦기.
페꼬리노	15～18	75～80	8개월	소금물로 자주 닦기
퐁 레베큐(Pont L'eveque)	14～20	85～90	5～6주	

※ 위 표에 제시한 조건은 그냥 일반적인 숙성 지표일 뿐 원칙은 아니라는 점을 명심하십시오. 이를테면 영국에서 생산되는 일종의 블루 치즈류에 속하는 스틸튼 치즈가 제조자에 따라서는 12℃, 상대습도 85% 조건하에 숙성되기도 한다는 것이지요. 그러니까 결국 자기 치즈에 맞는 숙성조건을 자기가 찾아내야 한다는 이야기입니다.

[Tip 14] 상대습도란 무엇입니까?

치즈숙성에서 많이 사용되는 용어 “상대습도(相對濕度), Relative Humidity(RH)”라는 말의 정확한 의미를 정리해 두고자 합니다. 즉, 습도와 상대습도의 차이가 있습니다. 습도란 공기나 물질 속에 들어있는 수증기나 수분의 함량을 말하는 것이고, 상대습도란 특정한 온도하의 공기 중에 존재하는 수증기(water vapor) 양을 같은 온도 공기 중에 함유될 수 있는 최대 수증기량에 대한 백분율로 나타낸 것입니다. 이를테면 우리가 자주 쓰는 치즈 숙성온도 12℃에서 숙성실 내에 함유될 수 있는 최대한의 습도가 100%일 때를 최대 수증기량이라고 합니다. 따뜻한 공기는 찬 공기보다 좀 더 많은 수분을 함유할 수 있습니다.

만약 어떤 숙성실 온도가 12.5℃라면 RH는 85%가 되는 것입니다. 여기서 상대습도를 높이고 싶다면 온도를 낮추십시오. 그러면 RH는 올라갈 것입니다. 좀 더 이해를 돕기 위해 이런 실험을 해 볼 수 있습니다. 실온 하에서 정상 습도에 밀폐용 뚜껑이 달린 용기를 두었다가 뚜껑을 단단히 닫아서 냉동실에 넣습니다. 몇 시간이 지난 후에 그 용기를 꺼내 보시면 뚜껑에 많은 얼음덩이들이 보일 것입니다. 찬 공기는 습기를 함유하지 못하고 오히려 농축해서 얼음으로 만든 것입니다. 찬 공기는 「습」을 품지 못하고 공기 중에 내놓고 따뜻한 공기는 「습」을 품어 공기 중에 분산시키지 못한다는 것입니다. 이제 우리는 숙성실의 적정 습도를 유지할 수 있는 쉬운 원리 하나를 깨우쳤습니다. 모든 조건이 일정하다면 낮은 온도가 습도를 적정하게 유지하는 데 유리합니다. 그렇지만 아주 낮은 온도인 냉장고에서는 장비가 계속 돌아가면서 공기 중의 습도를 제거해 버립니다. 냉장고 내부가 건조한 이유입니다.

(Caldwell, G. 2014. The Farmstead Creamery Business. Chelsia Green Publishing. Vermont. USA. p. 130. 한국과총 2005. 과학기술대사전. 한국과총. 서울. p. 1530.)

[Tip 15] 가장 이상적인 목장 유기농 치즈 생산[158]

다음과 같은 조건을 갖춘 목장은 그 지역 유기농 명품 치즈를 고품격으로 생산해 낼 수 있을 것입니다.

■ 전통적 품종의 젖소나 유산양을 유기농업 방식으로 재배한 초지에 사시사철 방목(풀이 없는 겨울철에는 사일리지를 제외한 사료 즉 건초를 급여)합니다.

■ 착유장과 유가공장의 엄격한 위생기준 적용(유방염유, 항생제 잔류 의심이 있는 원유는 철저히 배제)하며,

■ 비살균 원유를 사용하여 전통적인 방법으로 치즈를 제조합니다. 끊임없이 원유의 산도 변화에 주의를 두고 관리합니다. 데이비스 박사는 여기에 하나 더 덧붙여서 "치즈제조에 사용하는 스타터는 그 지방에서 분리, 육성한 스타터를 사용하도록 권장하였습니다. 사실은 그보다 훨씬 좋은 방법은 치즈 제조 시 상업용 스타터를 사용하지 않고 천연 원유를 살균하지 않고 그대로 숙성시켜(원유에 원래 존재하고 있는 유산균을 살균하지 않고 그대로 배양하여) 제조했을 때 가장 고품질 치즈를 얻을 수 있다"고 주장하였습니다. 나의 풍부하고 오랜 경험을 바탕으로 여러분에게 약속 할 수 있는 것은 바로 이것입니다. 즉, 위에서 말한 조건을 갖춘 원유와 치즈제조 방식 그리고 비살균 원유를 그대로 배양하여 치즈를 제조하는 길이 그 무엇과도 비교할 수 없는 향미, 향취 그리고 감칠맛 넘치는 제호미(醍醐味)※급 치즈를 제조할 수 있을 것이라는 결론입니다.

※ "최고, 정상의 우유맛" 의미를 갖는 불교 법화경 용어/ 즉 천태대사의 오시팔교(五時八敎) 중 법화열반시를 비유하는 말. 석가모니의 50년간 설법을 5시(五時)로 나누어 우유의 맛으로 설명하고 있음.

(5시)		(우유의 맛)
1. 화엄시	—	유미
2. 아함시	—	낙미
3. 방등시	—	생소미
4. 반야시	—	숙소미
5. 법화열반시	—	제호미

(http://cafe.naver.com/05cho)

---

158) Nantet, B., Rance, P., Botkine, F., Lyon, N. and Ribaut, J. C. 1993. Cheese of the World. Rizzoli International Publication Inc. NY. USA. <머리말 요약>

[Tip 16] 치즈의 제조에서 사용하는 특수 응용 방식들

치즈의 종류가 1,700여 종에 이르는 것은 치즈 제조의 기본 골격은 같으나 치즈제조 공정 중 일부를 달리 하면 다른 종류의 치즈 제조가 이루어지는 데서 그 근원이 있습니다. 따라서 이 과정은 치즈마다에 특성을 부여하기 위한 치즈 제조상의 고유 실제기술들이 포함된 포괄적인 개념입니다. 이를테면 치즈마다 그런 특성이 있기에 독특한 방식을 몇 가지만 예를 들어 둡니다.

- 까망베르 치즈 표면에 곰팡이균 현탁액을 분무하기
- 블루 치즈 제조 시 치즈 몸체에 송곳으로 찔러 산소길 터주기
- 스위스 치즈에서 치즈 눈 형성을 위해 따뜻한 숙성실(23℃)에 3~4주간 보관처리하기
- 열탕수(80℃ 이상) 안에서 모짜렐라 치즈 커드를 연압하고 스트레칭(반복해서 늘어트리고 합쳐주는 것) 하기
- 카쇼 카발로 치즈 성형 시 표주박 모양으로 만들기
- 치즈 원유에 물을 첨가해 주기(아펜젤러 치즈)
- 치즈제조 중에 온수를 가수하여 커드를 씻어 주기(wash type) : 콜비, 가우다, 아펜젤러, 틸지터 등

따라서 저자의 생각에는 목장에서 치즈를 상품화 할 때 향미가 강한 치즈를 한국화하는 수단으로 제조과정 중 가수세척(wash) 과정을 거치게 되면 비교적 온화한 맛과 향미를 얻을 수 있을 것입니다. 이를테면 체다 치즈의 경우 이런 과정은 없지만 쿡킹 과정 중간에 일정량의 유청(20%)을 제거하고 그 만큼의 온수를 가해 주면 유청 중의 유당량의 희석과 커드의 세척이 이루어져 훨씬 온화하고 감미로운 치즈를 얻을 수 있을 것입니다.

3. 치즈 스타터론[159)]

3.1 스타터의 정의

스타터에 대한 사전적인 정의는 다음과 같습니다. 「치즈 제조 시 목적하는 발효를 위해 사용하는 순수 미생물 배양물이다.」 그렇습니다. 발효유제품 제조 시 자기가 목적하는 발효를 위해 접종하는 일종의 종균(種菌)을 말합니다. 발효유제품분야에서의 스타터란 주로 유산발효를 통해 유산생성을 유발시키기 위한 스타터가 많이 쓰이고 있기 때문에 보편적으로는 유산균 스타터(Lactic Starter, Lactic Culture)를 대개 「스타터」라고 부르고 있습니다.

3.2 스타터의 역할과 기능

1) 유당으로부터 유산(乳酸)의 생성

스타터 균들의 뛰어난 기능은 치즈제조 중에 균일하고 재현성 있는 그러면서 예측 가능한 수준의 산생성력을 제공해 준다는 것입니다. 그러면 치즈 제조 중에 왜 그렇게 유산생성이 중요한 것입니까? 그것은 산 생성 진행단계의 흐름(가령 얼마나 신속하게 산이 생성되고 치즈 벳트 안에서 유청 배제 전・후에 얼마나 많은 양의 유산이 생성되는지의 흐름을 말합니다)이 치즈의 숙성과정의 진행을 판단할 수 있는 기준이 되고, 치즈성분 구성의 변화와 최종 치즈제품의 품질 특성과 같은 세 가지 주요 기준을 제공하는데 매우 깊게 영향을 미치기 때문입니다.

(1) 제조 직후 생치즈(Green cheese)의 pH를 결정
(2) 치즈의 무기질(인산칼슘)의 함량을 담보
(3) 제조 직후 치즈의 수분함량 결정 등입니다.

2) 치즈 내 유해 (부패성) 미생물과 병원균의 증식억제와 사멸

원유는 뭐라고 표현하기 곤란할 정도로 영양이 풍부하고 훌륭한 미생물 배지인 셈입니다. 그러니까 원유에서는 거의 모든 미생물들이 네 활개를 치며 잘 자랄 수 있다는 이야기지요. 게다가 더 심각한 문제는 목장에서 착유할 때의 환경은 부패성 미생물과 병원성 미생물이 혼재하는 상태라는 점입니다.

원유에 오염될 수 있는 유해미생물에 대한 대응조치로서 보다 나은 위생처치, 원유의 주의 깊은 처리 그리고 저온살균과 같은 안전조치가 취해진다 해도 아무리 좋은

---

159) 스타터의 실용적인 목장에서의 사용안내는 본서 <부록 8> 부분을 참고하시기 바랍니다.

치즈제조 공정 조치만으로는 미생물의 오염 가능성에 대해 방어대책이 될 수 없는 일입니다. 스타터 균주는 치즈 원유에서는 어떻게 되었든지 간에 결국 어떤 부패성 세균이나 병원성 균에 대해서 1차적인 방어선입니다.

일반적으로 스타터가 하는 일이란 원유 내에서 유해균보다 활발하게 증식하여 신속하게 균수를 늘려주어 유산생성으로 인한 원유의 pH저하를 가져다주는 일입니다. 그리하여 활발한 증식성을 가진 스타터 균은 낮아진 pH환경 조성을 통해 여러 경로를 통해 오염된 유해균들의 증식을 억제하는 데 도움을 주는 것입니다. 결국 이러한 일의 성취는 유산균에 의한 '유산의 생성', '항균성 물질(*Lactoperoxidase*, Nisin, Bacteriocins)의 생성'을 통해 이루어지는 것입니다.

3) 치즈에서의 다양한 특성 부여

(1) 치즈 숙성에 적절한 효소류의 공급 유지.

치즈숙성의 원동력은 스타터가 생존 시 균체 외로 분비하는 단백질과 지방분해 효소입니다. 유산균은 죽은 뒤에도 여전히 균체가 파열되면서 균체 내 효소를 공급하게 됩니다. 유산균은 살아서나 죽어서나 치즈숙성에 소요되는 효소류를 꾸준히 공급해 줍니다. 특히 이들 효소는 치즈의 고유한 맛을 생성하도록 숙성을 이끄는 적절한 효소류를 공급한다는 데 그 의미가 큽니다. 그래서 어떤 스타터를 사용하느냐에 따라 치즈의 독특한 맛이 결정된다 해도 과언이 아닐 것입니다.

(2) 가스와 향미의 생성(혹은 생성의 실패)

스타터는 치즈의 특성을 부여합니다. 그것은 두 가지 특성인데 하나는 치즈 눈을 형성하는 것과 향미를 생성하는 것입니다. 이런 기능을 하는 스타터들은 유산균이나 일부 특수 균주들입니다. 우리가 쉽게 접근할 수 있는 치즈 두 종류를 가지고 설명해 드리고자 합니다.

■ 가우다 치즈 :

- **류코노스톡 메센테로이데스** ssp. **크레모리스**(*Leuconostoc mesenteroides* ssp. *cremoris*.
- **락토코쿠스 락티스** ssp. **락티스** biovar. **다이아세틸락티스**(*Latococcus lactis* ssp. *lactis* biovar. *diacetylactis*)

위의 두 균은 가우다 치즈에서 CO_2가스와 **다이아세틸**(diacetyl, 치즈의 향기 성분)을 생성해서 가우다 치즈의 특성을 확실하게 자리매김해 줍니다.

■ 스위스 치즈:

- **프로피오니박테리움 프뢰든라이치** ssp. **쉐르마니**(*Propionibacterium freudenreichii* ssp. *shermanii*)

  이 균은 스위스 치즈 조직 내부에 CO_2가스, 프로피온산, 초산 등을 생성하는데, 제가 처음 1990년에 만났던 스위스 치즈에서는 밤알크기의 치즈 눈과 식초 냄새가 매우 강하게 났던 기억, 그리고 생각보다는 매우 밋밋한 맛의 기억이 있을 뿐이었습니다. 다만 이 균은 치즈에서 담백한 호두향을 연출하는 것으로 유명합니다.

3.3 좋은 스타터의 조건

인류는 오랜 세월에 걸쳐 스타터를 사용해 왔고 이용기술을 발달시켜 왔습니다. 그래서 이제는 스타터 사용기술은 거의 정립되어 있는 셈이라고 봐야 합니다. 시판중인 스타터들은 이제 좋은 스타터가 갖추어야 하는 요건이 거의 충족되어 있는데 그 요건은 다음과 같습니다.

(1) 스타터 균은 조절이 가능한 산 생성과 지속적인 산 생산성을 갖출 것
(2) 스타터 균은 깨끗한 산미나 향미를 생성해야 함
(3) 스타터 균은 다른 잡균오염으로부터 격리되어야 하고, 이것이 검증되어야 함
(4) 스타터 균은 치즈 종류에 따라 치즈제조 공정상 워시(wash) 과정이 있는 경우, 높은 열수처리 온도에서도 견딜 수 있어야 함(55℃ 부근)
(5) 스타터 균은 치즈저장 중 소금농도에도 생존해야 함

3.4 스타터 첨가 방식

유산균 스타터는 전통적인 액상스타터 첨가방식에서 한 단계 나아가 동결건조 처리에 따른 벳트 직접 접종방식이 있습니다. 액상스타터 첨가방식이 경제적이지만 준비하는 데는 경제적, 시간적, 오염 위험도가 따르는 부담이 있습니다. 그리고 그 스타터 액은 신선상태에서 일정기한 내에 사용해야 하는 제한점이 있습니다.

가령 목장에서 만든 스타터는 제조일로부터 2주 이내에 사용하고 동결시켰다가 녹여 사용하는 것은 권장하지 않고 있습니다. 그리고 사용량도 각각의 치즈제조 공정에 따라 조절해야 합니다. 만약 동결건조 분말 스타터를 사용해야 할 경우에는 스타터 분말 사용량을 치즈 원유의 표면에 살 뿌려주고 원유 속에 살 분산 혼합되노록 2~3분간 방치하면 되는 것이기에 그 편의성, 경제성 그리고 오염예방 등의 이점 때문에 점차 선호도가 높아 갑니다. 소규모의 목장치즈 공장에서도 사용하면 좋을 것입니다.

3.5 정상발효 스타터균과 이상발효 스타터 균

스타터의 주요 성질 중의 하나는 스타터가 유산만을 생성하는지 혹은 유산 외에 다른 성분을 함께 생성하는지의 구분입니다. 우리는 여기서 유산만을 생성하는 스타터를 정상발효균(正常醱酵菌, Homofermentative)이라 하고, 유산 외에 다른 성분도 함께 생성하는 균을 이상발효균(異常醱酵菌, Heterofermentative)이라고 구분합니다.

그러니까 정상발효 스타터는 하나의 기질을 발효시켜 유산(혹은 초산) 한 가지 대사산물만 생성하고, 이상발효 스타터는 한 가지 이상의 발효산물을 내놓는 것이지요. 이를테면 유산, 초산, CO_2, 에칠알콜, 프로피온산, 다이아세틸 등을 생성합니다. 이 스타터들은 특히 치즈에서 정상발효균들보다 더 많은 향미, 향기성분을 생성하므로 치즈에 따라서는 부가적인 스타터로서 반드시 사용합니다.

3.6 중온균 대 고온균

스타터 균은 생육 최적온도를 기준으로 중온균과 고온균으로 나누어집니다. 그 기준은 중온성 균이라 할 때 생육적온이 30～35℃ 범위이면서 40℃까지의 열처리에도 견디는 균이며, 고온균은 20～49℃가 생육 적온이면서 55℃ 정도의 열처리에도 생존이 가능한 균을 말합니다.

먼저 **중온성 스타터**는 거의 대부분의 치즈제조에 사용됩니다. 체다, 브릭, 가우다, 페타, 크림, 오막살이, 사우어 크림(프레쉬), 까망베르, 브리, 블루, 로크포르 등 치즈 제조 과정에 고온 가온과정(cooking)이 39℃ 이상이 아닌 치즈에 사용됩니다.

(1) 가장 흔한 중온균주 혼합균 스타터는 **락토코쿠스 락티스** ssp. **락티스**(*Lactococcus lactis* ssp. *lactis*)와 **락토코쿠스 락티스** ssp. **크레모리스**(*Lactococcus lactis* ssp. *cremoris*)인데 두 균이 모두 정상 발효균입니다.

(2) 가우다 치즈 같은 것은 치즈의 특성상 이상 발효균이 사용됩니다. 이때 사용되는 가장 일반적인 혼합균주들은 **락토코쿠스 락티스** ssp. **다이아세틸락티스**(*Lactococcus lactis* ssp. *diacetylaclis*)와 **락토코쿠스 락티스** ssp. **사이트로보러스**(*Lactococcus lactis* ssp. *citrovorus*)와 같은 것들입니다. 이런 균들은 생육과정에서 구연산과 유당을 발효시켜 CO_2와 향기성분 그리고 다이아세틸(diacetyl)복합물 같은 물질을 생성해 냅니다.

고온성 스타터는 40℃ 이상~55℃까지의 온도로 가온하는 과정이 있는 치즈, 즉 그뤼에르, 베르크, 보포르, 꽁떼, 파르메산과 에멘탈 같은 치즈제조에 사용됩니다. 이런 균은 20~49℃가 생육 적온인데 55℃에서도 생존이 가능합니다. 주요 고온균은 **스트렙토코커스 살리바리우스** ssp. **써모필러스**(*Streptococcus salivarius* ssp. *thermophilus*)균과 **락토바실러스 델뷔르키** ssp. **불가리커스**(*Lactobacillus delbreukii* ssp. *bulgaricus*) 균과 같은 것들입니다.

표 2-7. 주요 유산균 스타터의 성질[160)]

구 분	최적온도	식염내성	산생성도	구연산 발효[161)]
중 온 균				
락토코쿠스 락티스 (*Lactococcus lactis*)	약 30℃	4.0~6.5%	0.8~1.0%	−
락토코쿠스 크레모리스 (*Lactococcus cremoris*)	25~30℃	4.0%	0.8~1.0%	−
락토코쿠스 다이아세틸락티스 (*Lactococcus diacetylactis*)	약 30℃	4.0~6.5%	0.8~1.0%	+
류코노스톡 크레모리스 (*Leuconostoc cremoris*)	20~25℃	2.0%	미약	+
고 온 균				
스트렙토코쿠스 써모필러스 (*Streptococcus thermophilus*)	40~45℃	2.0%	0.8~1.0%	−
락토바실러스 헬베티커스 (*Lactobacillus helveticus*)	40~45℃	2.5~3.5%	2.5~3.0%	−
락토바실러스 불가리커스 (*Lactobacillus bulgaricus*)	40~50℃	1.5~2.0%	1.5~2.0%	−
락토바실러스 애시도필러스 (*Lactobacillus acidophillus*)	35~40℃	−	1.5~2.0%	−

160) 가와구찌 오사무(河口 理). 2008. '2008 순천대학교 치즈제조전문교육 교재'. 순천대학교 동물자원과학과. p. 8.

161) 어떤 스타터 균주가 구연산발효 기능이 있다는 것은 그 균주가 제품 중에 향미를 생성하는 균주라는 것을 의미합니다.

3.7 스타터의 형태

스타터는 액상 스타터, 동결 스타터, 분말 스타터(동결건조) 등의 3종류가 있습니다. 동결 스타터와 분말 스타터는 배양액을 농축하여 균수를 높여 마더 스타터(Mother starter)나 벌크 스타터(Bulk starter)를 제조하는 것 없이 직접 치즈 원유에 첨가할 수 있는 것도 있습니다(Direct Vat Set system, DVS). 농축 스타터는 계대배양 작업이 적기 때문에 작업성이 향상되는 것 이외에 잡균이나 박테리오파지(bacterio-phage)[162] 오염의 위험이 적은 것이 이점이라 할 수 있습니다.

[Tip 17] 치즈에서의 중요한 스타터 균주들 요약

(1) 중온균(Mesophilic Starters)

- 락토코쿠스 락티스 ssp. 락티스(*Lc. lactis ssp. lactis* = 과거에 스트렙토코쿠스 락티스, *Str. lactis*)
- 락토코쿠스 락티스 ssp. 크레모리스(*Lc. lactis ssp. cremoris* = 과거에 스트렙토코쿠스 크레모리스, *Str. cremoris*)
  - 최적 증식온도 범위 : 25~30℃
  - 최고 생육온도 : 약 39~40℃
  - 적정 셋팅 온도 : 21~32℃
- 근본적인 기능, 역할은 유당을 발효하여 유산(lactic acid)을 생성함에 있습니다.
- 사용대상 치즈는 체다, 체이셔, 콜비, 까망베르, 브리, 블루, 페타, 하바티, 가우다, 오막살이, 크림과 산 응고형 치즈류 등입니다.

(2) 고온균

- 스트렙토코커스 살리바리우스 ssp. 써모필러스(*Streptococcus salivarius ssp. thermophilus*)
  - 최적 증식온도 범위 : 35~41℃
  - 최고 생육온도 : 약 60℃
  - 거의 대부분 락토바실러스 델뷔르키 ssp. 불가리커스(*Lactobacillus delbreuckii* ssp. *bulgaricus*)와 콤비처럼 함께 사용됩니다.
- 락토바실러스 델브뤼키 ssp. 불가리커스(*Lactobacillus delbreuckii* ssp. *bulgaricus*)

---

162) 박테리오파지(bacteriophage)란 바이러스의 일종으로 주로 세균에 감염되어 세균을 녹이는 성질이 있어 이것이 원유에 오염 시 유제품의 발효 중에 제품제조가 중단됩니다.

- 최적 증식온도 범위 : 43～45℃
- 최고 생육온도: 약 60℃
- 거의 대부분 스트렙토코쿠스 살리바리우스 ssp. 써모필러스(*Streptococcus salivarius* ssp. *thermophilus*) 균과 콤비처럼 함께 사용됩니다.
- 이 균은 아세트알데하이드(acetaldehyde)를 생성하는데, 이는 '요구르트형' 향미 성분입니다.

■ 락토바실러스 헬베티커스(*Lactobacillus helveticus*)

- 위의 불가리쿠스균과 거의 유사합니다. 다만 다른 점은 치즈에 향을 공급합니다.

■ 근본적인 기능 : 유당을 발효하여 유산(lactic acid)을 생성합니다.

■ 사용되는 치즈류 : 스위스, 이탈리아 계통의 치즈류, 알파인계 치즈류 등

(3) 가스와 향미생성 스타터 균.

■ 락토코쿠스 락티스 ssp. 락티스 biovar. 다이아세틸락티스(*Lactococcus lactis* ssp. *lactis* biovar. *diacetylactis*)

- 유당을 발효하여 유산(lactic acid)을 생성하면서
- 구연산을 발효하여 CO_2가스와 다이아세틸(diacetyl)을 생성합니다.
- 가스와 향미를 생성하는 강력한 균주입니다.
- 사용되는 치즈류 : 하바르티, 가우다류
- 중온 범위는 락토코쿠스 락티스 ssp. 락티스(*Lc. lactis* ssp. *lactis*)와 유사한 온도 대를 요구합니다.

■ 류코노스톡 메센테로이데스 ssp. 크레모리스(*Leuconostoc meseuteroides.* ssp. *cremoris*)

- 유당을 발효하여 유산을 생성해내는 가능은 미약합니다.
- 구연산을 발효하여 CO_2가스와 다이아세틸(diacetyl)을 생성하는 특징이 있습니다.
- 적절한 가스와 향미생성 기능을 가졌습니다.
- 사용 치즈류 : 하바르티, 가우다류
- 중온성이면서 생육적온은 20～22℃

■ 프로피오니박테리움 프뢰든라이찌. ssp. 쉐르마니(*Propionibacterium freudenreichii* ssp. *shermanii*)

- 최적 생육온도 : 30～37℃
- 유당을 전혀 발효하지 않습니다.
- 유산을 발효시켜 프로피온산, 초산 그리고 CO_2가스를 생성합니다.
- 천연 균총으로 원유에 존재하기도 하고 보소 스타터로서 치스 원유에 접종합니다.
- 사용 치즈류 : 스위스 치즈류(에멘탈, 베르크)

3.8 목장에서의 치즈, 요구르트용 벌크 스타터 제조[163)164)165)166)]

만약 자신의 목장에서 종균(Seed starter, 보존균주)을 보관중이라면 반복되는 계대배양을 하여 증균(세균수를 늘림) 과정을 거쳐 벌크 스타터를 제조하는 경우에는 배양기질로 목장 원유 또는 10～11.0% 환원 탈지유를 사용하는데, 이 경우에는 고형분의 조절이 쉽게 됩니다. 목장에서는 까다롭고 제품안전상 위험하므로 저자는 전적으로 DVS를 권장하나 자기 목장의 원유로 제조한 자신의 스타터라는 의미에서 시도하는 것도 좋습니다. 이 때 사용하는 원유나 환원 탈지유 배지는 반드시 살균하여 중온균이나 고온균의 해당되는 생육적온 부근까지 냉각하고, 무균상이 있다면 최상이나 없으면 알코올램프 앞에서 주의 깊게 정해진 양을 정확하게 접종해야 합니다.

1) 벌크 스타터 제조 준비

(1) 상업용 균주 회사로부터 구입한 동결균 봉지(pouch) : DVS와 다르게 표지되어 있음. ① 구입 시는 치즈, 요구르트 균주가 다르고, 치즈와 요구르트마다 다르기도 하니 회사 대리점과 상담하거나 관련 전문서적을 참고하십시오. ② 일반적으로 요구르트는 고온균을 사용하고 체다, 가우다, 까망베르 치즈는 중온균을 사용하십시오.

(2) 가스버너, (3) 원유 교반용 주걱, (4) 적절한 중탕용 냄비나 바케스

(5) 유리병(1리터용 또는 주스병) : 유리병은 입구는 좁고 아래는 넓은 것을 쓰고 반드시 중탕 멸균하여 깨끗이 건조된 것을 사용하십시오.

(6) 정밀한 온도계, (7) 위생 랩 등

2) 제조의 순서

(1) 갓 착유한 원유를 쓸 만큼의 양을 입구가 넓은 용기에 넣어 냉장고에 하룻밤 보관한 뒤 다음날 아침에 표면의 크림층을 수저로 제거한 후(이때 지방률이 2.8% 정도 됨) 90℃에서 10분간 중탕 살균처리 합니다. - 냉각 후에도 표면을 제거해 줍니다.

---

163) 제품제조에 직접 사용하기 위하여 제조하는 액상 스타터를 말합니다. 스위스 낙농연구소는 자국에서 선발한 균주로 제조하는 이 작업을 하여 목장 유가공장에서 필요량을 주문하면 택배로 보내 줍니다. 우리도 그런 전문 도우미 센터가 필요합니다.

164) 배인휴 2008. 순천대학교 목장유가공 교육 교재. 순천대학교 평생교육원. pp. 143-152.

165) 가와구찌 오사무(河口 理). 2008. 2008 순천대학교 치즈제조 전문교육 교재. 순천대학교 동물자원과학과. pp. 9-10.

166) 정용삼, 배인휴. 2007. 순천대학교/재독 치즈 마이스터 초청 치즈제조 워크숍 교재. 순천대학교 동물자원과학과. pp. 2-3.

(2) 중온균의 경우 26℃로 냉각시킨 10 L의 우유를 넣은 스텐리스 통에 동결균 1.0 unit [DuPont Danisco사의 중온균(Provat 220, B50)의 경우 1.0 unit는 0.9~1.0g임]를 접종하고 저어준 후 뚜껑을 닫고 다시 15~20분 후 다시 저어준 후 랩을 덮고 뚜껑을 단단히 잠가준 뒤 23~25℃의 실내에서 스티로폼 아이스박스 바닥에 27~28℃의 물을 넣고 선반을 질러 그 위에 접종이 된 통을 얹어 아이스박스 뚜껑을 단단히 닫고 봉한 채로 18~24시간 동안 배양합니다. 아이스박스 물의 온도는 25~26℃를 유지하면 됩니다(고온균의 경우 37~38℃ 유지). 이렇게 하룻밤을 보내도 통상 26℃가 그대로 유지가 됩니다. 이 때 병이나 통에 우유를 채울 때는 원유와 뚜껑 사이에 공간(head space)이 전혀 생기지 않도록 용기의 입구까지 원유를 가득 채운 다음 위생 랩을 한두 겹 덮어씌운 뒤 뚜껑을 단단히 닫아야 합니다. 왜냐하면 통의 원유와 뚜껑 사이에 공기가 남아 있게 되면 그 공기가 원유를 오염시키기 때문이지요. 또한 그래야 유산균에게 산소 접촉을 줄여 효과적인 배양이 진행됩니다. 유산균은 산소를 싫어하는 혐기성균이기 때문에 가급적이면 배양환경에서 산소를 배제해 주는 것이 좋습니다.

(3) 18~24시간 동안 배양하여 발효가 끝나면 냄새를 맡아 봐야 하는데, 이때 냄새가 연유냄새가 나고 표면은 깨끗해야 합니다. 그리고 바로 스타터의 pH를 점검합니다. pH가 4.4~4.6이면 좋습니다. 이때 스타터의 맛을 보는 것도 중요합니다. 맛이 찝찔하고 혀끝을 톡톡 쏘면 좋은 배양상태를 뜻합니다. 이런 조건들이 확실히 확인되면 미리 중탕 멸균 건조시켜 둔 깨끗한 1.0 L용 유리병에 스타터를 입구까지 가득 채워 랩으로 싸서 뚜껑을 막아 냉장고에 보관해 둡니다. 이것이 이 목장의 치즈제조용 스타터의 모배양액이 됩니다. 보관기간은 2일 정도입니다(※ 모배양(母培養) 스타터 제조 시 유의사항 : 90℃ 이상의 살균온도와 원유 표면과 병뚜껑 사이 공간(head space)이 없도록 병의 입구까지 가득 채우는 것임).

(4) 나머지 9리터를 가지고 벌크 스타터로 제품제조에 바로 사용하고 그러고도 남은 것은 요구르트로 이용해도 좋습니다.

(5) 다음날 직접 사용할 벌크 스타터를 만들 때는 저녁원유를 (1)번처럼 멸균하여 냉각한 후 냉장고에 보관중인 (3)번의 모배양액에서 만들고자 하는 벌크 스타터의 1.0%~1.5% 양을 취하여 접종하고 모배양 때처럼 같은 온도에 18~24시간 동안 배양하여 발효를 끝낸 후 합격품이면 다시 여기서 1.0리터를 덜어내어 다른 병에 담아 잘 막아서 냉장보관을 하면 이것이 제2차 모배양액이 되는 것입니다. 나머지는 벌크 스타터로 제품제조에 사용합니다.

이런 식으로 계속 반복해 나가다가 5회 정도 반복하여 사용한 뒤 다시 (1)번부터 새로 시작해 주는 것이 좋습니다. 유럽의 어떤 치즈공장들에서는 이 방식을 7～8회 하고 나서 (1)번부터 새로 시작한다고 합니다만 이것은 일정한 기준을 두고 다시 자기만의 방식을 만들어가는 노하우를 갖추는 것이 중요하다고 생각합니다.

※ 연속적인 치즈제조 작업이 안 되는 공장의 경우 저녁 원유 10 L를 냉장고에 보관하였다가 다음날 아침에 크림층을 제거한 후에 90℃에 10분간 끓여 25℃로 냉각한 원유에 동결균주(DVS)를 1.0 unit를 접종하여 하룻밤 배양해서 다음날 바로 사용하기도 합니다. 가우다 치즈의 스타터 pH는 4.4～4.6이고 맛을 보았을 때 찝찔한 맛이 나면 합격품입니다. 어쨌든 스타터에서 신맛이 나는데 혀끝을 톡 쏘는 맛을 나타내면 좋습니다. 이 때 스타터가 왕성한 상태일수록 더욱 쏴한 맛이 강하게 느껴집니다. 배양이 끝난 스타터를 입에 넣고 쩝쩝해 보면 소금 짠맛 비슷하게 찝찝한 것이 특징입니다.

※ 소규모 공장에서 주 1～2회나 월 3～4회 발효 유제품을 생산하는 경우 모배양(mother culture) 스타터를 동결시켜(가끔 얼어서 깨지는 경우가 있으니 병이 터지지 않도록 부피를 고려할 것, 이때 안전을 위해 시유나 요구르트용 플라스틱용기를 소독하여 사용해도 무방함) 그것을 미리 냉장고에서 녹였다가 스타터 제조에 사용할 경우 접종량을 원유의 1.0%가 아닌 5.0%를 첨가하여 사용하는 것도 무방합니다. 이때 5.0%로 접종량을 늘리는 것은 유산균이 동결 중에 손상을 입어 그만큼 수적으로 열세인 점을 감안한 것입니다.

※ 원유를 쓰지 않고 스타터를 제조하고자 한다면 탈지분유를 환원하여 사용하는 것보다 원유로부터 지방을 제거한 탈지유가 더 좋습니다. 왜냐하면 탈지분유를 환원하여 사용하면 제품에서 사람들이 역겨워하는 특유의 분유 맛이 나기 때문입니다. 가끔씩 목장 요구르트에서 분유 맛이 나는 이유는 탈지유가 아닌 탈지분유를 환원하여 제조한 스타터에서 탈지분유 냄새가 나서 그렇다고 보면 됩니다. 치즈에서도 신선치즈의 경우 분유 맛이 나거나 분유 특유의 냄새가 나는 것의 원인이 그것입니다. 그래서 탈지유가 각종 발효 유제품의 스타터제조에 좋습니다. 목장에서의 탈지유는 입구가 큰 그릇에 원유를 담아 냉장고에 넣었다가 다음날 아침에 표면층(크림층)을 제거하고 나머지를 사용하면 될 것입니다. 정히 탈지유를 구할 수 없으면 할 수 없이 탈지분유를 물에 환원시켜서 사용합니다. 즉 항생제 잔류가 없다는 보증이 된 탈지분유 100g을 물 900mL에 녹이

면 10%환원 탈지유가 되는 것이지요.

※ 노 트 : 스타터 균의 적정 배양온도

- 치즈 중온균 → 25~26℃,
- 치즈 고온균 → 37~38℃
- 요구르트 고온균 → 43℃(혹은 38℃)

3) 벌크 스타터 제조 시 유의사항과 확인법

(1) 스타터의 관능검사

- 외 관 : 매끄럽고 광택이 있으며 유청의 분리가 적고 교반 후 덩어리가 없을 것
- 향 미 : 쓴맛, 이상한 맛, 맥아취 등 이상 향미가 없을 것. 스타터 균종에 의한 향미는 다르기 때문에 각각의 정상 향미를 알아두는 것이 필요합니다.

(2) 이화학 검사 : 산도, pH를 측정하여 정규의 범위 내에 있는 것을 확인해야 합니다.

(3) 미생물 검사 : 대장균군, 곰팡이, 효모에 대하여 검사하고 오염이 없는지 조사합니다.

4) 스타터의 활성저해의 원인

벌크 스타터의 활성저해의 원인물질은 항생제, 살균제, 각종 세제, 원래 우유 중에 존재하는 항균물질(**락토페록시데이스**, *Lactoperoxidase* 등)이 있으나 최대의 문제는 박테리오파지에 의한 오염이라고 할 수 있습니다. 박테리오파지(줄여서 '파지'라고 함)는 세균에 감염하여 해당 세균을 종국적으로 사멸시키는 바이러스(Virus)로 숙주가 되는 세균에 감염, 침입하여 증식하고 숙주를 용해시킨 다음 새로운 파지들을 방출하는 성질이 있습니다. 그 결과 스타터 미생물은 파괴가 되고 유산발효가 정지되는 사고가 발생되는 것입니다. 파지오염 사태는 옛날부터 발효유나 치즈공장에서 커다란 문제가 되어 왔습니다. 치즈공장에 있어서 파지오염의 주원인은 유청인데, 주의할 점은 다음과 같습니다.

① 치즈공장에서 유청과 원유의 지방분리는 동일한 원심분리기(Separator)를 사용하지 말아야 합니다.

② 치즈제조와 스타터 제조는 동일한 실내에서 실시해서는 안 됩니다.

③ 유청은 치즈 제조실의 바닥, 배수구, 그 외의 제조시설, 기구에 잔존하여 있기 때문에 철저한 청결과 열수(85℃ 이상) 소독이 필요합니다.

④ 치즈 원유에 스타터를 첨가하고 나서 발효에 1시간 이상의 시간을 주는 것은 위험합니다.

〈파지 피해의 예방대책〉

① 균주회사가 공급하는 파지 비감수성(Phage Control로 표지) 스타터를 구입합니다.
② 스타터의 계대배양은 무균적으로 실시해야 합니다.
③ 파지 감수성이 다른 스타터를 로테이션으로 사용합니다(다음 3.9항 참조).
④ 스타터 첨가 후 렌넷의 첨가를 빨리 해야 합니다.[167]
⑤ 유청을 배수구나 바닥에 잔존시키지 않는 것을 원칙으로 삼아야 합니다. 즉 치즈 벳트 주변이나 공장바닥이 패인 곳이 있거나 금이 간 곳이 있어서 유청이 고이고 끼어 남는 일이 없도록 공장바닥 관리를 철저히 해야 한다는 것입니다.

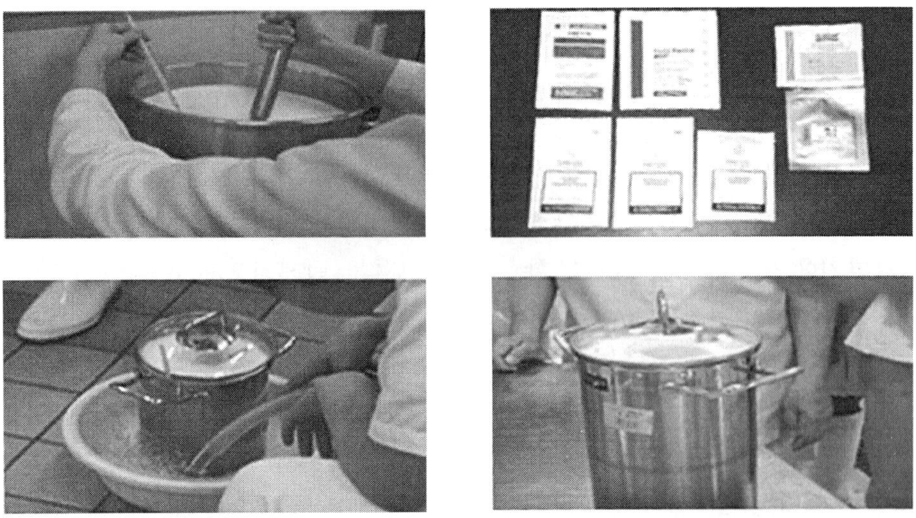

그림 2-11. 목장에서의 스타터 제조과정 (화보 32쪽, 저자 사진)

167) 저자가 방문한 적이 있는 네덜란드의 유기농치즈 공장인 "오로라(Aurora)"에서는 스타터와 렌넷을 동시에 첨가하고 30분 후에 커드 절단을 합니다. 물론 자동화 시스템이며 밀폐형 치즈 벳트이기는 하지만 파지오염을 피하면서 시간절약 면에서도 좋은 아이디어였습니다.

그림 2-12. 실험실에서의 액상 스타터 제조과정 (저자 사진)

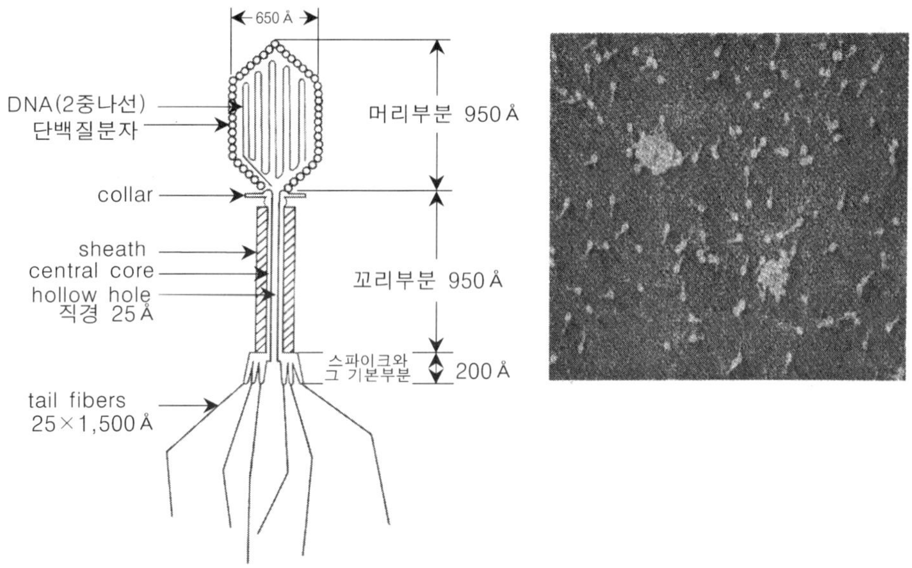

그림 2-13. 박테리오파지 모식도(좌)와 전자현미경 상(우)

※ 박테리오파지(Bacteriophage) 요약

1. 정충모양의 1.0㎛ 정도의 길이를 갖습니다.
2. 단백질 껍질 안에 DNA 코어(중심부)를 형성합니다.
3. 파지형 생활(life cycle)을 합니다.
4. 세균 : 파지에 비감염형, 용원형 혹은 용균성으로 나뉩니다.
5. 공격 균주(host) 특이성이 있습니다.
6. 침입한 뒤 균체 내 잠복기간은 30~50분입니다.
7. 파지 한 개에 의한 감염된 세균으로부터 50~100개의 새로운 파지를 산출함.

3.9 시판중인 스타터의 형식

현재 치즈제조 현장에서 사용 중인 상용 스타터는 기본적으로 세 가지 형태가 있습니다.

(1) 동결 건조균
(2) 동결 농축균
(3) 직접 벳트 접종균(Direct Vat Set system, DVS) 또는 DIV(Direct inoculation into the milk Vat)

[사용방법]

1) 동결 건조균(배양용 종균)

균주회사로부터 구입한 동결 건조균(종균)은 DVS(Direct Vat Set)라는 표지가 없이 공급되는 봉지(poch)포장 스타터입니다. 이 스타터는 봉지 채 분말을 부순 뒤(봉으로 밀어주는 식) 일정량을 멸균유(95℃, 30분 멸균 후 냉각)에 접종하고, 하루 배양한 뒤 다른 멸균유에 1.0%를 접종하고, 하루 배양한 다음 다시 1.0%를 벌크 스타터용 멸균유에 접종하여 하루 배양하여 치즈 벳트에 1.0% 정도를 사용하는 방식입니다. 매일 증균 배양하여 Bulk starter[168]로 사용하는 것이지요. 이를 그림으로 나타내면 그림 2-14와 같습니다.

3일 째부터는 계속 증균배양(Scale-up)을 하여 벌크 스타터(Bulk starter)로 사용하는 것입니다. 이 방식은 전문성 있는 노동력이 매우 집중될 뿐만 아니라 오랫동안

168) 벌크 스타터(Bulk starter)란 말의 번역이 어려워서 우리는 그냥 원어 그대로 사용하고 있는데 이 말을 쉽게 풀어쓰자면 "발효유 배양용 탱크나 치즈 벳트에 스타터 접종용으로 첨가하는 스타터 배양액"을 의미합니다. 이런 배양액은 주로 환원탈지유나 원유를 사용하여 모배양-증균 배양을 거쳐 제조된 일정 수준 이상의 유산균수와 pH(4.3~4.5)를 품질로 유지해야 합니다.

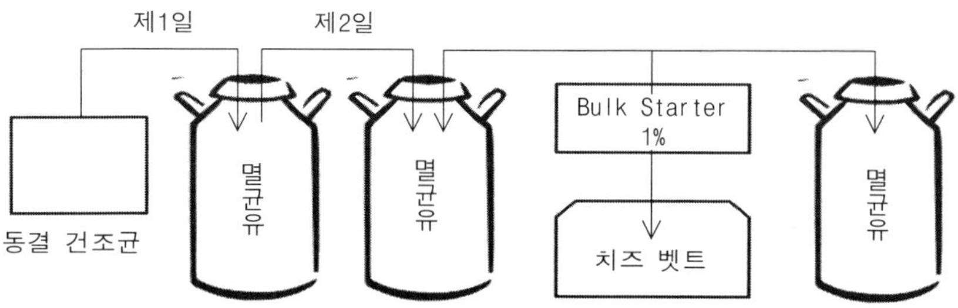

그림 2-14. 벌크 스타터의 제조와 이용

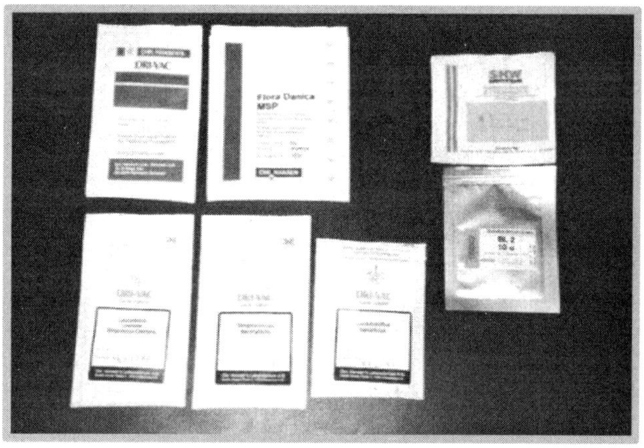

그림 2-15. 벌크 스타터 접종용 또는 직접 주입식(DVS)
동결건조 균주 분말제품 (저자 사진)

여러 단계 증균 배양하여 사용하는 과정에서 모배양액이 오염될 수도 있고, 오래 사용하면 균주회사가 걸어놓은 유전형질 발현시한(genetically over time)에 의해 균주 고유의 성능이 변할 수 있기 때문에 오늘날 이 방식은 거의 사용되지 않고 있습니다.

2) **동결 농축균**(예 : 덴마크의 크리스챤 한센(Christian Hansen)사가 출시한 REDI-SET)

이 스타터 균주는 22℃에서 15~16시간 동안(균주회사의 사용지시에 따름) 배양한 다음 치즈 벳트에 접종하는 것입니다. 이 균주는 취급방식이 까다로운데, 초냉동 온도(-40℃)에 보관해야만 합니다. 그렇지만 이 균주는 한 번만 증균을 하면 바로 벌크 스타터로 사용이 가능해서 간편합니다.

3) 직접 접종방식(DVS)균

이 균주는 중간 증균과정을 생략하고도 치즈 벳트나 요구르트 발효탱크에 직접 균분말채로 접종할 수 있어서 매우 편리합니다. 대신 가격이 위의 두 방식보다 제법 비싼 편에 속합니다. 나아가 이 균은 동결 농축균이나 동결 건조균 방식처럼 사용할 수도 있습니다(어떤 분들은 배양 전용균으로만 모배양액을 만드는 것으로 오해하지만 저자가 실제로 십 수년이 넘도록 DVS를 배양용 균으로 사용했어도 큰 무리가 없었습니다). 그러니까 DVS균을 동결 농축균과 동결 건조균을 사용해서 제조하는 Bulk Starter 제조에 활용해도 된다는 이야기입니다. 동결 건조한 DVS의 경우 반드시 초냉동온도(-40℃) 하에 저장하는 것이 좋습니다만 일반적으로 대부분의 DVS는 초냉동 하에 두지 않아도 됩니다.

표 2-8. 치즈 제조 시 사용되는 유산균의 종류

치즈 종류	치 즈 명	스타터 미생물
연 질	Quark Cottage Camembert, Brie	*Lc. lactis* ssp. *lactis,* *Lc. lactis* ssp. *cremoris*
반경질	Münster Stilton	*Lc. lactis* ssp. *lactis, Lc.lactis* ssp. *cremoris*
경 질	Cheddar Gouda / Edam Emmental	*Lc. lactis* ssp. *lactis, Lc. lactis* ssp. *cremoris*
초경질	Parmesan	*Lc. lactis* ssp. *lactis, Lc. lactis* ssp. *cremoris,* *St. thermophilus* *L. bulgaricus*
파스타 필라타류	Mozzarella	*St. thermophilus, L. bulgarucus,* *Lc. lactis* ssp. *lactis*

3.10 스타터의 중요성과 치즈별 차이점

치즈 스타터 균주들은 매우 다양한 세균류로 구성되어 있는데 이는 모든 종류의 치즈제조에 필요한 세균류가 포함되기 때문입니다. 치즈의 제조에 사용된 스타터 균주의 구성형태는 치즈의 숙성 중에도 어느 정도 생존하는지와 관련이 있습니다. 왜냐하면 그것을 사용하여 제조한 치즈가 갖게 되는 맛, 향미, 고유의 느낌 같은 것이 바로 이 스타터 균주에 의해 결정되기 때문입니다[169].

■ 제조회사별 스타터 종류와 특징[170]

◈ Christian Hansen(크리스챤-한센) 스타터류 - 덴마크

① O-Culture : 주로 혼합균주로 사용되는 중온성 스타터로 향미를 생성하지 않는 유산균(*Lc. lactis* ssp. *lactis*와 *Lc. lactis* ssp. *cremoris*)으로 이루어짐. 체다치즈, 페타치즈 등 치밀한 조직을 갖는 치즈용으로 사용

② D-Culture : 향미물질 생성 유산균으로서 *Lc. lactis* ssp. *lactis* biovar. *diacetilactis*를 함유. 발효버터용으로 사용

③ L-Culture : *Leuconostoc citrovorum*을 함유. 오막살이 치즈, 크림치즈 및 소량, 소형의 치즈 눈을 갖는 치즈 제조용으로 사용

④ LD-Culture : 4종의 여러 유산균 균주로 구성. 치즈 눈을 가지고 있는 반경질 또는 경질치즈 제조용으로 사용

◈ 듀퐁 다니스코(DuPont Danisco) 사의 DVS 스타터류의 사용법[171]

지금으로부터 13년이라는 아득한 세월이 지났는데도 생생한 것이 저자의 캐나다 연수시절 추억입니다. 저자는 캐나다 궬프 대학교(University of Guelph) 식품과학과의 아더 R. 힐(Arther R. Hill) 교수의 초청을 받아 2003년 12월 13일부터 한 달 8일간의 연수를 마치고 2004년 5월에는 아더 힐 교수의 재 초청을 받아 그 대학에서 3대에 걸친 치즈전공 선생님들이 대를 이어 100여년 가까이 지켜 온 치즈제조 기술 단기과정(Cheesemaking Technology Short Course)에도 참가하였습니다.

이윽고 아더 힐 교수는 2004년, 2005년, 2007년에 걸쳐 우리 순천대학교에 와서 캐나다의 그 코스를 그대로 진행해 주었습니다. 그때부터 아더 힐 교수의 소개를 받아 우리 대학에서 목장유가공 교육을 진행하면서 주로 사용해 온 스타터 제품은 당시 덴마크에 본사를 둔 다니스코(Danisco)사 제품들이었습니다. 그 때부터 맺은 인연이 오늘날까지 이어지고 있는데, 지금은 그 회사가 다국적 기업인 듀퐁사에 통합되어 듀퐁 다니스코(DuPont Danisco)사로 알려지고 있습니다. 여기서는 그 회사의 주요 스타터 소개자료[172]를 중심으로 소개해 두고자 합니다. 이 자료를 기본(backbone)으로

---

169) http://en.wikipedia.org/wiki/cheese culture

170) http://www.chr - hansen.com과 www.danisco.com을 참조하십시오.

171) www.danisco.com에서 최신 정보들을 얻을 수 있습니다. 이 자료는 저자의 조사 자료에 듀퐁 다니스코사 한국대리점 「폴라 텍」 푸드의 박성현 사장을 통해 제공된 최신 자료를 추가하여 작성되었습니다.

172) 이러한 자료들은 위 각주 171번의 듀퐁-다니스코 홈페이지에 들어가서 검색하시면 많은 최신 정보들을 얻을 수 있습니다. 여기서는 목장 치즈 제조에 필요한 자료들만을 선별 발췌하여 소개하고 있음을 유의하시기 바랍니다.

삼아서 타사 자료 대체 시 활용해 나가시도록 제공해 둡니다.

1) 산 생성용 스타터(Acidifying Culture)

(1) CHOOZIT™ TM 81, 82

고온성 유산균 스타터입니다. 균주 조성은 **스트렙토코커스 써모필러스**(*Streptococcus thermophilus*), **락토바실러스 불가리쿠스**(*Lactobacillus bulgaricus*) 2종으로 이루어져 있습니다. 빠른 산생성이 특징이며 주로 모짜렐라, 스트링, 벨파아제 치즈 등의 제조에 적합합니다.

▶ 모짜렐라 치즈, 스트링 치즈 : 2.5~5 DCU[173]/100 kg 원유

(2) CHOOZIT™ MA Series(MA 11, MA 14, MA 16, MA 19)

주로 산 생성용으로 사용됩니다. 가장 기본이 되는 중온성 유산균인 **락토코커스 락티스**(*Lactococcus lactis*), **락토코커스 크레모리스**(*Lactococcus cremoris*)로 구성되어 있어 연질치즈로부터 경질치즈에 이르기까지 다방면에 사용될 수 있습니다. 깨끗한 풍미와 치밀한 조직이 특징이며, 숙성 중 단백질 분해에도 기여합니다. 이 스타터는 발효 중 가스 생성을 하지 않습니다. 목장에서의 카티지, 체다, 콩떼, 폰티나, 쌩뽈렝, 에멘탈, 후레쉬 치즈, 크박 타입 등의 제조에 사용됩니다. 이 스타터는 LH형과 섞어서 라클렛떼, 그뤼에르, 폰티나 그리고 베이비 스위스 치즈 제조에 사용됩니다. 박테리오파지(이하 파지) 조절용 로테이션 균주로 사용이 가능합니다.

▶ 에멘탈, 폰티나(Raclette, Fontine), 생 뽈렝(Saint Paulin) : 6.25 DCU/100 kg 원유

▶ 신선(Fresh) 치즈 : 3.75~6.25 DCU/100 kg 원유

▶ 뜨보로그(Tvorog)[174], 크박, 발효 크림 : 4~6 DCU/100 kg 원유

---

173) DCU란 Danisco Culture Unit의 약자입니다. 다니스코사에서 자사 제품의 균주별 역가 단위를 나타낸 것으로 제품 pouch마다 세 가지를 표지해 두었습니다. ① 생산일(Prod)과 유효기한(BBD), ② 실제 중량, ③ DCU입니다. 예를 들면 CHOOZIT SU CASU LYO를 보면 ① Prod 25 Jul. 2016, 23 Jan. 2018 ② 6.7g ③ 50 DCU로 표지되어 있습니다. 6.7g ÷ 50 DCU=0.134g, 즉 1DCU량은 0.134g입니다.

174) Tvorog 혹은 Tworog로도 불리우는 치즈입니다. 러시아 농민들이 저녁에 착유한 젖을 서늘한 장소에 24시간 저장, 발효시켜 산 응고로 침전되면 유청 배제 후 이를 모아서 목제 몰드에 가압 후 제조한 치즈입니다. 바트로츠키(Vatrouchki)라는 별칭도 있습니다. 이 치즈는 러시아의 노투스키 (Notruschki) 빵 제조에 사용됩니다.
[ロベール. クルティーヌ(Robert J. Courtine) 著 松木脩司 譯. 1979. ラルース. チーズ 辭典 <Larousse des Fromages> 三洋出版貿易株式會社. 東京. p. 240 / Agricultural Research Service U.S. Dept. of Agriculture 2005. Cheese varieties and Descriptions. University Press of the pacific Honolulu, Hawaii. p. 132]

(3) CHOOZIT™ RA Series(RA 21～RA 26)

산 생성을 신속하게 일으키는 중온균 스타터입니다. Choozit MA Series에 비해 **스트렙토코커스 써모필러스**(*Streptococcus thermophiles*)가 추가되어 **락토코커스 락티스**(*Lactococcus lactis*), **락토코커스 크레모리스**(*Lactococcus cremoris*), **스트렙토코커스 써모필러스**(*Streptococcus thermophiles*)로 구성되어 있습니다. 주로 가공치즈 원료용 커드 생산을 위한 벌크 체다 커드제조 시 사용합니다. 산 생성이 빠르며, 파지 내성도 강합니다. 파지 조절용 로테이션 균주입니다.

▶ 체다 : 6.25～7.5 DCU/100 kg 원유

▶ 반경질 치즈 : 5～6.25 DCU/100 kg 원유

(4) CHOOZIT™ MM 100/101

산 생성과 아로마 생성 및 약한 가스 생성 중온균 스타터입니다. 약한 숙성 및 비숙성 치즈에 잘 적용됩니다. 까망베르, 브리, 에담, 가우다, 페타, 스틸튼, 연질 블루치즈 및 발효버터 등의 제조에 적합한 선발 균주입니다. 이 혼합 균에는 Choozit MA 시리즈의 **락토코커스 락티스**(*Lactococcus lactis*), **락토코커스 크레모리스**(*Lactococcus cremoris*)에 아주 온화한 가스 생성균인 **락토코커스 락티스** ssp. **다이아세틸락티스**(*Lactococcus lactis* ssp. *diacetylactis*) 균이 혼합되어 있습니다. 이 **락토코커스 락티스** ssp. **다이아세틸락티스** 균은 경질치즈 조직에 드문드문 치즈 눈(eye)을 형성하기도 합니다. 파지 조절용 로테이션 균으로 사용이 가능합니다.

▶ 연질 치즈 : 6.25 DCU/100 kg 원유

▶ 후레쉬 치즈 : 3.75～6.25 DCU/100 kg 원유

▶ 반경질 치즈 : 6.25 DCU/100 kg 원유

▶ 블루 치즈 : 6.25 DCU/100 kg 원유

▶ 크박, 발효 크림 : 4～6 DCU/100 kg 원유

(5) Probat 222, 322

Choozit MM시리즈의 유산균 3종, 즉 **락토코커스 락티스**(*Lactococcus lactis*), **락토코커스 크레모리스**(*Lactococcus cremoris*), **락토코커스 락티스** ssp. **다이아세틸락티스**(*Lactococcus lactis* ssp. *diacetylactis*)에 **류코너스톡 크레모리스**(*Leuconostoc mesenteroides* ssp. *cremoris*) 균이 첨가된 스타터입니다. 빠른 산 생성과 중간 정도의 풍미 생성 및 매우 빠른 CO_2가스 생성 특징을 보이며 까망베르, 브리, 체다, 에스롬, 페타, 가우다, 마스카르포네, 리비올라, 블루 치즈 및 크박, 발효크림, 발효 버터 등의 제조

에 사용됩니다.

- ▶ 발효유, 버터밀크 : 10～20 DCU/100 kg 원유
- ▶ 후레쉬 치즈 : 5～20 DCU/100 kg 원유
- ▶ 반경질 치즈 : 15～40 DCU/100 kg 원유
- ▶ 버터 : 20～50 DCU/100 kg 원유

(6) CHOOZIT™ RM 32, 34, 36, CHOOZIT™ MA 4001

이 제품은 **스트렙토코커스 써모필러스**(*Streptococcus thermophilus*), **락토코커스 렉티스**(*Lactococcus lactis*), **락토코커스 크레모리스**(*Lactococcus cremoris*), **락토코커스 락티스** ssp. **다이아세틸락티스**(*Lactococcus lactis* ssp. *diacetylactis*) 등 4종의 유산균으로 구성되어 있습니다. 가스 생성력이 있는 것을 빼면 RA 시리즈와 거의 동일한 중온균 혼합 스타터입니다. 가우다나 에담 치즈를 신속히 제조하고자 할 때 사용합니다. 가공치즈 베이스용 블록 커드 생산 시 사용합니다.

이들 제품군은 주로 산 생성용으로 사용됩니다. 매우 우수한 상품용 목장 치즈 생산용으로 용도가 다양하게 디자인된 혼합 균 제품입니다. 그래서 이 균으로는 연질치즈로부터 경질치즈에 이르기까지 다방면에 사용될 수 있습니다. 이 혼합 균은 중온균이 주력 균이지만 고온균도 일부 혼합되어 있습니다. 연질치즈의 안정성을 보강하고자 고온성 균을 보강한 것입니다. 고온성 균은 치즈 숙성과정을 지연시켜 주고 결국 치즈의 유통기한을 연장시켜 줍니다. 이 혼합 균에는 아주 온화한 가스 생성 균인 다이아세틸락티스 균은 경질치즈 조직에 드문드문 치즈 눈을 형성합니다.

- ▶ 반경질 치즈 : 6.25～7.5 DCU/100 kg 원유
- ▶ 체다 치즈 : 5～7.5 DCU/100 kg 원유
- ▶ 에담, 가우다 치즈 : 3.75～6.25 DCU/100 kg 원유

(7) CHOOZIT™ Star 22, 24, 26

강한 산 생성 능력의 **스트렙토코커스 써모필러스**(*Streptococcus thermophilus*) 스타터로서 피자치즈와 모짜렐라 치즈의 빠른 생산을 위해 특화된 스타터입니다.

- ▶ 모짜렐라, 피자치즈, 스트링치즈 : 2.5～5 DCU/100 kg 원유

(8) CHOOZIT™ SU KAZU

스트렙토코커스 써모필러스(*Streptococcus thermophilus*), **락토바실러스 렉티스**(*Lactobacillus delbrueckii* ssp. *lactis*), **락토바실러스 헬베티커스**(*Lactobacillus hel-*

veticus) 등 3종의 유산균으로 구성되어 있습니다. 이 스타터는 에멘탈 치즈, 알파인 치즈, 베르크치즈, 페코리노 사르도(Pecorino sardo) 등의 제조에 적합합니다.

▶ 반경질, 경질 치즈 : 5∼10 DCU/100 kg 원유

(9) CHOOZIT™ TA 시리즈

스트렙토코커스 써모필러스(*Streptococcus thermophilus*) 단일 균주 스타터 시리즈입니다.

① CHOOZIT™ TA 050 시리즈 : 온화한 산 생성의 고온균 스타터입니다. 이 균을 써서 연질치즈 제조 시 MM 100/101이나 MA 시리즈와 혼합하여 사용하면 치즈의 조직 안정화가 얻어집니다.

② CHOOZIT™ TA 060 시리즈(060, 061, 062) : 산 생성이 신속한 고온균 스타터입니다. 중온균 스타터(MA 시리즈)와 혼합하여 사용하기를 권장합니다. 이때 중온균 스타터는 고온균보다 빠르게 산 생성을 하여 유산 생성량을 증대시켜 주면 치즈제조 전 단계 공정이 단축되어 유익합니다. 즉 치즈 커드 응고가 보다 치밀해지고, 유해 잡균의 오염이 효과적으로 차단됩니다. TA 060 시리즈는 이탈리아형 경질치즈[예, 아시아고, 사르데나 알파인계(에멘탈, 보포르와 꽁떼)] 치즈 제조에 사용하는 것이 좋습니다. 알파인계 치즈 제조 시 LH 100 균주와 혼합해서 사용해야 합니다.

▶ 알파인계 치즈(에멘탈치즈 등) : 1.25∼2.5 DCU/100 kg 원유
▶ 이탈리아계 경질치즈(아시아고 등) : 5∼10 DCU/100 kg 원유

(10) CHOOZIT™ LM 시리즈

락토코커스 락티스 ssp. **다이아세틸락티스**(*Lactococcus lactis* ssp. *diacetylactis*) 단독 균주 제품입니다. 산 생성력은 거의 없고 가스 생성용 스타터로 쓰입니다. 이 균은 중온성이고, 주로 상업용 블루치즈 제조 시 치즈조직 내에 작은 구멍을 형성시키고 그 자리에 블루곰팡이가 잘 자라도록 할 때 사용합니다. 이 균의 산 생성력은 거의 없다고 봐야 하므로 반드시 다른 산 생성력이 좋은 스타터 균주와 혼합하여 사용해야만 합니다.

▶ 연질 블루치즈 : 0.5∼2 DCU/100 kg 원유
▶ 경질 블루치즈 : 0.1∼0.3 DCU/100 kg 원유

2) 보조 스타터(Adjunctive Culture)

(1) CHOOZIT™ LH 100

이 제품은 **락토바실리**(*Lactobacilli*)속의 고온성 보조 스타터입니다. LH 100은 치즈에 조화로운 향미성분을 생성하는 기능이 있어 보조적인 스타터로 사용됩니다. 균주 조성은 **락토바실러스 헬베티커스**(*Lactobacillus helveticus*)와 **락토바실러스 락티스**(*Lactobacillus delbrueckii* ssp. *lactis*)균입니다. 아펜젤러, 에멘탈, 그뤼에르, 스위스 알파인계 치즈 생산에 사용됩니다.

- ▶ 반경질 치즈 : 0.1～0.3 DCU/100 kg 원유
- ▶ 경질 치즈 : 0.1～0.3 DCU/100 kg 원유

(2) Choozit™ Eyes 2

치즈 눈(Cheese Eye) 생성 균 - 프로피온산균(*Propionibacterium*)

이 제품은 **프로피오니박테리움 프뤼덴라이찌** ssp. **셔마니**(*Propionibacterium freudenreichii* ssp. *shermanii*) 균이 단독으로 함유된 스타터입니다. 스위스 타입 치즈의 특징인 치즈 눈과 향미의 치즈생산을 위해 보조 스타터로 사용합니다. 이 균은 1차 발효균의 발효과정에서 생성된 유산으로부터 프로피온산과 CO_2가스를 생성합니다. 첨가량을 조절하여 치즈 눈의 크기 및 향미 정도를 조정합니다.

- ▶ 경질 치즈 타입, 에멘탈, 베이비 스위스 : 0.02～0.1 사용량 s/100 kg 원유
- ▶ 미국식 스위스 스타일 치즈 : 0.01～0.02 사용량 s/100 kg 원유
- ▶ 반경질, 마스담 타입(fast ripened large - eyed cheese) : 0.1～0.3 사용량/100 kg 원유

(3) Choozit™ flav 54

이 제품은 **락토바실러스 헬베티커스**(*Lactobacillus helveticus*) 단독 유산균으로 풍미를 올려주고 쓴맛을 줄여주는 보조 스타터입니다. 산 생성 및 단백질분해를 증진시켜 맛과 풍미를 개선함은 물론 숙성기간을 줄여 비용을 절감할 수 있습니다.

- ▶ 체다 : 0.1 DCU/100 kg 원유
- ▶ 반경질 치즈 : 0.1 DCU/100 kg 원유

(4) Holdbac™ YM-B Plus, YM-C Plus

이 제품은 **락토바실러스 람노서스**(*Lactobacillus rhamnosus*)와 **프로피오니박테리움 프뤼덴라이찌** ssp. **셔마니**(*Propionibacterium freudenreichii* ssp. *shermanii*) 또는 **락토바실러스 파라카세이**(*Lactobacillus paracasei*)와 **프로피오니박테리움 프뤼덴라이찌** ssp. **셔마니**(*Propionibacterium freudenreichii* ssp. *shermanii*) 균으로 구성되어 있으며, 효모와 곰팡이 오염을 억제 또는 지연시킬 수 있는 기능을 발현할 목적으로 사용하는 보조적 스타터입니다.

- ▶ 크박(Quark) : 100~150DCU/100 kg Quark 또는 10~30DCU/100 kg 원유
- ▶ 모짜렐라 타입 치즈 : 100~150 DCU/100 kg 소금물
- ▶ 페타/화이트 치즈 : 5~20 DCU/100 kg 원유

3) 숙성용 스타터(Ripening Culture)

치즈의 숙성 관리에 사용되는 균주들은 치즈의 원유에 첨가하거나 치즈 자체에 처리하는 방식으로 사용되는 특수 균주들입니다. 이런 균주들은 유산생성을 위해 쓰지 않고 유산보다는 미생물의 다른 생성물에 의해 특수치즈 제조에 좋은 결과를 얻고자 하거나 품질개선을 위해 사용하게 되는 것이지요. 이러한 균주류에는 세균, 곰팡이나 효모가 포함되어 있습니다. 그래서 이 균주들은 치즈제조 과정에서 보다는 치즈숙성 기간 중에 주로 작용하는 미생물들이라고 보시면 됩니다.

이러한 숙성관리용 균주를 직접 원유에 첨가하는 것은 다른 특별한 방식이 있는 치즈를 제외하고는 가장 이상적인 방법입니다. 이렇게 원유에 숙성형 균주를 첨가하면 치즈조직 내에 신속히 확산되는 것을 확실히 해주는 효과가 있고, 또 다른 접종방식은 균주를 0.9% 소금물에 현탁시켜서 치즈의 표면에 분무해 줄 수 있습니다. 이때 사용하는 균주 현탁 소금물은 항상 신선한 것을 사용해야 합니다. 만약 오래된 것을 사용하다가는 바람직하지 않은 곰팡이들을 오염시킬 위험이 있기 때문이지요. 치즈의 표면에 흰곰팡이를 증식시키는 **페니실리움 칸디듐**(*P. candidum*)균을 분무하는 것은 치즈 표면의 수분증가 우려가 있으므로 권장할 만한 방법이 아닙니다. 왜냐하면 치즈 표면에 수분이 너무 많을 때에는 흰곰팡이의 증식이 어렵고 오히려 좋지 않은 곰팡이 오염을 억제하기가 어렵기 때문입니다.

브레비박테리움 라이넨스(*Brevibacterium linens* / BL)균 같은 종류는 몇몇 점질균 세척(wash)형 특수 치즈에서 숙성기간 중에 표면에 분무해 주거나 묽은 소금물에 BL균을 현탁시킨 후 천에 묻혀 치즈의 표면을 닦고 문질러 줌으로써 표면 숙성관리를 합니다. 숙성 관리형 미생물의 이상적인 생육환경은 온도 8~13℃ 범위인데 12℃가 최적온도입니다. 상대습도는 95%이며, 정화된 공기의 순환이 되면 증식은 더욱 촉진

되는 것이지요.

■ 치즈의 표면숙성 곰팡이류

(1) 페니실리움 캔디덤(Choozit™ PC SAM 3, HP 6)

① 페니실리움 칸디듐(*Penicillium candidum*) 균의 특성

치즈 표면 숙성용 곰팡이 균주로 가장 널리 알려지고 널리 사용되는 균주입니다. **페니실리움 칸디덤**(*Penicillisum candidum*)은 통상적인 균명으로 **페니실리움 까망베르티**(*Penicillisum camemberti*)라고도 불립니다. 제품은 페니실리움 캔디덤 곰팡이 균주의 포자로 제조되었습니다. 이 균주는 까망베르/브리치즈 계통의 치즈류에서 표면에 하얀색 껍질을 형성합니다. 이 페니실리움 칸디듐 균은 주로 표면 표피형성용으로 많이 사용됩니다. 이 균주는 치즈 제조 시 치즈 벳트에 직접 첨가(직접 접종)해야만 합니다. 그렇게 하면 곰팡이의 증식조절을 신속히 할 수 있고, 표면에 고루 확산되기 때문에 치즈숙성관리 노동력 절약 효과도 있습니다. 경제적 효과도 만만치 않지요. 때때로 원유에 직접 넣기보다 치즈 표면에 *P. candidum* 균을 분무해 주기도 합니다.

지금은 *P. candidum* 균이 동결건조 분말 형태로 시판되고 있고 몇몇 균주 회사들(DuPont-Danisco, Christian Hansen)이 공급하고 있답니다. 그러나 회사들마다 균주 구성이 약간씩 달라서 지방 분해능이나 단백질 분해력이 곰팡이 균사의 밀도나 증식 높이에 따라 달라진다는 것을 유념하시기 바랍니다. *P. candidum*의 지방, 단백질 분해 작용 결과 까망베르 치즈류에서 치즈조직이 마치 풀떡 같은(풍뒤 요리조직) 모양으로 형성되어 빵에 발라 먹기도 합니다. 그러므로 *P. candidum*의 지나친 지방, 단백질분해 결과는 치즈의 숙성이 빨라지면서 유통기한도 짧아지기 때문에 그럴 때는 숙성조건을 조절하거나 균주를 바꾸는 것이 필요합니다.

이 균주의 치즈는 지방, 단백질분해 결과 다량의 암모니아가 생성됩니다. 그래서 까망베르 치즈를 공기 유통이 잘 되는 종이로 포장하여 상품화 하면 대부분의 암모니아 가스가 포장지 안에 갇히지 않고 모두 빠져 나가 풍미를 저해하지 않게 되는 것입니다. 치즈 제조자는 치즈 원유의 지방, 단백질 함량에 기초한 *P. candidum* 균의 선택(지방, 단백질 분해도 차이 고려한)에 유의해야 합니다. *P. candidum* 균의 곰팡이 원유 DVS(직접 첨가방식) : 2～3회분(사용량)/1,000 kg입니다.

② 페니실리움 칸디듐(*P. candidum*) 균의 권장 균주류

LV 2, ABL과 HP 6은 버섯 향 같은 향기를 생성하는데 달콤하고 향긋하지요. 이들

은 생육이 빠르고 치즈 표면에 짧고 얇은 균총을 형성합니다. 암모니아 생성은 느리며 유통기한도 제법 길어지게 하고, 하얀 종이 모양의 표면을 형성하여 포장유통 시에도 그 모양을 그대로 유지해 줍니다. PC SAM 3은 항 곰팡이 균종이며, 성장이 매우 빠르고 단백질분해 및 지방분해도 빠릅니다. SAM 3은 치즈 제조 후 오염이 되어 잡균증식이 매우 빠른 환경에서 권장되는 균주입니다. 고양이털 모양, 두꺼비 등 껍질모양, 청색/회색/황색/노랑색 균총의 곰팡이 오염을 감소시키기 위해 사용됩니다. 그러니까 *P. candidum* 균으로 처리한 까망베르 치즈가 이런 류의 곰팡이에 오염되었을 때 그 오염자국을 바로잡고 원래 모양처럼 덮어주기 위해 사용하는 일종의 치유형 곰팡이 균주인 셈이지요. HP 6은 강한 단백질 분해가 특징이며, 중간 정도의 지방분해 특징이 있습니다.

- ▶ 까망베르 : 3 - 5 DCU/100 kg 원유
- ▶ 안정화 브리 : 5 - 8 DCU/100 kg 원유

(2) 지오트리쿰(Choozit™ GEO 13, 15, 17)

지오트리쿰 칸디듐(*Geotrichum candidum*) 균은 곰팡이 스타터로서 치즈표면 숙성치즈에 사용하는 보조적 스타터입니다. 곰팡이 표면 숙성형 치즈의 숙성에 핵심적인 스타터로서 치즈 표면에 매우 빠르게 증식하며 추가로 **페니실리움 칸디듐**(*Penicillisum candidum*)의 증식 정착에 도움을 줄 수 있고, 치즈 표면의 중성 환경을 필요로 하는 BL균의 정착에 도움을 줄 수 있습니다.

그림 2-16. 까망베르 치즈 (저자 사진)

이 균주는 치즈 품질 조정과 개선에 효과적입니다. 결국 이 균은 증식속도가 매우 빠르기 때문에 이를 처리하면 치즈 표면에 *P. candidum* 균이나 BL균이 효과적으로 증식해 나갈 자리를 미리 준비해 주려고 사용 하는 균주랍니다. **지오트리컴 캔디덤**(*Geotricum candidum*)은 빠른 성장과정에서 유산(乳酸)을 대사해 줌으로써 커드에서 빠르게 산을 제거시켜 중성 환경을 조성해 줍니다.

이런 효과로 치즈 표면의 산을 중화시키고 성장촉진 물질을 생성함으로써 **코리네박테리움**(BL) 균의 정착을 돕습니다. **페니실리움 캔디덤** 균의 밀도가 덜 느껴지며, 단백질 분해도가 낮고(낮은 암모니아 농도) 오염을 통제함으로써 치즈의 최종 품질을 개선해 줍니다. **페니실리움 칸디듐**에 비해 효소활성은 약하나 향미 발생은 우수합니다. 브리 치즈, 까망베르 치즈, 표면이 흰 블루 베인 치즈(깜블루나 깜보졸라)의 제조에 사용합니다. 이와 더불어 이 균은 다음과 같은 작용도 해줍니다.

① *P. candidum* 균 처리한 치즈에서 단백질 분해속도를 감축시켜 주고, 암모니아 생성을 감소시켜 주므로 치즈의 유통, 보관 처리를 개선해 줍니다.

② 치즈 제조일 직후 이 균이 신속히 표면을 덮어줄 정도로 증식속도가 빨라서 다른 유해 곰팡이 포자의 오염을 사전에 방지해 주는 효과가 있습니다.

③ *P. candidum*에 의해 자주 발생되기도 하는 쓴맛(Bitterness)을 조절해 줍니다.

- *Geo. candidum* 균의 사용량 :

  치즈 벳트 원유에 직접 접종하는 양은 *Geo. candidum* 균 1 : *P. candidum*이나 *B. linens* 균 5(즉 G : P = 1 : 5)의 비율이 가장 좋습니다.

④ *G. candidum* 균의 유용한 균주 3가지

㉠ Geo 15 : *Lactum oidium*과 같은 효모형으로 알려져 있습니다. Geo 15는 *P. candidum*과 같은 흰곰팡이 류와 반드시 조합시켜서 사용해야 합니다. 단독으로 사용하면 생선 비린내 같은 냄새를 생성하여 치즈의 냄새가 고약해지는 것이지요. Geo 15를 사용한 원유나 오염이 된 원유에서도 생선 비린내를 너무 많이 생성하는 사례가 있답니다.

㉡ Geo 13 : 효모와 곰팡이의 중간그룹에 속하는 것입니다. 이 균은 독립적으로 쓰이는데 원유에 사용하는 양은 1～2회분/1000 kg 정도가 적당합니다.

㉢ Geo 17 : 이 제품은 *Geotrichum*형 곰팡이로만 구성됩니다. 이 균의 생육수명이 짧기 때문에 Geo 17을 흰곰팡이 표피 형성 치즈에 단독으로 사용하는 것은 바람직하지 않습니다. 아직까지는 초기의 흰곰팡이 발육 시 독특한 모양을 연출하기 위하여 이 균을 *P. candidum*과 함께 섞어서 사용하고 있습니다. 이렇

게 사용하면 치즈의 표피는 매우 오밀조밀한 모양을 연출하면서 약간은 주름이 잡히고, 지방함량이 높은 원유에서는 이런 것이 마치 예술작품처럼 잘 조화를 이루는 표면 주름 발현의 결과를 얻게 됩니다.

⑤ *Ge. candidum* 균의 올바른 사용방법

*P. candidum*과 *Ge. candidum* 균 Geo 13이나 Geo 17의 혼합(*P. candidum* 5 : *Ge. candidum* 1의 비율) 사용 효과로는 치즈 표면은 매우 하얗고 힘차면서 치즈의 향기와 풍미는 달콤하면서 버섯향이 난다는 것입니다. Geo 15를 *P. candidum*과 함께 사용하면 치즈의 표면은 곰팡이형과 효모형 표피를 형성하면서 살짝 주름이 지는 모양으로 나타납니다. 만약 치즈 제조자가 치즈 껍질이 효모형이 바람직하겠다 싶으면 Geo 15와 *P. candidum*을 2 : 1의 비율로 섞어서 사용하면 됩니다. Geo 17은 어떤 치즈에서든 간에 치즈 표면을 중화하고 BL균의 증식을 촉진시키고자 할 때 사용합니다.

▶ 까망베르, 브리 : 1～2 DCU/1,000 kg 원유

▶ 숙성치즈 : 2 DCU/1,000 kg 원유

▶ 흰색 표면의 블루베인 치즈(깜블루나 깜보졸라) : 1～2사용량/1,000 kg 원유

(3) Choozit™ PC SAM3, HP6〔페니실리움 로크포르티(Penicillium roqueforti)〕

페니실리움 로크포르티(*Penicillium roqueforti*) 곰팡이는 세계 각지에서 생산되는 블루 치즈류의 치즈 조직 내 정맥(vein) 모양의 푸른 맥 줄기를 형성하여 치즈 내부를 숙성시키는 곰팡이로 널리 알려져 있습니다. **페니실리움 로크포르티**(*Penicillium roqueforti*)는 블루 곰팡이 치즈(로크포르, 대니쉬 블루, 고르곤졸라, 스틸튼) 등의 제조에 사용되는 숙성 및 표면 발색용 스타터입니다. 색상은 옅은 녹색부터 짙은 파란색까지 다양합니다. 로크포르, 대니쉬 블루, 고르곤졸라, 스틸튼 치즈 등의 제조에 사용됩니다.

페니실리움 로크포르티 곰팡이는 증식성이 매우 좋고 빠른 특징이 있어서 같은 숙성 실내에 다른 치즈를 함께 숙성하면 그 치즈 내부로 이 곰팡이가 파고 들어가 결함을 주기 때문에 주의해야 합니다. 그래서 되도록 블루 치즈는 단독적인 숙성실에서 블루 치즈만을 숙성하도록 해야 합니다. 만약 다른 치즈 표피에 이 곰팡이가 증식하고 있다면 거친 소금(천일염도 좋습니다.) 1 : 식초 1의 비율로 만든 표면 처리액으로 치즈 표피의 곰팡이 부분을 닦아 문질러 제거하고 그 자리에 곰팡이 증식을 막아줍니다. 그리고 목장에서 숙성실이 없어 다른 치즈를 블루 치즈와 함께 숙성을 시켜야 할 경우 그 치즈는 진공포장을 해두면 곰팡이 증식을 피할 수 있을 것입니다.

페니실리움 로크포르티(*P. roqueforti*)는 농도 짙은 용액을 작은 병(바이얼 병)에 포장하였거나 동결 건조분말 봉지로 판매됩니다. 용액 상의 **페니실리움 로크포르티**(*P. roqueforti*)는 쉽게 쇠락될 수 있어서 두 가지 색조를 가려서 사용하는 것이 좋습니다. PRB 6은 밝은 푸른색을 띠는 곰팡이이고, PRB 18은 보다 느리게 증식되는 곰팡이라고 보면 됩니다. 짙은 용액의 **페니실리움 로크포르티**(*P. roqueforti*)는 오직 원유에 접종하는 데만 사용할 수 있습니다. Rosell 연구소에서 발매한 동결건조 분말형 **페니실리움 로크포르티**(*P. roqueforti*)는 주변에 노랑 빛 선을 두른 매우 짙은 푸른 곰팡이 입니다. 이 제품은 커드의 성형 전에 부드러운 커드에 접종하기 쉽게 안정된 것입니다.

▶ 블루 몰드 치즈, 블루/화이트 몰드치즈 : 1 - 2 DCU/1,000 kg 원유

(4) Choozit™ SR 3, FR 13, FR 22

브레비박테리움 라이넨스(*Brevibacterium linens* : 통상 명칭 BL균) 균은 아로마 생성 및 표면 발색용으로 사용하는 숙성 전용 점질균입니다. 호기성이며 소금(salt)에 내성이 강한 특징이 있어 치즈 표면에서 증식합니다. 하지만 산성에 민감하여 pH 5.5 이상에서 증식합니다. 소프트 치즈의 표면에서 증식할 때 오렌지색을 내게 합니다. 효소활성과 유황 아로마 프로파일(aroma profile) 생성능력이 있어 숙성과정에서 중요한 역할을 합니다. **지오트리큠**이나 **페니실리움**과 조합해서 사용하면 치즈타입을 차별화할 수 있습니다. FR 13은 증식이 빨라 짧은 시간에 유황 아로마를 부여합니다. 발색 특징은 FR 13이 강한 오렌지색, FR 22는 밝은 오렌지색을 나타냅니다. 그리고 SR 3은 자연스러운 오렌지색을 띄게 합니다.

▶ 렌넷 첨가 이전에 원유에 직접 첨가 : 최소 1 DCU/1,000 kg 원유

▶ 표면에 도포 : 2 DCU/100 kg 치즈

(표면에 도포할 경우 사용법은 생리식염수(0.9% NaCl) 혹은 0.1% 펩톤 그리고 혹은 0.1% 포도당을 첨가한 생리식염수(0.9% NaCl)에 넣어 수화시킨 후 사용합니다. 5℃(±1℃)에서 16시간 이내 보관 가능합니다.)

(5) 마이코덤(Mycoderm)

마이코덤은 토메(Tomme) 계열 치즈에 사용하는 것이 좋습니다. 이것은 일종의 하얀색 모전(毛氈)[175] 같은 균총 조직을 가진 곰팡이인데 평평한 바탕에 살짝 주름진

175) 모전(毛氈) ① 짐승의 털로 색을 맞추고 무늬를 놓아 두툼하게 짠 부드러운 요, ② 융단, 양탄자, ③ 비로드 같은 융털 집합체.

모양을 나타냅니다. 이 곰팡이는 25℃ 정도의 실온 하에 잘 증식하지만 12℃ 이하가 되면 증식이 억제됩니다. 또한 소금기에도 매우 예민해서 2.0%보다 높은 염도가 되면 증식이 억제됩니다. 멸균 수에 현탁시켜서 항상 현탁액을 만든 즉시 신선상태에서 바로 사용해야 합니다. 사용량은 원유 100리터에 0.5용량(균주회사 권장량의 1/2 수준) 정도 사용합니다.

(6) 마이코도(Mycodore)

마이코도(Mycodore)는 프랑스의 비살균 원유로 제조되는 생 넥타르(St. Nectaire)나 토메 드 몽타네(Tomme de Montagne)류의 치즈 제조에 쓰입니다. 마이코도 현탁액으로 치즈를 씻어주면 치즈 표피에 색조가 감돌면서 단단해지고 향미가 깊어지면서도 매우 먹음직스럽게 바뀌게 됩니다. 마이코도가 치즈의 표면에 하얀색/회색빛 솜털조직의 곰팡이 모양으로 나타나기 시작하면 곰팡이 아래에서는 갈색과 노랑색이 어우러진 모양으로 변하게 됩니다. 마이코도(Mycodore)는 2.0% 이상의 염도에서도 잘 견디는데, 표피가 형성되기 시작하려면 중성 대의 pH가 요구됩니다. 숙성실의 온도는 12～13℃, 상대습도(RH)는 90～95%가 좋습니다.

(7) 페니실리움 알범(*Penicillum album*)

이 곰팡이는 페니실리움 까망베르티(P. camemberti)로도 불리고 있습니다. 이 곰팡이는 양털모양의 하얀색 곰팡이로서 긴 균사가 자라면 신속히 가벼운 회색빛으로 변합니다. 적절한 염도 수준에서도 잘 견디면서 증식합니다. 이 곰팡이는 독특한 향미와 잘 숙성된 향이 어우러져가면서 숙성되는데 6～8주 내에 두드러지게 증진됩니다. 원유에 직접 접종할 수도 있으며, 이상적인 증식온도는 20～25℃ 범위입니다.

4) 치즈 숙성용 효모와 세균류

(1) 효 모

효모는 자연계에 광범위하게 나타나는데 원유에서도 쉽게 출현합니다. 치즈에서 가장 빈번하게 출현하는 효모는 **클루이베로마이세스**(*Kluyveromuces*)속, **칸디다**(*Candida*)속 그리고 **데바리요마이세스**(*Debaryomyces*)속 입니다. 이런 효모류는 치즈에서 빠르게 증식하면서 치즈 숙성을 촉진합니다. 효모를 숙성에 사용하는 치즈는 토메(Tomme), 리바로(Livarot), 샴베틴(Chambertin), 에포이세(Epoisse), 르블로숑(Reblochon) 같은 것들입니다. 과거에 Rhodia사 계열이었던 Lacto-Labo에서 KL 71, CUM, DH라는 이름으로 시판되었던 것들입니다.

효모를 사용한 치즈숙성에서는 다음과 같은 유익한 결과를 얻었던 것으로 알려져 있습니다.

① 전반적으로 치즈에서 매우 강력한 향이 납니다.
② 치즈 품질을 떨어트리지 않으면서 표피와 치즈 몸체의 향미를 증진시킵니다.
③ 껍질이 건조해도 짜개지는 것이 없이 더욱 단단하게 만들어지면서 숙성이 잘 됩니다.

데바리요마이세스(*Debaryomyces*)속이 치즈 표피의 pH를 중성화시켜 줌에 따라 BL균(*B. linens*) 같은 세균이나 흰색 표피를 형성하는 **페니실리움 칸디듐**(*P. candidum*) 곰팡이가 잘 증식되게 해줍니다. **클루베로마이세스**(*Kluveromyces*)속(KL 71)과 **칸디다**(*Candida*)속(CUM)은 치즈의 향기 형성 발달에 효과적인 효모로서 치즈 표면과 치즈 내부 조직 모두에서 향이 증가하게 합니다. **데바리요마이세스**(*Debaryomuces*)속(DH)은 치즈 표피를 개선시키는 데 사용하는 숙성용 효모인 셈입니다. KL 71과 CUM은 원유에 직접 접종이 가능한데 0.2unit/100L의 수준으로 사용합니다. DH는 원유에 직접 접종하기보다는 치즈 10kg당 0.1 unit(0.1 unit /10kg 치즈)를 현탁액을 만들어서 치즈 표피에 분무해 주는 것이 더 좋습니다.

(2) 코리네(*Corynebacterium*) 균 - 표면 숙성 점질균(통상 명칭 BL균)

코리네 균은 캐나다의 오카(Oka) 치즈, 프랑스의 생 폴린(St-Paulin), 포르샬류(Port-Salut), 덴마크의 하바르티(Havarti), 독일의 뮌스터(Münster), 트라피스트(Trappist)와 림버거(Limberger)형 치즈에서 독특한 붉은색의 표피 형성을 주도하는 세균입니다. 한때 사람들이 이 코리네균이 곰팡이 종류인줄로 알고 "붉은 곰팡이"라고 불렀지만, 이는 표피에 생긴 붉은색 점액질 모양이 곰팡이 균총 모양으로 보여 착각한데서 비롯된 것입니다.

이 세균은 표피 숙성을 주도하면서 고유한 향미와 향기 성분을 만들어냅니다. 세계적으로 가장 널리 사용되고 있는 코리네균은 **브레비박테리움 라이넨스**(*Brevibacterium linens* : BL균) 균입니다. 균주회사들이 이 균을 연한 아이보리색에서 짙은 오렌지색 표피를 만드는 균으로 제조하여 공급하고 있지요. 즉 어떤 균주는 진한 노랑색 표피를 형성하는가 하면 어떤 균주는 짙거나 연한 아이보리색(상아빛) 표피를 형성하게 합니다. 그래서 치즈 제조자는 이를 감안하여 사용해야 합니다.

BL균이 잘 증식되게 하려면 치즈의 표피가 중성 pH를 유지해야 하는데 이를 위해서 **지오트리쿰 칸디듐**(*Geotrichum candidum*) 균이나 효모를 혼합하여 사용하고 있습니다. 이 후자의 균들은 치즈 표피의 pH를 알카리 쪽으로 끌어올려 주는 데에 주로 작용해 주기 때문입니다. 때때로 BL균과 **마이크로콕사이**(*Micrococci*, 구균류) 균류가 함께 혼합 사용되기도 하는데 미세한 구균류는 BL균의 생육을 촉진시키는 증식인자(Growth Factor)를 공급하는 역할을 해주기 때문입니다. BL균의 사용은 치즈를 제조한 원유에 넣어서 치즈 표면을 문질러 주는데 여기에는 몇 가지 방식이 있습니다.

① 치즈제조 직후 2～3 주간은 1주일에 2회 정도로 치즈 표면에 현탁액을 발라 문질러 줍니다.
② 3% 소금물에 BL균 분말을 현탁액(懸濁液)으로 만든 용액을 사용하기에 앞서 4℃의 냉장실에 16시간 정도 방치해서 충분히 수화가 되게 합니다.
③ 사용량은 원유에 현탁시키는 경우 : 0.1 unit /100kg
현탁액(懸濁液)으로 만들어 사용할 때 : 0.2 unit /치즈 10kg

(3) 구균류(*Micrococci*)

숙성에 사용하는 구균류는 숙성에 유익한 효소들을 생성하여 치즈의 조직발달과 향미 생성에 유리한 작용을 합니다. 구균류가 치즈 숙성에 이용되는 경우는 주로 경질, 반경질 치즈 생산 시 자연적 표피 또는 세척형 표피형성에 사용됩니다. 구균류는 원유에 직접 첨가되거나 치즈 숙성 시 표피 관리용 소금물에 첨가하여 사용합니다. 치즈 숙성에 사용되는 구균류는 3개 균주가 있는데 Lacto-Labo사(Rhodia)의 mVA, mVS, MCV입니다.

① mVA와 mVS는 크림 색조의 표피를 생성합니다.
② MCV는 오렌지 색조의 표피를 만듭니다.
③ mVA와 mVS는 치즈 내부의 유산균 증식을 촉진시키는 작용도 합니다.
④ mVA, mVS 그리고 MCV는 치즈 식감을 좋게 해주고 향기를 발생시킵니다.
⑤ MCV는 BL균과 같은 표면 숙성용 세균 증식을 이롭게 하는 시너지 효과를 갖고 있습니다.
사용량 : 원유 첨가 시 0.2 DCU/100 kg

(4) 유산 간균류(*Lactobacilli*)

치즈 숙성용으로 사용되는 유산 간균류는 **락토바실러스 카제이**(*Lactobacillus casei*) 균과 **락토바실러스 델브뤼키**(*Lactobacillus delbreuckii*) 균입니다. 이 두 균주는 어떤 치즈에서나 사용할 수 있습니다. 이 균류는 치즈 유산균이 죽어서 없어진 다음 치즈의 숙성 진행을 넘겨받아서 이어주는 "세균 보존소"라고 일컬어집니다. 즉 치즈 내

기존의 스타터 유산균들이 수명이 다해서 죽어 어느새 하나, 둘 사라져 간 자리에 이들 유산 간균류가 들어가서 숙성과정을 이어 나간다는 이야기입니다.

① 유산 간균류는 숙성기간을 단축시켜 줌으로써 숙성형 치즈에서 매우 중요한 작용을 해주는 셈입니다. 나아가 유산 간균류는 모든 치즈에서 조직 형성에 매우 이롭게 작용합니다.
② 유산 간균류는 치즈 내 스타터 유산균류의 단백질 분해로부터 나온 각종 펩타이드(Peptide)류에 작용함으로써 치즈 내 쓴맛을 내는 펩타이드류를 제거합니다.
③ 유산 간균류는 향미와 향기 생성을 촉진합니다.
사용량 : 0.2 unit/100 kg 원유

(5) 향기 생성용 혼합 균

치즈에서 독특한 향기 생성용 혼합 균은 각각 다른 보충형 균주들의 혼합물입니다. 각각의 혼합물들은 여러 가지 치즈 족(Cheese families)의 특수 목적에 따라 발전시켜 온 특성에 맞추어 조성되어 있습니다.

① ARN은 *B. linens, Geo. candidum* 그리고 **아트브로박터 니코티아내**(*Artbrobacter nicotianae*)의 혼합 균입니다. 이 혼합 균은 노르망디(Normandy) 계열의 치즈에서 독특한 향미를 생성하고 표면 숙성용 곰팡이 *P. candidum*과 산성에 민감한 세균인 BL균과의 균형을 잡는데 기여합니다. 이 혼합 균은 퐁레뷔키(Pont-L'Evegue) 같은 겹침 표피 숙성형 연질치즈 숙성에서 권장되고 있습니다.
② PLA는 거의 ARN과 같은 혼합 균이지만 숙성과정의 개시점에 효력을 나타내는 곰팡이류의 증식 촉진 역할을 해주는 효모인 **데바리요마이세스 한세니**(*Debaryomyces hansenii*) 균이 더 들어 있습니다. 그래서 PLA는 연질숙성 치즈와 반경질 치즈의 혼합형 표면 숙성용 균주로 사용하도록 권장됩니다.
③ AD는 **클루이베로마이세스 락티스**(*Kluyveromyces lactis*)와 **아트브로박터 니코티아내**(*Artbrobacter nicotianae*) 균의 혼합 균입니다. 하지만 이 균은 치즈의 향미는 생성하면서도 치즈 표면이나 껍질에서는 어떤 효과도 없습니다.

(6) 치즈 눈(Cheese Eye) 생성 균 - 프로피온산균(*Propionibacterium*)

프로피온산균은 치즈에서 치즈 눈을 생성합니다. 이런 치즈 눈이 있는 치즈류는 주로 알파인계 치즈로서 에멘탈러, 꽁떼, 스위스 치즈류와 같은 것들입니다. 프로피온산균은 이런 치즈에서 달콤한 맛을 증진시킵니다. 나아가 이 균들은 같은 시기에 치즈 내 스타터 균들과 합력하여 부수적인 효과들을 나타냅니다.

[Tip 18] 스타터의 일반적인 기능 요약[176)]

- 스타터는 치즈나 발효유 제조 시 세균, 효모 및 곰팡이의 증균시킨 접종물로 사용됩니다.
- 유산균(Lactic Acid Bacteria, LAB)은 산도를 높여주고 치즈의 지속적인 숙성 진행에 필수적이지요.
- LAB는 모든 유즙 중에 자연스럽게 존재하고 있지만 좋은 치즈제조 진행을 위해 추가적인 스타터의 첨가가 요구됩니다.

■ 스타터 유산균 증식발효에 의한 유산의 증가

- 커드응고에 도움을 줍니다.
- 커드 내 유청 배출(syneresis)을 촉진시킵니다.
- 병원성 세균과 부패세균의 성장을 억제해 줍니다.
- 치즈의 조직, 향미 및 색감을 발달시키는 역할을 합니다.

■ 스타터가 갖는 각종 임계값(Critical point)으로는 :

- pH 5.6에서는 용해성이 낮고 스트레칭이 잘 안 됩니다. 이 pH 부근에서는 커드가 연약하고 미끌거리며 쓴맛이 발생합니다.
- pH 5.4～5.0 : 스트레칭이 잘 되는 범위(pasta filata형 치즈)입니다.
- pH 4.9 : 커드가 끊어지기 쉬운 조직이 되고 용해도는 낮아지고 스트레칭이 안 됩니다. 치즈에서는 얼룩덜룩한 색조가 나타날 수 있습니다.
- 치즈숙성에 지속적인 도움을 줍니다.
- 치즈제조 중 각종 성분 분해능력으로 인해 비 스타터 균에게 성장인자(growth factors)를 공급합니다.
- 숙성 중 효소작용을 촉진합니다.
- 유산균 외에 특수 목적용 스타터(프로피온산균, 곰팡이, 점질균)들이 있습니다.

■ 유산균 스타터의 여러 특징들

- 무포자균이면서 고온에 불안정합니다.
- 낮은 수준의 산소에 내성이 있습니다. 통성혐기성 균이지요.
- 저온저장 중 균수 감소하는 현상을 보이므로 장기간 저온저장은 피하십시오.
- 구균류(Φ 1.0㎛)나 간균류(1.0×2～4㎛)로 구성됩니다.

176) 배인휴. 안종건 공역(Arthur R. Hill 저). 2007. 치즈과학과 제조기술, 도서출판 유한문화사. 서울. pp. 111-114.

■ 유산균 스타터의 분류

○ 다음 네 가지 기준에 따라 분류됩니다.

- 중요 대사산물들(정상발효 대 이상발효)
- 최적의 증식온도(중온균 대 고온균)
- 스타터의 구성(신축성의 유형과 수)
- 접종의 방식(벌크식 또는 벳트 직접 첨가식)

■ 중온균 대 고온균

○ 중온균

[최적증식 온도 30~35℃]

- 20℃ 이하에서는 산 생성속도가 지연되거나 아예 생성되지 않습니다.
- 39℃ 이상에서는 증식이 억제됩니다.
- 고온처리(40℃ 이상)를 하지 않는 치즈에서 사용됩니다.
- 정상/이상 발효균이 혼합되어 있기도 합니다.

○ 고온균

- 최적 증식온도 : 39~50℃, 그러나 55℃ 이상에서도 생존합니다.
- 20℃ 이하에서는 균수가 급감합니다. 그렇다고 증식이 정지되는 것은 아닙니다.
- 일반적으로 간균과 구균의 혼합 배양물입니다. 구균은 높은 온도를 더 좋아하나 간균에 비해 내산성이 약한 편입니다.

■ 스타터의 조성

- 순수 혹은 복합균주 배양물입니다.
- 단일균주 배양액 혹은 단일균주들의 혼합 배양액입니다.
- 박테리오파지의 감염을 피하기 위한 균주의 로테이션 채용을 합니다.
- 일정률의 산 생성과 향미제공 기능을 합니다.
- 복합균주 배양은 스타터 생육환경을 고려한 체제로써 큰 특성이 없는 혼합물입니다.
- 원칙적으로는 박테리오파지 내성을 갖도록 고안한 혼합체제입니다.
- 보편적으로 중온균들을 혼합한 복합균주가 여전히 쓰입니다.
- 고온균들의 경우 뚜렷한 목적발효를 위한 혼합형식이 일반적입니다.
- 산 생성이나 향미증진은 크게 고려되지 않습니다.

3.11 스타터 관련 실용 지식들

1) 불균일한 스타터의 활력과 실패 원인들이 있습니다.

성공적인 치즈 제조에서의 키포인트는 치즈의 종류에 맞추어 적절한 속도로 유산의 생성을 항상 균일하게 유지해 주는 스타터에 있습니다. 이를테면 스타터의 유산생성 속도가 이번 벳트와 다음 번 벳트에서 달리 나타난다면 치즈의 품질 역시 이 벳트 것과 다음번 벳트의 것이 다르게 나타날 것이기 때문입니다. 이러한 치즈 스타터의 유산생성 활력의 변이나 극단적인 경우의 실패에는 수많은 요인이 있기 마련입니다. 우리는 이러한 요인들을 밝혀내어 조심하게 된다면 항상 균일한 품질의 치즈를 생산할 수 있게 될 것입니다.

〔스타터 균주에 연관된 요인들〕

(1) 스타터 균의 저장과 취급상의 조건들

① 일반적으로 균주회사들이 시판하고 있는 스타터들의 활력은 매우 정교하게 표준화되어 있습니다. 그래서 균주를 제대로 보관하고 취급만 해준다면 대부분의 시판 균주들은 매우 안정적인 활력을 나타내주므로 모든 치즈 벳트에서 균일한 품질의 치즈를 생산하게 해 줄 것입니다. 그러므로 제조회사가 지시하는 균주 보관요령과 취급방법을 정확히 준수해 주는 것이 무엇보다 중요하지요. 가령 어떤 균주회사에서는 동결건조 균주는 반드시 -40℃에서 보관하되 6주 이상 넘기지 말도록 지시했다면 사용자들은 이를 반드시 준수해야 한다는 것입니다.

② 항상 새로운 봉지의 DVS를 사용하되 남은 것은 그것이 얼마가 되었든 버리는 것이 좋습니다. 남은 것을 다음번에 또 사용하려고 남겨 두는 것은 바람직하지 않습니다. 그러니까 항상 DVS 봉지를 개봉할 때는 벳트의 용량에 맞추어 개봉하는 것이 경제적이고, 치즈 품질의 균일성을 유지하는 데도 좋습니다.

③ 균주의 보존하는 과정에서 온도 변동을 최소화 해주어야만 합니다. 그러니까 이런저런 보관품을 함께 넣어 두는 냉동고에 스타터 균주를 보관하지 말고 균주만 보관할 전용 냉동고를 마련해야 한다는 것이지요. 가령 잡다한 보관물이 섞여 있는 냉동고에 스타터를 함께 보관하다 보면 다른 것들을 넣고 꺼내고 하면서 냉동고 문을 자주 여닫는 동안 온도의 변화가 일어나기 때문입니다.

(2) 스타터 균주가 다양한 활력을 가진 경우 균주회사들은 한 스타터 안에 몇 가지 이며, 균주들을 혼합하여 제조한 상태로 공급합니다. 따라서 그 균주 중 몇 가지는

빠른 유산 생성능을 나타내 주는 반면 다른 몇 가지 균주들은 느린 산 생산성을 나타내는 것으로 구성되어 있습니다. 그런데 갑자기 다른 스타터로 변경을 하다 보면 치즈제조 중에 산 생성능이 매우 뚜렷한 변화를 나타낼 수가 있는 것입니다. 그래서 만약 스타터를 바꾸고자 할 때는 전에 사용했던 스타터와 유사한 균주 구성을 갖는 것으로 구입해서 사용해야 한다는 것을 명심해야 합니다.

(3) 벌크 스타터(Bulk Starter)[177] 준비

원유의 고형분들은 벌크 스타터의 균주들을 증균시키는 주요 성분이 됩니다. 그래서 벌크 스타터 제조 시 유고형분 함량(최소한 11% 이상)이 얼마나 함유되는가가 중요합니다. 여기서는 스타터용 원료유의 살균온도와 신속한 냉각도 중요합니다. 일반적으로 스타터 원료유를 고온(85~90℃)에서 30분간 살균하면 가열처리에 의해 역시 스타터 균의 증식에 유리한 물질의 분해 공급이 이루어집니다. 벌크 스타터 배양의 최종 pH(end point)는 중온균인 경우 4.8~5.0 범위, 고온균의 경우 4.2~4.3이 적당합니다.

2) 원유의 화학적인 요소와의 연관성

(1) 유방염유와 건유 전 비유 말기 원유

유방염유나 비유 말기의 원유는 일반적으로 pH가 비정상적으로 높은 경향이 있습니다. 그리고 유방염유에는 스타터의 증식억제 물질(항생제)이 함유되어 있을 우려 또한 높습니다. 만약 이런 원유를 사용하여 치즈를 제조할 경우 균일한 산생성력 유지를 위해 정상 원유를 사용할 때보다 더 많은 양의 스타터 접종이 필요합니다.

(2) 산패유(산패유에는 유리지방산이 많이 함유됨)

산패유의 경우 유리지방산의 함량이 높은데, 유리지방산은 스타터 균의 증식활력을 억제합니다. 산패유가 나오는 잠재적인 원인은

① 유방염이나 비유 말기 원유
② 유 지방구를 연약하게 하여 거품이 일거나 유지방의 엉킴현상(churning)
③ 유 지방구가 파쇄된 경우 동결 / 해동
④ 저온균의 증식에 의해 일어납니다.

---

177) 벌크 스타터(Bulk starter) : 각종 발효유제품(혹은 발효식품) 제조용 발효탱크에 직접 접종(첨가)할 수 있도록 대량 배양시킨 것. 중간 스타터(intermediate)로부터 증균 배양시킨 것, 혹은 제품제조에 직접 사용할 수 있도록 증균 배양시킨 스타터를 말합니다.

(3) 유 고형분(단백질) 함량

카제인 입자(micelle)에는 인산칼슘이 풍부해서 카제인이 산(acid)을 포집하는 스폰지와 같은 작용을 하는데, 유산균 스타터에 의해 생성된 유산(lactic acid) 모두를 끌어안아 모아 둔다고 볼 수 있습니다. 따라서 **일반적으로 원유 중에 단백질(카제인) 함량이 많으면 치즈제조 중에 일정한 산 생성률을 유지하기 위해서는 그 만큼 스타터 양도 많이 늘려 주어야 하는 것입니다.** 유 성분 중 계절적 변이가 가장 높은 성분은 유단백질이므로 치즈제조 시에 특별히 주의해야 합니다. 즉, 초보자들이 치즈를 제조할 때 범하는 난제 중 하나가 단백질 함량 변화에 따른 스타터 사용량의 조정인데 단백질의 계절적 변이에 따라 사용하는 스타터의 양도 일정한 주기마다 반드시 조절해 주어야 한다는 것입니다.

(4) 응집(clotting)

① 스타터에 이상이 생기면 산으로 응고시키는 치즈에서 기본적인 문제를 일으키게 됩니다. 문제의 증상으로는 산 생성능이 저하된 스타터는 매우 연약한 응고를 일으키거나 아예 원유의 응고현상 자체를 무산시켜 버립니다. 활력이 떨어진 스타터 중에는 가끔 원유 모양은 그대로 유지한 채 치즈 벳트의 바닥에 젤리 같은 침전물을 형성하기도 합니다.

② 이런 현상은 스타터 균주에 민감한 원유 중의 면역글로부린(immunoglobulin)의 반응에 의해 일어나는데, 이 둘이 서로 만나면 유산균 세포 + 면역글로부린 복합체가 되어 치즈 벳트 바닥에 가라앉아 자리잡게 되는 것이지요. 정확히 말하자면 스타터 균이 이 복합체를 치즈 벳트 바닥으로 끌어내린 작용에 의해 발생하는 것입니다.

3) 원유에 유입된 개입 인자들

(1) 대장균군 세균류(Coli-form bacteria)

대장균군도 상당히 많은 유당을 발효하여 유산을 생성하는 편입니다. 치즈제조 중 원유 중에 대장균 수가 많으면 유산 생성 속도가 매우 급속하게 빨라지는데 이는 대장균군과 유산균 스타터가 합세하여 유산을 생성해 내기 때문입니다. 극단적인 경우, 산 생성 속도가 매우 빨라질 뿐만 아니라 치즈 제조 중에 대장균군이 대량의 CO_2가스를 생성해서 응유커드가 떠오르면서 유청도 거품을 내는 모양을 나타내기도 합니다.

(2) 과도한 교반이나 거품형성

일반적으로 치즈 스타터 균류는 혐기성균이기는 해도 매우 미약한 호기성 균에 속합니다. 그래서 통성혐기성균(Facultative anaerobic bacteria)이라고 칭하기도 합니다. 즉 원유 중에 매우 낮은 농도로 산소가 용해되어 있을 때(용존산소) 유산균의 활성이 최대로 나타난다는 것입니다. 가령 원유를 운반하고 다루는 과정에서 원유를 너무 흔들어 튀게 하고 거품을 일으켰거나 원유 운반 시 뚜껑을 허술히 닫아 공기 유입이 되게 하는 등의 처리를 했다면 이때는 너무 많이 유입된 산소 때문에 오히려 유산균의 활성이 저해를 받게 될 것입니다.

(3) 항생제

치즈 스타터는 유방염 치료 가축으로부터 유래한 항생제에 매우 민감합니다. 따라서 유방염 치료중인 가축의 원유는 건강한 가축의 원유와 엄격히 격리시켜야 합니다. 이는 치즈제조 과정이나 소비자 건강안전을 위해 반드시 이런 조치를 해야 합니다. 유방염 치료축의 원유는 치료중일 때뿐만 아니라 치료가 끝난 뒤 제조회사가 명시한 항생제 성분의 체외 완벽 배출시간 이후(보통 최종 항생제 처리부터 72시간 이상 경과)까지 그 원유는 치즈제조 현장으로부터 완전히 격리조치 해야만 합니다. 나아가 모든 원유탱크의 원유는 치즈제조에 사용되기 전에 반드시 항생제 잔류검사를 거쳐 그 안전성이 확인 된 뒤에 사용해야 할 것입니다.

(4) 박테리오파지(Bacteriophage)

① 박테리오파지(줄여서 **파지**, phage)는 세균을 공격하는 바이러스의 일종입니다. 이 파지는 세균세포에 자신의 핵산물질(DNA)을 주입한 뒤 그 세포내 성분을 이용해서 증식하고 세포 자가 파쇄를 일으킨 다음 침입세포 하나당 50~150개의 새로운 파지를 주변 환경에 방출하는 특성을 갖고 있습니다. 새로이 방출된 파지는 새로운 스타터 세포를 공격해서 또 다른 파지 생활환(環)(Life cycle)을 계속해 나갑니다.

② 파지는 바이러스 특성 그대로 공격하는 숙주 특이성(공격하는 세포 종류만 공격함)이 매우 높습니다. 그러니까 유산구균 중 어떤 것을 공격하는 파지는 같은 구균이라도 공격하지 않는 구균은 공격하지 않고 그냥 지나친다는 것입니다.

③ 도대체 이런 파지는 어디에서 온 것일까요?

- 원유 또는 원유 주변 환경

- 치즈공장 주변과 내부의 먼지나 오염된 공기
- 유청이나 공기 중에 퍼진 유청 부유물
- 공장 안에 형성된 작은 구덩이나 홈에 고여 있는 물 등이 파지 서식처입니다.

④ 치즈공장에서의 파지 처리와 방지
- 파지 무관련 균주(phage control)의 로테이션 사용
- 완전하고도 효과적인 청결처리
- 치즈 제조실에서의 완벽한 유청 제거
- 필요한 경우 염소안개(chlorine fog) 분무처리
- 우사로부터 치즈 제조실에 이르는 교차오염의 철저한 차단 등입니다.

⑤ 잔류 세제, 소독수

치즈 제조실의 각종 도구나 파이프라인 세척, 소독 후 철저한 헹굼으로 이런 세제나 소독수 같은 물질이 잔류되지 않게 조치함이 매우 중요합니다.

(5) 치즈 제조 공정과 연관된 요소들

① 접종 / 숙성처리

응유효소를 첨가하기 전 스타터를 접종하고 나서 잠시 증균되는 시간이 40~60분 정도 부여됩니다. 이 시간을 "숙성"이라고 부르는데 이러한 숙성시간 부여는 스타터

흡착 → DNA 주입 → 핵산복제 → 합성 → 단위조립 → 파지(phage) 방출
(대장균 T4, λ는 22~24분)

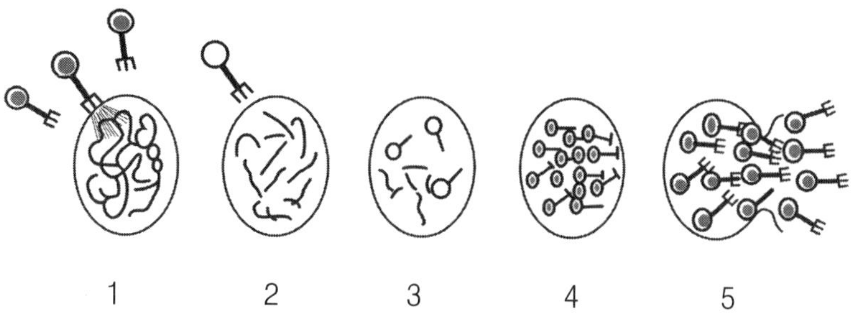

그림 2-17. 박테리오파지의 생활환(Life cycle)[178]

178) Bylund, G. 1995 Dairy Processing Handbook. Tetra Pak Processing Systems. AB. Lund, Sweden /2010 발행/한국낙농유가공기술원. 서울. p. 70.

가 스타터 균으로서의 활성(activity)을 획득할 만한 생균수를 늘리는 데 목적이 있습니다. 따라서 이러한 배양(숙성) 시간은 매우 중요한데, 이는 이후의 치즈제조 공정 전반에 걸친 산 생성률에 직접적으로 영향을 미치기 때문입니다. 만약 스타터 균주가 활성화되기 전인데도 불구하고 배양(숙성) 진행시간이 너무 짧게 처리되면서 치즈제조 과정이 이루어지게 되면 치즈 원유의 산성화는 치즈제조 공정 뒤에 따라 가는 식이 되어 치즈 품질을 떨어트리게 될 것입니다.

이와 반대로 배양(숙성) 시간이 너무 길어지면 치즈 스타터 균의 활성이 지나치게 과도해져서 치즈원유 산성화가 치즈제조 공정보다 앞서 진행되어 버려서 치즈 품질을 떨어트릴 것입니다. 결국 스타터에 의한 치즈 원유의 「숙성」은 치즈별로 제조공정에 정해진 시간만큼만 하는 것이 바람직한 것입니다. 이는 곧 수많은 치즈기술 개발에 진력해 온 수많은 선배들이 각고의 노력을 거쳐 각 치즈별로 알맞은 시간들을 찾아내어 정립해 둔 것이기 때문입니다.

② 온도조건

스타터 균주들의 활성은 온도에 매우 민감하게 반응한다는 점을 잊지 말아야 합니다. 그러므로 치즈제조 매 공정 구간마다에서의 온도조절, 유지가 매우 정교하고도 세밀하게 이루어져야 함이 절대적인 필수조건이 된다는 것을 깊이 유념해야 합니다. 특별히 계절과 시기에 따라 <우리나라의 경우 겨울철 3한4온(三寒四溫)의 기온 변화가 심하고, 특히 환절기 일교차가 17～18℃가 되는 시기> 치즈공장을 둘러싼 대기 온도와 그 온도가 치즈 표면에 영향을 미치는 점에 대해 각별히 조심해야 할 것입니다. 따라서 치즈 제조자는 자신이 사용하고 있는 온도계는 정기적으로 '기본 온도계'에 비교, 계산한 뒤에 잘 맞추어서 사용해야만 합니다.

3.12 스타터 균 활성의 검색 : 치즈제조 단계에서의 스타터 활성도 측정

우리는 좋은 치즈를 제조하는데 있어서 유산균 스타터의 활발한 증식성과 그로 인한 적절한 유산의 생성보급은 가장 필수적인 요소임을 깊이 인식해야 합니다. 그러므로 치즈 제조자는 자기 치즈 벳트에서의 치즈 제조가 정상적으로 진행되고 있는지를 확인하기 위해 치즈 제조 중 중요한 단계마다 유산생성이 정상적으로 진행되어 순항 중인지를 습관적으로 점검하고 주의를 기우리지 않으면 안 됩니다.

이를테면 체다 치즈의 경우 커드절단 후에 교반이 진행되고, 유청 빼기가 이루어지고, 최종 유청 빼기 단계 직전까지 서너 번은 유청의 pH를 측정해서 시간 진행과 pH 하강속도가 정상적으로 맞물려 진행되는지를 점검하고, 너무 빠르면 온도를 낮추고 교반 속도를 낮추되 너무 느리면 이를 반대로 바꾸어 조절하여 최종 유청 제거 직전의 pH가 6.1～6.2 되게 맞추어야 합니다. 이를 저자는 "치즈제조 단계별 pH 흐름(pH 구배, pH history of cheese step)"이라고 부릅니다. 여기서 우리가 이러한 단계별 pH 흐름의 경로를 파악하기 위한 스타터 균의 활성 측정에는 두 가지 방법의 산도(acidity) 측정법이 있습니다.

하나는 적정산도(titratable acidity) 측정법이고, 다른 하나는 pH 측정법입니다. 이 두 방법이 스타터의 산 생성 활성, 즉 산도를 측정하는 것이기는 해도 각각의 측정값이 의미하는 것에는 차이가 있는데, 이는 각각 다른 개념의 산도가 측정되는 것이기 때문입니다. 그래서 이것은 좀 전문적인 이야기가 되지만 우리는 깊이 있는 지식이 있어야 깊이 있는 치즈제조 기술을 구사할 수 있다는 점을 유념하고 이번 기회에 이를 잘 이해하고 넘어 가기로 하십시다.

첫째 산(酸, acid)이란 무엇입니까?

산(酸)을 이야기 하면 사람들은 신맛, 약간 떫은 맛, 퀴퀴하고 시큼한 맛을 떠올리게 됩니다. 맞는 이야기입니다. 산이란 용액 중에서 주변에 수소이온(H^+)을 잘 내어놓는 성질을 갖고 있다고 봐야 합니다. 산은 수용액 중에서 용매의 물 분자를 염기[179]로 하여 하이드로늄 이온(H_3O^+)이 되어 있어서 산은 수용액에서 신맛을 띠게 되는 것입니다. 일반적으로 수용액 중에서는 pH(수소이온농도)가 7보다 작은 때를 "산성"이라고 합니다.

[산 - H^+ →→→ 수용액 중에서 → 산 + H^+]

즉 수소이온을 가지고 있던 산이 수용액 중에서는 수소이온을 내어 놓게 된다는 것이고, 그에 따라 용액 중의 수소이온 지수가 변하는 것입니다. 용액 중에 수소이온을 많이 내놓는 경우 산이 갖고 있던 수소이온수가 적어지니까 지수가 낮게 표현되고, 수소이온을 적게 내어 놓는 경우 산에 있는 수소이온 지수는 높게 나오는 식입니다. 그래서 pH값이 높다는 것[pH 6.0]은 지수가 높게 나오는데 약산성이 되고, pH값이 낮으면 [pH 3.0] 강산성이 되는 것입니다[180].

---

179) 염기(鹽基, base)는 수용액에서 수산화이온을 내거나 수소이온을 흡수하는 물질의 성질을 말합니다. 흔히 알칼리라고 부르며, 산(酸, acid)에 대응되는 물질로 서로 중화반응(中和反応)을 일으켜 염과 물을 만듭니다. 대부분의 염기(base)는 금속 산화물입니다. (위키백과 : http://ko.wikipedia.org/wiki%EC%97%BC%EA%B8B0′)

180) pH에 대한 좀 더 자세한 설명은 배인휴 역(Arthur R. Hill 저). 2017. (증보개정판) 치즈과학과 제조기술. 도서출판 유한문화사. 서울. pp. 73-77과 pp. 97-98의 내용을 참고하시기 바랍니다.

둘째, 결국 산은 우리가 표현할 때 약산성이 있고 강산성이 있습니다.

가령 산이 강한 산성(강산)이 된다는 것은 모든 산 분자가 갖고 있는 모든 수소이온(H^+)을 수용액 안에 송두리째 내어 놓는다는 것을 의미하지요. 거꾸로 산이 약한 산성(약산성)이 된다는 것은 일부 산 분자가 자신의 수소이온(H^+)은 대부분을 그대로 보유하면서 수소이온(H^+)의 일부만을 수용액 안에 내어 놓는다는 것을 의미하는 것입니다.

강산성 ⇒ (10분자의 산 - H^+) →→→ 수용액 중 10분자의 산 + $10H^+$
약산성 ⇒ (10분자의 산 - (H^+) →→→ 수용액 중 5분자의 산 + $5H^+$ +
(5분자의 산 - $5H^+$)

[Tip 19] 산(酸, Acid)에 대한 보충 설명

음식의 신맛 여부는 수소이온(H^+)이 얼마나 식품의 수분에 유리되어 있느냐에 따라 달라집니다. 유리 수소이온은 식품의 여러 생물학적 기능과 관련이 있지요. 치즈의 경우 이 이온이 우유응고 시 직접적인 관련을 맺고 있습니다. 이러한 H^+농도는 치즈 제조 중에 측정하면(치즈제조 공정에서 단계 진행마다 pH를 측정) 시간과 pH 측정에 의해 치즈제조가 무난히 진행될 수 있을 것입니다. 치즈제조에 문제 발생 시 그때의 pH가 어느 정도였는가가 중요한 힌트와 문제의 단서가 될 수 있다는 것을 명심하십시오.

저자는 누구든지 치즈 제조자가 언제든지 치즈 제조에 문제가 있어서 질문을 해 오면 그동안 진행된 치즈제조 단계별 pH 이력을 말해 보라고 묻습니다. 원유의 수소이온(H^+)은 제일 먼저 단백질에 결합되고, 다음은 산에 함유되며, 일부가 물에 유리됩니다. 오렌지 주스가 신 것은 대부분의 H^+가 주스의 다른 성분에 결합하지 못하고 전적으로 물 부분에 유리되어 있기 때문에 신맛이 많이 나는 것입니다. 그러나 우유는 그 반대로 단백질, 지방, 유당 무기질 등에 거의 대부분이 결합되고, 물 부분에 유리되어 있는 양이 상대적으로 적기 때문에 신맛이 안 나는 것입니다.

이제 여러분이 적정산도와 pH의 정확한 개념을 안다면 치즈제조의 모든 공정을 잘 콘트롤 할 수 있을 것입니다. 그러므로 치즈제조 기술의 기본지식으로써 산도와 pH에 대한 정확한 이해도는 너무도 중요하다는 것을 명심하십시오. 자연계의 많은 세균류들이 유당을 거의 분해하지 못합니다. 원유에 오염된 세균들도 역시 유당분해능이 없습니다. 대신 유산균은 유당분해능이 탁월해서 유산생성이 잘 되고 pH가 낮아지면 다른 잡균의 증식이 억제 되는 것이지요. 식품의 산도(酸度, acidity)란 식품의 수분 중에 존재하는 수소이온농도를 의미합니다. 산도가 높은 식품은 식초, 과일인데 이런 것의 공통 특징은 신맛이 있다는 것입니다. 이런 식품은 저장성이 높습니다. 수소이온은 단백질과 잘 결합합니다. 그래서 위염환자가 우유를 마시면 속을 쓰리게 했던 과도한 위산(H^+)이 신속하게 우유 단백질에 결합되면서 산에 의한 염증이나 고통이 진정되는 효과가 있기에 우유를 마시면 심한 속쓰림이 완화되는 원리가 됩니다.

셋째, 더욱 중요한 사실은 적정산도와 pH 사이에 있는 차이점에 대한 이해입니다. 먼저 적정산도 측정이란 시료 내에 함유되어 있는 모든 산 분자가 측정되는 것, 즉 모든 수소이온(H^+)이 측정되는 것이고, 이로써 강산, 약산성로 구분될 수 있습니다(결합 H^+ + 유리 H^+). 반면 pH 측정이란 오직 용액 중에 유리되어 나온 수소이온(H^+)만을 측정하는 것입니다(유리 H^+만). 따라서 pH 측정에서는 유리 수소이온(H^+)을 갖지 않는 약산성 분자에 대한 측정은 불가능해지는 것이지요.

1) 적정산도의 측정

적정산도 측정의 원리는 산이 들어 있다고 추정되는 시료에 알카리 액을 넣으면서 적정하는 것으로 산을 함유하고 있는 시료의 중화(中和), 즉 산의 양과 알카리 양이 같아지기까지에 소요되는 수산이온(OH^-)의 (NaOH 형태로 함유됨) 양을 알아내서 그 값을 산도로 환산해 주는 방식입니다. 수산이온(OH^-)은 강산과 약산으로부터 유래한 수소이온(H^+)과 매우 강력하게 결합할 수 있는 능력을 갖고 있습니다. 따라서 하나의 새로운 수산이온(OH^-)을 시료에 첨가해 주면 하나의 수소이온(H^+)과 결합하는데 이때 강산이든 약산이든 결합할 수 있는 만큼의 모든 수소이온(H^+)을 빼앗아 오듯이 결합해 내는 것입니다. 수산이온은 이렇게 수소이온(H+)과 강력하게 결합할 수 있는 능력을 갖고 있습니다.

강산 10[산] - H^+ →→→ 수용액 →→→ 10[산] + $10H^+$
$10H^+$ + 10 OH^- →→→ $10H_20$ 물]
(NaOH 첨가)

♣ **참고로 산성 용액에 NaOH를 추가해 주면 시료는 알카리 화(더 이상 산성이 아님)되면서 지시약(phenophthalein)에 의해 연한 분홍빛으로 변하게 됩니다. 산도 측정자는 산도 적정 시 이 분홍빛이 나타나는 시점에서 적정이 완벽히 이루어 졌음을 판단해야 합니다.**

약산 10[산] - H^+ →→→ 수용액 →→→ 5[산] + $5H^+$ + 5[산] + $5H^+$
$5H^+$ + 5 OH^- →→→ $5H_20$ [물]
5[산] - H^+ + 5 OH^- →→→ $5H_20$ [물]
(NaOH 첨가)

▶ 다시 한 번 강조해 두지만 적정 산도는 시료에 들어 있는 모든 산분자의 수소이온(H^+)의 총량을 측정한 것입니다. 결국 적정산도란 시료(원유) 중의 모든 산분자의 수소 이온(H^+), 즉 원유 내 유산균이 생성한 유산과 원유가 자체적으로 함유하고 있

는 약산, 유기산류의 수소이온[H^+]까지 모두 측정된다는 것을 의미하는 것이지요.

▶ 고품질의 신선원유에는 유산(乳酸)이 거의 함유되어 있지 않습니다. 따라서 고품질 신선원유의 적정산도(%TA)는 원유에 존재하는 다른 약산성 물질, 그러니까 근본적인 인산류, 그리고 구연산의 [H^+]농도 정도인 것입니다. 인산류(예, 인산염)는 카제인 단백질의 주성분으로 단백질 함량이 높은 원유가 낮은 원유보다 산도(%TA)가 더 높게 측정되는 것이 그런 배경에서 비롯되는 것입니다. 이를 테면 9% 환원탈지유의 산도가 0.15%라면 12% 환원탈지유의 산도는 0.20%가 되는 것이지요.

따라서 신선원유에 유산(乳酸)의 함량은 없는 것이나 마찬가지라는 전제하에 치즈 원유에서의 유산균(乳酸菌) 스타터에 의해 생성된 유산(乳酸)의 함량은 원유 최초 산도 측정 이후 변화된 유산량(乳酸量)을 적정산도 측정에 의해 파악할 수가 있습니다. 이는 곧 치즈 제조 중에 유산균의 활성도를 판단하는 중요 수단이 될 수 있는 것이기도 합니다.

(1) 적정[181]산도 측정법

이는 곧 원유 중에 함유된 수소이온 농도를 0.1N NaOH(시약상에서 판매함)를 사용하여 중화(中和)시킴으로써 적정(滴定)하여 측정하는 방식입니다. 시료가 중화되기까지, 즉 지시약 색소가 연분홍색으로 되기까지(대개 pH 8.5) 소요된 NaOH량을 산의 양으로 환산하는 법입니다. 그 방법을 단계적으로 설명하면 다음과 같습니다.

① 10 mL의 시료를 하얀색 도기 컵에 취하고 증류수 10 mL을 추가함.
② 이 도기 컵에 다시 5방울 정도의 1.0% Phenolphthalein 용액[182]을 가함(0.1 mL가 정확함)
③ 산도 적정기에 의해 0.1N NaOH를 시료에 떨어뜨리면서 흔들어 주어 시료가 연분홍색이 되기까지 가해줍니다. 적정시점에 나타난 연분홍색이 30초 정도는 유지될 것입니다.

---

181) 적정(滴定, Titration)이란 말이 어렵게 느껴져서 설명을 덧붙이자면 여기 한문의 적(滴)자는 '물방울 적(滴)'자입니다. 즉 아주 적은 양의 물방울이 떨어진다는 의미입니다. 이는 용액 중의 어떤 물질의 함량을 알고자 할 때 그 물질과 결합할 수 있는 다른 물질을 용액 중에 물방울처럼 미량으로 떨어트려가면서 모두 결합되었음을 의미하는 지시 점(주로 색깔 표지)에 이르기까지 측정(測定)하는 것을 말합니다. 그래서 이 둘을 합쳐 적정(滴定)이라고 표현하는 것입니다.

182) 1.0% Phenolphthalein액은 적정 시 중화점을 알려 주는 지시약입니다. 제조방법은 시약상에서 Phenolphthalein과 99.9% 에칠알콜(Absolute ethylalcohol)을 구입하고, 99.9% 에칠알콜 99.0 mL에 1.0g의 Phenolphthalein을 넣어 혼합 후 불투명한 유리병에 넣어 사용합니다. 만약 유리병 밑부분에 하얀 침전물이 생겨서 보이게 되면 이는 폐기하고 새로이 만들어서 사용해야 합니다. 지금은 이것을 제조해서 시약상에서 판매합니다.

④ 이때 소요된 알칼리(NaOH) 값의 1/10을 산도로 환산합니다(그 값을 %농도로 표시하는데, 만약 1.0N NaOH가 1.4 mL가 소요되었으면 이때 그 시료의 산도는 0.14%임).

(2) pH 측정

pH 측정은 「pH 메터」라는 기계장치에 의해 전기력을 작동시켜 측정하여 시료 중의 수소이온[H^+] 농도를 우리가 알기 쉽게 수치화 해주는 기계적 해석기능을 이용하는 것입니다.

① 우선 그 원리를 알기 쉽게 살펴보면 다음과 같습니다.

- pH 메터의 구조는 그림 2-18에서 보는 바와 같이 크게 3개 부분으로 구성되어 있습니다. ⓐ 용액 중의 수소이온 농도를 읽어 내는 **pH전극**(pH electrode) ⓑ **보정전극**(reference electrode) ⓒ **밀리볼트 메터**(Millivoltmeter)입니다.
- 수소이온[H^+]이 함유된 시료 내에 pH메터의 **pH전극**(pH electrode)을 담그게 되면(혹은 찌르게 되면) 수소이온들이 특수유리로 제조된 pH전극의 유리막 표면으로 모여들게 되고, pH전극 유리막 표면에는 전기 전하가 발생하게 됩니다. 그 전하량은 시료 내에 함유되어 있는 수소이온[H^+] 농도에 따라 그 전하량의 차이가 나는 것이지요.
- **보정용 전극**(reference electrode)은 언제나 일정한 전하량을 보유하도록 설계되어 있습니다. 그러니까 보정용 전극과 pH용 전극은 두 개의 전극 모두가 동

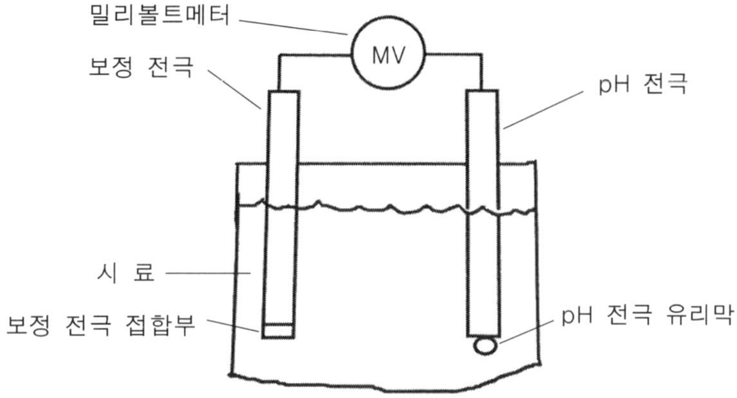

그림 2-18. pH 메터의 구조

시에 시료 안에 있을 때의 pH 값이 7.0으로 나타나도록 고정하여 pH용 전극의 표면 전하량과 보정용 전극 전하량이 똑같아지도록 작동되게 설계해둔 장치입니다. 그럼으로써 시료 중에서 증가 또는 감소되는 **전하량의 차이**를 읽어낼 수 있을 것이기 때문입니다.

- 여기서 **밀리볼트(mV) 메터**는 **pH전극**과 **보정전극** 간의 **전하량 차이**를 측정해 냅니다. 만일 시료의 pH가 7.0인 시료 속에 전극이 위치해 있다면 밀리볼트 메터는 보정 전극과 pH전극 사이의 전하량의 차이를 "0.00"으로 나타내 줄 것입니다.
- 이를테면 시료의 pH가 1.0단위가 변하면(예로써 pH 7.0에서 pH 6.0으로 변화된다면 이는 수소이온 농도가 10배 정도가 높아졌음을 의미합니다.) 이는 20℃ 하에서 pH전극 표면에서의 전하량이 +58mV에 해당하는 차이 변화가 나타났음을 의미합니다. 따라서 밀리볼트 메터가 보정전극과 pH전극 사이에 발생하는 **전하량 차이인** +58mV를 측정해내는 기능을 발휘하고 있는 셈이지요.

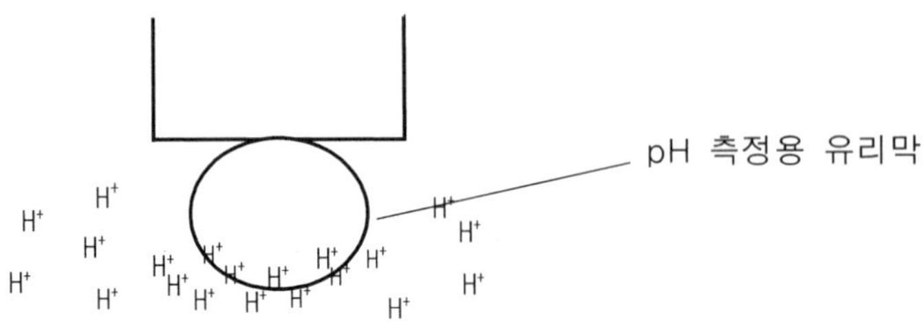

그림 2-19. pH전극 유리표면 막에 응집되는 수소이온(H^+) 모양

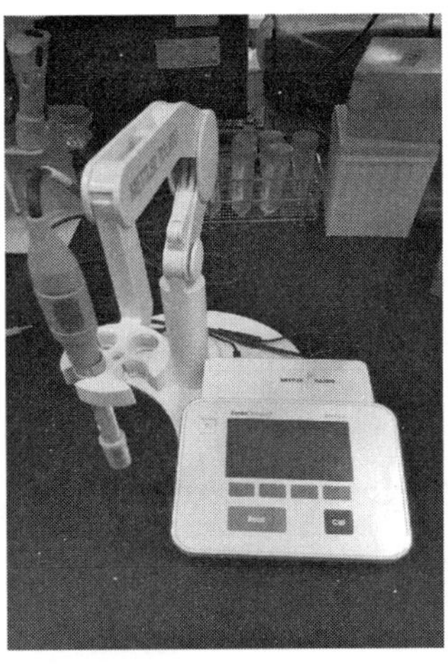

그림 2-20. pH 측정기구(pH meter)
(화보 12쪽, 저자 사진)

– 만약 시료의 pH가 5.0인 상태에 pH 전극이 담겨졌다면 pH 전극에서는 보정전극에서 보다 전하량이 116mV(pH 7.0과 6.0 사이의 차이가 +58mV이므로 +58mV × 2 = 116mV임) 정도 많아진 것임을 의미하는 것입니다. 여기서 비로소 이 차이를 읽어 내고 pH값으로 환산해 주는 장치가 필요하게 됩니다. 이 장치가 바로 **밀리볼트(mV) 메터(mV메터)**입니다.

– **mV메터**의 주요 기능은 pH전극과 보정전극 사이에 발생한 전하량의 차이를 측정해 줄 뿐만 아니라 이 차이가 난 값을 시료의 pH값으로 환산하여 나타내 주는 기능도 수행해 줍니다.

(예, +58mV = pH 6.0 ; +116mV = pH 5.0 ; +174mV = pH 4.0 등)

– 이러한 원리와 배경에 따르면 결국 pH측정이란 시료 내에 함유되어 있는 수소이온(H^+) 농도를 측정한다거나 시료 내에서 수소이온(H^+)을 방출해 내는 산 분자의 양을 측정하여 수치로 나타내는 것이라고 볼 수 있는 것이지요. 그리고 **pH값은 산도적정 값(%TA)에서처럼 약산성이나 단백질, 지방, 탄수화물들에 결합되어 있는 모든 수소이온(H^+)의 농도를 측정해 내지는 못하고 오로지 용액 중에 유리된(빠져 나온) 수소이온(H^+) 농도만을 측정해 준다는 것임을 명심해야 할 것입니다.**

② pH 측정법

그러면 우리가 치즈제조 시에 원유나 유청, 치즈 본체의 pH측정은 어떻게 하는 것이 좋은지를 살펴보도록 합시다. 모든 pH 메터는 반드시 제조회사의 사용설명서 지시에 따라 사용해야 합니다. 왜냐하면 제조회사마다 pH 메터가 날로 진화되고 있어서 구성장치나 작동원리가 약간씩 진보되어 나오기 때문입니다. 그렇지만 큰 원리는 모두 비슷한데 요즘 시판중인 대부분의 pH 메터는 pH 전극과 보정전극이 하나로 된 전극막대에 결합되어 하나의 전극모양으로 나옵니다. 그렇지만 세상에는 수많은 다양한 pH 메터와 전극디자인 들이 있기 때문에 모든 pH 메터마다 저대로의 적절한 이용법, 유지・관리법이 다르게 있음도 알아야 할 것입니다.

■ 맨 처음 pH 메터를 사용하게 될 때는 사전에 pH 메터의 정확한 표준점(영점)을 계산, 보정해 줄 필요가 있습니다. 그러니까 표준 용액인 pH 7.0과 pH 4.0 버퍼를 사용하여 pH 메터 제작자의 지시에 따라서 이 두 점(pH 7.0과 pH 4.0)의 표준점을 계산, 보정해 주어야 한다는 것입니다.

– pH 7.0 버퍼는 pH전극과 보정용 전극 사이의 전하차가 똑같이 0.0mV가 될 수

있도록 조정하는 시스템으로써 사용됩니다.

- pH 4.0 버퍼는 pH값이 1.00의 차이가 날 때 마다 전하의 차이가 58mV가 될 수 있도록 조정하는 시스템으로 사용됩니다. 이것은 만약 pH 메터가 pH 4.0에서 전하의 차이가 174mV이하로 측정해 낼 때 pH값을 계산하는 과정에서 차이가 난 전하를 174mV가 되도록 끌어올려주게 됩니다.
- 한번 표준점을 계산 보정해 놓고 나서는 제작자가 지시한 방법에 따라 시료의 pH값을 측정하면 됩니다. 측정 시 시료의 온도 값은 자동온도 보정장치가 사용되는 경우가 아닌 때에는 버퍼로 보정할 때의 온도 값과 1.0℃ 이상 차이가 나지 않아야 합니다.

③ pH 메터가 오작동(error)상태에 빠지는 요인

- pH전극이나 보정전극 표면 막에 뭔가 끼이고 덮어져 고장인 경우(너무 오랫동안 안정 액에 담가두어 막에 입자가 쌓여 덮이는 경우도 있음)
- 전극에 부적합(비 정품)한 용액이 주입된 경우
- 온도 보정이 제대로 이루어지지 않은 경우

2) 치즈제조에서 지켜져야 할 목표산도의 진행

치즈 제조자가 치즈제조 공정 진행 중에 산도나 pH를 점검하느냐 안 하느냐는 말로 표현할 수 없을 만큼 중요한 일입니다. 이 작업은 치즈제조 전 과정에서 스타터의 활성도를 평가하여 주요 제조단계마다 나타난 산도 값을 적정한 제조단계 진행의 목표점으로 삼음으로써 그 주요 단계가 성공적으로 넘어가고 있는지 여부를 판단하는 필수요소가 되기 때문이지요. 다시 말하면 치즈제조의 주요 단계 진행 점(고비)마다 산도가 의미하는 것을 제대로 모르고 치즈를 제조하는 사람이란 치즈 제조하는 동안에 수시로 산도를 점검하는 것의 엄청난 유용가치를 전혀 모르고 무가치하게 만들어 버리는 사람이 되는 것입니다.

이를테면 대단위 공장에서 한꺼번에 대량의 치즈를 생산하는 산업체의 경우, 즉 체다나 모짜렐라 치즈 같은 대규모 치즈제조 실행에는 교과서에 있는 그대로 치즈제조 각 단계의 고비마다 지켜져야 하는 잘 정해진 산도 점검 스케줄을 매우 철저히 그리고 충실히 운용하고 있다는 사실을 기억해야 할 것입니다. 또한 목장에서 제조되는 명장치즈(名匠, Artisan cheese) 역시 치즈 제조자는 자기의 치즈제조에 알맞은 주요 단계(Phase)별 산도점검 스케줄에 따라 목표산도를 반드시 점검하는 규범을 엄격히 정해 두고 일을 하고 있다는 사실도 명심해야겠습니다.

치즈제조 공정 진행 시 주요 단계(Phase or step)별 목표산도 검사는 정해진 시간에 다음과 같은 주요 단계의 최적산도에 도달하여야만 하고 또한 유지되어야 하기 때문에 단계별 산도 측정은 매우 중요한 것입니다. 이것은 아무리 강조해도 지나친 것이 아님을 다시 한 번 강조합니다.

첫 단계, 치즈 원유의 최초 개시 점에서의 원유의 산도(TA)
둘째 단계, 유청 배제 혹은 커드 건져 올리는 시점에서의 최적 산도(pH)
셋째 단계, 유청 배제가 완전히 끝난 점에서의 커드 내 최적 산도(pH)
넷째 단계, 치즈의 가압을 풀고 난후의 생 치즈의 상태에서 최적산도(pH)

표 2-9. 체다 치즈 공장에서의 제조공정 중의 주요 단계별 pH 모니터링 결과 (1950년대, 미국)

	1	2	3	4	5	6	7	8
	단계별	시간 (분)	적정 pH	지연된 pH	신속 pH	지연된 TA	신속 TA	적정 TA
1	스타터 작동	0	6.61	6.60	6.60	0.16	0.16	0.16
2		30	6.60	6..60	6.60	0.16	0.165	0.16
3	렌넷 첨가	60	6.55	6.60	6.55	0.16	0.170	0.165
4	커드 절단	90	6.50	6.55	6.50	0.10	0.140	0.120
5		120	6.45	6.53	6.40	0.10	0.150	0.125
6		150	6.35	6.50	6.30	0.105	0.160	0.130
7		180	6.25	6.45	6.20	0.105	0.170	0.135
8	유청배제	210	6.15	6.35	6.05	0.110	0.180	0.140
9		240	5.95	6.15	5.90	0.160	0.300	0.220
10		270	5.70	5.95	5.65	0.20	0.400	0.300
11	신속밀링[183]	300	5.50	5.75	5.45	0.27	0.500	0.400
12	적정밀링	330	5.35	5.60	5.35	0.37		0.500
13		360		5.50		0.41		
14	늦은 밀링	390		5.40		0.50		

183) 밀링(Milling)이란 치즈의 커드를 그 다음 단계의 작업을 용이하게 진행시키고자 일정 규격으로 잘게 부셔주는(Mill) 작업과정입니다. 즉 체다링이 끝난 치즈 덩어리를 기계장치나 칼로 폭 1.5~2.0cm × 길이 3.0~6.0cm 크기로 잘게 잘라주는 것을 말합니다.

이러한 치즈제조 전반에 걸쳐 매우 중요한 몇몇 핵심단계에서의 측정된 pH/산도 값은 컴퓨터의 엑셀이나 로터스 프로그램 도표 작도법에 따라 경과시간에 대비시켜서 일정한 곡선을 얻어낼 수 있고 그래프도 얻을 수 있습니다. 이런 그래프는 치즈 벳~치즈 벳, 제조일~제조일, 주간~주간 등의 스타터 활성경향을 모니터링(점검)하는데 사용할 수 있습니다. 이러한 방식은 치즈공장에서 일상적인 스타터 기능 변화를 감시하는 강력한 수단으로 채용할 수 있습니다. 표 2-9는 1950년대의 것으로 오래된 자료이기는 하지만 그 시절 미국의 어떤 체다 치즈 공장에서 치즈제조 중에 핵심과정에서의 pH와 적정산도 기록을 추적한 기록부를 참고로 제시해 둔 것입니다.

표 2-10에서는 미국 동북부의 뉴잉글랜드 지역 버몬트 주의 목장 치즈리더의 한 사람인 Kindest 교수(Vermont State University)가 체다 치즈 제조중의 목표 산성화

표 2-10. 체다 치즈 제조 중 pH와 적정산도(TA) 측정에 따른 최적, 빠름, 느림의 사례

제조단계	시간(분)	pH 최적	pH 느림	pH 빠름	TA 최적	TA 느림	TA 빠름
스타터 접종	0.0E+01	6.6	6.6	6.6	0.16	0.16	0.16
	30	6.6	6.6	6.55	0.16	0.16	0.165
렌넷 첨가	60	6.55	6.6	6.5	0.165	0.16	0.17
절 단	90	6.5	6.55	6.4	0.12	0.1	0.14
	120	6.45	6.53	6.3	0.125	0.1	0.15
	150	6.35	6.5	6.2	0.13	0.105	0.16
	180	6.25	6.45	6.05	0.135	0.105	0.17
유청 배제	210	6.15	6.35	5.9	0.14	0.11	0.18
	240	5.95	6.15	5.65	0.22	0.16	0.3
	270	5.7	5.95	5.45	0.3	0.2	0.4
커드 파쇄-빠름	290			5.35			0.48
	300	5.5	5.75		0.4	0.27	
커드 파쇄-최적	330	5.35	5.6		0.5	0.37	
	360		5.5			0.41	
커드 파쇄-느림	410		5.35			0.52	

출처 : Kindest, P. 2005. American Farmstead Creamery. Chelsea Green Publ. Co. VT. USA. p. 155.

흐름(a target acidity schedule)을 얻어내기 위한 pH와 산도 흐름을 <최적, 빠름, 느림>으로 나누어 치즈의 안전과 품질 균일성 유지에 중점을 둔 제조흐름 적정점을 제시해둔 것입니다. 여기서 그는 그의 책(Kindest, P. 2005. American Farmstead Creamery. Chelsea Green Publ. Co. VT. USA.)의 157～158쪽, 166쪽에 세 가지 그림들로 자세하게 설명해 두고 있습니다.

위의 표 2-10의 사례들에서 세 벳트 모두(최적, 빠름, 느림) 스타터 접종으로부터 3시간경에 유청을 제거하였고, pH 5.45(커드 pH)일 때 커드를 파쇄하였습니다. 적정산도는 치즈제조 전 과정(全過程)의 유청을 측정하여 얻었고, pH값은 유청 배제 끝 무렵의 유청을 측정하였습니다. 그 다음부터는 커드를 측정해서 얻었습니다(Kindest, P. 2005. American Farmstead Creamery. Chelsea Green Publishing Co. VT. USA. p. 155 재인용). 여기서 치즈제조 주요 단계마다의 pH, 산도 측정이 얼마나 정교해야 하는지 그리고 품질경영에 어떻게 영향을 미치는지를 각성시켜 주는 것입니다.

결국 치즈제조에서는 대강 대강이나 적당 적당히 넘어가는 것이 통할 수 없습니다. 특히 제조단계를 넘어서는 기준이 pH나 T.A. 변화 정도임을 명심하시고 반드시 점검, 또 점검하여 진행하시기 바랍니다.

4. 응유 기작론

4.1 원유의 구성과 응고원리

액상으로 된 원유가 응고된다는 것, 응고되어 고체로 변한다는 것 그리고 그 이후에는 상상도 못할 영양가치, 저장성 그리고 맛과 상태가 달라진 전혀 다른 식품으로 변신한다는 것은 그 동안 인류에게는 오랜 신비에 쌓여 있었습니다. 다행히 과학과 연구의 손을 빌려 그 신비가 하나의 원리로 어느 정도 밝혀졌지만 여전히 완전한 이해에 도달할 정도는 아닙니다. 아무튼 액상 원유가 응고되는 과학적 응고 원리를 이해하는 데는 원유의 구성양태에 대한 기본 지식이 필요합니다. 아더 R. 힐은 이를 다음과 같이 정리해두었지요[184].

『a. 원유는 지방입자(지방구)가 수양액(물이 많은 상태)의 환경 속에 현탁(懸濁)되어 있는 유탁액(乳濁液)이다.
b. 이 지방구들은 서로 합쳐져 분리된 층(지방구 부상에 의한 지방층 분리나 쳐어닝(churnning)[185]을 일으키지 않는데, 이는 수액 상으로부터 지방입자가 분리되어 존재하도록 지방구 피막에 의해 보호되고 있기 때문이다.
c. 원유 단백질의 주요 그룹인 카제인은 물에 녹아 있지 않고 마이셀(micelles)이라고 하는 작은 입자(300nM 이하) 형태로 존재한다.』

여기서 카제인 입자는 근본적으로 물을 싫어하는 성질(소수성, 疏水性)을 갖고 있어서 카제인끼리는 서로 들러붙어 덩어리를 만들려는 성질이 있습니다. 이러한 근본적인 소수성 카제인의 덩어리짐 현상을 막아 원유 내에 고루 분산시켜 주는 성질이 있는데, 그 하나는 카제인의 세 종류[**알파에스 카제인**(αs-casein), **베타 카제인**(β-casein), 그리고 **카파 카제인**(κ-casein)] 중 **카파 카제인**(κ-casein)은 카제인 입자의 표면에 털 모양으로 존재하면서 카제인 입자끼리 서로 엉켜 덩어리가 되지 못하게 막아 줌으로써 원유 내에서 안정적인 현탁(懸濁) 상태를 유지시켜 주고 있습니다.

다음으로는 카제인 입자의 표면이 음전하(-)로 덮여 있다는 점입니다. 정상적인 산도의 유즙 pH는 6.8~7.0 상태에서는 카제인 입자 모두의 표면이 음전하(-)를 띤 상

---

184) 배인휴 역(Arthur R. Hill 저). 2017. (증보개정판) 치즈과학과 제조기술. 도서출판 유한문화사. 서울. p. 151.

185) 처어닝(churnning) : 교동작업(攪動作業)이라고도 합니다. 버터제조에서 크림의 유 지방구에 일정한 기계적 충격을 주어 크림의 지방구들이 파쇄되어 흘러나온 지방 성분끼리 뭉쳐서 입자 상(버터 립, 粒)을 형성하고 버터밀크(Butter milk)가 분리되도록 하는 작업으로, 이때 사용하는 장치를 교동기(攪動機) 또는 버터 천(butter churn)이라고 합니다.

태이기 때문에 이때 입자들 상호간에 미는 힘이 있어서 서로 엉키지 않게 해주는 것이지요. 결국 이 두 가지 성질 중 하나만 제거되어도 카제인 입자들은 순간적으로 엉키게 되면서 반고체인 젤(gel)상의 덩어리를 형성하게 될 것입니다.

여기서 자연계는 일찍이 유즙이 응고되지 않게 하는 두 가지 중 하나를 제거함으로써 인류에게 응고된 젖 덩어리를 제공해 준 바 있습니다. 첫째는 송아지 제 4위에서의 유즙 응고현상이 우연한 사막지역을 오가는 대상의 동물의 위를 가지고 만든 유즙주머니에서 나타났던 것이고, 다른 하나는 방치해 둔 젖(우유나 양젖)에 존재하는 유산균이 자연발효를 일으켜 산 생성이 증가하면서 응고된 발효유로 나타난 것입니다. 전자의 경우 유즙 보관주머니가 포유동물의 위로 만들어 졌는데, 그 위벽에서 배어나온 단백질분해 효소(카이모신, 펩신)가 카제인 입자 표면활성체인 κ-casein을 분해하여 응고가 일어난 것이고, 후자의 경우는 자연발효에 의해 생성된 산의 양전하(+)가 증가하자 음전하(-)끼리 밀던 힘이 약해지면 전하의 반발력(균형)이 무너져 응고가 일어난 것이었습니다.

4.2 유즙의 효소응고

원유의 효소 작용에 의한 응유현상은 매우 정교하게 이루어집니다. 치즈 단백질로도 불리우는 카제인 입자(Casein Micelle, 그림 2-21)에 효소, 그러니까 엄밀히 말하

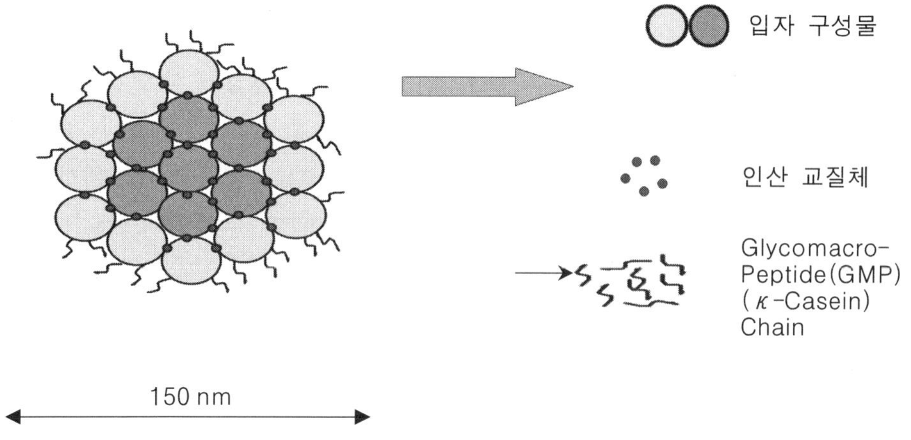

그림 2-21. 카제인 입자의 모식도[186)]

186) Walstra, P. Wouters, Jan. T. M. and Geurts, Tom. J. 2006. Dairy Science and Technology(2nd Ed.) CRC Press. FL. USA. p.142 그리고 Niki R. 2011. Enzymatic Coagulation of Milk and New Directions in the Extention of Consumption of Dairy products. KOSFA-KSDST KSLAB 2011. 국제공동심포지엄 「유제품 및 유산균의 과학과 기술혁신」 발표 자료집 pp.3-28.

면 단백질 분해효소의 하나인 렌넷(또는 카이모신, chymosin)이 작용하여 원유가 응고되는데, 이 현상의 처음부터 마지막 과정에는 분명한 과학적 기작(Mechanism)이 원리로 작동하고 있다는 것이지요.

치즈 제조 시 먼저 유산균에 의한 원유 발효는 유산을 생성하여 응유효소의 적정 활성 산성도를 조성함으로써 응유를 촉진하고 제조 중 응고물(curd)로부터 수분배출을 도와서 치즈의 최종 조직 발달에 기여하게 됩니다. 효소에 의한 원유 응고에 있어서 가장 기본적인 원리는 렌넷에 의한 응유작용입니다. 과학적인 관점에서 본 효소 응고기작은 다음 그림들에서 나타난 것과 같이 3단계의 과정에 따라 이루어집니다.

1) 효소적 응고의 3단계

(1) 1단계(효소작용 단계)

응고할 원유에서 렌넷(rennet) 효소는 가장 기본적인 작용을 하는데 이는 카제인 입자끼리의 안정성에 기여하는 카제인, 즉 **카파 카제인**(κ-casein)의 169개의 아미노산 결합 중 특정 부위인 「105번의 **페닐알라닌**과 106번째의 **메치오닌**」의 **펩티드결합** 한 군데만을 절단해 줍니다.

다음 그림 2-22에서 보는 바와 같이 렌넷 효소가 작용하기 전의 카제인 입자 표면에는 입자 안정성에 관여하는 표면 활성층인 카파 카제인(κ-casein)이 '털 모양'으로 배치되어 있다가 렌넷작용으로 분해가 된 뒤에 털 모양이 제거된 상태의 Glycomacropeptide(GMP)는 친수성이어서 유청 쪽으로 빠져나가 버립니다. GMP가 매우 친수성이기 때문이지요. 그러고 난 뒤의 카제인 입자는 안정성이 매우 불안한 양쪽성 카제인 입자(Para-casein micelle) 상태가 됩니다(그림 2-22의 오른편에 표면이 매끈해진 카제인 입자 참조). 그러나 유즙의 천연적인 pH(6.6～7.0) 상태에서 casein이 응고되기 위해서는 80% 정도의 카파 카제인(κ-casein)이 분해되어 GMP가 되어야만 합니다.[187]

(2) 2단계

카이모신(렌넷)이라는 단백질 분해효소는 기초단계, 엄밀히 제1단계격인 **효소작용** 단계에서만 응고에 기여합니다. 그러고 나서의 다음 단계는 안정성이 불안해진 카제인 입자(micelles)들이 급속히 한 그룹씩 결합을 이루어 일종의 겔(Gel)모양으로 응고물 상태가 되는 물리적인 단계인데, 우리는 이를 제2단계로 칭하고 있습니다. 카제인 입자의 안정성에 기여하던 카파-카제인(κ-casein)이 렌넷작용에 의해 GMP 체인

187) 배인휴 역(Arthur R. Hill 저). 2017. (증보개정판) 치즈과학과 제조기술. 유한문화사. p. 153.

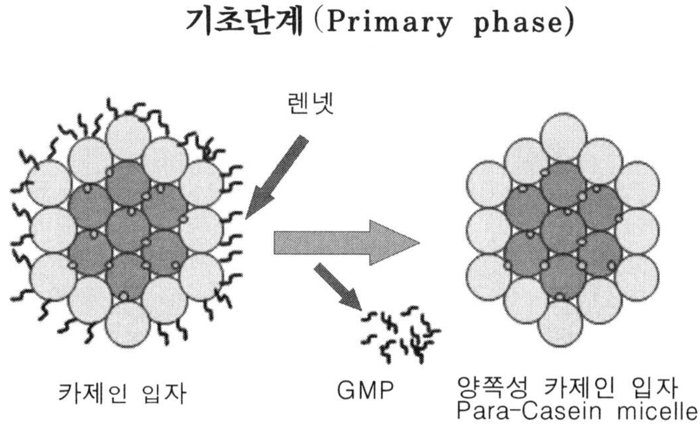

그림 2-22. 효소(렌넷)응고 제1단계 모식도188)

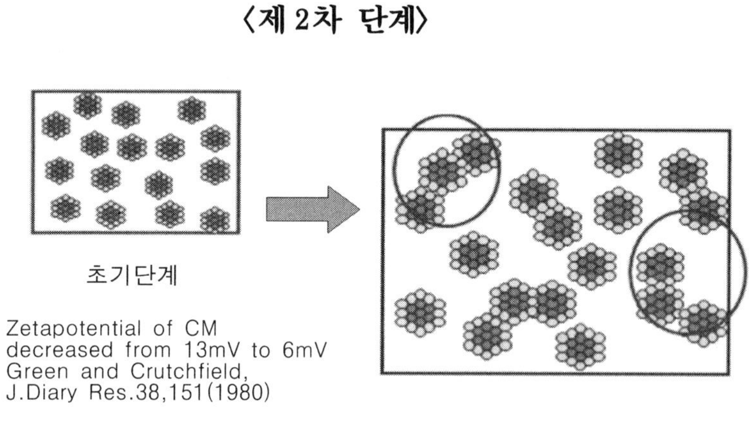

그림 2-23. 효소(렌넷)응고 제 2단계 모식도189)

188) Walstra, P. Wouters, Jan. T. M. and Geurts, Tom. J. 2006. Dairy Science and Technology(2nd Ed.) CRC Press. FL. USA. p. 142 그리고 Niki R. 2011. Enzymatic Coagulation of Milk and New Directions in the Extention of Consumption of Dairy products. KOSFA KSDST-KSLAB 2011. 국제공동심포지엄 [유제품 및 유산균의 과학과 기술혁신] 발표 자료집 pp. 3-28.

189) Walstra, P. Wouters, Jan. T. M. and Geurts, Tom. J. 2006. Dairy Science and Technology(2nd Ed.) CRC Press. FL. USA. p. 142 그리고 Niki R. 2011. Enzymatic Coagulation of Milk and New Directions in the Extention of Consumption of Dairy products. KOSFA- KSDST KSLAB 2011. 국제공동심포지엄 [유제품 및 유산균의 과학과 기술혁신] 발표 자료집 pp. 3-28.

이 되어 더 이상 카제인 입자들의 유탁상을 유지할 수 없게 되면 카제인 입자끼리 서로 연결되어 각각의 응집물(cluster)을 이루게 됩니다. 이들 작은 응집물이 이웃의 응집물들과 합쳐지는 반응이 계속 이루어지다 보면 마침내 응집물 덩어리들이 점점 확장되면서 외곽 그물 조직이 형성 되고 내부에는 수분이나 지방, 미세분자들을 함유할 수 있는 3차원구조의 망상체(網狀體, network)를 형성하게 되는 것이지요.

한편 그림 2-23에서 보는 바와 같이 카제인 입자의 전하량도 13mV에서 6mV로 낮아지면서 카제인 입자끼리 밀어내던 전하의 힘이 약해지면서 양쪽성 카제인들의 상호응집 속도가 빨라집니다. 이때 응집성을 좋게 하고 양쪽성 카제인끼리의 응집 속도를 촉진하는 물질이 바로 칼슘 이온(Ca^{++})입니다. 여기서 살균원유로 치즈를 제조할 때 칼슘을 첨가하는 이유가 밝혀집니다.

(3) 3단계

2단계에서의 응집상태는 아직은 매우 연약한 졸(sol)상이었지만 시간이 흐르면서 칼슘이온의 작용이 강화되고 30～32℃ 정도의 온도 영향을 받게 되면 sol상태가 점차 제법 단단한 겔(gel) 망상체로 변해가는 과정이 진행됩니다. 이는 그림 2-23에서 보는 바와 같이 2차 단계에서는 서로 연결되지 못하던 양쪽성 카제인 그룹(group)이 칼슘, 시간, 온도의 작용을 받아 경계부위 끝부분들이 서로 연결되면서 카제인 입자

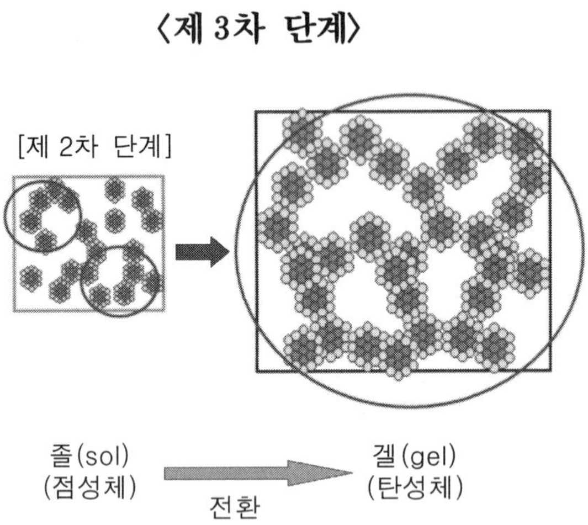

그림 2-24. 효소(렌넷)응고 제 3단계 진행 모식도[190]

---

190) Walstra, P. Wouters, Jan. T.M. and Geurts, Tom. J. 2006.Dairy Science and Technology(2nd Ed.) CRC Press. FL. USA. p.142 그리고 Niki R. 2011. Enzymatic Coagulation of Milk and New Directions in the Extention of Consumption of Dairy products. KOSFA KSDST KSLAB 2011. 국제공동심포지엄[유제품 및 유산균의 과학과 기술혁신] 발표 자료집 pp.3-28.

끼리의 망상체를 완성하게 되는 것입니다. 망상체 내부는 그림 2-24에서와 같이 수분과 지방 그리고 인위적인 미세첨가물(색소, 첨가재료)들로 채워질 수 있게 됩니다.

2) 효소적 응고의 응고물 형성에 미치는 영향

앞항에서 설명하였던 원유의 「효소적 응고」에서는 결국 벳트에 정치한 원유의 상태가 중요하다는 것입니다. 일단 렌넷이 가진 성질과 그것의 작동에 영향을 주는 원유와 그 처리조건에 의해 응고물(이하 커드, Curd)의 응고상태가 달라지는 것이기 때문이지요. 나아가 그것은 바로 치즈의 최종 품질과도 직결된다는 점에서 그 영향조건에 대한 이해가 필요합니다. 다음은 아더 R. 힐 교수의 설명을 옮겨 온 것인데 이를 다소 수정 보완하였습니다[191].

(1) 원유의 pH : 원유의 낮은 pH는 효소활성을 증가시키고 카제인 마이셀 사이에서 전하 간의 반발력을 무력화합니다. 따라서 응고의 1, 2단계는 낮은 pH에서 더 신속히 진행될 수 있습니다. 그래서 스타터를 미리 접종하여 원유를 숙성시킵니다.

(2) 칼슘의 영향 : 1단계(즉, 렌넷이 κ-카제인에 작동하는 때)에서 칼슘은 필요하지 않습니다. 그러나 칼슘은 카제인 마이셀의 덩어리(집성체, cluster) 형성에는 필수적인 물질입니다. 그러니까 저농도 칼슘에서도 1단계 반응은 완성됩니다. 그 후에 염화칼슘을 충분히 첨가하면 순간적으로 응고가 일어날 수 있습니다.

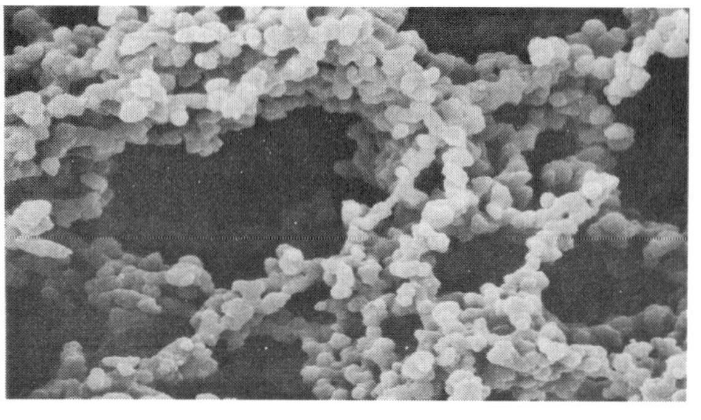

그림 2-25. 응고 이후 커드 구조사진 [주사전자현미경(SEM) 사진]

자료 : Park, S.Y. 등. 1996. J. Dairy Science. 79[192]

191) 배인휴 역(Arthur R. Hill 저). 2017. (증보개정판) 치즈과학과 제조기술. 도서출판 유한문화사. 서울. pp. 154-155.

192) Niki R. 2011. Enzymatic Coagulation of Milk and New Directions in the Extention of Consumption of Dairy products. KOSFA-KSDST-KSLAB 2011. 국제공동심포지엄 [유제품 및 유산균의 과학과 기술혁신] 발표 자료집 p. 18.

(3) 온도의 영향 : 37℃에서 응고하는 스위스 치즈를 제외하고는 대부분 치즈의 최적 응유 온도는 30~32℃입니다. 30℃ 이하의 온도에서 탄성조직(gel)은 연약한데, 이때 절단하면 커드가 미세하게 되어 과다한 수율 손실을 가져올 수밖에 없습니다. 20℃ 이하의 온도에서는 응고가 일어나지 않지만, 1단계는 완성되기 때문에 늦게라도 원유를 따뜻하게 해주면 빠르게 응고가 일어납니다.

(4) 원유의 열처리의 영향 : 저온살균 방식과 같은 온화한 열처리는 2단계의 진행률을 감소시킵니다. 열처리 동안 칼슘과 인산은 가용성에서 콜로이드(불용성) 형태로 변환됨에 따라 응유를 도와 단단한 겔(gel)상을 형성해 줄 수 있는 칼슘의 양이 줄어듭니다. 이런 원유를 냉각하거나 염화칼슘을 첨가해 주면 가역적인 현상이 나타납니다. 저온살균에서 과도한 열처리는 겔(gel) 형성이 약해지고 응고시간을 지연시키고 맙니다. 과도한 열처리를 하면 카제인 입자(κ-카제인)에 유청 단백질(β-lactoglobulin)이 흡착되는 것이지요. 그러면 카제인 입자들은 단단한 gel을 형성할 수 없게 되는 것입니다(그림 2-26, 2-27 참고).

[Tip 20] 원유의 효소응고 참고자료

자연계에 존재하는 수많은 단백질 분해 효소류가 유즙을 응고시킬 수 있습니다. 이런 종류의 효소는 산성 단백질 분해효소로서 주로 아스파라테이트(asparatate) 잔기가 있는 부위에 작용합니다. 카파-카제인(κ-casein)은 카제인 마이셀의 응고를 억제하는 안정적 유지 효과를 갖추고 있습니다. 그러나 카파-카제인(κ-casein)의 105~106번 페닐알라닌-메치오닌(phenylanine-methionine) 펩타이드 결합 부분은 효소에 민감하여 이 부분이 끊어지거나 가수분해 되면 카제인 마이셀의 안정성이 상실되고 맙니다.

전통적으로 어린 송아지 제4위 추출물에서 얻어지는 렌넷<카이모신(chymosin, rennet)>은 다른 부위 절단은 하지 않고 카파-카제인(κ-casein)의 105~106번 펩타이드만 절단하여 높은 응고성을 가져다 주므로 널리 사용되어온 효소입니다. 설령 원유를 응고시키는 성질이 있는 단백질 분해효소라 해도 과도한 단백질 분해성을 나타내는 효소는 치즈제품에서 쓴맛 펩타이드와 조직적인 결함을 가져오므로 치즈제조에 사용하기에는 매우 불리합니다. 카이모신은 오직 105~106번 펩타이드 결합만을 절단하므로 치즈의 좋은 품질 형성에 유리한 효소입니다.

렌넷의 효소 활성 pH는 신선 우유 pH인 6.7~6.8보다 낮은 상태에서 더욱 높게 나타납니다. 이 효소의 적정 응유 활성온도는 40℃인데 29℃ 이하가 되면 연약한 커드가 얻어지고, 30℃ 이상에서는 단단하고 탄력이 있는 커드가 얻어질 수 있습니다. 또한 원유 온도가 20℃ 이하이거나 50℃ 이상이 되면 효소의 응유 활성은 매우 낮아진다고 봐야 합니다.

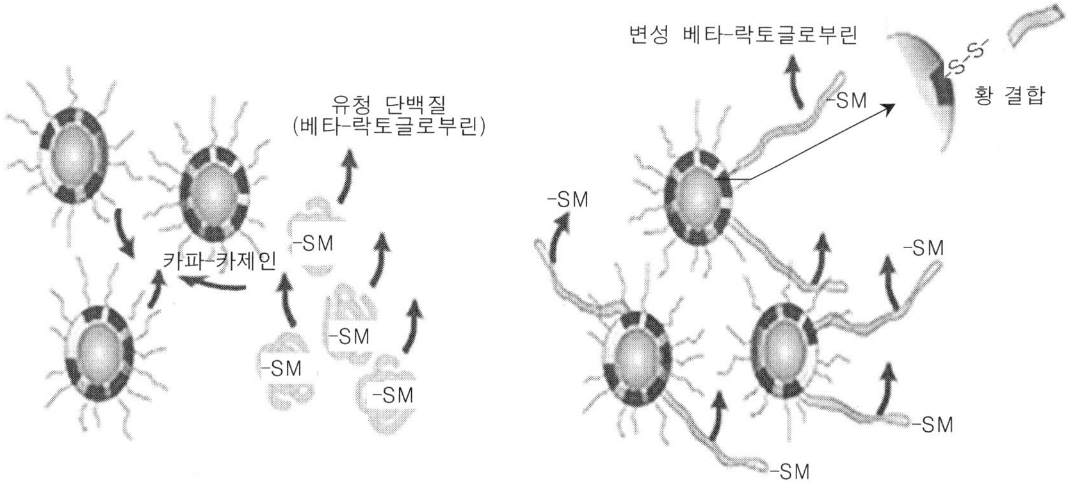

그림 2-26. 열 변성 베타-락토글로부린(β-lactoglobulin)이 카파-카제인(κ-casein)에 부착하여 복합체를 이룬 모양 (그림의 오른 쪽을 참고하세요)[193)]

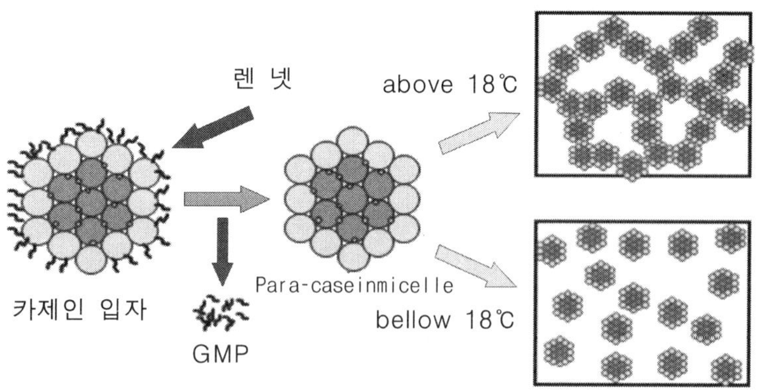

그림 2-27. 카제인 응고 시의 벳트 내 원유 온도에 따른 결과 (윗쪽 18℃ 이상, 아래쪽 18℃ 이하)의 영향[194)]

193) Bylund, G. 1995. Dairy Processing Handbook. Tetra Pak .Processing Systems AB, Lund, Sweden. 2010 발행. 한국낙농유가공기술원. 서울. p. 38.

194) Niki R. 2011. Enzymatic Coagulation of Milk and New Directions in the Extention of Consumption of Dairy products. KOSFA-KSDST-KSLAB 2011. 국제공동심포지엄 [유제품 및 유산균의 과학과 기술혁신] 발표 자료집 p. 21.

(5) 균질의 영향 : 치즈 원유 전부가 균질되면 다음과 같은 명암이 엇갈리는 결과가 나타납니다. 만일 크림만을 균질한 다음 이를 탈지유에 혼합하면 그 결과는 달라집니다. 균질은 기본적으로 유즙응고의 2단계인 gel 형성에서 영향을 미칩니다. 또한 몇몇 치즈의 품질에 대한 긍정 또는 부정적인 영향은 아래와 같습니다.

① 카제인 입자의 집성체 형성 감소 ― 연약한 커드 형성
② 커드중의 수분방출(syneresis)감소 ― 과도한 수분의 커드 형성
③ 작아진 지방구로 인해 생긴 미세한 gel 네트워크 ― 부드러운 식감
④ 연질치즈의 조직감 개선
⑤ 치즈에서의 지방회수(치즈 제조 시 원유로부터 치즈로 이행되는 지방량(%)의 증가) **[주의]** : 열 응고나 열/산 응고치즈에서도 동일함
⑥ 경질치즈는 고무조직 같이 됨 ― 식감이 안 좋음
⑦ 균질된 지방구 피막위에 단백질에 의한 피막이 덧씌워지기 때문에 노랑색 지방구는 가려져서 치즈의 색깔이 더 희게 됨. 결국 치즈 제조에서 균질은 긍정보다 부정적인 영향을 미치므로 극히 제한적인 경우에만 균질을 한다는 것입니다.

3) 효소 응고에서의 칼슘과 효소

(1) 효소 응고를 위한 원유의 처리[195)]

원유의 사전 열처리는 인산칼슘의 균형과 콜로이드성 인산칼슘 - 카제인염 복합체의 균형에 심각한 영향을 미칩니다. 콜로이드성 칼슘 대비 가용성 칼슘 비는 렌넷의 응유시간 소요와 반비례 관계를 만들고, 우유의 총 칼슘함량 비와의 관계도 반비례 관계가 됩니다. 즉 가용성 칼슘량이 많으면 응유시간은 짧아지고 적으며 지연된다는 것입니다. 그래서 외부로부터 가용성 칼슘을 공급해 주게 되면 가열처리에 의해 손실된 칼슘 이온량이 보충되어 정상적인 응유시간을 회복할 수가 있게 됩니다.

카제인은 낮은 pH에 의해 응유가 촉진되나 유청 단백질은 낮은 pH에 아무런 영향을 받지 않습니다. 원유를 70℃ 이하 온도에서 가열해도 **카파-카제인**(κ-casein)의 렌넷 활성에 대한 민감성은 현저히 감소되어 응고가 지연됩니다. 이는 카제인 주변의 **베타-락토글로부린**(β-lactoglobulin)과 **카파-카제인**(κ-casein)이 열에 의해 복합체를 형성한 결과로 효소 활성이 방해를 받기 때문입니다. 치즈 수율 감소는 치즈 원유

195) 김거유 등. 2011. (증보개정판) 최신 유가공학. 서울. 유한문화사에서 본 저자의 집필 부분인 제8장의 pp. 237-238 내용을 일부 수정 보완한 것임.

에 유산균을 사전에 접종한다든지 염화칼슘을 보충하고 pH를 조정함으로써 막을 수도 있습니다. 치즈커드의 연약한 형성을 방지하고 렌넷 효소의 가수분해 활성에 영향을 주는 유청 단백질과 카파-카제인(κ -casein)의 복합체 형성을 막기 위해서는 원유의 살균조건을 63℃, 30분이나 73℃, 16초를 초과하지 않는 열처리가 필요합니다.

그래서 소규모 치즈공방이나 목장 치즈공장에서는 자기가 사용하는 치즈 벳의 성질을 알아내어 어느 정도의 온도로 가열하여 스팀을 잠그면 목표 살균온도(63℃나 73℃)에 도달하며, 반대로 냉각 시 어느 정도 온도대에서 냉각수 코크를 잠그면 원하는 온도(32℃나 37℃)에서 멈추는지를 사전에 파악해 두고 작업 시 이를 철저히 따라야 합니다.

(2) 효 소

젖먹이 송아지는 4위 위주의 소화를 하는데, 이때는 주로 어미의 젖이 주요 영양원이었으므로 **렌넷**(Rennet, 화학명 Chymosin)은 핵심적인 소화용 단백질 분해효소 이었다가(88~94%) 점차 큰 송아지가 되면 펩신(pepsin)으로 대체됩니다. 전 세계적으로 치즈의 생산량은 증가하고 송아지 도축 수는 한정적이었기 때문에 렌넷 시판가격은 계속 앙등하여 렌넷을 대체할 만한 대용 응유효소, 즉 대용 렌넷이 부상하게 되었습니다. 시판 중인 혼합 렌넷이란 보통 펩신과 대용 렌넷을 50:50의 비율로 혼합한 것으로 **펩신**(pepsin) 50%와 **렌넷** 50%를 혼합한 것을 의미합니다.

1960년대 무렵부터 미생물 유래 **대용 렌넷**도 출시되어 있는데 *Mucor pusillus, Endothia parasiricus, Mucor meihei*와 같은 곰팡이 생성 단백질 분해효소, 그리고 일부 세균 유래 효소류가 그것입니다. 유대인(이스라엘 인)들과 인도인, 불교도들의 일부 그리고 채식주의자들이 **동물성 렌넷**(rennet)으로 만든 치즈의 섭취를 거부하므로 이러한 진균류로부터 추출한 **식물성 렌넷으로 제조한 치즈**[196]를 찾게 되었습니다.

최근에는 DNA 조작기술에 의해 생산된 DNA-rennet(일명, GMO-rennet)이 출시되었는데, 이것은 송아지 렌넷과 거의 똑같은 성질을 갖고 있습니다.

렌넷은 생후 21일령 이전의 어린 송아지의 4위벽 추출물을 농축시켜 출시한 것으

196) 이들 치즈를 베지태리언 치즈(vegitarian cheese) 혹은 코셔식 치즈(Kosher diet cheese)라고 부릅니다. 이는 송아지 렌넷을 치즈 제조에 사용하는 것은 구약성경의 율법서에 어미젖에 송아지를 삶아 먹는 것을 금지하는 것에서부터 여러 종교들의 계율에 어긋나기 때문입니다. 최근에는 채식주의자들이 선호하므로 1500년 전부터 이베리아 즉 서부 스페인과 포르투칼 지역에 거주하던 스페인계 유대인들이 구약의 율법규범에 따라 그들의 치즈 제조 시 식물성 응유제로써 엉겅퀴 잎사귀 건조분말(thistle-rennet)로 응고시킨 것이나 미생물 유래 렌넷을 사용하여 제조하는 치즈를 이릅니다. 이런 치즈의 배경에는 율법준수 의미도 있지만 동물성 렌넷을 사용한 치즈를 섭취하면 폭력성이 수반된다고 생각하는 것도 있습니다(McCalman, M. and D. Gibbons. 2009. Mastering CHEESE. Clarkson Potter/Publishers NY. USA. p.56).

[Tip 21] 렌넷(Rennet)의 화학 명 카이모신(Chymosin)의 어원[197]

디샴프스(Deschamps)에 의하면[198] 카이모신(Chymosin)이란 말은 위액(胃液)을 의미하는 그리스어의 카임(Chyme)에서 유래한 것이라고 합니다. 이 표현은 후에 유럽대륙에서 두루 사용되었던 반면 영국과 영어 사용지역에서는 익히 사용되고 있던[199] 렌넷(rennet)으로부터 유래된 렌닌(rennin)이라는 말을 사용하였습니다. 뒤에 렌닌이라는 말이 신장으로부터 나온 효소인 레닌(renin)으로 오해를 불러일으키게 되자 영어권에서도 현재는 카이모신을 더 많이 사용하고 있는데, 국제 효소명명체계에서도 렌넷이라는 말보다 카이모신이라는 효소명을 사용하도록 권장하고 있습니다.

로 보통 1:10,000~1:15,000의 응유 활성을 갖도록 표준화시킨 것인데 1.0g의 렌넷이 10,000 또는 15,000mL의 원유를 35℃ 온도에서 40분 이내에 응고시킬 수 있다는 뜻입니다. 오늘날 렌넷은 전문회사들에 의해 분말상과 액상으로 출시되고 있습니다. 분말 렌넷은 액상보다 10배 이상 더 강한 활성을 지니고 있으므로 액상 렌넷 사용량을 대신하여 분말상을 사용할 때는 이점을 감안한 양으로 환산하여 첨가해야 할 것입니다.

4.3 열에 의한 응고[200]

유단백질은 65℃ 이상의 열을 만나면 변성을 일으켜 응집반응을 보입니다. 이렇게 열변성에 가장 약한 유단백질은 유청 단백질입니다. 그래서 젖소가 송아지 분만 후 3일간은 유즙에 유청 단백질 함량이 특이적으로 높은 초유를 비유하는데 이 젖은 유가공에 사용하지 아니하는 이유가 되기도 합니다. 유청 단백질은 원유의 0.4%, 원유 총 질소량의 18%를 차지하며, 그 중 46%가 베타 락토글로부린(β-lactoglobulin)이고, 21.0%는 알파 락트알부민(α-lactoalbumin)이며, 19%가 프로테오스 펩톤(Proteose-peptone)으로 구성되어 있습니다.

일부 카제인(casein)과 글로부린(globulin) 및 효소가 나머지 부분을 차지하지만 그 양은 미미할 정도입니다. 단백질에 대한 열처리 효과는 2차 구조와 3차구조로 바뀌게 하는 변성 요인과 이어서 일어나는 단백질 응집반응에 의한 응고를 일으키는 제2단

197) Fox, P. F. 1987, Cheese chemistry, physics and microbiology, App. Elsevier Pub. pp. 33-61.
198) Deschamps, J. B. 1840, J. Pharm. 26:242.
199) Lea, A. S. and W. L. Dickinson. 1890. J. Physio. Lond, 11:307.
200) 상게서 195번)의 본 저자의 집필 부분인 제8장의 p. 222 내용을 일부 수정 보완한 것임.

계 과정이 일어나게 만듭니다. 원유를 열처리하게 되면 유청 단백질의 약 80%가 변성되고 열처리에 의해 침전된 프로테오스 펩톤(proteose-peptone) 분획은 원상 복구가 되지 않게 되는 불가역적 운명을 거칩니다. 특이하게도 70℃ 이상의 열을 만난 유청 단백질은 카제인 단백질과도 복합체(gel)를 형성하는데 이를 두고 **동반침전**(co-precipita-tion), 또는 **연합응집**이라 부릅니다. 이런 현상은 산과 열처리를 거처 제조되는 신선치즈에서 치즈 수율 증대(렌넷 응고 78% 보다 높은 90% 응고)를 가져옵니다. 그러니까 렌넷 응고 시에는 유청으로 빠져나갔던 유청 단백질이 이번에는 열변성에 의해 카제인과 동반응집을 이룬 결과라고 할 수 있지요.

4.4 산에 의한 응고[201)]

인류가 원유의 짧은 저장성을 길게 연장할 수 있는 자연의 신비를 만난 것은 커다란 행운이었습니다. 그 첫 유제품이 발효유였는데요, 어떤 사람이 깜박하고 며칠 동안 원유를 저장했던 항아리를 봤더니 원유에서 응고가 일어난 것을 발견한 것이지요. 즉 원유의 주 단백질인 카제인은 pH 4.6이나 적정산도(TA) 0.52% 이상의 산성조건하 에서는 응집현상을 일으키는 성질을 갖고 있습니다.

원유에 상존하는 천연 유산균이 원유를 자연 발효시켰고, 발효에 의해 생성된 산이 원유의 산성도를 높여(pH가 낮아져) 유단백질의 등전점인 pH 4.6 부근에 도달하자 응고가 일어났던 것입니다. 이런 원유의 응고현상은 카제인의 등전점(isoelectric point)[202)]인 pH 4.6에서 극대화 되는 것입니다. 이런 응집반응의 정도는 원유의 온도, 염류 균형 이른바 인산칼슘의 불용성-가용성 비에 따라 달라집니다.

유방염 유와 같은 경우 이러한 염류 균형이 깨져 있기 때문에 간단한 알콜 테스트를 거치면 비정상적인 원유임을 알 수 있게 해 줍니다[203)]. 오막살이(Cottage) 치즈, 베이커스 치즈, 크박과 같은 신선 치즈류는 원유 중 유산균에 의한 장시간 발효에 의해 생성된 다량의 유산(乳酸, lactic acid) 작용으로 인하여 치즈 원유 pH가 6.6~6.8이었던 것이 pH 4.8~4.5로 전환된 환경에서 얻어진 응고물로부터 제조된 것들입니다.

---

201) 상게서 195번) 제8장의 p. 222 내용을 일부 수정 보완한 것임.

202) 등전점(Isoelectric point)이란 자연계의 모든 단백질들이 갖는 성질로서 용액 중의 +, - 전하량이 같아지는 점에서 응집, 침전하는 현상을 나타내므로 단백질 분류의 지표가 되기도 합니다. 등전점은 pH로 표시하며 카제인 단백질의 경우 등전점은 pH 4.6입니다.

203) 원유의 알콜 테스트(Alcohol test) : 원유의 품질 검사법의 하나로 원유의 산패도를 시험하는 것입니다. 검사방법은 검사용 트레이나 시험관에 원유 1~2 mL를 넣고 68% 에틸알콜을 원유와 같은 양을 넣은 후 혼합하여 잘 흔들어 주면 5초 이내에 트레이나 시험관 벽면에 응고물이 응집되면 산패유 판정을 하고 「불합격 유」 처리를 합니다.

5. 치즈의 숙성

5.1 치즈의 숙성이란 무엇입니까?

여기서는 앞서 제1장에서 치즈제조 주요 단계 중 치즈 숙성단계 설명에 깊이와 넓이를 확장한 치즈 숙성론을 제시합니다. 그만큼 치즈의 숙성은 중요하여 아무리 강조해도 부족할 뿐입니다. 치즈에서 숙성이란 생 치즈(Green cheese)를 저온 다습한 환경에 보관하면서 미생물 및 각종 효소작용에 의해 향미 생성, 조직개선을 위한 치즈 성분(단백질, 지방, 유당) 분해를 유도하는 공정입니다. 이러한 성분 분해 결과는 치즈라는 제품으로서 갖추어야 할 향미와 식감(texture), 그리고 치즈 몸체(Body)를 형성하는 것입니다. 치즈의 숙성이란 결국 그러한 결과물이 순조롭게 얻어지도록 그 치즈에 알맞은 온도와 습도의 최적 환경을 조성하고 일정 기간 동안 특유의 방식대로 관리하면서 저장해 두는 것을 말합니다.

한편, 치즈 숙성이란 생 치즈가 바람직스런 특성의 향미와 식감이 형성되도록 물리, 화학적 변화를 일으키도록 부여하는「상품 완성」기간입니다. 생 커드의 치즈가 처음에는 거칠고 고무조직 같았다가도 숙성을 거치면서 부드러운 플라스틱처럼 치밀하면서도 연한 조직으로 변하기 때문입니다. 숙성기간 중에 숙성 인자들은 치즈 내 유당, 단백질 그리고 유지방분을 분해시켜 치즈에 바람직스런 향미를 가져다 줍니다. 치즈 내 숙성 인자들로는 원유 내 세균과 효소가 있고 유산균, 렌넷, 지방분해효소(lipase)와 첨가된 곰팡이와 효모 그리고 그 지방 환경을 통해 부수적으로 개입된 것들입니다. 치즈 제조자는 주도면밀한 조정기술을 사용하여 그 치즈에 알맞은 온도, 습도, pH, 염 농도 그리고 숙성기간을 잘 조절해야 합니다.

5.2 숙성은 치즈의 수많은 다양성을 부여하는 수단

치즈는 현재 만들어지고 있는 것만 해도 1,700여 종류가 넘습니다. 그러한 치즈들은 결국 두 가지 요인에 의해 다양성이 결정되는 것입니다.

1) 치즈의 기본 골격과 화학적 구성

치즈 커드가 형성되기까지에는 기본 골격요소와 화학적인 환경요건이 되는 몇 가지 변수들이 있는데 사실은 이것은 치즈제조 첫날에 창출됩니다. 이를테면 치즈의 pH, 칼슘 농도, 수분함량, 유지방 함량과 소금 농도 같은 것이 그것입니다. 그 중에서도 가장 핵심이 되는 변수 두 가지가 있는데 하나는 치즈의 초발 pH(initial pH)이고, 다른 하나는 칼슘 농도로서 이것들이 치즈 숙성 방향을 아주 예민하면서 강하게 주도

하고 지배하는 역할을 한다는 것입니다.

(1) 치즈 제조 직후의 치즈 초발 pH(Initial pH)

치즈가 특정한 미생물과 효소작용에 의해 지배되도록 만듭니다. 우리가 잘 아는 바대로 수많은 미생물들과 효소들의 생육과 활성이 치즈의 pH에 의해 매우 민감하게 반응을 합니다. 가령 어떤 미생물과 효소는 낮은 pH(강산성)에 의해 거의 완전하게 억제가 되는가 하면, 반대로 매우 활성화가 되는 경우도 있습니다. 그러므로 pH는 치즈의 숙성기간에 미생물과 효소의 증식성과 활성에는 선택적으로 작용한다는 것을 유념하고 대처해야 합니다.

따라서 적정한 pH를 유지하는 핵심사항이란 그 치즈에 있어서 가장 바람직한 향미와 조직성을 발달시키는 미생물과 효소의 활성을 적정화시키는 데 있습니다. 즉 미생물 수준과 효소활성의 적정선 유지는 바람직하지 않은 미생물 오염방지와 증식억제 그리고 바람직하지 않은 효소활성의 억제를 통해서 이룰 수가 있다는 것이지요. 이를 간단히 예를 들어 설명하면 다음과 같습니다.

① 치즈 제조 직후 pH가 낮은 상태의 스위스 치즈의 경우 : *Propionibacterium shermanii*(치즈 눈을 형성하는 프로피온산균 스타터 균주)의 생육이 억제됨으로 말미암아 치즈 눈이 형성되지 않고, 스위스 치즈 특유의 향미 발현이 되지 않아 밋밋한 맛의 치즈가 됩니다.

② 치즈 제조 직후 pH가 높은 상태의 체다 치즈의 경우 : 잡균의 생육이 촉진되면서 비정상적인 치즈 눈(불규칙적)이 만들어질 뿐만 아니라 스위스 치즈 같은 향미(약간의 식초 냄새)가 납니다.

③ 치즈 제조 직후 pH가 낮은 체다 치즈의 경우 : 과도한 단백질 분해 작용이 일어나 쓴맛이 나는 치즈가 됩니다.

(2) 치즈의 몸체 구성과 식감 형성에 강하게 영향을 미침

치즈에서는 카제인(벽돌)과 인산칼슘(몰탈)이 치즈커드의 구조적인 매트릭스(골격구조)를 형성하는데 pH에 이 매트릭스가 매우 민감하게 반응합니다. 그러므로 커드의 pH가 달라지면 치즈의 식감과 몸체 구성에 깊이 영향을 미치게 되는 것입니다.

다음 몇 가지 예를 들어 이를 가늠해 보면 다음과 같습니다.

① 낮은 pH의 모짜렐라 치즈 : 이 치즈의 특성인 녹아 흘러내리는 현상이 일어나지 않습니다.

② 높은 pH의 모짜렐라 치즈 : 너무 딱딱하고 섬유상 조직이 과도해 집니다.

③ 낮은 pH의 체다 : 아예 치즈가 푸석푸석 해지고 짜개지며 쉽게 부서지기 쉬운 형태가 됩니다.

2) 치즈 내 칼슘과 총 단백질의 구성비

(1) 치즈의 몸체 구성과 식감(texture)에 강하게 영향을 미칩니다.

앞에서도 언급한 바이지만 치즈에 있어서 카제인 단백질은 「벽돌」과 같고 인산칼슘은 벽돌 쌓는데 벽돌과 벽돌을 엮어주는 접합제 역할을 하는 「몰탈」과 같이 생각할 수 있습니다. 정확히 말하자면 몰탈(칼슘)의 양은 벽돌의 양(카제인 단백질)과 관련성이 깊어서 치즈조직의 강도(굳기)에 크게 영향을 미치게 됩니다. 일반적으로 치즈에 있어서 단백질 대비 칼슘함량이 높은 경우 그 치즈는 단단해지면서 탄성이 높은 식감을 갖게 되지만, 반대로 칼슘함량이 낮은 치즈의 경우 탄성은 낮아지면서 더욱 부스러지기 쉬운 식감을 갖게 됩니다. 이를테면 그 사례를 들면 다음과 같습니다.

① 스위스 치즈 - 단단하며 탄성이 있는 식감이 요구됩니다.
② 모짜렐라 - 스트레칭이 되면서 잘 녹는 성질이 요구됩니다.

(2) 치즈 제조 직후의 치즈 pH가 강하게 영향을 미치는 부분

인산칼슘은 완충제(예, 유산을 흡수하는 "스폰지")작용을 합니다. 그러므로 치즈에 칼슘함량이 높게 된다면 pH는 자연히 높아지는 경향(알칼리화)이 나타난다고 봐야 합니다. 결국 이러한 두 가지 요소에 기인되어 수많은 치즈류가 **[높은 초발 pH(치즈 제조 직후 또는 몰드 해제 시의 pH)와 높은 칼슘/총 단백질 함량 비율]**을 갖는 치즈 류에서 **[낮은 초발 pH와 낮은 칼슘/총 단백질 함량]**을 갖는 치즈류 범위로 연속선상의 형태를 갖게 됩니다.

치즈의 종류별로 [초발 pH와 칼슘/총 단백질 비]의 연속선상에 배열해 보면 초발 pH 4.6에 올려진 치즈류는 카티지/크림-브리-블루-페타가 놓이게 되며 그 순서는 칼슘/총 단백질 비가 0.8, 1.0, 1.5, 2.3%가 되어 나타납니다. 이를 Lawrence와 Gilles, Creamer[204]가 그림 2-28과 같이 그래프로 나타낸 바 있습니다. 그러므로 치즈 제조 시 당연히 **[낮은 초발 pH와 낮은 칼슘/총 단백질 함량]**이어야 하는 치즈와 **[높은 초발 pH와 높은 칼슘/총 단백질 함량 비율]**을 갖는 치즈는 그에 맞춘 초발 pH를 견지해 내는 것이 좋은 품질의 치즈를 생산하는 기본 기술이 되는 것임을 꼭 유의하시기 바랍니다. 결국 치즈 제조기술에는 적당/적당히, 대충/대충이 결단코 통하지 않는다는 거지요.

---

204) Lawrence, R. C., J. Gills and L. K. Creamer. 1983. The relationship between cheese texture and flavor. N. Z. J. Dairy Sci. Technol. 18:175~190.

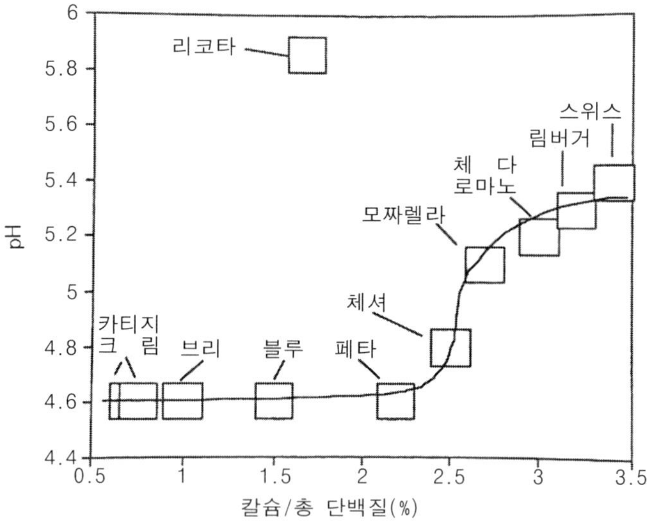

그림 2-28. 치즈 제조 직후 또는 몰드 해제 후의 치즈 초발 pH와 총 단백질, 칼슘 함량에 따른 치즈 분류

출처 : Lawrence,R.C.,J. Gilles and L.K. Creamer. 1983. The relationship between cheese texture and flavor. N.Z. J. Dairy Sci. Technol. 18:175~190.

3) 수분, 지방과 소금의 함량

그 치즈에 맞는 정확한 초발 pH를 담보해 내고 칼슘 함량과 스타터 균의 조절을 넘어 치즈 제조자가 반드시 확보해야 할 목표는 ① 수분함량, ② 지방, ③ 소금의 함량 적정수준 유지입니다. 이 세 가지 성분 요소(pH와 무기질 함량을 연계함)는 치즈 제조자로 하여금 커드 내 화학적 환경을 명확히 알아낼 수 있게 도와줍니다. 커드 내부의 화학적 환경은 치즈 숙성에 가장 중요한 영향을 미치는 요소인데, 그 화학적 환경이 치즈 숙성과정 중에 커드 내 미생물학적, 효소학적, 물리화학적인 활성을 지배하기 때문입니다.

(1) 수분함량

※ **의 의** : 수분함량은 치즈 숙성 진행 중에 다음 부분에 강하게 영향을 미칩니다.

- 미생물학적 활성
- 효소활성

① 미생물학적 활성 :

미생물은 그들의 생육에 반드시 필요한 "유리수" 또는 가용수분의 최소 수준이 있습니다. 치즈 내에 함유되어 있는 모든 수분이 미생물의 생육에 가용수분이 되는 것은 아닙니다. 치즈 내 일부 수분은 카제인 단백질에 결합되어 있습니다. 그 결과 어떤 특별한 치즈에서는 수분함량이 아주 미세하게 변화되는 것 같아도 치즈 내 미생물 증식에 가용한 수분함량 면에서는 엄청난 변화가 초래되고 맙니다.

그래서 치즈제조에서의 일반적인 규칙으로는 「**치즈 내 수분함량이 감소하게 되면 커드 내 환경이 미생물의 생육에는 더욱 척박해져서 그 안에 살아남는 미생물들이 매우 희소해진다**」는 것입니다. 그 결과는 치즈품질 저하로 이어집니다. 이와 반대로, 치즈 내 높은 수분함량 환경에서는 미생물의 생육에 유리한 조건이 되면서 바람직하지 않은 잡균 증식이 상대적으로 많이 일어나면서 역시 저품질 치즈가 될 수가 있습니다.

- 높은 수분함량의 체다 치즈는 비정상적(좀 불결한) 발효가 일어나며,
- 높은 수분의 브리 치즈는 푸르스름하고 거무튀튀한 회색 곰팡이들이 증식하기 좋은 상태가 됩니다.
- 또한 낮은 수분의 브리 치즈에서는 백색 곰팡이의 빈약한 증식으로 치즈 특유 모습을 기대하기가 어렵습니다.

② 효소활성 :

수많은 치즈들이 갖는 향미는 치즈 숙성기간 중에 일어나는 효소 작용, 즉 효소가 치즈 단백질과 지방을 분해한 결과물인 셈입니다. 마찬가지로 조직 발달도 치즈 단백질의 효소적 분해에 의해서 영향을 강하게 받은 결과입니다. 치즈에서의 효소적 반응(예, 단백질을 분해하는 단백질 분해효소, 지방을 분해하는 지방 분해효소)은 치즈의 가용성 상태를 형성하는 데 기여합니다.

치즈에는 상대적으로 낮은 유리수(낮은 수분함량) 상태이므로 그 낮은 수분함량이 효소의 단백질이나 지방분해 작용을 방해함에 따라 많은 치즈들의 숙성은 일반적으로 느린 진행을 나타낼 수밖에 없는 것입니다. 반대로 수분함량이 풍부한 신선치즈, 연질 치즈류에서는 효소반응이 활발해져서 숙성속도가 촉진되기 마련입니다. 따라서 정상적인 치즈라도 효소반응이 너무 빠르게 일어나게 되면 안 좋은 향미와 조직이 생성되는 것입니다. 가령 **체다 치즈가 수분함량이 높아지면 쓴맛이 나고, 풀떡 같은 조직이 나옵니다.** 수분함량이 높은 블루치즈의 경우 블루치즈 고유의 향미 대신 불쾌한 냄새(암모니아, 유황취)가 납니다.

(2) 소금함량

※ **의 의** : 치즈에서의 소금은 대부분이 커드의 가용성 수분 안에 함유되어 있습니다. 그러므로 커드의 가용성 수분은 소금의 염분을 희석시켜 보유하고 있는 셈입니다. 소금의 염도는 치즈의 숙성과정의 ① 미생물학적 측면과 ② 효소학적인 활성에 강력히 영향을 미친다는 사실을 유념하시기 바랍니다.

① 미생물학적 활성 :

미생물은 소금에 민감하게 그리고 대단히 다방면에서 걸쳐 반응을 합니다. 어떤 미생물들은 매우 낮은 농도의 염도에도 생육이 심하게 억제되는가 하면 다른 미생물들은 높은 염도에서도 곧잘 생육하기도 합니다. 그러므로 소금의 농도는 미생물에 따라 매우 선택적인 효과를 미치고 있어서 숙성 중에 어떤 미생물에는 생육을 억제하기도 하고 오히려 생육을 촉진하게 되는 것입니다. 그래서 어떤 치즈든지 그 치즈에 적합한 미생물만 증식되도록 염도를 유지하는 것이 핵심기술이 됩니다. 왜냐하면 그런 좋은 미생물만 생육해야 치즈의 고유하고 바람직한 향미와 식감을 얻게 되고, 반대로 바람직하지 않는 미생물의 생육을 억제하는 일거양득(一擧兩得)이요, 일석이조(一石二鳥)의 효과를 거양할 수 있기 때문입니다.

가장 일반적인 원리로서 소금농도가 증가하면 커드의 환경여건은 미생물이 생육하기에 보다 더 혹독하고 냉엄한 상태가 되어 미생물 수가 빈약해지고 점차 생존균수도 줄어들 것입니다. 반대로 염분함량이 낮아지면 미생물 생육도 풍부해져서 바람직하지 못한 미생물의 증식도 더 많이 나타날 것입니다. 가령 염분농도가 높은 스위스 치즈에서는 프로피온산균(*Propionibacterium shermanii*)의 증식이 억제되어 치즈 눈(cheese eye)의 형성이 안 되고 향미도 빈약해질 것입니다. 또한 낮은 염도의 체다 치즈에서는 과도한 발효에 의해 이미취(異味臭)가 나타나고 팽화가 일어납니다. 낮은 염도의 블루치즈에서는 BL균(*B. linens*)의 표면 증식이 일어나고 말 것입니다.

② 효소학적 활성

많은 치즈의 향미는 치즈 숙성 중에 효소작용에 의해 일어나는 단백질과 지방분해의 결과물입니다. 마찬가지로 조직의 발달도 숙성기간 중의 효소작용에 의한 치즈 단백질의 분해에 의한 것으로 이 향미나 조직의 발달은 모두 효소분해 작용에 의해 강력한 영향을 받은 결과인 셈입니다. 그런데 이러한 효소의 화학반응은 주로 치즈 안에 있는 용액 내에서 일어납니다. 그래서 치즈의 가용성 수분 내 소금농도가 효소의 각종 성분 가수분해 작용과 정확한 분해능력 발현에 강력한 영향을 미치고 있다는 것입니다.

일반적으로 높은 소금농도는 치즈에서의 효소분해 반응을 느리게 하고, 낮은 소금농도는 치즈에서 효소반응을 빠르게 진행되게 하는 현상으로 이끕니다. 이를테면 치즈 내 소금농도가 낮은 체다 치즈에서는 과도한 단백질 분해가 일어나 쓴맛과 풀떡 모양이 나오며, 반대로 소금농도가 높은 체다 치즈에서는 단백질 분해가 낮아진 결과 치즈 고유의 향미는 거의 없고 푸석거리는 식감이 나오게 되는 것이지요.

(3) 지방의 함량

※ **의 의 1** : 치즈의 지방함량은 치즈의 식감 형성에 영향을 미칩니다. 일반적으로 지방함량은 치즈의 조직을 연하게 해주고 좀 달라붙는 성질(끈적거림, 풀 형태)의 조직이 되게 합니다.

※ **의 의 2** : 치즈에서의 적절한 수분함량은 지방함량에 따라 다양해집니다. 지방함량이 증가하면 적정 수분함량은 감소합니다. 이러한 개념을 두고 생각해 보면 체다 치즈에서 지방함량이 32%인 때는 적정 수분함량은 약 36%가 되어야 합니다. 또한 체다 치즈의 지방함량이 36%인데 수분함량 36%가 된다면 이는 과도한 수분함량이 되는 것입니다. 그러니까 지방 36%인 경우의 체다 치즈는 수분함량이 32%로 낮추어져야 좋습니다.

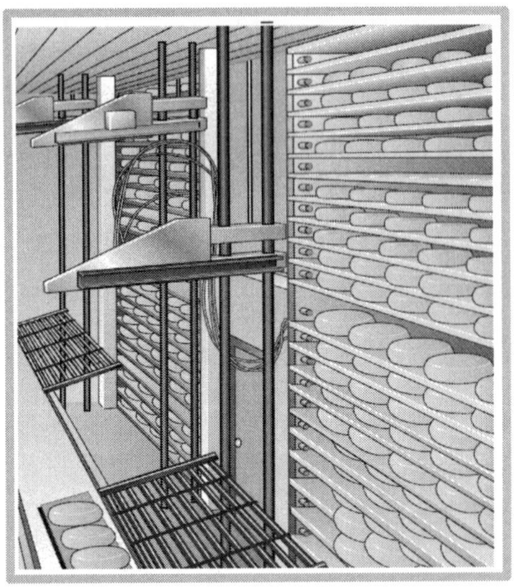

그림 2-29. 기계화된 치즈 숙성실 (화보 32쪽)
적정수분과 온도로 조정된 공기가 각 치즈 선반에 있는 플라스틱 노즐을 통해 순환됩니다.205)

205) Bylund, G. 1995. Dairy Processing Hand book. Tetra Pak. Processing Systems AB, Lund, Sweden. / 2010 발행 / 한국낙농유가공기술원. 서울. p. 331.

5.3 치즈제조의 숙성기술 – 장인(匠人) 치즈의 조건

1) 표면에서 일어나는 치즈 숙성 중 변화들

(1) 치즈 표피 부분의 형성

치즈의 표피는 치즈의 물기가 빠져 나간 표면층인데, 이것은 표면의 수분상실에 의해 반투과성 벽이 만들어집니다. 만약에 치즈에 적절한 껍질(표피)이 없다면 치즈는 대기중의 건조한 환경에 노출되어 과도한 수분 방출에 의해 신속히 건조가 됩니다. 일부 치즈(치즈 눈 형성 치즈)편에서 보면 치즈의 표피는 치즈 눈 형성에 필요한 치즈 내부 CO_2 가스의 높은 압력을 견디면서 밖으로 빠져 나가는 것을 막아주는 방벽으로서 기여를 합니다. 치즈 눈이 없거나 작은 눈이 있는 표피형 치즈는 저밀도의 표피가 요구되지만, 큰 치즈 눈을 많이 가지고 있는 치즈는 매우 딱딱할 정도로 고밀도의 표피가 요구되는 것입니다.

㉠ 저밀도의 치즈 표피(예, 가우다, 에담)

- 소금물이 치즈 속으로 스며들어 가는 소금이 되어 치즈 표면이 탈수층이 되도록 도와줍니다.
- 이를 서늘한 온도(15℃)와 적절한 수분이(90% RH) 있는 곳에서 2주간 두는 동안에 표면 치유가 일어납니다.
- 숙성 중 치즈를 관리하면서(표면을 보호하고 매끄럽게 하고 표피가 만들어지도록) 매일매일 물기가 많은 천으로 치즈 표면을 닦아주고 뒤집어 줍니다.

㉡ 고밀도의 치즈 표피(예, 스위스)

- 소금물이 치즈 속으로 스며들어가 치즈 표면이 탈수층이 되게 도와줍니다.
- 이를 서늘한 온도(10～15℃)와 적당한 습도(90% RH) 조건에 2주 정도 두어 치유합니다. 매일 혹은 이틀에 한 번씩 포화 소금물을 묻힌 천이나 건염을 치즈 표면에 발라 표면을 닦아 문질러 주고 뒤집어 줍니다.
- 치즈를 약간 건조한(85.0% RH) 조건의 따뜻한 방(20～22.2℃)으로 옮겨 2～3주간 둡니다. 1주일에 2～3회 정도 소금물을 적신 천으로 문질러 닦고 건염을 표면에 뿌려가며 뒤집어 줍니다.

(2) 점질층의 형성(예, 림버거, 뮌스터 치즈)

치즈 표면의 점질층은 치즈 겉 표면의 수분이 있는 부분에 형성되는데, 이 점질층은 BL균(*B. linens*)이라는 주황색 발현 점질성 세균의 증식을 돕게 됩니다. 이 세균은 활발한 생육을 위해 상대적으로 높은 치즈 표면에 점질균 증식에 좋은 환경을 조성하기 위해서는 치즈는 염도가 낮은 소금물 희석액(5.0%)을 발라 문질러 주는 것이 필요합니다. 희석한 소금물은 치즈 표면에서 단백질이 많이 용해되게 해주고 치즈 표면이 축축한 수분 층을 유지하도록 도와줍니다.

- 표면의 침지용 소금물이나 건염이 치즈의 소금과 결합되게 합니다.
- 서늘한 방(15℃)으로 옮기고 높은 습도를 유지합니다(95.0% RH).
- 매일 5.0% 소금물로 치즈 표면을 닦아주되 10～12일간 계속합니다.

(3) 표피와 점질층이 함께 형성되는 것(그뤼에르)

몇몇 치즈들은 표피층과 점질층이 BL균(*B. linens*)의 표면 성장에 따라 동시에 형성되는 반투과성 표피를 갖는 것들이 있습니다. 기본적으로 이런 치즈는 위에서 언급했던 것처럼 두 가지 기능이 결합되어 있습니다. 먼저 표피가 고밀도 표피형성에서 사용된 첫 단계 과정과 유사한 과정을 사용하여 형성되게 합니다. 그렇지만 좀 더 두꺼운 표피형성을 위해 따뜻한 방으로 옮기는 대신 표면에서 BL균의 성장을 도울 수 있는 미생물 생육환경 조성을 위하여 희석된 소금물(5.0%)을 발라서 문질러 줍니다.

(4) 표면에 곰팡이 층을 형성하는 것(까망베르, 브리)

어떤 치즈는 치즈 자체의 표피로서 표피를 만들지 못하고 곰팡이 증식으로 층을 만들어 표피를 형성하는데(주로 페니실리움 속의 흰색 곰팡이) 이 곰팡이 표피가 치즈의 숙성에 필수요소가 됩니다. 그러니까 이런 종류의 좋은 치즈 생산 핵심 기술은 이런 치즈의 표면에 바람직한 흰 곰팡이 증식에 유리한 미생물 증식 환경이 조성되게 하는 것입니다.

- 제조 직후의 치즈는 적정범위의 수분함량이 되기까지 수분을 낮추어야 합니다.
- 이때의 치즈 표면은 다소 온화한 방(17～20℃)에서 예비 건조를 시키면서 다른 건조한(85.0% RH) 조건에 두어 흰곰팡이(*Penicillium camemberti*, *P. caseicolum* 또는 *P. candidum*) 증식을 선택적으로 도와줍니다.
- 수분이 높고(95.0% RH) 시원한 방(14℃)으로 치즈를 옮겨 12일 정도 두면서 일정기간을 두고 뒤집어 주고 수분공급을 하면서 관리하여 흰곰팡이의 증식을 촉진시킵니다. 이때 **치즈 표면에 과도하게 수분을 분무하면 고수분 상태가 되어 오히려 곰팡이 증식을 방해한다는 사실을 명심하십시오.**

(5) 왁스처리/진공포장 하는 것

치즈의 표면에 왁스처리하거나 치즈를 진공포장 하여 숙성하는 치즈들이 있습니다(가우다, 에담, 체다, 콜비). 이런 과정은 숙성중의 치즈품질 관리상 필요한 조치입니다.

- 치즈 표면의 잡균 오염방지와 물리적인 손상을 예방하기 위해 이 처리를 합니다.
- 치즈 내 산소 유입을 차단하고, 표피에 곰팡이 오염증식을 방지하기 위해 처리합니다.
- 이때 사용하는 진공포장 필름의 재질은 이산화탄소(CO_2)의 반투과성을 갖추어야 합니다.

2) 온도조건

미생물은 온도에 대하여 매우 다양하고 민감한 반응을 보입니다. 이를테면 어떤 미생물들은 저온(5～7℃)에 의해 심각한 생육억제를 받는가 하면, 반대로 어떤 것들은 아주 잘 자라기도 합니다. 그러므로 온도구간 선택은 어떤 미생물이냐에 따라 매우 선택적 효과를 나타내며, 특히 치즈 숙성 중 바람직한 미생물의 적정 활성 발현 수준은 치즈의 향미와 조직발달에 기여하면서 잡균의 생육을 억제해 줍니다.

일반적인 원리로서 온도조건이 올라가면 커드 내 환경은 미생물 증식에 보다 유리해지며, 치즈 내에 넓은 생육과 생존이 가능해지면서 잡균오염을 허용하는 범위의 미생물 증식환경 상태가 된다는 것을 유념해야 합니다. 효소활성은 온도에 매우 민감하게 의존합니다. 일반적인 원리로, 온도가 올라가면 효소활성도 증가하는데 이는 치즈의 숙성과정을 촉진하는 경향을 띱니다. 이것이 과도해지면 지나친 효소적 단백질과 지방분해가 일어나 치즈에서 이상취와 맛 발생과 식감의 결함을 가져옵니다.

5.4 숙성 조건과 숙성 중 치즈 성분의 변화[206)]

1) 치즈 숙성 온도

치즈는 4～15℃ 범위에서 몇 주간에서 2년까지 숙성됩니다. 이 범위 이상의 온도에서 치즈를 숙성하면 보다 빠른 향미 형성이 진행되겠지만 높은 온도도 항상 치즈에 향미나 조직 결합을 가져다줍니다. 양질의 원유로 만든 치즈는 10℃에서의 숙성도 품질이 좋았다는 보고가 있습니다.

---

206) 상게서 195)번의 pp. 224-226을 수정 보완하였습니다.

2) 커드에 대한 습도

치즈 제조자는 일단 치즈제조 과정에서 치즈 커드의 pH와 온도를 조정함으로써 커드 내 수분함량을 조절합니다. 커드의 수분이란 카제인과 단백질- 지방 매트릭스와 결합된 것으로 충분한 산성화가 이루어지면 안정적으로 함유될 수가 있게 됩니다. 이 수분이 가용성 염류 분획이나 효소, 미생물류 등을 포집하고 있는 셈이어서 수분량이 사실상 치즈 숙성율을 주도한다고 볼 수 있는 것입니다. 이를테면 치즈 커드 내 수분 함량이 높으면(50% 이상) 숙성은 수주일 이내에 끝나는 반면, 낮은 경우인 Parmesan 치즈(32% 이하)는 바람직한 향미가 얻어지기까지 2년 이상 숙성을 요합니다.

수분활성도(Water activity, a_w)는 식품에 있어서 수증기압인데, 동일 온도 하에서의 순수(純水, pure water) 함량입니다. 신선치즈의 경우 a_w는 0.98이고, 가공 치즈나 반연질 치즈는 0.98～0.93 a_w인데 반해 체다 치즈는 0.93 a_w이며, 좀 더 오랜 기간 동안 단단하게 숙성하는 치즈는 0.85 a_w 이하가 됩니다. 소금 첨가는 보통 1.7%농도가 되게 하는데 치즈에 불리한 세균류의 성장을 억제 합니다.

체다 치즈에서(수분 36%) 1.7% 농도의 염도는 치즈 수분 내 염도가 4.7%(1.7 / 36 = 4.7%)에 해당합니다. 치즈 표면 숙성에서 염도가 높으면 치즈에 불리한 곰팡이류 증식이 억제됩니다. 치즈의 pH 조정은 치즈의 미생물 증식 조절과 치즈 식감의 치밀성 그리고 제품화된 치즈에서 적절한 식감을 갖게 해줍니다. 예를 들면 낮은 pH(5.0)의 커드는 대개 신맛과 함께 조악한 조직, 푸석거리면서 부서지기 쉬운 식감을 갖기 쉽습니다. 저자의 경험으로는 커드 수분함량은 치즈 전반적인 품질과 연관되므로 한국 원유로 제조 시 과다 수분함유 커드가 되기 쉬운 특성을 고려하여 유청 배제와 필요한 경우 추가 유청 배제를 적절히 해주는 것이 매우 중요함을 강조해 둡니다.

3) 유당 분해

치즈 내 유당은 숙성초기에 거의 분해가 끝납니다. 치즈 pH가 최적 상태이면 치즈 유당은 제조 후 3일경이면 모두 사라지고 말지요. 유당발효 산물인 유산은 *Coliaerogenes* 군(群)[207]과 같은 불리한 세균을 억제하면서 제품의 품질을 보전합니다. 대사경로에 따른 치즈 내 유당의 운명은 다음과 같은 경로를 갖습니다.

---

207) Gram 음성의 간균으로, 아포(포자)를 만들지 않고 호기성 또는 통성 혐기성 세균입니다. 장내세균이지만 환경에 대한 저항성이 비교적 강하고 토양이나 물속에 널리 분포되어 있습니다. 이 균이 존재하는 경우 당연히 대장균군 양성이 되지만, 이와 같이 자연계에 분포하고 있으므로 이 균이 검출되었다고 해서 반드시 분변오염을 의미하지 않습니다. 비교적 내열성을 갖는 균이나 저온에서 증식할 수 있는 균도 존재하기 때문에 식품위생상 주의를 요합니다(한국식품과학회 2008. 식품과학기술대사전, 광일문화사).

[유당 - 파이루빅산 - 유산 - 다이아세틸 - 아세트 알데하이드 - 아세트 알데하이드 + CO_2] 입니다. 유산균도 미약한 단백질 분해 기능을 갖고 있어서 이 분해를 거치는 동안 치즈에서 쓴맛을 유발하기도 합니다.

4) 단백질 분해

치즈 숙성도 검사는 치즈의 수용성 질소 화합물 농도 측정으로 가늠해 볼 수 있습니다. 카제인과 유청 단백질의 분해 결과 펩톤류와 펩타이드류를 형성하고, 여기서 더 분해가 진행되면 아미노산 단계에 이르게 되지요. 그러니까 유리아미노산의 형성은 치즈제조 과정에서부터 개시되어 숙성기간 내내 지속됩니다.

숙성 중의 치즈 단백질 분해 진행 경로는 다음과 같은 운명의 길을 걷습니다.

[단백질 - 펩톤류 - 펩타이드류 - 소형 펩타이드류 - 아미노산]

치즈의 단백질 분해에 관여하는 효소 시스템은 **렌넷(rennet) - 미생물 효소 - 플라스민(plasmin)**[208] 등으로 구성되어 있습니다.

5) 지질 분해

치즈의 지질성분(lipids)은 어떤 성분보다도 치즈의 향미 형성에 많이 기여합니다. 원유의 지방분해 효소(lipase), 지방구 lipase 그리고 미생물 유래 lipase 등 모두가 유리지방산을 생성하는 데 기여하게 됩니다. 사일리지나 저등급 원유 유래 lipase는 치즈의 부패취를 형성합니다. 블루 치즈에 있어서 지질분해와 단백질 분해는 *P. roqueforti*에 의해 주도됩니다. lipase들이 **단쇄 지방산들 - butyric, caproic, caprylic** 그리고 **capric 산**을 방출하는데 이것들은 heptanone과 같은 메칠 케톤으로 분해됩니다. 이 메카니즘은 decarboxylation[209]에 의한 지방산류의 산화에 따른 β-keto acid화입니다.

6) 치즈의 향미증진

치즈의 향미란 분별하기도 어렵고 측정하는 것도 매우 어려운 분야입니다. 최근 분석화학기술의 발전과 기기의 발달로 복잡한 향미 성분의 추출, 분리 그리고 특성 측

208) 포유류의 혈액 중에 있는 단백질 분해효소가 젖으로 이행되어 원유에 자연적으로 존재하게 되는 단백질 분해효소인데, 저온살균 조건(63℃, 30분 처리)에서도 파괴되지 않고 치즈에 이행되며 치즈 단백질 분해에 관여합니다.

209) Decarboxylation 탈카복시(반응), 탈탄산 : 유기화합물의 카르복실기에서 이산화탄소 분자를 제거하는 것 또는 잃은 것 / J. Stenesh(이갑상 역) 1991.영한 /한영 최신 생화학용어 사전. 교보문고.

정이 가능해졌습니다. 치즈 향미 성분은 주로 지방, 단백질 그리고 유당이 숙성기간 중 효소의 작용으로 서서히 분해되어 방출된다는 것입니다. 여기에는 단일 효소나 단일 미생물이 작용되어 이루어진 것이 아니라 한 묶음의 효소들과 미생물이 작용한 결과물인 셈입니다. 결국 치즈 향미 물질은 항상 적절한 숙성이 이루어진 치즈 내에 알맞은 분량의 향미 성분이 생성된 치즈 주성분의 최종 분해산물의 복합체입니다.

5.5 치즈의 숙성과 저장[210)]

(사례 : 정상적인 반경질 치즈의 숙성 / 저장 중 처리법을 중심으로)

숙성과정을 거치지 않는 신선치즈를 제외한 모든 치즈들은 일정한 숙성/저장기간을 갖고 있습니다. 이는 치즈에 적절한 조직성과 향미 부여를 위한 치즈숙성 중의 효소 작용을 위해 필요한 과정입니다.

1) 예비 숙성실(Curing Room)의 온도와 습도

숙성실의 온도는 그 치즈의 품질, 채용한 제조기법, 그리고 치즈의 숙성기간에 따라 다양합니다. 만일 치즈 숙성을 촉진시키려면 숙성실의 온도를 높여 줍니다. 반대로 치즈 숙성을 지연시키려면 숙성실의 온도를 낮추어 주면 됩니다. 이 처럼 숙성실의 온도는 그 치즈의 품질, 제조 중 산성화 방식, 치즈의 수분함량, 채용한 가온 온도의 최종점(final cooking temperature) 등에 따라 다양합니다.

공기 중의 습도도 잘 고려되어야 합니다. 점질성 표면 숙성치즈의 경우 더욱 그렇습니다. 만약 치즈의 수분함량이 많게 제조된 것이라면 숙성실의 습도를 약간 낮추어 주어야 하는데, 그러면 치즈의 수분함량이 약간 낮아질 것입니다. 숙성실에 들어가는 대부분의 치즈는 실내 습도가 86～90%이면 되고, 좀 건조한 치즈라면 숙성실내 습도를 90～92% 정도로 유지해 줄 필요가 있습니다.

2) 예비 숙성실의 환경조건

표피(rind)가 있는 치즈의 경우 충분한 표면 형성을 위해서 치즈도 좋아야 하고, 예비 숙성실의 환경조건도 좋아야 합니다. 건조를 위한 예비 숙성실의 적정 습도와 온도는 73% 상대습도(RH)와 10～12℃이면 좋습니다. 그런데 가염을 끝내고 소금물에서 건져낸 치즈에는 표면 수분이 많고, 카제인이 공기와 접촉하는 표면에서 고화(固化)가 일어나 단단한 표피가 형성되는데, 이때는 가습기 보다는 오히려 제습기가 필요합니다. 이 제습기가 여과장치를 통해 습도가 높은 공기를 흡입하여 다소 건조한

---

210) 상게서 195)번의 pp. 226-230을 수정 보완하였습니다.

상태를 조성해 주는 하나의 시스템이 될 수 있습니다. 그러면 건조실의 수분을 흡수하고 뜨거운 공기를 흘러 보내서 계속 건조시킵니다.

이 시스템에서 공기는 냉각되지 않고 제습됩니다. 냉각을 통해 제습되는 것보다는 덜 영향을 받는다는 장점도 있습니다. 저자가 전라북도 임실군의 장미 수출업체를 방문했을 때 장미 저장창고에 가습기가 아닌 제습기를 가동하고 있는 것을 보았습니다. 왜냐하면 장미가 호흡을 하며 내어 놓는 자체 수분이 너무 많아서 오히려 제습해 주어야 싱싱하게 보관된다는 것입니다. 어떤 치즈공장에서는 치즈 건조를 숙성실에서 하고 있었는데 건조가 안 된 치즈는 여전히 표피가 눅눅한데 거기에 가우다 치즈 플라스틱을 바르고 있었습니다. 치즈 건조를 위한 예비 숙성실은 반드시 습도가 낮게 유지되어야 하며, 가습기보다는 제습기를 가동하면 제습도 되면서 뜨거운 공기가 확산되니까 건조가 잘 될 수 있을 것입니다.

3) 치즈 표면처리

치즈 표면처리 할 때 점질성 표면 형성은 가능한 빨리 형성시켜야 합니다. 따라서 치즈는 매우 습도가 높은 곳에서 8～14일 동안 보관되게 해야 합니다. 바퀴가 달린 이동 가능한 선반형 랙(rack)이 있으면 치즈를 점질형 표면 형성이 잘 되자마자 끈적거림이 너무 생기기 전에 약간 건조한 곳으로 빨리 옮길 수 있는 이점이 있습니다. 습도와 표면처리는 맛뿐만 아니라 점도에도 영향을 미칩니다. 비록 표면처리가 많은 노동력을 필요로 하지만 우리는 표면처리가 덜 된 치즈보다 맛이나 점도가 더 좋은 제품을 얻을 수 있습니다.

새로운 표면형성이 개시되면 붉은 점질균(red smear culture)을 접종해 주는 것이 좋습니다. 그러나 초기에는 곰팡이 성장을 최소화하기 위해서 한 가지 또는 다른 표면처리 균을 계속 사용해야 합니다. 치즈를 너무 습한 숙성창고에 저장하고 치즈가 연한 조직이라면 몇 주 후에 치즈 표면은 주름이 형성될 수 있습니다. 치즈는 연한 부분과 모서리 부분이 약해지기 때문에 표면이 잘 형성되면 바로 건조실로 옮겨야 합니다. 그러나 너무 표면이 건조하면 아마 거기에는 곰팡이가 핀 치즈가 될 것입니다.

4) 치즈의 뒤집기(cheese turning)

치즈를 예비 숙성실에서 저장하는 동안 뒤집는 목적은 치즈 내에 적당한 수분분포 조절을 위해서 입니다. 만약 치즈를 너무 오랫동안 같은 면이 아래로 향하게 놓아두면 치즈 내부의 수분은 치즈의 아래쪽으로 이동할 것입니다. 그러면 선반 접촉부분은 수분증발이 전혀 안 되어 껍질이 녹아내려 버릴 것입니다. 또한 치즈 내 유청이 아래

쪽으로 이동해서 치즈의 수분이 많은 면은 산의 함량이 많아 그 부분은 더욱 산성화할 것입니다. 반대로 치즈의 윗면은 너무 적은 양의 산이 함유될 것이며, 표면이 너무 건조하고 불룩 튀어나올 것입니다. 여기서 한 가지 의문은 그런다고 매일 치즈를 뒤집어 주어야 하는 것이냐 라는 것입니다.

치즈 예비 숙성실이 습도가 너무 높은 곳에서는 마치 치즈가 물위에 “떠 있는 것 같은 상태”이므로 매일 뒤집어 줄 필요가 있습니다. 치즈의 품질과 표면의 정갈한 상태는 결국 노동(치즈를 뒤집어 주는)의 대가로 인식되어야 합니다. 매우 연약한 생치즈(green cheese)에 있어서는 처음 2주 동안은 매일 2회, 뒤집어 주고, 3주 이후에는 매일 뒤집어 주다가 두 달째부터는 한 주에 3번을 뒤집어 줍니다. 치즈가 7~8주 된 후에는 저장온도를 10~12℃로 낮추고 일주일에 한번 뒤집어 줍니다.

이론상으로는 그렇습니다만 저자는 실제로 숙성이 끝나기까지 매일 3~4회 뒤집어 주는 것을 권장합니다. 그래야 대기 중의 습도가 높은 나라인 우리 한국에서의 치즈 숙성에서 곰팡이와의 전쟁을 이겨낼 수 있을 것이기 때문입니다. 실제 치즈 선진국의 대다수의 목장치즈 공장에서는 매일 닦고 뒤집으며, 하루 두 번을 그리하는 경우도 있습니다. 이것은 치즈에 대한 관심과 애정입니다. 자주 닦고 뒤집어 준만큼 그렇지 않은 경우보다 치즈의 품질은 확연한 차이가 나타납니다.

5) 숙성실(Ripening Room, Affinage[211])

저자는 숙성실의 중요성 강조에 각별합니다. 목장 치즈를 지속적으로 영위할 것을 전제로 숙성실에 관한 저자의 중점 강조 내용들을 간추려 보면 이렇습니다.

- 치즈공방의 열 배 면적을 확보할 것
- 동굴형 숙성실(Cave cheese ripening Room)을 선호할 것 - 폐 터널 찾아 이용
- 숙성고 설비는 치즈공방 중 가장 많은 예산으로 첨단장비, 최신 재료를 쓸 것
- 숙성고는 성경의 지성소(至聖所, The Great Holy Place)와 같은 곳이므로 아무나 출입시키지 말 것
- 숙성실에 가염 소금물 통을 설치할 것
- 철저한 위생관리(숙성고 전용 복장, 신발 착용) - 숙성고의 곰팡이 잡균 오염은 숙성 관리자의 옷과 신체로부터 비롯됨
- 숙성실 설치시 빅 3(온도·습도·공기) 조절시스템을 핵심에 두고 설계할 것

211) 프랑스 인들은 숙성에 관한 용어를 몇 가지로 구분하여 사용합니다. ① 아퓌네/Affine [afine] 숙성한 것, ② 아퓌나쥐/Affunage [afinaʤ] 숙성, ③ 아퓌뉘어/Affineur [afineuə] : 숙성되지 않은 치즈를 구매해 숙성시켜서 판매하는 사람, 숙성 전문가, 숙성사(熟成士), 숙성 회사도 있음.

숙성실은 도자기 굽는 가마(高爐), 빵 굽는 이들의 화덕과 같이 제품의 최종 완성 단계를 성취시켜 주는 최고의 장소, 최종 단계입니다. 여기서 일이 잘못되면 그 이전의 모든 수고가 마냥 수포로 끝나는 것입니다. 이러한 의미를 갖는 치즈 숙성실은 우리가 알고 있는 모든 치즈 주류(主流)가 거쳐 가야 하는 곳입니다. 치즈 품질, 품위 갖추기의 최종 마무리 장소인 숙성고 환경은 대부분 숙성 전용 지하실이나 특별히 고안된 장치와 설비를 갖추어 둔 곳이어야 합니다.

이러한 환경은 가능한 자연동굴 환경을 모방한 것들로서 자연동굴은 치즈 숙성에 수세기 동안 사용된 것들(좋은 예로서 프랑스의 대서양 연안 노르망디 지역 로크포르 마을의 꽁발루(Combalou)산 아래에 있는 석회암 자연동굴 (limestone cave)인 플뢰린느<fleurines>가 있습니다[212]. 연중 한결같이 7～9℃와 상대습도 90%의 다습한 환경을 제공하는 동굴환경이 「로크포르 치즈」라는 치즈의 제왕을 낳았지요.[213][214])

대부분의 치즈가 숙성실 입실로부터 2～3주 지났을 때 치즈는 일반적으로 숙성이 개시되는데, 이때부터는 조금 더 낮은 온도에 보관하는 것이 적당합니다. 가장 간편한 방법은 같은 공간이라도 치즈를 더 온도가 낮고 습도가 낮은 곳으로 옮기는 것입니다. 예비 숙성실(Curing room) 공간이 여유가 없을 때도 치즈는 숙성실로 이동해야 합니다. 얼마나 오랫동안 치즈를 보관할 수 있는가는 숙성실의 온도와 습도 그리고 환기상태에 따라 달라집니다. 좋은 숙성실의 환경은 정해진 습도와 온도가 잘 유지되는 장비로 구성되고 유지관리가 쉽게 되어야 합니다.

공기의 순환은 매 시간마다 1～2분간 가동되는 것이어야만 합니다. 천장 밑이 차가운 것이 좋은 방법이지만 매우 큰 단점이 있습니다. 이를테면 항상 숙성실이 눅눅하므로 천정에서 응축수가 떨어질 것이며, 천정 가까이의 맨 위 선반에는 치즈를 보관할 수 없게 됩니다. 냉각기는 응축수가 생기는 것을 최소화하기 위해서 외장 벽을 따라 설치되어야 합니다. 가온방법은 일반적인 난방기를 벽 쪽에 두어 이용할 수 있고, 천장 벽면에 전기 라디에이터(난방기)를 이용하는 것도 좋은 방법입니다. 너무나 큰 라디에이터 설치 또한 결점이 있는데, 이는 많은 잉여 열을 발생하기 때문입니다. 따라서 자동 온도조절 장치(shunt system)를 라디에이터에 연결시켜 온도차가 조금만 나도 안전하게 작동되게 하여 거의 추가적인 후기 열을 발생하지 않게 하는 것이 좋을 것입니다.

---

212) 로버트 워닉. 1984. 치즈의 왕 로크포르. [리더스 다이제스트] 지. 두산동아출판사. 1월호. pp. 26-30.

213) ロベル. クルティヌ(Robert J. Courtine) 著. 松木脩司 譯. 1979. ラルス. チ-ズ 辭典 <Larousse des Fromages> 三洋出版貿易株式會社. pp. 205-209.

214) 송소영 옮김/일본 NPO법인 치즈프로패셔날협회 감수 2017. 치즈도감(치즈지식의 모든 것). 한스미디어. 서울. p. 82.

항상 많은 치즈로 가득 차 있는 큰 숙성실은 보관 치즈 그 자체에서 나오는 수분 증발량만으로도 습도 유지가 충분할 것입니다. 만약 이런 경우가 아니라면 가습기(steam generator)를 사용하여 적당한 수준으로 습도를 유지해야만 합니다. 숙성실 안에 열탕수가 스팀으로 발생되는 구리 파이프를 연결해서 일정 수준으로 조절된 스팀이 공급되게 하는 파이프 시스템도 있습니다. 높은 습도의 숙성실에서 공기순환은 적당해야 하며 큰 수평형의 팬(fan)이면 충분합니다. 그것도 매우 느린 속도로 가동되고 타이머와 연결되어 있어야 합니다. 그래서 일정한 시간마다 한 번씩 가동되도록 장치되어야 합니다.

최근에는 프랑스 업체들이 숙성실에서 발생하는 치즈의 호흡에 의한 수분 방출, 각종 가스 발생량, 일정 기간마다 필요한 적정습도 유지를 위한 가습량 등을 일괄적으로 계산하여 자동으로 컨트롤 해주는 시스템을 개발 보급하고 있습니다[215]. 만약 치즈를 1～2주간만 저장한다면 상대습도가 85.0%, 온도는 12℃를 넘지 않는 건조한 공간을 이용합니다. 만약 치즈를 더 낮은 온도 습도에서 오랫동안 보관하기를 원한다면 치즈 중량의 손실이나 표면 형성을 고려해야 합니다. 치즈를 숙성실로 옮긴 뒤 1～2주 만에 판매해야 할 때는 표면의 점질균(BL균)액 처리는 필요가 없습니다. 숙성실에 오랫동안 저장하려면 표면의 점질균(BL균)액 처리는 매 2주일간에 걸쳐 한번만 해두면 될 것입니다.

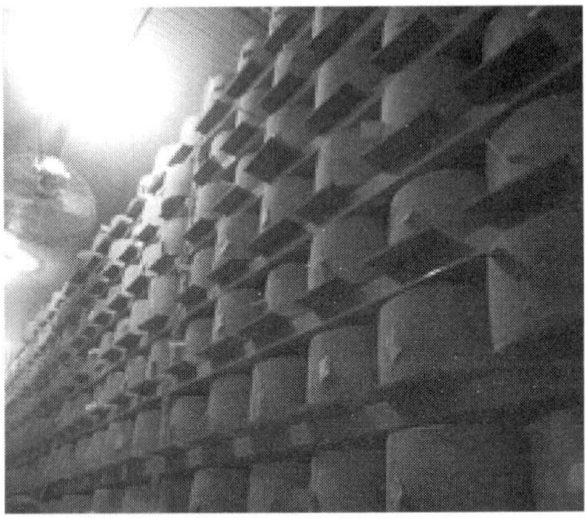

그림 2-30. 미국 캘리포니아 새크라멘토 인근 목장 치즈공장의 체다치즈 숙성실 (저자 사진)

215) 프랑스의 숙성실 환경 자동제어 시스템 회사 : ① Clauger(solutions designer in Refrigeration & Process air) http://www.clauger.com / 담당자 : David Mathieu (Chief Operations Omcer)[dmathieu@clauger.us] 본서의 그림 2-35, 2-36 참조바랍니다. ② ATC (Aéro Textile Concept) / French Leader in textile Air Ducts and Diffusers 그림 2-37.

그림 2-31. 독일 치즈/와인 숙성실 전문업체 Neusochwander사의 시공현장 (www.neusochwander.de)

그림 2-32. 독일 노르드 베스트팔렌주 목장 치즈공장의 가우다 치즈 숙성실 (저자 사진)

그림 2-33. 미국 캘리포니아 새크라멘토 인근 목장 치즈 공장의 가우다 치즈 숙성실 (저자 사진)

그림 2-34. 이탈리아 아시아고 지방의 아시아고 치즈 숙성실
(사진 뒤편 중앙에 치즈관리 로봇이 치즈를 닦고 뒤집어 줌) (저자 사진)

마지막으로 숙성고를 설계할 때의 고려사항을 프랑스 숙성실 환경 자동제어 설비 회사의 2014년도 제31차 미국치즈협회(ACS) 연차대회 시의 교육자료를 인용하여 정리해 둡니다[216].

◈ **숙성고 설계 시 권고사항**

1. 전등 위치(밀집 금지) - LED등 채용 권고
2. 각종 컨트롤 기기 위치(가능한 한 외부로 빼라)
3. 규모에 따른 온도 영향 범위(온도 평형조건 고려)
4. 숙성고 내 치즈 선반류(stacks)의 적정 간격 유지
5. 단열재(Insulation) 사용이 중요함
6. 향후 규모 증축 고려하여 기기 도입
7. 가장 나쁜 조건에서도 오래 견딜 수 있는 기기 도입

◈ **경제적 측면 고려**

1. 생산 품질의 정규화(품질 항상성, 균일성)
2. 감가상각비 고려
3. 공기 유래 감염병 위험 감소
4. 치즈의 손실 감소
5. 치즈의 유통기한 증대
6. 보존제 감소
7. 노동력 감축성 - 로봇 채용

216) 배인휴 저. 2017. 목장유가공론 - 지속가능 낙농 길잡이 -. 유한문화사. 서울. pp. 302-305.

◈ **Clauger사의 숙성실 설계 고려사항**

1. 한결같은 온도 유지
2. 적정 습도 유지
3. 숙성실내 공기 유류 속도
4. 포장형
5. 숙성실의 청결성 유지
6. 숙성실 내 발생가스 농도(O_2, CO_2, NH_3) 조절

그림 2-35. 프랑스 CLOUGER사의 치즈 숙성실 환경 조절장치 (화보 32쪽, 저자 사진)

그림 2-36. 프랑스 CLOUGER사의 숙성실 내부 공기 순환을 위한 흡기/배기장치 (저자 사진)

[Tip 22] 좋은 숙성실 갖추기

저자가 여기서 소개하고 싶은 일화 하나가 있는데, 한 번은 우리나라 유수의 정부 산하 축산연구기관장과 방담을 하는데 그 분이 저에게 앞으로 정부가 목장유가공장을 도와줄 좋은 아이디어를 내달라고 했습니다. 그래서 저는 그 어떤 지원보다도 목장치즈 숙성실 지원사업을 실시해 달라고 요청했습니다. 우선 목장치즈를 생산하여 연간 매출 1억 원 이상, 5억원 이상, 10억원 이상인 업체를 파악하고 그 중 희망자를 선발하여 치즈 숙성실 건설을 매출액에 따라 차등 지원하되 최대 10억 원까지 보조하는 파격적이고 통큰 정책을 펴시라고 하였습니다. 그리고 지원할 때의 숙성실이 갖출 조건을 다음과 같이 제안해 둔 바 있습니다.

한국에서의 숙성실의 기본 요건은 [1] 자신이 제조하는 치즈(단순화 해서 1~2종류)에 맞는 숙성조건(온도, 상대습도)을 충족할 것, [2] 숙성실 건축 시 항온・항습 유지 시스템을 갖출 것, [3] 숙성실 건축 자재의 특수성(다습 조건 고려) 충족, [4] 숙성실의 공기청정(공기의 습도/온도가 항상성을 띌 것)과 공급, 숙성실 전체에 균일 확산 장치와 가스제거 시스템 갖출 것, [5] 4차 산업 시스템을 접목한 자동관리(로봇 관리기) 시스템 도입, [6] 정부의 지역별 첨단 설비의 숙성 대행소 운영 등이었습니다. 저자는 좋은 숙성실에 관한 내용만 정리한다면 아마 이 책 절반 이상의 면을 할애해서 집필해야 할 것으로 봅니다. 따라서 여기서는 발행하는 책의 지면 제약이 있으므로 좋은 숙성실을 갖추는 데 좀 더 필요한 정보나 참고 기술자료 획득을 위한 다음 서적들을 소개드리니 면밀히 참고하시기 바랍니다.

1. Albrecht - Siedel, M. und Mertz, L 지음/정상진 옮김. 2009. 목장유가공. 도서출판 유한문화사. 서울 pp. 35-88, 89-103에 독일식 목장치즈공장 건축관련 정보가 잘 정리되어 있습니다.
2. Kindstedt, P. 2005. American Farmstead Cheese. Chelsea Green Publishing Company. pp. 221-224에 이 부분의 저자 경험을 중심으로 잘 안내해 주고 있습니다.
3. Caldwell, G. 2010. The Farmstead Creamery Advisor. Chelsea Green Publisher. Vermont.(2014년판부터 책명이 The Small scale Cheese Business로 변경됨) pp. 126-152에 숙성실 건축 관련 사항들이 잘 제시되어 있습니다.

6) 냉장실

치즈마다의 제조공정에 보면 종류마다 다른 숙성기간이 표지되어 있습니다. 치즈마다의 각각 다른 숙성기간이 있다는 것입니다. 이를테면 우리가 김장김치를 담갔다가 일정 기간이 지나면 묵은지가 되면서 김치에서 고약한 이취나 궁텡이 냄새가 나서 김치 고유의 맛과 향을 잃게 되듯이 치즈 또한 그러합니다. 따라서 치즈는 일정한 숙성기간이 되기 전에 과발효를 막기 위해 미리 냉장실로 옮겨서 치즈 고유의 향미를 보

그림 2-37. 프랑스 ATC(Ae'ro Textile Concept) 사의 숙성실 내부에
공기순환을 위한 Textile Duct 시스템 (저자 사진)

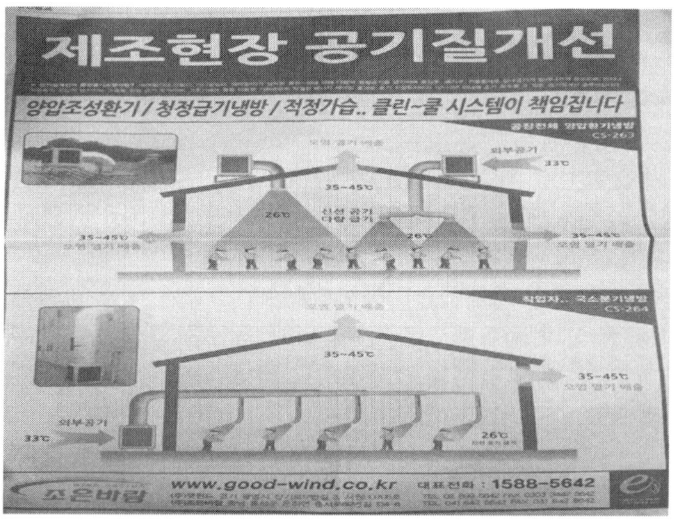

그림 2-38. 한국 공장 청정시스템 업체(조은 바람)의 숙성실
응용 아이디어 (회사 광고사진)

전, 상품성을 높여야 합니다. 그러기 위한 저장고가 냉장실입니다. 냉장실은 치즈공방의 치즈 시장유통 속도를 가늠하여 적절한 면적을 갖추어야 합니다. 치즈공방의 경영비가 넉넉하다면(자금회전이 늦어도 경영상 문제가 안 되는 회사) 치즈는 가능하면 냉장실에 오래 저장하는 것이 적당할 것입니다. 치즈는 가능한 한 후기 발효위험이 없이 숙성을 마쳐야 합니다. 치즈가 아직 8주가 안된 상태에서는 냉장실로 옮기지 말아야 합니다.

숙성이 끝난 가우다 치즈의 경우 치즈를 닦고 파라핀 왁스로 코팅처리 한 후에 바로 냉장실로 옮겨 줍니다. 처음 24시간 동안에는 치즈는 한 층으로 선반에 놓고 24시간 후에 3~4겹으로 쌓을 수 있는 곳에 넣어 별 관리 없이 냉장실에서 반출하기까지 보관합니다. 이 때 냉장실의 온도는 2~4℃를 유지하고 건조해야 합니다. 냉장실은 얼음과 물이 바닥에 떨어지지 않도록 제상기(除霜機)가 장치된 냉각기를 설치해야 합니다.

[Tip 23] 치즈의 성분

영양분이 풍부하고 맛깔스러운 식품인 치즈는 우유의 많은 영양요소들이 농축되어 있습니다. 이를테면 치즈에는 우유의 주 단백질인 카제인, 우유가 함유하는 지방분의 대부분 그리고 원유에 함유되어 있던 대부분의 지용성 비타민, 칼슘과 같은 무기질 그리고 수분에 용해되어 함유된 다양한 성분류가 구성분으로 함유되어 있는 것입니다. 수분이 보유하고 있는 유성분은 유당, 유청 단백질, 용해성 염류, 비타민류, 그리고 다른 우유의 미량 성분류가 함유됩니다.

[Tip 24] 치즈란 무엇인가?[217)]

치즈는 엄밀히 말하면 원유의 주 단백질인 카제인(casein)을 응고시킨 후 유청(원유 중의 순수 수분 혹은 유장)을 제거하여 얻어낸 것을 신선한 채로 제품화하거나 숙성시켜 제품화한 농축형 유제품입니다. 카제인의 응고는 특정 미생물(주로 유산균)이 생성하는 산(유산)이나 응유효소(렌넷)에 의해 응유물 형성으로 이루어집니다. 전 세계 자연치즈의 80% 이상이 우유로 제조되고 나머지는 산양유, 면양유 그리고 낙타나 야크, 물소 젖으로 만들어지고 있습니다.

자연 치즈는 크게 숙성하지 않고 이용하는 신선치즈와 일정기간을 숙성시키는 숙성치즈로 나뉘며, 자연 치즈를 가공한 가공 치즈가 있습니다. 치즈 모양의 제품 또는 가공치즈 제품 생산에서 유성분이 아닌 성분을 어느 정도 혹은 전부를 보충하거나 대체시켜서 치즈나 치즈류의 성분기준에 맞지 않는 제품이 있는데 이 제품에는 “모조”라는 라벨을 첨부하게 되어 있습니다. 1973년경부터 치즈의 관능성에 많이 접근하고 유사한 영양성분 함량을 가진 유사치즈(Analogs)의 개발이 FDA에 의해 허용된 바 있습니다. 이와 같은 치즈 아날로그는 규정된 치즈성분 규격을 충족시키면 FDA에 의해 규격품 치즈로 승인되도록 하고 있습니다. FDA 규정 성분규격에 미달한 치즈 아날로그는 “모조치즈”라는 용어에 묶이면서 “모조 치즈 아날로그”라는 명칭을 붙일 수 밖에 없게 되었습니다.

217) National Dairy Council. 1979. Newer Knowledge of Cheese and other cheese products p. 6.

[Tip. 25] 치즈 숙성실의 위생문제

숙성실의 위생이란 얼마나 중요할까요? 숙성실의 위생을 생각할 때 무엇보다도 마치 갓난아이를 양육하는 산부인과의 영유아 보호실 환경을 상상하십시오! 그런데 도대체 치즈 숙성고를 오염시켜서 갓 난 영유아 같은 우리의 치즈를 망치는 오염원은 어디로부터 온 것들일까요? 결국은 이것들을 알고 제어할 줄 아는 것이야말로 치즈 숙성의 성공 지름길입니다!! ① 공기 : 미생물학적 청결 공기 출입량 조절이 중요, ② 숙성관리인 : 옷, 손, 숙성실 근무 인력의 위생검사 중요, ③ 각종 액체류 : 콤프레샤, 파이프, 전기와이어 때나 찌꺼기 확산, ④ 선반이나 지지대 : 표면, 코팅가루 부스러기, ⑤ 기구류 : 나사, 녹과 화학물질에 무관한 재료 사용, ⑥ 작업진행 과정의 비산먼지, ⑦ 치즈 관리와 연관된 기구류 등입니다.

[Tip 26] 체다 치즈 제조 시 원유성분의 이동 양태[218)219)]

영양성분	커드 내 %	유청 내 %
수 분	6	94
총 고형분	48	52
카제인	96	4
가용성 단백질 [유청 단백질]	4	96
지 질	94	6
유 당	6	94
칼 슘	62	38
비타민 A	94	6
Thiamin	15	85
Riboflavin	26	74
Vitamin C	6	84

218) National Dairy Council. 1979. Newer Knowledge of Cheese and other cheese products p. 25.

219) Dixon, P. 2006. Farmstead and Artisan Cheesemaker's Training Manual. Dairy Food Consulting p. 6.

[Tip 27] 치즈 제조 시 염화칼슘($CaCl_2$)을 첨가해야 할 때는 언제인가요?

치즈 제조에서 식용 염화칼슘($CaCl_2$)을 사용하는 이유는 커드의 굳기를 개선하고 커드의 안정성 유지를 위함입니다. 그렇다고 염화칼슘을 항상 사용할 필요는 없는데 어떤 사람들은 1년 내내 지속적으로 사용합니다. 그러면 어떤 경우에 염화칼슘을 사용해야 할까요?

① 살균유로 치즈 제조 시

일반적으로 비살균 원유에는 활성화된 천연 칼슘이 다량 존재하여 그런 원유로 치즈를 제조하면 별도의 칼슘염 첨가가 필요하지 않지만, 살균원유로 치즈를 제조할 경우 반드시 첨가할 것을 권장합니다. 즉 원유를 63℃에서 30분이나 처리하면 원유 중의 천연칼슘이 대부분 불활성화 되어 응유과정의 제2단계에서 칼슘이온의 활성이 나타나지 못해 연약한 커드가 얻어집니다. 그래서 살균처리한 원유로 치즈를 제조할 때는 어김없이 원유의 0.02%에 해당하는 칼슘염을 스타터 접종 시에 함께 첨가하고 있습니다.

② 균질한 원유로 치즈를 제조할 때

치즈 제조에 균질(Homogenization)은 잘 쓰이지 않습니다. 이 과정은 지방구를 작은 크기로 파쇄하였기 때문에 치즈 커드의 단단히 굳는 것을 방해합니다. 그러나 원유의 저장을 오래 해야 할 때 크림층 형성을 방지하는 수단으로 균질 처리하여 저장한 원유로 치즈를 제조하는 경우가 있습니다. 그래서 균질한 원유에는 반드시 칼슘염을 보전해 주어야 합니다. 산양이나 어떤 젖소 품종, 가령 에어셔 종 같은 소의 젖은 지방구의 크기가 매우 작아 자연적으로 균질이 된 젖으로 구성되어 있어서 이런 젖으로 치즈 제조를 할 때 칼슘염을 사용해 주면 렌넷의 응유기능을 훨씬 강화해 주어 단단한 커드를 얻을 수 있습니다. 어쨌든 치즈제조 시 칼슘염을 사용하게 되면 견고한 응유작용을 일으켜 훨씬 치밀한 조직의 커드를 얻게 하는 좋은 수단이 됩니다.

③ 응유가 지연되어 결과적으로 연약한 커드가 얻어질 때

원유의 유단백질과 유지방 함량은 동물의 비유단계, 사료, 스프레스 정도, 계절 등에 따라 다양하게 변화합니다. 그런데 이 두 성분의 함량 비는 젖의 응고에 영향을 미치기 때문에 칼슘염은 연중 사용하지 않을 수 없습니다. 비유 초기와 말기 단계는 유고형분의 변동이 가장 심해 이런 젖으로 치즈를 제조하면 매우 연약한 조직의 커드를 얻게 됩니다. 이때 칼슘염을 사용하게 되면 견고하고 치밀한 조직의 커드를 얻게 해줍니다.

④ 동결했던 원유로 치즈를 제조할 때

동결한 원유는 동결과정을 거치면서 원유의 구조가 연약하게 손상되어 버렸기 때문에 응고시키기가 매우 어렵습니다. 동결원유의 유지방은 이미 원유의 현탁 구조에서 유리되어 있어서 원 상태로 되돌려 자연스런 구조로 현탁시키기가 어렵지만 이때 칼슘염을 사용하면 연약한 커드가 나오는 것을 방지할 수 있습니다.

제 3 장

주요 치즈 제조의 실제기술

스위스 알프스 산악지의 전통방식 치즈공방
(Arthur R. Hill 교수 제공)

다양한 각종 치즈는 매우 정형적(定型的)인 원칙에 따라 커드생성 단계를 거쳐 치즈 단계에서는 각종 처리방식의 고유한 기술적 방식에 따라 1,700여 종의 치즈로 제조되고 있습니다. 치즈 제조의 기본 골격은 그림 3-1에서 보는 바와 같이 **[원유의 가온(공장의 경우 살균, 냉각을 거침)] → [스타터 접종] → [렌넷 첨가] → [커드 절단] → [유청 배제] → [성형] → [가압] → [가염] → [숙성]**을 거쳐 제품화 되는 것입니다. 따라서 각 치즈마다의 고유한 제조공정이 있고, 같은 치즈라도 제조 지역에 따라 또 다른 기술로 제조되는 융통성 때문에 제품의 다양성의 폭은 더욱 넓어질 수 있습니다.

여기서는 세계 치즈의 기본을 이루는 치즈들 중에서 저자가 만나 한국의 풍토와 한국 원유의 성질에 맞추어 낸 제조기술을 따라 제조하여 한국화 시킨 치즈들의 제조공정들을 소개해 두고자 합니다. 아울러 아직 한국화 하지 못했던 치즈라 할지라도 앞으로 여러분이 도전하여 훌륭한 치즈제품을 성취하는데 도움이 될 만한 치즈의 공정도 일부 제시하겠습니다. 다만 각 치즈들의 제품화를 위한 제조공정의 조정이나 그 응용은 치즈 제조자들의 몫으로 남겨 둡니다.

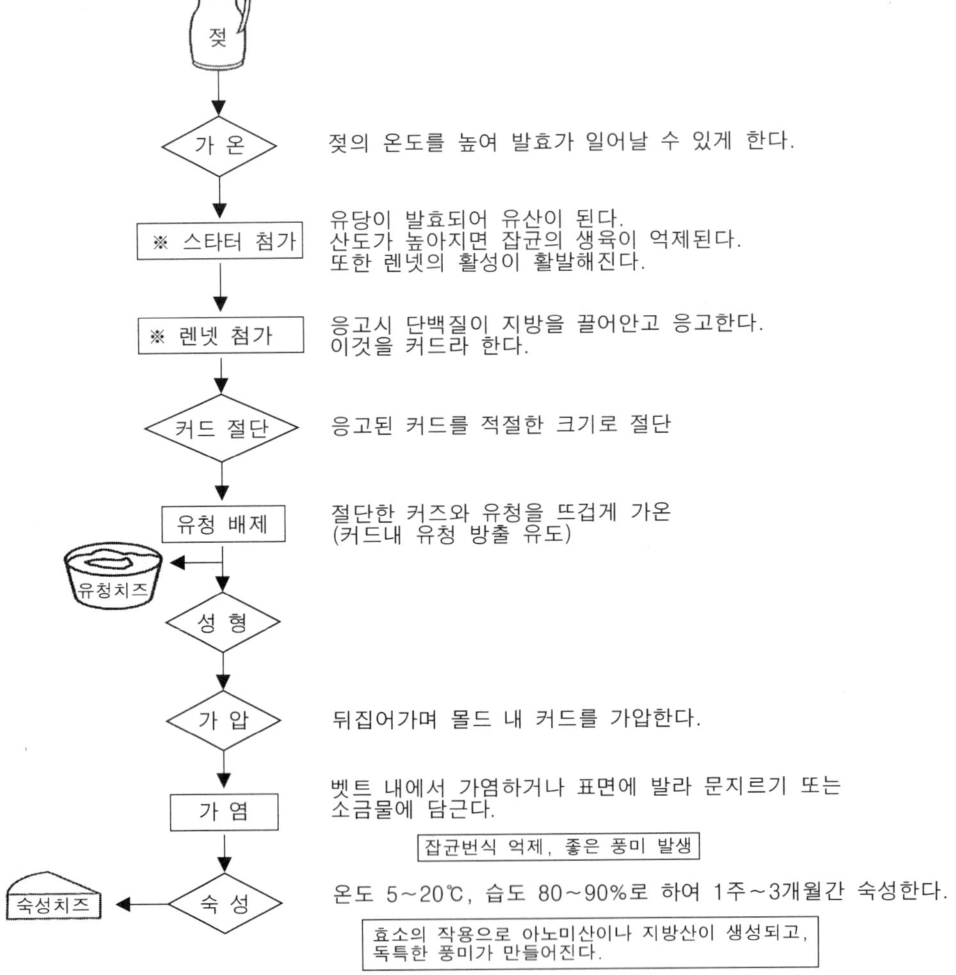

〈치즈의 견고도에 따른 제조법의 차이점〉

치즈 견고도 / 제조 중 상태	연질치즈	경질치즈
제조 중의 온도 가온	낮다(39℃ 이하).	높다(53~56℃).
커드 중의 유청 잔유량	많다.	적다.
커드 절단시 커드 입자크기	큰 편이다(3cm~구슬 크기).	작은 편이다(쌀알 크기).

그림 3-1. 치즈제조의 기본 골격 공정과 조직의 견고 도에 따른 제조법의 차이

자료: NPO法人 チ-ズプロフェッショナル協會. 2008. C.P.A チ-ズプロフェッショナル教本. NPO法人 チ-ズプロフェッショナル協會. p. 24.

1. 신선치즈(Fresh cheese)

1.1 리코타 치즈(Ricotta, ree-KOH-tah[220]) cheese)

그림 3-2. 캐네디언 리코타 치즈
(화보 12쪽, Arthur R. Hill 교수 제공)

1) 개 요

리코타 치즈(ricotta = 라틴어 recocta, 즉 「recooked, 재가열하다」라는 말에서 유래함)는 이탈리아 사람들의 대량 치즈생산에서 얻은 오랜 지혜의 산물입니다. 이 치즈는 고대 로마시절부터 만들어 왔고, 시실리안들도 원조(元祖) 급에 속합니다. 이 치즈는 막대한 치즈 생산을 자랑하는 이탈리아 치즈산업에서의 유청처리 문제로 고민하던 중에 출현된 치즈입니다. 스타터도 쓰지 않고 렌넷도 사용하지 않은 단순한 산과 열처리의 산물이라고 해서 기술적인 측면에서 이 치즈를 치즈 반열에 올려주느냐의 여부를 논의한 이력이 많았던 생산물이지만 이는 엄연한 낙농산물임에 따라 이제는 당연히 치즈의 하나로 간주합니다.

2010년에는 물소 젖 치즈 유청으로 만든 리코타 치즈에 대한 이탈리아 원산지 명칭보호(D.O.P, Denominazione d'Origine Protetta)[221])를 인증했습니다. 주로 이탈리아 중부 캄파니아(Campania) 주, 라씨오 주, 브리아 주, 모리세주 전역에서 제조되며,

---

220) 지금부터 소개하는 치즈 명칭의 발음을 이렇게 별도의 표기를 해두고 치즈명 발음의 국제화를 정립해 두고자 합니다.

221) 유럽연합(EU)에서는 1996년 6월 이전까지는 각 회원국마다 전통적으로 사용해 왔던 원산지 명칭보호제도가 있었습니다. 프랑스는 A.O.C(Appellation d' Origine Contrôlee, A.O.P, Appellation d' Origine Ptrotêgêê) 스페인 D.O.P(Denominacion de Origen Protegida) 등이 있었으나 그 이후로는 EU 원산지 명칭보호제도 P.D.O(Protected Designation of Origine)로 표지하기로 통합했지요. 그러나 각국에서는 자기 나라 치즈 정통성에 대한 자긍심 때문인지 여전히 전통적인 것을 쉽게 버리지 못하고 사용하거나 병용하기도 합니다.

고형분 중 지방함량은 최저 45%입니다[222]. 리코타 치즈도 여러 종류가 있습니다.

리코타 디 페코라(Ricotta di pecora), 리코타 피아센티나(Ricotta piacentina), 오직 면양유로 만드는 페코리노 로마노(Pecorino Romano) 치즈의 유청으로 만드는 리코타 로마나(Ricotta romana)와 젠틸 리코타(gentile Ricotta)가 있고, 시실리 사르디나와 이탈리아 본토에서 생산되는 리코타 살라타(Ricotta Salata, salata = salty 소금친)가 있습니다. 이것은 신선 리코타에 소금을 쳐서 가압, 성형하고 3개월간 숙성시킨 눈빛처럼 하얀 치즈입니다. 요즘 한국에는 이탈리아와 미국 등지에서 리코타 치즈가 수입되고 있는데 지방분이 상당히 많이 함유되어 있습니다. 업체 제품마다 다르지만 지방함량이 10%에서 30%가 되어 크림치즈 식감이 나기도 합니다.

2) 제조공정

(1) 숙성치즈 제조 시 받아놓은 제1차 유청[감성유청(sweet whey) pH 6.4~6.5] 이때 유청의 pH가 매우 중요한데 유청 pH가 6.4 이상이면 이상적이지만 최소한 **6.1 이상**이 되어야 리코타 치즈 제조가 가능함을 유의해야 합니다.

(2) 유청 치즈의 원료 준비는 일단 얻어진 유청을 60℃ 이상으로 신속히 가열처리하여 보관해야 합니다. 왜냐하면 유청 중에는 치즈의 렌넷과 유산균이 여전히 살아있기 때문이지요. 만약 열처리 없이 그대로 유청을 사용하면 첨가된 원유를 응고시켜서 치즈 제조를 어렵게 할 것입니다.

(3) 커드 조직을 견고하게 하고 수율 증대를 위해 신선 원유를 총 원료 유청량의 10% 또는 10% 환원탈지유를 유청량의 10% 첨가합니다[223]. 이때의 첨가량은 총 무게의 5.0% 이하이어야 합니다. 저자는 신선 원유를 25%(유청은 75%) 첨가하여 제조합니다.

(4) 산 준비 : 구연산의 경우 2.0%액(pH 2.8~3.0)을 만들되 원료의 9.3%(9.3L/100kg) 또는 식초의 경우 1배 식초를 5배(pH 2.8~3.0)로 희석하여 원료 총량의 4%를 준비(4.0L/100kg), 80℃이상 가열해 보관해 둡니다.

(5) 유청을 교반하면서 85~90℃까지 가온합니다.

---

222) 물소 젖의 지방함량이 7.0%임을 감안하면 그 젖으로 제조한 치즈 유청에도 상당량의 지방분이 있음을 알 수 있습니다. 그러나 우유로 만든 치즈의 유청에는 1.0% 내외의 지방분이 함유되기 때문에 제조과정에서 추가로 크림 드레싱을 합니다.

223) 탈지유가 있으면 그것이 좋고 없으면 10%환원탈지유나 버터밀크를 사용합니다. 원유첨가보다 탈지유나 버터밀크가 더 좋습니다. 왜냐하면 이들이 리코타 치즈 응고 시 많이 발생하는 미세한 커드가루(fine)들을 큰 덩어리 커드들에게 잘 달라붙게 해서 치즈의 양을 늘려주기 때문이지요. 특히 버터밀크는 리코타 치즈를 윤기 나게 하고 질감을 부드럽게 하면서 제법 정형화 된 알곡조직을 형성시켜 줍니다.

(6) 유청 온도가 90℃에 이르면 3~5분 정치한 뒤 밑바닥에서 원형 교반기로 아주 천천히 저어주면서 준비한 산 용액을 첨가하는데, 유청이 맑아질 때까지 산을 서서히 첨가합니다. 유청의 표면에 단백질 응고물이 생겨 보이게 되면 즉시 교반을 정지합니다.

(7) 유청의 온도 85℃에서 15~20분간 정치(pH 5.6), (6)번 과정이 끝나면 유청 온도는 85℃가 될 것입니다.

(8) 교반하지 않는 상태에서 다시 90~95℃로 가온합니다.

(9) 유청 빼기 : 천천히 덩어리들을 적절히 구멍이 난 도구로 떠내어 부어줍니다. 이를 4℃ 이하의 방에서 2~4시간 동안 방치하면서 유청을 추가적으로 제거합니다. 저자는 천을 깔아 둔 넓은 채반을 작업대 위에 걸친 다음 채반에 응고물을 바가지로 떠서 안쪽부터 돌아가면서 펴 놓기를 권합니다.

(10) 냉장보관 : 추가적인 유청 제거를 위해 커드가 있는 채반 위에 천을 덮은 뒤 큰 대야에 올려 냉장실에 하룻밤 보관합니다.

(11) 가 염 : 다음날 치즈의 중량을 측정하고 중량의 1.0% 소금을 골고루 뿌려가며 가염합니다. 가염은 주걱이나 손으로 혼합하며, 이때 다른 치즈 표준화 시에 얻은 크림을 살균, 냉각해 두었다가 커드 중량의 10~15%를 추가하기도 합니다.

(12) 포 장 : 가염된 치즈를 용기에 담아 포장하고 5℃에 보관합니다(유통기간 15일). 공장에서 즉석 판매하려면 적절한 플라스틱 통에 담거나 왁스지에 담아서 저온 보관합니다. 외국의 목장 치즈공장에는 주변 주민들이 치즈작업이 끝난 저녁나절에 신선 리코타 치즈를 구입하러 옵니다. 마치 주민들이 빵 가게에 이른 아침 5~6시경에 산보 겸 빵을 사러 와서 갓 구운 빵을 구입하듯이 그렇게 합니다. 그래서 치즈공장에서는 당장 판매할 것은 다소 유청이 있는 채로 비닐 백에 담아 팔고, 며칠 두고 팔 것은 포장용기에 담아 저온 보관합니다.

[Tip 28] 한국 식문화에서의 리코타 치즈 이용법

저자는 목장 유가공 교육 시 교육생들에게 실습 생산한 리코타 치즈를 배부하면서 이용법까지도 권장합니다. 여러분도 시도해 보시기 바랍니다.

① 청국장, ② 김치찌개, ③ 된장국, ④ 우거지 탕, ⑤ 각종 부침개 반죽, ⑥ 식빵에 빌라먹기 – 바르기 진 잼과 1:1로 혼합함, ⑦ 비스켓에 얹어 겹쳐 먹기, ⑧ 샐러드에 혼합, ⑨ 경단 만들기, ⑩ 백설기나 시루떡에 팥과 혼합하여, ⑪ 쌈장 만들 때, ⑫ 빈대떡 반죽 시/…이 다음부터는 독자의 몫입니다.

3) 공정표

제조자 :	치즈명 : 리코타 치즈	벤트번호 :	일 시 :
유 청 kg 75 원 유 kg 25 총 량 kg 100	유 청 지 방 ______ 단백질 ______		

제조과정 진행	시 간	온 도	산 도	pH	커드 pH	기 록 사 항
열처리		50℃		pH 6.4		pH 6.4 이상이 좋은 유청입니다.
첨가물 I		50℃				원유나 10% 환원탈지유 둘 중에 한 가지를 원료유청의 10~25%로 첨가합니다(저자는 원유 25%첨가).
열처리		85℃				
구연산액 첨가		85℃				2% 구연산 희석액을 총량의 9.3% 구연산액 첨가(유청이 쾌청할 때까지)
가 온		90~95℃				
정 치	15~20분간					
커드걷기						바가지로 떠오른 커드를 떠서 천을 깐 넓은 채반 위에 펼쳐 놓습니다.
수분배출	3~4시간	5℃				4℃ 이하 냉장실에 보관합니다.
가 염						치즈의 1.0%(크림 10~15% 혼합)
포 장						판매용 포장용기에 담아서 보관합니다.
저 장						오래 보관하기 곤란합니다.

※ 기호에 따라서 가염과정에서 허브나 양념류, 크림 드레싱 등 여러 가지를 첨가할 수도 있습니다.

1.2 모짜렐라 치즈[Mozaarella(moht-suh REHL-lah) cheese]

그림 3-3. 모짜렐라 치즈
(화보 12쪽, Arthur R. Hill 교수 제공)

1) 개 요

모짜렐라라는 말은 뜨거운 물에 커드를 절단하여 넣고 늘어트리고 합치는 일을 반복하여 만드는 몇 가지 전통 이탈리아 파스타 필라타(Pasta Filata) 치즈류에 사용하는 일반적인 치즈 관련 용어였습니다. 모짜렐라 치즈는 전통적으로 순화시킨 물소의 젖으로부터 생산되어 왔습니다. 젖이 응유가 되면 일정한 pH까지 커드채로 발효시켜 커드 내 유청 제거와 배출을 반복해서 커드를 한데 모은 후 제품이 얻어냈지요. 일정한 pH에 도달한 커드는 뜨거운 물속에서 스트레칭과 반죽을 통해 단단한 굳기를 얻어 제조됩니다.

이러한 과정은 파스타 필라타형(Pasta Filata style)이라고 알려져 있습니다. 신선한 모짜렐라 치즈는 일반적으로 흰색이지만, 계절별로 다양하게 급여하는 사료에 따라 연한 노란색을 띠기도 합니다. 이 치즈의 원산지는 이탈리아 남부 나폴리(Naples) 지역이었습니다. 그러나 지금은 카세르타(Caserta)와 살레르노(Salerno)가 포함된 깜빠니아(Campania), 라지오(Lazio)지역과 베네벤토(Benevento), 쁘로시노네(Frosinone)와 라티나(Latina), 나폴리(Naples), 로마(Rome) 등지에서 주로 생산되고 있습니다.

저자가 2005년에 방문했던 이탈리아 남부지역에서는 지금도 야생에 가까운 물소(Water buffalo)를 거의 야생조건으로 사육하면서 그 젖으로 고급 모짜렐라 치즈를 생산하고 있었습니다. 신기하게도 물소가 언제부터 이탈리아에서 사육되었는지, 그 젖으로 치즈를 언제부터 만들었는지의 기록도 없고 전해 준 사람도 없지만 저자가 방문했던 당시 물소 목장 여주인이 전해주는 이야기로는 기독교가 로마에 전파되던 무렵인 2세기경의 이탈리아인들이 만신에게 제물을 바치던 시절에 제물용으로 물소를 바닷가 갈대가 우거진 진흙 뻘밭에서 사육해 왔다고 하였습니다.

지금은 물소 젖이 귀하여 이 치즈를 주로 우유로 만들거나 우유와 물소 젖을 혼합하여 제조하고 있는데 모짜렐라 치즈 중에서 **진정한 모짜렐라 치즈는[모짜렐라 디 버펄로 캄파냐(Mozzarella di Bufala Campana)]**일 뿐이라고 말할 수 있습니다. 왜냐하면 매우 독특한 이 신선형 모짜렐라 치즈(fresh type Mozzarella cheese)는 이탈리아의 라지오, 나폴리 그리고 캄파니아 지역에서 사육한 **물소의 젖**으로만 전통적인 방식에 의해 제조되었기 때문이지요.[224)]

누구든지 이 지방의 모짜렐라야말로 최고의 향미와 품질을 가진 것이라고 평가해 줍니다. 이 치즈는 자연스럽게 신선미가 나고 우유 향과 단맛을 지녔고, 커드는 잘 늘어지며 탄성이 좋습니다. 이탈리아에서는 이 치즈를 "**il fiore di latte**" 즉 "**우유의 꽃**"이라고 부릅니다. Mozaarella di Bufala Campana는 이탈리아 치즈 원산지 보호 규정인 **데노미나치오네 디 오리지네 콘트롤라타**(Denominazione Di Origine Control-lata, DOC)의 보호를 받는 치즈로서 원유를 물소 젖만 100% 사용하여 제조할 것을 규정하고 있는 특수 치즈입니다.

모짜렐라 치즈는 반 연질 치즈인데, 치즈 자체가 높은 수분함량을 갖고 있어서 전통적으로는 제조 당일 소비되도록 공급되어 왔습니다. 그러다가 소금물에 보존을 하면 일주일 동안 이용할 수 있고, 진공포장 하여 더 오랫동안 유통할 수 있게 되었으며, 최근에는 수입치즈들의 경우 개별 급속냉동법으로 냉동하여 운송되고 있습니다[225)]. **수분함량이 낮은 모짜렐라 치즈는 냉장 하에서 한 달 동안 유통이 가능하고, 피자용으로 잘고 가늘게 썰어 포장한 쉬레드 타입(Shred type)은 수분함량이 낮은 경우 유통기한이 6개월까지 가능한 것도 있습니다.**

여러 가지 형태의 모짜렐라 치즈는 주로 피자요리에 사용되지만 대부분의 라자냐 요리 타입에 사용되거나 인살라다 캐프레지 요리의 바질과 얇게 자른 토마토와 함께

---

224) 코시코브스키는 이 방식을 중온균을 사용한 전통적인 장시간 제조법(72시간 동안 제조)으로 소개하고 있습니다. Kosikowski, F. 1997. Cheese and Fermented Milk Foods(Vol. II). F. V. Kosikowski, L.L.C. VA. USA. pp. 61-63.

225) 대부분의 전유(whole milk)로 만든 모짜렐라 치즈가 개별 급속냉동(Individual Quick-Freezing, IQF)된 채로 수입해서 국내 시판 시 해동하거나 매장 운영 구입자들이 그대로 냉동 보관했다가 사용 당시 냉장 하에 해동시켜 사용하고 있습니다. 여기서 -40℃에서 이루어지는 식품의 개별 급속냉동법(IQF)은 모짜렐라 치즈 수입 때 이 방식을 채용하면 수입원가 부담이 커지기 때문에 대부분 일반 냉동법을 사용하고 있습니다. 냉동된 모짜렐라 치즈를 해동하는 것은 -4℃의 약한 냉동 하에 서서히 해동하는 것이 생명이지만 시간이 너무 오래 걸리므로 최대한 낮은 냉장 온도로 해동해야만 합니다.

제공되기도 하지요. 작은 공 모양의 모짜렐라 치즈는 **보콘치니(Boconccini)**라고 하고, 훈연한 것은 **모짜렐라 아푸미카타(Mozzarella Affumicata)**라 하는데, 만약 진하게 훈연한 것은 **스카르모짜(Scamorza)**라고 알려져 있습니다[226].

모짜렐라는 수분함량 55~60%, 지방함량 10% 이상이며, 숙성하지 않고 신선한 채로 이용되는데 직경 6.0cm의 80~100g 크기의 공 모양으로 성형되며 때때로 직경 12cm, 1.0kg짜리 구형으로 성형되어 판매 시까지는 신선 유청을 살균하여 7℃ 이하로 냉각한 것이나 묽은 식초 용액을 사용하여 pH 5.2로 맞춘 냉각수를 적절한 용기에 치즈를 담가서 잘 밀봉하여 판매하곤 합니다. 여기서는 먼저 고온균을 사용한 2일간에 걸쳐(저장 → 포장 포함) 제조하는 신선형 치즈 제조방법 [1]을 소개해 두고, 다음에는 일반적인 제조방법 [2]를 제시해 두겠습니다.

2) 모짜렐라 치즈 제조를 위한 준비사항

(1) 양질의 원유 100 kg

(2) 스타터 : 여기서는 고온균을 사용해야 합니다. 원유의 2.0%(1.0L/100 kg)에 해당하는 배양액(듀퐁 다니스코 사의 고온균 DVS인 YO300이나 크리스챤 한센사의 ABT-5를 사용). 당장 스타터 구하기가 곤란할 경우 연습용으로는 시중 발효유(목장형 요구르트이면 더욱 권장할 만합니다)를 원유의 2.0% 정도 사용해도 무방합니다. 고온균 DVS로는 3.5g/100kg을 사용하십시오.

(3) 염화칼슘 첨가 : 원유의 0.02% 정도 준비(20g/100kg)하는데, 요즈음은 덴마크 크리스챤 한센사의 33% 칼슘 포화용액 「CALSO」**이나 듀퐁 다니스코사의 「CALCIOL」의 사용을 권장합니다. 18mL/100kg 정도 첨가합니다.**

(4) 렌넷 : 분말 렌넷으로 원유의 0.004% 정도(4.0 g/100 kg) 혹은 마일드 치즈를 위하여 0.0032%(3.2 g/100 kg)를 사용하기도 합니다. 액상 렌넷의 경우 1배 렌넷(Single strength)※ 19mL/100kg를 준비하여 첨가 직전 정제수에 20배 희석한 뒤 즉시 첨가하십시오(희석 시 수돗물 사용 금지).

※1배 렌넷은 1:15000이나 250~290/mL IMCU로 표지됨.

(5) 열 탕수 : 60℃와 90℃ 이상의 온수일 것

(6) 스테인리스 대야 2개 : 직경 90cm 이상, 깊이 18cm 이상

(7) 스테인리스 큰 대야와 작은 대야 각 1~2개(큰 곳에 물을 약간 채우고 작은 대야에서 스트레칭 작업함)

---

226) Ehlers, S. and Hurt, J. 2008. The complete IDIOT'S guide to Cheeses of the World. Alpha. USA. p. 67.

(8) 소금 : 간수 빠진 천일염, 한국의 전통적인 죽염도 활용을 시도해 볼 것

(9) 진공포장기와 포장용 PE봉투

(10) 온도계(반드시 알코올 온도계 또는 디지털 온도계)

(11) 식품제조용 고무장갑, 면장갑 세트

(12) 성형을 위한 락앤락(Lock & Lock) 류의 플라스틱 통(200g 용량/개)

3) 제조공정 [1] : 신선형(Fresh type)

(1) 원유처리 : 산도 0.12~0.14% 범위의 신선 원유 사용(표준화, P/F = 1.22)

(2) 살균/냉각 : 63℃, 30분 또는 72℃, 15초 살균 후 32℃로 냉각

(3) 벳트 내 정치: 32℃±1℃로 냉각한 원유를 치즈 벳트에 붓기

(4) 스타터 접종(32℃±1℃): 준비된 스타터는 원유의 2.0%를 첨가하고 60분간 배양(교반)/그냥 요구르트 스타터만으로도 제조 가능/DVS로는 고온균 제품, 3.5g/100kg을 사용합니다.

(5) 염화칼슘 첨가 : 염화칼슘($CaCl_2$ 또는 듀퐁 다니스코 사의 $CaCl_2$ 포화용액 제품(CALCIOL)을 지시된 사용량을 첨가합니다(대개 18 mL/100 kg). 일반 식품 첨가용 염화칼슘($CaCl_2$)은 원유의 0.02% 정도를 정제수에 10배액에 희석(20g/100 kg) 첨가하세요.

(6) 렌넷 첨가 : 온도(31℃±1℃)와 적정산도 변화(스타터 접종 직후의 산도보다 0.03% 정도 변화(상승)가 보이면<0.13% → 0.16%>)를 확인하고 소정의 렌넷(원유의 0.004%)을 정제수(염소제가 없는 것) 10배액에 녹여서 넣습니다(4 g/100 kg). 혹은 마일드 치즈를 위하여 0.0032%(3.2 g/100 kg)를 사용하기도 합니다. 액상 렌넷의 경우 19mL/100kg를 미지근한 정제수에 20배 희석하여 첨가한 다음 30분간 정치합니다(이때 렌넷 첨가, 교반 후 교반기를 제거합니다).

(7) 커드 절단(32℃) : 커드 나이프로 절단. 커드 크기는 $1.0cm^3$ 정도(빨간 완두콩 크기) 3~4분 정치하여 치유(healing, 커드의 표면 형성)하는데, 이때 유청의 pH는 6.3~6.4 정도입니다.

(8) 가온(35분) : 4분간 치유/정치 후에 교반을 서서히 시작하면서 32℃에서 시작하여 41℃까지 느리게 가온하는데, 즉 3분에 1.0℃ 정도 올리는 속도로 실시해 줍니다. 34℃까지는 서서히 교반하다가 그 이후부터는 교반속도를 높여 주어 커드가 엉키지 않게 합니다.

(9) 유청 배제 : 유청을 한 번에 모두 제거하고 추가적인 유청이 빠져나가도록 체다 치즈에서처럼 벳트 안에 트렌치(trench)를 파주고, 커드는 벳트 양쪽 벽면을 향해 평평히 쌓아올린 후 15분간 방치합니다. 유청을 배제한 시점의 유청 산도는 0.18～2.0%, pH는 5.8 정도이어야 합니다.

(10) 정치 및 유산발효: 체다 치즈에서 체다링 하듯이 맷트 형성 작업을 하여 15～20분 간격으로 맷트를 뒤집어 가며 체다링 한 다음 마침내 커드를 한 덩이가 되게 한 뒤 그대로 2～3시간 동안 유청의 산도가 0.6～0.7%, pH는 5.1～5.3이 되기까지 발효시킵니다. **이때 벳트 바닥의 온도를 41℃로, 커드 온도는 38℃ 이상으로 유지하는 것이 매우 중요하지요.**

(11) 커드의 스트레칭

① 커드의 pH 측정 시 pH가 5.3 정도가 되면 벳트의 출구를 열어 두고 자연스럽게 잔여 유청이 배제되게 합니다.[227] 이 때 커드 일부를 떼어내어 열탕수에 넣고 45초가량 두었다가 손가락으로 가만히 늘어뜨려 스트레칭 시험을 해 보면 이 때 흰 물이 배어나지 않고 끊어짐이 없이 끝까지 늘어나면 본 스트레칭에 들어갑니다. 스트레칭 하지 않고 남은 커드는 10℃ 이하의 냉각수에 보관해 두어야 합니다(저온 하에서 유산균 증식 억제로 커드의 추가적인 pH 낮아짐 방지).

② 스트레칭 하고자 하는 **1～2kg 가량의 커드를 폭 2.0cm×길이 3.0cm×두께 3mm 크기의 조각(cube)으로 썰어서** 스테인리스 큰 대야에 담고 그 위에 85℃의 열탕수를 커드 위 표면이 살짝 보일 정도가 되기까지 부어 줍니다(이 과정에서는 충분한 열탕수 준비가 필요합니다).

③ 먼저 튼튼한 면장갑을 낀 후 다시 열에 안전한 식품제조용 고무장갑을 끼고 두 손으로 커드 밑부분을 위로 건져 올려 뒤엎는 반복과정을 하면서 커드가 열탕수와 혼합되게 하면서 계속 연압과 스트레칭을 해줍니다.

④ 연압작업은 단시간(2～3분 이내)에 끝내고 작업이 끝난 후 물은 전량을 제거하고, 다시 85℃ 물을 ②번과 같이 반복하여 붓고 연압해 줍니다(2～3분간 정도 반복).

⑤ 스트레칭 작업 마지막 단계에서 온수(이때 온수는 58～60℃ 정도)를 제거한 뒤 공(ball)모양으로 성형하거나 락앤락(Lock & Lock) 스타일의 플라스틱 통에

---

227) 만약 커드의 pH가 5.2～5.3 이상에서 멈춰 있다면 41℃ 이상의 온수통에 커드를 잠기게 담가서 원하는 pH에 도달하면 스트레칭 시험을 하여 그 다음 단계를 진행시킵니다.

맞추어 담고 뚜껑을 채운 후에 5.0℃ 이하의 매우 차가운 냉각수에 침수시켜 형태를 굳힙니다.

(12) 가 염 : 가염은 20% 정도의 소금물(염도, 20°Bé로 맞춥니다)에 0.1% 염화칼슘을 첨가하여 제조한 뒤 7℃로 냉각합니다. 이 소금물에 치즈를 넣어 가염하는데 그 시간은 치즈 크기와 중량에 따라 달리해 줍니다. 만약 250g 정도의 치즈라면 50분 정도 담갔다가 꺼냅니다. 가염온도는 7℃ 냉각상태로 진행합니다. 가염이 끝난 치즈의 소금농도는 1.5%가 적당하지만, 최근 저염식 추세에 맞추어 1.0%로 맞추는 것도 무방하지요. 자기 제품 치즈의 소금농도는 소금물에 담그는 시간을 기본 50분에서 5분 단위로 줄이면서 찾아내서 항상성을 갖춘 가염을 표준화 해두어야 합니다.

(13) 건조 포장 : 가염이 끝난 치즈들을 건져내고 물기를 뺀 치즈는 바로 진공포장하고 열탕 실링(heat seal)[228] 한 다음 바로 4℃ 방으로 옮겨 저장합니다.

(14) 판매 유통 : 이 치즈는 바로 유통하여 신선 모짜렐라로 소비하고 판매와 유통 전까지는 4℃로 저장해야 하며, 수출할 경우 수출용 박스에 담아야 하고 -20℃로 저장해서 운송합니다. 특히 모짜렐라가 많이 팔리는 성수기 전용품으로 미리 제조한 것도 -20℃로 저장해야 합니다.

4) 제조공정 [2] : 일반용

(1) 원유의 성분 : 한국에서는 물소 젖이 전혀 없으므로 전유 또는 부분 탈지유를 사용합니다.

(2) 원유의 살균 : 63℃/30분간 또는 73℃/15초

(3) 냉 각 : 30~32℃로 냉각

(4) 스타터 첨가 : 듀퐁 다니스코 사의 고온균 DVS인 YO300이나 크리스챤 한센 사의 ABT-5를 사용하거나 이것도 없으면 *Str. salivarius* ssp. *thermophilus, L. delbureuckii* ssp. *blugaricus*이 함유된 요구르트를 원유의 1.5% 첨가하고 잘 섞어 줍니다. 위의 DVS는 3.5g/100kg 정도 사용합니다.

(5) 염화칼슘·렌넷 첨가 : 스타터 첨가 후 30분경과 시 염화칼슘 0.01~0.02%, 렌넷은 30~40분 사이에 응고되는 양을 첨가합니다(250~290/mL IMCU 렌넷 13mL/100kg). 이때의 우유 온도는 30~32℃ 유지해야 합니다.

---

228) 열탕실링은 진공포장 한 치즈를 85℃의 열탕수에 담갔다가 바로 꺼내는 작업입니다. 그러면 유통 중에도 진공상태가 쉽게 풀리지 않고 오랫동안 치즈포장 형태 유지에 도움이 됩니다.

(6) 컷 팅 : 커드를 대두크기($1.0cm^3$) 정도 크기로 자릅니다.

(7) 가 온 : 교반하면서 자켓식 가온으로 40～42℃까지, 가온 속도는 3분에 1.0℃ 상승 정도입니다.

(8) 유청 배출 : 가온이 완료되면 교반을 멈추고 15～20분간 정치하면서 유청의 전량을 제거합니다.

(9) 맷팅(Matting) : 유청 제거 후 커드를 치즈 벳트의 양쪽으로 나누어 중앙으로 유청이 흘러 빠지기 쉽게 합니다. 20～30분 후 커드 알맹이가 결착하면 40cm 정도의 크기로 잘라 나눕니다. 그 후 커드 뒤집기, 쌓아 올리기를 체다 치즈의 체다링과 같은 요령으로 수회 반복하여 마침내 한 덩어리가 되게 합니다. 이때의 치즈 벳트 내부의 온도는 반드시 38～39℃를 유지합니다. 유청 배출로부터 2시간이 지나면 커드의 pH는 5.3 정도가 됩니다(작업 중 pH가 낮아짐을 감안).

(10) 커드의 스트레칭(Stretching) : 커드의 크기는 수 cm^3의 사각 또는 막대기 모양으로 썰어서 약 80℃의 뜨거운 물에 담가 따뜻하게 하고 뜨거운 물속에서 반죽합니다. 양호한 제품을 만들기 위해서는 이 시점의 커드 pH가 5.1～5.3 되어야 합니다. 그리고 나머지 커드는 배양을 정지하기 위하여 10℃ 이하의 냉각수에 담가 둡니다. 뜨거운 물속에서 반죽하는 것에 의해 섬유결 조직과 광택이 나는 외관이 되면 적당한 크기로 분할하여 둥글게 말든지 성형틀에 넣어 마무리 합니다.

(11) 냉각과 식염수 침지(浸漬) : 커드를 성형하면 곧바로 냉수에 넣어 식힙니다. 커드가 완전히 냉각 되었으면 15～20% 농도의 식염수에 넣습니다. 치즈의 식염 농도는 0.7～1.0% 정도인데 자기 제품의 염도는 250g기준 50분간 넣는 것을 기준으로 알맞은 염도는 자신이 찾아내야 합니다.

(12) 포 장 : 후레쉬 모짜렐라는 유통기한이 짧아 플라스틱 필름에 살균수와 함께 충전한 것이 많습니다. 피자용 모짜렐라는 사각형으로 만들어 진공포장 하면 사용하기 편하고 보존성도 좋아집니다. 더 나아가 커드를 별도의 모양으로 성형한 다음 숙성하면 모짜렐라 치즈보다는 훨씬 장기 보존되는 카시오카발로(Caciocavallo), 프로볼로네(Provolone) 치즈가 됩니다.

5) 공정표

제조자 :	치즈명 : 모짜렐라 치즈	벳트번호 :	일 시 :

원 유 kg 100	원 유 지 방 ______	스타터 산 도 ______
탈지유 kg ______	단백질 ______	pH ______
분 유 kg ______		기 간 ______
스타터 kg ______	표준화 지 방 ______	배 지 ______
총 량 kg ______	단백질 ______	박테리오파지 ______

제조과정 진행	시 간	온 도	산 도	pH	커드 pH	기 록 사 항
열처리		40℃				※ 표준화 P/F = 1.22%
살 균	30분	63℃				
기본 스타터	35분	31℃				고온균 1.5%(1,500 mL) DVS 3.5g
부가 스타터						
첨가물						염화칼슘 0.02%(20 mL)
렌넷 첨가			※ 렌넷첨가 전 온도 확인			250～290/mL IMCU 역가의 렌넷 사용량 13 mL
응 고	30분	31℃	※ 25분 뒤부터 굳기 검사 실시			응고 소요시간 : 30분
커드절단 시작						스타터 접종 : 1시간 10분
커드절단 종료	5분	31℃				
가온시작		31℃				
가온중단	30분	42℃				※ 온도를 올릴 때는 서서히 올려줍니다
유청제거					5.9	
매팅작업	※ 유청을 완전히 제거한 후 커드 중간에 고랑을 파고 수분을 배출시킵니다. 온도는 38～39℃, 커드를 8등분하여 15분에 한 번씩 반전하여 pH 5.2～5.1이 될 때까지 2조각이 되도록 체다링 방식으로 매팅작업을 합니다.					
커드분쇄		38℃			5.1	1cm^3 크기로 잘라 줍니다.
스트레칭	※ 80℃ 물을 이용해 스트레칭 하여 네모나 긴 원통에 넣어 모양을 잡아줍니다.					
염 지	염지액은 80% 물, 20% 소금을 넣어 염지액을 만들어 줍니다. 염지는 50분/250g 정도 실시하고 빠르게 건져내어 하룻밤 건조해 줍니다.					
포 장						진공포장 합니다.

1.3 스트링 치즈[(String(striŋ) cheese]

(1) (2) (3)

그림 3-4. 스트링 치즈 (화보 14쪽)
(1), (2) 2004년 가을, 한국 최초로 스트링 치즈를 출시한 순천 낙안창녕영농법인의 스트링 치즈 홍보자료 (김귀진 대표 제공)
(3) 터키 이스탄불 힐튼호텔 조식뷔페에 제공된 스트링 치즈(저자사진)

1) 개 요

세계에는 여러 가지의 다른 형태의 스트링 치즈들이 알려져 있습니다. 치즈를 만들 때 가래떡 모양으로 길게 늘여서 만드는 것을 스트링 혹은 스트리퍼라고 하였습니다. 동유럽의 슬로바키아 지역에서는 전통적으로 방금 착유한 양젖으로 제조하면서 이것을 훈연해 먹거나 훈연하지 않은 채로 이용할 수 있게 제조하였습니다. 발칸지역 인근의 아르메니아 지역에서는 전통적으로 하얀색의 스트링 치즈를 만듭니다.

원유도 나이 든 산양유나 면양유로 만들며 지역마다 방식이 다르다고 합니다. 스트링 치즈란 말은 제조하는 과정에서 치즈를 마치 긴 끈(string)처럼 커드를 길게 뽑아내는 제조방식 때문에 얻어진 이름이지요. 시리아 사람들도 양젖 치즈를 만들 때 그렇게 늘어뜨리는 방식으로 제조하는데 그들은 다른 치즈들을 만들 때는 단지 커드를 절단하고 가압하고 스트링처럼 그렇게 뽑아내지는 않습니다.

미국에서의 "스트링 치즈"란 일반적으로 수분함량이 낮은 모짜렐라 치즈를 손에 들고 먹을 수 있는 스낵 사이즈의 핑거 푸드(finger foods)로 제공할 때 그것을 "스트링"이라고 말합니다. 이러한 형태의 "스트링 치즈"는 대체로 원통형이고, 직경 2.0cm에 대략 12cm 길이로 절단한 것이지요. 일본에서는 치즈의 결을 따라서 찢겨지는 치즈라 해서 사게 루(さける, 裂ける) 치즈라고 부릅니다.

스트링 치즈는 잘 제조된 모짜렐라 치즈 커드를 긴 관을 통과시켜 빼거나 기계적 사출기를 통과시켜 막대모양으로 뽑아내서 10～13cm 정도의 길이가 되게 잘라 염지액에 10～15분 정도 침지한 순수 커드 혹은 향을 첨가한 치즈입니다. 10～13cm 정도 막대치즈를 각각 포장하여 냉장 보관하거나 바로 유통시켜 가정이나 식당에 배달하여 소비합니다. 일본인들은 이와 유사한 이태리식 치즈인 Adducotor 치즈를 만들 때 가이바시라[키조개의 패주(貝柱, 조개 관자)를 삶아 말린 것에 대한 일본어]처럼 갈라져 찢어지게 하고, 호다 데라는 생선의 맛과 향을 가미해서 만들어 이를 가이바시라(かいばしら) 치즈라고 부르기도 하며, 매우 좋은 술안주로 쓰이고 있습니다.

저자가 1996년에 북해도 하꼬다떼(函館)에 위치한 「북해도유업」을 방문했을 때 그들은 이 치즈를 일본 술과 잘 어울린다며 즐기는 것을 보았습니다. 이 치즈는 모짜렐라를 이용하는 방식처럼 사용됩니다. 때로는 모짜렐라와 체다 치즈를 결합시킨 형태로 이용되기도 합니다. 우리나라 최초로 스트링 치즈를 2004년부터 생산・시판한 업체는 순천시 낙안면 소재 낙안창녕영농법인(대표, 김귀진)입니다. 지금은 매일 30～40kg(원유 300～400kg)을 생산・판매하는 우리나라 스트링 치즈의 발원지입니다.

2) 스트링 치즈 제조를 위한 준비사항

(1) 양질의 원유 100 kg

(2) 스타터 : 여기서는 고온균을 사용합니다. 원유의 1.0%(1.0L/100 kg)에 해당하는 배양액(듀퐁 다니스코사 YO300이나 크리스챤 한센사의 ABT-5를 사용). 당장 스타터 구하기가 곤란할 경우 시중 발효유(목장형 요구르트이면 더욱 권장할 만합니다)를 1.0%를 사용해도 무방합니다.

(3) 염화칼슘 첨가 : $CaCl_2$을 원유의 0.02% 정도 준비(20g/100kg)합니다. 덴마크 크리스챤 한센사의 치즈 전용 칼슘첨가제 [CALSO]를 사용하는 것이 좋습니다.

(4) 렌 넷 : 분말 렌넷으로 원유의 0.004% 정도(4.0g/100kg) 혹은 마일드 치즈를 위하여 0.0032%(3.2 g/100kg)를 사용하기도 합니다. 액상 렌넷의 경우 250～290/mL IMCU 활력을 갖는 렌넷으로 19mL/100kg 준비하세요.

(5) 열 탕수 : 60℃와 90℃ 이상의 온수

(6) 스테인리스 대야 2개 : 직경 90cm 이상, 깊이 18cm 이상

(7) 식 염 : 천일염, 죽염도 활용을 시도해 볼 것

(8) 칼, 도마, 나무주걱

(9) 진공포장기와 포장용 봉투

(10) 온도계(반드시 알코올 온도계 또는 디지털 온도계)

(11) 2～3매의 연압용 무명천($50cm^2$)

(12) 물 빠짐이 좋은 대 소쿠리 2～3개

(13) 식품 제조용 고무장갑, 면장갑 셋트

(14) 스테인리스 큰 대야와 작은 대야 각 1～2개(큰 곳에 물을 약간 채우고 작은 대야에서 스트레칭 작업함)

(15) 플라스틱 과일상자나 스테인리스 망 바구니(유청 제거용)

3) 치즈 제조공정

(1) 원 유 : 산도 0.12～0.14% 범위의 신선 원유 사용(P/F = 1.22)

(2) 살균냉각 : 63℃, 30분 또는 72℃, 15초 살균 후 32℃로 냉각

(3) 벳트 내 정치 : 31℃ ± 1℃로 냉각한 원유를 치즈 벳트에 넣기

(4) 스타터 접종(31℃ ± 1℃) : 준비된 스타터는 원유의 1.0%를 첨가하고 60분간 배양/그냥 요구르트 스타터만으로도 제조 가능합니다.

(5) 염화칼슘 첨가 : 염화칼슘($CaCl_2$) 또는 Chr. Hansen 사의 [CALSO]를 지시된 사용량을 첨가합니다(대개 18 mL/100kg). 일반 식품첨가용 염화칼슘($CaCl_2$)은 원유의 0.01% 정도를 살균된 정제수에 10배액에 녹여 넣습니다(10g/100 kg).

(6) 렌넷 첨가 : 온도(31℃ ± 1℃)와 적정산도(스타터 접종 직후의 산도보다 0.03% 정도 변화(상승)가 보이면 <0.13% → 0.16%>를 확인하고 소정의 렌넷(원유의 0.004%)을 정제수(염소제가 없는 것) 10배액에 녹여서 넣습니다(4 g/100 kg). 혹은 마일드 치즈를 위하여 0.0032%(3.2 g/100 kg)를 사용하기도 합니다. 미리 준비해 둔 액상 렌넷 19 mL/100 kg를 미지근한 정제수에 20배 희석하여 즉시 첨가한 다음 30분간 정치해 둡니다(렌넷 첨가, 교반한 뒤 교반기를 제거합니다).

(7) 커드 절단(31℃ ± 1℃) : 커드 나이프로 절단합니다. 커드 크기는 $1.0cm^3$ 정도(빨간 완두콩 크기) 3～4분 정치하여 커드를 치유(healing ; 커드의 표면 형성)합니다(이때 유청의 pH는 6.3～6.4 정도).

(8) 가온(Cooking) : 4분간 정치 후에 서서히 교반하면서 32℃로부터 42℃까지 기온을 합니다. 즉 2～3분에 1.0℃ 상승시기는 속도로 힙니다. 42℃ 도달 시 유청의 pH가 6.2 도달 시까지 센 교반을 합니다.

(9) 정 치 : 5～10분간 가만히 정치합니다.

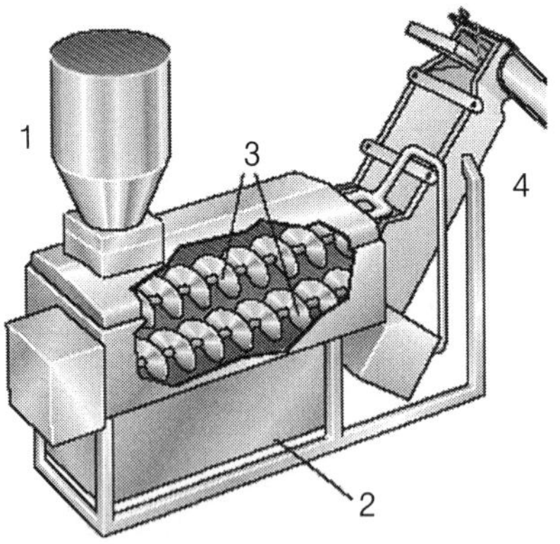

그림 3-5. 파스타 필라타형 치즈의 스트레칭+연압용 기기 구성[229]

(10) 유청 배제 : 유청의 pH가 6.2에 도달한 것을 확인한 다음 유청을 모두 제거하고 체다 치즈에서처럼 트렌치를 파주고, 커드는 벳트 양쪽 벽면을 향해 쌓아올린 후 15분간 정치합니다.

(11) 정치 및 발효 : 체다링 하듯이 맷트 형성 작업을 15분마다 뒤집어 가며 한 덩이가 되게 한 뒤 2～3시간 동안 커드의 pH가 5.1～5.2에 도달하기까지 그대로 발효시킵니다(벳트 온도 40℃, 커드온도 38℃ 유지). 이때 커드의 온도를 38℃로 유지하는 것이 매우 중요하지요.

(12) 스트레칭

㉠ 커드의 pH 측정 시 pH가 5.3 정도가 되면 벳트의 출구를 열어 두고 자연스럽게 유청이 배제되게 합니다. 이 때 커드 일부를 떼어내어 열탕수에 넣고 45초가량 두었다가 손가락으로 가만히 늘어뜨려 스트레칭 시험을 해 보십시오. 이때 흰 물이 배어나지 않고, 커드 양끝을 잡고 늘였을 때 끊어짐이 없이 늘어나면 본 스트레칭에 들어갑니다. (※ pH 5.3～5.2 정도 된 커드는 냉각수에 보관하여 커드의 pH가 더 이하로 하강하지 않게 해야 합니다.)

㉡ 커드를 두께 2mm, 길이와 폭 2.0～3.0cm로 잘라서 1～2 kg 가량을 스테인리스 대야에 담고 그 위에 85～90℃의 열탕수를 커드 위 표면이 살짝 보일 정도가 되기까지 부어 줍니다(이때 미리 충분한 열탕수가 준비되어 있을 것).

㉢ 먼저 튼튼한 면장갑을 낀 후 다시 열에 안전한 식품제조용 고무장갑을 끼고 두 손으로 커드 밑부분을 위로 건져 올려 뒤엎는 반복과정을 하면서 커드가 열탕수와 혼합되게 하면서 계속 연압합니다.

229) Bylund, G. 1995. Dairy Processing Handbook Tetra Pak, Processing Systems AB. Lund Sweden / 2010 한국낙농유가공기술원. 서울. p. 325.

㉣ 연압작업은 단시간(2～3분 이내)에 끝내고 작업이 끝난 후 물은 전량을 제거하고, 다시 90℃ 물을 ㉡번과 같이 반복하여 붓고 연압합니다(2～3분간 정도 반복).

㉤ 위 과정을 세 번째로 실시해 준 뒤 커드를 공중으로 뽑아 올리는 작업을 계속하면서 스트레칭을 반복해 줍니다.

㉥ 스트레칭 작업 마지막 단계에서 온수를 제거한 뒤 만약 첨가하고자 하는 재료가 있다면 이때 첨가하여 재빨리 스트레칭 합니다. 그리고 첨가물의 완벽한 혼합이 확인되면 스트링 치즈의 형태(직경 2～2.5cm의 굵기)로 뽑아서 흐르는 냉각수를 통과시켜 형태를 굳힙니다(첨가물은 분말은 커드의 1.0%, 농축액은 카드의 4%).

(13) 절 단 : 약 12 cm 길이로 치즈를 잘라 줍니다(하나의 무게가 40g 정도로 함).

(14) 물기 제거 : 변형방지를 위해 제품의 온도가 25℃ 이하가 되게 냉각수에 담가 신속히 냉각해 준 뒤 무명천 위에 펴놓고 물기를 제거해 줍니다.

(15) 가 염 : 가염은 건염법과 액염법이 있는데, 건염법은 스트레칭 맨 끝부분에 커드에 적당량의 소금을 쳐서(짠맛을 가늠해 보면서 염도 조정) 마무리합니다. 일본 북해도의 나가시벳츠 정의 [축산식품가공연수센터]의 경우 아래 액염법으로 두 가지 염액을 사용합니다. 그냥 참고하십시오.

㉠ 단맛용 소금물 : 물 7.5 kg + 소금 2.0 kg + 흑설탕 0.5 kg = 10 kg

㉡ 훈연맛 소금물 : 물 7.2 kg + 소금 2.0 kg + 흑설탕 0.5 kg + 훈연향료 0.3 kg = 10 kg

가염은 위 소금물 중 하나에 넣고 5℃에서 5～10분간 침지하되 소금 맛 적정수준은 자신이 찾아내십시오.

(16) 건 조 : 물기를 뺀 치즈는 바구니에 잘 정돈하여 담고 그 위에 위생적인 천을 덮어 온도 10℃, RH 70% 이하의 건조실에서 하룻밤 또는 16시간 정도 건조와 숙성시킵니다.

(17) 포 장 : 하나씩 낱개 또는 4～5개를 한 포장봉투에 넣고 진공포장 합니다.

(18) 저 장 : 5℃저장고에 저장합니다.

4) 소규모 유가공장에서의 스트링 치즈 간편 제조법(70kg)

(1) 살 균 : 63℃/30분, 혹은 70℃/2～3분 살균

(2) 냉 각 : 32℃ 온도를 준수(겨울 34℃)

(3) 스타터 : 여기서는 고온균을 사용합니다. 원유의 1.0%에 해당하는 배양액을 첨가(DVS로는 듀퐁 다니스코사 YO300이나 크리스찬 한센사의 ABT-5 사용)하고 60분간 배양합니다. 목장에서 스타터 구하기가 곤란할 경우 시중 발효유(목장 요구르트이면 더욱 권장)를 1.0% 사용해도 무방합니다.

(4) 염화칼슘 첨가 : 33% 칼슘 포화액(Calso나 Calciol) 14mL/70kg 또는 식품용 분말 염화칼슘($CaCl_2$)을 원유의 0.02% 정도를 정제수에 녹여 첨가(14g/70kg)합니다.

(5) 렌넷 첨가 : 250~290/mL IMCU 활력의 렌넷을 정제수에 20배로 희석하여 즉시 첨가(13.3mL/70kg)하고 30분간 정치해 둡니다.

(6) 절 단 : 적절한 커드 굳기가 얻어지면 커드를 0.8~1.0cm^3 크기로 절단해 줍니다.

(7) 가 온 : 4분간 정치 후에 교반을 서서히 시작하면서 32℃에서 시작하여 42℃까지 느린 속도로 가온하는데 32→42℃까지 30분이 소요되는 속도로 가온합니다. 즉, 2~3분 만에 1.0℃가 상승하는 속도이지요.

(8) 교 반 : 42℃에 도달하면 유청의 pH가 6.2에 도달하기까지 제법 빠른 속도로 교반합니다.

(9) 정 치 : 5~10분간 정치합니다.

(10) 유청 제거 : 유청을 완전히 제거하는데, 이때의 유청 pH는 6.2가 되어야 합니다.

(11) 매트 형성 : 매트 형성을 위해 커드를 15분 정도 방치합니다.

(12) 매트 뒤집기 : 적절한 크기(보통 폭 20cm)로 자른 커드를 15~20분마다 뒤집어 주면서 매트를 형성합니다(작업은 체다링을 하는 형태로 반복하여 마침내 한 덩어리가 되게 하고 매트의 pH가 5.1~5.2에 도달하기까지 계속 발효시킵니다). 이때 벳의 온도 유지에 주의해야 합니다. 40℃ 이하가 되지 않게 합니다. 이때 커드의 온도를 38℃ 정도로 유지하는 것이 매우 중요합니다.

(13) 매트 절단 : 매트를 2cm × 3cm 정도 크기의 커드가 되게 잘라 주십시오.

(14) 스트레칭(늘리는 작업) : 손에 면장갑을 끼고 식품용 위생 고무장갑을 덧끼워서 준비하고 대야에 적당량의 절단한 커드조각을 담고 뜨거운 물(약 80~85℃)을 부어 손으로 스트레칭을 합니다. 이때 스트레칭이 끝난 커드 덩이를 길게 늘이듯 성형하여 가래떡 모양으로 성형, 냉수에 냉각한 뒤 건조시켜 냉장 보관하고, 낱개로 포장, 판매합니다.

5) 공정표

제조자 :	치즈명 : 스트링 치즈	벳트번호 :	일 시 :
원 유 kg 100 탈지유 kg ____ 분 유 kg ____ 스타터 kg ____ 총 량 kg ____	원 유 지 방 ____ 단백질 ____ 표준화 지 방 ____ 단백질 ____	스타터 산 도 ____ pH ____ 기 간 ____ 배 지 ____ 박테리오파지 ____	

제조과정 진행	시 간	온 도	산 도	pH	커드 pH	기 록 사 항
열처리		40℃				※ 표준화 P/F = 1.22%
살 균	30분	63℃				
기본 스타터	35분	31℃				고온균 1.5%(1,500 mL)
부가 스타터						
첨가물						염화칼슘 0.02%(20g)
렌넷 첨가			※ 렌넷 첨가 전 온도 확인			Type, 렌넷 사용량 19 mL
응 고	30분	31℃	※ 25분 뒤부터 굳기 검사 실시			응고 소요시간 : 30분
커드절단 시작						스타터 접종 : 1시간 10분
커드절단 종료	5분	31℃				
가온시작		31℃				
가온중단	30분	42℃				※ 온도를 올릴 때는 서서히 올려줍니다
유청제거					5.9	
체다링	※ 유청을 완전히 제거 후 고랑을 파 수분을 배출시킵니다. 온도는 38~39℃ 8조각으로 나누어 15분에 한번씩 pH 5.2~5.1이 될 때까지 한 덩어리가 되도록 발효시킵니다.					
커드분쇄		38℃			5.1	2.0~3.0cm 크기로 잘라 줍니다.
스트레칭	※ 80℃의 물을 이용해 스트레칭 하여 길게 늘려준 다음 차가운 물(5℃ 이하)에 넣어 모양을 잡아줍니다.					
염 지	염지액은 80% 물, 20% 소금을 넣어 염지액을 만들어 줍니다. 가염은 5분 정도 실시하고 빠르게 건져내어 냉장실에서 하룻밤 건조해 줍니다.					
포 장						낱게 또는 2개를 진공포장 합니다.

1.4 크림 치즈(Cream cheese)

그림 3-6. 크림 치즈
(화보 13쪽, Arthur R. Hill 교수 제공)

1) 개 요

크림 치즈는 특이하게도 원산지가 미국입니다. 이 치즈는 1872년에 뉴욕 주 체스터(Newyork, Chester)시의 낙농가인 윌리암 로렌스(William Lawrence)에 의해 발명되었고, 1880년에는 뉴욕 치즈 유통업자들이 이 끈적이는 크림타입의 치즈를 포일과 랩에 싼 채로 유통시켰습니다. 이윽고 이 치즈는 “필라델피아 브랜드 크림치즈, **Philladelpia Brand Cream Cheese**”라는 별명을 얻게 되는데, 이유는 그 시절에 체스터 시가 가장 우수한 품질의 유제품 생산지였기 때문입니다. 1928년에 크래프트(Kraft) 사가 이 브랜드를 사들이고, 오늘날 전설적인 「필라델피아 크림치즈」의 매출이 늘어납니다. 지금은 전 세계 100여 개 국가에서 판로를 넓혀 가고 있습니다.[230)]

오늘날 선진국들에서는 목장 유가공장에서의 크림치즈 제조는 거의 사라지고 위생장치가 잘 갖추어진 대규모 공장의 자동화 기계에 의한 대량 생산이 주류를 이루고 있습니다. 요즘 한국에서 한창 뜨고 있는 「필라델피아 크림치즈」는 가공 치즈의 원조 회사라 할 수 있는 미국의 크래프트사(정확히는 Kraft Foods)에서 거의 독점적으로 공급하고 있지 않습니까? 그들은 최근 크림치즈 매상고가 오르니까 가공 치즈보다 크림치즈 판매 확장에 치중하는 바람에 경쟁사인 쉬라이버(Schreiber) 사에게 가공 치즈 매출이 밀리고 있답니다.

---

230) Herbst, S. Tyler. and R. Herbst 2007. The Cheese Lover's Companion William Morrow, NY. pp. 166-167.

크림치즈와 유사한 뉘샤텔 치즈(Neufchatel cheese) 치즈가 있는데, 이는 오래 전에 프랑스에서 만들어져 왔고 그것이 처음 만들어진 마을의 이름에서 명칭이 유래했습니다. 뉘샤텔 치즈와 크림치즈의 차이는 치즈지방 함량의 차이입니다. 뉘샤텔은 5.6% 지방함량의 원유로 제조하고, 크림치즈는 11.5% 이상의 유지방 함유 원유로 제조하기 때문에 제품의 지방함량이 전자는 20.5% 내외, 후자는 35% 내외의 제품이 되는 것이지요.

크림치즈의 원료 전처리는 전유와 크림 그리고 다른 부가원료(설탕, 향료를 제외하고)를 넣고 균질하는 아이스크림 믹스 처리와 비슷합니다. 크림치즈 제조에서 렌넷의 첨가는 거의 무의미한 일입니다. 왜냐하면 균질을 하면 지방입자가 플라스틱같이 치밀한 조직이 형성되기 때문입니다. 다만 제조업자들이 제품의 품질을 고려하여 매우 미량을 넣고 있을 뿐입니다. 크림치즈는 각종 프랑스 치즈들과 유사합니다. 이를테면 Petit Suisse, Gervais 또는 Fromage fraisala creme 등과 같습니다. 크림치즈의 용도는 치즈 케익 제조, 샐러드, 샌드위치 중층(layer) 재료 등으로 쓰이는데, 한국에서는 그냥 식빵에 발라 먹거나 비스켓 사이에 넣어 먹는 핑거 푸드(finger food) 보조제로 많이 애용중입니다.

미국 연방 표준에 따른 크림치즈의 성분함량은 지방율 33.5%, 단백질 9.8%, 안정제 0.3%, 수분함량 55.0%입니다. 그러나 최근 비만문제가 사회적 문제로 부각되자 점차 유지방률이 낮아지는 표준도 제시되어 지방율 27%까지도 허용되고 있습니다. 캐나다 식품의약청(Food and Drug Directorate)에 따르면 「**크림치즈는 크림이나 크림이 첨가된 원유를 사용하여 제조한 치즈**」라고 되어 있고, 크림치즈는 최근에는 대개 한외여과에 의해 농축한 농축유를 사용하여 생산합니다[231]. 캐나다 식품규정에 따르면 「**크림치즈의 성분함량은 안정제 0.5% 이하, 수분 55% 이하, 유지방 30% 이상이어야 한다**」로 규정하고 있습니다.

크림치즈의 제조 원리는 신선원유에 크림을 첨가하여 제품 지방율을 고려한 원료유의 지방율을 표준화하여 맞추고 균질작업과 살균을 통해 적절한 점도를 갖게 한 뒤 치즈제조 적정온도에 맞추어 냉각하여 스타터를 접종하고, 적정 pH까지 배양하면 커드가 형성되면서 바람직한 향미가 생성됩니다. 이렇게 만들어진 커드를 물속에서 쿠킹하고 냉각, 유청 제거(나일론백, 삼베자루 이용)하고 hot-pack이나 cold-pack법으로 다음에 이어지는 과정을 진행합니다. 최근에 와서는 천으로 된 bag을 쓰지 않고 원심분리기에 [커드+유청 혼합물]을 넣고 원심력에 의해 유청을 강제로 제거하는 엄격한 hot-pack 방법이 광범위하게 쓰이고 있습니다.

---

231) 배인휴 역(Arthur R. Hill 저). 2017. (증보개정판) 치즈과학과 제조기술. 도서출판 유한문화사. 서울. p. 300.

2) 제조방법

크림치즈 제조방식은 두 가지가 있는데 Cold-Pack법과 Hot-Pack법입니다. Cold-Pack 방식과 Hot-Pack 방식의 차이는 다음과 같습니다.[232)]

(1) Cold-Pack 방식 : 전통적인 저온실에서 유청 제거를 한 뒤 커드에 소금, 안정제를 혼합해서 유화시키는 방식입니다. 신선 콜드 팩 크림치즈는 아주 향기롭기 때문에 소비자들의 기분을 좋게 하지요. 나아가 조직이 연하고 질감이 좋아서 빵 제조나 치즈 케익 제조 재료로 딱 좋습니다. 오늘날 미국의 대부분 치즈 케익은 콜드 팩 크림치즈로 만드는 편입니다. 단점은 쉽게 변질되므로 유통기한이 1～2주 밖에 되지 않습니다.

(2) Hot-Pack 방식 : 한마디로 대규모 생산의 산업형 크림치즈라고 보시면 됩니다. 유청이 제거된 커드에 소금을 치지 않고, 반죽하지 않고 벳트나 솥에 넣고 가열하면서 강한 교반기로 심하게 저어가면서 쿠킹을 합니다. 안정제와 소금은 위의 혼합물을 살균한 뒤 첨가하여 믹스의 표준화가 끝난 뒤 균질하고 뜨거운 채로 충전하고 그대로 냉각실로 옮겨 냉각합니다. 이 과정은 제품의 위생적 보존에 안전하고 미생물 오염으로부터 안전한 방식이어서 대부분 대량 생산 시에 사용됩니다. 일단 소규모 목장 유가공장에서 불가능한 것이 균질기를 갖추기가 쉽지 않고 강한 힘으로 대용량 커드를 고온에서 교반할 기구를 확보하기가 어렵다는 거지요. 하여튼 이 방법은 균질과 젖은 커드의 유청 제거를 위한 강한 원심분리기(예, DeLaval Curd Concentrator), 그리고 강한 교반기가 설비되어야만 가능한 방법입니다.

3) 크림치즈 제조에 필요한 기자재[233)]

(1) Cold-Pack 방식 :기본적인 원유 저온 살균기, 표면 혹은 관형 냉각기, 치즈 벳트나 대용 탱크, 원심 펌프(centrifugal pump), 나일론이나 삼베 천으로 만든 유청 제거용 자루, 유청 제거용 자루를 걸어 둘 냉장실, 유청 제거용 자루를 걸어 둘 랙(rack)과 운반기구(wagons)*

(2) Hot-Pack 방식 : 위의 기자재에 추가적으로 필요한 것들 ; 636kg 이상 수용이 가능하며 2중으로 강한 교반 날개가 붙은 살균용 벳, 로브 혹은 기어 펌프[234)],

232) Kosikowski, F. V., and Mistry, V. V. 1999. Cheese and Fermented Milk Foods. Vol. I. 3rd ed. F. V. Kosikowski, L. L. C. VG. USA. pp. 150-152.

233) Kosikowski, F. V., and Mistry, V. V. 1999. Cheese and Fermented Milk Foods. Vol. I. 3rd ed. F.V. Kosikowski, L. L. C. VG. USA. p. 155.

234) 로브 혹은 기어 펌프(lobe or gear pump) : 회전운동으로 액체를 운송하는 펌프를 로터

두 번째 균질기(제품화하기 전 다시 균질할 때 사용할 균질기), 유청 제거용 원심분리기(원심분리기에는 예열기가 장착되어 있을 것), 충전기, 여기서는 cold-pack 방식에서 필요로 하는 이태릭체로 표기된 설비는 필요가 없는 것들입니다.

4) Cold-Pack 방식의 크림치즈 제조(캐나다 겔프대학교 유가공실습장 방식)

여기서는 소규모 공장에서 많이 채용하는 Cold-pack 방식을 아트 힐 교수가 소개하는 캐나다 방식을 수정하여 옮겨 놓았습니다.[235)]

(1) 표준화 : 원료 크림의 지방함량은 11～20%이어야 합니다. 법 규정에 맞는 치즈를 제조하기 위해서는 크림치즈 원유의 지방함량이 적어도 11%는 되어야 합니다.

(2) 표준화 시킨 원유를 저온살균(80℃, 16초, 70℃, 30분 동안)합니다.

(3) 63℃에서 약 453～680kg/cm^2 압력(6,900～10,300kPa)으로 균질하고 30℃로 냉각합니다.

(4) 중온성 치즈 스타터를 접종하여 5～6시간 안에 원유 pH를 4.6으로 산성화시키기에 충분할 정도의 중온성 DVS로써 *Lactococcus lactis* spp. *lactis*와 *L. lactis* spp. *cremoris* 균주가 혼합된 것을 접종하고 10～15분간 잘 교반해 줍니다. **이때 발효 종점 pH 4.6에 도달하기까지는 30℃를 꾸준히 유지해야 합니다.**

[주의] 일반 치즈에 넣는 양보다 많이 넣어야 원유의 pH가 4.6에 도달하는 시간이 5～6시간 걸립니다.

(5) 원유의 pH가 4.6[236)]에 도달하였을 때 덩어리들이 없어지도록 커드를 충분히

리 펌프라 하고 회전펌프라고도 하는데 1905년 게데에 의해 고안되었습니다. 왕복펌프의 피스톤에 해당하는 회전자(rotor)가 회전운동을 하고 흡입. 송출 밸브 없이 회전자의 회전에 의해 액체를 운송하는 거지요. 작은 유량과 고압의 양정을 요구하는 경우에 알맞고 구조가 간단하며 취급과 관리가 편합니다. 기름기가 많거나 끈적임이 심한 유체를 수송하는데 적합하며 유압펌프로도 이용할 수 있습니다. 로터리펌프는 다시 크게 기어펌프(gear pump)와 베인펌프(vane pump)로 나누는데, 전자는 펌프의 케이싱 안에서 서로 맞물려 회전하는 기어(톱니)의 이가 흡입구 쪽에서 서로 떨어지면서 기어의 끝에 액체의 유체가 흡입되고, 이 유체는 기어가 회전하면서 송출구 쪽으로 보내지는 식입니다. 기어는 보통 평기어(spur gear)와 로브기어(lobe gear) 중 하나를 씁니다. 베인 펌프는 원통모양의 케이싱 안에 편심 회전자가 있고 그 구멍 속에 판 모양의 것(vane)이 들어 있습니다. 이 깃이 원심력이나 스프링 장력에 의해 벽에 밀착되면서 회전하여 유체를 운반합니다. 기어 펌프와 베인 펌프 모두가 밸브가 없어서 단단한 물질이 섞여 있어도 사용할 수 있지만, 유체가 쉽게 새나갈 수 있으므로 공작과 보수에 주의해야 합니다.
(두산백과 ; http://www.dopedia.co.kr)

235) 배인휴 역(Arthur R. Hill 저). 2017. (증보개정판) 치즈과학과 제조기술. 도서출판 유한문화사. 서울. pp. 300-301.

236) 이 pH 범위는 산도(TA)로는 0.60～0.75%에 해당됩니다.

교반합니다. 커드의 온도가 51℃가 되기까지 76℃의 물을 커드에 직접 첨가합니다. 커드는 부드럽고, 크림 색깔을 가지고 있어야 합니다. 치즈 조직이 거칠고 푸석푸석 하면 이는 원료크림의 지방함량이 낮거나 발효가 적절하지 못하여 산 생성이 불충분한 것이 원인입니다.

(6) 유청 제거용 천 자루에 뜨거운 커드와 유청을 함께 퍼 담습니다. 사용 전에 자루는 끓는 물(열탕수)에 충분히 살균 소독해서 준비해야 합니다.

(7) 자루들을 적절한 행거(hanger)에 걸어 두면서 약 2시간에 걸쳐 유청이 빠져나가도록 걸어 둡니다. 조직이 적당하게 견고해진 것을 확인한 뒤에 커드의 0.75%에 해당하는 소금을 첨가합니다.

(8) 사란(Saran) 천을 깔아 둔 적절한 크기의 몰드나 플라스틱 통에 커드를 채워 넣은 뒤 2℃로 냉각합니다.

– 생산수율(Yield) : 유지방 1.0kg당 치즈 2.7～3.1kg 생산

– 향미료(Flavouring) : 많이 쓰이는 향미 재료로는 올리브, 넛트류(땅콩, 호도, 양호도), 마요네즈, 피클, 양념류, 피멘토(Pimento) 등이 사용됩니다.

5) Hot-Pack 방식의 크림치즈 제조과정

원래의 hot-pack 방식은 1925년에 미국 코넬대학교 W. W. Fiske 교수에 의해 제안되었고, 2년 뒤에 같은 대학 연구소의 A. C. Dahlberg 박사에 의해 발전되어 Geneva Hot Process라 불리는 또 하나의 크림치즈 제조법이 성립되었습니다. 이 방법에서는 스타터를 접종한 뒤에 응고된 유 고형분과 신선한 농축크림의 균질이 추가되어 있습니다. 이 방법에 따르면 제품변질의 시작이라 할 수 있는 지루하고 기나긴 천 자루에 커드를 넣어서 유청 제거하는 재래식 제조법이 과감히 생략되고 있습니다.

이런 천 자루(cloth bag)는 완전히 청결화가 되지 않아서 대장균, 곰팡이, 효모가 치즈에 많아지게 하는 원인이 되고 있어서 현대적 크림치즈 공장들에서는 쓰이지 않고 있습니다[237]. 여기서의 Hot-Pack 방식은 프랭크 코시코브스키와 미스트리의 방법[238], Tetra Pak 방식[239] 그리고 일본의 중앙낙농회의 지원을 받은 재단법인 장왕낙농센터가 일본 정부의 지원을 받은 프로젝트 수행으로 제작한 자연치즈 제조기술 표준화 매뉴얼[240]과 齊藤忠夫 등[241]의 방식을 참고하여 다시 정리한 것입니다.

---

237) Kosikowski, F. V., and Mistry, V. V. 1997. Cheese and Fermented Milk Foods. Vol. I. 3rd ed. F. V. Kosikowski, L.L.C. VG. USA. p. 151.

238) 235)번 책 Vol. I. 3rd ed. pp. 150-158/그리고 같은 책 Vol. II. 3rd ed. pp. 42-54.

239) Bylund, G. 1995. Dairy Processing Handbook Tetra Pak, Processing Systems A B. Lund Sweden / 2010 한국낙농유가공기술원. 서울. pp. 341-342.

(1) 원료유의 검사와 계량 : 크림치즈의 원료에는 보통 생유와 지방분 40～50%의 생크림을 이용합니다. 원료의 품질은 제품의 관능적 품질과 성분 품질을 좌우하기 때문에 확실한 검사를 행하고, 양질의 원료유를 사용해야 합니다. 안정적인 품질의 제품을 지속적으로 생산하기 위해서는 각 원료를 정확하게 계량해야 합니다. 계량용 저울이나 유량계도 정기적으로 검사하고 그 정확도가 한결같이 유지되도록 관리해야 합니다.

(2) 표준화 : 목표로 하는 성분의 치즈를 얻기 위하여 정확히 계량한 원료를 배합하고, 성분의 과(過)부(不)족이 있을 경우 원유나 생크림을 가하여 표준화합니다. 크림 치즈는 마지막 과정에서 많은 성분의 차이가 있는데, 지방분을 예로 들면 11.5%에서 25.0%까지 다양한 함량치가 나옵니다. 또 생산량이나 생산설비, 유청의 배제법에 따라서도 원료의 성분 비율이 차이가 있으며, 지방분을 정확하게 배합하는 것이 중요하고, 지방함량은 12～18%로 하는 것이 일반적입니다. 최종적으로는 지방분 및 수분, 고형분이 적절한 비율로 함유되어 있는지를 확인해야만 합니다.

(3) 살균·여과 : 표준화한 원료를 교반기가 있는 자켓형 벳트 또는 판형 열교환 살균기에서 살균합니다. 뱃치식의 살균온도는 63～65℃에서 30분간, 판형 열교환 살균기에서는 75℃에서 15초간이지만, 온도가 너무 높으면 유청 단백질의 열변성이 심하게 되고, 렌넷에 의한 카제인 응고가 저해받기 때문에 살균온도 관리에 민감한 주의가 필요합니다. 살균 후에는 품질 향상을 위하여 여과합니다.

(4) 균 질 : 살균한 혼합원료를 살균온도(63～65℃)의 상태에서 120～180kg/cm^{2}의 압력을 가해 균질합니다. 균질작업에 의해 원료에 알맞은 점도가 부여되는 것과 동시에 연질의 커드가 얻어지고, 제품의 조직이 부드럽고 매끈하게 됩니다. 크림치즈에서는 균질이 중요한 단계입니다. 균질 시 지방을 카제인 입자와 유청 단백질 입자가 피복하게 되어 자연적으로 단백질과 지방이 유화되면서 산생성이 시작되어 gel이 형성됩니다.

(5) 냉 각 : 균질한 혼합원료는 유산균의 생육에 적당한 온도까지 냉각시킵니다. 온도는 20～22℃로 하고, 보통은 표면식, 판형, 관형 냉각기를 이용합니다. 자켓식의 벳트에 넣어 냉수로 순환 냉각하는 방법도 있지만 냉각하는데 시간이 너무 오래 걸립니다(이때는 별도의 미리 냉각해 둔 벳트를 준비해서 사용합니

---

240) (財團) 藏王酪農センタ. 1998. ナチコラルチズ 製造技術標準化 マニコアル 3集 pp. 34-43.
241) 齊藤忠夫. 堂迫俊一. 井越敬司. 2008. 現代 チ-ズ學. 食品資材硏究會. 東京. 日本. pp. 139-151.

다). 급속 냉각기는 반드시 갖추어야 할 기구입니다. 냉각한 혼합원료는 치즈 벳트에 옮겨 줍니다.

(6) 스타터의 접종 : 벳트 내의 혼합 원료의 온도가 20～22℃인 것을 확인하고 중온균 DVS 스타터를 접종 16시간 경에 원료 pH가 4.15～4.8이 되는데 필요한 양을 접종해 줍니다. 액상 스타터인 경우 원료의 0.8～1.2%를 첨가합니다(30kg 원유인 경우 240～360mL). 단시간 정치법에서는 벳트 내의 온도를 31℃로 하고, 5～6시간에 pH가 4.15～4.8이 되게 하는데 필요한 중온균 DVS를 접종합니다(액상 스타터는 원료의 5.0% 정도).

(7) 렌넷 첨가 : 스타터 첨가 때와 같이 온도가 조절된 혼합 원료에 1배 역가의 분말 렌넷을 원료의 0.00005～0.0003% 정도(원료가 100kg인 경우 0.05～0.3g) 10～40배로 희석 용해하여 즉시 첨가하고(액상 렌넷의 경우 250～290/mL IMCU 역가 렌넷 2.2mL/100kg를 20배 희석하여 첨가) 1～2분간 교반합니다. 크림치즈의 커드 생성은 어디까지나 「산 응고」가 응고의 주체입니다. 응고작용에 따른 부스러기 커드의 발생 방지와 성분손실 방지를 위하여 렌넷을 보조적으로 이용하지만, 사용량은 최소한으로 제한해야 합니다. 렌넷 양의 첨가량이 다른 렌넷 응고형 치즈 제조에서 보다는 극미량이기 때문에 분말의 경우는 사용하기 전에 정제수에 10～40배로 희석한 것을 사용하는 것이 좋고, 액상은 20배로 희석하여 사용합니다. 렌넷은 희석 즉시 첨가하십시오.

(8) 정치・발효 : 벳트 내부 원료의 온도를 22℃로 유지한 상태에서 원료를 정치하여 산도를 0.7～0.8% 또는 pH 4.5～4.8에 도달할 때까지 발효시킵니다. 아마 16시간 이상이 소요될 것입니다. 이때 원료 pH가 너무 높은 경우에는 커드가 연약하게 되어 바람직한 조직을 얻을 수 없고, 제품 수율도 낮아지게 됩니다. 반대로 pH가 너무 낮으면 커드가 너무 굳어 유청 제거가 불충분하게 되면서 고 수분 치즈가 나오기 때문에 pH 관리는 매우 중점적으로 관리해야 합니다. 단시간 정치법에서는 온도를 31℃로 5시간 정치해서 최적의 pH(pH 4.5～4.8)까지 발효시킵니다.

(9) 커드의 파쇄 : 원료가 목표 산도 또는 pH에 도달한 것을 확인한 후 스테인리스제의 호크나 벳트에 달린 교반기에 의해서 침착하게 커드를 파쇄 합니다. pH 4.6～4.8에서 커드는 액체라고 생각할 정도로 부드러운 상태지만, pH가 정확한 수치에 도달하면 부드러운 것은 문제가 되지 않습니다. 또 커드덩어리 존재 여부는 여과지나 깔때기로 여과하는 것에 의해 확인할 수 있습니다.

(10) 가열 및 쿠킹 : 파쇄한 커드를 신중하고도 서서히 교반하면서 35～45℃의 온

수를 원료의 1/2량을 나누어서 서서히 치즈벳트 벽면을 따라 가해주고, 동시에 자켓 온도를 조금씩 상승시킵니다. 물을 가하지 않는 제조법도 있는데, 온수를 원료의 25.0% 이상 가해주면 유청 중의 유당 농도가 낮아지게 되고, 커드와 유청 분리가 촉진되면서 동시에 발효취를 감소시켜 품질 향상에 기여합니다. 가온의 정도는 제조 설비나 생산량에 따라 다르고, 보통 1~2시간 걸쳐서 벳트 내의 온도를 52~55℃까지 상승시킵니다. 자켓의 온수가 75℃ 이상 되면 치즈에 가열취가 나기 때문에 온도 관리에는 주의가 필요하고, 계속 교반하면서 가열해 갑니다.

(11) 유청 제거 : 일정 온도(52~55℃)까지 가온을 행하고 열 응고에 의한 커드의 생성을 확인하였으면 유청을 제거합니다.

※ 천 자루에 채워 넣기 : 응고커드를 나일론이나 머슬린(Muslin,삼베 종류) 등의 포대에 펌프로 압송하거나 사루 달린 큰 바가지를 이용해서 넣고, 보슬린 등의 끈으로 포대의 입구를 한 겹으로 묶어 줍니다. 포대의 크기는 생성한(만든) 커드를 10~20등분 한 것이 묶기에 알맞고 이렇게 하는 것이 일반적입니다. 포대 입구를 묶기 전에 미리 일부의 유청을 배출하는 방법이나, 자켓에 냉각수를 통하여 응고커드를 15~20℃에 냉각하고 나서 묶는 방법도 있습니다.

※ 유청의 제거방법 : 유청 제거는 자루를 쌓아서 자체 무게에 의해 유청을 배출하는 방법, 기계적으로 힘을 가하는 가압법 및 자루를 매달아 늘어트려 자연적으로 유청을 배출하는 방법 등이 있고, 가압을 기계로 하지 않고 유산지와 딱딱한 판을 얹어 포대의 위에 물을 넣어 공기압력 등으로 힘을 가하는 방법도 있습니다. 얼음을 쌓거나 냉각실에서 행하는 경우로 나눕니다(그림 3-7 참조).

※ 유청 제거시간 : 작업방법에 따라 유청 제거에 소요되는 시간은 다르고, 3시간에서 하룻밤(overnight)까지 큰 격차가 있지만, 상온에서 할 경우는 품질 유지

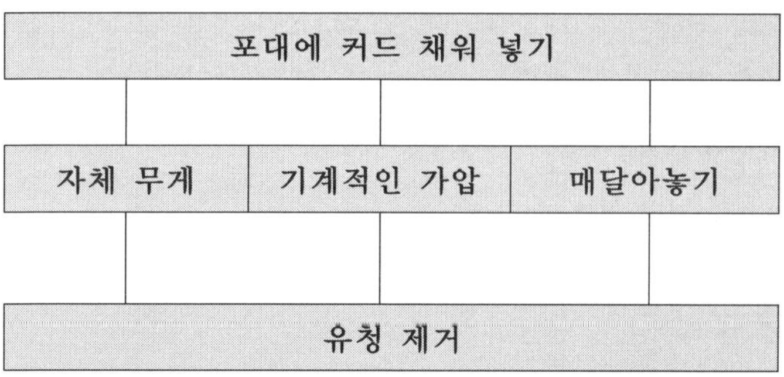

그림 3-7. 크림 치즈의 유청 제거 요령

의 의미에서 단시간에 종료하는 방법을 채용할 수밖에 없습니다. 보통, 치즈 커드의 조성은 유청 제거율에 따라 조정됩니다. 커드 파쇄 시의 pH가 낮을 때(특히 pH 4.6 이상일 때), 렌넷을 사용하지 않을 때, 또는 자루의 퇴적위치 교환을 빈번하게 하지 않을 때에는 제거속도가 늦어지게 되고, 가압에 의한 교정 제거가 필요하게 됩니다.

※ 자루의 관리 : 유청 제거에 사용하는 자루는 냉수에 깨끗이 세탁한 뒤에 염소농도 50～100ppm 정도의 염소수로 소독 살균하고[보통 사용하는 묽은 락스(500배액 소독)], 잘 건조시킵니다. 세정(洗淨) 살균이 불충분한 자루는 치즈가 곰팡이나 효모, 대장균에 오염되는 원인이 되기 때문에 주의가 필요합니다.

※ 커드 분리장치(curd separater)에 의한 유청 제거 : 대량 생산을 행하는 치즈 공장에서는 최근 커드 분리장치(curd separator)를 사용해서 제거하는 것이 일반화 되어 있습니다. 응고 유에서 분리기에 적합한 일정량을 취하여 계속해서 부가 원료 첨가 공정과 살균 안정화 공정이 자동적으로 이루어질 수 있는 커드 분리기는 유청 제거용 냉장실이 불필요하고, 자루를 쌓을 일손이 필요 없으며, 커드의 냉각이나 자루의 위생관리에 필요한 노동력과 시간을 절약하고, 연속적으로 대량 생산을 가능하도록 설계되어 있습니다. 이 방식에 의하여 치즈 제조비용은 현저하게 저하시켰지만 고액의 설비투자가 필요하고, 한층 효과적인 위생관리와 장치의 적절한 보수 관리 등이 요구됩니다.

(12) 소금・안정제의 첨가 : 목표로 하는 수분함량에 도달한 커드를 가염 및 교반이 가능한 용해장치에 옮기고 소금과 안정제를 첨가합니다. 용해장치는 2단 변속의 교반용 양날이 달린 고온가열이 가능한 벳트를 사용해서 소금을 0.5～1.0%, 안정제로는 가장 널리 사용되고 있는 로커스 빈 검(Locus bean gum) 분말의 경우 0.3～0.35%(원료 커드 5kg인 경우 15.0～17.5g)를 조금씩 첨가합니다. 다음으로는 강하게 교반을 계속해 가면서 자켓에 스팀을 주입하여 온도가 75～85℃로 되기까지 가열합니다. 크림치즈에서는 조직을 섬세하고 치밀하게 해서 입맛을 매끄럽게 해주는 안정제가 꼭 필요합니다.

안정제 사용에 의해서

① 제품의 굳기와 점도의 조정
② 퍼짐성(展延性, spread)의 부여
③ 보수성(保水性)의 향상
④ 지방 유화와 안정성 향상
⑤ 보존성 향상 등의 이점을 얻을 수 있습니다.

또, 현재 제조되고 있는 크림치즈의 대부분은 Hot-Pack에 의한 것이기 때문에 품질 유지가 우수하고, 제품 수명은 2개월이라고 말하고 있지만 주로 소비처가 지역 내인 소규모 생산자들 중에는 소금만을 첨가하고, 안정제를 사용하지 않기 때문에 보존성이 현저하게 낮은 예도 있어서 위생 면에서의 주의 깊은 배려가 요청됩니다.

안정제로서 또 다른 것은 구아 검, 크산틴 검, 카라게난 등이 있습니다. 구아 검은 냉수에 용해시키지만 로커스 빈 검(Loccus bean gum)은 80℃ 이상에 가열을 할 필요가 있기 때문에 주의가 필요합니다. 더욱이 cold-pack법에서는 유청 제거 후 수분함량이 적고 차가운 커드에 식염과 안정제를 첨가해서 제빵용이나 금속제의 혼합기를 이용해서 2분간 혼합합니다. 이 경우는 너무 장시간 교반하면 식감(tex-ture)이나 몸체(body) 구성에 나쁜 영향을 미치기 때문에 주의를 요합니다. 또, cold-pack에 의한 제품은 1~2주간 사이에 품질이 나빠지기 때문에 효모 냄새나 과일 냄새 및 곰팡이 냄새 등의 결함이 발생하지 않도록 충분한 주의가 필요합니다.

※ 표준화 : 치즈에 대한 가염과 혼합을 끝마친 시점에서 성분검사를 실시하여 제품규격의 성분 함량과 다를 경우 신속히 표준화를 시킵니다. 보통 표준화는 지방분을 높여서 제조하는 경우가 많고, 지방율이 너무 높으면 무지방 표준화 믹스를 가하여 규격 성분에 일치시킵니다. 지방분이 낮을 경우에는 고지방 표준화 믹스를 이용하여 표준화 시킵니다.

(13) 살 균 : 규정에 합당한 성분함량인 것을 확인하여 표준화 된 커드는 곧 바로 살균합니다. 살균방법은 기기의 기능이나 처리할 커드의 양에 따라 다르지만, 75~85℃/15초간의 고온순간살균(高溫瞬間殺菌)이 일반적이고, 이것보다 낮은 저온유지살균(低溫維持殺菌)도 있습니다. 대량 생산에서는 용해에서 혼합, 살균까지를 단시간으로 처리할 쿠커(cooker)가 사용되고, 이로써 공정 단축에 의한 생산효율을 높이고 있습니다.

(14) 균 질 : 살균이 끝난 뜨거운 크림치즈를 뜨거운 상태에서 균질기에 의해 균일하게 매끄러운 조직으로 조정합니다. 적당한 능력을 구비하고 청결한 오거(Auger)식 회전날개가 여러 장 붙은 펌프 또는 기어펌프*를 이용해서 크림치즈를 균질기에 옮기고, 120~180kg/cm^{2}의 압력을 가하여 균질합니다(*각주 234)번을 참고하십시오).

(15) 충전(充塡) : 균질한 크림치즈를 최종 제품의 출하 용도에 맞추어 적절한 용기에 충전합니다. 충전에는 직접 대량의 덕용 용기(德用容器, Bulk container)

에 넣는 방법과 충전기의 호-파에 옮겨서 정해진 용량의 포장용기에 각각 충전하는 방법이 있습니다.

(16) 냉 각 : 안정적인 품질 유지를 위하여 용기에 충전한 치즈를 냉각실에 넣어 냉각합니다. 덕용 용기의 경우는 냉각에 소요되는 시간이 오래 걸리기 때문에 미리 냉각실의 온도와 일정한 시간을 확인해 둘 필요가 있습니다.

(17) 품질 검사 : 마무리 된 치즈는 식품의약품안전처의 정해진 검사요령에 따라 품질 적합성을 검사합니다. 검사는 제품 품질의 최종적인 상태를 확인한다는 의미뿐만 아니라 품질 관리나 소비자에 대한 품질보증의 면에서도 중요합니다. 각종 법규나 검사규정의 제품관리 항에 기초해서 철저한 제품 품질관리를 행하는 것이 반드시 필요합니다.

(18) 포 장 : 소정의 규격에 합격한 제품은 세트 포장이나 상자에 넣기 등의 필요에 따라 상품 포장을 실시합니다.

(19) 냉 장 : 제품은 출하까지 냉장고에 저장합니다. 냉장에 알맞은 온도는 10℃ 이하입니다.

이상은 Hot-pack 방식의 크림치즈 제조 방식입니다. 독자들은 지면 관계상 이렇게 기본적인 수준의 공정을 소개하는 것을 양해하시고 더 나은 정보를 얻기 위해서는 저자가 제시한 참고문헌들을 면밀하게 살펴보시기 바랍니다. 특히 齊藤忠夫 등이 쓴 책(각주 241번)에는 최신 기법이 소개되어 있고, 연한이 좀 지난 것이지만 Kosikowski와 Mistry의 책(각주 237과 238번) 내용이 치즈 제조공정의 시간대별 공정흐름을 따라 정리했고, 크림치즈 기술의 하이라이트를 제시해 두었으므로 매우 유용합니다.[242)]

결론적인 이야기는 「크림치즈 산업, Cream cheese industry」이라는 말이 업계 용어로 정착했을 만큼 크림치즈 제조는 무인공장의 자동화, 즉 4차 산업적 ICT 기술이 적용되는 대량 생산 체제로 운영된다는 점에서 소규모 유가공장이나 목장치즈공장이 범접하기가 곤란한 영역으로 어느새 자리 잡았다는 것을 꼭 유념하시기 바랍니다.

---

242) 크림치즈에 관한 추가적인 자료 몇 개를 소개해 두고자 합니다.
① Han, X. Q. : 2002. Processfor making cream cheese products without whey separation. United States Patent. U.S(6,416,736), ② Han, X. Q., Pfeifer, K., and Lincourt, R. H. 2002. Process for making a wheyless cream cheese using transglutamnase. United States Patent. U.S(6,416,797), ③ Bot, A., Kleinherenbrink, A. M. and Mellema, M. et al. 2007. Cream cheese as an acidfied protein-stabilized emulsion gel. Handbook of food products manufacturing. Wiley-interscience. NY. USA. pp. 651-672. ④ Brighenti, M. Govinda-samy-Lucey, S., Jaeggi, J. J. et al. 2006. Textural and rheological properties of cream cheese : effects of cream mix homogenization pressure and incubation temperature. J. Dairy Sci. 89. Suppl.

6) Hot-Pack 방식에 따른 공정표

제조자 :	치즈명 : 크림치즈	벳트번호 :	일 시 :
원 유 kg 100	원 유 지 방 12~18% 단백질 ______	스타터 산 도 ______ pH ______	

제조과정 진행	시 간	온 도	산 도	pH	커드 pH	기 록 사 항
표준화						유지방 11.5%, 무지유고형분 7.8%
살 균	35분	63℃				63℃에서 35분
균 질						12.4~17.2MPa(120~180kg/cm²)
기본 스타터	3~ 3:30	23~ 25℃				중온균 액상 스타터: 1.0%~1.2% (중온균 DVS 1.5~2.0g/100kg)
렌넷 첨가		23~ 25℃				2.2mL의 양을 50mL의 물에 희석하여 넣습니다(분말 렌넷인 경우 원료의 0.00005~0.0003%).
정치 발효/ 커드응고	12~ 16시간	22℃				발효종점 pH 4.6(산도 0.7~0.80%)까지 장시간 배양(12~16시간 배양)
커드 파쇄/ 가온(cooking)		52~ 55℃				스팀을 넣어 벳트 자켓 75℃되게 함
냉 각		32℃				자켓에 냉수 환류 32℃냉각, 7℃ 냉수를 원료의 1/4 양을 넣어 급속 냉각함
자루에 넣기/ 유청 배제	16시간	15~ 20℃				유청 배출용 자루에 넣어서 유청 제거
가염 + 안정제 첨가	커드 무게의 0.5~1.0% 소금(물에 희석)을 넣어 잘 버무려 준 다음 절반은 휘핑크림(0.5.0%), 절반은 허브(0.3%)를 넣어 버무립니다. 안정제는 로커스트빈 검분말 0.3~0.35% 첨가/표준화-성분 검사 목표 성분 도달 확인 조정 필요. 저지방이면 높일 것/자켓 온도 75~85℃로 올리고, 강한 교반으로 제품 균일화 합니다.					
살 균	15초	75~ 85℃				고온 순간살균
균 질						로터리 펌프(로브나 기어펌프)로 치즈를 이송하면서 120~180kg/cm² 압력으로 2단 균질
충 전						벌크 용기나 개별 용기에 자동 충전
냉 각						4℃ 이하 냉장실 보관
검 사						철저한 품질관리 차원에서
포 장						소정의 규격에 맞는 포장
냉각 · 냉장보관						10℃ 이하 냉장실

1.5 오막살이 치즈(Cottage cheese)

그림 3-8. 오막살이 치즈
(화보 13쪽, http://en.wikipedia.org)

1) 개 요

오막살이 치즈는 원래 유산균만으로 원료유를 응고시키고, 수분을 제거한 뒤에 숙성시키지 않은 채 먹는 치즈로써 신선하므로 집에서 소비하는 생 치즈입니다. 옛날에는 중부 유럽인 오스트리아, 북부 독일 가정과 그리고 목장 유가공장에서 만들어졌지만, 몇 년 뒤 미국이 식민지 시절이던 때에 받아 들여져 오두막들에서 만들던 것이 그만 cottage라는 명칭을 얻게 되었습니다. 공식적으로는 1915년에 미국에서 처음으로 근대적인 산업형 오막살이 치즈(Industrial cottage cheese)가 제조되었고, 오늘날에는 전 세계에서 대부분 산업적으로 생산, 이용되고 있습니다.[243)]

오막살이 치즈는 보통 탈지유를 원료로 하고 제품은 커드입자가 그대로인 상태로 유지되면서 온화한 향미를 갖는 것을 특징으로 합니다. 미국에서 주로 소비하는 신선치즈인데, 빵에 발라먹는 방식의 일상식품입니다. 우리나라에서는 빵 먹는 가정이 늘어나고 있어서 소비 신장성이 높아 소비확대가 가능하며, 제과 원료로도 쓰일 수 있을 것입니다. 원료유는 아예 탈지유를 써서 제조하므로 저 칼로리, 고단백질 식품으로 저 열량 다이어트에도 권장할 만한 제품입니다.

제품의 맛은 제조방법에 의하여 신맛이 강한 것이나 약한 것이 있습니다. 커드 응고방식이 유산균 발효에 의한 산 응고형이기 때문에 장시간 발효를 진행해야 하는데 이를 변경하여 제조시간을 짧게 하는 방법도 널리 이용되고 있습니다. 그러니까 크림

---

243) Kosikowski, F. V., and Mistry, V.V. 1997. Cheese and Fermented Milk Foods. Vol. I. 3rd ed. F. V. Kosikowski, L.L.C. VG. USA. p. 127.

치즈에서처럼 장시간법과 단시간법이 있는 것이지요. 단시간법에서는 유산균 스타터의 양을 단시간법보다 늘려 접종하고 발효온도를 높게 해야 합니다. 오막살이 치즈의 종류는 크림・향신료・과육 등을 첨가한 것, 가늘게 체질을 한 것 등 종류도 많고 다양합니다. 여기서는 전통적이고 기본적인 오막살이(Cottage) 치즈의 제조기법으로 알려져 있는 장시간법을 기본으로, 단시간법을 부가적으로 소개해 둡니다.

여기서 당돌하게 등장한「오막살이」 치즈라는 명칭은 1998년에 저자가 처음으로 명명한 것으로 특허청에 등록상표로 등재되어 있습니다.[244] 이 치즈 제조공정은 크게 장시간 제조법, 중간시간 제조법 그리고 단시간 제조법으로 나뉘는데 그 차이는 스타터의 배양시간과 렌넷을 첨가하는 양의 차이로 구분됩니다.[245] 아래의 자세한 내용은 Kosikowski와 Mistry가 저술한[246] 『Cheese and Fermented milk Food』와 Tetra Pak의 『Dairy Processing Handbook』[247] 그리고 일본 사단법인 중앙낙농회의가 농림수산성으로 부터 수탁을 받아 재단법인 장왕낙농센터가 작성 배포한 『ナチコラルチ-ズ 製造技術標準化 マニコアル 第4集』[248] 및 저자가 Arthur R. Hill의 저서를 번역한 『(증보개정판) 치즈과학과 제조기술』[249] 등을 참고하여 정리한 것입니다.

2) 제조공정 [1] : 장시간 제조법

(1) 원료의 검사와 계량 : 오막살이(Cottage) 치즈는 탈지유를 원료유로 한다는 점이 다른 치즈들과는 그 결이 다릅니다. 고품질이고 보존성이 높은 제품을 만들기 위해서는 신선하고 청결한 탈지유를 얻기 위하여 건강한 소로부터 위생적으로 착유한 원료유를 크림분리기로 분리하여 탈지유를 얻어야만 합니다. 또 커드에서 회수할 고형분량을 늘리기 위해서 가능하면 무지유고형분이 많은 탈지유를 이용해야 합니다. 품질 확인을 마친 탈지유는 정확하게 계량하고 여과한 뒤

244) 배인휴. 1998. 아이스크림, 오막살이(Cottage) 치즈의 제조. 1998. 9. 24/순천대학교 유가공학실험실 제3차 농가형 유가공기술 강습회 교재<3> pp. 14-26. 2011년 대한민국 특허청 상표등록(등록번호 ; 제40-0893199호 2011년 12월 06일 등록)

245) 미국에서는 여섯 가지 제조공법으로 분류하는데, ① 표준 렌넷법(Standard rennet), ② 표준 스타터법(Standard lactic), ③ 작은 컵 혹은 건조 커드법(Pot or Dry curd), ④ 목장가압법(Farmers' pressed), ⑤ 과일 향추가법(Fruit flavored), ⑥ 스위스방식(Swiss style) 등이 있습니다.

246) Kosikowski, F. V., and Mistry, V. V. 1997. Cheese and Fermented Milk Foods. Vol. I. 3rd ed. F. V. Kosikowski, L.L.C. VG. USA. pp. 127-146 그리고 같은 책 Vol. II. pp. 24-41.

247) Bylund, G. 1995. Dairy Proscessing Handbook. Tetra Pak Processing Systems AB Lund, Sweden. 2010 한국낙농기술원. 서울, pp. 339-340.

248) 財團法人 藏王酪農センタ 1998. ナチコラルチ-ズ製造技術標準化 マニコアル 第4集 pp. 34-43.

249) 배인휴 역. 2017. (증보개정판) 치즈과학과 제조기술. 유한문화사. 서울. pp. 293-297.

바로 냉각시켜 저유탱크에 저장합니다. 탈지분유를 환원하여 원료유로 사용할 경우에는 미리 검사를 행하고, 발효 저해성 물질, 즉 항생제가 함유되지 않은 양질의 탈지분유를 사용해야 합니다. 환원 탈지유의 전 고형분(total solids) 함량은 11~13%가 가장 적당합니다.

[Tip 29] 오막살이 치즈(Cottage cheese)라는 이름의 유래

저자가 감히 Cottage cheese를 「오막살이 치즈」라는 한국식 명칭을 사용하고 상표등록을 하게 된 동기가 있습니다. 제가 어느 외국 치즈 전문서에서 읽었던 내용인데 마치 1970년대 우리나라 군대식량으로 맨날 보급되던 생선 이름 '도루묵' 같은 유래와 비슷한 이야기가 영국에서 전해온다는 것이었습니다. 1831년 또는 1915년에 미국에서 처음 만들어졌다는 Cottage 치즈의 역사 보다 훨씬 이전에 영국에서의 이야기입니다. 그러니까 1600년대 무렵의 이야기로서 어느 왕이 국가반역을 만나 반란군들에게 쫓겨서 산골을 지나 어느 외딴 시골 오막살이(Cottage)에서 지내게 되었답니다. 그런데 피난살이니까 매일 아침이면 치즈라고 올라오는 것이 하얀색의 몽글거리는 치즈였답니다. 궁중에서야 여전이 매일 아침식탁에 각종 노란색 치즈들이 올라 왔었는데 여기서는 치즈라고는 하얀색이면서 그나마 부스러기 같은 치즈였던 거지요.

그러니까 그 지역 사람들이 원유를 착유하여 서늘한 곳에 저장하고 떠오른 크림은 모아서 유가공장(Creamery)에 내다 팔고 크림층 아래에 있었던 우유 즉 탈지유는 돼지사료로 사용하는 식이었답니다. 그런데 어떤 농부가 다른 통에 모아두었던 탈지유를 돼지에게 갖다 주는 것을 깜박 잊고 그 다음날 가보니 통의 우유가 안보이고 연노란색 물(유청)만 보였는데 희미하게 유청 아래 덩어리진 모양이 보인 것입니다. 그래서 그 유청을 가만히 따라내고 그 덩어리를 먹어 보니 참 고소하고 맛이 있어서 아예 소쿠리에 천을 깔고 그 덩어리를 붓고 넓게 펼쳐서 유청이 빠지게 한 뒤 크림과 적당히 섞어 먹기 시작해서 생긴 것이 Cottage 치즈였던 것입니다.

그 왕에게 갖다 드린 치즈는 한참의 세월을 거치면서 오늘날의 방식의 치즈에 가깝게 정형화 되었을 터입니다. 어느덧 반란이 진압되고 왕은 다시 궁으로 돌아와서 맨날 먹는 것이 노란색 숙성 치즈였습니다. 어느 날 피난시절을 같이 보냈던 내시에게 그 때 먹었던 「하얀 치즈」를 좀 먹게 해달라고 부탁했습니다. 먹을 것이 변변치 않았던 피난지의 왕에게는 Cottage 치즈가 너무 맛이 좋은 치즈로 각인되어 있었던 모양입니다. 그런데 그 내시는 도대체 어떤 치즈를 말하는지 몰라서 어리둥절해 하니 왕이 답답해서 "지난 번 피란시절에 매일 아침 우리 오막살이(Cottage)에서 먹었던 하얀 부스러기 치즈를 잊었는가? 그것을 구해서 매일 내가 먹을 수 있게 대령하시게"라고 버럭 소리를 질렀던 것입니다. 그제서야 그 내시는 부랴부랴 연락을 취하여 왕이 매일 아침 오막살이(Cottage)에서 먹었던 그 치즈를 공급받을 수 있게 조치했고, 그 때부터 붙여진 탈지유 치즈이름이 곧 오막살이(Cottage) 치즈가 되었더라는 것입니다. 그래서 저는 이 치즈의 영어식 이름을 한국어로 바꾼 것뿐입니다.

[Tip 30] 오막살이 치즈의 원료유에 대한 제품의 수율

이 치즈의 수율은 일반적으로 원료 탈지유의 12~20%로 정도입니다(보통치즈는 10% 내외). 환원 탈지유를 원료로 하는 경우 무지유고형분을 13%로 강화하면 경제적으로 원료에 대한 제품의 수율은 높아지고 저장중의 커드 수축(shrinkage)을 감소시킬 수 있는 것으로 알려져 있습니다. 또 원료유에 대한 치즈 수율에 영향을 주는 커드의 양을 좌우하는 요인으로는 다음과 같은 것들을 들 수 있습니다.

① 탈지유의 전고형분 함량
② 커드의 수분함량
③ 탈지유의 살균 온도와 유지시간
④ 커드절단 시의 산도
⑤ 스타터의 품종과 종류
⑥ 커드 나이프의 조작기술
⑦ 커드의 교반 시 조작기술
⑧ 냉수에 의한 세정방법

[Tip 31] 오막살이 치즈의 신선도 향상 방안

이 치즈는 신선식품이라고 불려질만한 몇 가지 특징을 가지고 있습니다. 시간경과에 따라 발생하는 품질저하나 위생상의 문제를 최소화하기 위하여 제조공정의 위생관리에 각별한 배려를 하지 않으면 안 됩니다.

▶ 제조환경 : 오염방지를 위하여 제조실에서는 0.5㎛ 또는 이 이하의 미립자를 제거하는 공기청정장치를 설치하고, 공장 내 공기 중의 곰팡이나 효모 방제를 하지 않으면 안 됩니다. 또는 공기가 양압(陽壓) 하에서 외부로 빠져나가도록 제조실을 적정하게 설계하고, 제조실의 벽과 천장은 쉽게 세정이나 분무소독이 가능하도록 타일 같은 표면이 미끌미끌한 구조물로 하는 것이 필요합니다.

▶ 기 구 : 제조에 사용하는 기구는 식품공장 세정 규정에 따라서 세정하고, 다음에 사용할 때까지 살균액에 침지하여 보관하며, 양호한 상태를 유지합니다. 스테인리스 제품의 침지조에 10~15ppm의 염소를 포함한 청결수를 채우고 기구를 담가 놓습니다. 이때 기구에 잔류된 염소(Cl)는 기구를 알칼리성 용액에 담가 완충시키고 나서 사용하면 부식을 최소한으로 막을 수 있습니다. 침지액에 요소살균제를 사용하는 일도 있습니다. 그 경우에는 요소화합물이 원재료에 혼합되지 않도록 충분히 주의해야 합니다.

(2) 표준화 : 원료유에는 계절적인 성분 변동이 있고, 이것에서 분리한 탈지유의 성분도 자연히 변동이 생깁니다. 목표로 하는 제품의 성분치에 미치지 못할 경우에는 탈지분유 또는 탈지 농축유를 첨가하여 표준화 시킵니다.

(3) 살균・여과 : 살균기가 뱃치식인 경우에는 온도 63~65℃에서 30분간의 저온살균(LTLT), 연속식 경우에는 72~75℃에서 15~16초간의 고온단시간살균(HTST)에 의하여 원료 탈지유를 살균합니다. 살균온도가 너무 높으면 단백질이 열 변성으로 커드가 부서지기 쉽고, 만들어지는 제품의 품질을 저하시키기 때문에 주의가 필요합니다.

(4) 냉 각 : 살균한 탈지유는 유산균의 발육에 적합한 온도까지 냉각합니다. 온도는 20~25℃ 정도로 냉각한 뒤에는 치즈 벳트로 이동시킵니다. 단시간 정치법에서의 냉각온도는 30~33℃입니다.

(5) 스타터의 첨가와 교반 : 치즈 벳트 내의 탈지유의 온도가 20~25℃인 것을 확인하고, 준비된 스타터를 첨가하고 잠시 원료유를 교반해 줍니다. 오막살이 치즈 제조에 주로 사용하는 중온균 DVS 스타터의 양은 접종 후 10~20시간에서 산도가 0.50~0.55.0%가 되는데, 소요되는 첨가량을 정해 두어야 합니다. 여기서 오막살이 치즈용 중온균 DVS 스타터에 함유될 유산균으로는 *Lactococcus lactis* ssp. *lactis* 또는 *Lactococcus lactis* ssp. *cremoris*와 치즈에 향미를 생성하는 균으로는 *Leuconostoc mesenteroides* ssp. *cremoris*나 *Leu. mesenteroides* ssp. *dextranicum* 등 구연산(citric acid) 발효균 군이 혼합되어 있는 것을 구입하십시오.

예를 들면 듀퐁 다니스코 사의 Choozit Provat 222, 232를 사용하실 것을 권장합니다. 이런 향미 생성균이 혼합됨으로써 다이아세틸(diacetyl)과 휘발산이 생성되어 치즈의 향미가 한결 좋아져서 치즈의 품위를 높여 줍니다. 만약 담백한 맛을 얻으려면 Choozit MA 14나 16을 사용할 수 있고, 여기에 약간의 향미를 내고 싶다면 *Lc. lactis* ssp. *diacetiylactis*가 하나 더 추가된 Choozit MM100 이나 101을 사용하셔도 무방할 것입니다.

단시간법에서의 냉각온도는 30~33℃로 하고, 스타터 접종은 액상으로는 원료유의 5~10%를 첨가하고 DVS는 3.75~6.25 DCU/100L를 접종합니다. 덴마크의 크리스찬 한센(Chr. Hansen)사의 Flora-Danica DVS는 3.0g/100kg 정도 접종합니다. 장시간법은 액상으로는 0.8~1.0%를 첨가하고, DVS는 1.5~2.50 DCU/100L를 접종합니다. 우리 학교 실습장에서는 실습시간 관계상 단시간법을 잘 사용해 왔습니다.

(6) 염화칼슘의 첨가 : 원유의 살균에 의하여 불활성화된 원유 중의 칼슘이온 손실을 보충함으로써 렌넷 응고속도를 촉진하고 커드의 굳기 균일성을 위해 약간 양의 염화칼슘을 첨가해 줍니다. 법적으로는 원유의 0.02%를 첨가하는데 요즘은 33% 염화칼슘 포화용액으로 보급되는 액상 칼슘제 Calciol이나 Calso류를 18~20mL/100kg 정도 첨가합니다.

(7) 렌넷 첨가와 교반 : 치즈 벳트 내의 온도가 20~25℃에 있는 것을 확인하고부터 스타터 접종으로부터 30분 이내에 첨가합니다. 렌넷을 첨가하고 충분하게 20여 차례 교반한 뒤 교반기를 치워 둡니다. 오막살이 치즈는 유산균의 유산발효에 의해 응고시키는 것을 근본으로 하지만 렌넷을 가해줌으로써 절단한 커드입자의 형태 보존 능력이 좋아지고, 유청 배제가 촉진되며, 특히 오막살이 치즈 특유의 온화한 향미가 부여됩니다. 그러니까 오막살이 치즈는 다른 치즈들과는 달리 산 응고형의 치즈이고, 렌넷은 단지 보조적인 것이라는 점에서 사용량은 최소한으로 제한해야만 합니다.

표준 역가의 렌넷을 사용할 때의 첨가 기준은 탈지유 분말 렌넷의 경우 0.02g/100kg 정도(원유의 0.00002%)이고, 이것을 10배 물에 용해해서 사용합니다. 액상 렌넷의 경우 250~290/mL IMCU 역가의 렌넷 0.2mL/100kg을 20배로 희석해서 첨가합니다. 단시간법의 경우에는 0.00005.0%(0.05g/100kg)를 첨가합니다. 액상 렌넷의 경우 0.3mL/100kg을 정제수에 20배 희석하여 즉시 첨가하고 20회 정도 교반기로 휘저어 준 뒤 교반기를 제거해 둡니다.

(8) 정치와 발효 : 염화칼슘과 렌넷의 첨가가 끝나면 벳트의 온도를 20~25℃로 유지한 상태에서 원유를 정치하고, 원유의 산도가 0.50~0.55.0%, 또는 pH 4.6~4.8이 될 때까지 계속 발효시킵니다. 장시간 정치법에서는 발효가 10~20시간으로 길기 때문에 발효 중 온도 유지관리가 매우 중요합니다. 벳트에 뚜껑을 덮어서 커드 표면의 온도 저하를 방지함과 동시에 이물질의 혼입오염을 방지합니다. 단시간 정치법에서는 온도 30~33℃로 유지하고 4~6시간 발효시킵니다.

표 3-1. 오막살이 치즈의 정치시간과 중온균 스타터의 첨가량

	장시간법	단시간법
절단까지의 소요시간	14~16시간	5시간
정치시의 유지온도	22.2℃	32.2℃
스타터의 첨가량(액상)	0.5~1.0%	5.0%

[Tip 32] 슬러지(Sludge)의 방지

▶ 발 생 : 오막살이 치즈 제조 중에는 벳트 밑에 슬러지가 발생하는 일이 있습니다. 슬러지는 그것 자체가 결함이고, 다른 많은 결함을 초래하는 근원이 됩니다.

▶ 작 용 : 슬러지는 커드에 침입하고 위약화 되어 커드파쇄의 원인이 됩니다. 또한 탈지유 중의 천연 응집소가 특정의 예민한 스타터에 작용하면 세균 세포주위의 카제인을 침전시키기 위하여 굳기가 균일하지 않는 커드를 생성시킵니다. 특히 연쇄구균의 스타터 사용이나 가온부족(加溫不足), 스타터 첨가 후 탈지유의 과도한 교반 등이 있을 때에는 결함이 보다 악화됩니다.

▶ 예 방 : 커드의 굳기를 균일하게 하기 위해서는 스타터를 다른 균주로 바꾸고, 교반을 천천히 하고 가온온도를 5～10℃ 상승시킵니다. 더욱이 이것을 보완하기 위해서는 산도를 내리고, 탈지유를 압력 150kg/cm^2, 32kg/cm^{2}으로 이단(二段, 2-stage) 균질을 행합니다. 그 위에 우유의 응집소와 반응하는 스타터 균주를 선별하는 방법으로는 아리자린슬폰산 나트륨에 의한 감수성 시험이 있습니다.

(9) 커드 절단과 교반 : 목표의 산도 또는 pH에 도달했는지를 확인한 후 스테인리스제 커드 나이프 또는 치즈 벳트 부속(附屬) 교반기에서 커드를 균일한 입방체로 절단합니다. 커드 절단에 의한 커드의 표면적이 증대되어 유청의 배출이 촉진됩니다. 이 과정에서 회수된 고형분량, 커드입자의 균일성, 제품의 조성 및 원료에 대한 제품의 비율이 크게 좌우되어지기 때문에 충분한 배려가 필요하게 됩니다. 커드 절단은 적절한 시기에 하는 것이 중요하고, 저 산도의 경우에는 커드의 점성이 높아져서 포장 중에 유청이 분리되는 일도 있고, 고 산도에서는 커드가 잘게 부서지기 쉽기 때문에 커드가 유청과 함께 유출되어 원료에 대한 제품의 수율을 저하시킵니다.

커드의 크기는 제품 설계에 따르겠지만 12～15mm^3 정도로 하는 것이 일반적입니다. 커드 절단에는 나이프의 강선이 파손이나 굽어지지 않은 기구를 사용합니다. 보수관리가 좋지 않은 기구를 사용할 때에는 저 품질의 치즈와 원료유에 대한 제품의 수율의 저하가 초래되기 때문에 정기적으로 검사하고 보수 관리할 필요가 있습니다.

(10) 가온(加溫) : 절단한 커드는 유청 배출에 적당한 굳기가 될 때까지 10～30분간 정치합니다. 그 사이에 커드의 절단면을 보호하기 위하여 약간 양의 따뜻한 물을 가해주기도 합니다. 가온하기 전 커드는 매우 연약하고 부서지기 쉽기 때문에 천천히 주의 깊게 교반기를 사용하고 벳트 내의 커드를 뒤집는 것과 동시

[Tip 33] 적정 커드절단 시점

고품질의 오막살이 치즈를 만들기 위해서는 적절한 산도에서의 커드 절단이 중요합니다. 손이나 커드 나이프로 커드를 잡아 올려 갈라지는 정도에 의하여 절단할 시기를 판정할 때도 있지만, 이 방법은 렌넷을 사용하지 않는 경우에 이용되고, 스타터와 렌넷을 같이 사용하는 제조법에서 행하는 것은 위험합니다. 적절한 절단 시기는 다음의 어느 방법으로든 판정합니다.

▶ 유청의 산도측정 : 표면에서 10cm 정도 커드를 비집고, 커드를 함유하지 않은 투명한 유청을 피펫으로 취하여 적정산도를 측정합니다.

▶ 커드의 pH 측정 : 표면에서 10cm 정도의 커드를 취하고, 유청을 분리하고 pH를 측정합니다. 적정 범위는 pH 4.6~4.7입니다.

▶ 산 응고시험 : 렌넷을 사용하지 않는 경우에 한하여 행합니다.

에 서서히 벳트 자켓의 온도를 올려 가온시킵니다. 급격한 온도의 상승은 커드 표면을 단단하게 하고, 유청 배출을 방해하게 됩니다. 5~10분 간격으로 교반을 해가면서 60~120분 후에 45~47℃가 되도록 가온합니다. 유청의 산도가 너무 높아서 커드가 굳지 않을 경우에는 유청의 일부를 배출시키고 그 대신에 온수를 넣어 산도를 낮추지만, 가해준 온수가 너무 많으면 커드가 결착(結着)하기 때문에 주의가 필요합니다.

가온의 진행 상태는 다음의 방법에서 알 수가 있습니다.

① 커드의 입자를 손으로 벌려서 조직을 관찰하고, 내부가 물기가 많은 상태로 있으면 가온 부족, 몹시 굳은 조직이 있을 때에는 가온 과중

② 한줌의 커드를 3분간 찬물에 담그고, 빼내서 손바닥으로 가압했을 때 부드러운 저항이 있으면 가온이 순조롭게 진행되고 있고, 이 시점이 가온 종료 직전에 해당된다고 볼 수 있습니다.

③ 커드의 비중을 기계적으로 측정하는 유동성(rheology) - 측정 장치에 의한 판정법이 있으나 아직은 일반화 되어 있지 않습니다.

커드 절단이 끝나고부터 가온, 교반에 도달하는 공정은 커드의 조직에 큰 영향을 주는 중요한 부분입니다. 그러므로 각각의 제조공장들은 자신이 좋은 제품을 반드는네 가장 적당한 조건을 찾아내어 이를 표준공정으로서 확립해 놓는 일이 필요합니다.

[Tip 34] 가온 중의 커드변화 관찰

가온 중에 벳트의 표면에 떠오르는 커드가 있는 것은 커드 내에 탄산가스나 공기의 혼입을 의미합니다. 커드 표면의 미세한 구멍발생의 유무를 보고 커드의 결함을 확인할 수 있습니다.

▶ 원 인 : 향미 생성균의 이상 활성이나 대장균군 등이 오염되어 가스발생의 원인이 되는 경우와 일부 탈지분유의 물리적 구조이상에 의한 것, 또는 분유를 환원할 즈음 혼합 시 공기유입에 의한 것도 있고, 탈지분유를 환원하여 원유로 써서 단시간정치법으로 제조할 때 이런 현상을 많이 볼 수 있습니다

▶ 영 향 : 유청의 표면에 떠오르는 커드는 벳트 내의 작업을 곤란하게 할뿐만 아니라, 커드 입자 중의 미세한 구멍들이 커드조직을 무르게 하고, 미세(微細)한 가루형 커드나 과도(過度) 커드 파쇄의 원인이 되고, 제품의 원료에 대한 제품의 수율을 저하시킵니다.

▶ 대 책 : 본래 정상적인 향미 생성균(*Leuconostoc mesenteroides* ssp. *cremoris*)은 바람직한 다이아세틸(diacetyl) 향미와 동시에 탄산가스를 생성해서 훌륭한 오막살이 치즈를 만들지만, 활성이 너무 강하면 너무 많은 가스와 미세구멍들을 생성하고, 커드를 유청 표면에 뜨게 만듭니다. 이런 경우에는 보다 높은 pH에서 절단하고, 스타터 균주의 교환, 가온속도 상승 등으로 대응합니다. 또한 바람직하지 않은 냄새가 생성되었을 때에는 다수(多數)의 대장균 등이 존재하는 것을 나타내는 것이기 때문에 2차 오염의 방지를 포함해 걸맞은 대책이 필요합니다.

[Tip 35] 오막살이 치즈 제조 중 발생하기 쉬운 결함들

오막살이 치즈 제조 중 발생하기 쉬운 결함에는 다음과 같은 것들이 있습니다.

향 미	Body의 조직성	일반적인 외관
고산도	입상(粒狀)	크림의 과잉
쓴 맛	가루형	유청의 분리
발효취	연 약	커드의 불균일
담 백	딱딱함	커드의 파쇄

치즈벳트 내에서 열처리한 산성 오막살이 치즈에서는 적은 수의 세균밖에 존재하지 않지만, 오염미생물에 의한 결함은 2차 오염 배제를 철저히 함으로써 방지할 수 있습니다. 대장균군, 효모, 곰팡이, 저온세균 등은 허용되는 범위까지 감소시킵니다. 물리적 특성상의 결함은 적정한 산도에서의 커팅, 소정온도까지의 확실한 가온, 적절한 수세에 의하여 방지할 수 있습니다

(11) 유청 제거 : 커드가 충분한 굳기로 되었을 때 유청을 제거합니다. 절단하고 나서부터 약 2시간 후가 유청 제거의 개시 기준입니다. 유청 제거는 다음의 수순으로 행합니다.

① 치즈 벳트 바닥에 퇴적한 커드를 배출구에서 70cm 정도(벳트의 크기에 따라 다름) 떨어져서 배출구의 반대쪽에 끌어 모아 주고, 벳트의 배출구 측이 낮게 되도록 경사를 줍니다. 이때는 출구 반대편의 높이를 조절할 수 있는 벳트를 사용하면 보다 효율적입니다. 배출구에는 스테인레스 여과통이나 철망 바가지를 설치하고, 유청과 동시에 유출되는 커드는 회수하여 벳트에 다시 넣어 줍니다.

② 커드 표면이 유청 아래에 보이기 시작할 무렵 배출을 빨리 시키기 위하여 배출도랑(排出溝)을 만듭니다. 준비는 배출구 쪽에서 벳트의 긴 축을 따라서 중앙의 커드를 좌우에 옮겨 쌓고, 가늘고 길게 밀어붙여 줍니다. 유청의 배출을 잘 시키게 되면 다음에 할 커드의 수세과정이 쉬워집니다. 더욱이 유청 제거를 커드가 드러나기까지 하여 중지한 다음 곧바로 커드의 수세(水洗, wash)를 행하는 제조방식도 있습니다.

(12) 커드의 수세와 탈수 : 유청 제거를 끝내고 난 후 배출구의 밸브를 닫고 커드의 수세를 행합니다. 수세방법은 다음과 같은 방법이 일반적입니다.

① 처음에는 약 33℃ 온수를 커드 예상 양의 2배(오막살이 치즈 예상량 : 원유 카제인 함량의 6% 또는 원유의 14~16% 정도) 정도 넣고, 잘 교반하고 15분 정도 커드를 침지시킨 후 온수를 배출시킵니다.

② 다음으로 온도가 20℃ 전후의 물을 커드 양의 2배 정도 넣고, 커드입자를 냉각하는 것과 동시에 붙어있는 유청을 제거합니다. 덩어리로 되어 있는 커드를 차분하게 뒤섞어서 풀고, 충분하게 수세한 다음 15분간 정도 유지하고 나서 물빼기(排水)를 합니다.

③ 다음에 5℃ 정도의 냉수를 커드 양의 2배 정도 붓고 잘 뒤섞어서 곧바로 배수합니다. 그 사이 유청 제거할 때와 같은 모양으로 작은 도랑(排出溝, trench)을 만들어 물 빼기를 재촉시킵니다.

④ 물 빼기를 한 뒤 그대로 있는 상태에서 벳트에 덮개를 하고, 약 1시간에 걸쳐서 완전히 배수하고 탈수를 합니다. 그 외에 처음에 20℃ 다음에 10℃의 물을 이용한 2단계 수세나 25℃, 10℃, 8℃의 3단계 수세도 있습니다. 어떤 경우에도 최후의 세정수(洗淨水)는 찬물(冷水)로 하지 않으면 안 됩니다. 또 탈수 후에 커드를 개방한 벳트 내에 넣은 채로 따뜻한 실내에 장시간 방치하고, 커드 온도를 상승시키는 일은 엄하고 신중하게 하지 않으면 안 됩니다.

(13) 가 염 : 탈수가 종료된 치즈 벳트 내의 커드에 식염을 가합니다. 탈수가 완전히 되지 않으면 커드가 부드럽게 되고, 저장 중에 수분이 흘러나오는 일이 있습니다. 소금의 첨가량은 커드 양의 1.0～1.5%로, 이것을 2회에 나누어 균일하게 뿌리고, 커드를 뒤집으면서 뒤섞고 충분히 혼합합니다. 가염을 끝마친 상태를 산성 오막살이 치즈라고 부르고, 이것에 과실이나 야채, 향신료를 혼합한 다양한 제품을 만들 수 있지만, 현재에는 크림 첨가 시에 가염을 행하는 것이 일반적으로 되어 있습니다.

(14) 크림 첨가(크림치기, Dressing) : 크림 친 오막살이 치즈를 만들 경우는 균질과 살균을 실시한 크림에 소금을 혼합한 dressing(혼합된 크림제제)을 커드에 가합니다. 드레싱 크림제제의 내용물로는 다음과 같은 것이 있고, 이것들에서 어느 것을 정해진 양을 첨가한 경우 제품의 염분은 약 1.0%가 됩니다.

A : 지방율 3.7%의 전유, 지방율 40%의 크림, 소량의 소금을 혼합한 것. 각 성분함량은 지방분 18%, 전 고형분 25.7%, 수분 74.3%가 됩니다.

[Tip 36] 커드 세척 혹은 수세에 사용할 물의 선택]

오막살이 치즈는 수분이 80% 전후이고 보존성이 낮기 때문에 수세에 사용할 물은 아주 청결한 것을 사용하지 않으면 안 됩니다. 사용할 물에 세균이 많으면 저장 중에 곰팡이가 발생하거나 실 모양을 만들거나 변질하는 원인이 됩니다. 사용할 물에 10～15 ppm의 염소를 가하는 등의 처리가 필요로 하는 경우도 있습니다. 알칼리성 물에서는 커드의 용해점화(溶解點化)에 의한 손실이 생기고, 세균도 번식하기 쉽기 때문에 구연산 등의 식용 산(酸)을 pH 6.0～6.5이 될 때까지 가해주는 방법도 있습니다.

[Tip 37] 용수의 관리

품질이 좋은 치즈를 효율적으로 제조하기 위해서는 충분한 양의 위생적인 냉수 공급이 불가결합니다. 사용할 물은 냉각장치를 통해서 온도 4℃ 또는 그 이하에서 저장하고, 냄새나 이물을 제거하기 위하여 활성탄(活性炭) 필터로 여과하고, pH 조절과 염소살균을 실시합니다. pH 7.0 이상에서는 커드 중의 단백질이 용해성으로 되어 경화하고, 오염미생물이 잘 자라기 때문에 바람직하지 않습니다. 커드의 수세에 가장 적절한 pH 6.0～6.5로 조절하지만 인산염이나 주석산을 첨가하는 일도 있습니다. 산성화 뒤에 커드 세정수(洗淨水)에는 보통 1～10 ppm의 염소가 첨가되고, 1분간 유지 후에는 평균 5～6 ppm이 됩니다. 요소화합물은 커드에 흡수되어 건강상 문제가 있는 요소화 카제인이 되기 때문에 커드의 세정수로는 사용하지 않습니다.

B : A에 탈지분유나 안정제(점성류)를 가합니다. 성분치는 지방분 17.5%, 전고형분 24.5%, 수분 75.5%가 됩니다.

C : A 또는 B의 감성(甘性) 크림에 발효 크림이라든가 산성(sour) 크림을 5.6 : 1의 비율로 혼합한 것입니다. 성분치는 지방분 18%, 전고형분 25.0%가 됩니다. 더욱이 안정제로서 레시틴 0.07~0.3%을 첨가하는 방법도 있지만 첨가량은 커드입자의 크기나 가염의 정도, 배수의 정도 등에 의해 보다 좌우되고, 첨가량이 너무 많으면 점도가 증가하고, 저장 중에 커드입자의 윤기나 광택이 없어지게 됩니다. 배합한 드레싱은 온도 74℃에서 30분간(LTLT법) 또는 온도 80℃에서 20초간(연속식 HTST) 살균하고, 제1단계(1-stage) 140kg/cm^2, 제2단계(2-stage) 35kg/cm^{2}의 압력에서 균질한 후 온도를 4.0℃까지 냉각합니다. 더욱이 dressing의 점도를 부여하기 위하여 20시간 이상 냉각상태로 유지하고, 온도가 1~4℃인 것을 확인하고부터 사용합니다.

커드의 dressing 흡수력은 커드의 초기 pH값과 가온의 정도에 좌우됩니다. pH 4.8 근처의 다소 높은 pH값에서 절단하고, 57℃의 고온까지 장시간 가온한 경우는 크림 흡수력이 저하합니다. pH 45~4.6에서 절단된 커드는 부드럽고 부서지기 쉬운 고 수분으로 되어 있지만, 높은 pH값에서 절단된 경우보다 크림 흡수가 잘 됩니다. 또 혼합 전의 커드와 dressing을 적절한 조건 아래에서 하룻밤 접촉, 유지시키면 dressing의 흡수도가 높아집니다.

(15) 충전(充塡) : 제조한 산(酸) 오막살이 치즈 또는 크림 친 오막살이 치즈는 이물의 혼입 등이 없는 것을 확인하고 용기에 충전합니다. 최근에는 품질 유지를 위하여 질소가스나 탄산가스에 의한 가스 팩 충전도 채용되고 있습니다.

(16) 냉 각 : 용기에 충전한 오막살이 치즈는 품질 유지를 위하여 온도 5℃ 이하에서 냉각합니다. 벌크용기에 충전한 것은 정해진 온도까지 빠르게 냉각할 수 있도록 냉장고의 온도와 능력, 소요시간을 미리 확인해 둘 필요가 있습니다.

(17) 검 사 : 제품은 「식품공전」이나 「식약의약품안전처」의 검사요령집에 따라 검사합니다. 더욱이 신선식품인 오막살이 치즈에서는 보존시험을 실시하는 일에 의하여 제품의 보존성 지표를 얻는 것이 가능합니다. 보존시험은 포장을 끝낸 제품을 온도 24℃에서 24시간 유지하면서 하는 것과 저온에서 장기간 유지하면서 검사를 정기적으로 행하는 것 두 가지 방법을 통하여 행합니다.

(18) 포 장 : 징해진 규격에 적합한 제품을 쉬링크(shrink) 포장, 몇 개를 묶는 포장 등 필요에 따라서 다양한 포장을 실시합니다.

[Tip 38] 오막살이 치즈의 보존성 향상

▶ pH 관리 : 오막살이 치즈의 pH는 그 보존성과 깊은 관계가 있습니다. pH 5.2~5.3에서 최저한도의 보존성이 확보되고, pH 5.0 또는 그 이하면 가장 길게 보존할 수 있게 됩니다. pH 5.0의 크림 친 오막살이 치즈는 pH 6.0~6.2에서 지방율 16~18%의 크림 dressing을 첨가함으로써 얻을 수 있습니다. 산성 오막살이 치즈와 크림 dressing을 정해진 양, 적절한 비율에서 혼합하면 pH 5.2~5.3의 크림 친 오막살이 치즈도 가능하지만 어느 성분, 특히 점성제 또는 안정제를 첨가한 경우에는 보다 높은 pH가 되는 일이 있기 때문에 주의가 필요합니다.

▶ 온도 관리 : 보통은 커드 탈수 후에는 곧 바로 크림을 첨가하고 온도를 내립니다. 커드를 치즈 벳트에서 꺼낼 때까지 시간이 있는 경우에는 벳트에 냉수 또는 1.0℃의 냉각수를 넣고 커드를 가라앉게 놓아둡니다. 그 상태에서 수시간을 유지하여도 품질에는 영향이 없습니다. 여름에는 커드의 온도가 상승하기 쉽기 때문에 온도 관리에 특별한 조치가 필요합니다.

(19) 냉 장 : 제품은 출하까지 냉장고에 온도 5℃ 이하에서 저장해야 합니다. 오막살이 치즈의 보존성은 제조공정 및 저장중의 관리에 영향을 받고, 특히 온도 유지 관리는 보존성을 크게 좌우합니다. 출하까지의 저장은 말할 것도 없이 유통과정에서 가게 매장에 진열하기까지 세심하고 지속적인 온도유지 관리가 요구됩니다.

3) 제조공정 [2] : 가정용 간편식(원유 30kg)

(1) 원료유 : 탈지유 또는 전지유(가능하다면 자연분리법으로 얻은 탈지유를 쓰십시오)

(2) 원료유의 살균 : 65℃/30분간

(3) 원료유의 냉각 : 20℃~23℃, 단시간법에서는 30℃~32℃

(4) 유산균의 첨가 : 원료유의 0.8~1.0%, 단시간법에서는 4.5~5.0%(원유 30kg : 장시간 240~300mL, 단시간 1,350mL~1,500mL 준비) DVS로는 중온균인 듀퐁 다니스코사의 MA시리즈 또는 Provat 222, 322 또는 크리스챤 한센사의 FD균을 0.9~1.0g/30kg 수준으로 접종합니다.

(5) 렌넷의 첨가 : 액상 렌넷(250~290/mL IMCU) 1.2mL/30kg, 분말 렌넷은 0.00005.0%, 0.15g~0.2g / 원유 30kg를 정제수에 20배로 희석하여 즉시 첨가합니다.

(6) 염화칼슘($CaCl_2$) 첨가 : 원유 살균으로 불활성화가 된 원유 칼슘을 보충하여 렌넷의 응유효과를 촉진하고 커드의 굳기를 좋게 하려면 적당량의 $CaCl_2$를 첨가합니다(원료유의 0.01～0.02%, 원유가 30kg인 경우 6.0g을 멸균 증류수나 음수 100mL에 녹여서 넣습니다. 요즘은 듀퐁 다니스코사의 칼슘 33% 포화액인 Calciol 6.0mL/30kg를 첨가합니다).

(7) 우유의 응고시간 : 장시간법에서는 12～15시간 소요, 단시간법에서는 5～6시간 소요. 적정산도가 0.52%가 되고, pH가 4.6이 될 때까지 가만히 정치합니다. (이때 교반하게 되면 치즈의 커드가 부서져서 불량 치즈가 됩니다)

(8) 커드 절단 : 응고된 커드를 1.5～2.0cm ×1.5～2.0cm 크기가 되는 커드 나이프로 자릅니다. 그리고 곧 바로 정치하여 15～30분간 가만히 둡니다. 그동안 벳트의 온도를 46.1℃까지 서서히 올려 줍니다. 그리고 같은 온도의 멸균된 물을 벳트의 커드 표면에서 5～6cm 정도 올라가노록 채웁니다.

(9) 교반과 가온 : 커드입자가 부서지지 않도록 천천히 교반하고 52～57℃까지 온도를 올립니다. 가온속도는 10분마다 1.7℃씩 되게 올립니다. 소요시간은 1시간 30분～2시간(90～120분)입니다.

(10) 유청(Whey) 제거 : 작은 콩알크기로 된 커드입자가 확실히 드러나기까지 수분을 모두 빼냅니다.

(11) 커드 입자의 수세 : 커드입자를 한쪽으로 밀어붙이고 금속망 바가지를 대고 유청이 모두 빠지게 한 뒤 **커드 1** : 30℃ 정도의 **물 2**의 비율이 되게 벳트에 채우고 10분간 서서히 저어서 세척하고 커드입자가 드러나기까지 빼냅니다. 똑같은 방법으로 한 번 더 15.6℃의 냉수로 세척하고(이때 커드와 물의 온도가 같아야 합니다) 4～5℃ 물로 앞의 방법대로 다시 세척합니다(이때 벳트의 전열기는 끄고 신속히 벳트를 냉각수로 순환시켜 커드 온도와 같게 냉각시킵니다). 세척이 끝나면 배수하고 커드 중앙에 골을 만들어 30분에 걸쳐 완전히 배수시킵니다. 이렇게 커드입자를 세척과 냉각을 통하여 치즈의 신맛을 부드럽게 합니다.

(12) 탈 수 : 약 1시간 동안 테두리가 넓은 채반에 천을 깔고 그 위에 올린 뒤 넓게 펴서 남은 유청을 모두 제거합니다.

(13) 크림치기(dressing) : 식염, 크림, 향신료, 야채, 과일 등을 가하여 혼합한 것을 커드에 뿌리면서 서서히 교반합니다[Tip 39. 드레싱(크림 혼합액) 제조요령과 제조공정 [1]의 (14)번 참조]. 무게를 측정하고 커드 량이 4kg 정도라 할 때 크림 혼합액은 4,000 × 0.0335 = 134g 정도를 사용해서 혼합해 줍니다. 그러나

필요에 따라서는 좀 더 쓸 수도 있는데, 사용한 크림의 지방함량이 낮은 경우이거나 품질의 외양을 보고 더 추가합니다. 이때의 오막살이 치즈의 성분함량은 지방 4.5%, 수분 79%, pH 5.2 정도이면 알맞습니다. 크림 드레싱 작업을 하는 커드의 온도는 항상 7.2℃ 이하이어야 합니다.

(14) 충전・냉장 : 포장용 케이스에 넣어서 즉시 4.4℃ 이하로 냉각합니다. 항상 4.4℃에서 보관하되 보존기간은 1주일 정도입니다.

4) 제조공정 [3] : 소규모 레스토랑용 간편식

(1) 크림 분리 : 기계적 방식으로는 38℃ ~ 40℃ 정도에서 크림을 분리하여 탈지유를 얻습니다.

(2) 살 균 : 원유(탈지유)[250]를 63℃에서 35분 동안 살균합니다.

(3) 냉 각 : 22℃ ~ 26℃로 냉각시킵니다.

(4) 스타터 첨가 : 중온균 DVS로써 듀퐁 다니스코사의 MA시리즈나 Provat 시리즈 또는 크리스챤 한센사의 FD균을 3.0g/100kg 첨가합니다.

(5) 염화칼슘($CaCl_2$) 첨가 : 원료유의 0.01 ~ 0.02%, 칼슘 33% 포화액인 CalSol 20 mL/100kg를 첨가합니다.

(6) 렌넷 첨가 : 250 ~ 290/mL IMCU 역가의 렌넷 5.0mL/100kg —>정제수에 20배 희석하여 즉시 첨가하고, 20회 정도 교반기로 휘저어 준 뒤 철거합니다.

(7) 정 치 : 14 ~ 18시간 동안 정치하는데, 이때 실내온도는 25℃ 정도가 좋습니다.

(8) 절 단 : 커드 크기를 0.7 ~ 1.0cm^3로 절단, pH 4.6 ~ 4.5 정도가 좋습니다.

(9) 정 치 : 유청이 보일 때까지 20 ~ 30분 정도 정치합니다.

(10) 가 온 : 40분 동안 서서히 저어주면서 55℃ ~ 60℃까지 올려줍니다.

(11) 교 반 : 15분간 교반합니다.

(12) 유청 배제 : 유청을 완전히 제거합니다.

(13) 세 척 : 5℃ 찬물(깨끗한 물)로 2 ~ 3번 신속히 세척해야 합니다.

(14) 크림 드레싱(양념) : 드레싱을 준비했다가 커드의 3.35%(만약 커드 중량이 5.0kg이라면 5,000 × 0.0335 = 167.5 mL)를 섞어 준 뒤 4 ~ 6시간 정도 냉장고 보관합니다. 이 시간 동안에 치즈가 크림을 빨아들여 뻑뻑해집니다.

(15) 포 장 : 레스토랑 식자재로 사용하거나 직판 매대를 설치해 판매합니다.

---

250) 저녁 원유를 냉장실에 보관하면 크림층이 형성되는데, 이렇게 자연적 분리법으로 얻은 탈지유 + 일반 원유 15%를 혼합해도 무방합니다.

[Tip 39] 오막살이 치즈 드레싱용 크림 혼합액(Dressing) 만들기

- 전유(유지방 3.7%) ....544mL(54.4%)
- 진한 생크림(지방율 40%)..........384mL(38.4%)
- 소 금 ....38.4g(3.84%)
- 탈지분유..32g(3.2%)
- 안정제(팩틴)..................................1.6g(0.16%)

재료의 총량 계 : 1,000 mL

<드레싱의 성분함량 : 지방 17.5%, 총 고형분 24.5%, 수분 75.5%>

※ 위의 혼합물을 74℃로 30분간 가온하여 완전히 녹인 다음 그대로 균질하고 70℃에 10분간 살균합니다. 살균이 끝나면 4.0℃ 정도 냉각한 뒤 24시간 보관하되 2.2℃까지 냉각시켜서 사용할 수도 있습니다. 이런 크림 혼합액은 하루 전에 미리 만들어 준비해 두어야 합니다(이 크림 혼합액의 사용량은 「커드 중량의 3.35%」 정도입니다).

5) 제조공정 [4] : 단시간 제조법

여기 소개한 방법은 원래 16시간 걸리는 오막살이 치즈제조 공정을 6시간으로 단축하는 단시간법입니다 이렇게 단시간에 제조하면 식감(texture)이 고무조직성이 나타나기 쉬우니 잘 조정해서 좋은 품질을 얻어내시기 바랍니다. 참고로 왼편 자락의 진행 시간표를 참고하시면서 제조하십시오.

14 : 20 — 원유살균 시작(시작온도 9.3℃에서 시작)
— 63℃/30분간 살균 후 냉각 시작
— 냉각 후 온도 체크 (34℃)

15 : 40 — 스타터 첨가(Chr. Hansen 사의 Flora-danica(중온균) DVS 3.0g/100kg 첨가) 이후 1시간 배양(온도는 31～32℃ 유지 필수)하십시오.

15 : 45 — 염화칼슘($CaCl_2$) 첨가 : 칼슘 33% 포화용액인 CalSol 20mL/100kg를 첨가합니다.

16 : 40 — 온도 34℃, 필히 확인하세요.

16 : 50 — 250～290/mL IMCU 활력의 렌넷 첨가(0.4mL/100kg)

18 : 15 — 커드 절단(1.0cm³)

* 커팅은 2회로 끝내고 커드 크기가 일정치 않으면 교반 중에 세로 나이프로 추가적인 커팅 실시합니다.

18 : 20～18 : 40 — 제1차 가온 : 32℃ → 36℃로 가온(20분에 걸쳐서 4℃ 가온, 1.0℃ / 5분 속도로 가온)

18 : 50～19 : 10 — 제2차 가온 : 36℃ → 58℃까지 2차 가온(20분간에 22℃를 가온, 1.0℃/분 가온속도) 이때 교반은 아주 서서히 실시합니다.

19 : 10～19 : 50 — 58℃ 유지하면서 교반, 40분간에 걸쳐 교반, 속도는 교반기로 빠르게 실시합니다. 이때 고무조직이 씹히기 전에 교반을 정지(약 20분경), 30분 가까이 교반 시 고무조직이 나타납니다.

19 : 50 — 전체 유청을 일시에 뽑아냅니다.

19 : 50～20 : 10 — 냉수로 커드 세척 / 20～26℃의 정수기 물이나 수돗물로 커드 높이까지 물을 채워서 손으로 교반한 뒤 빼내는 방식/ 5분 정도 교반한 뒤 빼내는 방식으로 20분간에 걸쳐 수세 3회 실시합니다.

* 벳트 자체의 온도가 높기 때문에 수세를 실시할 때 먼저 벳트의 온도 20℃ 이하로 신속히 낮추어 실시합니다.

20 : 10 — 커드 건져내기/천이 깔린 채반에 담아서 수분을 제거(4℃ 냉장실 / 약 30분간 실시)합니다. 커드 건지기 전의 pH가 원래 4.6이어야 하는데 pH를 조금 높은 상태에서(pH 5.1) 유청을 제거하여 신맛을 줄이도록 합니다. 그리하여 고소한 맛을 강조시키는 방식이지요. 수분제거 뒤에 소금 첨가(0.75%, 3회 걸쳐 뿌리기)합니다.

20 : 50 — 드레싱(기호에 맞추어 첨가, 약 3.35% 내외가 적당(15kg의 커드이면 502mL)합니다.

21 : 10 — 컵 용기에 포장하여 냉장 보관합니다.

※ 제품에서 약간 식감(texture)이 고무질감과 같은 경우 원인은 세 가지 있다고 봅니다. 먼저 수분을 너무 많이 제거를 했을 때 그런 식감이 됩니다. 두 번째는 렌넷 첨가량이 너무 많으면 질감이 고무질 식감이 나옵니다. 마지막으로 스타터를 너무 적게 접종하여 배양시간을 너무 오래 갖게 되면 그런 조직이 나옵니다. 그리고 pH가 원래 4.6이어야 하는데 pH가 조금 높았을 때 유청을 제거하여 신맛이 덜 나게 하십시오. 그리하여 고소한 맛을 강조시키는 방식입니다. 그리고 이 방식은 원래 오막살이(카티지) 치즈 제조 매뉴얼과 조금 다르게 하여 시간을 단축시키는 것으로 변경하였습니다. 원유 숙성시의 pH를 낮추는 방법은 높은 온도를 유지하고 교반시간을 늘리면 가능합니다.

6) 오막살이 치즈 제조 공정표(장시간법)

제조자 :	치즈 명 : 오막살이 (Cottage cheese)	벳트번호 :	일 시 :
원 유 kg______ 탈지유 kg 100 스타터 kg______ 총 량 kg______	원 유 지 방______ 단백질______	스타터 산 도__________ pH__________ 기 간__________ 배 지__________ 박테리오파지_____	

제조과정 진행	시 간	온 도	산 도	pH	커드 pH	기 록 사 항
크림분리	12h	4～ 5℃		6.6～ 6.8		12시간 동안 냉장실에 정치 / 크림층은 걷어내서 분리하고 탈지유를 사용합니다.(크림은 살균하여 드레싱에 사용)
살 균	30분	63℃				63℃에서 30분간 살균
기본 스타터		23～ 25℃				듀퐁 다니스코의 MA균이나 크리스챤 한센사의 FD균을 2.0g /100kg
첨가물	염화 칼슘					18～20mL/100kg
렌넷 첨가	7h	23～ 25℃				250～290/mL IMCU 역가의 렌넷 5.0mL/100kg 20배 희석 첨가
응 고	14～ 18h	25℃				
커드 절단					4.6～ 4.8	7～10mm³ 크기로 절단
정 치	15～ 20분					
유청 제거	커드가 보일 때까지					
가수/세척	미리 준비해 둔 20℃/15℃/5℃ 청정수를 부어 순서대로 단계별로 세척해 줍니다.					
유청 제거	완전히 제거(고랑을 파서)합니다.					
2차 유청제거	천을 깔아 둔 넓은 채반에 펴서 천을 덮은 뒤 냉장고에 3～5시간 둡니다.					
가염 및 드레싱	커드가 잘 건조되었으면 드레싱을 생크림 15～18%, 소금이나 설탕 1～1.5.0%(물에 녹여) 설탕, 허브 넣고 만들어 「커드의 3.35%」의 양을 커드와 골고루 섞은 후 다시 냉장고에서 4～6시간 보관 후 적절한 컵 용기에 정량을 포장하여 냉장 보관하며 판매하십시오.					

1.6 그리폰 프라잉 치즈(Gryphon frying cheese)

그림 3-9. 완성된 그리폰 프라잉 치즈
(화보 13쪽, 최희영 박사 제공)

1) 개 요

그리폰 프라잉(Gryphon frying) 치즈는 스페인 사람들이 만드는 퀘소 블랑코 치즈와 비슷하지만 유산균 스타터나 렌넷을 전혀 사용하지 않고도 그와 비슷한 형태로 단단하여 잘 잘라지는 성질을 가지고 있는 부드러운 향미의 치즈입니다. 이 치즈를 우리나라에 소개한 이는 캐나다 겔프대학교 식품과학과(https://www.uoguelph.ca/food-science/faculty-staff)에서 유가공학 전공 교수로 재직 중인 아더 R. 힐(Arthur R. Hill) 교수입니다. 그는 순천대학교 동물자원과학과 초청을 받아 2004, 2005, 2007년에 치즈 제조기술 집중코스를 3회에 걸쳐 진행하면서 매번 소개했습니다. 이 치즈 코스에서는 원유 혹은 환원유를 원료로 하여 높은 온도에서 산을 첨가하여 제조합니다.

그는 당시 「퀘소 블랑코 치즈」로 소개를 했는데, 2015년 개정 원본[251]에서는 이를 「그리폰 프라잉(Gryphon Frying) 치즈」로 개명을 했습니다. 원유를 85℃까지 가온한 다음 묽은 구연산(citric acid) 용액을 첨가하면 카제인과 열에 약한 유청 단백질이 함께 응고하면서 새로운 형태의 치즈가 산출되는 것입니다. 유청 단백질은 총 유단백질의 20%를 차지하므로 카제인과 유청단백질이 함께 응집되는 그리폰 프라잉 치즈는 렌넷으로 응고하는 치즈보다 훨씬 생산수율이 높아집니다. 이 치즈는 포장하기 전에 몰드에 담긴 채로 하룻밤 냉장 보관하면 치즈 품질이 향상됩니다.

---

251) 이 원본을 2017년 9월에 저자가 번역하여 도서출판 유한문화사에서 『(증보개정판) 치즈 과학과 제조기술』로 발행하였습니다.

이 치즈를 냉장실에 2～3일간 저장하면 보다 치밀한 바디(Body)감을 주어 단단해지고 슬라이스 형태로 얇게 자를 수 있게 되어 좋습니다. 그리폰 프라잉 치즈는 정상적인 방식이 아닌 간편식으로 제조한 치즈이기 때문에 미생물에 오염되지 않도록 하는 것이 중요합니다. 그리폰 프라잉 치즈의 정상적인 성분 조성은 수분 52～53%, 단백질 22～24%, 지방 16～18%, 유당 2～3%, 염분 2.5%이며, pH는 5.3～5.5 범위입니다. 이 치즈에 얽힌 비화는 Tip 41을 참고하시기 바랍니다.

2) 재 료

원유 또는 환원우유, 구연산 1수화물($C_4H_8O_5 \cdot H_2O$) 또는 구연산($C_4H_8O_5$), 염화칼슘 2수화물($CaCl_2 \cdot 2H_2O$)(선택적임), 탈지분유, 소금[252)]

☞ 그리폰 프라잉 치즈 제조 시 주의사항 (1)

구연산액을 첨가할 때 천천히 교반하면서 표면에 조금씩 첨가하는 것이 좋습니다. 많은 양을 한꺼번에 넣으면 단백질이 갑자기 굳게 되어 커드가 딱딱해지고 결착이 잘 되지 않으며, 작은 입자(fines)를 형성하여 벳트 내에 가라앉게 됩니다. 잘된 커드는 커드끼리 서로 잘 엉겨 붙고, 구연산액 첨가 이후 확인 시 천천히 늘려 보았을 때 약간 늘려지는 현상을 보입니다. 구연산액을 모두 첨가한 뒤 매우 느린 속도로 5～7분간 교반을 해 주면 큰 입자들이 작은 입자들을 끌어안아서 작은 입자들을 잘 모을 수 있어 치즈 수량이 증대합니다.

☞ 그리폰 프라잉 치즈 제조 시 주의사항 (2)

그리폰 프라잉 치즈는 제조과정 중 구연산을 첨가할 때 구연산을 첨가하는 양과 교반속도에 치즈 제조 성공의 포인트가 있습니다. 구연산은 되도록 천천히 첨가하여야 하고, 교반속도는 정말 세월아 네월아 가거라 할 정도로 정말 매우 천천히 돌리면서 구연산을 첨가(당연히 온도도 85℃를 잘 유지해야 함)해야 한다는 이야기입니다. 뜨거운 벳트 내에서 충분히 수분배출(거의 1시간에서 1시간 반 정도 걸려서 실시)이 있어야 하고 곧 바로 가압을 해야 하므로 천에 치즈가 잘 눌러 붙을 수가 있습니다. 그래서 1배의 무게로 30분/2회에 걸쳐 뒤집어 주고, 이후 2배의 무게로 1시간/2회 뒤집어 주면서 3배 무게로 1시간 30분/1～2회 정도(치즈의 단단함에 따라 시간은 4～6시간 정도로 하면 될 것임) 총 4시간 정도 가압한 뒤 몰드채로 냉장고에 넣어 overnight 합니다. 다음 날이면 단단한 그리폰 프라잉 치즈를 얻을 수 있습니다.

---

252) 순천대학교에서는 지역 특산 기능성 소금인 함초 소금을 사용합니다.

3) 제조공정

여기에 제시한 그리폰 프라잉 치즈 제조공정은 아더 R. 힐 교수가 사용하는 방식을 한국 원유에 맞추어 개선한 것입니다.[253)]

(1) 탈지분유를 사용하여 원유 P/F를 1.2로 표준화 합니다(표준화 하면 생산량이 늘어나지만 고급제품의 경우 하지 않을 수도 있는데 제품에서의 분유취가 문제이기 때문입니다). (표준화는 제조공정 참고사항 1을 참조바랍니다)

(2) 첨가해야 할 구연산 양을 칭량합니다. 첨가할 구연산은 1수화물 구연산을 3.0% 수용액이 되도록 뜨거운 물(약 80℃ 이상)에 용해시킨 후 소요량만큼 희석하여 사용하기도 합니다. 이렇게 희석을 하면 확실히 점진적인 산화를 돕고(뜨거운 지점이 아님) 나아가 작은 곡물 알갱이형 단백질 입자들 보다는 훨씬 굵은 단백질 덩어리 형성을 촉진하게 됩니다. 원유 중량 대비 1수화물 구연산 수용액 소요량은 아래의 공식을 이용하여 구할 수 있습니다.

▸ 필요한 구연산 1수화물의 양(%) = 0.09124 + 0.07075 ×(당일 원유 단백질함량 %) (소요 구연산량은 제조공정 참고사항 2를 참고하여 계산하고 구해진 소요량의 구연산 액을 서서히 첨가합니다)

(3) 원유를 85℃로 가온하여 5분간 정치합니다.

(4) 가열된 원유에 온도 85℃ 이상인 구연산 용액을 첨가하는데, 이때 교반기는 매우 느린 속도로 회전시킵니다. 어느 정도 구연산액이 첨가되면 응고물들이 형성되는 것을 볼 수 있는데 그래도 소요량의 구연산액을 모두 첨가합니다. [그리폰 프라잉 치즈 제조 시 주의사항 (2)를 참고하시기 바랍니다]

(5) 매우 느린 속도로 더 회전시켜 큰 덩이 응고물이 가늘고 미세한 응고물(fine)을 끌어안을 수 있게 하여 유청이 쾌청해지면 스팀을 틀어 온도를 높게 유지하면서 10~15분간 정치함으로써 커드를 가라앉힙니다. 비슷한 공정의 리코타 치즈 커드는 떠오르지만 그리폰 프라잉 치즈 커드는 가라앉습니다.

(6) 벳트 출구 안쪽에 거름망을 대고 출구 밸브를 열고 유청을 일시에 배제합니다.

(7) 커드를 양쪽으로 밀어 고랑(trench)를 만들고, 간간이 커드를 교반해 가면서 유청을 최대한 배출합니다. 이렇게 커드를 뒤집어 고랑을 판 뒤 출구에서 유청이 방울져 떨어질 때까지 배제합니다. 이 작업을 3~4회 반복하는 것이 좋습니다.

---

253) 배인휴 역(Arthur R. Hill 저). 2017. (증보개정판) 치즈과학과 제조기술. 도서출판 유한문화사. pp. 287-290.

(8) 벳트 안에 소금을 균일하도록 뿌려가며 넣고 완전히 섞어 줍니다.

소금의 양 = 예상 생산량의 2.0%

예상 생산량(%) = 4.83 ×(원유 단백질 %) - 3.64(제조공정 참고사항 3 참조)

(9) 커드가 뜨거운 상태에서 몰드(성형 틀)에 넣습니다.

(10) 75kPa(10kg/cm^2) 압력으로 3~4시간 동안 가압합니다. 앞부분에서 제시한 그리폰 프라잉 치즈를 제조 시 주의사항 (2)를 참조하십시오.

(11) 성형 틀 속에 치즈를 넣은 채로 2~4℃ 냉장고에 하룻밤 동안 냉장 방치해 둡니다.

(12) 다음 날 몰드를 해제하고 적당한 크기로 잘라서 진공포장 합니다.

(13) 냉장 보관하면서 판매하는데 유통기한은 포장일로부터 1개월입니다.

4) 그리폰 프라잉 치즈 관련 각종 계산식과 요령
(소규모인 목장 유가공장 원유 70kg을 기준으로 함)

(1) 제조공정 참고사항 1

[**원유의 표준화(탈지분유 이용)**]

회사마다 다르지만 보름마다 발급하는 원유 납유 전표에는 자기 목장의 원유 성분 함량이 표기되어 있으므로 목장에서 표준화 시 표기된 단백질, 지방함량을 그대로 사용해서 표준화 작업 계산에 사용해도 무방합니다.

▸ 단위 보정(%함량 → 중량/중량 weight/weight)

- 유단백질과 유지방 함량(%)을 우유의 비중인 1.032로 나누어 주면 중량/중량(w/w)이 됩니다.
- 유지방 : 3.77/1.032 = 3.65w/w
- 유단백질 : 2.91/1.032 = 2.82w/w

▸ 그리폰 프라잉 치즈 원유의 P/F = 1.2, = 1.2 × F

P = 1.2 × 3.65, P = 4.38

△P = 4.38 - 2.82 = 1.56

한국의 탈지분유의 단백질 함량은 35%입니다.

35/100 × X = 1.262

X = 1.262 × 100/35

X = 1.262 × 2.82

$$X = 3.55884 ≒ 3.61$$

따라서 첨가해야 할 탈지분유의 양은 3.61kg입니다. 하지만 계산에서 얻어진 탈지분유의 양 3.61kg은 원유 100kg을 기준으로 한 값이기 때문에 원유 70kg 값으로 환산한 양을 구하게 되면

$$100\text{kg} : 3.6 = 70\text{kg} : X,\ X = 2.527 ≒ 2.53\text{kg}$$

2.53kg의 탈지분유를 칭량하고, 그 2배의 물(약 5L)에 녹여 여과하면서 원유에 넣습니다.

(2) 제조공정 참고사항 2 (원유 70kg을 기준으로 함)

[**구연산 첨가량 구하기**]

구연산액(%) = 0.09124 + 0.07075 × P(당일 원유의 표준화된 단백질 %)

0.09124 + 0.07075 × 4.512 = 0.410464%

0.41/100 × 70(원유량) = 0.287kg = 287g의 구연산 필요

1.5%의 구연산액을 만들어야 하므로

1.5/100 × y = 0.287, y = 100/1.5 × 0.287 = 19.1kg

즉, 19.1kg의 물에 287g의 구연산을 희석하면 1.5%의 구연산액이 됩니다. 또는 미리 준비해 둔 1.5%의 구연산 용액을 표준화한 원유 70kg에 19.1L를 첨가합니다(만약 원유 단백질 함량이 변화가 크지 않는다면 아예 3.0% 구연산액을 준비해 두었다가 제조 시에 위의 소요량만큼 2배 희석하여 85℃로 가열해서 사용하는 것도 무방합니다).

(3) 제조공정 참고사항 3

[**소금 첨가량 구하기**]

원유 100 kg으로 제조한 그리폰 프라잉 치즈의 예상수율은 18.2%로 보고 예상 생산량의 1.7%에 대하여 가염한다면 다음과 같이 소금 소요량을 계산한 다음 실시하십시오.

$$100 \times \frac{18.2}{100} = 18.2\text{kg},\ 18.2 \times \frac{1.7}{100} = 0.3094\text{kg} ≒ 309\ \text{g}$$

∴ 309 g의 소금을 첨가합니다.

☞ 그러나 당일 사용 원유량이 70kg이면

$$70 \times \frac{18.2}{100} = 12.74\text{kg},\ 12.74 \times \frac{1.7}{100} = 0.21658\text{kg} \fallingdotseq 217\text{g}$$

∴ 217g의 소금을 첨가합니다.

[Tip 40] 「그리폰 프라잉」이라는 치즈의 명칭

원래 퀘소 블랑코(Queso Blanco, 흰색 치즈라는 뜻)란 남미지역의 오랜 전통 치즈인데 제조 시에 렌넷을 넣어서 제조합니다. 여기 소개하는 이 치즈 제조기술은 Tip 41에 소개된 바와 같은 스토리가 있는데, 남미의 퀘소 블랑코 치즈와 제조 방식이나 성질이 전혀 다르기 때문에 수년 전에 아더 R. 힐 교수는 이 치즈 명칭을 그리폰 프라잉 치즈로 변경하였습니다. 「그리폰(Gryphon)」이란 명칭은 캐나다의 궬프대학 스포츠 팀의 명칭인데, 아더 R. 힐 교수가 이 명칭을 치즈 이름으로 전용한 것입니다.

[Tip 41] 「그리폰 프라잉 치즈」가 탄생하기까지 비화 한 토막

원래 「그리폰 프라잉 치즈」는 남미지역의 전통치즈인 퀘소 블랑코(Queso Blanco, 흰색 치즈라는 뜻) 제조방식과는 전혀 다른 것입니다. 그들은 이 치즈 제조 시에 렌넷을 약간 넣기도 하기 때문입니다. 여기 소개하는 이 치즈제조 기술은 1980년대에 캐나다 Guelph 대학교 식품과학과 아더 R. 힐(Arthur R. Hill) 교수가 대학원생이던 시절에 지도교수와 함께 추진했던 캐나다 농무성 프로젝트의 결과물입니다. 그래서 우리가 제조하는 이 치즈는 캐나다 Guelph식 퀘소 블랑코 치즈라고 할 수 있지만 명칭은 「그리폰 프라잉 치즈」로 바뀌었습니다.

Arthur R. Hill 교수를 2015년 11월에 경남농업기술원이 초청하고, 저자가 교재 번역과 통역을 맡아 곰팡이 숙성치즈(Mold Ripened cheese) 제조 워크숍을 그와 함께 진행했습니다. 그와 저자는 같은 호텔에 머물다 보니 우연한 기회에 저자가 개인적으로 직접 청취한 캐나다 식의 퀘소 블랑코 치즈 출현 비화를 들을 수가 있었습니다. 애초 그 이야기의 출발은 워크숍 중 가진 여담 중에 "힐 교수 당신이 2004년에 우리 학교에 와서 소개해 준 퀘소 블랑코 치즈가 「구워먹는 치즈, frying cheese」로 한국에서 인기리에 널리 판매되고 있습니다"고 하자 아더 R. 힐 교수는 크게 한 바탕을 웃다가 어리둥절해 하는 저자에게 들려준 비화는 이러했습니다.

(다음 페이지 계속)

"1980년대 어느 해에 남미의 과테말라에 강진이 일어나 이재민이 많이 발생하고 식량 구호품이 필요했을 때 캐나다 정부는 그 나라에 탈지분유를 원조했습니다. 그 때 과테말라 사람들은 이 탈지분유를 지진이 난 지역의 지하수에 환원시켜 음용유로 마셨는데, 지진으로 물이 오염되어 그것을 먹은 이들이 설사, 복통 그리고 구토를 하는 사건이 빈발했다고 합니다. 과테말라 정부는 탈지분유를 원조해 준 캐나다 농무성에 분유를 지하수로 환원시키지 않고 다른 유제품으로 이용할 수 있는 방안을 강구해서 보내 달라고 요청했습니다. 당시 학부생 마지막 4학년이던 나는 집으로 돌아가 부친의 목장을 이어 받아 운영해야 할까, 대학원에 진학을 할까를 고민 중이었는데 지도교수님이 이 과테말라 정부 제안 프로젝트를 받아서 대학원 진학을 권유했습니다.

나는 이 프로젝트에 참여하면서 대학원 진학을 하게 된 계기가 되었습니다. 당시 지도교수는 1950년대 미국 위스컨신대학교(University of Wisconsin)에서 다년간 치즈공부를 하고 돌아온 돈 어바인 교수(Professor Don Irvine)였지요. 그 프로젝트는 탈지분유를 정제수에 환원시켜서 열과 산으로 응고시켜 숙성하지 않고 바로 이용할 수 있도록 개발하게 되어 과테말라 정부에 이전하게 되었고, 우리도 대학 치즈코스에서 훈련하고 있답니다. 결국 이 치즈는 지진, 원조, 오염사고 후에 탄생한 신규 치즈였던 셈이지요. 그리고 우리 대학 치즈기술 집중코스(Intensive course of Cheesemaking) 교재의 2015년 개정판부터는 그동안 「퀘소 블랑코 치즈」라고 전해오던 명칭을 「그리폰 프라잉 치즈」로 개명하였습니다."라고 들려 주었습니다.

그러니 이제부터 우리도 여지껏 「퀘소 블랑코」라고 부르던 치즈 명칭을 「그리폰 프라잉 치즈」로 고쳐 부르기로 했습니다.

5) 그리폰 프라잉 치즈 제조 공정표

<table>
<tr><th>제조자 :</th><th>치즈 명 : 그리폰 프라잉</th><th>벳트번호 :</th><th>일 시 :</th></tr>
<tr><td>원 유 kg____100____
탈지유 kg__________
분 유 kg__________
스타터 kg__________
총 량 kg__________</td><td>원 유 지 방__________
단백질__________

표준화 지 방__________
단백질__________</td><td colspan="2">스타터 산 도__________
pH__________
기 간__________
배 지 __________
박테리오파지______</td></tr>
</table>

<table>
<tr><th>제조과정 진행</th><th>시 간</th><th>온 도</th><th>산 도</th><th>pH</th><th>커드 pH</th><th>기 록 사 항</th></tr>
<tr><td>열처리</td><td></td><td></td><td></td><td></td><td></td><td>구연산 3% 용액을 뜨거운 물 약 80℃에 2배로 희석하고 소요량을 준비합니다.</td></tr>
<tr><td>살 균</td><td>5분</td><td>85℃</td><td></td><td></td><td></td><td>85℃로 원유를 가온하여 5분간 정치합니다.</td></tr>
<tr><td>첨가물</td><td colspan="6">매우 느리게 교반하면서 소요 구연산액을 벳트에 서서히 넣고 높은 온도를 유지하기 위해서 스팀을 계속 유지합니다.</td></tr>
<tr><td>정 치</td><td>10~15분</td><td></td><td></td><td></td><td></td><td>커드를 가라앉히기 위해 10~15분간 정치합니다.</td></tr>
<tr><td>유청배출</td><td colspan="6">교반 후 유청을 배출하고 커드를 양쪽으로 밀어 고랑을 만들고 커드를 교반해가며 유청 배출 ⇒ 출구에서 한 방울도 나오지 않을 때까지 제거, 원유 40%의 유청을 제거합니다.</td></tr>
<tr><td>가 염</td><td></td><td></td><td></td><td></td><td></td><td>벳트 안 커드에 소금을 직접 뿌려가며 완전히 섞어 줍니다.</td></tr>
<tr><td>성 형</td><td></td><td></td><td></td><td></td><td></td><td>커드가 뜨거운 상태에서 성형 틀에 넣습니다.</td></tr>
<tr><td>압 착</td><td></td><td></td><td></td><td></td><td></td><td>75kPa 압력으로 3~4시간 가압합니다.</td></tr>
<tr><td>몰 딩</td><td></td><td></td><td></td><td></td><td></td><td>틀에 넣은 상태로 냉장실에 이동하여 하룻밤 방치합니다.</td></tr>
<tr><td>포 장</td><td></td><td></td><td></td><td></td><td></td><td>진공포장 후 출하합니다.</td></tr>
</table>

1.7 신선치즈(Frischkäse)[254]

그림 3-10. 신선치즈
(화보 13쪽, 프로마쥬 김은주 대표 제공)

1) 개 요

독일에는 유명한 신선치즈로서 크박(Quark)이 있습니다. 신선치즈를 제조하여 24시간 이내에 처리하면 크박(Quark)이 되고, 48시간 이후에 처리하면 신선치즈(Frischkäse)가 됩니다. 크박은 유통기한이 5℃에는 5일 정도이지만, 신선치즈는 2주가량 되기 때문에 유통관리에 유리하지요. 신선치즈의 유청 배제는 12～14℃ 정도인 숙성실이 좋고 가끔 윗부분을 뒤섞어 줄 필요가 있습니다. 그렇지 않으면 표면이 건조되고 굳어서 제품화 할 때 그것들이 돌덩이처럼 섞여 들어가 섭취 시 식감을 딱딱하게 해서 제품의 질을 현저히 떨어트리기 때문입니다.

Herbst, S. T와 Herbst, R. 씨가 소개하는 바에 따르면[255] 이 치즈의 다른 이름은 칸터카스(Kanterkaas), 칸터나겔카스(Kanternagelkaas), 칸터코메이연카스(Kanter-komijenkaas)라는 것인데 모두 EU의 PDO인증을 받은 네덜란드 북부지역인 프리슬란트(Friesland) 지역과 그 인근의 베스터카티어(Westerkwartier) 지방에서 제조되는 치즈들입니다. 모두 각각의 특징이 좀 있는데, 칸터카스는 아무 양념이나 허브 첨가

254) 신선치즈 제조공정은 2009년에 국립 순천대학교에서 진행된 「2009년 독일 치즈 마이스터 정용삼(Sam, Young Chung) 선생 초청 워크숍」에서 진행된 내용을 기반으로 수정 보완하여 작성하였습니다(동 교재 제12장 pp. 24-25).

255) Herbst, S. T.와 Herbst, R. 2007. The Cheese Lover's Companion. William Morrow. NY. USA. p. 212, pp. 256-257.

를 하지 않은 플레인 치즈이고, 칸터나젤카스는 정향*이나 때로는 캐라웨이 종자*를 첨가하는 치즈이며, 칸터코메이연카스는 커민 열매를 첨가합니다. 왜 치즈 명칭이 칸터(Kanter)로 시작하는가 하면 이 치즈는 몰드에 넣어서 성형을 하는데 그 몰드 이름이 칸터랍니다. 그리고 이 치즈들은 4주간 숙성을 해서 먹으니까 엄격히 말하면 신선치즈가 아니지요. 신선치즈는 48시간 후에 넓은 그릇에 부어서 가염(1.0%), 양념을 쳐서 소포장하여 판매하되 저장할 때는 플라스틱 통에 꽉 채워서 냉장 보관해야 합니다.

*정향(丁香, clove) : 정향나무(열대성 상록 교목)의 꽃봉오리를 말린 향료입니다.

*캐라웨이 종자(Caraway seeds) : 미나리과 회향풀의 일종으로 열매가 향기가 있어서 요리나 의약용으로 사용됩니다.

2) 제조공정

(1) 원유 살균 : 63℃에서 30분간 또는 70℃에서 15초간 저온살균을 반드시 해야 합니다.

(2) 냉 각 : 32℃

(3) 스타터 첨가 : 중온균으로서 액상 스타터는 원유의 1.0% 첨가하고, DVS는 배양한 지 3시간~3시간 30분 만에 pH 6.2에 도달할 수 있는 양을 접종합니다. 보통 2.3g/100L 수준으로 접종하되 배양속도를 보아 조정하시면 됩니다.

(4) 정 치 : 3시간~3시간 30분, pH 6.2까지 발효합니다.

(5) 렌넷 첨가 : 원유가 pH 6.2인 것을 확인한 뒤에 250~290/mL IMCU 역가의 렌넷으로 2.2mL/100L를 20배 정제수에 희석하여 즉시 첨가합니다. 첨가하고 잘 저어준 뒤 정치해 둡니다.

(6) 정치 및 배양 : 12℃~14℃ 온도에서 최소한 18~24시간 동안 배양합니다. 보통 하룻밤을 재워둡니다.

(7) 유청 배제 : 천을 깔아 준비된 넓은 채반에 3~5cm 두께의 치즈를 밑이 평평한 플라스틱 주걱으로 마치 커드를 위의 두께로 걷어내듯 떠서 채반에 차례로 펴서 담습니다(작업을 천천히 해서 커드가 부서지지 않게 조심합니다). 채반 표면이 치즈 커드로 다 덮이기 까지 하여 남은 커드는 다른 채반에 차례로 펴 담아 둡니다(그림 3-11 참조). 이렇게 시작해서 커드가 담긴 표면에 천을 덮어서 냉장실로 옮긴 뒤 48시간 동안 유청이 빠져 나가게 방치해 둡니다.

(8) 가염과 포장 : 48시간 지난 뒤 유청이 빠져 나간 것을 확인하고 커드 무게의

그림 3-11. 순천대학교 유가공실습장의 신선치즈 유청배제 방식 (프로마쥬 김은주 대표 제공)

0.5% 소금(소금물로 희석)을 넣고 혼합해 줍니다. 이때 커드의 절반은 크림(휘핑크림) 0.3%, 나머지 커드의 절반에는 허브 0.3%를 넣고 버물려 온전히 혼합해 줍니다. 포장은 250g 들이 아이스크림 포장용기(플라스틱제)를 사용하고 반드시 냉장보관 / 판매합니다.

- Quark : 배양 24시간째 유청 제거 — 고수분(pH 4.7, 수분함량 63~65%, 소금 0.5%)
- **신선치즈 : 배양** 48시간째 유청 제거 — 저수분(소금 0.5%, 휘핑크림과 허브 0.6% 혼합)

1.8 할루미 치즈(Halloumi, hal-LOO-mee cheese)

그림 3-12. 시판중인 할루미 치즈
(전북 임실군 밸리애유가공 제공)

할루미 치즈는 그리스 키프러스(Cyprus)가 원산지로 알려져 있지만, 오래 전부터 지중해 연안 국가들에서 즐겨 먹던 치즈입니다. 그리스, 터키, 그리고 지중해 전 지역에서 인기 있는 치즈인데 원래는 비살균 면양유와 산양유를 혼합하여 제조하였습니다. 지금은 우유로도 제조하는데 면양유, 산양유로 제조한 치즈 맛에 가까이 가지는 못합니다. 치즈의 유형으로 보면 반연질 치즈입니다. 지방함량은 47%입니다. 이 치즈는 스타터를 사용하지 않고 커드를 몰드에 넣고 성형한 다음 다시 열탕수나 유청에 넣어 커드를 재가온 합니다. 반달 모양으로 성형하기 전에 조직을 쳐대는 과정에서 약간의 민트향을 넣어 주기도 합니다.

키프리스에서는 원래 할루미 치즈를 소금물 속에 보관하며 이용했으므로 염장 치즈(鹽藏, Pickled cheese, Brined cheese)라는 별명이 있습니다. 이 치즈는 신선치즈이기도 해서 만든 지 하루 만에 소비할 수도 있고, 더러는 한 달 이상(40일) 숙성해서 이용하기도 합니다. 이 치즈는 열판에 구워도 외형이 흐트러지지 않고 조직이 살아 있고, 부드럽다 보니 레바논에서는 케밥 치즈(Kebab cheese)로 길거리 점포들에서 구워서(grilled) 판매하고 있습니다.

이 치즈는 226~280g 정도의 반원형 또는 막대형으로 성형한 뒤 포장합니다. 조직은 부드럽고 내・외부가 하얗고 매끈한 외양을 가지고 있지요. 참고로 한국에서의 할루미 치즈 보급은 2000년대 중반 무렵 임실치즈농협이 보급하기 시작한 이래(Tip

42. 참조) 전국에 확산되었고 일명 “구워먹는 치즈”라는 브랜드로 널리 보급되고 있습니다. 원래 이 치즈는 그리스에서 2000년에, EU에서는 2002년, 미국에서 1999년에 공동상표(collective trademarks)로 인정을 받았고, 2003년경에 EU로부터 PDO(Protected Designation of Origin) 인증을 얻었습니다. 따라서 EU와 FTA체결된 우리나라에서는 「할루미」라는 브랜드의 치즈 명칭 사용이 제한받을 수 있음을 유의해야 할 것입니다.

할루미 치즈의 종류로는 ① 신선치즈(fresh type)으로 Mentha라는 허브분말을 첨가하여 제조하고, 신선상태에서 과일이나 야채와 먹거나 굽고, 대부분 프라이, 뜨거운 요리에 가루로 넣어서 먹습니다. ② 숙성형으로는 10~12% 소금을 용해한 유청 컨테이너에서 실온 하에 40일간 숙성한 것이 있습니다. 40일간 숙성하는 동안 치즈에는 제법 인식될 정도의 조직과 향미가 변화가 일어나는데, 저자의 실험 결과로는 우리나라 식성에 썩 어울리지 않았습니다. 소금 유청액에서 숙성을 하면 조직적 변화로는 조직이 단단해지는데 숙성기간을 늘일수록 매우 단단해집니다. 이는 높은 염도가 치즈에서 추가적인 유청 배출을 시킨 결과일 것입니다. 그만큼 수분이 빠져나갔으므로 제품 내 소금 치환이 일어나 염도가 높아질 수밖에 없습니다. 숙성에 따른 향미 변화도 다양하고 독특해지지만 우리 식성에는 거북하였습니다. ③ 저지방형 할루미 치즈도 있습니다. 키프러스에서의 저지방 할루미는 두 개의 대형 치즈공장인 Lite 사와 Slim 사에서 생산되고 있습니다. 저지방 치즈는 19%, 지방감축 치즈는 11%입니다. 정상적인 치즈는 24~34%인데 비하면 낮은 편이어서 지방섭취를 꺼리는 이들에게 인기가 있답니다. 이는 호텔 납품이나 관광객 대상 판매 그리고 수출용이기도 합니다.[256)]

> **[Tip 42]**
>
> 할루미 치즈를 임실치즈농협에 소개한 사람은 천안연암대학교 축산과의 박승용 교수입니다. 그분이 2001년에 캐나다의 퀘벡 주 몬트리얼 소재 맥길대학교 연수 생활하던 시절에 식품종합점을 운영하는 한국인을 사귀게 되었습니다. 한번은 그분이 「구워먹는 치즈」가 있다는 소개를 받고 나서 이 치즈를 찾아 나섰답니다. 드디어 2005년에 이 치즈를 발견하였고, 2006년부터 우리나라 낙농가들에게 교육하였습니다. 2007년에는 임실치즈농협에 기술 이전하였고, 그들은 처음엔 「삼겹살 치즈」로 소개하였더랍니다. 그 당시 제조기술 책임자는 김상기 과장이었습니다. 이 이야기는 박승용 교수로부터 저자가 직접 취재한 기록입니다. (2017년 10월)

---

256) Papademas, P. 2006. Holloumi cheese. in Brined cheeses ed. by Tamime, A.Y. Blackwell Publishing Ltd. Oxford, UK. Iowa. USA. pp. 117-138.

1) 제조공정

(1) 원유의 성분 조정 : 카제인과 유지방 비율(P/F)을 0.7:1로 표준화 합니다(P/F= 0.7). 좋은 방법은 저녁에 착유한 우유를 10℃하에 보관하여 다음날 아침에 상층부의 크림층을 적절히 걷어낸 뒤 그날 아침에 착유한 젖과 1:1로 혼합 사용하는 것입니다.

(2) 원유의 살균 : 63℃, 30분 또는 73℃, 15초 살균[257])을 합니다.

(3) 냉 각 : 32℃로 냉각합니다.

(4) 염화칼슘 첨가 : 염화칼슘은 액상칼슘($CaCl_2$ 33% 함유한 Calciol)을 20～30mL/100kg(분말인 경우 20g/100kg을 10배의 정제수에 녹여) 첨가합니다.

(5) 렌넷 첨가 : 렌넷 첨가 전에 원유의 온도(32℃ 이상)를 반드시 확인하십시오. 렌넷은 약 30분에 응고하는 양을 첨가합니다(250～290/mL IMCU 역가의 렌넷 18～20mL/100kg[258])를 정제수에 20배 희석 즉시 첨가함).

(6) 정 치 : 32℃를 유지하면서 약 40분(때로는 50분 만에 응고되기도 함)간 정치합니다.

(7) 커드 절단 : 조선 콩에서 팥알 정도의 크기로 절단합니다($0.7～0.8cm^3$).

(8) 치 유 : 3분간 정치해 둡니다.

(9) 교 반 : 15분간 실시합니다(5분간은 손으로 10분간은 주걱으로).

(10) 가 온 : 약 1.0℃/5분의 속도로 가온하여 40분간에 걸쳐 42℃로 가온합니다.

(11) 교 반 : 42℃를 유지하면서 1시간 동안 센 교반(교반기 가동)을 합니다.

(12) 몰 딩 : 교반이 끝나면 일시에 유청을 제거하고 커드를 사각 몰드에 치즈 천을 깔고 꾹꾹 다져가며 눌러 담습니다.* 이때 제거한 유청은 따로 모았다가 원래의 벳트에 다시 붓습니다.

* 이 시점에 첨가할 유용자원(천연 약재, 허브 분말 등)을 섞어서 몰딩하는데, 커드 량의 1.0% 이하여야만 합니다. 모아 둔 유청을 다시 벳트에 유청을 채

257) 키프러스에서는 숙성용 할루미 치즈 제조 시 비살균 원유를 사용합니다. 이때는 렌넷을 첨가하고, 유산균과 염화칼슘은 첨가하지 않습니다. 렌넷은 18mL/100kg를 첨가하지만 비살균 원유의 천연 유산균만으로 숙성이 가능하기 때문입니다.

258) 우리나라에는 더러 2배 렌넷(Double strength Rennet)이 보급되고 있으므로 상품 내역서를 꼭 확인하시고 사용하시기 바랍니다. 상품 내역서 확인 시 렌넷의 활력도(1배인지 2배인지)를 확인하시고, 유통기한(BBD, Best Before Date)도 꼭 확인해서 사용하셔야 합니다. 최근에는 1배 렌넷을 250～290/mL IMCU로 역가를 표지해서 판매하고 있습니다. 과도한 렌넷 사용은 제품에서 고무식감(gum texture)이 나는 원인이며, 숙성 치즈에서는 쓴맛, 과숙성에 의한 궁탱이 냄새, 쿰쿰한 맛 등이 나타납니다.

운 뒤 커드가 들어 있는 몰드를 벳트에 넣어 커드 무게의 2배(**원유의 12% 정도가 커드로 얻어지고, 100kg 원유에서는 12kg가 얻어지므로 그 무게의 2배인 24kg**)로 누른 상태에서 20분간 정치하여 조직을 형성합니다(가능한 한 42℃ 유지).

(13) 성 형 : 벳트로부터 몰드를 꺼내서 커드의 **2배 무게로 1차 15분, 2차 3배 무게로 30분, 3차 5배 무게로 30분간 뒤집어 주면서 성형합니다**(75분 소요). 처음에는 낮은 압력으로 시작하여 맨 나중에는 5배가 되게 가압 정도를 늘려 줍니다.

(14) 유청 가열 : (12번)에서 따로 모아 두었던 유청을 치즈 성형하는 동안에 원래의 벳트에 넣고 90℃로 가열합니다(100℃ 가열도 무방한데 그러면 커드 가온이 빨라집니다).

(15) 커드의 가온 : 커드가 들어 있는 사각 몰드로부터 커드를 꺼내어 절반 크기로 자른 뒤 각각 보자기로 잘 묶은 다음 이를 90℃로 끓여둔 유청에 담가서 커드의 품온(品溫)이 65℃인 것이 확인되면(1시간 정도 소요)* 즉시 건져 올려 다시 원래의 몰드에 채워 넣고 작업대에서 2배 무게로 가압하여 품온이 32℃가 되기까지 방냉합니다. 시간 절약을 위해 얼음 넣은 냉각수 안에 몰드채로 담가서 2배 무게로 가압하면서 32℃가 되기까지 신속히 냉각합니다.

* 품온이 65℃에 도달한 커드는 유청 표면 위로 떠오릅니다.

(16) 냉장보관 : 커드가 32℃로 식으면 몰드채로 5℃ 이하의 냉장실로 옮겨 2배 무게로 눌러 하룻밤 보관합니다. 방냉한 뒤 200g 단위로 절단하여 가염한 것은 선반 위에 올려 냉각하되 수시로 뒤집어 가며 모양을 만듭니다.

(17) 가 염 : 다음 날 20°Bé의 소금물에 넣고 20분/kg 정도 가염합니다(13~15℃하에서 가염/아예 200g 단위로 절단하여 4분간 가염해도 무방). 더러는 200g으로 절단했다면 4분간 가염(뚜껑이 있는 사각형 스텐 채반에 넣어서 20°Bé 소금물에 담금)하고, 평평한 판에 올려서 소금물이 빠지면 냉장실로 옮겨 보관하면서 건조합니다.

(18) 포 장 : 다음 날 냉장실에서 치즈를 꺼내어 200g 단위로 절단, 진공포장 하고 판매(유통기한 1개월)합니다. 가염 전에 200g 단위로 절단하여 가염 건조한 것은 그대로 진공포장 합니다.

2) 유의사항

(1) 렌넷 응고 후에 커드 상태가 연약할 수 있으므로 커드 절단 시 커드 크기를 다소 작게(0.7～0.8cm^3) 잘라 수분함량을 줄여 줍니다.

(2) 가열된 유청 속에 커드를 담글 때 커드 온도를 잘 점검하고, 32℃로 냉각할 때도 커드 온도 관리에 유의해야 합니다.

(3) 유청을 90℃로 끓인 뒤 커드 품온을 65℃로 가온하고 남은 유청으로 리코타 치즈를 제조하십시오. 유청에 원유를 10% 정도 가하면 품질 좋은 리코타 치즈를 얻을 수 있습니다(끓인 유청 90% + 원유 10% 혼합 후에 2.0% 구연산액 9.5L나 5배 희석 식초를 원료의 5% 첨가). 이렇게 남은 유청을 이용하여 만든 유청치즈를 키프러스에서는 아나리(*Anari*)라고 합니다.

(4) 짠 염장치즈(Pickled cheese 혹은 Brined cheese) 제조를 위하여 유청으로 제조한 10% 소금물에 치즈를 담가서 실온 하에 40일간 숙성할 때는 치즈의 가염을 생략해야 하고, 가염 개시 치즈의 pH와 소금물의 pH를 일치시켜야 합니다. 소금 유청 속에서 치즈 커드의 부서짐을 막기 위해 커드를 보자기에 감싸서 넣어 두는 것이 안전합니다.

3) 할루미 치즈의 시간 단축형 간편 제조공정

(1) 원유의 살균 : 63℃, 30분

(2) 냉 각 : 32℃

(3) 염화칼슘, 렌넷 첨가 : 33% 포화 칼슘액 20mL/100kg, 250～290/mL IMCU 역가의 렌넷 19mL/100kg 첨가합니다.

(4) 정 치 : 40분간 정치합니다.

(5) 커드 절단 : 0.7～0.8cm^3 크기로 절단한 뒤 3분간 치유합니다.

(6) 교 반 : 15분간 실시(5분간은 손으로, 10분간은 주걱으로)합니다.

(7) 가 온 : 32℃에서 46℃까지(1℃/ 2분씩 올리는 가온 속도)

(8) 교 반 : 46℃ 도달 시 46℃를 유지하면서 30분간 센 교반(교반기 가동)을 합니다.

(9) 정 치 : 교반한 지 30분 뒤에 유청을 모두 제거(46℃ 유지)
(※ 이때 유청은 별도 용기에 모두 회수, 이 때 커드를 몰드에 넣고 30분간 정치해도 무방)합니다.

(10) 가염과 정치 : 유청의 전량을 제거하여 따로 모아 두고 벳트 안에서 커드의 유청을 충분히 제거한 다음 커드 양(원유의 약 12%)의 1.0% 소금을 가염한 뒤 5~10분 방치했다가 약 5 kg용 사각형 몰드에 커드를 5.5 kg 정도 채워 넣습니다.[259] 별도로 모아 두었던 유청을 다시 벳트에 채운 뒤 커드가 들어 있는 유청 안에 몰드를 넣어 커드 무게의 2배(원유의 12% 정도가 커드로 얻어지므로 100 kg 원유에서는 12kg이 얻어지는데 그 무게의 2배인 24 kg)로 누른 상태에서 20분간 정치하여 조직을 형성합니다(46℃ 유지). → 이때 몰드는 10분에 한 번 뒤집어서 정치합니다.

(11) 성 형 : 처음부터 치즈무게의 5배 무게로 20분마다 뒤집어서 4회 뒤집어서 성형을 끝냅니다.

(12) 유청 끓이기 : 성형하는 동안 유청을 가열하여 90℃ 이상이 되게 합니다.

(13) 끓인 유청에 치즈 침수 : 몰드에서 꺼낸 커드를 보자기로 묶어서 열탕 유청에 넣으면 가라앉습니다. 커드 내부 온도가 65℃가 되면 떠오르는데, 이때 건져 내어 원래의 사각 몰드에 담습니다.

(14) 냉 각 : 32℃ 이하가 되게 방냉합니다. 시간 단축을 위해 방냉보다는 냉각수가 담긴 벳트에 넣어서 커드 내부 온도를 32℃가 되게 냉각시킵니다.

(15) 가 압 : 몰드를 실온(26℃) 하에 치즈의 5배 무게로 가압하면서 하룻밤(over-night) 가압합니다.

(16) 포 장 : 건조 후 100~200g 단위로 소분 포장하여 판매합니다.

---

259) 할루미 치즈를 유청 소금물에 숙성할 염장치즈의 경우 가염하지 않아야 합니다.

2. 연질치즈(Soft cheese)

2.1 블루 치즈(Blue cheese)

그림 3-13. 로크포르 치즈
(화보 13쪽, Arthur R. Hill 교수 제공)

그림 3-14. 숙성한 뒤 2년 보관된 순천대실습
블루 치즈 (화보 13쪽, 저자 사진)

1) 개 요

저자는 블루치즈가 인류와 만나게 된 것은 인간의 게으름과 건망증의 소산이라고 믿습니다. 그러니까 사람들이 치즈를 만들었는데 별로 관심 없이 버려두고 게으름 피운 결과 그 치즈의 주변에 있던 야생 곰팡이들이 달려들어 숙성시킨 치즈가 되었는데, 무슨 미식가의 욕구나 호기심에서가 아니라 배고픈 덕에 이 치즈의 고약한 맛과 냄새를 무시하고 먹었던 데서 블루(Blue) 치즈는 탄생합니다[260].

다른 하나는 Tip 44에서 보는 바와 같이 남프랑스, 미디 피레네(Mid-Pyrenees) 지방 아베롱(Aveyron) 군의 인구 2000명 미만의 작은 읍 정도 되는 로크포르 쉬르 슐종(Roquefort-sur-Sulzon) 마을에서 생산된 전설이 있습니다. 서양의 치즈 제조하는 곳 어디를 가나 게으른 사람과 건망증이 심한 사람들이 있기 마련이어서 유럽 곳곳에서 블루치즈가 생산되었습니다. 이들 치즈에는 한결같이 진균류의 푸른곰팡이 속의 일종인 *Penicillium roqueforti*에 의해 숙성되는데, 치즈의 속살에 푸른곰팡이 증식모양이 마치 정맥의 흐름 같은 형태가 있어서 국제적으로는 블루(Blue) 혹은 블루-베인[Blue-veined(veined, 정맥)] 치즈로 통용되고 있습니다.

프랑스에는 로크포르치즈 외에도 블뢰 데 코스(Bleu des Causses), 블뢰 도베르뉴(Bleu d'Auvergne 또는 Bleu de Salers), 블뢰 드 브레스(Bleu de Bresse), 피포 크렘(Pipo Crem'), 그리고 이탈리아의 톡 쏘는 블루치즈인 고르곤졸라를 모방한 생고른

---

260) 이은정 역(로베르타 뮤어 저) 2012. 500 치즈. 세경. 서울. p.162.

(Sangorlon), 유라 산악지의 블루 두 호트 유라((Bleu dU Haut-Jura), 사생나쥐(Sassenage), 온화한 맛의 초보 블루치즈 섭취자용의 생 아구르(Saint Agur), 리무진 주의 블뢰 드 바실락(Bleu de Basillac), 중부 프랑스 지역의 블뢰 데스 코스((Bleu des Causses), 사보이에 지역의 퍼실리 데 샤보이(Persille de Savoie), 아베이롱 지역의 블뢰 드 아베이롱((Bleu de I'Aveyron), 블루 드 라퀴벨리((Bleu des Laqueuile), 올리베(Olivet), 티그나드(Tignard), 아베이롱의 라귀올(Laguiole) 혹은 귀올(Guiole), 그리고 미세한 무늬를 갖는 치포리노의 대리석(Cippolino marble)처럼 미묘하게 배치된 정맥모양의 겍스(Gex), 블뢰 드 라퀘이유(Bleu de laqueille), 푸름 당베르(Forume d'Anbert) 등 무궁무진하게 다양하지요.

이탈리아의 고르곤졸라(Gorgonzola)와 이를 모방한 에르보(Erbo), 몬세니시오(Moncenisio), 온화한 향을 가진 돌체라떼(Dolcelatte)가 있습니다. 영국에는 스틸튼(Stilton), 블루 체이셔(Blue Chrshire), 블루 비니(Blue Vinny), 블루 웬스데일(Blue Wensleydale), 요크셔 스틸튼(Yorkshire Stilton), 코더스튼(Cotherstone)과 도짓 블루(Dorset blue, Blue Vinney)가 있답니다. 체코슬로바키아의 니바(Niva)와 체코블루(Czech blue), 스위스의 사라진(Sarrazin)과 파글리아(Paglia), 스페인의 산양유로 만드는 카브랄리스(Cabrales), 캐나다의 에르미테(Eremite)와 블루포르(Bluefort), 아르젠티나의 퀘소 블루(Queso Blue)와 고르곤졸라, 핀랜드의 오라(Aura), 이스라엘의 나자렛 블루(Nazareth Blue), 아이슬랜드의 사우스 아프리칸 블루(South African blue)와 아카이리(Akyrie), 덴마크의 보엘(Marius Boel)이 창안한 다나블루(Dana-blu)와 고르곤졸라와 블루치즈 중간 맛을 내는 미셀라(Mycella)가 있습니다[261]. 마르퀴즈와 하스켈은 미국에서의 블루치즈 역사를 이렇게 서술해 두었습니다.

[미국에서는 1차 세계대전 끝 무렵에 *P. roqueforti* 균주를 분리해 내어, 우유를 사용한 로크포르 치즈의 자매품을 복제하려는 노력이 있었습니다. 미네소타에서는 모래바위 동굴에 로크포르 지방 숙성고를 모방하여 블루치즈 제조를 시도했지만 원산지 치즈와 다르게 차별적인 맛과 향을 얻지 못했습니다. 위스콘신 대학교에서는 자외선(UV) 조사 돌연변이 균 중 푸른곰팡이 대신 백색 곰팡이를 개발하여 대리석 무늬의 새로운 곰팡이 블루치즈를 개발했지요. 그 치즈는 표피와 내부가 백색인 완전한 대리석 무늬의 치즈를 개발했는데 그 치즈의 이름은 누월드(Nuworld)였습니다. 그렇지만 이 치즈는 만드는 데도 비용이 매우 비싸서 상인들이 취급하기를 꺼려했답니다.][262]

---

261) Herbst, S. T. and R. Herbst. 2007. The Cheese Lover's Companion. William Morrow. NY. USA. p 535.

262) Marquis, V. and Haskell, P. 1964. The Cheese Book. Simoa and Schuster Inc. NY. USA. p. 160.

*P. roqueforti*의 백색 변종은 앞서 전해드린 미국 위스콘신 대학(University of Wisconsin)의 나이트(Knight)가 개발하였다고 알려져 있지요. 이들 블루치즈 중에서 세계 3대 블루치즈는 프랑스의 **로크포르**, 영국의 **스틸튼**, 그리고 이탈리아의 **고르곤졸라**를 이릅니다. 블루치즈 제조에 주로 사용되는 *P. roqueforti*는 *P. gorgonzola*, *P. stilton*과 같이 다른 이름으로도 알려져 있습니다. 여기서는 캐나다 블루치즈 제조방식[263][264]을 기본으로 한국 실정에 맞춘 공정을 소개해 둡니다.

2) 제조공정

- 원 유 : 원래는 산양유나 면양유를 사용했으나 지금은 우유를 많이 사용하고, 더러는 우유에 산양유를 일부 혼합하기도 합니다. 원유의 단백질/지방비(P/F)는 대략 0.87이 바람직합니다. 목장에서의 P/F=0.87을 맞추기 위한 원유 표준화는 지녁 젖을 냉장실에 정치했다가 아침에 크림층을 걷어내고 아침 젖과 반반을 섞어서 사용하세요. 저온살균 전에 숙성 시의 치즈 지방분해를 촉진하기 위해 살균 전에 원유를 균질합니다. 만일 원유를 균질하지 않을 경우에는 100kg의 원유에 지방분해효소(lipase) 0.1g을 첨가합니다. 또한 원유의 색상이 너무 진하면 녹색치즈가 만들어지는 것을 막기 위해서 원유량의 0.03～0.04%의 티타늄다이옥사이드(titanium dioxide)를 따뜻한 물에 10배(w/w)로 희석하여 rennet 첨가 전에 넣습니다.

(1) 살 균 : 저온살균(약 63℃/30분)

(2) 냉 각 : 32℃까지 하여 제조가 끝날 때까지 유지해야 합니다.

(3) 스타터, 염화칼슘 첨가 : 일반적으로 *Lactococcus lactis* ssp. *lactis, cremoris* 및 *Lc. lactis* ssp. *lactis* biovar. *diacetylactis*와 같은 균주를 함유한 중온균 제품이 사용됩니다(예 : 듀퐁 다니스코의 경우 Choozit MM100 또는 MM101을 7.5 DCU/원유 100kg 또는 R-704, 15 DCU/원유 100kg).

- 중온균 액상 스타터 3.0% : 3.0L/100kg 첨가하고, DVS는 7.5g 접종한 뒤 60분간 정치 배양합니다. 이때 듀퐁 다니스코의 Choozit LM 0.5～1.0 DCU/100L와 *P. roqueforti* PA나 PJ를 0.1～0.2 Doses/100kg도 함께 접종해 줍니다.
- 염화칼슘 0.02% : 액상 포화염화칼슘(33%) 제품을 20～30 mL/100kg 정도를

263) 배인휴 역(Arthur R. Hill 저). 2017. (증보개정판) 치즈과학과 제조기술. 유한문화사. 서울. pp. 236-240.

264) 배인휴 역(Arthur R. Hill 저). 2015. 치즈제조기술 해외 전문가 초빙교육 「곰팡이 숙성치즈(Mold Ripen Cheese) 제조기술 워크숍」 교재. 경상남도 농업기술원. 진주. pp. 78-80.

10배로 희석하여 첨가합니다.

(4) 렌넷 첨가 : 렌넷을 첨가하기 전에 원유 온도가 반드시 30~31℃ 범위 안에 안정화 된 것을 확인해야 합니다. 효소 역가가 250~290/mL IMCU 정도인 렌넷을 16mL/100kg 정도를 20배의 정제수에 희석 즉시 첨가한 다음 교반기로 20여 회 전체적으로 휘저어 준 뒤 교반기는 제거합니다.

(5) 정 치 : 렌넷 첨가 후 25~30분 경과하면 응고하지만 그래도 1시간이 경과하기 까지는 커드 절단하지 말고 기다립니다(이유 불문하고, 60분간, 정말로 그대로 두십시오!!).

(6) 커 팅 : 10mm 크기 커드 나이프로 절단하면 커드는 5~10mm^3 크기가 되는데, 3~4분간 정치하여 치유(heal)합니다.

(7) 교 반 : 커드가 엉키지 않는 수준의 속도로 천천히 교반하는데 처음 10분간은 손으로, 다음은 교반 삽으로 천천히 교반해서 총 60분간 실시합니다.

(8) 유청 제거 : 커드 절단으로부터 60분 뒤에 벳트의 출구 반대편으로 커드를 밀어 두고 10분 정도 정치합니다. 1차로 출구를 열고 유청을 커드 표면이 보이기까지 제거합니다. 치즈 벳트 양면에 커드를 부셔서 쌓고 남은 유청을 제거합니다. 커드 사이에 도랑을 내고 나서 10분 동안 그대로 두었다가 커드를 뒤집어 섞어 줍니다. 2차적으로 10분간 더 두었다가 다시 커드를 부셔서 벳트 양쪽 벽에 쌓고 커드 가운데 고랑을 파서 이번에는 유청을 완전히 배출시킵니다. 이 때 한국의 원유로 제조 시 유청을 거의 모두 배출해 주는 것이 매우 중요 합니다(출구에서 유청이 방울져 나올 때 까지 제거하십시오). 그렇게 유청이 배출되는 동안 가염을 준비합니다.

(9) 가염과 블루치즈 곰팡이 균 접종 : 가염 준비는 먼저 커드의 무게를 달아서 커드 무게의 1.0% 정도 되는 소금을 칭량해 둡니다. 균주회사 공급업체의 지침에 따라 블루치즈 곰팡이(*Penicillium roqueforti*)를 치즈에 골고루 뿌리되 치즈에 미리 준비해둔 소금(유산균 증식 억제용)과 블루치즈 곰팡이가 전체에 골고루 잘 혼합되게 뒤섞어 마치 스크램블한 계란(scrambled egg)에 후춧가루를 뿌려 혼합한 것같이 보이게 합니다. 블루치즈 곰팡이 균주가 액상인 경우 **1.4 mL/10kg/커드** 정도 되게 미리 계량하여 골고루 뿌려준 뒤(원유 100kg 기준 14 mL 첨가) 커드와 철저히 혼합합니다. 원통형 치즈 몰드는 유청 배제용 작업대 위에 준비해 두었다가 커드를 채워 담습니다. 어떤 경우든 블루치즈는 다른 치즈 제조실로부터 확실히 잘 격리시켜 보관해야만 합니다.

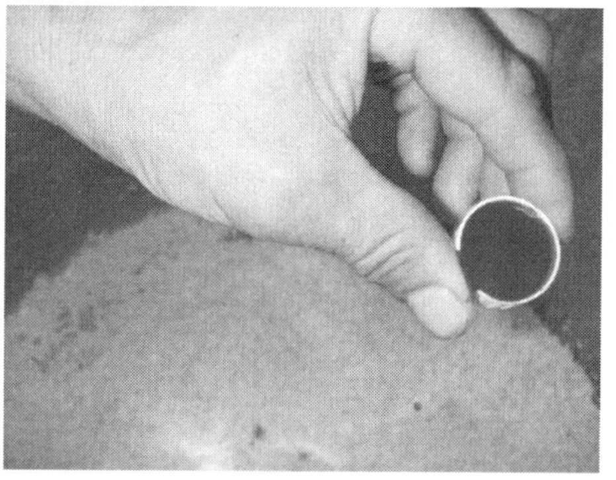

그림 3-15. 블루치즈 커드에 블루치즈 곰팡이균 분말 접종 (화보 14쪽, 저자 사진)

(10) 성 형 : 가염, 커드와 곰팡이 균 혼합 후 Vat 안에 그대로 5분 정도 방치했다가 작업대 위에서 직경 16~17cm, 높이 20cm의 원형 몰드에 꾹꾹 눌러 커드를 채워 넣어 줍니다.

(11) 가 압 : 몰드에 커드를 채워 넣은 뒤 5~10분 만에 치즈를 뒤집어 줍니다. 그리고 난 뒤 2시간 반 동안에 걸쳐 30분 간격으로 다섯 차례, 치즈를 더 뒤집어 줍니다. 마지막으로 치즈의 1배 무게로 가압하면서 표면을 넓은 천으로 치즈를 덮은 채로 16~20시간 동안 또는 치즈의 pH가 4.5~4.7이 될 때까지 다른 치즈와 격리된 방에 실온(20℃ 정도)을 유지하며 보관합니다.

(12) 가 염 : 다음 날 치즈 중량 kg당 30g 정도 되도록(3.0%) 소금을 준비해 둡니다. 이 치즈의 가염은 치즈 표면에 소금을 문질러 줌으로써 실시하는데 너무 짠 맛이 들지 않도록 유의하십시오. 가염방법은 넓은 대야에 해당 양의 소금을 바닥에 깔고 치즈를 그 위에 올려 뒤집어 표면에 묻은 소금을 손으로 문질러 주고, 반대 편 표면에도 그리하고 옆 부분도 소금 위에 치즈를 굴려 묻힌 후 손으로 소금을 발라가며 문질러 모든 소금이 잘 묻게 문질러 줍니다. 가염이 끝난 치즈는 습도 85%, 온도 12~14℃인 곳에 24시간 보관하거나 큰 플라스틱 통에 플라스틱 매트를 깔고 치즈를 올려놓고 공기 유통을 위해 통의 뚜껑은 느슨하게 덮어 줍니다. 그런 상태로 12~13℃인 곳에 24시간 동안 보관합니다.

(13) 치즈의 처리 : 이렇게 가염한 치즈는 14℃이며, 상대습도 85%인 방에 보관하거나 적절히 치즈가 들어갈 만한 크기의 플라스틱 통에 플라스틱 판을 놓고 치즈를 담은 뒤 뚜껑을 살짝 열어 치즈를 건조시키고 12℃인 방에서 24시간 동안 보존합니다(건조 중 매일 한차례씩 뒤집어 줍니다).

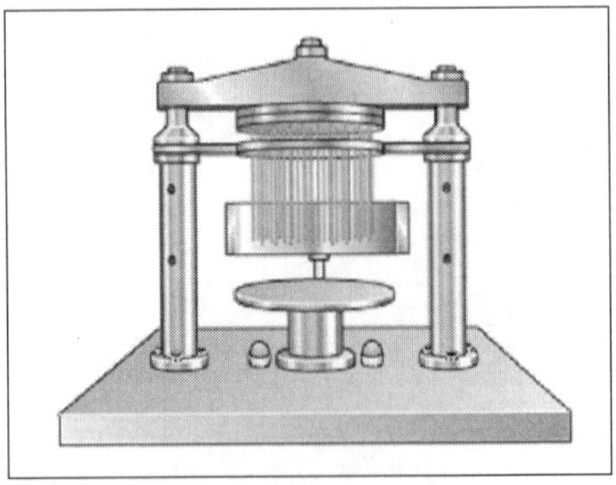

그림 3-16. 블루치즈에 많은 송곳구멍을 단번에 찔러주는 기구266)

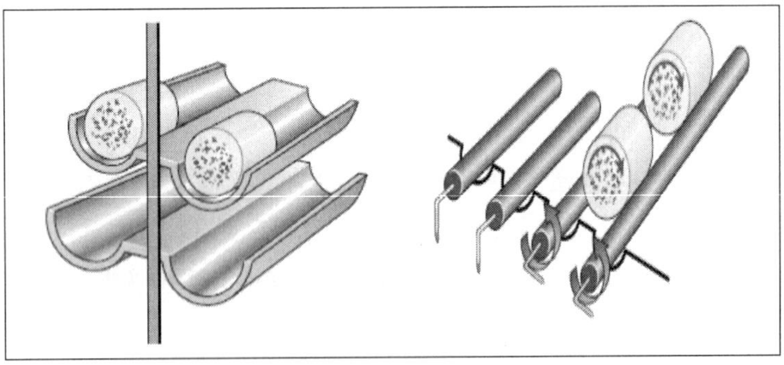

그림 3-17. 블루치즈 숙성저장 시 회전을 위한 컵 모양의 선반과 회전형 막대 축이 있는 선반265)

(14) 치즈의 숙성 전처리 : 치즈를 관리한 지 5일경이 지나면 표면에 곰팡이가 잘 자라면 본격적인 숙성 전처리 시점이 된 것입니다. 이때 직경 3mm 정도의 꼬챙이를 가지고 각각의 치즈 양면에 구멍 40개를 서로 어긋나게 뚫어 줍니다. 이와 마찬가지로 치즈의 측면에도 꼬챙이를 사용하여 어긋나게 구멍을 꿰뚫어 줍니다. 이는 치즈 내부에 있는 곰팡이 포자들의 증식에 필수적인 숨 쉴 수 있는 「산소 길」을 열어 주는 것입니다. 최근에는 그림 3-16처럼 한꺼번에 치즈 내부에 구멍을 뚫어 주는 설비가 사용되기도 하고, 대형 공장에서는 이런 설비가 여러 개 달린 장비에 컨베이어벨트를 타고 일정한 간격을 두고 이동하여 송곳이 일정하게 배치된 판 밑에 이르면 자동으로 송곳 판에 의해 구멍을 뚫어주

265) Bylund, G. 1995. Dairy Proscessing Handbook. Tetra Pak Processing Systems AB Lund, Sweden. 2010 한국낙농기술원. 서울 p. 338.
266) 각주 265)와 동일.

는 자동화기기도 사용되고 있습니다. 본격적인 숙성은 3개월 동안 실시하되 첫 1주일간은 매일 뒤집어 주고, 다음부터는 주 1회 정도 뒤집어 주거나 눕혀서 숙성하고, 1주일에 한 번씩 회전시켜 줍니다(그림 3-17 참고).

만약 그렇게 하고자 한다면 치즈에 금속 꼬챙이로 구멍을 뚫기 전에 파라핀이나 밀랍으로 치즈 표면을 피복할 수도 있습니다. 혹은 ① 치즈의 표면에 점질층이 잘 형성되도록 숙성하는 동안 정기적으로 솔로 털어주고 뒤집어줍니다. 또는 ② 아예 표면에 곰팡이 균총이 "거칠게" 자랄 수 있도록 두었다가 포장 전에 솔로 털어 냅니다. 그러다가 치즈 내부에 전반적인 블루 베인(靜脈)이 형성될 수 있도록 처음 구멍을 찔러준 날로부터 7~14일경에 다시 한 번 더 치즈에 꼬챙이로 찔러서 구멍을 내 치즈 내부에 「산소 길」을 열어줍니다.

(15) 치즈의 본 숙성 : 치즈 본 숙성은 RH 95%, 12~14℃인 곳에 6~8주 동안 보관하여 내부의 곰팡이가 충분히 자라게 합니다. 소규모로 목장이나 공방에서 제조하는 경우에는 산소가 유입될 수 있도록 뚜껑이 열리는 플라스틱 통 안에 플라스틱 매트(아래가 들떠서 맷트 아래로도 공기 유통이 가능한)를 깔고 그 위에 치즈를 올려놓고 숙성합니다. 공기 유통을 위해 통의 뚜껑은 느슨하게 덮어 두어야 합니다. 그런 상태로 12~14℃인 곳에 두고 계속 숙성합니다. 치즈는 본 숙성 시작 후 며칠 동안은 매일 뒤집어 주고, 그러고 나서부터는 1주일에

[Tip 43][267] 블루치즈 곰팡이 증식과 향기물질

이 치즈의 산성적인 특성과 소금의 유산균 생육 억제 때문에 숙성을 시작하여 처음 몇 주가 경과하면 생존하는 유산균이 거의 없습니다. *P. roqueforti*의 성장은 치즈에 송곳으로 뚫어 숨길을 낸 후 어김없이 5~10일 안에 그 증식한 모양이 나타납니다. 이 곰팡이는 다른 곰팡이보다 낮은 산소 농도와 소금에 대한 내성이 있기 때문에 비교적 잘 자라는 편입니다. 표면 점질층 형성은 *Brevibacterium linens* 또는 *Brevibacterium erythrogenes* 때문입니다. 너무 많은 점질층 형성은 좋지 않습니다. 곰팡이가 생성하는 지방분해효소와 추가된 지방분해효소(lipase)의 활성으로 인해 치즈에는 낙산, 캐프로익, 캐피리릭, 캐프릭산(butyric, caproic, caprylic, capric acid)과 고급 지방산을 생산합니다. 이 치즈 향기의 원인이 되는 주성분은 methyl-n-amyl ketone(heptanone 2)입니다.

Caprylic acid : $CH_3(CH_2)_6.\ COOH$
Methyl-n-amylketone : $CH_3(CH_2)_4.\ COCH_3$

267) 배인휴 역(Arthur R. Hill 저). 2017. (증보개정판) 치즈과학과 제조기술. 유한문화사. 서울. pp. 237-240.

한 번 정도 뒤집어 줍니다. 이렇게 숙성하여 8주 정도가 지난 치즈의 pH는 6.0~6.25로 상승되어 있어야 합니다.

(16) 치즈의 판매 : 치즈는 최대 3개월간 숙성한 뒤 판매합니다. 숙성이 끝난 치즈는 필름으로 진공포장 하거나 포일 또는 다른 종이로 감싸서 치즈가 소비되기까지 4~7℃ 되는 곳에 보관합니다(최대 12개월까지). 치즈를 진공포장 하거나 호일로 단단히 싸는 이유는 그때부터 치즈 내부에 공기 유입을 차단하여 더 이상 곰팡이 증식이 진행되지 않게 하는 데 목적이 있습니다.

3) 공정표

제조자 :	치즈명 : 블루치즈	벳트번호 :	일 시 :
원 유 kg 100 탈지유 kg ____ 분 유 kg ____ 스타터 kg ____ 총 량 kg ____	원 유 지 방 4.26% 단백질 3.23% 표준화 지 방 ____ 단백질 ____	스타터 산 도 ____ pH ____ 기 간 ____ 배 지 ____ 박테리오파지 ____	

제조과정 진행	시 간	온 도	산 도 (%)	pH	커드 pH	기 록 사 항
열처리			0.12	6.80		※ 표준화 P/F = 0.87
살 균	30분	63℃				
기본 스타터	60분	30℃	pH 6.6~6.5, TA가 0.03% 증가할 때까지 배양			Type, 중온균 사용량, 3.0 % (DVS 7.5g)
첨가물						Type, 염화칼슘 사용량, 0.02%
렌넷 첨가		31℃	※ 렌넷 첨가 전 온도 확인			Type, 1배 렌넷, 20 mL/100kg
응 고	60분	31℃				응고 소요시간 : 60분
커드 절단	5분	31℃	$13mm^3$ 크기 절단 10분간 방치			3분간 정치하여 치유할 것
교 반	60분	31℃	처음엔 손으로 10분 경과 뒤 삽이나 주걱으로 교반			교반 : 1시간

구분	내용
유청 제거	31℃
도랑(trench) 만들기	※ 유청을 완전히 제거후 벳트 가운데에 도랑을 만들어 수분을 배출시키십시오. ※ 10분 후 커드를 뒤집고 비벼서 바닥에 펴 도랑(trench)을 내고 아예 벳트 출구에서 유청이 방울이 질 때까지 최대한 유청을 배제시키기 바랍니다.
가 염	커드의 1.0% 소금 및 *Penicillium roqueforti* 분말(또는 액)을 커드 표면에 골고루 뿌려 준 다음 완전히 혼합해 줍니다.
몰 딩	원형 몰드에 커드를 담아 성형 / 5～10분 후 뒤집기를 시작하여 30분 간격으로 2시간 30분간 뒤집기를 해줍니다.
Over night	16～20시간 실온(20℃ 정도)에 방치
가 염	kg당 30g의 소금을 치즈 표면에 문질러 건염법 가염을 합니다. 너무 많이 하다 보면 지나치게 짠맛이 나기 쉬우니 조심해야 합니다. 상대습도 85%, 12～14℃ 정도인 숙성실에 24시간 보존합니다. 그렇게 표면 건조를 하는 거지요
숙 성	R/H 95% 12℃ 숙성고에 보관하는데, 표면에 곰팡이 증식하는 것이 보이면 꼬챙이(직경 3mm, 길이 45cm)로 40～50개의 구멍을 양면, 측면에 골고루 뚫어주고 그로부터 7～14일경에 한 번 더 뚫어 줍니다. 3개월간 숙성하되 첫 1주일간은 매일 뒤집어 주고, 다음부터는 주 1회 정도 뒤집어 주거나 눕혀서 숙성하고, 1주일에 한 번씩 회전시켜 줍니다.
판 매	판매 전에 진공포장해서 공기를 차단하여 곰팡이 증식을 정지시킨 채로 은박지로 포장하여 7℃에 보관하며 판매합니다. 유통기한은 최대 3개월간입니다.

그림 3-18. 프랑스 아베롱 지역 로크포르 마을의 석회암 동굴 숙성실인 플뢰린느(Fleuline) (Arthur R. Hill 교수 제공)

[Tip 44] 로크포르 치즈 탄생 전설과 간략한 역사

로크포르 치즈가 세상에 알려진 것에 대한 전설적인 이야기 하나가 전해져 옵니다. 수많은 치즈 소개 서적들을 뒤져서 이 전설에 대해 찾아보면 참 비슷한 이야기들이 한결같은 구성을 갖추어 하나의 낭만적인 이야기를 전합니다. 그 중에 프랑스 로크포르 협회 홈페이지에 실려 있는 이야기는 아래와 같습니다.[268]

[어느 목동이 햇빛을 피하기 위하여 콩발루 산의 동굴 입구에서 쉬고 있을 때, 아름다운 여인을 발견했습니다. 그는 그녀에게 첫눈에 반해 점심으로 먹기 위해 싸온 빵과 치즈를 그 곳에 내버려 둔 채로 막 쫓아갔지만 놓치고 말았습니다. 그녀에게 정신을 빼앗겨 버린 목동은 그날 그곳에 치즈를 놓아둔 일을 까맣게 잊었습니다. 며칠 후 그 일이 생각난 목동이 동굴로 들어가 보니 빵은 회색이 되어 곰팡이가 슬고, 치즈에는 강한 냄새가 나는 반점이 붙어 있었습니다. 호기심에 치즈를 한번 먹어 본 그는 치즈와 푸른곰팡이의 조합이 정말 맛있어서 깜짝 놀랐습니다.]

로버트 워닉이 전하는 이야기는 좀 더 정교하므로 참고할 만합니다.[269] 낭만적인 스토리를 기반으로 쓰여진 프랑스 남부(파리 남쪽 650km 거리 지점) 미디 피레네(Mid Pyrenees) 지방의 아베롱(Aveyron) 군의 인구 2,000명 미만의 작은 읍 정도 되는 로크포르 쉬르 슐종(Roquefort sur Sulzon) 마을에서 탄생한 이 치즈의 역사를 간단히 살펴보면 다음과 같습니다.[270][271]

▸ 1070년 : 처음으로 Carolingians 문헌상 치즈 명 「로크포르」가 등장

▸ 1411년 : 샤를(Charles) 6세 황제가 코스(Causses) 지역 로크포르 마을의 콩발루(Conbalou) 산 지하 동굴(limestone cave) 구역에서 숙성한 치즈에만 「로크포르 치즈」라는 명칭을 사용하도록 하는 포고문을 고시(여기에는 다른 지역들의 치즈에 로크포르 치즈 명칭을 사용하는 데 대한 억울함을 품은 마을 주민들의 간청에 따름), 이어서 샤를 7세가 밀과 포도가 잘 자라지 않는 로크포르의 떼루아(Terrua)*를 가진 이 마을 주민들에게 이 치즈 생산 독점권을 부여하고, 어긴 자에게는 1,000루블의 벌금을 부과함

▸ 1666년 뚜르즈(Toulouse) 의회는 로크포르 치즈 위조품을 판매한 상인들을 처벌할 것을 의결함

▸ 프랑스 대 혁명기 이전 루소가 활동하던 계몽주의 시대에 디데로(Diderot)가 이 치즈에 「치즈의 왕, King of Cheese」이라는 칭호를 부여함

---

268) 구혜영 역(무라세 미유끼 저). 2014. 올 어바웃 치즈. 예문사. 서울. p. 51.
269) 로버트 워닉. 1984. 치즈의 왕 로크포르. 리더스 다이제스트 한국어 판 1월호. 두산동아. 서울. pp. 26-30.
270) Marquis, V. and Haskell, P. 1964. The Cheese Book. Simoa and Schuster Inc. NY. USA. pp. 146-150.
271) http://www.roquefort.fr과 http://androuet.com /Roquefort-15.html

▸ 1925년 : 프랑스의 원산지 명칭보호(A.O.C) 제품 중 치즈 제1호로 지정됨

▸ 1951년 : 스트렛사(Stresa) 협약에 따라 이 치즈야말로 세계적인 치즈임을 인증함

▸ 2001년 1월 22일, 2005년 5월 17일 유럽연합 명칭보호 인증(PDO) 취득

이러한 역사를 지닌 로크포르 치즈에는 몇 가지 특유의 용어가 있습니다.

▸ 빵(Pain) : 로크포르 지역의 80만 마리의 면양이 생산하는 연간 1,125만kg에 달하는 면양유로 갓 제조된 생 로크포르 치즈를 이르는 말인데, 숙성 동굴 입고 직전의 치즈입니다.

▸ 플뢰린느(Fleurine) : 로크포르 마을 코스(Causses) 지역의 지중해를 향해 열린 지하 석회암 동굴을 일컫는 말인데, 원래 로크포르란 [Roque ; 바위(rock) + Fort ; 성채]라는 의미였지요. 1961년에 현지 재판소가 로크포르라는 명칭을 사용하는 치즈는 로크포르 쉬르 슐종 마을에 있는 콩발루(Conbalou) 산 해발 630~710m, 지하 석회암 동굴(limestone cave) 2.5km 구역에서 숙성한 치즈에만 그 명칭 사용이 가능하다 라고 판결한 바 있습니다. 플뢰린느(Fleurine)는 길이 2km, 폭 300m, 깊이 300m의 동굴이 지중해 연안을 향하여 100m 길이로 이루어진 동굴입니다.

이 동굴에 연중 한결같은 습도와 온도의 바람이 로크포르 곰팡이 포자를 실어 나르는데, 이 바람이 치즈에 "꽃 피운다"는 의미로 「플뢰린느(Fleurine)」라고 칭했더랍니다.

*떼루아(Terrua)란 포도주가 만들어지는 자연환경 ; 자연환경으로 인한 포도주의 독특한 향미의 의미로 포도주와 치즈, 커피 산지를 이를 때 사용하는 말입니다. 어떤 지역의 특수한 환경(바람, 온도, 습도, 기후, 풍토)과 그 위에 놓인 땅에서 생산된 포도나 와인 숙성, 원유나 생산된 치즈 그리고 숙성에 관여해서 그 지역의 독특한 맛과 향미를 생성하여 낸다는 것을 의미합니다. 바로 이러한 떼루아(Terrua) 개념에 근거하여 출발한 지역 생산품 인증제도가 「원산지명칭 보호제도」입니다.

2.2 까망베르 치즈(Camembert cheese)

그림 3-19. 까망베르 치즈 (화보 14쪽, 프로마쥬 김은주 대표 제공)

1) 개 요

"까망베르 치즈는 아마도 세계에서 가장 유명하고 가장 인기가 있는 프랑스 치즈일 것입니다"로 시작되는 과거 까망베르 치즈 관련 홈페이지[272]에서 이 치즈의 역사가 소개됩니다. 그 이야기를 여기서 모두 풀어 쓸 수는 없습니다. 왜냐하면 이 치즈에 대한 역사를 찾으면 인터넷 상에 지천으로 깔려 있으니까요. 다만 그 홈페이지가 소개하는 것을 바탕 삼아 중요한 연대기적인 이야기들을 살펴보면 다음과 같습니다.

우선 적당히 정확성을 추구하는 프랑스 인들이 1991년에 까망베르 치즈 탄생 200주년 축제를 성대히 치렀다는 기사를 보면 이 치즈의 상업적인 출발이 1790년 무렵인 것을 알 수가 있습니다.[273] 우선 그로부터 200년을 거슬러 올라가면 1791년이 되는 시점인데, 이 무렵은 1789년부터 1794년에 걸쳐 일어난 「자유・평등・박애」를 지향했던 프랑스 대혁명 시기였음을 알 수 있습니다.

저자는 고등학생 시절에 빅토르 위고의 『레미제라블』(정음사 판, 3권)을 숨죽이며 읽었는데 그 소설의 시대적 배경에는 이 대혁명기의 혼란스러운 정치・사회상이 속속들이 담겨있었지요. 그 소설에 묘사하는 바에 따르면 당시 혁명정부는 카톨릭이 오랫동안 프랑스를 지배하여 그들의 안목에는 부패집단으로 치부되어 왔던 터에 당시 프랑스의 모든 카톨릭 수도원을 향하여 '모월, 모시(某月, 某時)'까지 수도원을 비우고 떠나라는 포고령을 내립니다. 그 시각에 수도원에서 발견되는 이의 목숨에 대하여 아무도 책임질 수 없고, 남아서 발견된 그이에게 있다고 포고합니다. 이제 여기서부

272) http://www.camembert-country.com/cwp/cwp_fabe.html
273) http://www.camembert-france.com/histca.html

터는 전설적인 스토리텔링이 시작되는데 그 홈페이지는 까망베르 치즈의 역사를 이렇게 풀어 소개합니다.

[*당연히 모든 수도원의 신부들은 피신을 떠나야 했고, 그해 11월에 파리 근교 Brie 마을로부터 피난처를 찾아 나선 사제 봉부스트(Abbey Bonvoust)는 노르망디로 피신을 하여 세월이 좋아지기만을 기다리며 살게 되었습니다. 어둡고 답답한 세월은 흐르는데 마침 자신을 숨겨준 목장의 여주인이었던 마리 아렐(Marie Harel, 1761∼1812)이 어설프게 제조하는 치즈 제조방식을 보다 못해 그 동안 자신을 돌봐준 신세도 갚을 겸 그녀에게 자기가 거주하던 지방의 브리(Brie) 치즈 제조 '비법'을 자세히 사사(私師)받도록 해준 것입니다. 아렐 여사가 대단한 것은 그 신부가 사사해준 비법을 가지고 그동안 까망베르 마을에서 오래 전부터 만들어 오던 치즈 제조법을 확실히 개선하면서 이를 「마을 공동 치즈 레시피(recipe)」로 공유하도록 전해주었다는 점입니다.*

까망베르 마을에서 오래 전부터 만들어 왔다는 기록은 적어도 실제로 아렐 여사가 태어났던 1761년 4월 보다 훨씬 이전부터 이 마을은 치즈제조로 유명했습니다. 프랑스 유명작가 동생이기도 한 토마스 코네일(Thomas Corneille)은 1708년에 그의 저서 『일반 지리학과 역사사전(General Geographic and Historical Dictionary)』에서 "누구든 매주 월요일이면 비무티어(Vimoutiers) 마을 시장에 가보라. 당신은 틀림없이 까망베르 지역으로부터 제조되어 팔리는 특급 치즈들을 구입할 수 있을 것이다"라고 기록했습니다.

1850년 무렵에는 철도와 증기선이 온 유럽을 누비게 되어 이 치즈는 프랑스 전역과 유럽 각지로 팔려 나갈 수 있게 되었습니다. 연질치즈여서 포장과 장거리 운송이 골치였는데, 1890년에는 리델(Ridel)이 목제함을 발명해 주어 이 치즈의 캐리어(carrier)로 훌륭하게 사용될 수 있었습니다. 이 치즈가 명성을 얻고 유명해지면서 이곳저곳에서 유사 치즈를 만들어 팔기 시작하자 치즈의 평판이 떨어지면서 위협을 받습니다. 그래서 1909년에 이 지역 사람들이 일종의 조합을 하나 구성하는데 「Syndicat des Fabricants du Véritable Camembert de Normandie」(진정한 노르망디 까망베르 제조자 조합/Genuine Camembert of Normandy Makers Syndicate)가 결성되고, 초대 회장으로는 M. 비그노뷸(M. Vignoboule) 씨가 임명되는데 그는 노르망디 까망베르를 어떤 공정으로 제조해야 하는지를 아주 자세하게 정의를 내렸던 분이었습니다.

1983년 8월 31일(그리고 1986년 12월 29일)에 이 치즈는 프랑스 원산지 명칭 보호제도인 AOC(Appellation d'Origine Controlée) 인증을 받습니다. 그로부터 얼마 뒤에는 유럽연합으로부터 특별 브랜드에만 부여하는 AOP(Appellation d'Origine

Protégée) 인증도 받습니다. 이러한 명성에도 불구하고 이 치즈의 미래는 불확실합니다. 지역의 어떤 제조가들은 늘 공급이 모자라다보니 대형화 공장을 지향하면서 나름대로 전통 표준방식을 떠나 개조를 해버렸습니다. 이를테면 그들은 생산 라인에 성형 전용 로봇을 배치했고, 원유의 처리도 개변을 했습니다.」[274)]

이 치즈는 전통적으로 노르망디 지역의 산양유나 면양유로 만들었습니다. 이 치즈의 원유는 단백질/지방 비율(P/F)이 약 0.86이 되어야 법적인 최소 지방함량이 됩니다. 치즈의 수율은 12.3%, 치즈 무게는 85g~120g/개, 치즈 높이 1.5~2cm일 때 노르망디 정통 까망베르 치즈 크기라고 인정해 줍니다. 순천대학에서의 경우 직경 11cm, 높이 3cm, 무게 150g~200g 정도로 제조합니다. 참고로 캐나다 겔프대학 방식은 『(증보개정판) 치즈과학과 제조기술』(Arthur Hill 저, 배인휴 역) 2017. 유한문화사. 서울. pp. 225~229를 참조하시기 바랍니다.

2) 제조공정

■ 까망베르용 곰팡이 현탁액 준비 :
이 공정에서는 먼저 까망베르용 곰팡이 현탁액을 준비해야 합니다.

(1) 증류수 1리터를 95℃에서 5분 이상 끓여 멸균해 둡니다.

(2) 끓인 물을 25℃로 냉각하여 깨끗이 씻어 건조시킨 유리병에 채우고 난 뒤 냉동실에 보관했던 곰팡이균 분말(*P. candidum* 9 : *Geotricu candidum* 1로 혼합[275)])을 넣어 몇 번 강하게 흔들어 준 후 현탁(懸濁)이 되었으면 냉장고에 보관했다가 18~24시간 후에 사용합니다(적어도 사용 10시간 전에 준비해 두어야 합니다).

■ 제조공정

(1) 원유 살균 : 63℃에서 30분간 실시(원유 표준화는 블루치즈 원유처럼 하세요)

(2) 냉 각 : 36~38℃까지

(3) 스타터 첨가 : 중온균 DVS(듀퐁 다니스코의 Choozit MM100, 101, 101, R-704 또는 Probat 222, 322)를 6.25 DCU/100L[276)] 정도 첨가합니다. 다른 회사

---

274) http://www.camembert-country.com/cwp/cwp_fabe.html 소개 자료 중 일부를 옮겨 윤문하였습니다.

275) 여기서 곰팡이 현탁액을 만들 때 *P. candidum* 균을 9 : *Geotricum candidum* 균을 1의 비율로 혼합하는 데는 그럴만한 이유가 있습니다. 여기 혼합하는 *Geo. candidum* 균은 첫째는 치즈 표면에 신속히 증식하여 *P. candidum* 균에게 좋은 중성(neutral) 환경을 조성하여 *P. candidum* 균의 증식에 시너지 효과를 내고, 한편으로는 치즈에 다른 곰팡이들이 증식하는 것을 막아 주기 때문입니다.

의 중온균의 경우 3.0g/100kg 정도를 접종한 뒤 60분 정도 배양합니다. 그러면 원유의 산도 보다 0.02～0.03% 증가할 것입니다.

* 원유를 여러 목장에서 가져온 경우나 오랫동안 저온 저장했던 원유이면 33%염화칼슘($CaCl_2$)액[277]을 원유 20mL/100kg을 취하여 첨가해 줍니다.

(4) 렌넷 첨가 : 1배 활력도의 송아지 렌넷으로 100kg 기준, 20mL/100kg{2배 활력도[Double strength/(Chymo Plus)] 렌넷은 8.3～10mL/원유 100kg 정도 첨가}를 정제수에 20배 희석한 즉시 첨가해야 합니다. 원유 100kg당 적어도 200mL 청정수에 렌넷을 희석하여 첨가합니다. 이때의 원유 온도는 반드시 30～31℃ 범위 안에 안정화 된 것을 확인하고 난 다음 교반기를 작동하면서 희석된 렌넷을 첨가합니다. 약 2분 동안 교반한 다음 교반기를 확실히 제거합니다. 대개 30 ～40분 정도 정치합니다. 그러나 커드가 잘 응고될 수 있도록 60분 정도는 정치해 둡니나. 이때 렌넷 희석하는 물은 수돗물을 사용하면 수돗물 소독제로 사용한 염소 성분이 렌넷 활성을 현저히 억제하므로 주의하십시오.

(5) 커드 절단 : 칼이나 적절한 커드 나이프로 절단(1.5～2.0cm^3 －강낭콩 크기)합니다.

(6) 정치 및 교반 그리고 유청 제거 : 커드 절단 후 5분간 정치하고 10분간 아주 천천히 손으로 교반하고 난 뒤 20% 정도의 유청을 제거합니다. 그리고 다시 20분간 교반용 삽으로 교반해 준 뒤 30%의 유청을 제거해 줍니다. 그러면 커드 높이만큼 유청이 제거되었을 것입니다.

(7) 까망베르 치즈 성형 : 까망베르 치즈 전용 몰드(직경 11.5cm × 높이 15cm에 유청과 커드를 함께 퍼 담아 줍니다(커드 절단으로부터 30분 뒤쯤에 성형작업에 들어가면 좋습니다). 몰드에 다 채웠으면 바로 뒤집어 줍니다. 15분 후에 다시 뒤집어 줍니다. 1시간 30분이 되면 세 번째 뒤집습니다. 또 3시간 후 다시 뒤집어 줍니다. 6시간 후 뒤집어 주고, 9시간 후 다시 뒤집어 줍니다. 이렇게 하는 동안 발효가 진행되어 치즈의 pH가 4.9～4.85가 됩니다. 이것이 번잡하면

---

276) 여기서 듀퐁 다니스코의 균주의 경우 균 봉지에 [내용물 중량, Net weight]이 표지되어 나오는데, 그 중량을 봉지에 표지된 DCU 단위로 나눈 값에 사용해야 할 DCU 양을 곱해 준 양을 접종합니다. [예] 제품 내용물 중량 = 20g, 봉지에 표지된 DCU = 50 그러면 20 ÷ 50 = 0.4가 얻어진다면 이 균의 1.0 DCU 무게는 0.4g이 됩니다. 그런데 듀퐁 다니스코사가 어떤 치즈제조에 사용할 스타터 양을 5.0 DCU/100kg를 권장했다면 5.0 DCU × 0.4g = 2.0g 이므로 원유 100kg에 이 스타터 2.0g을 칭량하여 접종하면 됩니다.

277) 염화칼슘 30～33% 함유 액상 염화칼슘제제는 대부분의 렌넷, 스타터 공급업체들이 판매하고 있습니다. 덴마크의 크리스챤 한센사의 [CALSO], 듀퐁 다니스코사의 [CALCIOL]이 있습니다.

오후에 치즈 만들어서 네 시쯤 절단하고 성형한 뒤 저녁 식사한 뒤에 뒤집어 주고, 중간에 뒤집어 준 뒤 잠들기 전에 뒤집어 주고, 아침 일찍 한 번 뒤집은 다음 한 나절 보내어 다음 단계로 넘어가기도 합니다.

▶ 치즈 뒤집어 주는 시간대 편성(pH 4.6~4.9가 될 때 까지)

1번째 : 몰드에 넣은 후 바로 뒤집기

2번째 : 15분 후

3번째 : 1시간 30분 후

4번째 : 3시간 후

5번째 : 1시간 후

6번째 : 9시간 후

(8) 가염 및 곰팡이 접종 : 두께 2~3cm 되게 절단 후 20% 소금물에 액염법으로 가염합니다. 독일 '하우스 리스빅' 산양유 치즈공장에서의 가염과 곰팡이균 접종 방식 3가지가 있는데, 이를 소개하면 다음과 같습니다.

① 원유 100kg에 맨 처음에 만들었던 곰팡이 현탁액 1리터를 스타터 접종 시 직접 접종합니다.

② 까망베르 치즈 전용 소금물 100kg에 곰팡이 현탁액 300mL는 접종하고, 300mL는 가염하는 소금물에 첨가하고, 나머지 400mL는 가염이 끝나고 건조된 치즈 표면에 분무해 줍니다(※ 과도한 현탁액 분무는 치즈 표면 수분과다로 곰팡이 증식이 오히려 억제됨을 유의하십시오).

③ 가염이 끝나고 건조된 치즈 표면에 그냥 현탁액을 분무해 줍니다. 이런 경우는 치즈 가염 후 30시간 이상 건조된 것이어야 합니다. 분무 방식도 4일에 걸쳐서 하루는 한쪽 면만 분무하고, 다음 날 반대편 면에 하는 식으로 4회 분무합니다.

그림 3-20. 몰드해제 뒤에 치즈가염과 숙성을 위해 절단하기

(화보 15쪽, 저자 사진)

위의 방식 중 제가 방문했던 독일 노르트-베스트팔렌(Nord-Westfallen) 주의 농업시험장 학교인 하우스 리스빅(Haus Riswick) 방식은 ②번 방식을 채용하고 있었습니다. 그러나 까망베르 치즈 전문공장(단일 품목 치즈 생산)에서는 ①번 방식을 사용하고 있습니다.

(9) 포장과 숙성 : 숙성은 치즈 표면이 곰팡이로 완전히 덮인 것이 확인되면 상품으로 포장을 하고 나서 포장이 된 채로 4~8℃, 상대습도 85.0~90% 조건에서 진행하는 단계입니다. 치즈의 표면에 곰팡이가 덮였으니 이제 치즈가 다 된 것으로 알고 판매하기도 하고 잘라 먹는데 그것은 잘못 알고 하는 일입니다. 곰팡이 배양실에서 치즈 표면에 곰팡이가 덮이고 나서 포장을 하고 상대습도 85.0~90%, 4~8℃ 조건에서 2~3주간을 숙성해야 제대로 된 까망베르 치즈 본래의 맛이 얻어지기 때문입니다. 즉, 곰팡이가 표면을 덮은 때는 겨우 숙성 준비를 위한 표면이 형성된 상태이므로 치즈를 잘라서 내면을 보면 두부처럼 하얀 색이 전부일 것입니다. 그러나 4~8℃ 조건으로 2~3주간 숙성 후에 치즈를 잘라 보면 전체 내면이 아이보리색의 연 노란색으로 변해 있을 것입니다 그래서 2~3주간의 숙성단계를 거치라는 이야기입니다.

그러나 대량 생산하여 유통시킬 경우(이때는 Cold Chain 방식이 되어 운송도 6~10℃, 점포에서의 진열판매도 그와 비슷한 온도에서 이루어지면서 유통기한이 2~3주간 될 것이기 때문에 이럴 때는 곰팡이가 표면을 덮은 것이 확인되면 포장하여 그대로 출하 유통시키면 실제로 소비자가 이용하게 되는 때는 숙성이 이루어져 있을 터입니다. 그래서 이런 기간과 여러 조건을 고려해서 숙성조건을

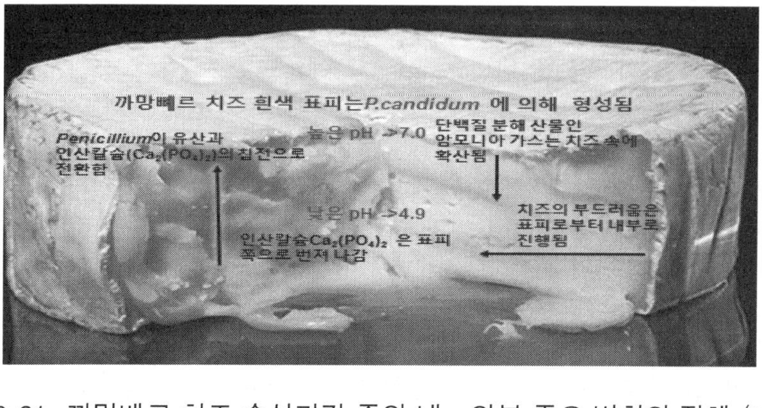

그림 3-21. 까망베르 치즈 숙성기간 중의 내·외부 주요 변화의 정체 (화보 15쪽)
(출처 : 배인휴 역(Arthur R. Hill 저). 2015. 치즈제조기술 해외전문가 초빙 교육 「곰팡이 숙성치즈 제조기술」 워크숍 교재. 경남농업기술원. 진주. p. 49)

잡는 것이 좋습니다. 다만 소규모 생산으로 짧은 기간 내 유통이나 가정에서 생산 소비할 경우는 위의 숙성방식을 준수해야 합니다. 숙성이 다 되어 치즈 내면이 아이보리색으로 크림색을 띠면 그 때의 치즈 표면 pH는 7.0 부근이 되기 때문에 각별히 위생에 신경을 써야만 합니다.

그림 3-22. 프랑스 까망베르 마을 생산 까망베르 치즈
(화보 15쪽, 저자 사진)

[Tip 45] 치즈의 가염, 건조, 곰팡이 접종 방식 포인트!!!

16～18℃의 조건에서 소금물(17°Bè)에 75～100분(치즈가 125g이면 75분, 250g이면 90분간) 가염합니다. 한국 천일염은 짜기 때문에 소금을 미리 사다가 1년 정도 창고에 두어 간수[소금이 습기를 만나 저절로 녹아 흐르는 물인데, 이를 고염 또는 노수(滷水)라고도 합니다]를 뺀 뒤의 소금을 사용합니다. 소금물에서 건져낸 치즈는 건조시키는데 상대습도 75%, 온도 12℃의 조건에서 하루 동안(24시간) 건조합니다.

표면이 잘 건조된 것이 확인되면 스테인리스 선반 위에 올려 두고 매일 한 번씩 표면에 곰팡이 현탁액을 분무해 줍니다. 이렇게 하면 이틀만 해도 됩니다. 그리고 선반 위를 얇은 천이나 비닐로 덮어서 가만히 놔둡니다. 곰팡이 분무가 된 치즈는 겨울에는 16～18℃, 여름 15～16℃, 상대습도 85.0～90%의 방에서 배양해야 합니다. 곰팡이 현탁액(*P. candidum* : *Geo. candidum*의 혼합비는 9 : 1)을 분무한 지 4～6일이 지나서 치즈를 뒤집어 줍니다. 치즈를 가만히 잡고 움직여 봐서 안 움직이고 선반에 붙은 것만 뒤집어 주게 되어 있으나 대량 생산 공장에서는 그렇게 일일이 검사하기 곤란하므로 일률적으로 2일마다 모두 뒤집어 주는 것이 좋습니다. 그러고 나서 곰팡이 접종을 개시한 날로부터 6일～10일 사이에는 치즈 표면이 완전히 덮여야 합니다.

[Tip 46] 치즈의 표면에 반점(斑點)을 만드는 곰팡이 오염 예방

하얀색 표피를 갖는 까망베르 치즈 제조 시 가장 문제가 되는 것 중의 하나가 각종 곰팡이 오염으로 인한 반점(斑點) 형성입니다. 특히 털곰팡이속(*Mucor* ssp.) 곰팡이가 까망베르 곰팡이(*P. candidum* 혹은 *P. camemberti*) 배양중인 치즈에 오염되면 흑색 반점을 만들어 치즈의 상품성을 현저히 손상시킨다는 점입니다. 이 곰팡이는 숙성실이 청결하지 않거나 치즈에 수분이 높으면 치즈에서 증발된 수분이 천정이나 선반에서 응축수가 되어 치즈 표면에 낙하하면 쉽게 오염이 됩니다.

그래서 먼저는 주기적으로 숙성고 청결작업과 소독을 하는 것이 중요합니다. 까망베르 치즈는 똑같은 숙성실에서 연속적으로 생산하는 cycle은 더 이상 용납되지 않습니다. 치즈의 표면을 보호하기 위해 얇은 비닐로 치즈 윗부분과 약간의 간격을 두고 덮어 줄 필요가 있습니다. 특히 여름철에 파리가 숙성실 안에 들어오지 못하게 철저히 조심해야 합니다. 파리 역시 치즈에 심각한 위생문제를 일으킬 수 있습니다. 그래서 숙성실 입구 부근에 포충등(捕蟲燈)과 입구에 자동 개폐식 방충문을 설치하시는 것이 안전합니다.

3) 공정표

제조자 :		치즈명 : 까망베르 치즈 (Camembert cheese)		벳트번호 :		일 시 :
원 유 kg 100 탈지유 kg ____ 총 량 kg ____		원 유 지 방 ____ 단백질 ____ 표준화 지 방 ____ 단백질 ____				스타터 산 도 ____ pH ____ 기 간 ____
제조과정 진행	시 간	온 도	산 도	pH	커드 pH	기 록 사 항
열처리		40℃				※ 표준화 P/F = 0.87%
살 균	30분	63℃				
기본 스타터	1시간	32℃				Type, Choozit MM100 3-6.25 DCU
부가 스타터		32℃				Type, 사용량, *P. candidum* 현탁액 300 mL

첨가물		32℃	※ 스타터 접종한 뒤 산도가 0.03% 증가변화가 보이면 렌넷을 첨가합니다.			Type, 염화칼슘 사용량, 20 mL
렌넷 첨가		32℃	※ 청정수나 증류수에 20배 회석하여 즉시 넣습니다.			Type, 250~290/mL IMCU 렌넷 사용량, 20 mL
응 고	60분	32℃			6.2~6.3	응고 소요시간 : 60분
커드절단 시작	1시간	32℃				커드 굵게 절단(1.0cm^3)
커드절단 종료		32℃				
교반시작	30~40분	32℃				커드가 서로 엉키지 않을 정도로 느린 속도로 교반
교반중단		32℃				
유청제거	절단 1시간 후 바로 커드 높이만큼 유청 제거 실시					
몰 딩	원통형 까망베르 몰드(직경 11.5cm, 높이 15cm)에 교대로 퍼 담습니다.					
반전(뒤집기)	4~5시간				4.6~4.9	스타터 첨가 후 8~12시간 경과
가 염	120g 개당 3.25g 정도의 소금을 표면에 문질러 줍니다. 17° Bé 소금물에 120g 개당 12℃에서 75분간 가염합니다. 온도 : 15~16℃, 상대습도 : 75.0% 24~30 시간 건조합니다.					
곰팡이 뿌리기	*P. candidum* 균과 *G. candidum*을 생리 식염수에 9 : 1의 비율로 현탁한 것을 치즈의 표면에 스프레이로 분무합니다. 2일마다 한 면씩 분무해 줍니다. 약 6~10일 후 곰팡이가 치즈 표면 전체에 자라나 있습니다. 이때부터 온도 : 12~14℃, 상대습도 : 95.0% 숙성실로 옮겨 6~12일간 숙성합니다.					
포 장		4~8℃			7.0	왁스 페이퍼나 호일로 싸줍니다.

2.3 브리 치즈(Brie cheese)

그림 3 23. 적절하게 잘라 둔 브리 치즈 (화보 16쪽)
(순천대학교 제9회 대한민국 자연치즈페스티벌(2016년) /
프로마쥬 김은주 대표 제공)

1) 개 요

프랑스 브리 지방에서 제조되어 온 전통적인 브리 치즈는 여러 종류가 있습니다. 그냥 명칭만 열거해 보면 브리 다마토르(Brie d'amateur), 브리 드 크로미에(Brie de Coulommiers), 브리 드 마퀴린네(Brie de Macquelines), 브리 드 모(AOC)(Brie de Meaux), 브리 드 믈렁(AOC)(Brie de Melun), 브리 드 몽도르(Brie de Montereau) 브리 드 낭지스(Brie de Nangis), 브리 드 프로방(Brie de Provins) 등으로 참 다양합니다. 브리 치즈는 프랑스 파리에서 동쪽으로 50km 정도 떨어진 일 드 프랑스(Ile-de-France) 권역에 속하는 세인 에 마랭(Seine-et-Marne)의 브리 지방이 원산지이며, 현재도 파리 부근의 모(Meaux), 믈렁(Melun), 쿨로미에(Coulommiers) 등이 브리 치즈의 생산지로 유명세를 유지하고 있습니다. 브리 치즈가 예로부터 크게 알려지고 많은 소비가 될 수 있었던 것은 대형 소비처가 파리 근교에 위치했기 때문입니다.

[8세기경, 브리 드 모를 처음 먹어본 샤를마뉴 1세 황제는 "지상 최고의 맛을 발견했습니다"라고 말했다고 합니다. 루이 16세가 바렝이라는 마을에서 자기가 그토록 좋아하던 브리 치즈를 구하려고 마차를 세우는 바람에 당시 혁명파에게 붙잡혔다는 에피소드도 있습니다. 바로 이 브리 드 모 치즈가 '치즈의 여왕(Quin Of Cheese)'이라고 불리게 된 것은 1815년에 열린 빈(Wienna) 회의였습니다. 당시 출품된 60종의 치즈 중에서 만장일치로 그랑프리(Grantpree)를 수상했던 것이고, 당시 오스트리아

수상이 "브리야 말로 치즈의 왕이며 최고의 디저트"라고 극찬하였다고 합니다.][278]

숙성 정도에 따라 다르지만 약간의 신맛과 쏘는 맛을 가진 버섯 크림수프 같은 기품 있는 맛이 나며, 약한 암모니아 향이 어우러진 부드러운 우드(wood) 향과 버섯 향이 나는 것이 특징이어서 와인은 프랑스 보르도 지방의 적포도주와 잘 어울립니다. A.O.C 인증을 받은 '브리 드 모'는 렌넷을 이용하여 응고시키고, '브리 드 믈렁'은 유산균에 의해 최소한 18시간에 걸쳐 응고시키는 것이 서로 차이가 납니다.[279] 치즈의 수분은 46%, 지방 30%, 단백질 21.5% 성분을 가지며, 직경은 36~37cm이며, 두께는 2.54cm(1인치) 정도입니다. 이 치즈는 「자르는 순간 단번(à point)에 모두 먹어 치워야 하는 것이 치즈의 식감과 향 그리고 아로마(aroma)가 아주 빨리 변질되기 때문입니다.」[280]

2) 제조공정

여기 소개하는 브리치즈는 지난 2015년 경남농업기술원이 캐나다 겔프대학교 아더 R. 힐 교수를 초청하여 실시한 「곰팡이 숙성치즈(Mold Ripen Cheese) 제조 워크숍」에서의 제조공정[281]을 저자가 다소 보정한 것입니다.

(1) 원유의 저온살균 : 72℃/16 초간 또는 62.5℃/30분간 실시합니다.

(2) 고온균과 중온균 DVS 스타터를 충분히 접종합니다. 이를테면 고온성 균인 *Streptococcus salivarius* spp. *thermophilus*(예: 크리스챤 한센사의 CH-STB 01) 균과 *Lactococcus lactis* spp. *lactis cremoris* 및 *Lc. lactis* ssp. *lactis* biovar. *diacetylactis, Leuconostoc mesenteroides*를 포함하는 균주의 혼합물(예를 들어 크리스챤 한센사의 Flora Danica 또는 Aroma-B)을 균주회사가 지정하는 양만큼 접종합니다. 가령 크리스챤 한센사의 Flora Danica와 STB-01을 각각 5U/100kg 정도가 되게 사용해도 무방합니다. 또한 *P. roquefort*(예: 듀퐁 다니스코사의 *P. roquefort* PS LYO 10D를 1~2dose/1,000kg)를 접종합니다. 30~31℃에서 1~2시간 배양하거나 pH가 원래 원유의 pH보다 0.2 단위 정도 낮아지거나 산도가 0.03% 높아지기까지 배양합니다.

---

278) 송소영 옮김/일본 NPO법인 치즈프로페셔날협회 감수 2017. 치즈도감. 한스미디어. 서울. p. 40.

279) 임실군. 2007. 치즈종합백과사전 pp. 215-218.

280) Battistotti,B., Bottazzi, V., Piccinardi, A., Volpato, G. 1983 Cheese: A guide to the World of Cheese and Cheesemaking. Fact on File Publications. NY. USA. pp. 103-104.

281) 배인휴 역(Arthur R. Hill 저). 2015. 「곰팡이 숙성치즈 제조기술」 워크숍 교재. 경남농업기술원. 진주. pp. 74-75.

(3) 염화칼슘($CaCl_2$)의 첨가 : 스타터를 접종하고 동시에 33% 포화 염화칼슘 용액(Calso나 Calciol)을 18mL/100kg 정도 첨가합니다.

(4) 렌넷 첨가 : 효소 역가가 5,000~6,000 IMCU 정도로 측정된 응유효소를 (Chymo Plus /8.3~10 mL/100kg) 첨가합니다[282]. 즉 **1배 활력**(Single strength : 250~290/mL IMCU) 렌넷 20 mL/원유 100kg를 취하고 적어도 20배 (400 mL 이상)의 청정수에 렌넷을 희석한 즉시 첨가합니다. 이때의 원유 온도는 반드시 31~32℃인 것을 확인하고 난 다음 교반기를 작동하면서 희석된 렌넷을 첨가합니다. 약 2분 동안 교반하고는 즉시 교반기를 제거합니다. 대개 30~40분 정도에서 응고되게 맞춥니다. 그러나 커드가 잘 응고될 수 있도록 50분 정도는 정치해 둡니다.

그림 3-24. 제2회 대한민국 자연치즈 토크(2017년 11월)에 시식용으로 제공된 브리 치즈 탑 (안동 강부성 사장 제공)

---

282) 일반적으로 5000~6000 IMCU라 함은 대부분의 치즈제조 목적에 부합한 렌넷 소요량이 50 IMCU/1.0L 정도로써 원유 100kg에는 5,000 IMCU가 소요됩니다. 결국 렌넷 1.0mL의 IMCU는 250이므로 원유 100kg에 소요되는 렌넷의 양은 5,000 ÷ 250 = 20, 즉 20mL이 됩니다. 대부분의 회사들이 렌넷의 활력도를 IMCU(International Milk Cloting Unit, 국제응유단위)로 표지하지 않고 1 : 10,000, 1 : 15,000으로 표지하거나(여기서 1 : 10,000이란 1단위 렌넷 양으로 원유 10,000단위를 32℃에서 40분 만에 응고시킬 수 있는 활력이란 뜻입니다) 1배(Single strength) 또는 2배(Double Strength) 또는 3배(Triple Strength) 활력으로 표지하여 혼란스럽습니다. 대개 액상 렌넷으로써 1배 활력의 렌넷은 200 mL의 렌넷이 1,000L의 원유를 32℃조건에서 30~40분 안에 응고시킨다는 것이고, 2배 활력이란 100 mL의 렌넷이 1,000L의 원유를 32℃조건에서 30~40분 안에 응고시킨다는 것이 됩니다. 숙성치즈에서 렌넷 첨가량이 과도하면 과숙성이 초래되어 품질을 현저히 떨어뜨리므로 극히 주의해야 합니다.

(5) 커드 절단 : 커드의 크기가 0.7～1.5cm^{3}가 되도록 절단합니다.

(6) 치유와 교반 : 5분간 방치하여 커드를 치유(healing)합니다. 이어서 5분 동안 교반해 주되 교반은 커드가 서로 엉키거나 가라앉지 않을 정도가 되게 느리고도 부드럽게 교반합니다. 한 번 쉬었다가 다시 교반하는 것을 반복해 줍니다.

(7) 온수 첨가 : 원유 량의 25～30%의 유청을 제거하고, 제거한 유청 양만큼의 온수(30℃)를 첨가해 줍니다.

(8) 정 치 : 10분 동안 정치했다가 30초 동안만 저어 주고 그대로 두어 20분간 정치해 둡니다.

(9) 유청 제거 : 유청을 커드 높이(여기서 커드 높이 까지라는 말은 치즈 벳트 안에 있는 커드의 표면이 보일 때까지라는 뜻입니다)까지 제거하고 커드와 남은 유청을 함께 바가지로 퍼서 원통형의 다소 넓은 몰드(직경 36～37cm, 높이 15cm)에 부어 넣습니다. 이때 커드와 유청은 몰드마다 돌아가며 몰드가 가득 채워지기까지 각각 채워 넣습니다.

(10) 성 형 : 몰드를 4～5시간 동안에 걸쳐 4회 정도 뒤집어 줍니다. 그런 다음 플라스틱판을 몰드 위에 덮은 뒤 실온 하에 하룻밤 또는 커드의 pH가 5.1～5.0이 되기까지 방치해 둡니다.

(11) 가 염 : 치즈 무게의 3.0%에 해당하는 소금을 달아 둡니다. 소금을 치즈의 표면에 균일하게 문질러 줍니다. 플라스틱 통에 플라스틱 매트를 깔고 치즈를 그 위에 놓고 치즈 표면이 다소 건조될 수 있도록 뚜껑을 부분적으로 열어 둡니다.

(12) 곰팡이 배양 증식 : 치즈 표면에 고급스러운 흰색의 곰팡이가 잘 자라기까지 매일 치즈를 뒤집어 주며 상대습도(RH)가 95%인 냉장온도(4～8℃)인 곳에 6～15일간 보관합니다. 또는 이런 방식 대신에 커다란 플라스틱 통을 사용하되 바닥에 플라스틱판을 깔고 그 위에 치즈를 얹어서 적절한 습도 유지와 일부 공기 교류를 위해 뚜껑을 느슨하게 닫고 치즈를 숙성시킬 수 있습니다.

(13) 포 장 : 치즈 포장은 반투과성 종이 또는 포일로 감싸주고 4～8℃에 보관합니다. 브리 치즈가 완벽하게 숙성되었을 때 전체 치즈는 부드럽고, 내부는 상아빛 크림 상을 띱니다. 이때의 치즈 표면의 pH는 증가하여 7.0 부근 또는 그 이상이 되는데, 특히 표면 부위가 그러하므로 제품 유통 시 위생관리에 주의해야 합니다.

[소규모 치즈 공방용 간편 방식의 브리 치즈 제조공정 / 원유 30kg 기준]

① 살 균 63℃/30분 또는 72℃/15초

② 냉 각 : 32℃

③ 스타터 첨가 : 고온균(듀퐁 다니스코사의 R-707 2.0g/30kg, *P. candidium* 2.0g/30kg)

④ 배 양 : 1.0시간

⑤ 렌넷 첨가 : 1배 렌넷, 6 mL/30kg

⑥ 정 치 : 1.0시간

⑦ 커드 절단 : 1～2cm^3 cube

⑧ 정 치 : 5분

⑨ 교 반 : 20분

⑩ 유청 제거 : 20%

⑪ 가 수 : 32℃, 물 20%

⑫ 교 반 : 10분

⑬ 몰 딩 : 직경 36～37cm×높이 15cm 몰드에 몰딩

⑭ 반 전 : 10분, 20분, 30분, 60분, 90분마다 뒤집어 준 뒤 그대로 overnight

⑮ 가 염 : 30분

⑯ 숙 성 : 15℃에서 습도 85～90% 20일 숙성(숙성은 지퍼 백에 치즈를 넣고 4～5개의 구멍을 내준 상태로 실시합니다)

⑰ 포장 / 냉장보관 : 4～8℃

2.4 깜블루 치즈(Camblue cheese)

그림 3-25. 깜블루 치즈 일종인 깜보졸라
(광고사진)

깜블루 치즈 (화보 16쪽)
(Arthur R. Hill 교수 제공)

1) 개 요

애초에 깜블루(Camblue) 치즈는 응용기술이 뛰어난 독일인들의 아이디어로 태어났습니다. 독일식은 깜보졸라(Cambozola)라는 이름으로 태어났지요. 그러니까 까망베르와 이탈리아의 고르곤졸라 치즈를 융합한 기술입니다. 강한 냄새로 특징지어지는 블루 치즈류를 처음으로 시식하는 사람을 위한 부드러운 향미의 블루치즈라고 보시면 됩니다.[283] 이 치즈는 이른바 요즘 많이 사용하는 퓨전식입니다. 이를테면 가우탈러(Goutaler) 치즈도 이런 양식의 퓨전 치즈입니다. 가우다 치즈와 스위스의 에멘탈러 치즈를 융합시킨 것입니다. 카망베르나 브리 치즈, 그리고 블루치즈를 만들기 위한 결합기술입니다. 보통 치즈 외부는 흰곰팡이가 덮이고, 치즈 내부에는 블루치즈 곰팡이가 마치 작게 긁힌 자국처럼 증식한 소형의 원통형 치즈입니다. 제조공정은 2015년에 경남농업기술원이 캐나다 궬프대학교 아더 R. 힐 교수 초청「곰팡이 숙성 치즈(Mold Ripen Cheese) 제조 워크숍」[284]에서의 레시피를 보정하여 소개합니다.

2) 제조공정

(1) 살 균 : 원유를 저온살균(72℃/16초간 또는 62.5℃/30분) 합니다.

283) 송소영 옮김/일본 NPO법인 치즈프로페셔날협회 감수 2017. 치즈도감. 한스미디어. 서울. p. 137.

284) 배인휴 역(Arthur R. Hill 저). 2015.「곰팡이 숙성치즈 제조기술」워크숍 교재. 경남농업기술원. 진주. pp. 76-77.

(2) 스타터 접종 : 중온균 스타터 DVS를 충분히 접종합니다. 대개 *Lactococcus lactis* spp. *lactis*, *Lactococcus lactis* spp. *cremoris* 및 *Lactococcus lactis* spp. *lactis* biovar *diacetylactis*(예로서 듀퐁 다니스코사의 MM100 또는 MM101, 10 DCU/원유 100kg 또는 R-704, 회사 지정 DCU/원유 100kg)를 함유하는 균주를 접종합니다. 이 치즈의 경우에는 좀 더 향기 생성을 많이 하는 균주가 포함되어 있습니다(크리스챤 한센사의 Flora Danica는 위에 열거한 모든 균주를 함유하면서 추가적으로 *Leuconostoc mesenteroids*를 함유합니다). 이것의 접종량은 회사 지정 DCU/원유 100kg. 이때 *P. roqueforti*(예 : PR1, 0.2U/kg)와 *P. camemberti*(예를 들어 듀퐁 다니스코사의 PCA-3, 0.4D/원유 100kg)를 동시에 접종합니다.

(3) 배 양 : 원유의 원래 산도 보다 산도가 0.03% 증가될 때까지 30～31℃에서 30분 동안에 걸쳐 배양합니다.

(4) 염화칼슘 첨가 : 스타터를 접종한 뒤 바로 이어서 33% 포화용액 $CaCl_2$(Calciol 이나 Calso)를 20 mL/100kg 정도 첨가합니다.

(5) 렌넷 첨가 : 효소 역가가 100kg당 3600 IMCU(Single strength 송아지 렌넷으로 14.4 mL/100kg) 정도[285] 되게 칭량한 응유효소(듀퐁 다니스코 Chymo Plus /8.3～10 mL/100kg)를 정제수에 20배 희석 즉시 첨가합니다. 약 2분 동안 혼합한 다음 교반기를 제거합니다. 렌넷을 첨가하기 전에 원유 온도가 31～32℃로 안정화되었는지를 확인합니다. 렌넷 첨가 후부터 응고가 20～30분 이내에 일어나도록 조정하는데 응고가 지연되어 90분까지 이르지는 말아야 합니다.

(6) 커드 절단 : 커드의 크기가 $2.0cm^3$가 되도록 절단합니다.

(7) 교 반 : 손으로 삽이나 주걱을 사용하여 부드럽게 20분에 걸쳐 교반합니다(5분간은 손으로, 15분간은 큰 플라스틱 주걱이나 스테인리스강 제품 삽으로 저어 줍니다). 이때의 교반은 커드가 가라앉거나 엉겨 덩어리가 형성되지 못하게 하는 수준에서 최대한 부드럽게 실시해야 합니다.

(8) 유청 배제 : 약 20% 정도의 유청을 제거합니다. 가늘고 긴 구멍들이 있는 스푼을 사용하여 커드를 치즈 몰드에 옮겨 넣습니다(치즈 몰드는 까망베르 치즈용 몰드를 사용하되 미리 잘 소독하여 유청 제거용 작업대 위에 배치되어 있어

---

285) 렌넷 1.0mL의 IMCU는 250이므로 3,600 IMCU ÷ 250 = 14.4 즉, 14.4 mL/100kg = 1배 렌넷(250～290/mL IMCU)을 14.4 mL을 취하여 100kg의 원유에 첨가하는데 반드시 20배 정제수나 증류수에 혼합하여 즉시 첨가하십시오. ※ 렌넷의 유효기간(BBD, Best Before Date)을 꼭 확인하고 사용하십시오. 보통 1년간으로 지정되어 있습니다.

야 합니다). 몰드에 커드를 채울 때 커드가 가라앉아 몰드가 가득 차기까지 몇 분간씩 기다려 가며 여러 차례에 나누어 번갈아 채워 나가는 것입니다. 그러는 동안 유청은 천천히 빠져 나갈 것이고, 몰드에는 커드가 계속 다시 채워져 나가다 보면 높은 원통형 몰드가 가득 채워질 것입니다. 이러한 전체적인 과정은 몰드의 크기에 따라 다르겠지만 적어도 40분 정도 걸릴 것입니다.

(9) 몰드의 반전(反轉): 몰드를 뒤집는 일은 4～5시간에 걸쳐 4～6회 실시합니다. 이때 몰드는 플라스틱판을 덮어 하룻밤을 보내거나 pH가 4.6～4.9 되기까지 실온 하에 방치합니다.

(10) 가 염 : 치즈 중량 kg당 30g 정도 되도록(3.0%) 소금을 충분히 달아 둡니다. 이 치즈의 가염은 치즈의 표면에 소금을 문질러 주는 건염법으로 실시합니다. 가염이 끝난 치즈는 습도 85%, 온도 12～14℃인 곳에 24시간 보관하거나 큰 플라스틱 통에 플라스틱 매트를 깔고 치즈를 올려놓고 공기 유통을 위해 통의 뚜껑은 느슨하게 덮어 둡니다. 그런 상태로 12～13℃인 곳에 24시간 동안 보관합니다.

(11) *Geotrichum* 균 분무 : *Geotrichum*(Geo-CH) 곰팡이가 현탁된 1.0% 소금물을 준비해 둡니다. 이 소금물을 치즈의 양면에 분무해 주거나 소금물이 담긴 작은 그릇에 치즈를 조금 담갔다가 꺼내 줍니다. 12～13℃, 상대 습도 85～90%인 곳에 3일 동안 매일 뒤집어 주면서 보관합니다. 이 무렵쯤이면 치즈 표면에 하얀 곰팡이 포자가 제법 발견되어야 합니다.

(12) 치즈 안에 숨(산소)길 내주기 : 표면에 곰팡이가 증식되면 치즈 위에서 아래로 서로가 어긋맞게 꼬챙이로 구멍을 뚫어 산소가 흐르는 숨길을 내줍니다. 직경 3mm 정도의 꼬챙이를 가지고 각 치즈의 양면에 15～20개 정도를 뚫어 줍니다. 이 치즈는 RH 95%, 12～14℃인 곳에 7～10일 동안 보관합니다. 이렇게 2주 정도가 지난 치즈의 pH는 6.0～7.0으로 상승되어 있어야 합니다.

(13) 포장과 곰팡이 증식 억제 : 치즈 포장은 반투과성 종이 또는 알미늄 포일로 감싸 주고 4～8℃에 보관합니다. 이렇게 낮은 온도에 보관해 두는 것은 곰팡이가 지나치게 증식되지 않도록 조치를 하는 것입니다. 깜블루(Camblue) 치즈가 완벽하게 숙성되었을 때 전체 치즈 외모는 하얀색이면서 내부 조직은 부드럽고 크림상이면서 블루치즈처럼 푸른 정맥상(靜脈狀, vein type)의 곰팡이 집락들이 형성되어 있습니다. 이 무렵의 치즈 표면의 pH는 7.0 근처 또는 그 이상으로 상승되어 있을 것입니다.

2.5 스틸튼 치즈(Stilton cheese)

그림 3-26. 스틸튼 치즈 절단면 모음
(화보 16쪽, 프로마쥬 김은주 대표 제공)

1) 개 요

허브스트 부부가 쓴 세계 치즈 요람집[286]에서 스틸튼 치즈의 역사는 다음과 같이 이야기 되고 있습니다.

[*영국에서는 스틸튼 치즈를 "치즈의 왕" 이라고 부른다. 스틸튼 치즈는 캠브릿지셔의 마을인 스틸튼에서 이름을 가져왔지만 실제로 스틸튼 마을에서는 스틸튼 치즈를 제조하지 않는다. 과거에도 그랬고, 오늘날까지도 법적으로 그러하다. 이 치즈가 만들어진 것은 18세기 초반 경으로 레이체스터셔에 있는 작은 마을 멜톤 모브레이에서 오리진(origin)은 비롯된 것이었다. 진실로 스틸튼 치즈의 이름과 유명세를 타게 한 것은 바로 쿠퍼 도나힐에 의해서 창안되었음이 분명하다.*

스틸튼 치즈를 유명하게 만든 곳은 런던으로부터 80마일 정도의 북부 지역에 있었던 스틸튼 마을의 유명한 벨 여인숙(Bell Inn)이었는데, 이 여인숙은 요크로 가는 마차 길의 정거장이 있는 중요한 지점이었다. 도나힐은 멜톤 모브레이 근처 위몬드햄으로부터 목장 치즈 제조가인 프랑스 포렛와 그의 부인으로부터 치즈를 가져왔다. 그는 그 치즈를 마차를 타고 런던으로 오가며 여행하는 나그네들에게 팔았고, 얼마 되지 않아서 "스틸튼에서 가져온 치즈"로 알려지기 시작했다. 1910년에 사람들은 이 치즈 제조에 관한 원산지 제한구역 설정, 생산 기술 특성, 그리고 최종 치즈 제품 속성 등

286) Herbst, S. T. and Ron. 2007. The Cheese Lover's Companion. Harper Collince Book. NY. pp. 438–440.

에 관한 법률적인 규정들을 제정했다. 오늘날 스틸튼 치즈는 연간 백만 톤이 생산되고 있다. 블루 스틸튼이 가장 유명하지만 화이트 스틸튼 치즈도 있다.]

한편, 치즈 인문학자인 베르타 뮤어[287]는 같은 류의 로크포르 치즈와 스틸튼 치즈의 차이를 이렇게 소개합니다.

[*로크포르 치즈는 만들자마자 바로 곰팡이가 자라도록 송곳으로 찌르고, 충분히 자랐다 싶으면 치즈를 밀봉하고 산소 공급을 차단한다. 그리고 남은 숙성을 마무리하도록 둔다. 반대로 스틸튼을 만드는 사람들은 약 일주일 정도 커드의 유청을 뺀 뒤 치즈의 표면을 감싸 5~6주간 숙성되도록 두는데, 이 과정이 끝나면 곰팡이가 자라도록 송곳으로 찌른다. 곰팡이는 자라면서 다른 부산물들을 만드는데 이들 덕분에 스틸튼 치즈 특유의 향미와 아로마(Aroma)가 형성된다.*]

저자가 이 치즈 제조법을 만나게 된 것은 2015년 늦가을에 캐나다 겔프대학교 식품과학과 아더 R. 힐 교수와 경남농업기술원에서 실시했던 「곰팡이 숙성 치즈(Mold Ripen Cheese, MRC) 제조기술 워크숍」 때였습니다. 제조법이 너무 독특하고 그 때 맛본 스틸튼 치즈 맛을 잊을 수가 없어서 한국형 스틸튼(이 치즈는 원산지 명칭보호 치즈로써 명칭 사용이 불가하므로 당연히 브랜드는 자신이 다시 만들어 등록해야 합니다) 치즈의 탄생을 기대하면서 여기 그 방식을 보정하여 소개해 두고자 합니다.[288]

아더 R. 힐 교수가 소개한 자료에 따르면, 영국에서는 세 종류의 스틸튼 치즈가 유명한데 ① 블루 스틸튼 치즈는 6~12주 동안 숙성되는 것이고, ② 잘 익은 블루 스틸튼 치즈는 12~15 주 동안 숙성한 것이며, ③ 빈티지 블루 스틸튼 치즈는 15주 이상을 숙성한 것이라 합니다. 스틸튼 치즈의 최소 '건물 중 지방 함량(FDM)'은 48%입니다.

※ 원 유 : 스틸튼 치즈는 PDO(원산지 명칭보호) 치즈입니다, 그래서 오로지 브리태인 지역에 있는 3개 카운티(더비, 레스터, 그리고 노팅엄)의 젖소에서 얻어낸 우유만을 사용할 수 있도록 제한하고 있습니다. 유지방 함량 3.8%의 우유가 사용됩니다. 하나의 치즈 커드 11kg을 생산하는 데는 78L의 우유가 필요합니다.

2) 제조공정

(1) 살 균 : 원유를 저온살균(72℃/16초간 또는 62.5℃/30분) 합니다.

---

287) 구소영 역(로베르타 뮤어 저). 2012. 500 치즈. 도서출판 세경. 서울. pp. 162-163.

288) 배인휴 역(Arthur R. Hill 저). 2015. 「곰팡이 숙성 치즈 제조기술」 워크숍 교재. 경남농업기술원. 진주. pp. 80-82.

(2) 스타터 접종과 염화칼슘, 렌넷의 첨가 : 중온성「벳트 직접 접종식 중온균 스타터(mesophilic DVS」 균주를 충분하게 사용합니다(예 : 듀퐁 다니스코사의 MM100, 6.25 DCU/원유 100kg 또는 크리스챤 한센사의 Flora Danica(FD균), 100U/원유 100kg). 같은 시간에 *Penicillium roqueforti* 포자(PR-1, 0.5D/원유 100kg)를 접종합니다. 스타터를 접종한 뒤 바로 이어서 30~33% 포화용액 $CaCl_2$를 20mL/원유 100kg 정도 첨가합니다. 이어서 렌넷(3600~5000 IMCU 역가, 예를 들면 듀퐁 다니스코의 Chymo Plus, 6mL/원유 100kg 1배 송아지 렌넷(250~290/mL IMCU) 14.4~19 mL/100kg)을 첨가해 주고 4분간 잘 혼합해 준 뒤 원유 온도를 30~31℃ 유지하면서 1시간 동안 정치하여 발효와 응고를 시킵니다.

(3) 커드 절단 : 오직 수직 나이프(12.5mm 블레이드)만 사용하여 커드를 길게 잘라줍니다. 가로로 자르는 것은 오직 유청이 흘러나오게 할 때만 하는 거지요. 이때는 수평 나이프로 자르지 않습니다.

(4) 유청 배제(1) : 아무 교반도 하지 않습니다. 유청이 커드의 표면에 도달하기까지 유청을 제거합니다. 그런 다음 치즈 커드는 치즈 백(bag, 부대, 자루)에 옮겨 담고 자루를 두기에 적절한 크기의 유청 배제용 작업대 위에 올려 둡니다. 이 작업은 적절한 삽이나 주걱을 사용하여 수동으로 합니다. 이때 커드 모두를 나누어 일시에 채워 넣을 수 있는 적당한 자루들을 사용하여 자루(bag) 마다 번갈아가며 가득 채워 줍니다. 원유 100kg으로 치즈를 제조한 경우 4개의 백(bag)이면 충분히 채울 수 있어야 합니다(그림 3-27 참조).

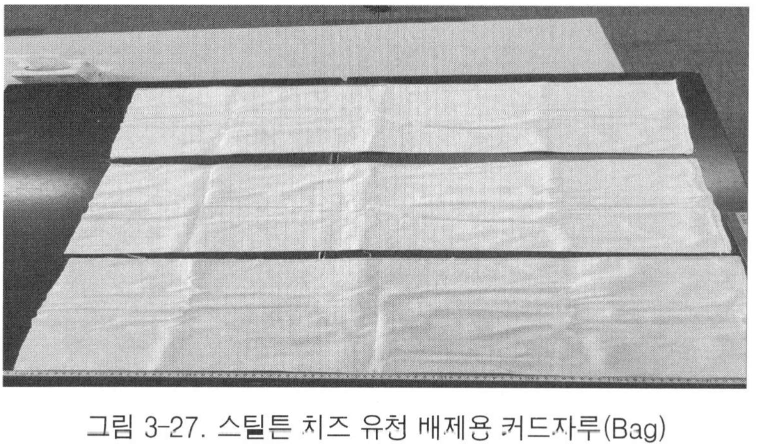

그림 3-27. 스틸튼 치즈 유청 배제용 커드자루(Bag)
이 자루 하나의 크기는 길이 90cm×폭 50cm의 튼튼한 면포(綿布)입니다.
(화보 16쪽, Arthur R. Hill 교수가 제공한 커드자루, 저자 사진)

(5) 유청 배제(2) : 90분에 걸쳐 커드자루의 유청이 배출되게 둡니다(흘러내리는 유청 위에 자루를 둡니다). 이 시점에서 pH는 약 6.47이며, 산도는 0.16% 정도입니다. 자루 내부의 커드 샘플을 취해서 pH를 측정해야지 흘러내리는 유청을 모아서 측정에 사용해서는 안 됩니다.

(6) 유청 배제(3) : 이렇게 유청을 배제하고 난 이후 매 1시간마다 매번 자루를 단단히 조여 주면서 유청을 추가로 배제하되 커드의 pH가 6.14이고 산도가 0.18%에 도달할 때까지 계속 조여 줍니다(2시간 또는 그 이상 소요됩니다).

(7) 커드 발효(1) : 커드가 들어 있는 자루를 유청 배제용 작업대 위에서 비워 냅니다. 커드 덩이는 산도 0.4에서 0.5%, pH는 약 5.5가 되기까지 30분마다 뒤집어 줍니다(약 2시간 정도). 이 시점에 이르면 커드 조각을 $10cm^3$ 크기의 블록이 되게 잘라 줍니다.

(8) 커드 발효(2) : 커드 블록이 산도 0.75%, pH 약 5.2가 되기까지 30분 간격으로 반복해서 뒤집어 줍니다.

(9) 가 염 : 커드 조각을 다시 호두 알 크기($4\sim5cm^3$)로 잘라 준 다음 커드를 11.0kg씩 칭량하여 각각의 소형 대야(볼)에 넣고 커드 무게의 2.5%의 소금을 취하여 가염해 줍니다. 소금과 커드를 손으로 혼합해 잘 섞어줍니다(정규 스틸튼 치즈의 몰드 크기는 직경 30cm×높이 60cm의 원통 형태입니다(100kg 우유로 7.5kg짜리 커드 덩이 2개를 생산할 수 있습니다. 그림 3-28 참조).

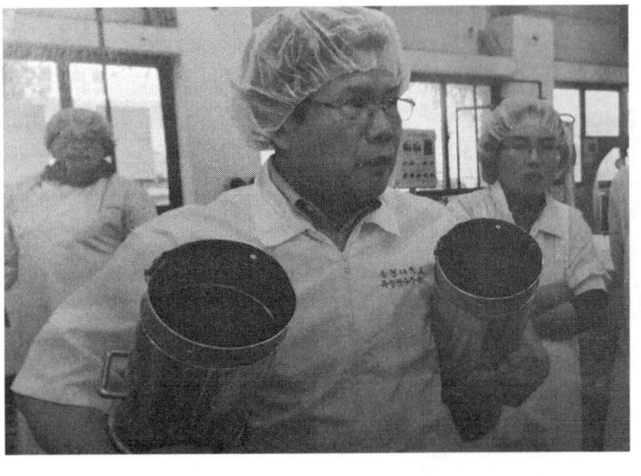

그림 3-28. 전통적인 스틸튼 치즈의 정규 몰드형태
(화보 17쪽, 경남농업기술원, 노치원 박사 제공)

(10) 치즈 몰드 내부에 치즈 천으로 안을 대고 가염된 커드를 채워 넣는데 다지듯이 꾹꾹 눌러 넣어 줍니다.

(11) 다음 날 치즈 몰드채로 뒤집어 주기 시작하는데 하루에 두 번 정도 뒤집어 줍니다.

(12) 5일째 되는 날 몰드에서 치즈를 뽑아내고 치즈 표면에 열린 부분이 있으면 작은 주걱이나 스패튤라를 사용하여 꾹꾹 눌러서 틈이나 구멍을 남김없이 매끈하게 막아 주어 매끈한 표면이 되게 손질합니다. 이렇게 해줌으로써 반듯한 표피의 형성이 되게 하고 효과적으로 봉인해 주며, 치즈 내부의 커드 조각 주위에 형성되는 작은 기도(氣道, airway)를 통해 흡입되는 산소를 차단할 수 있습니다.

(13) 이 시점에서 화이트 스틸튼 치즈는 포장할 준비가 되고, 다음 단계로 넘어가기 전에 7일 동안 냉장 보관합니다.

(14) 블루 스틸튼 치즈는 엄격히 규제되는 습도(85%)와 온도(12℃) 하에서 5주 이상 머무르는데 이 기간 중에 치즈는 자연적인 표피(블루치즈 곰팡이가 아님)가 발달합니다. 이 기간 동안에는 하루에 한 번씩 뒤집어 줍니다.

(15) 이 시점에서 치즈 내부 조직에 산소가 골고루 배어들어 올 수 있게 하여 블루치즈 곰팡이 증식이 이루어질 수 있도록 모든(수직면) 커드부분에 꼬챙이로 구멍을 뚫어 숨길(산소 길, airway)을 열어 줍니다.

(16) 치즈를 정기적으로 뒤집어 가며 관리해 주고 2~3주에 걸쳐 매주 한 번씩 치즈에 꼬챙이로 구멍을 뚫어 줍니다. 블루치즈 곰팡이는 치즈 내부의 열린 구조에서 증식하고 치즈의 숨길 구멍에서는 증식하지 않습니다. 곰팡이 증식은 숙성하는 동안 치즈의 중심부에서부터 시작하여 점차 치즈의 껍질 쪽으로 이동하면서 발달합니다.

(17) 치즈의 숙성은 최소 7주가 소요되고 보다 잘 숙성된 치즈로써 판매되는 것은 12주 동안 숙성한 것들입니다.

2.6 고르곤졸라 치즈(Gorgonzola cheese)

그림 3-29. 제2회 대한민국 자연치즈 토크(2017년 11월)
시식용 고르곤졸라 치즈(화보 17쪽, 안동 강부성 사장 제공)

1) 개 요

고르곤졸라 치즈의 초기 명칭은 스트라키노(Stracchino)였고, 후에는 스트라키노 디 고르곤졸라(Stracchino di Gorgonzola)가 되었습니다. 이탈리아 북부 롬바르디아 지역에서의 스트라코(stracco)라는 말은 '피곤한'의 뜻인데, 이는 알파인 초지로부터 포 계곡(Po Valley)에 이르는 기나 긴 여정을 거쳐 온 지친 젖소들로부터 나온 말입니다[289]. 원래 스트라키노 치즈는 동굴이나 얼음 저장고에서 평소보다 오래 숙성하다 보면 곰팡이가 자연스럽게 생기는데 이 곰팡이 핀 치즈를 사람들이 좋아하기 시작한 결과 인공적으로 곰팡이를 증식시켰고, 19세기에는 고르곤졸라 마을에서 원통형으로 만드는 치즈가 출현, 상업적인 성공을 거두면서 널리 외국에까지 알려진 것이라 합니다. 이렇게 유래한 고르곤졸라라고 불리우는 치즈는 롬바르디아 지역 포 계곡 중부에서 만들어 집니다.[290]

고르곤졸라 치즈는 대개 2～3개월 숙성하지만 어떤 경우 6개월 이상을 숙성하기도 합니다. 여기서 숙성기간에 따라서 두 종류의 치즈로 나뉘는데, 하나는 두 달 정도 숙성한 돌체(dolce/순한 맛), 그리고 서너 달 동안 숙성한 피칸테(piccante/강한 맛)

---

289) Herbst, S. T. and R. Herbst 2007. The Cheese Lover's Companion. William Morrow, NY. pp. 224-225.

290) 강경이 역(앤드류 댈비 저). 2011. 치즈의 지구사(Cheese : A Gloval History). 휴머니스트. 서울. pp. 40～41.

가 그것입니다. 돌체는 2차 대전 이후에 만들어져 짧은 역사지만 크림같이 부드럽고 단맛이 나며, 두 달간만 숙성한 것으로 피칸테 보다 요리에 더 많이 사용되고, 본국인 이탈리아 시장에서 주류를 이루는데 고르곤졸라 치즈 전체 생산량의 90%를 차지한다고 합니다.

피칸테는 원래부터 전통적인 것으로 고르곤졸라 나튜랄레(Gorgonzola naturale)라고도 불리우는데, 돌체보다 자극적이고 톡 쏘는 선머슴 발가락 냄새와 같은 강한 향미를 갖고 있어서 식후에 꿀과 함께 디저트로 먹거나 샐러드에 뿌리면 잘 어울립니다.[291] 또 다른 두 종류의 고르곤졸라 치즈 분류가 있는데 하나는 1층 커드(one-layer curd/una pasta) 형식과 2층 커드(two-layer curd/due paste)라고 하는데 후자는 오늘날 사라지고 없습니다. 두 형식이 모두 전유를 사용하는 것은 비슷한데 1층 커드 치즈는 한 번 착유한 원유로 제조하는데, 2층 커드 치즈는 저녁 착유원유에 페니실리움 곰팡이(*Penicillium roquefort*) 포자를 넣어서 배양하고 다음 날 아침 착유원유를 보충한다는 것입니다. 그러다 보니 두 개의 또 다른 층을 갖는 치즈 커드가 형성되는 것이지요. 이렇게 하면 푸른곰팡이의 증식을 촉진시키게 되면서 향미가 강한 치즈를 얻을 수 있게 됩니다.[292]

고르곤졸라(Gorgonzola) 치즈는 이미 AD 1,200년경에 제조되었다는 고전기록이 있는데, 원조는 롬바이쉬(Lombaisch) 마을의 한 주막 식당에서 팔다가 남은 약간의 곰팡이가 퍼진 연질치즈를 새로 개발한 치즈라고 손님들에게 소개하여 새로운 맛과 향으로 인해 호응을 받았다는 일화가 있습니다. 또 다른 일화로는 치즈를 만드는 일꾼이 유청을 커드에서 빼내기 위해 양말 같은 헝겊 주머니에 커드를 담아 나무에 매달아 놓았는데, 너무 오랫동안 배수되어 정상적인 치즈 모양이 만들어지지 않자 당황한 이 일꾼은 자신의 실수를 덮기 위해 다음날 새로 만들기 시작한 치즈 벳트에 이 커드를 함께 섞어 성형한 뒤에 숙성시켜 절단해 보니 치즈 속에 파란 곰팡이 선이 퍼져있을 뿐더러 먹어보니 새로운 맛과 향이 좋아 그 동네 이름을 따서 고르곤졸라(Gorgonzola)란 이름으로 만들기 시작했다는 이야기도 전해지고 있습니다. 알고 보

291) 임실군. 2007. 치즈종합백과사전. 임실군. p. 253 / NPO법인 치즈프로패셔날협회 감수/송소영 옮김. 2017. 치즈의 모든 것 치즈도감. 한스미디어. 서울. pp. 102-103.

292) 2층 커드란 저녁 착유 원유에 렌넷을 넣어 커드를 얻은 뒤에 다음날 아침까지 천에 매달아 두어 유청을 뺀 뒤 다음날 아침에 성형하고 그 위에 아침에 착유한 원유 커드를 얹는데 이 치즈를 "듀 파스타"라고 합니다. 지금은 소수 공장에서만 생산하고 거의 사라졌지만 매우 강한 향을 내므로 마니아들은 이 치즈 맛을 대단히 즐긴다고 합니다. 공장 생산 고르곤졸라 치즈는 "우나 파스타"라고 하는데, 이 말은 한 층의 커드에 두 번째 착유한 원유가 혼합되었다는 뜻입니다(주디 릿지웨이 지음. 사라 힐 증보/이재성. 이은정 옮김. 2008. 세계의 명품 치즈(The Cheese Companion A connoisseur's Guide). 세경. 서울 p. 101).

면 고르곤졸라 마을은 밀라노의 북동부에 위치하는데 흥미롭게도 이 마을에서 고르곤졸라 치즈가 만들어진 기간이 그리 길지 않았다는 것입니다.

치즈 원산지 명칭 보호제도로서 이탈리아의 AOC라고 할 수 있는 DOC(DENOMINAZIOE DI ORIGINE CONTROLLATA)의 인증 규약으로 보호를 받는 고르곤졸라 치즈는 오로지 이탈리아의 두 지역, 즉 롬바르디아 지방의 베르가모(Brgamo), 브레시아(Brecia), 코모(Como), 크레모나(Cremona), 레코(Lecco), 로디(Lodi), 밀라노(Milano), 파비아(Pavia)이며 바레세(Varese)와 피에드몽(Piedmont) 지방인 노바르타(Novarta), 베르첼리(Vercelli), 쿠네오(Cuneo), 비엘라(Biella), 베르바니아(Verbania), 그리고 카살레 몽페라토(Casale Monferrato) 권역입니다.

원래 고르곤졸라 치즈는 오직 가을에만 제조되는데 이는 그 지역의 기후 조건이 그 때가 치즈 숙성에 가장 좋기 때문이었습니다. 그렇지만 지금은 연중 지속적으로 만들고 있는데 이는 인공동굴을 조성하고 최적 치즈숙성 조건의 설비를 갖추어 보다 나은 치즈숙성이 가능해졌기 때문입니다[293]. 이 치즈는 연질, 반경질 치즈로, 전통적인 이 치즈의 외형은 직경이 25～30cm, 높이 16～20cm의 원통형으로 치즈의 표면은 거칠고 습기가 어립니다. 약한 주황색으로 보일 수 있으며 무게는 6～13kg입니다. 치즈를 절단해 보면 조직은 밀짚색이고, 청록색의 푸른곰팡이 결이 균형을 이루며 퍼져있습니다. 염분함량이 3.0% 정도인 이 치즈는 저장용 양념치즈로 일반 가정요리에 많이 사용되고 있습니다.

현재 이탈리아에서는 총 생산량의 10%를 차지하는 전통치즈(Piccante)는 점점 생산량이 줄고 있는데, 이는 최근 지나친 염분 섭취를 우려하여 건강을 우선시하는 식생활 습관변화 때문인 것으로 판단되고 있습니다. 요즈음에는 염분 함량이 2% 정도로 짠맛이 덜한 고르곤졸라-도이에라떼(Gorgonzola-Doieelatte)가 가장 많이 판매되고 있는데, 소비자들은 고르곤졸라-베르데(Gorgonzola-Verde)처럼 그리 짜지 않고 먹어가면서 숙성시킬 수 있는 치즈를 더 선호하고 있다고 합니다.

2) 제조공정

(1) 원 유 : 저녁에 착유한 우유를 하룻밤 저장하여 아침에 크림층을 제거한 뒤 아침 착유한 젖과 혼합한 젖(일부 탈지)을 사용합니다. 이때의 원유 지방함량은 3.2～3.5% 정도이면 좋습니다.

(2) 살 균 : 71.6～73℃, 20～15초 또는 63℃, 35분

(3) 냉 각 : 30(여름)～34℃(겨울)

---

293) 상게서 289) Herbst, S. T. and R. Herbst 2007.

(4) 접 종 : 배양한 스타터 액으로 *Str. thermophilus* + *Lb. bulgaricus* 1～2 L/100kg, *P. gorgonzola* 또는 *P. ropueforti* 2mL/100kg(DVS인 경우 고온균 LH균이나 Abt-5균 2.5g/100kg 정도입니다).

(5) 정치 배양 : 30～60분, 원유의 pH 6.5 되기까지입니다.

(6) 렌 넷 : 1배 활력도(250～290/mL IMCU) 송아지 렌넷 25mL/100kg을 정제수 20배액으로 희석 즉시 첨가하고 교반기를 제거합니다.

(7) 정 치 : 40～50분, 효소 작용시간 12～15분, 응고하는 시간 20～25분

(8) 절 단 : 4.0cm^3 크기로 절단한 뒤 5분간 정치, 2차 절단 3×2cm^3 입방체

(9) 교 반 : 처음에는 손으로 5분 교반하고, 삽이나 주걱으로 엉기지 않을 속도로 5분 교반 10분 정치×2회 실시하는 방식으로 교반합니다. 이때의 pH는 6.2～6.7입니다.

(10) 유청 배출 : 원유의 30% 커드는 약 35kg이 될 것입니다.

(11) 몰 딩 : 3～4단계 몰딩 / 매 단계 진행 시 푸른곰팡이(*P. roqueforti*) 분말을 뿌려줍니다.

(12) 성형(반전) : 공방의 온도 22～24℃ / RH 88～92%이며 몰딩 후 30분, 60분, 180분, 240분, 420분 간격으로 뒤집어 줍니다. → 18시간 소요

(13) 가 염 : 건염 사용 → 3～4일간 2mm^3 크기의 왕소금으로 전체 / 매일 한 번 1kg 커드 60g의 소금 필요 → 치즈는 약 3% 염분 농도가 되게 합니다.

(14) 숙 성 : 4～5℃ / RH 90% 조건에서 15～20일간 숙성 / 매일 반전하고, 매일 마른 수건으로 표면의 습기를 제거해 줍니다. 숙성은 공기가 통할 수 있는 가는 망이 있는 공기 유통이 가능한 바닥 위에서 숙성되어야 합니다.

(15) 치즈 내부에 산소 길을 위한 곰팡이 숨길 구멍 내기 : 20일째부터 시작 직경 2～3mm 송곳으로 한 면에 50개 정도의 구멍을 내되 관통시키지는 말아야 합니다. 25일째부터 이번에는 반대쪽에 직경 2～3mm 송곳으로 한 면에 50개의 구멍을 뚫어 줍니다. 역시 관통하지는 말아야 합니다. 7주부터 곰팡이 증식이 일어나기 시작하는데 15～20일간의 전 기간 동안은 4～5℃에서 RH 90%를 유지해 줍니다.

(16) 완 성 : 12주부터 밀봉 포장하여 시판할 수 있습니다.

2.7 르불로숑 드 사부아 치즈 (Reblochon de Savoie cheese)

그림 3-30. 르불로숑 드 사부아 치즈
(화보 17쪽, http://en.wikipedia.org)

1) 개 요

르불로숑 (Reblochon) 치즈는 오랜 치즈 역사를 지닌 사보이 공국에서 탄생한 이래 이탈리아와 프랑스에서 사랑받는 치즈로 전해져 오고 있습니다. 사보이 공국은 11세기 사보이 백작으로 서임된 움베르토 비안카마노(907?~1048)를 시조로 지금의 프랑스령 사부아(사보이)를 거점으로 세워져 알프스 산맥 이남과 이북에 걸친 영토를 아우르며, 이탈리아 피에몬테까지 영역을 확대한 사보이 공국(公國)을 형성했습니다.

한때는 제네바, 니스까지도 영유하여 북이탈리아에서 큰 세력을 이루기도 했습니다. 1713년 시칠리아 왕이 되고, 1718년 오스트리아의 요구로 시칠리아를 사르데나와 교환하여 당시의 비토리오 아메데오 2세가 사르데나 왕이 되기도 했습니다. 1831년 이탈리아 왕을 거쳐 1947년 이탈리아 공화국 헌법 보칙에 의해 사보이가(家) 가족의 공직 진출, 남자 자손의 이탈리아 영내 진입이 금지됨으로써 막을 내린 나라입니다.[294]

르불로숑 치즈에 얽힌 전설 하나가 전해져 내려오는데 사보이 공국(公國) 시절 알프스 산지의 목축업자들이 우유 생산량에 따라 부과되는 세금 때문에 지주 측에서 유량 조사를 나왔을 때 한 번에 젖을 모두 착유하지 않고 남겨 두었다가 그들이 돌아간

---
294) 네이버 지식백과(www.naver.com).

뒤 밤에 두 번째로 착유를 했다고 합니다. 즉 Reblochon이란 사보이어로 "두 번 착유하다" 뜻의 르블로세(reblocher)에서 유래한 명칭이고, 두 번째 착유에서 얻어진 젖이 양은 적지만 지방량이 많은 진한 젖이어서 그 젖으로 만든 치즈라는 뜻이라고 합니다[295].

오늘날의 르불로숑 치즈는 비살균한 전유를 사용하여 제조하는 부드러운 치즈로 세 지역 품종(Abondance, Montbeliard, Tarentaise)의 젖으로만 제조됩니다. 제조 후 최소 2주간 숙성하고 보통은 7~8주간 하는데 일본의 미토모 유미코(三友有美子)씨가 저자에게 소개한 이 치즈는 3주간 숙성하는 둥근 원반형으로, 이 치즈를 자르면 속살이 부드럽고 다른 치즈에서 맛볼 수 없는 은밀한 맛이 배어납니다.[296]

이 우유 치즈는 비살균 가압 반연질 치즈로써 생 넥타르 계열에 속합니다. 높이가 대략 3.5cm에 직경이 14cm, 무게는 450~550g 정도입니다. 젖을 짠 직후에 우유 전체를 사용하여 치즈를 만듭니다. 30분 동안 구리 벳트에 넣고 섭씨 36℃로 가온하여 렌넷을 가하여 우유를 응고시킵니다. 잘게 부수고 소쿠리에 넣어 탈수를 시킨 다음 아마포에 싸서 몰드 속에 넣는 작업이 이루어집니다. 열두 시간 동안의 가압과정을 거친 다음 몰드에서 꺼낸 치즈 덩어리에 소금을 뿌리고, 16℃ 건조실에 일주일간 넣

그림 3-31. 르불로숑 드 사부아 치즈
(화보 17쪽, 프로마쥬 김은주 대표 제공)

295) 강경이 역(Andrew Dalby 저). 2011. 치즈의 지구사. Humanist, 서울. pp. 21-23.
296) 미토모 유미코(三友有美子) 씨는 1996년부터 저자와 교류하고 있는 일본 북해도 나가시벳츠 정의 미토모(三友) 치즈목장 여주인입니다. 그는 프랑스의 청초먹인 젖소의 원유로 보포르 치즈를 만들고, 야마노 치즈(山のチーズ)라는 브랜드를 붙여 상품화 했고, 르불로숑 치즈를 그랜마 치즈(Granma チーズ) 로 브랜드화 해서 상품화하였는데, 이 치즈는 일본의 全日航空 국제선의 1등석 기내식으로 납품되기도 했습니다. 여기서는 뒷부분에 그 치즈의 제조공정을 소개해 두었습니다.

어 놓습니다. 르블로숑 치즈는 자주 뒤집어 주고 솔질과 세척을 하며, 13℃의 지하 숙성고 안에 넣어서 4~5주일 동안의 숙성과정을 거칩니다. 이 치즈는 오랜 역사에도 불구하고 1976년도에 AOC 인증을 받았습니다.

이 치즈 내부는 아이보리색에 약간 과일향이 나고, 외피는 하얀 거품 같은 것으로 뒤덮이는 황토색 옷을 입게 됩니다. 얇고 부드러운 외피는 노란색에서 붉은 빛이 도는 오렌지색이며, 표면에 흰색 곰팡이가 자라는데 이것이 치즈의 신선하면서도 가벼운 향을 만들어 줍니다. 치즈 속은 촉촉하고 부드러우면서도 탄력성이 있고 상온에 두면 쉽게 녹아 흘러내립니다. 치즈 속살에는 작은 구멍들이 있습니다. 강한 향을 풍기지만 부드러운 맛이 일품으로 셀러리 등을 곁들여 먹거나, 빵가루를 입혀 튀겨 먹기도 합니다. 매우 섬세하고 고급스러운 맛을 자랑하는 치즈인데 적포도주와 잘 어울립니다.[297]

2) 제조법[298]

(1) 냉 각 : 철저히 저온 살균한 원유를 32~35℃로 냉각합니다.

(2) 스타터 접종 : 중온균과 *B. linens* 균, 곰팡이 *Geotrichum candidum*을 적당량 접종합니다. 대개는 크리스찬 한센사의 중온균 DVS FD균이나 듀퐁 다니스코의 MM시리즈를 1시간에 산도 0.03% 증가시킬 양(2.0g/100kg)을 첨가합니다.

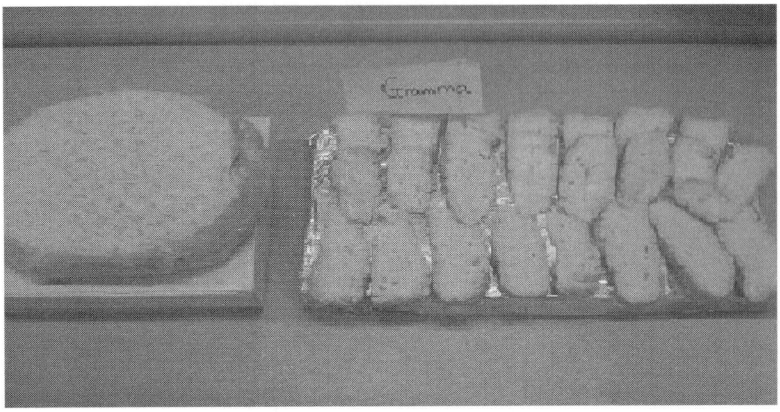

그림 3-32. 르블로숑 치즈를 일본식으로 개조한 미토모 유미코(三友有美子) 선생의 그랜마(Granma) 치즈 (화보 18쪽, 최희영 박사 제공)

297) 임실군. 2007. 치즈종합백과사전. pp. 202-203.

298) 이 방법은 미국 캘리포니아 주 소재 안단테치즈목장의 치즈장인 소영 스칼란(한국명 김소영) 선생이 2015년 임실치즈과학연구소 「치즈제조 워크숍」에서 선보인 공정을 보완 정리한 것입니다.

Geotrichum candidum 균 사용량은 공급회사의 지침에 따릅니다. 대개는 0.1～0.2dose[299]/100kg을 접종합니다. 접종한 뒤 30분간 배양 숙성합니다.

(3) 렌넷 첨가 : 1배 렌넷(250～290/mL IMCU)으로 15～20mL/100kg, 청정수에 20배로 희석 즉시 첨가하고, 2분간 교반한 뒤 30분간 정치해 둡니다.

(4) 커드 절단 : 응고된 커드를 쌀알 크기(5～7mm^3)로 절단해 줍니다(35～37℃ 유지).

(5) 몰딩(커드 채우기) : 직경 15cm의 바닥이 있는 원형 몰드에 치즈 천을 깔고 커드를 유청과 함께 바가지로 반복해서 가득 채웁니다.

(6) 성형/가압 : 치즈의 조직형성을 위한 반복되는 뒤집기 후(60분 이전에 1회, 120분 뒤에 2회 뒤집어서 하룻밤 보내기) 실온 하에서 가압하여 하룻밤 보내는 때는 몰드 마다 500g 정도의 무게로 가압해 두면 단단한 조직을 얻을 수 있습니다.

(7) 가 염 : 20°Bé 소금물에서 2시간/500g 기준으로 가염을 합니다.

(8) 건 조 : 24시간(RH 73%, 온도 12～13℃ 조건)

(9) 숙 성 : RH 90% 이상, 13℃의 지하 숙성실 안에 넣어서 3～4주 동안 숙성합니다. 숙성하는 동안 주기적으로 뒤집어 줍니다.

(10) 포 장 : 숙성이 끝난 치즈는 유성지로 감싸 포장한 뒤 5℃ 이하 냉장보관 합니다.

---

299) Dose 개념은 모호합니다. 즉 시약스푼의 작은 부분으로 1스푼 정도를 기준 1 dose 양으로 칭량하여 자신이 넣는 적정 양을 찾아내야 할 것입니다.

3) 르블로숑(Reblochon) 치즈 제조법을 기본으로 한 그래마 치즈 제조공정[300]

<table>
<tr><th colspan="3">1. 재 료</th></tr>
<tr><td>원료유</td><td colspan="2">원유를 저온살균 : 냉각 34℃</td></tr>
<tr><td>스타터</td><td colspan="2">크리스챤 한센사의 FD균(중온균 DVS : 1.0g /100kg), TCC-3(고온균 1.0g /100kg)[Geotricum candidum(0.1 dose/100kg[301])]</td></tr>
<tr><td>렌 넷</td><td colspan="2">30분 안에 커팅 할 수 있는 양(250～290/mL IMCU)</td></tr>
<tr><td>염화칼슘</td><td colspan="2">대개 액상 포화칼슘(33%) 20mL/100kg</td></tr>
<tr><th>2. 진행단계</th><th>자세한 사항</th><th>온 도</th></tr>
<tr><td>살 균</td><td>63℃, 30분</td><td>63℃</td></tr>
<tr><td>스타터 첨가</td><td>60분, Geotricum candidum 균도 동시에 접종</td><td rowspan="4">34℃</td></tr>
<tr><td>렌넷 첨가</td><td>1배 렌넷 15～18mL/100kg,
청정수 20배 희석 즉시 첨가, 30분간 정치</td></tr>
<tr><td>커드 절단</td><td>5분 - 7mm³</td></tr>
<tr><td>교 반</td><td>50분 - 처음엔 서서히 손 교반하다가 10분 뒤 큰 주걱이나 교반기 사용, 커드 엉기지 않을 교반 속도유지</td></tr>
<tr><td>몰 딩</td><td>30분 - 치즈 천을 이용하여 몰드에 유청과 같이 퍼서 몰드(직경 15cm)에 채움 / 프레스 : 1.5kg 무게 가압</td><td rowspan="2">30℃</td></tr>
<tr><td>몰드 뒤집기 1</td><td>60분 - 치즈 천 제거</td></tr>
<tr><td>몰드 뒤집기 2</td><td>120분 - 가압상태 해제</td><td>20분 이상</td></tr>
<tr><td>몰드 뒤집기 3</td><td>하룻밤 보낸 뒤 아침까지 정치</td><td>실온</td></tr>
<tr><td>가염(다음날 아침)</td><td>20° Bé 소금물에 가염(2시간/치즈 500g)</td><td></td></tr>
<tr><td>숙 성</td><td>RH 90% 이상, 3～4주 동안 주기적으로 뒤집어 줍니다.</td><td>12～13℃</td></tr>
</table>

300) 이 방법은 일본 북해도 나가시벳츠정(中標津町) 소재 미토모 치즈목장 미토모 유미코(三友有美子) 선생이 2014년 임실치즈과학연구소 「미토모 유미코 치즈제조 워크숍」에서 선보인 제조공정을 보정한 것입니다.

301) 각주 299)번을 참고하세요.

3. 반경질 치즈(Semi-Hard cheese)

3.1 가우다 치즈[Gouda(HOW-dah, Goo-dah) cheese]

그림 3-33. 가우다 치즈
(화보 17쪽, 프로마쥬 김은주 대표 제공)

1) 개 요

가우다 치즈는 네덜란드가 원산지이고, 에담 치즈와 유사한 종류입니다. 가우다라는 명칭은 네덜란드 서부지방의 남 홀랜드 지방의 하나인 우트레흐트(Utrecht)와 로텔담(Rotterdam) 사이에 있는 작은 도시이름에서 유래되었습니다. 로테르담 북동쪽 22km에 소재하는 가우다는 '네덜란드의 심장'이라 불리기도 하는 곳으로 매주 목요일에 여는 치즈시장의 치즈 운반 쇼는 유명한 관광코스의 하나지요. 이 치즈는 유럽에서 생산되는 가장 오래된 치즈 중 하나로 6세기경부터 만들기 시작했고, 13세기부터는 영국이나 다른 나라에 수출하기 시작하여, 지금은 전 세계인이 즐기고 있습니다.

전 세계 생산 가우다 치즈의 60~65%는 네덜란드에서 생산 공급합니다. 네덜란드 사람들은 수세기 동안 목장에서 가우다 치즈를 만들어 왔습니다. 「가우다」 치즈라는 명칭은 네덜란드의 로테르담 외곽 가우다 마을의 이름에서 시작되었지만, 지금은 같은 이름으로 미국, 영국, 독일, 덴마크, 일본 등지에서도 많이 생산되고 있습니다. 가우다 치즈는 순수하게 우유만을 사용해서 만듭니다. 네덜란드에서 대부분의 가우다 치즈는 표피에 왁스를 처리하는데, 이것은 저장기간을 연장하려고 그러는 것입니다.

왁스의 색깔에 따라서 치즈를 식별하려고 몇 가지 색깔을 달리 사용하는 경우가 있습니다. 가령 **녹색왁스**는 치즈에 허브를 첨가했다는 뜻이고, 오렌지 색깔의 **노란색**은 커민(cumin, 이집트산 식물, 열매는 양념과 약용)으로 향을 냈다는 것을 의미합니다. 일반적으로 속살이 짙은 노란색의 가우다 치즈는 **검은색**이나 **노란색**의 **왁스**로 코팅하고, 수출용 치즈는 따로 **붉은색 왁스**로 코팅한다는 것도 알아두면 좋겠지요.

대부분의 가우다 치즈는 6~18개월 이상 숙성하는데 가끔 유럽의 치즈가게에서 발견되는 검은색으로 왁스 처리한 것은 적어도 12개월 이상 숙성한 오래된 치즈(Aged Gouda)라는 것을 의미합니다. 때로는 5~6년 이상의 치즈도 검은색 왁스처리가 되어 있습니다. 2년 또는 그 이상 숙성한 치즈의 내면은 진한 황금색을 띠는 건조되고 단단한 조직을 가집니다. 이 정도의 치즈는 단백질이 결정화되며 감미를 내는 특성과 두드러진 버터 스카치와 풍성한 태피(스코틀랜드에서 설탕과 버터를 조려서 그 속에 땅콩 따위의 견과류를 넣어 만든 일종의 캔디) 맛이 넘치게 향기를 풍기게 됩니다.

가우다 치즈 중에서 가장 널리 알려진 오래 숙성된 치즈로는 빔스터(Beemster), 렘브란트(Rembrandt), 그리고 생칸터(Saenkanter)가 있습니다. 품격 높은 상을 받아 유명한 보렌카스(Boerenkass)는 네덜란드의 「목장 치즈」인데 4kg 이상 되는 차바퀴형 목장제조 아티잔(Artisan) 치즈입니다. 정상적인 가우다 치즈는 에담 치즈 보다는 높은 지방함량을 갖지만 건물함량 기준으로 보면 30~50%까지 다양한 면이 있습니다. 네덜란드와 독일, 캐나다, 미국, 일본 등 주요 제조국들은 가우다 치즈의 지방함량이 최소한 28%(건물기준 49%)를 함유해야 하고, 수분은 최대 43%까지 함유하도록 규정하고 있습니다.

가우다 치즈는 전통적으로는 둥근 원형이나 가끔 벽돌모양[독일 하우스 리스빅(Haus Riswick) 산양유 치즈공장]이고, 치즈 무게는 600g에서 20kg까지 다양한 중량을 가집니다. 원래 가우다 치즈에는 치즈 눈이 없도록 조직의 내면이 말끔하게 제조되었지만 최근에는 치즈에서 가스를 형성하는 유산균 스타터를 접종함으로써 예쁘고 작은 치즈 눈을 형성하는 방식이 채용되고 있습니다.

저자는 가우다 치즈 명칭에 대하여 한 번 더 강조해 두고 싶은데요, 네덜란드의 가우다 지방은 중부 독일 Nordlein-Westfallen 주 Kleve 지역에서 100km 쯤에 있습니다. 가우다 치즈를 독일 사람은 "흐가우다(HOW-dah)" 라고 발음합니다. 저자가 2005년과 2008년에 네덜란드 가우다 마을을 방문하였는데, 그때 가우다 치즈공방에서 가우다 치즈를 제조하고 있는 할머니에게 일부러 "이 치즈를 당신은 어떻게 부르는가? 발음을 한번 해 주시라" 고 하니 "흐가우다"라고 하십니다. 두 번 세 번을 요청해도 웃으시면 "흐가우다(howGoudah)"라고 합니다. 그래서 저자는 그 후로 한국에 돌아와서 저자가 쓴 모든 책이나 기록물에서 그동안 「고다 치즈」라고 되어 있는 것을 「가우다 치즈」로 고친 것입니다. 그런데 미국, 캐나다 사람들은 구다(Goo-Dah) 치즈라고 발음을 합니다. 일본이 그 영향을 받아 「고다 치즈」라고 한 모양인데, 우리는 원산지 본토 발음을 본받아 "가우다" 치즈로 부르기로 하였습니다.

2) 제조공정 [1] : 캐나다 궬프대학교 방식을 한국 실정에 맞추어 개조함

(1) 살균·냉각 : 원유의 단백질/지방(P/F) 비율을 1.07로 표준화 한 뒤 63℃로 30분간 저온살균 하고 32℃로 냉각합니다.

(2) 색소 첨가 : 치즈의 색감을 보강하기 위해 겨울철에는 1.0~2.0mL/100kg의 안나토(Annato) 색소를 원유에 10배 희석하여 첨가합니다.

(3) 염화칼슘의 첨가 : 원유를 살균한 경우[302]에만 커드 굳기를 보다 단단히 하기 위해 외부에서 칼슘을 공급합니다. 최근에는 덴마크의 크리스챤 한센사(http://www.chr-hansen.com/products)나 몇몇 치즈용품 제조 회사들이 포화 $CaCl_2$ 용액(대개 33% 포화 염화칼슘액/CALSO : 크리스챤 한센사, CALCIOL : 듀퐁-다니스코사)을 시판하고 있어 지시된 사용량을 첨가합니다(대개 18 mL/ 100kg). 칼슘제가 분말상이면 첨가량은 보통 원유의 0.01~0.02%(10~20g/100kg)를 온수에 녹여 첨가합니다. 일반적으로 원유의 0.02%를 사용하고 있습니다. 비살균 원유[303]로 제조 시에는 첨가하지 않습니다. TMR사료나 사일리지를 급여하여 착유한 원유의 경우 후기 팽화 방지를 위하여 라이소자임(lysozyme)*을 제조회사의 지시량만큼 넣어 줍니다(보통 12~14mL/100kg).
*크리스챤 한센사 제품명 : AFILACT®, 독일 Bunte Kuh : Lisozym

(4) 스타터 접종 : 가우다 치즈 스타터는 중온균을 사용하고 그 구성은 *Lactococcus lactis*, *Leuconostic cremoris*, *Streptococcus diacetylactis* 등의 복합균주인 것을 추천합니다. 스타터를 접종하고 접종 40분경부터 적정 산도를 검사합니다. 치즈 벳트의 원유산도가 원래 원유의 산도(보통 0.12~0.14%)보다 0.03%(0.15~0.17%)로 증가할 때까지 발효시키는데 보통 1시간 정도 소요됩니다(중온균 DVS : 2.5g/100kg—듀퐁-다니스코사의 MM시리즈나 크리스챤 한센사의 Flora-Danica(FD)를 사용함).

(5) 렌넷 첨가 : 적절한 발효가 이루어진 것을 산도 검사를 통해 확인하였으면 다시 한 번 원유의 온도를 검사하고 32℃를 유지하는지 확인하고(이때 벳트 원유

---

302) 모든 치즈 원유는 살균하는 것을 원칙으로 합니다. 다만 이탈리아를 비롯한 치즈 선진국들은 해발 600m 이상의 방목초지에서 생산되는 원유로 치즈를 만들거나 2개월 이상 숙성하는 치즈는 비살균 하고, 그 이하 평지로 내려오면 숙성기간이 길어도 치즈 제조자가 스스로 살균을 합니다. 그만큼 평지의 공기 오염이 원유의 미생물 수에도 영향을 크게 미친다는 것입니다.

303) 우리 정부는 2016년 1월에 2개월 이상 숙성하는 치즈의 경우 비살균 원유로 치즈제조를 허용하는 축산물위생처리법과 치즈규격 기준을 변경하는 것을 입법 예고하고 2017년 1월부터 시행하였습니다. 사실상 수입치즈 중 2개월 이상 숙성치즈들이 비살균 원유 치즈였지만 우리나라에는 그런 치즈제조 업체가 없었기에 비살균 원유 치즈는 금지하면서도 친환경 치즈라는 명목으로 수입을 허가해 왔었답니다.

온도가 그 이하이면 32℃로 반드시 맞춘 뒤에 첨가할 것) 원유 100kg에 1배 렌넷(Single strength)을 19mL 넣습니다. 이때 렌넷을 미지근한 정제수에 20배로 희석하여 원유에 첨가합니다. 희석 즉시 넣어준 다음 2분 정도 고루 혼합해 주고 정치시키면서 교반기를 제거하고 30분을 정치(定置)합니다.

(6) 커드의 절단 : 렌넷을 첨가하고 25분경에 커드 굳기 검사를 하는데 얇은 스테플러나 과도를 사용하여 벽면을 향해 커드를 10cm 정도 세로로 자르고 다시 칼날을 눕혀 세로 선의 중심 5cm를 45° 각으로 벽면을 향해 찔러 칼끝 쪽 앞쪽을 들어 올려 줍니다. 이때 커드가 잘 갈라지면서 갈라진 틈으로 유청이 살짝 비치고 약간의 곡선을 띠면 이때를 기점으로 커드 절단을 합니다. 커드 나이프를 사용하여 커드를 0.5～1.0cm³ 크기로 자르고 3분 정도 방치해 둡니다. 이 시간을「치유(healing)」시간이라고 하며, 이때 생살이 절단된 커드 표면이 유청 속에서 코팅이 되면서 이후에 진행되는 커드 교반 시 부스러짐이 방지되어 치즈 수율 손실을 예방합니다.

(7) 교 반 : 느린 속도로 교반을 시작하여 20～30분 동안 교반(攪拌)합니다.

(8) 가 온 : 5분 정도 정치하고 유청을 1/3 정도 제거한 뒤 다시 교반을 하면서 미리 준비해 둔 73℃ 이상의 물을 천천히 첨가해서 최종 온도가 36～38℃가 되도록 가온합니다. 이때 가해 주는 물의 양은 원유의 20～25% 되어야 하고, 계속 교반을 해주면서 15～20분간에 걸쳐 벳트 벽면에 서서히 물을 첨가해야 합니다.

(9) 유청 배출과 예비가압 : 유청의 온도를 38℃를 그대로 유지하면서 약 1시간 정도 교반하여 커드에서의 유청이 충분이 배어나올(syneresis) 수 있게 센 교반을 한 뒤 유청을 제거합니다. 유청의 배제방법은 치즈 벳트의 출구를 열고 커드 표면이 보일 때까지 배제합니다. 커드를 정치하고 유청 아래에 철판을 사용하여 커드를 출구 반대 벽으로 밀어붙인 뒤 앞면에 판을 대고 윗면에 판을 덮어서 예상 치즈 생산량의 1～2배 무게를 가하여 최소한 20분 정도는 예비가압을 합니다.

(10) 성형・가압 : 강철판 아래에서 커드가 굳어졌을 때 다시 벳트의 출구를 열어서 나머지 유청을 모두 빼내고 철판을 제거한 뒤 성형하고자 하는 몰드 크기에 맞추어 적당한 크기로 커드를 잘라 치즈 천이 덮인 몰드(성형틀)[304]에 담아 둡

304) 가우다 치즈의 경우 전용 몰드라 할 수 있는 플라스틱제 카도바 몰드(Kadova mould)를 사용하며 독일과 네덜란드로부터 수입하는데 250g, 450g, 1.0kg 및 5.0kg용이 있습니다. 구입은 부록에 소개해 둔 외국 치즈용품 거래처를 활용하기 바랍니다.

니다. 치즈의 크기에 따라 다르지만 가압은 5~8시간 동안 14psi(per square inch)로 가압하면서 2~3시간 간격으로 뒤집어 줍니다. 처음으로 뒤집어준 다음부터 14~28 psi로 높이며, 뒤집어 줄 때마다 이렇게 압력을 높여가며 가압을 합니다. 목장에서는 이러한 가압장치(cheese press)가 없을 경우 치즈 무게의 1배부터 시작하여 뒤집어 줄 때마다 1배씩 무게를 늘려가며 최종적으로 5배 무게로 가압하고 하룻밤을 보냅니다(over night).

목장 유가공장에서 기계식 프레스로 가압 시 압력을 높이는 방법은 한 번 뒤집어 줄 때마다 치즈 무게를 감안한 판을 하나씩 몰드 위에 더해 가는 방식으로 5배 이상의 무게를 유지시켜 커드가 단단히 가압되게 합니다. 단단한 가압이 안 되면 치즈를 진공포장 하여 숙성할 경우 숙성 시 침출액이 흘러나와 진공포장용 봉투 안에 물이 고여 치즈 품질을 손상시킬 것입니다. 또한 이때 가압장소의 온도가 26℃를 넘어서지 않게 맞추어 주고 다음날 아침에 가압을 풀고 몰드를 제거합니다. 치즈 가압 후의 pH는 5.2~5.3 정도가 되어야 좋은 숙성치즈를 얻을 수 있음을 잊지 마시기를 바랍니다.

(11) 가 염 : 가압을 풀어 정리한 치즈는 pH 5.2~5.3 범위를 확인하고 커다란 대야에 20°Bé의 소금물을 채워 가염작업에 들어갑니다. 이때 주의할 사항은 가염하는 소금물의 pH와 온도조건인데, 즉 소금물의 pH는 가염하고자 하는 치즈의 pH와 일치시키며[소금물 pH는 유산(lactic acid)을 사용하여 조절합니다], 온도는 15℃로 유지시키는데 가능하면 가염작업은 숙성실에서 실시합니다. 가염은 다음에 지시한 것에 맞추어 침지(浸漬)시킵니다.

- 가우다 0.5 kg → 2시간 30분
- 가우다 1.0 kg → 5시간
- 가우다 10 kg → 50시간
- 가우다 20 kg → 100시간

(12) 숙 성 : 가염이 끝난 치즈는 소금물에서 건져 내어 RH 73% 정도 되는 15℃의 방으로 옮겨 경사 2° 정도의 기울기를 갖는 선반에 얹어서 한나절 정도 건조시킵니다. 건조가 끝난 치즈를 목장에서는 두 가지 방법으로 숙성합니다. 하나는 건조된 치즈를 플라스틱 팩으로 진공포장 하고 15℃가 유지되는 아이스박스나 쇼케이스(15℃가 유지되게 조정)에서 6주~6개월간 숙성합니다. 다른 하나는 건조된 치즈에 바이오 플라스틱을 한나절 간격으로 도포시켜 3회 도포처리 한 후 치즈 표면의 플라스틱을 완전히 건조시킨 뒤 RH 95%, 15℃ 조건에서 숙성합니다. 그러고 나서 다시 10℃에서 6~12개월 동안 보관하면 맛이 좋

은 치즈를 얻을 수 있습니다. 이때의 치즈는 플라스틱 위에 왁스처리를 하는 것이 좋습니다. 가우다 치즈의 pH는 숙성기간 동안 약간 증가하는데 8주째 치즈의 경우 pH가 5.3~5.5 범위가 되면 정상이고 맛이 좋습니다.

그림 3-34. 네덜란드 오로라(Aurora) 유기농 치즈공장의 가우다 치즈의 플라스틱 코팅 자동처리 장치 (화보 18쪽, 저자 사진)

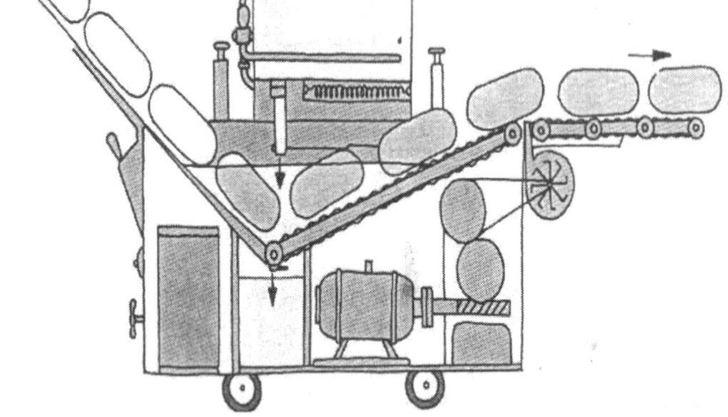

그림 3-35. 네덜란드 가우다 치즈의 왁스(파라핀) 자동처리 장치 작동구조[305]

305) 국산 자연치즈 제조기술 매뉴얼 작성위원회(國産ナチュラルチ-ズ製造技術マニコアル作成委員會) 1995. 자연치즈제조기술 표준화 매뉴얼 제3집(ナチュラルチ-ズ製造技術標準化マニコアル 第3集) 국산 자연치즈 제조기술 매뉴얼 작성사업(농림수산성 축산진흥사업부 후원/사단법인 중앙낙농회의 수탁) p. 24.

3) 제조공정 [2] : 독일 산양유 가우다 치즈

지금부터 기술된 제조공정 [2]「산양유 가우다 치즈 제조공정」은 독일 치즈 마이스터(Käse Meister) 정용삼 선생이 저자에게 개인적으로 구술한 것을 저자가 기록으로 남겨서 재편집한 것입니다. 구술 내용 중 전문용어나 학술적인 내용은 저자가 보정하였으나 대체적인 주요 내용은 정용삼 선생이 독일 농업시험장 학교인 하우스 리스빅[306] 유가공장에서 수십 년에 걸쳐 자신이 체득한 경험과 노하우를 저자를 통해 한국의 치즈학도들에게 제공한 것을 보정한 것입니다.[307] 참고로 하우스 리스빅 치즈공장은 산양유로 12종의 유제품을 제조하며, 주요 제품은 바로 산양유 가우다 치즈입니다.

(1) 살 균

독일이나 스위스, 네덜란드에서는 에멘탈, 가우다는 비살균 원유로 치즈를 제조해도 법적으로 제재를 받지 아니합니다. 봄이 되어 눈이 녹으면 소를 몰고 알프스 산악지로 올라가 그날 짜낸 원유는 살균하지 않고 장작불을 때서 경질 치즈를 만듭니다. 그 전통이 오늘날까지 인정받고 있습니다. 살균은 만일 있을 수 있는 원유 내 잡균을 제거하고자 실시하는 것이지요.

▶ 살균온도는 63℃, 30분간 합니다. 독일어에는 '웅게페르(Ungefer)'란 말이 있는데 "그냥, 대충 대충"이란 말입니다. 치즈는 대충 대충 제조해서는 결코 안 됩니다. '웅게페르'는 그 의미를 강조하는 데 쓰이는 말이기도 합니다.

▶ 치즈는 같은 종류라 해도 책마다, 강사마다 치즈 제조 방식이 조금씩 달리 제시되고 있어서 혼란스럽습니다. 어느 치즈 공방에 가면 그 공방 나름대로의 공법이 있습니다. 그 공방이 하는 대로 해 보고 안 되면(그 맛이 안 나면) 전문서적들을 참고하십시오. 그리 하여 내 공장만의 표준 공정을 정립해야 할 것입니다.

▶ 아무리 제조해도 맛이 없고 제품이 안 되면 원인은 원유에서 찾아내야 합니다.

▶ 치즈 제조 시 항상 기록부를 남겨야 합니다. 정직하게 정확히 해야 합니다. 그래도 치즈가 잘 안 되면 그 기록을 되짚어 올라가 봅니다. 그러면 그 원인을 반드시 찾을 수 있습니다.

---

306) 독일 노르드라인-베스트팔렌 주 클레브 시(Nordlein-Westfallen, Kleve)에 위치하는 이 학교는 반관반민(半官半民) 형태로 운영되는 종합 축산시험장 겸 농민, 농대생 교육기관으로 1957년에 HAUS Riswick이라는 목장주로부터 매입, 설립하였습니다. 정용삼 선생은 이곳의 유산양 파트로부터 공급받은 원유로 부설 유가공장에서 치즈와 유제품(신선치즈, 가우다, 시유 등 12종)을 생산 관리하고, 입소하는 교육생들에게 치즈교육을 담당하였습니다.

307) 이 구술 내용은 정용삼 선생이 2005년에 별도로 저자에게 이전해 준 것입니다.

▶ 원유의 pH에서 근본적인 원인이 있을 수 있습니다. 이 용어 pH는 그리스어에서 왔습니다. Potenche Hydro- 즉「수소의 힘(Power of Hydrogen)」이란 뜻입니다. 원유의 pH가 이상하게 높은 경우(pH 6.9 이상)는 유방염 유(乳)인지를 의심해야만 합니다.

▶ 치즈를 하룻밤 가압 후 몰드를 해제했을 때 에멘탈, 가우다 등 렌넷 응고형 치즈에서 pH 5.15 이하가 되면 돼지사료가 됩니다.

▶ pH 4.9 이하인 치즈는 신맛 유제품(Sour Milk Products, 요구르트, 신선치즈, 케피어)이 됩니다.

▶ 치즈에 넣는 스타터가 중요한데, 액상 스타터의 pH도 4.35～4.5 범위가 되어야 합니다.

▶ 가우다 치즈 제조공정에서 치즈 가압 시 실내 온도는 23～25℃이어야 하고, 이보다 너무 높으면(26℃ 이상) 강하게 시어진 발효가 일어나고 맙니다. 그렇다고 20℃ 이하가 되어서도 안 됩니다. 적정 발효가 안 일어나기 때문이지요.

▶ 가우다 치즈 원유는 일단 살균을 권장합니다. 비살균 방식을 채용 시에는 사용 원유에 자신이 있어야 합니다. 따라서 남의 목장에서 구입한 원유는 믿을 수 없으므로 그 때는 무조건 반드시 살균합니다.

▶ 치즈 원유 살균 온도가 너무 높으면 원유의 이력현상으로 치즈를 못 만들게 되어 있습니다. 응고가 안 일어납니다.[308)]

▶ 살균 조건은 72℃～74℃에 15초나 63℃, 30분이 있는데(32분은 시계 보는 여유 2분을 주어야) 전자는 고온순간 살균법으로 설비가 비싸서 목장 유가공장은 어렵습니다. 목장에서는 후자가 좋습니다.

(2) 냉 각

▶ 살균 후 32℃로 냉각시키는데 벳트 자켓에 물을 순환시켜 냉각합니다.

▶ 살균 후 냉각온도 조절은 외부온도를 고려해서 합니다. 외부온도가 낮으면 34℃로 하고, 더우면 32℃로 조절합니다. 저의 경험상 그렇습니다. 이 온도로 냉각시키는 데는 20～25분이 소요됩니다.

▶ 만약 내일 가우다 치즈를 제조하려고 한다면 전날 저녁에 짜놓은 원유로 한 번

---

308) 유가공학에서는 이를 이력현상(Hysteresis)이라고 하는데 65℃ 이상에서 2~3분이 경과하면 원유 단백질의 카제인이 유청단백질과 복합체를 이루어 렌넷 응고를 막는 현상입니다. 그래서 응유가 안 일어나거나 지연됩니다.

시험합니다. 40mL를 깨끗한 시험관에 담아 방에 갖다 놓고 다음날 아침에 표면이 말끔하고 냄새를 맡았을 때 향긋하고 좋으면 좋은 원유라고 봅니다.

▶ 치즈 원유는 이틀 이상 두지 말고 항상 신선한 것으로 제조해야 합니다. 치즈 원유는 여기저기서 가져오지 말고 자기 원유로 제조해야 안전합니다. 외부에서 가져다 쓰는 경우 꼭 믿을 수 있는 사람에게서만 갖다 써야 합니다.

(3) 스타터 접종

▶ 스타터는 중온균 DVS는 2.5g /100kg를 첨가합니다. DVS 봉지를 자를 때 가위나 칼을 철저히 멸균해 쓰고, 자른 뒤 즉시 밀봉하여 냉동 보관해야 합니다.

▶ 독일 베스트팔렌주 하우스 리스빅 치즈학교에서는 3년 과정 중 4개월간 위생만 가르칩니다. 모든 제조공정의 종결이 위생이기 때문입니다.

▶ 치즈공장은 공장 내부 온도가 중요합니다. 항상 23～25℃로 유지되어야 합니다. 따라서 공장의 공간이 작아야 이런 온도 유지가 가능합니다. 큰 공장은 엄청난 돈이 들어가야 25℃ 유지가 가능한 일이기 때문에 공방은 작게 계획하여 작게 만들어야 온도 조절이 좋고 여러모로 경제 효과가 좋습니다.

▶ 치즈 원유 살균 후 옮기는 과정에서 식으니까 34℃로 냉각하라는 것입니다.

▶ 공장 외부에 나갔다 들어 올 때 반드시 팔 걷어 부치고 손을 소독수에 담그는 습관을 가져야 합니다. 소독수는 공장 입구에 하나, 치즈 벳트 부근에 하나 두어 두 번 소독합니다. 하루 100번 밖에 나갔다 와도 100번 모두 반드시 다시 소독해야 합니다.

▶ 치즈공방 공간은 작게, 행동 반경도 작게 해야 합니다. 그래야 덜 피곤합니다.

▶ 스타터 배양 시 사용하는 봉지는 균주회사에서 구입하는데 이것을 원조(종균/seed culture) 스타터라 합니다. 치즈 원유에는 1.0%가 들어가니까 1L를 만들면 100kg 원유에 사용할 수 있습니다.

▶ 치즈 원유는 벳트에 넣은 후 움직이면 안 됩니다. 불필요하게 많이 움직이고 옮기는 과정이 많으면 안 됩니다. 치즈 원유 지방률은 3.4～3.5%가 가장 좋습니다. 산양유는 평균 유지방 율이 3.5%입니다. 스타터 접종 후 60분간 발효시킵니다.

(4) 렌넷 첨가

렌넷(액상)은 1배 렌넷(250～290/mL IMCU)으로 원유 20mL/100kg를 넣습니다

(산양유는 15mL/100kg을 넣습니다). 미지근한 물에 20배 섞어서 넣고 45분간 기다립니다. 원유 저장기간이 길었거나 남의 집 원유들을 가져 왔고, 자신의 원유에 자신이 없으면 이때는 염화칼슘을 첨가합니다(100kg에 50g, 50kg에 30g의 비율로 취하여 미지근한 물에 녹여 첨가합니다).

(5) 커드 절단

▶ 응고된 커드를 인지 손가락으로 45°로 찔러서 손가락 끝을 들어 올려 볼 때 우유가 하나도 안 남았으면 절단 적정 시간입니다. 원유에 칼끝으로 구멍을 뚫고 찔러서 들어 올려보아 어떤 방향이든 한 방향으로 죽~ 갈라지면 좋습니다. 1.0cm도 못가서 무너지면 5~6분 더 기다려야 합니다. 그리고 커드를 자른 자리가 봉합된 후에 그 자리에서 유청이 배어 나오면 절단해도 됩니다.

▶ 커드 절단은 수평(가로) 나이프부터 잘라주고 수직(세로)을 유지하며 자릅니다. 자를 때 감이 있습니다. 갓난 아이 다루듯 천천히 자릅니다. 아주 천천히 자릅니다. 왜냐하면 치즈 벳트의 벽면에는 열이 전해져서 잘 굳었을지 모르나 중심부로 갈수록 열전달이 늦어져서 응고상태가 매우 연약하게 되어있는 셈이기 때문이지요. 그런데도 강하고 빠른 속도로 절단하다 보면 중심부 커드에서 네트워크가 부서지고 가루(fine)형 미세커드가 많이 발생되어 치즈 생산수율이 떨어지고 연약한 커드가 얻어져 제조 중 유청 배출이 어려워지기 때문입니다.

▶ 커드 크기는 $1.0cm^3$가 적당합니다. 자른 뒤 5분간 정치하고 나서 20번 정도 서서히 저어 줍니다. 커드입자 크기가 작을수록 커드는 단단해 집니다. 교반방식은 천천히 저으면서 벳트에 손을 넣어보면 커드가 미끌미끌하여 커드가 미꾸라지처럼 빠져 나갈 것입니다. 20분 정도 지나서 손으로 커드를 만져보면 단단해진 느낌으로 손가락 사이를 지나가는 커드의 부딪치는 감과 걸림이 있습니다.

[Tip 47] 독일의 가우다 치즈 검사원이 중점을 두는 치즈검사 기준

① 먼저 치즈 표면을 본다.
② 치즈를 잘라서 치즈 내면의 형태를 보고, 치즈 눈의 형성 정도도 관찰한다.
③ 치즈 속의 냄새를 맡아본다.
④ 조직을 눌러 질감을 보고 수분함량 검사, 경도가 어느 정도인지 확인한다.
⑤ 먹어 본다 등 5개 항목에 5점씩 부여합니다.

그래서 25점을 맞으면 합격입니다. 독일에서 「Gold Medal」 치즈라고 합니다.

(6) 유청 배제와 가온

유청 배출을 목적으로 교반하고 커드를 건져 보아서 형태가 뚜렷하면 계속 교반해 주고, 20분이 지나면 원유의 30% 유청을 배제합니다(원유 100kg이라면 30kg). 이때 온도 27~29℃가 됩니다. 다시 여기에 38℃의 물을 원유의 20%만큼 서서히 벽면을 따라 넣어줍니다. 그러면 온도가 34℃ 이상으로 상승합니다. 온수는 원유의 20%만 넣어야지 더 넣지는 마십시오. 이는 유당 농도조절을 위해 물을 넣는 것인데 더 많은 물을 넣어 주면 안 됩니다.

▶ 다시 여기서 20분 정도 교반해 줍니다. 20분 후 유청 30%를 제거하고 40℃ 물을 20%를 가합니다. 이때 유청의 온도는 37℃가 되게 합니다. 여기서 매우 조심할 것은 물을 첨가할 때 한꺼번에 다 넣지 말아야 한다는 것입니다. 왜냐하면 열탕수가 커드 표면에 직접 닿게 되면 표면이 익어서 굳어지고, 그 내부에는 유청이 갇힌 셈이 되어 더 이상 유청 배출이 안 되기 때문이지요. 그래서 소정의 교반시간 내에 걸쳐 조금씩 매우 서서히 가해 주어야 합니다. 손을 넣어 커드를 손가락 사이로 지나가게 하면 쌀자루에 손 넣었을 때 쌀알이 손에 부딪쳐 걸리는 느낌이 듭니다[309]. 그러면 예비 가압해야 합니다.

이때 손에 커드를 한 손안에 한웅큼 쥐었다 뒤집어 떨어뜨려 보면 5~6개의 커드조각이 손에 남게 되면 교반을 더 해주어야 하고, 2개 정도가 남으면 유청 배출과 함께 예비가압이 가까워졌음을 알 수 있습니다. 이때 유청을 커드 높이까지 배제하고 예비 가압합니다.

(8) 예비 가압

먼저 예비 가압합니다. 벳트 내 커드를 모두 한쪽으로 모아 두고 유청 속에 커드를 위치시켜 두 개의 판으로 커드를 한쪽 벽면을 향해 가두고 남은 유청과 커드를 함께 퍼부어 줍니다. 그 때 유청이 막아둔 칸 밖으로 다 빠져 나갑니다. 커드를 유청과 퍼 넣지 않으면 안 됩니다. 이는 커드 내 공기를 없애서 유청이 최대한 배제되어 신맛이 덜나도록 하는 것입니다. 만약 그러지 않으면 커드에 산소가 결합되어 유청이 커드 내부에 갇혀 떡이 되어 버립니다. 반드시 유청 속에서 예비 가압하든지 미리 몰드에 커드를 채운 뒤 유청 속에서 가압해서 기포(산소) 제거가 필수적임을 명심하세요. 예비가압 시의 가압무게는 치즈의 예상 수량[310] 커드의 2배 무게로 60분간 합니다(최

309) 나이든 사람들이 예전에 쌀독에 손을 찌르며 놀았는데 그 쌀 부딪치는 느낌이 있으면 유청배제 시간이 된 것입니다.

310) 대략의 예상 치즈 생산 수량은 우유 10%, 산양유 15%, 면양유 20%입니다.

대 4배 무게). 예비 가압을 하는 동안 카도바 몰드를 챙겨서 치즈 벳트 유청 안에 넣어서 따뜻하게 해 주어야 합니다.

▶ 여기서 한 번 더 강조해 두지만 제품 치즈에 40% 수분이 유지되도록 하려면 커드를 유청 속에서 예비 가압 또는 커드를 담은 몰드를 유청 안에 담가서 두 배 무게로 가압하여 커드 내부의 기포를 빼내야만 합니다.

(9) 몰딩(몰드에 커드 넣어 채우기)

예비 가압이 끝나면 미리 데워 둔 몰드를 꺼내고 한 덩어리 커드를 몰드 크기에 적당하게 칼로 자른 뒤 몰드에 몰드 크기에 맞게 자른 커드를 뒤집어 넣어 빈틈없이 채우고 뚜껑을 얹어 둡니다.

(10) 본 가압 및 성형

▶ 본 가압은 10~12시간 이상 실시합니다. 처음에는 치즈 무게의 4배, 3시간 후 치즈 무게의 3배, 다시 3시간 후 2배, 3시간 후에는 가압을 끝내고 커드를 몰드에서 꺼낸 뒤 커드를 뒤집어서 도로 몰드에 넣어 둡니다. 이런 과정 속에 치즈가 성형이 됩니다.

▶ 소규모 공장에서는 역도에서 무게를 늘리는 데 쓰이는 링을 사용해서 가압합니다. 이때 온도가 매우 중요하지요. 23~25℃ 준수가 필요합니다. 그러면 자연적인 자체 무게만으로 매끄러운 치즈의 표면 형성이 이루어집니다. 치즈 프레스에 치즈 네 개 쌓고 가압하여 하룻밤 지나고 난 다음날 꺼내어 뒤집어서 몰드에 넣어 두었다가 매끈해진 표면이 형성된 시간에 맞추어 빼내도 됩니다.

▶ 때로는 낮은 무게로는 가압을 오래(밤새)합니다. 낮은 무게로는 오래 해서 서서히 유청이 빠져 나가게 하는 것이 중요합니다. 낮은 무게로 가압을 오래 하면 효과적입니다

▶ 사일리지를 급여한 가축의 원유에는 낙산균이 있어서 치즈를 망치는데, 사일리지에 함유된 낙산균은 치즈 숙성 중 3개월경 팽화가 일어나는 문제가 있습니다. 이를 '후기 팽화'라고 하는데 치즈 제품화를 손상시킵니다. 낙산균 증식 억제제로 라이소자임(lysozyme)을 사용하되 스타터 접종 시 넣고 사용량은 회사 지시에 따라야 합니다.[311]

---

311) 한국의 낙농가들이 대부분 TMR(Total Mixed Ration, 완전배합사료)을 급여하는데, 이 사료에는 거의가 사일리지를 기본 재료로 혼합합니다. 그래서 TMR급여 젖소 원유로 3개월 이상 숙성하는 치즈를 제조하는 경우 반드시 원유에 라이소자임을 첨가해야 합니다.

(11) 가 염

- 500g 치즈를 18～20°Bé* 소금물에 4～5시간 담가 둡니다.
- 1kg 치즈를 18～20°Bé 소금물에 8～10시간 담가 둡니다.
- 2kg 치즈를 18～20°Bé 소금물에 16～18시간 담가 둡니다.
- 3kg 치즈를 18～20°Bé 소금물에 32～34시간 담가 둡니다.
- 32kg 치즈를 18～20°Bé 소금물에 3½일간 담가 둡니다.

(*Bé ≒ 염도, 18～20° ≒ 18～20% 소금물)

소금물의 pH는 치즈의 pH와 같아야 하고 조정은 유산(lactic acid)으로 합니다. 소금물의 pH가 치즈보다 높으면 치즈 표면이 안 마른다는 사실을 명심하세요.

▶ 소금물에 넣어 둔 동안 치즈에 딱딱한 표면이 만들어 집니다. 치즈가 뜨면 적당한 송판으로 눌러주는데 아예 보자기에 싸거나 스테인리스 선반에 겹쳐 넣고 소금물에 잠기게 합니다(이때 잘못하여 치즈에 생긴 줄이나 흔적이 결코 바로잡을 수 없으므로 흠결이 없는 매끄러운 것 사용).

[Tip 48] 가염용 소금액 제조 요령

① 유청을 끓여서 걸러 단백질을 제거 합니다.

② 10L 유청에 2.5kg 소금을 넣어 주면 18～20°Bé[312]가 됩니다(pH 5.1～5.3). 그냥 물을 사용하는 경우 소금물의 pH 조절은 유산(乳酸, Lactic acid)을 5배로 희석하여 사용합니다. 대개 원액은 보통 100kg에 4mL 정도를 첨가합니다. 치즈 표면의 건조가 잘 안 되는 경우 사용하는 소금물에 문제가 있습니다. 이런 때는 소금물을 80℃로 끓여서 냉각한 뒤에 걸러내고 다시 pH와 염도를 조정해야 합니다.

③ 가염용 소금물 처리 요령 : 1개월 마다 걸러서 80～85℃로 살균한 뒤 소금농도를 잰 다음 부족분만 넣어서 보충하여 계속 사용합니다. 하우스 리스빅 치즈공장에서는 처음 만들었던 소금물을 지금껏 20년 동안 계속 쓰고 있습니다.

---

312) 각주 148)에서 설명되었지만 여기서 한 번 더 보충합니다. 보메 도(°Bé)는 발명자인 프랑스의 약학자, 화학자인 앙투안 보메(Antoine Baum/1728 2/26～1804 10/15)의 이름을 딴 것으로 °Bé로 표시합니다. 보메 도(度)는 액체의 비중을 나타내는 단위로 보메 비중계를 액체에 띄웠을 때 나타나는 눈금으로 보메 도(度)가 그려져 있습니다. 보메에는 물보다 가벼운 용액에 쓰는 경액용(輕液用)과 물보다 무거운 용액에 쓰는 중액용(重液用) 2가지가 있습니다. 「네이버 지식백과」(화학대사전, 2001. 5. 20. 세화)

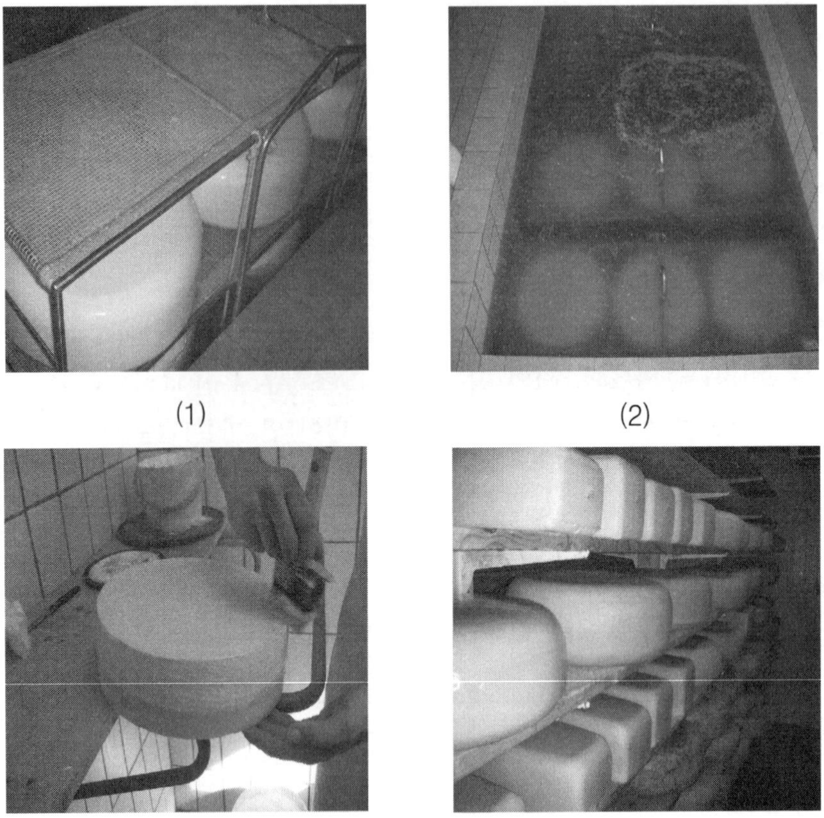

(1) (2) (3) (4)

그림 3-36. (1) 네덜란드 가우다 치즈 공장의 가염용 치즈고정 망 선반, (2) 선반에 넣은 치즈 가염 중 상태, (3) 건조가 끝난 치즈에 바이오 플라스틱 바르기 작업, (4) 플라스틱 바른 뒤 치즈 건조와 숙성하기 (화보 19쪽, 저자 사진)

(12) 건 조

▶ 가염이 끝난 치즈를 12～14℃, 습도 73% 정도의 방으로 옮기는데 건조를 숙성실에서 하는 것은 결단코 피해야 합니다.

▶ 하우스 리스빅 공장에서는 도마를 2° 정도 약간 경사지게 해서 치즈를 올려 소금물이 빠지도록 2일간 둡니다(표면 건조상태가 안 좋으면 3일도 좋습니다).

▶ 검지로 표면을 만져서 물기가 없으면 표면처리 할 시기임을 알 수 있습니다. 너무 빨리 하면 수분이 너무 많아집니다. 3～4일 건조가 딱 좋습니다. 일주일을 두었다가 표면처리 하면 어렵습니다. 너무 건조되었기 때문이지요.

(13) 표면처리

시중에서 플라스틱 코팅제를 사다가 표면에 발라 줍니다. 하루는 한국의 김 기름솔 같은 것으로 한 면을 칠해 주고, 그 쪽이 마르면 다음날 반대 면을 발라주는데 보통 4~5시간이면 굳습니다. 플라스틱 코팅제는 숨을 쉬는 특징이 있습니다. 그래서 숨은 쉬되 치즈 외부에서 들어오는 잡균오염을 막아 줍니다. 어떤 것은 0.08%의 페니실린 성분(0.08% 나타마이신 / Natamycin)이 함유되어 있습니다. 이것을 사용하면 곰팡이 증식이 억제 됩니다. 대신 보통 것보다 배 이상 값이 비쌉니다. 보통은 플라스틱 코팅제를 써도 됩니다. 플라스틱 코팅은 두 차례 합니다.

그 이후에 생산일자, 개체번호를 스탬프로 찍어 둡니다. 그리고 3개월 후에 출하하며, 출하가 잘 안 되고 있으면 5~6개월 두었다가 파라핀(왁스) 코팅을 합니다. 너무 일찍 하면 왁스 안에 수분이 갇히게 되어서 쓴맛 치즈가 나오기 쉽습니다.

(저자 주 : 왁스 코팅은 왁스덩어리를 버킷 통에 넣고 열을 가하면 녹는데, 녹은 왁스 안에 치즈를 넣고 3초 후에 들어 올리고 5~6초가 지나서 굳은 쪽을 잡고 안 묻은 곳을 전과 같이 넣어서 빼내어 굳은 것을 확인한 뒤에 숙성 선반으로 옮깁니다)

(14) 숙 성

가우다를 4~5주 숙성한 것을 한국인이 좋아 합니다. 아직은 어린 숙성치즈입니다. 대체로 5~6개월 숙성시킨 것이 맛과 향이 좋습니다.

[내가 생각하는 한국인이 좋아하는 치즈 타입]

가우다 치즈, 3주경에 자르면 페타 치즈처럼 하얀 원형이 남아 있습니다. 이것도 4~5주 지나면 원 중심이 없어집니다. 6개월 지나면 제 맛이 나는데, 이때가 가장 적당한 맛이 납니다.

4) 제조공정 [3] : 독일 하우스 리스빅 산양유 치즈공장의 가우다 치즈 제조방식[313)]

(1) 07:00 → 원유 정치 / 산양유 330kg 사용함

(2) 07:25 → 중온균 액상스타터 주입 3.3L(1.0%) / 330kg

313) 이 방식은 저자가 2005년 7월 1일부터 15일까지 실습했던 독일 노르드라인-베스트팔렌주 클레브 시 소재 하우스 리스빅 산양유 치즈공장 마지막 실습 날에 혼자 만들어 보도록 당시 치즈제조 책임자였던 크리스토퍼 씨의 제안에 따라 저자가 진행한 과정을 그대로 옮긴 것입니다. 원유는 당일 착유한 산양유 330kg를 사용하였습니다. 만약 우리나라 산양유 가우다 치즈를 생산하기 원하는 분들은 이 방식을 가지고 상품화를 시도해 보시기 바랍니다.

매 100L 원유 넣을 때마다 스타터를 넣어주고 교반합니다. 여기서는 항상 미리 저온 살균된 원유가 공급되고 있습니다. 그렇게 하면 스타터 배양시간을 단축할 수 있지요. 보통 1시간 배양해야 하는 것을 45분이면 되는 것이지요. DVS를 사용하면 최소한 90분은 기다려야 하는데 그래서 여기서는 DVS를 사용하지 않는다고 합니다.

(3) 08시 10분 → 렌넷 넣기 : 49.5mL/330kg 첨가
1배 활력의 송아지 렌넷(액상 / 250～290/mL IMCU calf rennet) 49.5mL를 취합니다. 35℃ 정도의 미지근한 물에 녹입니다. 즉 350mL 물에 49.5mL의 렌넷을 주사기로 뽑아 메스실린더에 넣어 두었다가 미지근한 물에 희석 즉시(08시 10분) 렌넷을 첨가하고 저어준 다음 교반기를 제거합니다. 13분부터 45분간 정치하고 48분에 커드를 절단합니다.

(4) 09:15 → 유청 40% 배제, 198L 제거

(5) 09:20 → 가온 가수 297L(48℃), 가온 온도가 너무 낮으면 커드 내부가 너무 습기가 차고, 너무 온도가 높아 버리면 내부가 건조 되어서 찢어지고 깨집니다. 벳트의 온도는 36～37℃가 적당하나 36℃가 가장 좋습니다. 36℃에 맞추고 물을 넣는데 시간이 걸립니다. 36℃에서 20분간 세게 교반합니다. 이때 커드 굳기 느낌을 가지고 교반시간을 늘리기도 하고 정상인 20분만하기도 합니다. 그 판단 기준은 위에 적어 둔 3가지입니다.

(6) 10:30 → 몰딩을 위한 예비 가압을 실시합니다. 몰드 챙겨서 치즈 벳트 유청 안에 넣어서 따뜻하게 해 주기

(7) 10:55 → 몰드 꺼내기-몰드 크기에 맞추어 자른 커드 뒤집어서 몰드에 넣기

(8) 11:00 → 가압(2.5bar) 30분간 가압 후 커드 뒤집어서 재 가압

(9) 11:30 → 뒤집어서 재 가압

(10) 14:00 → 커드를 커내서 뒤집어 주기(매끈한 표면 형성)

(11) 15:00 → 가염 시작(커드 pH 5.2～5.3 범위 확인)

(12) 17:00 → 소금물에서 뒤집기[가염용 선반 틀(그림 3-36의 (1), (2) 참조)에 담아 가염하면 이 작업은 불필요]

(13) 이튿날 소금물에서 건져 올린 치즈를 2° 경사진 선반 위에 올려 소금물 제거와 건조, 2일간 건조실(12℃, RH 73%)에서 매일 뒤집어 가며 표면 건조 한 뒤 플라스틱 도포하고 나서 숙성실로 옮겨 12℃, RH 90% 숙성실에서 3～6개월 숙성합니다.

[Tip 49] 산양유 가우다 치즈 제조 시 각종 재료 첨가량[314]

치즈			유청		예비가압 시스템	소형 몰드 (500g)
산양유(L)	스타터 액(L)	렌넷*(mL)	배출량(L)	가수량(L)		
100	1.0	15	60	90	이곳에서만 사용하는 덮개 크기를 정해둔 것임	
190	1.9	28.5	114	171		5×6
200	2.0	30.3	120	180		5×6
210	2.1	31.5	126	189		
220	2.2	33.0	132	198		
230	2.3	34.5	138	207		
240	2.4	36.0	144	216		6×6
250	2.5	37.5	150	225		
260	2.6	39.0	156	234		
270	2.7	40.5	162	243		
280	2.8	42.0	168	252		
290	2.9	43.5	174	261		
300	3.0	45.0	180	270		
310	3.1	43.5	186	279		
320	3.2	48.0	192	288		
330	3.3	49.5	198	297		
340	3.4	51.0	204	306		
350	3.5	52.5	210	315		
360	3.6	54.0	216	324		
370	3.7	55.5	228	342		
380	3.8	57.0	234	351		
390	3.9	58.5	240	360		
400	4.0	60.0				

*1배 렌넷(Single strength calf rennet, 250～290/mL IMCU)

314) 이 표는 저자가 2005년 7월에 실습했던 독일 노르드라인-베스트팔렌 주 시험장학교 안에 있는 하우스 리스빅 산양유 치즈공장의 벽에 부착되어 노랗게 빛바랜 오랜 전통의 산양유 가우다 치즈 제조 노하우 정보를 확보하여 공유하는 것이므로 독자 중에 산양유 가우다 치즈 제조가들은 많이 참고하시기 바랍니다.

[Tip 50] 하우스 리스빅 치즈공장의 숙성실 나무선반 처리법[315)]

① 한 묶음으로 10매 이상을 작업대 위에 모아 올립니다.
② 열수(85℃) 세척
③ 1.0% P3 Oxonia aktiv 액으로 철솔 이용 세척(독일 Eco lab 사 제품)
④ 열탕수(85℃)로 세정하여 헹굼
⑤ 그늘에 세워 말린다.

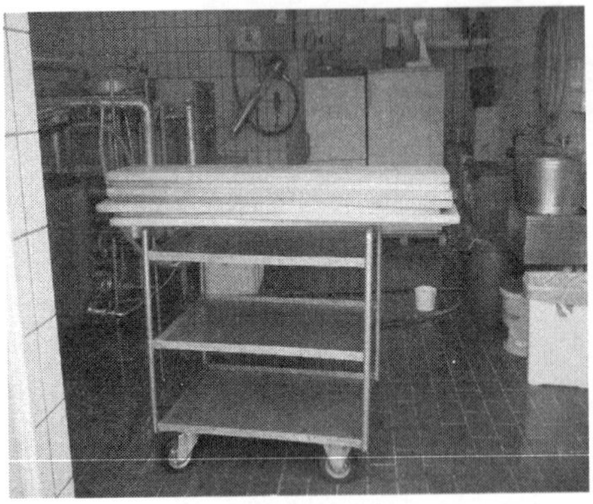
① 한 묶음이 10매가 되게 모음

② 85℃ 열수로 세척

③ 적당량의 1.0% P3 Oxonia aktiv액을 선반에 뿌림

④ P3 Oxonia aktiv액을 표면에 부어서 철 솔로 닦아 줌

315) 우리나라의 경우 아직은 숙성치즈 공장들이 많지 않아서 식품의약품안전처가 치즈 숙성실의 나무선반 사용을 허용해 주지 않지만 장차는 이를 허용하도록 숙성치즈 제조가들이 제안해야 할 것입니다. 미국 FDA도 그동안 허용하지 않다가 2013년에 ACS가 강력히 요구하여 사용을 관철한바 있습니다. 알고 보면 우리나라에 수입되는 EU국가들의 숙성치즈 대부분이 나무선반 위에서 숙성한 것들인데, 우리나라 식품의약품안전처가 우리 치즈제조가에게만 숙성실 나무선반 사용을 금지하는 것은 합당한 일이 아니기 때문입니다.

⑤ 열수(85℃)로 세정하여 헹굼

⑥ 그늘에 세워 건조시킴

그림 3-37. 독일 노르드라인-베스트팔렌 주 소재 하우스 리스빅 산양유 치즈공장의 숙성실 선반 청결 소독방법 (화보 20쪽, 저자 사진)

5) 제조공정 [4] : 일본식 가우다 치즈 제조공정316)

(1) 성분 표준화 : 카제인과 유지방의 비율(P/F)을 약 1.07이 되도록 조정합니다.

(2) 원유의 살균 : 63℃, 30분간 또는 73℃, 15초간 실시합니다.

(3) 냉 각 : 32℃

(4) 염화칼슘 : 칼슘 33% 포화용액(Calso나 Calciol)을 원유의 20~30mL/100kg

(5) 라이소자임 첨가 : 회사 지시에 따름(보통 12~15mL/100kg)

(6) 스타터 첨가 : 중온균(덴마크 크리스챤 한센사의 Flora Danica) DVS 2.5g/100kg 정도

(7) 정치 배양 : 45~50분간

(8) 렌넷 첨가 : 약 30분 안에 응고하는 양[1배(250~290/mL IMCU) 렌넷으로 19mL/100kg] 20배 물에 희석 즉시 첨가합니다.

(9) 커드 절단 : 커드 절단 후 약 5분간 정치(치유)

(10) 교 반 : 천천히 15분간 실시합니다.

(11) 유청 배출 : 5분간 정치 후 커드 입자가 표면에 보일 때까지

(12) 가수/가온 : 80℃의 뜨거운 물을 벽면을 향해 넣어가며 38℃까지 가온합니다. 가온 속도는 2분에 1.0℃ 상승하는 속도로 가수 실시합니다.

---

316) 이 레시피는 일본의 가와구치 오사무(河口理) 선생이 우리 순천대학교에 초빙되어(2003, 2006, 2008년) 워크숍을 진행하는 동안 저자에게 기술 이전해 준 것입니다.

(13) 교 반 : 가온 완료 후 약 1시간. 온도는 그대로 38℃를 유지합니다. 커드 입자에서 유청이 배출되는 동안 교반 속도를 빠르게 합니다.

(14) 유청 빼기 : 커드 입자가 표면에 보일 때까지

(15) 벳트 내에서 예비가압 : 커드 입자를 벳트 내에서 한쪽으로 모아 유청안에서 실시합니다. 대략 커드 무게의 1배, 2배의 순으로 늘려서 여름에는 30~45분간, 겨울철에는 1시간 동안 가압합니다.

(16) 성 형 : 치즈 몰드의 크기에 맞게 커드 덩어리를 잘라 성형합니다.

(17) 가 압 : 처음 20~30분간은 가볍게(치즈 중량의 수배), 치즈를 뒤집어서부터 치즈 중량의 0~12배 가압합니다. 가압시간은 약 2~3시간, 가압 시 실내 온도는 20℃~26℃를 유지합니다.

(18) 가압 해제 : 프레스에서 빼낸 몰드는 약 10℃의 냉수에 몰드채로 담가서 냉장 보관하며 하룻밤을 둡니다(이때 키포인트는 치즈의 pH가 5.2~5.3 범위인 것을 확인하고, 이 범위의 pH가 되기까지 기다린 후 냉수 처리해야만 합니다).

(19) 가 염 : 식염 20°Bé 농도의 소금물, 수온 10℃, 가염시간은 치즈의 크기에 따릅니다(보통 4시간 / kg). 반드시 치즈의 pH와 소금물의 pH를 일치시켜야 합니다.

(20) 숙 성 : 온도 12~13℃, 습도 80~85%, 건조한 껍질(Rind)이 형성될 때까지 2일마다 뒤집어 줍니다. 건조가 되어 껍질이 형성되면 플라스틱이나 왁스 코팅하여 수개월 숙성시킵니다. 껍질이 없는 치즈의 경우(진공포장)에는 숙성 온도는 10℃ 이하이며 3개월 정도이고, 숙성 끝난 뒤, 저장은 3℃입니다.

6) 공정표

제조자 :	치즈명 : 가우다 치즈 (독일식)	벳트 번호 :	일 시 :
원 유 kg 100	원 유 지 방__________ 단백질__________ 표준화 지 방__________ 단백질__________	스타터 : 중온균 액상 혹은 DVS	

제조과정 진행	시 간	온 도	산 도	pH	커드 pH	기 록 사 항
열처리		40℃				P/F=1.07
살 균	30분	63℃				30분간 살균합니다.
기본 스타터		32℃				Type : provat 505, 사용량 : 1,000mL
부가 스타터	60분간 발효	32℃	0.01.0% ▲			Type : 아나토 색소, 사용량 : 1~2mL
첨가물						Type : $CaCl_2$, 사용량 : 20g Lysozyme 12mL
렌넷 첨가		32℃				Type : 송아지 렌넷, 사용량 : 20mL
응 고	25분	32℃				응고 소요시간 : 25분부터
커드절단 시작		32℃				0.8~1.0cm 크기로 절단
커드절단 종료	5분	32℃				3~5분간 정치
교 반	20분	32℃		6.4~6.5		20분간 천천히 교반
1차 유청제거		32℃				원유의 35.0% 유청 제거
1차 온수첨가	20분	35℃				45~55℃의 가온수를 원유량의 30%의 양을 첨가하여 35℃로 가온
교 반	15분	35℃				15분간 교반
2차 유청제거		38℃				원유의 20% 유청 제거
2차 온수첨가	20분	37℃				40℃의 온수를 10%첨가하여 37℃로 가온
교 반	15분	37℃				15분간 교반
예비가압	15분	37℃				유청 내에서 10~15분간 예비가압
성 형		25℃			5.8	성형 시 중량 : kadovac mold 1kg×10개
가 압	**치즈실의 온도 23℃ 유지				5.3~5.5	60분 : 2bar, 30분 : 3bar, 30분 : 4bar
가 염		12~15℃			5.1~5.2	4~5hr/kg, 20°Bé
포장/숙성						플라스틱 필름이나 진공포장, 왁스 15℃/4~6주 숙성

제조자 :	치즈명 : 가우다 치즈 (캐나다식)	벳트 번호 :	일 시 :
원 유 kg 100 총 량 kg 100	원 유 지 방________ 단백질________ 표준화 지 방________ 단백질________	스타터 : 중온균 액상 혹은 DVS	

제조과정 진행	시 간	온 도	산 도	pH	커드 pH	기 록 사 항
열처리		40℃				P/F=1.07
살 균	30분	63℃				30분간 살균합니다.
기본 스타터		32℃				Type : provat 505, 사용량 : 750mL
부가 스타터		32℃	0.01.0% ▲			Type : 아나토 색소, 사용량 : 1～2mL
첨가물						Type : $CaCl_2$, 사용량 : 20g Lysozyme 12mL
렌넷 첨가		32℃				Type : 송아지 렌넷, 사용량 : 19mL
응 고	25분	32℃				응고 소요시간 : 25분부터
커드절단 시작		32℃				0.5～1.0cm 크기로 절단
커드절단 종료	3～5분	32℃				3～5분간 정치
교 반	30분	32℃		6.4～6.5		20～30분간 천천히 교반
1차 유청제거		32℃				원유의 1/3 정도의 유청 제거
가온 시작 (가수)	20분	32℃				60℃의 가온수를 원유량의 20%의 양으로 20분간에 걸쳐 교반하며 천천히 가수
가온 중단	15분	38℃				15분간 더 교반
유청제거		38℃				커드 높이까지 제거
예비가압	30분	38℃				30분간 유청안에서 가압
커드 절단		38℃				유청배제 : 몰드 크기만큼 절단
성 형		25℃			5.8	성형시 중량 : kadovac mold 1kg×10개
가 압	**치즈제조실의 온도 23℃ 유지				5.3～5.5	가압 후 중량 : 14psi (초기 : 14psi, 이후 28psi)
가 염		12～15℃			5.1～5.2	hr / kg
포장/숙성						플라스틱 표면처리 혹은 진공포장, 왁스처리: 15℃/4～6주 숙성뒤 포장

제조자 :	치즈명 : 가우다 치즈 (일본식)	벳트 번호 :	일 시 :
원 유 kg 100 스타터 kg ____ 총 량 kg ____	원 유 지 방____ 단백질____ 표준화 지 방____ 단백질____	스타터 : 중온균 액상 또는 DVS	

제조과정 진행	시 간	온 도	산 도	pH	커드 pH	기 록 사 항
원 유						P/F=1.07
열처리	1~2초	68℃				바로 냉각
기본 스타터	50분간 발효	32℃				Type : FD균, 사용량 : 900mL
부가 스타터		32℃	0.01.0% ▲			Type : 아나토 색소, 사용량 : 1~2mL
첨가물		32℃				Type : $CaCl_2$, 사용량 : 15g Type : Lysozyme, 사용량 : 12 mL
렌넷 첨가		32℃				Type : 송아지 렌넷, 사용량 : 17mL
응 고	30분	32℃				응고 소요시간 : 30분부터
커드절단 시작		32℃				0.8~1.0cm 크기로 절단
커드절단 종료	5분	32℃				3~5분간 정치
교 반	15분	32℃		6.4~6.5		15분간 천천히 교반
1차 유청제거		32℃				커드 높이까지 제거.
1차 온수첨가	15분	38℃				70~80℃의 물을 서서히 벽면에 가해 2분에 1℃의 속도로 15분에 걸쳐 38℃까지 가온
교 반	60분	38℃				60분간 교반(세게)
2차 유청제거		38℃				커드 높이보다 약간 위까지 제거
예비가압	40분	38℃				유청 내에서 40분간 예비가압
성 형		25℃			5.8	성형 시 중량 : kadovac mold 1kg×10개
본 가압	**치즈실의 온도 23℃ 유지				5.3~5.5	60분 : 2bar, 30분 : 3bar, 30분 : 4bar 2시간 본 가압
냉각수 담기		4℃			5.1~5.2	냉각수에 담가 냉장고에 하룻밤 두기(pH 5.2~5.3 확인후 냉수처리)
가 염		12~15℃			5.1~5.2	4hr / kg의 시간으로 염지(20°Bé)
포장/숙성						플라스틱 코팅이나 진공포장, 왁스 15℃/4~6주 숙성

그림 3-38. 호두 향을 내기 위해 복숀크레(Bockshornklee) 종자317)를 첨가하여 제조한 뒤 숙성한 독일 노르드라인-베스트팔렌 주 소재 토마스 호프의 가우다 치즈 (화보 19쪽, 저자 사진)

그림 3-39. 독일의 유기농 가우다 치즈 (화보 19쪽, 저자 사진)

317) 일종의 두과(豆科)류인 클로버 계열 식물의 종자인데, 우리나라에서도 저자가 발아시켜 재배를 해 본적이 있습니다.

3.2 가우탈러 치즈(Goutaler cheese)

(프로마쥬 김은주 대표 제공)

(순천대학교 실습 치즈/최희영 박사 제공)

그림 3-40. 가우탈러 치즈 (화보 18쪽)

1) 개 요

독일인들이 개발한 가우탈러 치즈는 가우다(Gouda) 치즈와 스위스의 에멘탈(Emmental)를 혼용한 방식의 치즈입니다. 치즈제조 방식은 가우다 치즈 식인데, 주로 중온균에 고온균을 일부 스타터로 사용하고 치즈 눈을 형성하기 위한 프로피온산균이 스타터로 첨가됩니다. 제조 중에 에멘탈 치즈 방식처럼 고온(45℃)으로 가온(cooking)합니다. 그러니까 가우다 치즈와 에멘탈 치즈 제조공정이 융합에 의해 탄생한 일종의 퓨전(Fusion) 치즈입니다. 치즈의 맛은 가우다 맛인데 형태는 에멘탈을 빼어 닮은 모양의 멋진 치즈입니다.

제조공정의 대부분이 가우다 치즈로 진행한다는 점에서 공정의 자세한 부분은 가우다 치즈를 참고 바라며 간략히 공정을 정리해 둡니다.

2) 제조공정

(1) 원 유 : 저지방유(지방율 2.7~2.8%) 살균 70℃, 15초간 32℃로 냉각합니다. 왜냐하면 저지방 원유로 제조해야 자연적인 에멘탈 치즈 맛이 납니다. 저지방 원유이다 보니 치즈의 양이 적게 얻어지는데 원유 무게의 9% 치즈 생성 시 아주 잘 나온 것입니다. 이처럼 저지방 원유를 얻는 표준화 법은 저녁에 착유한 원유를 10℃ 부근의 저장소에 정치했다가 아침에 원유 표면의 지방층을 걷어내고 아침에 착유한 원유와 1:1로 혼합해 줍니다. 순천대학교 실습장의 경우 이

런 방식으로 표준화 하면 2.9~3.0%의 저지방 원유를 얻을 수 있었습니다.

(2) 스타터 접종 : 액상으로 0.5%의 중온균, 0.2%의 고온균[318], 0.2%의 프로피온산균[*Propionibacterium shermanii* 치즈 눈(cheese eye) 형성균] 제조사 지시[319], 32℃에서 30분 정치 배양합니다.

(3) 첨가제 : 염화칼슘(액상 20mL/100kg), 안나토 색소 2.0mL/100kg×물 10배(원유의 0.002%), Lysozyme(TMR 급여 또는 사일리지 급여우 착유 시에만 첨가, 제조사 지시에 따름, 보통 15mL/100kg)

(4) 렌넷 첨가 : 22mL/100kg(250~290/mL IMCU → 1배 활력 렌넷) 32℃를 준수하면서 60분간 정치해 둡니다.

(5) 커드 절단 : 0.5~0.9cm^3(쌀알 크기), pH 6.5

(6) 교 반 : 25~35분

(7) 유청 제거 : 원유의 30%를 제거하는데, 이 치즈는 가우다 치즈에서처럼 가수하는 치즈가 아닙니다.

(8) 가온(쿠킹) : 30분 동안에 걸쳐 서서히 45℃까지 가온합니다.

(9) 교 반 : 60분간 센 교반을 합니다.

(10) 성 형 : 직경 27cm 몰드를 사용하고 7.5kg/개 이상 나오는 원형 몰드를 사용합니다.

(11) 가 압 : 0.3~0.9 bar 18~20시간[쉽게 말하면 1시간 동안 1배 무게, 2시간째 2배 무게, 3시간부터 5배 무게로 가압하여 밤새 가압(overnight)하여 목표 pH(5.1~5.2)가 되면 가압을 해제하는 것입니다].

(12) 가 염 : 12℃, 20°Bé 소금물에 침지(浸漬, 6시간/kg)하고 건져 낸 뒤 2~3일 건조합니다(6시간/kg의 가염시간은 이를 기준으로 하여 자신이 적정시간을 30분 단위로 가감해서 찾아냄으로써 너무 짠 치즈가 되지 않게 유의하십시오).

(13) 숙 성 : 예비 숙성 1주 12~14℃ RH 80%, 18일부터 치즈 눈이 생기기 시작하는데, 3개월이 지나면 시판이 가능합니다. 3주 후부터 코팅 또는 BL균 처리를 합니다. 이를 풀어서 설명하자면 다음과 같습니다.

① 0주~3주 : 이때 처음 며칠간은 표면 건조를 해야 하는데 14~16℃, RH 70

---

318) 액상 스타터로 0.5%의 중온균, 0.2%의 고온균을 DVS로 첨가할 경우 듀퐁 다니스코사의 경우 중온균 1.25g, 고온균 0.5g/100kg을 기준으로 조정하시면 됩니다.

319) 프로피온산균 분말의 사용량은 실험실 시약 스푼 뒷부분의 하나 양 정도를 첨가합니다. 이 책의 스타터 항을 참고하시기 바랍니다.

~75% 건조실에서 자주 뒤집어가며 건조합니다. 그러고 나서 1주일간은 예비 숙성을 하는데 6~8℃ 방에서 뒤집어 주면서 지냅니다. 이어서 온도 13~15℃ / RH 80%에서 숙성하는데, 이때는 치즈 내부 식감(texture)이 형성되는 시기입니다.

② 4주~6주 : 21~23℃까지 올려줌 / RH 80% → 일주일에 2~3회 뒤집어 주기(반전) → BL(라이넨스)균 처리를 안 하면 그냥 5~8% 소금물로 표면을 닦아줍니다. → 이때는 치즈 내부 프로피온산균의 발효로 가스를 생성하여 치즈 눈을 형성하는 시기입니다(목표 치즈 눈 크기 직경 10~25mm).

③ 7주~12주 : 10~14℃ 온도 / 85% 습도 → 이 조건을 계속 유지하면서 본 숙성을 3개월 정도 해줍니다. 이때 치즈 맛을 얻는 시기가 됩니다.

④ 숙성한 지 3개월부터 시판 시작하며, 본 숙성 때는 주 2회 뒤집어 주기(반전)를 합니다. 본 숙성이 끝나면 3℃에서 보관합니다.

3) 공정표

제조자 :	치즈명 : 가우탈러 치즈 (Gautaler cheese)	벳트 번호 :	일 시 :
원 유 kg 100	원 유 지 방 2.9~3.0% 단백질______ 표준화 지 방______ 단백질______	스타터 산 도______ pH______ 기 간______ 배 지______ 박테리오파지____	

제조과정 진행	시 간	온 도	산 도	pH	커드 pH	기 록 사 항
살 균	15초	70℃				
냉 각		32℃				
기본 스타터	총 30분	32℃				중온균 0.5.0%(500mL) 고온균 0.2%(200mL)
부가 스타터		32℃				프로피온산균 Type, 0.2% (200mL) 제조사 지시 따름 (0.02g/100kg)
첨가물		32℃				Type, 아나토 색소, 2.1mL

렌넷 첨가		32℃				Type, 20배 희석, 22mL
응 고	60분	32℃				응고 소요시간
커드 절단		32℃		pH 6.5		0.5～0.9cm^3
정 치	5분	32℃				치유
교 반	25～35분	32℃				천천히 교반합니다.
유청제거		32℃				원유의 30%
가온(쿠킹)	30분	45℃				5분에 2℃씩
교 반	60분	45℃				교반기 사용, 센 교반합니다.
유청제거						완전히 제거합니다.
성 형						7.5kg/개 이상의 원형 몰드
가 압	18～20시간					0.3～0.9bar
가 염	2일간	12℃				20°Bé 소금물에 침지합니다.
예비숙성	0주～3주	12～14℃				습도 80%
가스형성	4～6주	21～23℃				습도 80%(치즈눈 형성)
본 숙성	7～12주	12～14℃				습도 80%
포 장	숙성 3개월 후	3℃ 이하				숙성 3개월을 지키세요.

3.3 라클렛 치즈(Raclette cheese)

(1)

(2)

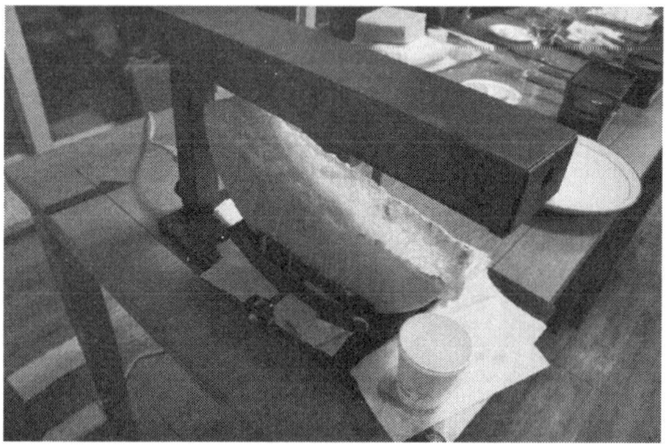

(3)

(1) 출처: http://en.wikipedia.org, (2) 순천대학교 치즈사관학교 실습 치즈
(3) 제8회 대한민국자연치즈페스티벌(2015년) 행사에서 서빙 중인
순천대학교 치즈사관학교 실습 치즈 (프로마쥬 김은주 대표 제공)

그림 3-41. 라클렛 치즈 (화보 21쪽)

1) 개 요

라클렛 치즈는 1291년에 제조가 시작되었다고 합니다. 이 치즈의 유래는 스위스 중앙 알프스 지역의 목동들이 장작불을 피우고 둘러 앉아 배고픔을 달래려고 장작불에 치즈를 녹여 삶은 감자와 오이피클을 먹기 시작하여 퍼진 목동들의 문화에서 비롯된 것입니다.

《이 치즈는 스위스 발레 칸톤(Canton of Valais)에서만 전통적으로 만들어 왔으

므로 19세기 이전에는 "발레(Valais)"라고 불리어오던 것이 근대 이후 스위스 전역에서 생산, 활용됩니다. 2003년에 스위스 농림부는 1500년대 중반에 만들던 기록으로 남은 Raclette du Valais를 그대로 AOC로 제정하였습니다. 라클레(Racle)라는 말은 프랑스어 Rahklette에서 유래한 말로 "긁어낸다(to scrape)"라는 뜻인데[영어 : Ruck(주름) + lett(to scrape)], 이는 치즈를 반으로 자른 뒤 표면을 장작불에 녹여서 녹은 부분을 칼로 져며 내듯이 긁어낸 뒤 감자 으깬 것과 혼합해 가며 먹는 것과 연관됩니다.[320]》

이 치즈는 주로 라클렛(Raclette) 요리용으로 사용되며, 제조 시의 중점은 열에 잘 녹도록 하는 것입니다. 이 치즈는 일종의 그뤼에르(Gruyere) 계통의 치즈로서 스위스 알프스 지역 알파인 마을 등에서 축제나 가족 모임에 즐겨 먹는 요리로서 스위스 외 지역에서는 그리 많이 알려지지 않은 치즈인 셈입니다. 그러다가 치즈를 즐기러 이 지방에 온 사람들이 맛을 보고 널리 퍼트린 치즈 요리입니다.

최근에는 라클렛 요리를 위해 전기식 가열기가 다양하게 보급되어 있지만 20세기 이전에는 장작불에 녹여서 긁어내 이용했습니다. 치즈가 녹으면서 호두 향과 단맛, 과일향이 풍겨서 애호가들의 사랑을 받는데, 요즘에는 스위스의 민속 날에 스위스 인들은 전통적이 장작불에 이 치즈를 구워 라클렛 전용 감자를 삶아 으깬 것과 함께 검은 빵, 백포도주를 곁들여 이 요리를 즐기는 일이 흔합니다.

저자는 1990년 스위스 체류 시 지역 축제에 참가하여 화이트 와인과 함께 즐긴 추억이 있습니다. 주의할 점은 초보자가 이 요리를 섭취할 때 너무 뜨거운 상태에서 뜨거운 감자와 함께 갑자기 먹다 보면 위 스트레스가 심해 경련, 복통, 설사를 경험하는 수가 있으니 조심해야 합니다. 그래서 이 요리를 먹을 때는 적절한 백포도주와 함께 조금씩 먹으면서 슬로우 푸드로 음미해 가며 즐기는 것이 안전하고 좋습니다. 라클렛 치즈는 주로 소규모 목장에서 청초먹인 소로부터 당일 착유한 청결하고 신선한 원유로 제조하는데, 살균도 하지 않고 스타터도 첨가하지 않는 것을 전통으로 삼습니다. 그러니까 원유 속에 살고 있는 천연 유산균에 의해 렌넷 활성에 필요한 만큼의 산도를 얻기까지 충분한 시간을 두고 원유를 숙성시킨 후 렌넷을 첨가하여 제조하는 순수 목장 치즈로써 대량 생산이 안 됩니다.

이 치즈는 그뤼에르 치즈와 제조 방식이 유사한데, 그뤼에르 치즈처럼 일부러 프로피온산균을 접종하지 않고 원유 속에 자연스럽게 존재하는 프로피온산균을 활용하므로 치즈 눈이 제한적으로 형성됩니다. 그뤼에르 치즈 제조 시 보다 낮은 온도가 되게

---

320) Herbst, S. T. and Herbst, R. 2007. The Cheese Lover's Companion. William Morrow. NY. USA. pp. 386-387.

가온처리 함으로써 자연적인 프로피온산균의 증식을 높여 충분하면서도 원하는 만큼의 제한적인 치즈 눈을 형성시키는 것입니다. 이 치즈의 형태는 원반형이며, 지방함량 45%의 반경질 치즈로써 중량이 9kg 정도의 치즈인데 RH 90%, 14～15℃에서 최소 2개월간 숙성하되 3개월 숙성하면 소비자가 원하는 맛과 향, 그리고 장작불에 잘 녹는 품질의 치즈가 얻어집니다. 특유의 맛을 얻고자 한다면 4～6개월간 숙성해야 합니다.

2) 제조공정

(1) 살 균 : 원래 이 치즈는 청초에 방목하여 얻은 우유를 살균하지 않고 제조합니다. 그러나 우리는 63℃/30분 아니면 70℃/15초간 살균합니다.

(2) 냉 각 : 32℃로 냉각합니다.

(3) 염화칼슘 첨가 : 살균한 원유에만 원유 량의 0.02%(20g/100kg)를 첨가합니다. 사일리지나 TMR 급여우 착유 원유에만 Lysozyme 18mL/100kg 첨가합니다.

(4) 스타터 첨가 : 중온균 크리스챤 한센사의 FD나 Provat 505 DVS를 1.5g/100kg, 크리스챤 한센사 R707균 혹은 듀퐁 다니스코사의 Su Casu DVS를 1.5g/100kg 정도 접종하고 아울러 프로피온산균(*Propionibacterium shermanii*)을 시약 스푼 뒷부분으로 한 스푼 정도(0.01g/100kg)를 접종합니다.

(5) 정 치 : 20분 정도 정치배양. 이때 원유의 온도는 31～32℃를 준수해야만 합니다.

(6) 렌넷 첨가 : 원유의 온도가 32℃ 부근인지 확인하고 1배 렌넷을 30mL/100kg 정도를 20배로 희석한 뒤 즉시 첨가합니다.

(7) 정 치 : 30분간 정치(이때의 온도 32℃ 이상 준수 하십시오).

(8) 절 단 : 렌넷 첨가 25분경부터 커드굳기 검사를 하여 커드 크기가 5～7mm^3(팥알 크기)가 되게 절단해 줍니다. 작은 크기로 자르는 것은 세로 나이프로 수차례에 걸쳐 검도에서 칼로 내려치듯이 순간적으로 힘을 가해 몇 차례 세게 당겨 잘라 주어야 가능합니다.

(9) 교 반 : 절단 후 3분간 방치했다가 32℃에서 30분간 교반합니다.

(10) 유청 제거 : 원유의 20% 정도를 제거하고, 이때는 눈금이 있는 용기를 사용해시 정확히 제기해야 합니디.

(11) 가 온 : 원유의 25% 정도의 70℃열탕수를 치즈벳트의 벽면을 따라 서서히 첨가하여 40℃까지 가온해 줍니다. (이때 가온 속도는 느릴수록 좋은데 30분에

걸쳐 서서히 40℃까지 가온하십시오)

(12) 교반과 유청 제거 : 40℃ 도달 이후 그 온도를 유지하면서 40분간 비교적 센 교반을 한 뒤 바로 유청을 제거합니다. 이때는 벳트 배출구에 큰 대야를 위치시키고 치즈 천을 깐 몰드를 앉힌 뒤 유청과 함께 커드를 받아 몰드에 모아 담습니다.

(13) 예비가압(성형) : 커드가 따뜻할 때 몰드를 실온 하에서 1배 무게로 누르며 20분간씩 네 차례 뒤집어 가면서 성형 겸 예비가압을 합니다.

(14) 가 압 : 커드의 2배 무게로 20분마다 뒤집어 주고 2회 뒤집어 준 뒤 최종 치즈 중량의 3배로 맞추어 하룻밤을 가압하되 가압 시 커드 온도는 30℃를 유지하도록 가압실의 온도 유지를 적절히 조치해 두어야 합니다. 다음 날 아침 치즈의 pH는 5.2～5.3이 되어야 합니다.

(15) 가 염 : 중량이 10kg인 치즈는 18°Bé～20°Bé 소금물(pH 5.3～5.2)에 40～48시간 동안 치즈 떠오름 방지용 선반에 넣어서 담가 둡니다(가우다 치즈의 가염 편에 있는 그림 3-36의 (1)을 참고하십시오). 가염 전 치즈의 pH가 5.2인지를 꼭 확인하고 시작하며, 가염통의 온도는 15℃ 이하를 유지해야 합니다.

(16) 표면처리 : 10℃ 이하, RH 73%의 건조실에서 2～3일간 건조하며 뒤집어서 표면을 건조해 줍니다.

(17) 숙 성 : 12～15℃ 온도와 RH 90～95% 습도조건의 숙성실에서 3개월간 숙성하면 소비자가 원하는 맛이 얻어집니다.

(18) 표면처리 : 표면처리는 숙성 3일째부터 BL(*B. linens*)균 액 또는 10% 소금물로 처리하고 2일마다 바르고 뒤집어 줍니다. BL균이 없으면 간편하게 무명천에 10% 소금물을 사용하여 표면을 닦아 뒤집어 주는 것을 권장합니다.

3) 공정표

<table>
<tr><td colspan="2">제조자 :</td><td colspan="3">치즈명 : 라클렛 치즈
(Raclette cheese)</td><td colspan="2">벳트 번호 :</td><td>일 시 :</td></tr>
<tr><td colspan="2">원 유 kg __100__
스타터 kg __1L__
총 량 kg ______</td><td colspan="4">원 유 지 방 ______
단백질 ______
표준화 지 방 ______
단백질 ______</td><td colspan="2">스타터 산 도______
pH ______</td></tr>
<tr><td>제조과정 진행</td><td>시 간</td><td>온 도</td><td>산 도</td><td>pH</td><td>커드
pH</td><td colspan="2">기 록 사 항</td></tr>
</table>

살 균	30분	63℃				63℃에서 30분간 저온살균
스타터	20분	32℃				크리스찬 한센사의 Flora Danica(FD균) + R707 DVS 각각 1.5g/100kg
렌넷 첨가		32℃				250～290/mL IMCU 활력의 렌넷 30mL/100kg 20배 물에 희석하여 첨가합니다.
응 고	30분	32℃				
커드절단						6～7mm^3(콩알 크기)
교 반	30분					
유청제거						원유의 20%를 제거합니다.
가 수						25% 70℃의 물을 서서히 가수합니다.
가 온		40℃				
교 반	40분					40분간 교반 후 유청을 제거합니다.
유청제거						한 번에 모두 제거하되 몰드를 놓고 유청과 커드를 함께 받아 실시합니다. 직경 38cm 정도의 원형 몰드를 사용합니다.
예비가압	20분					1배 무게로 20분마다 4회 정도 뒤집어 가며 실시합니다.
성형 /가압		30℃				2배 무게로 20분간 가압하고 2회 뒤집어서 가압하고 3번째 가압에서는 3배 무게로 13시간 동안(30℃) 가압합니다.
가 염						18～20°Bé 소금물에서 40～48시간
숙 성						12～15℃ RH 90～95% 숙성실에서 2～3개월간 숙성합니다. 숙성 3일부터 BL균 액 또는 10% 소금물로 처리하고, 2일마다 바르고 뒤집어 줍니다. BL균이 없으면 간편하게 무명천에 10% 소금물을 사용하여 발라주고 뒤집어 주는 것을 권장합니다.

3.4 마리보 치즈(Maribo cheese)

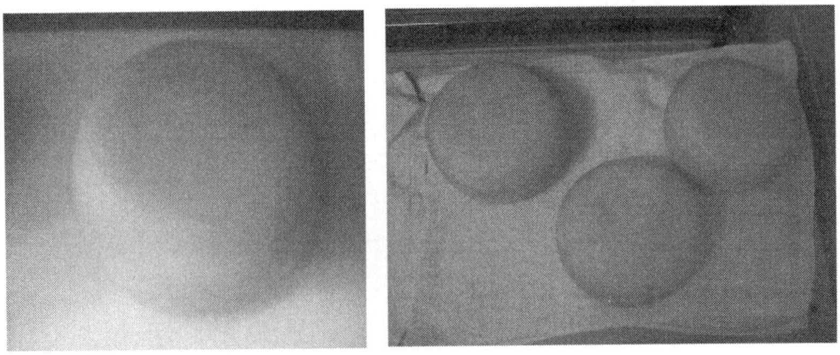

그림 3-42. 마리보 치즈
(화보 22쪽, 최희영 박사 제공)

1) 개 요

마리보 치즈(Maribo cheese)는 덴마크가 원산으로, 원래는 원형의 12～13kg의 중형 치즈였는데, 소형 사각형 모양(Rectangular type)도 있습니다[약 9kg(20lbs)]. 치즈 내부에는 작고 부정형의 기계적 구멍(Mechanical hole)이 산재하여 있고, 팽팽한 조직을 가지고 있습니다. 껍질은 보통 노란색 치즈 왁스를 바르거나 그냥 진공포장하여 숙성한 무표피(rindless)형 치즈도 있습니다. 풍미는 온화하지만 약간의 산미(acidulous)가 있어도 향미는 풍부합니다. 건물 기준 지방함량 30～45%이고, 최저 15～26%입니다. 수분함량은 43～52%인 반경질 치즈입니다. 더러는 회향 풀 열매(caraway seeds)를 첨가한 치즈도 있습니다. 반경질이어서 얇게 잘라지는(sliceable) 식탁형 치즈(table cheese)로서 여러 가지 쓰임새가 많은 치즈입니다. 제조공정은 가우다 치즈와 비슷하지만 고온 가온(cooking) 뒤 유청 배제 이후부터 그 공정이 달라집니다.

2) 제조공정

1) 원유의 성분 표준화 : 카제인 단백질과 유지방의 비율(P/F)을 0.7:1이 되도록 조정합니다.
2) 원유의 살균 : 63℃/30분 또는 73℃/15초 살균합니다.
3) 냉각 : 30～32℃로 냉각하는데 겨울에는 34℃가 되게 합니다.

4) 스타터 첨가 : 4종류의 혼합균 스타터(가우다 치즈와 같은 스타터)를 원유의 액상은 1.0∼1.2% 첨가하거나 DVS는 중온균으로써 듀퐁 다니스코사의 경우 CHOOZIT MM 시리즈 2.5g/100kg을 첨가합니다(이때 라이소자임과 안나토는 가우다 치즈에서의 양만큼 첨가합니다).

5) 정치배양 : 30∼32℃을 유지하면서 약 50분간 정치 배양합니다.

6) 염화칼슘 ·렌넷 첨가 : 염화칼슘 0.02%(포화 칼슘용액으로 20mL/100kg) 렌넷은 약 30분간에 응고하는 양인데, 1배 렌넷(250∼290/mL IMCU 활력)으로 16∼17mL/100kg을 정제수로 20배 희석 즉시 첨가합니다. 첨가한 뒤 20여 회 교반하고 교반기를 분리해 냅니다.

7) 커드 절단 : 대두에서 팥알 정도(8∼10mm^3)의 크기로 절단하고 4∼5분간 정치하여 치유합니다.

8) 교 반 : 32℃를 유지하면서 천천히 약 15분간 실시합니다.

9) 유청 배제 : 표면에 커드 알갱이가 보일 때까지

10) 가온 개시 : 약 80℃의 뜨거운 물을 벽면을 통해 가하면서 38℃까지, 2분에 1.0℃ 올라가는 속도로 가온합니다.

11) 교 반 : 38℃를 유지하면서 50분간 실시합니다. 언제 유청을 전부 빼는지의 시점에 유의하시기 바랍니다. 즉 교반 중에 손을 넣어 커드 알갱이가 손을 때리며 지나가는 느낌, 옥수수 알갱이가 부딪치는 느낌이 드는 때, 또는 커드 한 주먹을 쥐었다가 펴서 떨어트릴 때 모두 떨어져 나가고 2∼3개만 붙어 있을 때입니다.

12) 유청 빼기 : 유청의 전량을 제거합니다. 여기서부터 제조공정이 가우다 치즈와 다르게 진행됩니다. 가우다 치즈의 경우에는 유청의 2/3를 제거합니다.

13) 유청 추가 제거(Draining) : 체다 치즈에서처럼 치즈 벳트의 중앙으로 유청이 잘 빠져 나올 수 있게 치즈를 바닥에 온전히 펼쳐 둔 다음 벳트의 중앙에 도랑을 좁게 내고(폭 7.0cm) 커드를 양측으로 나누어 둡니다.

14) 커드 알갱이의 교반 : 그 동안 서로 결착하여 블록화 된 커드 입자를 부수고 교반하여 커드가 낱개로 되도록 해체시킵니다. 그러고 나서 약 5분간 교반해 주는데 커드의 입자가 단단하게 결착하지 않은 동안에 신속하게 실시하는 것이 좋습니다. 이 작업은 커드를 몰드에 넣기 전의 2시간 사이에 3∼4회 해줍니다. 그 사이 치즈 벳트의 뚜껑은 열어두어 커드를 자연 냉각시킵니다.

15) 가 염 : 체다 치즈처럼 건염법으로 커드 양의 1.5%의 간수 빠진 천일염을 뿌

려서 넣고 약 10분간 커드와 식염을 잘 섞어 줍니다(소금을 친 후 10분간 방치).

16) 성 형 : 가우다 치즈용 몰드(카도바 몰드)에 커드를 가득 채워 넣습니다.

17) 예비 가압(Pre-pressing) : 2배 무게로 약 30분간 예비 가압을 하고 치즈를 뒤집어 줍니다.

18) 본 가압 : 프레스 압을 높여 약 3시간 동안 가압합니다. 보통 치즈 무게의 5배 압이 되게 합니다.

19) 숙 성 : 10℃, RH 90%에서 3～5개월간 숙성시킵니다. 치즈 표면이 건조하면 플라스틱이나 파라핀 코팅을 하고, 진공포장도 가능합니다.

3) 공정표

제조자 :	치즈명 : 마리보 치즈 (Maribo chees)	벳트 번호 :	일 시 :
원 유 kg 100 탈지유 kg ＿＿＿ 분 유 kg ＿＿＿ 스타터 kg ＿＿＿ 총 량 kg ＿＿＿	원 유 지 방 ＿＿＿ 단백질 ＿＿＿ 표준화 지 방 ＿＿＿ <P/F=1.07> 단백질 ＿＿＿	스타터 산 도 ＿＿＿ pH ＿＿＿ 기 간 ＿＿＿ 배 지 ＿＿＿ 박테리오파지 ＿＿	

제조과정 진행	시 간	온 도	산 도	pH	커드 pH	기 록 사 항
살 균	30분	63℃				바로 냉각합니다.
기본 스타터	50분간 발효	32℃				Type : 가우다용 중온 균주, 사용량 : 900mL
부가 스타터		32℃				Type : 아나토 색소, 사용량 : 1～2mL
첨가물		32℃				Type : $CaCl_2$(33%액) 사용량 : 20mL
렌넷 첨가		32℃				Type : 액상 렌넷, 사용량 : 17mL
응 고	30분	32℃				응고 소요시간 : 30분부터
커드절단 시작		32℃				0.8～1.0cm^3 크기로 절단합니다. (대두～팥알 크기)

커드절단 종료	5분	32℃				3~5분간 정치합니다.
교 반	15분	32℃		6.4~6.5		15분간 천천히 교반합니다.
1차 유청제거		32℃				커드 높이까지 제거합니다.
1차 온수첨가	15분	38℃				80℃의 열수를 부어 2분에 1℃의 속도로 15분에 걸쳐 38℃까지 올립니다.
교 반	50분	38℃				38℃를 유지하면서 50분간 세게 교반합니다.
2차 유청제거		38℃				유청 전량을 제거합니다.
수분제거 (Draining)	2시간	38℃				체다 치즈에서처럼 벳트 바닥에 편 커드 중앙에 고랑을 내어 남은 유청이 잘 빠지게 합니다.
커드 교반		30℃				남은 유청 제거 시 5분마다 커드를 비벼주고 교반하여 커드끼리 결착되지 않게 합니다. 3~4회 반복, 자연 방냉합니다.
가 염		30℃				천일염을 커드의 1.5% 정도 가염 후 10분간 방치합니다.
성 형		25℃			5.8	성형 시 중량 : kadovac mold 1kg×10개
예비 가압	30분	23℃ 유지				작업대 위에서 2배 무게로 가압합니다.
본 가압	3시간	23℃ 유지		5.3~5.5		2bar로 60분/3bar로 30분/ 4bar로 2시간 동안 가압합니다.
포 장						표면 건조 후 플라스틱 처리나 진공포장, 왁스처리 합니다.
숙 성		10℃		5.1~5.2		RH 90% 이상, 3~5개월

3.5 몬타지오 치즈(Montasio cheese)

(1)

(2)

그림 3-43. 몬타지오 치즈(Montasio cheese) (화보 21쪽)
출처 : (1) http://www.ricetteecooking.com/
(2) http://en.wikpedia.org

1) 개 요

이탈리아 원산인 몬타지오 치즈는 13세기 초에 이탈리아 프리울리-베네치아 기울리아(Friuli-Venezia Giulia) 지방에 있는 모기오 수도원(Abbey of Moggio)에서 제조해 왔던 몬타지오(Montasio) 치즈와 비슷합니다. 그 제조기법이 오늘날까지 전통적으로 이어 내려와서 PDO인증(이탈리아식으로는 DOC(Denominazione Di Origine Cotrolata) 치즈가 되었습니다. 이 치즈는 아시아고 치즈와 자주 비교되기도 하는데 이탈리아 북부의 프리울리-베네치아 기울리아(Friuli-Venezia Giulia)와 베네토 지방 벨루노(Belluno), 파두아(Padua), 트레비소(Treviso), 베니스(Venice) 지방에서 만들어지고 있기 때문입니다.

원유 표준화는 두 개의 원유 섞기(절반은 저녁에 착유하여 하룻밤 재워둔 원유 표면 지방층을 걷어낸 젖과 아침 젖을 섞어 사용함)를 하여 제조하며, 숙성단계에 따라 3종류로 나뉩니다. 즉 두 달 숙성한 신선형(fresh), 5~10개월 숙성한 미디엄, 1~4년간 숙성한 숙성치즈입니다.[321] 분류는 반경질 치즈로 되지만 숙성을 오래 할 수 있는 경질치즈이기도 합니다. 목장, 장인형(Artisan), 공장 대량 생산이 가능한 표피가 있고(rinded) 제조 중 가수를 하여 커드 세척과정이 있는(wash type) 치즈입니다.

---

321) Herbst, S. T. and Herbst, R. 2007. The Cheese Lover's Companion. William Morrow. NY. USA. pp. 293-295.

이 치즈는 이탈리아 치즈인 로마노, 파르마산 치즈나 다른 이탈리아식 치즈들에 비해서 커드 절단 후 가온처리의 최종 온도가 43℃로서 다소 낮습니다. 그러나 다른 이탈리아식 치즈들과 마찬가지로 고온균을 사용하고 있습니다. 매끄럽고 균일한 조직을 얻기 위하여 유청 아래에서 커드를 예비 가압합니다(기포나 물리적 흠결 방지). 치즈의 톡 쏘는 맛을 형성하려고 라이페이스(lipase, 지방분해효소)를 첨가합니다.

몬타지오는 원유를 우유로 사용하고 고산지대는 비살균, 평지에서는 저온 살균하여 제조합니다. 치즈는 원반형으로 무게는 6.5~11kg 정도로 생산하고, 온화한 식탁용 치즈를 만들려면 2~4개월 정도를 숙성하고, 식품 소재와 요리 재료용 분말형 제품 치즈를 만들려면 12~18개월 정도 숙성시켜야 합니다. 향미가 온화한 치즈(the mild version)를 제조하는 경우 일반적으로 숙성 전에 진공포장을 합니다. 특정한 향미를 가지는 치즈(the aged version)를 제조하는 경우에는 10℃에서 숙성하면서 규칙적으로 닦고 뒤집어 줍니다. 숙성기간이 몇 주 경과하여 숙성이 완료되면 기름(oil)을 발라 주거나 왁스처리 또는 진공포장을 합니다. 몬타지오 치즈는 캐나다에서 개발한 Friulano 치즈와 유사합니다. 여기서는 Arthur R. Hill 교수가 정리한 것을 한국 실정에 맞추어 조정한 제조공정을 소개해 둡니다.[322)]

2) 제조공정

(1) 원유를 P/F = 1.0으로 표준화 하고 저온 살균합니다. 크림층 걷어낸 저녁 젖과 아침 젖을 1:1로 혼합하는 방식의 두 개의 원유를 섞는 것도 좋습니다.

(2) 30℃에서 고온균(*S. thermophilus*와 *L. bulgaricus*를 각각 0.5%씩 혼합한 것 또는 동등한 균류가 함유된 DVS를 접종하되 가령 크리스챤 한센사의 고온균 DVS로 2.5g/100kg 접종) 액상 스타터를 원유의 1.0%를 접종한 후 1시간 동안 발효하거나 산도가 0.03% 증가할 때까지 발효시킵니다. 스타터 접종 시 동시에 ① 염화칼슘(33% 포화액) 20mL/100kg, ② TMR이나 사일리지 급여우 원유인 경우, 라이소자임(Lysozyme) 15mL/100kg 정도를 첨가합니다.

(3) 250~290/mL IMCU 활력의 렌넷을 19mL/100kg 정도 첨가하고 혼합합니다. 렌넷은 물에 20배 희석하여 사용합니다. 2분 정도 교반하고 교반기를 떼어냅니다. 렌넷을 넣기 전에는 원유 온도가 반드시 30℃에 고정되었는지 확인하세요. 20~35분이 지나면 절단하기에 적절하도록 응고됩니다.

(4) 커드가 응고하면 커드 나이프로 $6.0mm^3$ 정도 되게 절단합니다. 절단 뒤 3분간

---

322) 배인휴 역(Arthur R. Hill 저). 2017. (증보개정판) 치즈과학과 제조기술. 유한문화사. 서울. pp. 259-261).

정치했다가 서서히 교반을 시작하여 20～30분간 교반합니다.

(5) 최종 온도가 39℃ 되도록 천천히 가온하되 5분당 2℃ 상승시키는 속도로 가온합니다. 유청의 pH가 6.1이 될 때까지 39℃를 그대로 유지하며 교반을 계속합니다. 커드 절단으로부터 여기까지 약 2시간이 소요됩니다.

(6) 유청을 커드의 높이(표면에 커드가 드러나기까지)가 되기까지 배출합니다.

(7) 커드와 유청의 혼합물 온도가 43℃ 될 때까지 60℃의 뜨거운 물을 첨가하고, 43℃를 유지하면서 10분 동안 세게 교반합니다.

(8) 이어서 유청을 완전히 배제합니다.

(9) 직경 38～40cm의 원통형 몰드에 커드를 넣고 자체 무게로 실온에서 하룻밤 재워서 유청이 더 빠져 나오게 합니다.

(10) 치즈의 pH와 같도록 조정된 20°Bé의 소금물에 12시간 동안 가염합니다.

(11) RH 85.0%와 12℃ 숙성실에서 1～3개월 동안 숙성합니다. 갈라지는 틈이 생기는 것을 방지하기 위해 표면에 기름으로 문질러 줍니다. 다른 대안으로 부드러운 표면을 갖는 치즈를 생산하기 위해 왁스를 입히거나 진공포장 하여 껍질이 없는 치즈로 진공포장 하여 숙성하는 것도 좋습니다.

3) 공정표

<table>
<tr><td colspan="2">제조자 :</td><td colspan="4">치즈명 : 몬타지오 치즈 (Montasio cheese)</td><td>벳트 번호 :</td><td>일 시 :</td></tr>
<tr><td colspan="2">원 유 kg 100
탈지유 kg ____
분 유 kg ____
스타터 kg ____
총 량 kg ____</td><td colspan="4">원 유 지 방 ____
단백질 ____

표준화 지 방 ____
단백질 ____</td><td colspan="2">스타터 산 도 ____
pH ____
기 간 ____
배 지 ____
박테리오파지 ____</td></tr>
<tr><td>제조과정 진행</td><td>시 간</td><td>온 도</td><td>산 도</td><td>pH</td><td>커드 pH</td><td colspan="2">기 록 사 항</td></tr>
<tr><td>표준화</td><td></td><td></td><td></td><td></td><td></td><td colspan="2">P/F = 1.0으로 표준화</td></tr>
<tr><td>살 균</td><td></td><td></td><td></td><td></td><td></td><td colspan="2">63℃/30분이나 72℃/15초</td></tr>
<tr><td>기본 스타터</td><td></td><td>30℃</td><td colspan="5">고온균 S. thermophilus 0.5%(500mL)와 L. bulgaricus 0.5%(500mL)를 각각씩 섞은 것 1.0% 또는 위 두 개의 균이 함유된 고온균 DVS 2.5g /100kg</td></tr>
</table>

첨가물						① $CaCl_2$ - 0.02%(20g/100kg)이나 액상 포화칼슘 18mL/100kg ② Lysozyme, 15mL/100kg
렌넷 첨가		30℃				1배 렌넷 19mL /100kg 첨가합니다.
응 고	20~35분					25분부터 커드굳기 검사
커드절단 시작						5~6mm³ 크기로
커드절단 종료						3분간 정치합니다. 치유.
가온 시작	2시간	30℃				5분마다 2℃씩 상승(30분에 걸쳐)
가온 중단		39℃		6.1		최종온도 39℃까지 교반하며 가온합니다.
유청제거						커드 높이까지 제거합니다.
가수세척	10분	43℃				60℃ 온수를 첨가하여 교반하며 최종온도 43℃에 맞춥니다.
유청제거						완전히 제거합니다.
커드처리						치즈 천에 커드를 모읍니다.
성 형		치즈실 온도 20~23℃				원형몰드에 커드를 넣어 치즈 자체 무게로 실온 하에 하룻밤 둡니다.
가 염	12시간					20°Bé 소금물에 12시간 가염합니다.
숙 성	1~3개월					RH 85.0%와 12℃ 조건
포 장		5℃ 이하				왁스 입히거나 진공포장 하여 보관합니다.

3.6 생 넥타르 치즈(Saint Nectaire cheese)

그림 3-44. 생 넥타르 치즈(2011년 뉘른베르크 유기농치즈 박람회)
(화보 22쪽, 저자 사진)

1) 개 요

프랑스 원산의 생 넥타르(또는 생 넥테르) 치즈는 엄밀히 말하면 반경질 치즈가 아닌 반 연질(semisoft) 치즈입니다. 그런데 이 책에서는 치즈 분류상 연질숙성 치즈보다는 수분함량이 적기 때문에 그냥 반경질 치즈에 포함시켜 둡니다. 무게 1.6~1.8kg의 원반형으로 전반적인 회색이지만 붉은색, 노란색, 그리고 백색 곰팡이가 표피를 뒤덮은 외부 모양이지만 내부를 잘라 보면 작은 치즈 눈이 골고루 퍼진 상태의 연한 노란색을 띱니다. 향미는 복잡한데 흙냄새, 버섯 향, 견과류 향, 그리고 풀 냄새가 어우러지면서 약간 떫은맛이지만 향긋하게 구미를 당기게 하는 향미의 치즈입니다.

프랑스의 중부 오베르뉴 지방 산악지에서 제조되어 오던 중 17세기경에 생 넥타르로 알려졌습니다. 생 넥타르라는 마을 명칭과 치즈의 명칭이 관련되지만 원래 그 지방의 유력한 가문 출신인 헨리 드 센넥테레(Henri de Sennecterre)와도 관련이 있었습니다. 왜냐하면 그는 이 치즈를 루이 14세 왕에게 헌상을 하였고, 이 치즈가 그 왕이 즐겨 먹는 치즈 중 하나가 되었기 때문입니다. 살레 종(Salers cow)의 젖으로 만든 생 넥타르 치즈에 대해서는 AOC 인증 규정을 두게 될 정도의 유명 치즈가 되었습니다. 엄밀히 말하자면 여름부터 가을까지 이 지방의 고산지대에서 자란 청초를 먹여 얻어낸 젖으로 만든 치즈가 제대로 된 생 넥타르 치즈 맛을 보유합니다.

대부분의 이 치즈 애호가들은 목장에서 갓 착유한 생유를 사용하여 목장 유가공장에서 제조한 목장버전 치즈(치즈 포장지에 달걀모양의 녹색 라벨에 「목장치즈/*fermier*」가 인쇄된 것으로 구별함)를 가장 차별적으로 인정해줍니다.[323] 우리나라 목장치즈에게는 기회가 되겠지만 이 치즈 원산지에서 비살균 원유로 제조한 제품을 즐기고자 하는 애호가들에게는 불행하게도 이 치즈의 수입이 곤란하다는 것입니다. 즉 이 치즈의 숙성기한이 60일을 넘기지 못하기 때문에 우리나라 비살균 원유 치즈 숙성 기한인 2개월 이상 규정에 저촉되어 제한되고 있다는 것입니다. 다행히 프랑스의 소규모 유가공장이나 대형 치즈공장 버전으로 살균유 제조 생 넥타르 치즈가 수입되기는 하지만 맛 차원에서는 비살균 원유 치즈에는 도무지 비교가 안 된다는 사실입니다. 이 치즈의 최소 지방함량은 45%입니다.

2) 제조공정

(1) 살 균 : 원래는 여름부터 가을까지 청초 먹여 얻은 젖은 비살균 원유로 제조하지만 우리의 경우 일반적인 원유이면 63℃/30분 살균해야 합니다[324]. 좋은 원유의 pH는 6.8 산도 0.12~0.13%입니다.

(2) 냉 각 : 32℃로 냉각(벳트의 냉각수 정지시키는 온도에서 냉각수 정지)

(3) 스타터 첨가 : 중온균(Flora Danica(FD균) 배양액 : 0.3~0.7%, DVS로 듀퐁 다니스코사의 경우 Choozit-MM시리즈 크리스찬 한센사의 FD균 0.75~1.75g/100kg)을 접종하고 염화칼슘은 33% 액상 칼슘 20mL/100kg를 첨가합니다. 안나토 색소 첨가 2.0mL/100kg, 30분간 정치 배양하여 pH 범위가 6.55~6.60이면 좋습니다.

(4) 렌넷 첨가 : 22mL/100kg(250~290/mL IMCU 렌넷), pH 6.55~6.60 정도에서 온도 31℃, 원래 산도보다 0.03% 상승 확인한 뒤 정제수에 20배 희석 즉시 첨가하고, 20회 정도 벳트 전체를 휘저어 준 뒤 교반기를 제거해 줍니다. 렌넷을 첨가하고서 45~60분간 정치해 둡니다.

(5) 절 단 : 커드 크기가 5.0~7.0mm^{3}가 되게 절단(절단 전 pH 6.5)하고 3~4분간 정치해서 치유합니다.

(6) 교 반 : 32℃에서 20분 교반(10분간 손으로 서서히, 10분간은 도구로) 합니다.

(7) 가 온 : 32℃에서 38℃까지 도달하도록 30분에 걸쳐 가온(5분에 1℃씩, 30분에 걸쳐)하고, 38℃ 도달 시 가온을 중단하고 그 온도에서 35분 정도 세게 교반합니다.

---

323) Herbst, S. T. and Herbst, R. 2007. The Cheese Lover's Companion. William Morrow. NY. USA. pp. 413-414.

324) 법적으로 우리의 비살균 원유 제조 치즈는 60일 이상 숙성하는 치즈에만 허용되고 있으므로 우리나라에서 제조하는 생 넥타르 치즈는 3~8주 숙성 치즈에 해당되어 살균 원유로만 제조해야만 합니다.

(8) 유청 제거 : 원유의 40%를 제거하고, 만약 이때 온도가 낮아졌을 경우 유청 제거 직후 열수(60～70℃)를 20% 첨가하면서 38℃로 가온합니다.

(9) 정치 : 벳트의 출구에 큰 대야를 대고 사용하려는 몰드(전통적인 생 넥타르 치즈의 몰드 형태는 직경 17～19cm, 높이 5cm의 차바퀴 형(wheel)을 놓고 커드와 유청을 모두 받은 뒤 몰드채로 다시 벳트에 넣고 모은 유청을 다시 벳트에 채워 그대로 30분간 정치해 둡니다(이때 온도는 32℃ 정도).

(9) 성 형 : 벳트에서 몰드를 그대로 꺼내어 매 30분마다 뒤집기를 4번 반복 실시해 줍니다. 이때 치즈의 형이 만들어 집니다. 이때 치즈 형태는 직경 17～19cm, 높이 5cm, 무게 1.7kg 브리 치즈 크기입니다.

(10) 가 압 : 이 치즈는 0.16bar 압력으로 10～12시간 동안 26℃ 이상 유지되는 가압실에서 가압해야 합니다. 참고로 1bar = 1.0197kg/cm^{2}이며, 0.16bar = 0.16kg/cm^2 이 치즈의 직경(∅)을 18cm로 잡고 이 치즈의 표면적은 ∅18×π = 56.52cm^{2}입니다. 이 치즈에 0.16bar의 압력을 가하려면 56.52×0.16kg/cm^2 = 9.04kg/개로 가압해야 합니다. 이 치즈의 중량을 1.7kg으로 잡으면 9.04kg의 압력은 5.3배의 무게가 되는 것이지요. 따라서 저자의 경험에 따르면 몰딩(성형) 시에 매번 뒤집어 줄 때마다 치즈 중량의 1배 무게를 더해 가며 5배 중량이 될 때까지 뒤집어 준 다음 그대로 5배 무게를 유지하면서 하룻밤 동안 가압하면 좋았습니다.

(11) 가 염 : 가염 전에 치즈의 pH가 5.2～5.3 범위 안에 있는 것을 확인 후 소금물의 pH도 그에 맞게 조정해야 합니다. 20°Bé 소금물에서 24시간 동안 담가서 가염합니다(14시간/kg). 건염법을 사용할 경우 치즈 중량의 1.5～2.0%의 소금을 치즈 전면에 고루 발라준 다음 몰드에 다시 넣고 하루 동안 방치합니다.

(12) 치즈 표면처리 : 치즈를 소금물에서 건져낸 다음 2～3일간 온도 12℃, RH 73%에 건조하고 3일째부터 BL균(*B. lines*) 액을 바르기 시작합니다. 2일마다 발라 주고 표면이 노랗게 오렌지색으로 변하기까지 처리합니다. 그러지 않고 단순히 소금물로 표면 처리 시에는 첫 주에는 매일, 2～3주에는 2일마다 치즈를 뒤집어 주고 소금물(여름 20%, 겨울 8～10%)을 치즈 표면 닦기용 무명천에 묻혀 표면에 바르고 닦아주고, 한번 씩은 그냥 맑은 물로 닦거나 처음부터 진공포장 하여 숙성하기도 합니다.

(13) 숙성기간 : 숙성은 온도 12～13℃, RH 90～95% 조건에서 5주 동안 숙성합니다. 원래의 생 넥타르 치즈 숙성은 동굴 속(상대습도 95% 이상의 습도)의 호밀짚 위에서 숙성시키는데 표면 색깔이 오렌지색에서 회색으로 정착합니다.

[Tip 50] 점질균, BL균(*Brevibacterium linens*) 표면처리 숙성방법

이 치즈를 BL균으로 5주간(온도 : 12℃, 습도 : 90~95%) 표면처리 함에 있어 표면처리용 BL균 액은 다음 두 가지 방법으로 제조합니다. 다른 표면 점질균 워시 타입(wash type) 치즈의 BL균 처리 시에도 이렇게 BL균 액을 제조하여 사용하시기 바랍니다.

(1) 직접 사용

5.0L의 끓인 물을 25℃로 냉각 후 5.0% 소금과 BL균 분말봉지를 털어 넣고 잘 흔들어 주어 현탁시킵니다. 그냥 물 대신 유청 30%와 물 70%를 섞을 수 있는데, 이때에 유청은 반드시 75℃ 이상으로 끓여서 사용해야만 합니다. 유청에 존재하는 유산균을 제거해야 하기 때문입니다. 이 처리액의 pH가 너무 낮으면 점질균(BL균)의 활성이 저하되므로 pH 5.5 이상을 유지해야 합니다.

(2) 희석 사용

끓인 물 250 mL에 3.0% 소금을 혼합하고 BL균 한 봉지를 섞어서 현탁해 놓은 뒤에 필요할 때마다 1.0L물에 5.0% 소금과 위의 BL액 50 mL를 섞어 사용해도 좋습니다. 보통 숙성 초기의 그린(Green) 치즈는 소금 양을 5.0%로 사용하고, 3개월 이상 오래된 치즈는 10% 소금을 혼합하여 사용합니다(점질균에 의한 표면 숙성치즈에만 사용함).

3) 공정표

제조자 :	치즈명 : 생 넥타르 치즈 (Saint Nectaire cheese)	벳트 번호 :	일 시 :
원 유 kg 100 총 량 kg 100	원 유 지 방 ____ 단백질 ____ 표준화 지 방 ____ 단백질 ____	스타터 산 도 ____ pH ____	

제조과정 진행	시 간	온 도	산 도	pH	커드 pH	기 록 사 항
표준화						
살 균	30분	63℃				
기본 스타터	30분	32℃				중온균 사용량 0.7% / DVS (FD균) 1.75g

첨가물		32℃				액상 포화칼슘 20mL
렌넷 첨가		32℃	※ 스타터 첨가 후 산도가 0.03% 증가가 보이면 렌넷 첨가			1배 렌넷(250～290/mL IMCU) 사용량 22mL
응 고	60분		※ 60분을 꼭 지킬 필요 없이 25분 뒤부터 굳기 검사 실시합니다.			응고 소요시간 : 60분
커드절단 시작					6.5	5～7mm^3 크기로 절단합니다.
커드절단 종료	5분					커드가 치유할 시간을 줍니다.
가온시작		38℃				
가온중단/교반	35분	38℃				10분간은 서서히 교반합니다.
유청제거	※ 출구에 큰 대야를 대고 몰드에 모두 받아서 몰드채로 다시 벳트에 넣고 유청을 다시 부어 줍니다.					절단 - 유청 배제시간 : 40분 소요
정 치	30분	32℃				몰딩 채 유청안에 30분간 정치한 뒤 꺼내어 성형합니다.
성 형	※ 직경 17～19cm, 높이 5cm, 무게 1.7kg / 벳트로부터 꺼낸 몰드 그대로 반전을 30분마다 4회 실시하여 성형합니다.					
가 압		26℃	처음에 30분, 다음부터 1시간 간격 반전 실시 5회 이상, 5배 중량으로 12시간 가압합니다. ※ 0.16bar 10～12시간(1bar = 1.0197kg/cm^2, 0.16bar = 0.16kg/cm^2)			
가 염	24시간					치즈의 소금함량이 1.5～2.0% 되도록!
숙 성	5주	12～13℃	상대습도 90～95%, 3일 후부터 BL균 액 표면처리 합니다.			
※ Original은 동굴 속(상대습도 95% 이상의 습도)에서 호밀짚 위에서 숙성시킵니다.						

3.7 아펜젤러 치즈(Appenzeller cheese)

그림 3-45. 11개월 숙성한 아펜젤러 치즈
(화보 22쪽, 프로마쥬 김은주 대표 제공)

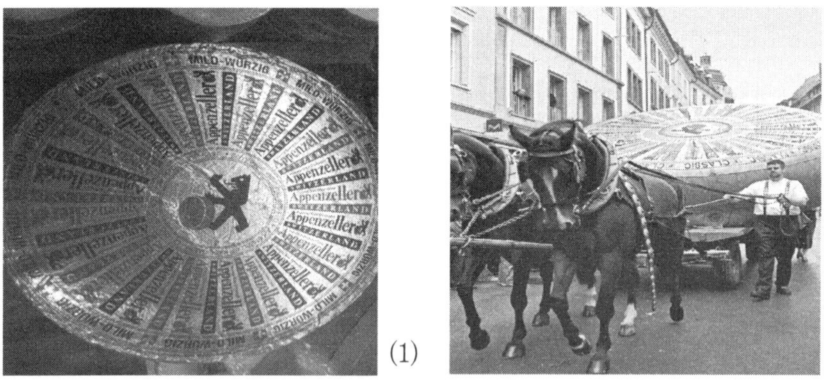

(1) (2)

그림 3-46. (1) 스위스 아펜젤 칸톤 산 아펜젤러 치즈(화보 22쪽, 저자 사진)
(2) 아펜젤 칸톤 축제에 등장한 대형 아펜젤러 치즈
(출처: http://www.youtube.com/watch?v=Qgp2-r80Tds&feature=related)

1) 개 요

저자는 이 치즈와의 첫 대면을 1990년 스위스 연방공과대학(ETH) 연수 시절에 동료의 생일 파티에 초대되었을 때 생일 파티용으로 차려놓은 치즈 플레이트(Cheese plate)에서였습니다. 저자를 초대한 그 사람은 치즈 플레이트에 놓인 30여 종의 치즈 블록마다에 치즈명칭을 적은 작은 깃발을 꽂아 두었는데, 그 때 저의 입맛을 사로잡은 치즈가 바로 스위스가 자랑해 마지않는 아펜젤러 치즈였습니다.

저자는 귀국하고 얼마 되지 않아서 이 치즈의 한국화에 부단히 노력했는데, 원본 제조공정[325)]을 개정하여 한국 원유에 맞추고 유용 천연자원(녹차, 들깻잎, 인삼, 갈근(칡), 톳, 뽕잎, 클로렐라, 복분자 즙 등)을 첨가하는 한국형 아펜젤러 개발 시험을 거쳐 3건의 특허등록[326)]과 한국식 치즈 브랜드로 상표등록[327)]을 했습니다. 이 치즈가 치즈의 한국화 시험의 기본 모델(Back-bone)이 되어 준 셈입니다. 그래서 일부 목장 치즈 공장들이 이 치즈를 신제품 품목신고를 거쳐 상품화를 시도하고 있습니다. 여기 제시된 제조 레시피는 바로 그 오랜 시험과 현장 적용 결과의 소산입니다.

스위스 아펜젤(Apenzell) 주가 원산지이면서 생 갈렌(Saint Gallen) 주에서도 제조되는 아펜젤러 치즈는 오랜 전통을 자랑스럽게 내세웁니다. 역사적으로는 샤를마뉴(Charlemagne)대제[328)] 시대로 거슬러 올라가 8세기, 9세기경 당시에는 현금처럼 통용되었고, 13세기의 역사보고에 따르면 아펜젤러 치즈는 생 갈렌 주 내에서 이자 지불금으로 사용되기도 하였다고 합니다.

이 치즈 명칭이 문헌상으로 처음 등장한 것은 1282년으로, 이 명칭 유래는 오늘날로 따지면 아펜젤러 주에 속하는 압바셀라[Abbacella(abbot's cell)] 교구인 생 갈렌에 수도원이 세워졌던 11세기로 거슬러 올라갑니다. 이 치즈는 스위스 동부지역 대부분의 주인 아펜젤 인너호덴(Apenzell InnerRHoden), 아펜젤 아우서호덴(Apenzell AusserRHoden), 쓰르가우(Thurgau)와 생 갈렌 주 일부 지역에 이르기까지 광범위하게 제조되고 있습니다.[329)] 현재는 생 갈렌 가문과 뚜르 가문에서 주로 생산되고 있으며, 연중 9,500톤 이상의 량이 생산되며, 그 중 250톤은 1/4(15.0%) 지방함유 치즈(일명 Räss, Säntis 치즈)로 생산됩니다. 아펜젤러 치즈 생산량의 50% 이상이 수출되며, 주 수입국은 독일입니다. 아펜젤러 치즈의 독특하고도 차별적인 향미와 기분 좋은 특유의 향기(Aroma)는 치즈 표면을 닦아주는 슐즈(*sulz*)라는 와인, 사과즙, 효모, 허브류, 스파이스류, 그리고 소금 등을 혼합한 액에서 비롯된 것입니다.

---

325) Kessler, A. Knüsel, H. Raemy, O. Rentsch, F. and Soliberger, H. 1990. Kä sefabrikation LmZ. Zolikofen, Swtzerland. pp. 71-78.

326) 대한민국 등록특허 번호 10-0950808 [유용 천연물 함유 치즈 및 이의 제조방법] 2010. 03. 25.
대한민국 등록특허 번호 10-1082803 [새우를 함유한 치즈 및 이의 제조방법] 2011. 11. 07.
대한민국 등록특허 번호 10-1210959 [수리미를 함유한 치즈 및 이의 제조방법] 2012. 12. 05.

327) 특허청 상표등록 번호 40-0893213호 [본(本) Real Cheese 「아집찬」 치즈] 2011. 12. 06.

328) 프랑스 샤를마뉴(Charlemagne)대제(751년 즉위한 샤를 마르텔 아들 피핀 3세 소 피핀의 아들)는 800년에 교황 레오 3세로부터 황제(Augustus) 칭호를 받음. 이탈리아를 원정하여 랑고바르드(롬바르디아) 왕국을 제국에 편입시킴.

329) Herbst, S. T. and Herbst, R. 2007. The Cheese Lover's Companion. William Morrow. NY. USA. pp. 65-66.

치즈 제조가마다 개별적으로 다른 레시피를 갖고 있는데, 보통 20여 종의 재료들을 사용합니다. 저자가 방문했던 아펜젤 주립 전시용 치즈공장의 큐레이터(해설사)의 설명에 따르면 이런 레시피라든지 거기에 들어가는 각종 재료에 대한 것이 철저히 비밀에 붙여져 있다고 했습니다. 그래서인지 스위스의 아펜젤러 치즈제조기술 서적에도 이 치즈를 담그고 표면을 닦아주는 데 사용하는 혼합액(sulz) 레시피는 보이지 않았습니다. 보통 7kg의 차륜 형이며, 섬세한 조직으로 최저 50%의 FDM(수분을 제외한 건물 중 지방함량)를 함유하고 있습니다. 4～5개월의 숙성기간을 통하여 전형적인 향미를 갖게 됩니다. 원래는 반경질 치즈지만 6개월 이상 숙성하면 경질치즈로 숙성됩니다. 정확히 말하자면 이 치즈의 판매방식은 세 가지인데 주로 숙성기간에 따른 구분이지요.

[Tip 51] 다른 치즈의 추종을 불허하는 탁월한 아펜젤러 치즈의 특징

- 무 게 : 6.2～8.0kg
- 지 름 : 30～33cm
- 높 이 : 7～9cm
- 겉 표면 : 외피가 깨끗하고 건조된 불그스름한 갈색으로 탄력이 좋은 조직을 가집니다.
- 치즈 눈 : 깔끔하면서 정갈한 둥근 치즈 눈(cheese eye) 형성, 약 완두콩 크기(3～6mm의 지름)의 구멍(孔)들이 규칙적이지 않고 그리 많지 않습니다.
- 맛과 향 : 숙성 정도에 따라서 다르지만 전반적으로 순한 향미를 갖습니다. 저자는 이 치즈를 처음 먹을 때의 인상이 어린 시절 즐겨 먹던 인절미의 콩고물 맛과 향 같이 온화하게 느껴졌습니다.
- 치즈 내면 : 밝은 노랑에서 상아색까지의 연한 조각 형태입니다.
- 성분 함량 : 반경질 치즈로서 수분 55～62%, 지방함량(FDM) 최소 40%, 최대 50%입니다만 요즘은 저지방 아펜젤러 치즈(Reduced fat-version cheese)가 등장하였는데, 소비자들의 체중 감량 다이어트식에 부응하기 위한 것이라고 합니다. 지방 저감 치즈 두 종류가 있는데 ① 원래 치즈 지방함량(48～50%)보다 낮은 18%인 「1/4 지방치즈」로써 은색과 녹색이 합쳐진 라벨(Appenzeller 1/4-Fat Mild = Silver and Green label) 치즈와 ② 「1/4 지방치즈」로써 은색과 갈색이 합쳐진 라벨(Appenzeller 1/4-Fat Mature = Silver and Brown label) 치즈인데 이것은 6～8개월간 숙성을 한 것입니다[330].

330) Herbst, S. T. and Herbst, R. 2007. The Cheese Lover's Companion. William Morrow. NY. p. 66.

① **클래식(Classic)** : 은색 라벨(Silver label)이 붙여져서 판매되는데 3~4개월간 숙성한 치즈입니다.
② **써코익스(Surchoix)** : 금빛 라벨(Gold label)이 붙여져 판매되며, 4~6개월 숙성한 치즈입니다.
③ **엑스트라(Extra)** : 검정색과 금빛 라벨(Black and gold label)이 붙여진 것으로 최소한 6개월 정도는 숙성된 것입니다.

2) 제조공정 [1]

[각주 325번의 스위스 원전상 아펜젤러 치즈 제조공정을 개조한 것입니다]

(1) 원 유 : 아펜젤러 치즈의 제조를 위한 유질 조건은 다른 모든 원유의 치즈와 비슷해야 합니다. 경질 치즈와 대조적으로 낮은 가열온도를 요구하기 때문에 세균학적 관점에서 특별한 주의를 요합니다. 그렇지 않으면 많은 종류의 잡균들이 제조과정에서 오염, 증식하게 됩니다.

(2) 유산균 스타터와 응유효소(rennet)를 넣기 전의 치즈 벳트의 원유 조건
① 원 유 : 총 균수 50,000 cfu/mL 이하, 대장균군수 300 cfu/mL 이하
② 열처리(Thermization)[331] 원유 : 총균수 10,000cfu/mL, 대장균군 100cfu/mL

저녁 젖을 12~14℃에서 하룻밤 정치한 다음 사진과 같이 표면의 크림층(Cream-layer)을 걷어 내고 동일한 양의 아침 젖과 혼합함으로써 유지방률 2.9~3.0%가 되도록 표준화 합니다.

그림 3-47. 스위스 취리히 인근 마을 치즈공장에서의 원유 표준화 방법 (저자 사진)

331) 열처리(Thermization)란 신선 원유에 순간적으로 열을 가하여 오염을 최소화하는 방식으로 65℃에서 15초간 처리하는 방식입니다.

③ 원유의 표준화를 위하여 저녁 착유 원유는 치즈 벳트 안에서 12~14℃로 보관되어야 합니다(그림 3-47 참조).

(3) 유산균 스타터 : 아펜젤러 치즈에 있어서 유산균은 다음과 같은 역할을 합니다. *Streptococci*속의 일부는 치즈 눈 형성 균으로서 *Lactococcus diacetylactis* 균이 그 역할을 합니다. 일반적으로 스타터에 *Lactobacilli*속 균이 충분히 함유되도록 주의해야 합니다. 요즘은 DVS체제를 활용하기 때문에 이러한 균종이 골고루 혼합된 제품을 구해서 사용하시면 됩니다. DVS제품 중 함유된 균종 분포는 각 회사의 제품 자료를 그 회사 대리점 자료나 인터넷 홈페이지를 통해 파악할 수 있습니다.

(4) 원유 지방량의 조절(표준화) : 치즈 벳트의 지방함량 조절은 3원 원심분리기(three-way centrifuger)를 통해 조절할 수 있습니다. 그러나 소규모 목장 치즈 공장에서 채용하기에는 대용량 처리기이므로 스위스의 전통 방식을 활용하시는 것을 권합니다. 즉 그림 3-47에서 보는 바와 같이 저녁 착유 원유를 치즈 벳트에 보관하고 벳트의 온도를 12~14℃로 유지하면서 하룻밤을 보낸 뒤 아침에 이 원유의 상층부 크림층을 걷어낸 다음 아침 착유 원유와 1:1로 혼합하여 사용하는 것입니다. 이런 방식은 청초를 먹여 젖을 얻는 알프스의 여름(5~9월 중순) 기후를 기준으로 한 것이므로 자신의 목장 상태를 잘 융합시키면서 활용하시기 바랍니다. 아펜젤러 치즈의 원유 유지방 함량은 3.4~3.5%가 적당합니다. 타인의 목장이나 낙농진흥회로부터 공급된 원유의 지방과 단백질 함량을 고려하여 유청과 물을 첨가하여 지방함량을 조정하셔도 될 것입니다.

(5) 원유의 열처리(Thermization) : 원유 열처리 과정은 저온살균(Pasteurization)보다 낮은 수준의 가열처리를 의미합니다. 가장 현대적 방법은 치즈 벳트나 원유 저장탱크 내에서 오후(저녁) 원유를 가열처리 하는 것입니다. 가능하면 판형열 교환기(PHE, Plate heat exchanger)를 이용하여 원유를 60~65℃까지 가열, 15초에 걸쳐 통과시킵니다. 열처리 과정을 통해 치즈 원유의 세균수를 줄일 수 있으며, 지나치게 많은 치즈 눈이 생기는 것을 예방하고 보다 품질 좋은 치즈를 얻을 수 있게 됩니다.

(6) 물 첨가(브르흐바쉔 / Bruchwaschen) : 저자가 아는 치즈제조 공정 중에서 애초에 원유에 물을 첨가하고서 치즈제조를 진행하는 치즈를 아직 만나 보지 못하였습니다. 그래서 제가 아펜젤러 치즈 연구 실험을 하고 이 결과를 논문으로 제출하면 원유에 물을 넣었다는 이유로 연구 초창기에 몇 차례 기각(reject)되어 곤욕을 치른 적이 있었습니다. 그러다 스위스 치즈 제조기술 책에 나와 있는

원본 기술을 제시하여 그 고비를 넘겼고, 그 이후로는 기각 결정된 일이 없었던 에피소드가 있습니다. 아펜젤러 치즈 제조과정에서의 물 첨가는 제조 24시간 후의 치즈에서 유당의 함량을 감소시킬 수 있으며, 그로 인해 증식이 억제된 스타터 유산균의 작용으로 숙성된 치즈는 보다 온화한 맛을 지니면서 오래 보존할 수 있게 됩니다.

① 물 첨가는 제조과정에서 꼭 일정하지는 않습니다.

- 가수(加水) 1 : 원유량의 4～8%를 처음 원유 살균 전에 가함
- 가수(加水) 2 : 유청 - 커드 절단 - 교반 후 원유량의 6～15%를 가수함
- 가수(加水) 3 : 유청을 일정량 제거한 뒤 교반 시에 물을 첨가합니다.

② 이를 일명 브르흐바쉔(Bruchwaschen)이라 하는데 수질은 근본적으로 세균학적으로 순수한 정제수를 사용해야 합니다. 많은 공장에서는 위생적 검사뿐만 아니라 가스제거를 위해서 물을 저온 살균하여 사용합니다. 곰팡이 제거를 위해서 특수필터를 이용하여 여과하기도 합니다(그렇다고 상수도 물을 사용해서는 안됩니다. 왜냐하면 수돗물에는 염소 성분의 함유 때문에 렌넷의 활력을 현저히 떨어트리고 일종의 수돗물 냄새가 남을 수 있기 때문입니다. 아예 고급 정수기 물을 미리 준비하면 좋겠습니다).

(7) 응유효소 첨가, 정치, 커드절단, 커드(생 치즈) : 이 과정은 아펜젤러 치즈 제조과정 중 가장 중요하므로 매일 조심스럽게 임해야 합니다.

① 응유효소의 최적 활성화 온도 : 31～32℃
② 응유 소요시간 : 35분

(8) 커드 절단 : 커드의 크기가 8～10mm^{3}가 되게 절단합니다. 가로 나이프로 먼저 절단하고 같은 방향에서 세로 나이프로 절단하고 한 번 더 옆 방향에서 세로 나이프로 절단합니다. 이윽고 벽 쪽에서 안쪽으로 커드를 모은 뒤 한두 번 더 세로 나이프로 절단하여 커드 크기를 균일하게 해 줍니다. 커드 절단 뒤에 3～4분 방치하여 치유과정을 거치십시오.

(9) 가온(cooking) 및 교반 : 아펜젤러 치즈는 경질치즈에 비해서 짧은 가온시간과 보다 낮은 온도에서 진행됩니다. 이러한 차이는 경질치즈 종류를 나누는 중요한 점이 되고 있습니다.

① 부드러운 조직성 : 치즈 내의 높은 수분의 함량
② 잡균류 : 50℃ 이상에서 대부분 소멸됩니다.

(10) 가온의 실행 : 아펜젤러 44～45℃[332], 교반해 주는 시간은 5～15분이고 숙성하지 않는 치즈에서는 무엇보다 커드 내 수분의 함유가 영향을 끼칩니다.

(11) 몰딩, 성형, 예비가압, 가압 : 반경질 치즈 공장들에서는 과거부터 각종 제조설비가 발달되어 왔습니다. 원래는 치즈 벳트 내에서 치즈 성형 틀에 커드를 붓고 그 위에 돌로 압력을 가했었습니다. 오늘날에는 치즈 성형을 위해 몰드에 커드를 붓거나 펌프작동을 하고 압력을 가하는 다양한 제조과정들이 도입되었습니다. 이로 인해 얼마의 치즈가 생산될 것인가를 알 수 있습니다. 예외적으로 직접 유청을 벳트 내에서 제거하는 방식에 있어서의 체계는 10～20분 동안 벳트 내에서 예비가압(pre-press)을 가해 주어야 합니다. 압력이 가해진 치즈는 다시 잘게 주사위 모양으로 잘라서 치즈 몰드에 넣게 됩니다. 모든 체계는 각기 장·단점이 있게 마련입니다. 공장 규모나 투자비용, 제조의 합리화에 따라 몰딩 방법을 선택해야 힙니다.

[Tip 52] 유청 배제와 가압 중 특별한 주의사항

- 치즈 커드 알갱이들에 공기를 차단하므로 구멍이 생기지 않게 합니다.
- 치즈 커드를 빠르게 냉각하는 것은 유산균 발효를 억제합니다.
- 잡균들이 치즈품질에 부정적인 발효를 진행할 수 있습니다.
- 이런 잡균들은 치즈 천, 펌프, 파이프, 호스, 몰드를 통해 오염됩니다.

(12) 가압시간, 무게와 치즈 뒤집기 : 특수 천으로 된「커드 건지기용 천」이나 알루미늄 몰드에서 치즈 처리하기는 구리철사를 천 끝부분에 매달아 벳트 바닥을 저인망식으로 모든 커드를 거두어 올려 몰드에 넣어 정착시킨 뒤 가압하면서 주기적으로 몰드를 뒤집어 줍니다. 뒤집어 줄 때마다 가압 압력을 서서히 올려 줍니다.

① 가압 중량 : 아펜젤러 15kg 내외/개
② 가압 시간 : 4～5시간
③ 뒤집기 : 가압 개시 후 5～10분 → 45～60분 → 6시간마다
④ 저녁에 마른 깔개 위에 놓고 뒤집어 줍니다.

332) 저자는 여기서 매우 많은 실패와 시행착오를 거쳤는데, 우리의 원유를 이 온도로 가온하면 커드끼리 들러붙어 그 다음 과정을 이어 나갈 수가 없었습니다. 많은 시행착오 끝에 얻어낸 가온 적정온도는 38～39℃이었습니다. 이 부분은 <제조공정 (3)>을 참고하시기 바랍니다.

⑤ 천을 걷어 내고 난 후의 진행(15kg/개 기준)
- 첫 압력 10～15분 동안에는 70～90kg의 압력 무게
- 두 번째 20～40분 동안에는 80～110kg의 압력 무게
- 첫 번째, 두 번째 압력이 끝나고 나서 저녁에 꺼내어 치즈를 뒤집어 줍니다.

⑥ 가압 중의 가압실의 온도 변화는 매우 중요합니다. 공기 중의 오염으로부터 치즈를 보호하기 위해 섬세한 덮개나 특수 가압실은 항상 불변의 조건이 되도록 유의해야 합니다.

⑦ 하얀(지방) 표면은 높은 온도를 나타냅니다.

⑧ 높은 온도는 끈적이는 식감(texture)을 형성하게 됩니다.

(13) 가염처리(소금물에 담금) : 소금물에 담그는 기간은 최고 2일까지 처리되며, 소금물에 있어서 높은 산도는 좋은 반경질 치즈의 세균학적인 품질을 보장해 줍니다. 가장 높은 산도의 허용한도는 30°SH(산도 0.43%)[333]입니다.

(14) 치즈 표면을 닦는 것은 두 가지의 서로 다른 의미를 갖습니다.

① 정상적인 유산균발효의 진행을 위함이고

② 좋은 지하 숙성실(celler)[334] 온도 조건과 이상적인 숙성 조건 :

아펜젤러 치즈를 위한 지하 숙성실(celler)은 높은 습도와 일정한 온도 유지가 필요합니다. 보통 90～95%의 상대습도와 14～15℃의 온도 조건인데요, 여기에 일등급 위생적인 격리 지하실이 필요합니다. 조건이 나쁜 격리 지하 숙성실(celler)은 공기순환을 좋게 할 수 없습니다. 첫 번째 닦는 것은 치즈를 소금물에 담근 후 하루 뒤에 행합니다. 숙성 초기의 곰팡이 출현 때문에 처음 10일 동안은 매일 하루에 두어 번씩 닦아 주고 그 뒤로도 매일 닦아 줄 것을 권합니다. 표면 닦는 물은 깨끗하고 순한 소금물이어야 하며, 여기에 치즈 색소를 함유시킵니다. 표면처리 소금물은 치즈 표면에 어떤 변화도 일으키지 않아야 합니다.

치즈 표면의 미생물은 호기적 발효를 억제하고 치즈의 산을 낮추어 줍니다. 유산균은 치즈 표면에서도 생육할 수 있지요. 이러한 유산발효는 치즈 내부에서 pH를 높이기도 합니다. 그로 인해 빠르게 단백질 분해효소가 활동하게 되고, 치즈 형태와 치즈 맛의 특성을 다르게 만들기도 합니다. 아펜젤러 치즈는 약 4

333) °SH란 Säuregrad의 약어로 스위스와 일부 유럽인들이 사용하는 산도 단위입니다. 이를 대략 60으로 나누면 우리가 사용하는 산도 %로 환산되지요. 가령 30°SH는 우리식 산도로는 0.428%에 해당하며, 액상 스타터의 경우 40~45°SH인데, 이를 산도로 환산하면 0.66~0.75%인 셈입니다.

334) 아펜젤러 치즈를 비롯한 알파인계 치즈의 대부분이 지하 숙성실에서 숙성합니다. 이 숙성고를 셀러(celler)라고 부르는데, 이곳에서는 숙성과 저장이 동시에 이루어집니다. 우리도 알파인계 치즈 제조 시 이러한 셀러(celler)를 갖추어 숙성함이 바람직합니다.

주 뒤에 표피가 완성된 다음 비로소 특유의 백포도주 효모(Weiss Wein-hefe)와 약초 향(herb 팩)을 섞어 만든 고유한 표면처리액 슐즈(sulz)로 관리합니다. 그 과정을 통해 아펜젤러 치즈는 특수한 향미를 띠게 된다고 앞서 자세히 설명을 드렸습니다.

3) 제조공정 [2]

[스위스 아펜젤 칸톤 전시공장에서의 아펜젤러 치즈의 제조]

<전시용 공장의 큐레이터의 설명을 정리함>[335)]

아펜젤러 치즈의 제조에는 4가지 비밀이 숨어 있습니다. ① 유산균, ② 렌넷, ③ 가염, ④ 숙성과정입니다.

(1) 원유의 정치 : 목장들로부터 운반된 원유는 10℃ 이하로 컴퓨터에 의해 탈지유와 원유가 적절한 지방, 단백질을 맞추는 표준화를 거쳐 6톤짜리 치즈 벳트(구리 표면처리)에 주입됩니다.

(2) 스타터 배양 : 여기서는 비살균 원유로 치즈 제조를 하고, 별도의 스타터를 넣지 않습니다. 원유 속에 천연적으로 존재하는 유산균이 스타터 역할을 하기 때문입니다. 치즈 벳트에 원유가 주입되기 전에 원유는 미리 원유 중의 유산균 활성화 탱크 속으로 들어갑니다. 이것을 31℃로 가온하여 원유 중의 천연 유산균이 활성화 되게 합니다. 20~40분간 정치합니다.

(3) 렌넷 첨가와 커드 절단 그리고 유청배제 : 렌넷을 첨가하고 40분간 정치합니다. 커드를 절단하고 교반을 거쳐 유청을 제거하되 이를 다시 크림분리기를 통과시켜 유청 중 크림을 얻어 버터제조[336)]에 사용하고, 나머지 유청은 낙농가들이 가져가 양돈사료로 이용하고 있습니다.

(4) 가온, 교반 : 커드 절단 후 가온합니다. 45℃로 서서히 올려주어 45℃에 도달하면 20분간 교반하며 유지합니다. 이때 커드 내 수분이 빠져 나오고 커드가 단단해집니다.

(5) 몰딩과 성형 : 미리 몰드를 준비해 주는데, 여기서도 6톤짜리 한 벳트 당 80개의 몰드에 커드와 유청을 함께 펌프로 퍼 넣습니다. 몰드 하나에 7.0kg 정도 커드가 얻어집니다. 몰드에 퍼 넣는 시점은 치즈 제조자가 커드를 손으로 만져보

---

335) 2005년 7월에 저자가 스위스 아펜젤 주의 전시형 치즈공방(Schow Käserei)을 방문했을 때의 큐레이터(해설사) 설명 내용을 함께 방문한 견학단에게 통역하고 이를 다시 정리한 것임

336) 치즈 부산물인 유청에서 얻은 크림으로 버터를 만들면 이미 약간의 발효과정을 거쳤으므로 특유의 맛과 향기를 냅니다. 그래서 고가에 판매할 수 있습니다.

고 촉감으로 결정합니다. 커드 몰딩 시점은 돌려보고, 만져보고, 외양을 보아 판단합니다.

(6) 가 압 : 치즈가압은 3단계로 하게 됩니다.

① 예비가압 : 45분 동안 약하게 해서 여분의 유청을 빼냅니다.

② 본 가압 : 45분 동안 강하게 가압해서 모양을 만듭니다.

③ 최종 가압 : 좀 더 강하게 해서 단단한 치즈덩이가 되게 합니다.

본 가압과 최종 가압 사이에 아펜젤러 치즈 고유 상표가 인쇄된 패스포트(공인증)를 넣어줍니다. 이것은 아펜젤 지역 치즈공장에서만 사용할 수 있습니다. 이 패스포트(pass-port)형 공인 상표에도 치즈제조 라인별 개별적인 개체 번호(serial No.)가 붙고 치즈공장 명, 라인 번호, 제조일자가 기입되어 있습니다.

(7) 가 염 : 이 치즈는 옆방의 가염실로 옮겨지는데, 가염조건은 20% 소금물입니다. 가염과정에서 다음 변화가 얻어집니다.

① 삼투압에 의해 치즈로부터 수분이 빠져 나오고 대신 염분이 침투합니다.

② 치즈의 외피(rind, 껍질)가 형성됩니다.

③ 치즈에 맛이 부여됩니다.

가염 통에는 3톤 정도 소금물이 들어가 있고, 치즈는 치즈 고정틀 선반에 각각 넣어져서 밑바닥부터 놓이게 됩니다. 가염시간은 48시간입니다. 치즈 가염을 자주 하다보면 염도가 낮아집니다(생 치즈 속으로 소금이 침투됨에 따라). 그래서 이 공장에서는 아예 매일 15kg의 소금을 추가해 주고 있습니다.

(8) 표면 처리와 숙성 : 48시간 동안에 걸친 가염이 끝난 치즈는 숙성실(celler)로 옮겨집니다. 나는 여기서 「celler」라는 말을 좋아합니다. 이는 숙성과 저장이 함께 이루어지는 곳이기 때문입니다. Celler로 옮긴 지 10일간은 가염하던 소금물로 표면을 매일 닦아 줍니다. 10일 이후부터는 2～3일 간격으로 닦아 주어 5주 동안 치즈의 표면을 관리합니다.

(9) 치즈의 감정 평가 : 5주가 지난 치즈는 치즈 감정 전문가가 외부 모양, 냄새, 맛, 색깔 등을 보고 평가하여 계속 숙성할 것과 다른 용도로 쓸 것을 결정해 줍니다.

(10) 아펜젤러 치즈의 슐즈(sulz) 처리 : 이때부터 치즈가 본격적인 숙성에 들어가는데, 이때는 이 지방에서만 사용하는 표면 처리제인 슐즈를 사용하여 치즈를 관리합니다. 이 지역 슐즈는 백포도주 효모와 이 지역의 허브 그리고 다른 물질들을 혼합한 것으로, 이 액은 이 지역 한 군데서만 만들어 이 지역 치즈 공장들

에 배급하고 있습니다. 이 슐즈의 조성분 물질들은 특급 비밀이어서 오직 두 사람만 알고 있으며, 이 두 사람만이 그 유명한 아펜젤러 치즈의 표면 처리제 슐즈를 제조할 뿐입니다.

(11) 본 숙성 : 본 숙성에 들어간 치즈는 최소한 3개월 이상 숙성하게 됩니다.

(12) 치즈의 판매 : 여기서 치즈는 외국 수출용 치즈 3종과 내국용 치즈 3종으로 나누어집니다.

- 3개월 숙성치즈(classic)
- 4개월 숙성치즈(surchoix)
- 6개월 숙성치즈(extra)

내국용은 최근 지방분을 꺼리는 사람들을 위한 저지방 치즈와 유기낙농가로부터 가져온 유기농 원유로 제조한 유기농 치즈(Organic cheese)가 있습니다.

① 유기농 치즈(1996년 가을부터 제조 시작) : 표면에 「Bio」 마크가 있습니다. 이 치즈는 3개월을 숙성시킵니다.

② 정상 치즈의 1/4 저지방 치즈 : 700년 전부터 만들어온 저지방, 온화형 치즈인 1/4지방 치즈는 부분 탈지한 탈지유를 사용하여 제조됩니다. 정상 치즈보다 열량이 30% 적게 함유되고, 누구나 가볍게 먹을 수 있습니다.

③ 정상 치즈의 1/4 저지방 **숙성치즈** : 다이어트용 **장기 숙성 치즈**입니다. 최소한 6～8개월 숙성합니다. 향, 조직이 좋아 혀에서 살살 녹는 것입니다. 이런 치즈들마다 라벨이 달리 붙어 있어 소비자가 쉽게 구분하여 구입할 수 있습니다.

이상의 과정에서 표면 관리 5주가 지난 치즈를 전문가가 「숙성하기에 적합하지 않은 치즈」라고 판정한 것은 샌드위치용이나 퐁뒤 용 재료, 또는 다른 식자재로 사용되도록 별도 포장 판매합니다. 이는 자원 재활용의 지혜입니다.

4) 제조공정 [3]

[이 공정은 순천대학교에서 저자가 한국 원유에 맞추어 개조하여 치즈기술교육 실습과 각종 연구에 사용했던 방식입니다]

(1) 가 수 : 청정한 물을 원유의 10% 정도 첨가합니다(상수도 물은 사용 불가).

(2) 살균(63℃/30분) : 스위스 원산지에서는 비살균이고, 우리나라도 2017년 1월부터 비살균 원유 사용이 허용되었지만 안전을 위해 살균하거나 열처리를 권합니다.

(3) 냉 각 : 32℃

(4) 스타터 첨가 : 액상은 원유의 1.5% 중온균(듀퐁 다니스코의 Choozit Su Casu : 0.75%, 크리스챤 한센사의 Flora Danica : 0.75%) 또는 중온균 DVS로서 이상발효균(*Lactococcus diacetylactis*, *Lactobacillus helveticus*)이 함유된 것(Choozit Flav 54와 Choozit MM 100, 101과 Flora danica이면 좋습니다)을 각각 1.875g + 1.875(3.75g /100kg) 접종하고 40분간 배양합니다.

(5) 첨가제 넣기 : ① 염화칼슘-액상으로 원유의 0.02% 첨가(20mL/100kg), ② TMR이나 사일리지 급여우 원유인 경우, 라이소자임-회사 사용 지시량(대개 15～18mL/100kg)

(6) 렌넷 첨가 : 250～290/mL IMCU 활력의 렌넷 19mL/100kg를 20배 청정수에 희석하고 즉시 첨가한 뒤 교반기를 분리하여 20여 회 휘저어 준 뒤 제거합니다. 25분 째 커드 굳기를 검사합니다.

(7) 커드 절단 : 쌀알 크기만큼(5mm^3), 이런 크기는 세로 나이프로 조절해 줍니다.

(8) 교 반 : 20분간 교반(32℃ 유지), 처음 5분간은 손으로 느리게 한 뒤 15분은 주걱이나 삽으로 실시합니다. 이때는 커드끼리 엉키지 않을 속도로 교반해야 합니다.

(9) 유청 제거 : 원유의 10% 제거

(10) 2차 가수 및 가온 : 약 60～70℃의 물을 원유의 10% 가수하고, 5분에 1℃씩 30분에 걸쳐 32℃에서 38℃까지 가온하며 교반합니다(한국에서도 청초 방목한 젖소의 젖이라면 44～45℃로 가온해 볼 것을 권합니다).

(11) 교 반 : 60분간 교반(충분한 센 교반) ― ① 커드를 쥐었다가 놨을 때 한두 개가 남아 있고 모두 흩어질 때까지, ② 교반 중인 유청의 커드가 손을 때리고 지나가는 느낌, 즉 쌀알이 스쳐 지나가는 느낌일 때까지 해 줍니다.

(12) 유청 제거와 몰딩 : 벳트 출구에 큰 대야를 놓고 그 안에 치즈 천을 깐 직경 38cm 원형 몰드를 위치시켜 유청과 커드를 함께 부어 한 번에 제거합니다.

(13) 성 형 : 30분 간격으로 뒤집어 주기를 5～6차례 실시해 줍니다.[337)]

(14) 가 압 : 성형을 하며 1배로 시작하여 30분마다 뒤집어 주고, 5배의 무게에 도달하게 되면 그 무게로 밤새 가압합니다. 이때 가압실의 온도는 26℃를 유지해 주는 것이 중요합니다. 왜냐하면 이때 발효가 지속되기 때문이지요. 만약 온도

---

337) 몰딩(Moulding) :우리말 번역은 「성형틀에 커드 담기」 또는 「성형(成形)」입니다. 성형틀에 넣은 커드를 반복되는 뒤집기 과정을 통해 고유한 형태를 만들어 주는 과정이지요. 일정한 간격으로 자주해 주어야 제대로 된 치즈 형태를 얻을 수 있습니다.

가 낮으면 원하는 pH의 치즈를 얻을 수 없습니다.

(15) 가 염 : 몰드를 해제하고 치즈의 pH를 검사해서 pH 5.1~5.2 도달했는지를 검사하고[338] 치즈와 같은 pH로 조정한 20°Bé 소금물에 4시간/kg 침지합니다.

(16) 건 조 : 건조실에서 3일 정도 표면이 까칠해 지기까지 뒤집어 가며 건조합니다. 건조실의 온도와 습도는 12℃에 RH 73% 이하여야 건조가 잘 됩니다. 숙성실에서 건조하는 사람들이 있는데 그러다가 치즈 표피(rind) 형성을 실패합니다.

(17) 숙 성 : 온도 14℃, 습도 90~95% 유지, 3~6개월간 숙성[339]하는데, 저는 3개월 이상 숙성을 조심하시라고 권합니다. 그 이상 숙성하는 경우 원치 않는 향미가 날 수 있기 때문에 상품성 저하가 우려됩니다. 숙성하는 기간 중에 할 수만 있다면 매일 뒤집어 주며 표면을 닦아 주십시오. 10% 소금물로 닦아 주는데 한국형 슐즈 개발도 필요합니다. 이를테면 곰팡이 제어에 탁월한 효과가 있는 계피(시나몬 오일), 생강, 감초 등을 첨가한 소금물을 제조하면 좋을 것입니다[340].

5) 공정표

제조자 :		치즈명 : 아펜젤러 치즈 (Appenzeller cheese)				벳트 번호 :	일 시 :
원 유 kg 100 총 량 kg ____		원 유 지 방 ____ 단백질 ____ 표준화 지 방 ____ 단백질 ____				스타터 종 류 ____ 박테리오파지 ____	
제조과정 진행	시 간	온 도	산 도	pH	커드 pH	기 록 사 항	

338) 만약 목표 pH에 미달한 경우, 즉 5.6이나 5.4인 때는 pH 5.1~5.2가 되기까지 그대로 가압실에 방치하여 기다립니다.

339) 숙성기간에 들어가면 표면관리가 중요하고, 초기의 반전이 중요합니다. 첫 1주간은 매일 2차례 뒤집어 주고, 2주부터는 매일 1회, 3주 이후부터는 격일로 한 번씩 뒤집어 줍니다. 저자의 경험으로는 5주간은 매일 자주 뒤집어 주는 것이 좋았습니다. 2개월간은 매일 닦고 표면관리를 세심히 해야 곰팡이 오염을 막을 수 있기 때문입니다. 표면처리는 치즈 뒤집는 때마다 치즈 천에 10% 소금물을 묻혀서 닦아 줍니다.

340) 순천대학교 우유·미생물학 연구실에서는 치즈 숙성 중 오염된 곰팡이를 제어할 수 있는 천연물질들을 이용하는 연구를 하여 특허를 등록한 바 있습니다.
[특허등록번호 10-1383973(2014년 4월 3일자 등록) 발명의 명칭 : 천연 에센셜 오일이 도포된 항진균 숙성 치즈의 제조방법 및 그로부터 제조되는 항진균 숙성치즈]

표준화		10℃				※ 스위스 전통방식으로 표준화 하고 원유의 10%를 가수합니다.
살 균	30분	63℃				
기본 스타터		32℃	※ 2종류의 균 1.5% 첨가			Type, 중온균(FD) 사용량, 0.75.0%(750mL) Type, Su Casu 사용량, 0.75.0%(750mL)
첨가물		32℃				Type, 염화칼슘 사용량, 0.02%(20mL)/라이소자임 18mL
렌넷 첨가		32℃	※ 렌넷 첨가 전 온도 검사 필요/산도 검사 후 0.05% 변화 확인 후 렌넷 첨가			250～290/mL IMCU 렌넷 사용량, 19mL
응 고	35분					응고 소요시간 : 35분
커드 절단	5분					쌀알 크기(5～8mm^3)
교 반	30분	32℃				
유청제거 -1차						※ 10% 유청제거
가 수	70℃ 물을 유청 제거한 양만큼(10%) 넣습니다.					
가 온	30분	38℃				※ 5분에 1.0℃씩 서서히 올립니다.
교 반	※ 약 1시간의 교반을 추가적으로 세게 실시합니다. 하지만 커드 상태를 확인하면서 몰딩 시점을 확인합니다.					
유청제거 -2차	2차 유청제거 시에는 완전히 유청을 다 제거합니다.					
몰 딩						※ 직경 38cm의 원형 몰드를 이용하여 몰딩 실시합니다.
가 압	1차 가압 : 치즈 무게의 1～5배에서 30분간 가압하고 뒤집어 주기 2차 가압 : 치즈 무게의 5배의 무게로 밤새(over night) 가압합니다.					
가 염	치즈와 같은 pH, 염도 20°Bé 소금물에 가염합니다. 4시간 / kg 가염합니다.					
건 조		12℃	상대습도 : 73%의 건조실에서 건조 후 숙성합니다.			
숙성관리	건조가 끝나 표면이 잘 형성된 치즈는 온도 14～16℃, RH 90～95%의 숙성고로 옮겨 3개월간 숙성합니다. 매일 뒤집어 주며 표면을 닦아 주십시오. 10% 소금물로 닦아 주는데 한국형 슐즈 개발도 필요합니다. 이를테면 곰팡이 제어에 탁월한 효과가 있는 계피(시나몬 오일), 생강, 감초 등을 첨가한 소금물을 제조하면 좋을 것입니다.					

3.8 안드레 고메 치즈(Andeerer Goumet cheese)

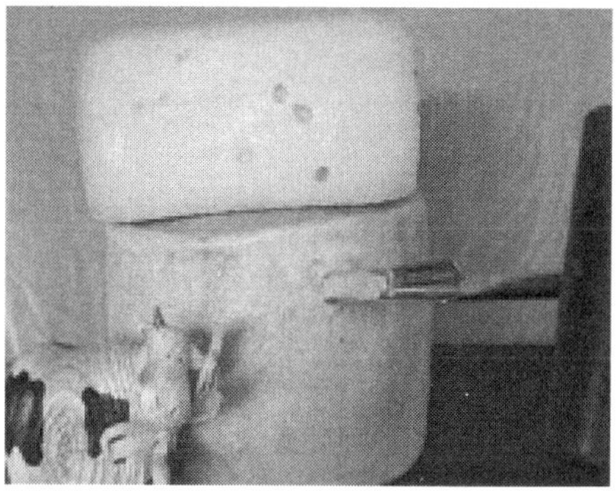

그림 3-48. 안드레 고메 치즈
(화보 22쪽, 최희영 박사 제공)

1) 개 요

이 치즈는 독일에서 뷘드너 베르크캐제(Bündner Bergkäse)라고도 하는데, 평지에서는 희귀한 산악지 치즈입니다. 일반적으로 치즈 명칭에 베르크(Berg)라는 말이 붙은 치즈들이 더러 있는데, 알고이어 베르크캐제(Allgäuer Bergkäse) 티롤러 베르크캐제(Tiroller Bergkäse), 포라리베르커 베르크캐제(Vorariberger Bergkäse)가 그것입니다. 이러한 치즈들은 한 마디로 「산악지 치즈(Mountain cheese)」를 의미하는 독일어의 산(Berg) 치즈, 즉 독일과 오스트리아를 두르고 있는 알프스 산악지에서 제조되는 치즈라는 뜻입니다. 여기에 소개하는 치즈 제조기법은 독일 치즈 마이스터 정용삼 선생이 순천대 치즈 워크숍 때 이전해 준 것과 독일의 목장치즈론(Die Hofkäse)[341]에 소개되어 있는 뷘드너 베르크캐제 제조공정을 중심으로 한국의 원유와 숙성환경 실정에 맞추어 조정한 것을 정리해 둡니다.

2) 제조공정

원유는 저녁에 착유한 것을 10℃ 정도의 찬 곳에 12시간가량 저장하고 아침에 표면의 지방층을 걷어낸 뒤 같은 양의 아침 착유 원유를 혼합하여 표준화하고, 살균하지 않거나 열처리하여 사용합니다.

341) 정상진 역(Albrecht Siedel, M/Mertz, L. 저). 2009. 목장유가공(Die Hofkäse). 유한문화사. 서울. pp. 242-243.

(1) 스타터 접종 : 고온균 0.3% 또는 고온균 DVS를 듀퐁 다니스코사 기준 LH균, TM 81균이나 크리스챤 한센사의 ABT-5균을 0.83g / 100kg 정도 접종하여 25℃에서 40분간 배양합니다(스타터 접종 20분경과 한 때부터 느린 가온을 실시하여 20분간에 걸쳐 31.5℃가 되게 합니다).

(2) 렌넷 첨가 : 1배 렌넷(250~290/mL IMCU) 12mL/100kg를 정제수에 20배 희석 하여 즉시 첨가하고 원유 온도를 31.5℃로 유지하고 30분간 정치합니다.

(3) 커드 절단 : 5mm^3 크기인데, 우리의 쌀알크기이면 좋습니다. 커드의 크기가 쌀알크기가 되게 하려면 세로 나이프로 강하게 좌・우 방향을 바꾸어가며 서너 번 반복하여 절단해 주면 됩니다.

(4) 교 반 : 3~4분간 정치하여 치유한 뒤 31.5℃를 반드시 유지하면서 25분(손으로 5분, 기구로 20분간) 교반합니다.

(5) 예비가온 : 스팀을 넣어 31.5℃에서 40℃까지 20분에 걸쳐서 서서히 올리는 예비가온을 합니다(40℃~31.5℃ = 8.5℃이므로 1℃/2.4분 속도로 가온).

(6) 가온(쿠킹) : 유청은 제거하지 않고 그냥 둔 채로 뜨거운 물(70℃)을 원유 량의 10%를 서서히 첨가하여 5분 안에 44℃가 되도록 가온합니다.

(7) 본 가온 : 본 가온은 이제 스팀을 넣어 47℃로 가온한 다음 그대로 2분 동안 유지합니다.

(8) 냉 각 : 그 상태에서 10분 동안 교반하면서 45℃로 자연 냉각합니다.

(9) 교 반 : 이어서 45℃하에 계속해서 10분간을 더 교반합니다.

(10) 유청 제거 : 원유의 10%만 제거합니다.

(11) 예비가압 : 0.06 bar 압력으로 10분간 실시합니다(1 bar = 1.0197 kg/cm^2). 예비가압이란 벳트 안에서 커드를 한데 모아 다음 작업을 쉽게 하기 위한 가벼운 가압을 의미합니다. 여기서 0.06 bar라는 것은 반자동 가압장치가 붙은 치즈 벳을 가지고 설명하는 것이라 개념상 이해가 어렵기 때문에 유청안에서 그냥 5분정도 커드를 정치했다가 커드를 출구 반대편 벽면을 향해 모은 다음(가우다 치즈 예비가압에서처럼) 표면을 덮는 판을 대고 그 위에 커드 예상무게(원유의 10%)의 1/3 중량(원유 100kg로 제조한 경우 예상 중량이 10kg라면 3.3kg)를 10분간 올려 둡니다.

(12) 몰 딩 : 몰드의 형태: 직경 27.5cm × 높이, 8~9cm의 원반형인데, 가우다 치즈나 베르크 치즈 몰드를 사용해도 무방합니다. 예비가압이 끝나면 유청을 온전히 배제하고 몰드 크기에 적당한 크기로 커드를 잘라서 치즈 천을 깐 몰드에

채워 넣습니다. 몰드 하나에 들어가는 커드의 무게는 5.0～5.5kg 정도입니다.

(13) 가 압 : 압력계가 설치된 프레스를 사용하는 경우 몰딩 즉시 20℃에서 0.12 bar로 가압을 시작하고 20분 후 0.20 bar로 압력을 높여서 20시간 동안(1 bar = 1.0197kg/cm^2)가압을 해주어야 합니다. 20시간 동안 가압 시의 온도는 33℃를 유지해 주어야만 합니다. 만약 bar압력 표시 프레스가 없어서 추나 다른 도구로 가압을 해주어야 한다면 치즈 무게 1배로부터 시작하여 20분 뒤에 뒤집어 준 뒤 2배 무게로 8시간 가압하고, 다시 3배 무게로 가압하여 12시간을 지속합니다. 이 치즈는 매우 낮은 압력 하에 가압해도 됩니다.

(14) 성 형 : 뒤집어 주기(反轉)) : 커드의 뒤집어 주기는 두 번하는데, 첫 번째는 몰딩을 끝낸 후 20분경, 두 번째는 8시간 뒤에 해줍니다. 다시 한 번 강조하는 바이지만 가압・성형 시의 온도는 33℃를 유지해야 하는데 스타터가 고온균이기 때문입니다.

(15) 몰드 해제 : 20시간 동안 가압한 다음 몰드를 해제하는데, 이때의 pH가 5.15여야만 합니다. 만약 치즈가 그 pH에 이르지 않았으면 계속 몰드에 담은채로 두었다가 해당 pH에 도달했을 때 몰드를 해제합니다.

(16) 가염(소금물에 담그기, 鹽漬) : 22°Bé 농도의 소금물에 24시간 동안 가염하는데, 이때 소금물의 온도는 12℃, pH는 5.15가 되도록 조정해 주어야 합니다. (가염이 끝난 치즈의 소금농도 : 1.0～1.5%)

17) 숙 성 : 온도, 12～13℃, RH : 85～90%

※ 치즈의 표면처리 방식 : 10%소금물이나 10%소금물에 현탁시킨 BL균을 숙성 2일째부터 발라 줍니다. 치즈숙성 중 2주간은 매일 뒤집어 주고, BL균을 발라주며, 2주부터는 2일에 한 번씩 뒤집어 주고, BL균을 발라 줍니다. 저자는 매일 뒤집어 주고, BL균을 발라주는 작업을 점질균 특유의 오렌지색 표면이 나오기까지 지속해 주기를 권합니다.

(18) 시 판 : 숙성 4개월부터 할 수 있습니다. 숙성 4개월이 지난 치즈는 반드시 숙성실에서 3℃ 이하의 냉장 보관실로 이동해 주어야 합니다.

3) 공정표

<table>
<tr><td>제조자 :</td><td>치즈명 : 안드레 고메 치즈
(Andeerer Goumet cheese)</td><td>벳트 번호 : 4</td><td>일 시 :</td></tr>
<tr><td>원 유 kg ______
탈지유 kg ______
분 유 kg ______
스타터 kg ______
총 량 kg ______</td><td>원 유 지 방 ______
단백질 ______

표준화 지 방 ______
단백질 ______</td><td colspan="2">스타터 산 도 ______
pH ______
배 지 ______
박테리오페이지 ____</td></tr>
</table>

제조과정 진행	시 간	온 도	산 도	pH	커드 pH	기 록 사 항
열처리						
살 균	30분	63℃				
기본 스타터	40분	25℃				Type, 고온균 사용량, 원유의 0.3%
렌넷 첨가	30분	31.5℃				1배 렌넷으로 12mL/100kg
교 반	25분	31.5℃				
가 온 (예비쿠킹)	20분	40℃				20분 안에 40℃로 올리는 예비 가온
가온(쿠킹)	5분	44℃				뜨거운 물(70℃)을 원유의 10% 첨가합니다.
가 열	2분	47℃				가온하고 2분 동안 유지합니다.
냉 각	10분	45℃				
교 반	10분	45℃				계속해서 10분간 교반합니다.
유청제거						원유의 10%만 배제합니다.
예비가압	10분					0.06 bar(예상 수량의 1/3무게)
성 형						높이 8~9cm, 직경 27.5cm 원형(차륜형) 몰드
가 압		20℃				0.12 bar로 20분 후 0.20 bar로 20시간 동안 가압합니다.

반 전		33℃				두 번 반전(反轉)합니다.
가 염	24시간			pH 5.15		12℃, 22°Bé 치즈 소금농도 : 1.0∼1.5%
숙 성		12∼ 13℃				습도 85∼90%
시 판	숙성 4개월 이후					
표면처리 방식						10% 소금물, BL균, 아마인유 등

3.9 체다 치즈[Cheddar(CHED-uhr) cheese]

그림 3-49. (1) 체다 치즈 (최희영 박사 제공), (2) 가까이서 본 치즈숙성 선반과 손잡이, (3) 영국 체다 치즈 공장의 천으로 감싸 숙성하는 광경, (4) 천을 감싸서 숙성한 치즈의 내면 (화보 23쪽, 저자 사진)

그림 3-50. 아일랜드 산 체다 치즈와 파티용으로 서빙한 모양 (저자 사진)

1) 개 요

체다 치즈(Cheddar cheese)는 영국을 비롯한 미국, 호주, 캐나다, 뉴질랜드 그리고 남아공 등 과거 영국의 식민지(지금은 영연방제국)에 속한 나라들에서 가장 많이 제조되고 있습니다. 이를테면 호주, 뉴질랜드, 남아공, 캐나다, 미국 전역, 아일랜드, 스코틀랜드, 스웨덴, 등지에서 제조합니다. 체다 치즈(Cheddar cheese)는 1500년대에 영국 잉글랜드 남서부 서머셋 읍(county) 작은 마을 이름인 "체다(Cheddar)"에서 유래되었습니다. 그렇지만 일설에 의하면 '체다'라는 이름은 12세기(1100년대) 잉글랜드 완 헨리 2세에 작성된 공문서에 기록되어 있었고, 17세기(1600년대) 스튜어트 왕조의 찰스 1세 시절 그의 국정에서 체다 치즈에 대한 칭찬이 자자했다고 전해집니다.[342)]

1930년대 말경에는 전 잉글랜드 지역에서 체다 치즈를 만드는 목장 치즈공장이 500개 이상이었지만 오늘날에는 거의 사라지고 대형 공장 몇 곳에서 생산하고 있을 뿐입니다. 그리고 유럽의 여느 치즈와 달리 명칭보호제도(PDO)도 채용하지 않고 있지요. 그도 그럴 것이 전 세계의 셀 수 없는 지방에서 체다 치즈가 대대적으로 만들어지고 있는 탓에 그런 현상이 빚어진 것입니다. 체다 치즈 종주국인 영국이 19세기 말부터 캐나다와 미국에서 체다 치즈를 역수입하게 되는 이변이 일어나는데, 이는 순전히 산업혁명과 이들 국가의 체다 치즈기술 발전에 힘입은 결과였습니다.

캐나다 겔프대학 아더. R. 힐 교수의 설명에 따르면 그가 청년시절이었던 1970년대까지만 해도 캐나다 온타리오 주에는 15km마다 목장치즈 공장들이 있었고, 당시까지는 체다 치즈가 수달피와 단풍나무 시럽과 더불어 영국과 유럽에 대한 캐나다의 주요 3대 수출 품목이었다고 합니다. 지금은 그런 소규모 공장들이 밀려나고 대규모 공장들이 자동화 치즈 공정장치에 의해 대량 생산되고 있습니다. 체다 치즈의 원래 제조법은 몇 가지 복잡한 과정들이 있고, 시간을 많이 소모되도록 구성되어 있는데 그처럼 많은 시간과 노력이 투입된 만큼 가치 있는 치즈라는 뜻도 됩니다.

체다 치즈는 크림색에 온화한 산미가 있으며, 독특한 단맛과 향을 내고, 식염농도(食鹽濃度)가 높으며, 조직은 부서지기 쉬운 편이나 결착력이 있는 밀랍 질입니다. 지름이 30~37cm, 높이 30cm의 무게가 약 27~35kg(맘모스 체다로 430kg)의 원통형 또는 직육면체의 치즈로, 일반적으로는 천으로 감싸거나 표피 없는 치즈로서 진공포장 또는 표면에 플라스틱 또는 파라핀을 입혀 표면을 처리합니다. 숙성 조건은 4~15℃, RH 95% 조건에 5~6개월간 숙성을 하며, 수분 36~39%, 단백질 25%, 지방

342) 구혜영 역(무라세 미유키 저). 2014. 올 어바웃 치즈(All about Cheese). 예문사. 서울. p. 212.

은 50% 전후, 식염농도는 1.3~2.0% 정도입니다. 식감(texture)은 부드럽고 단단하며 약간은 끈적임이 있습니다. 향취는 목장치즈 버전의 경우 카라멜 향과 과일취, 견과류취와 풀냄새 그리고 다소 매운 맛(spicy)이 있습니다.

대형 공장 제품들은 복합적인 향과 얼얼한 것(sharp)도 있습니다. 체다 치즈 제조법은 두 가지가 있는데, 하나는 원래의 방법으로 체다링(Cheddaring : 커드를 절단한 뒤 유청을 제거하고 남은 커드를 몇 조각으로 만들고, 그것들을 포개고 쌓아 2시간가량 높은 온도(40℃) 하에서 뒤집어주는 작업을 반복하는 것)이 포함된 것이고, 다른 하나는 커드 절단 후 교반만 해주고 체다링 과정을 생략한 제조법입니다. 이 방법을 쓰면 치즈 제조자에게 2시간 반 정도를 절약하게 해 줍니다. 여기에서는 체다링 과정이 있는 전통적인 제조법을 중심으로 소개합니다.

체다 치즈 계통의 다른 치즈는 더비(Derby) 치즈와 레이세스터(Leicester) 치즈라는 영국계 치즈가 있는데, 맛이나 조직이 체다 치즈와 매우 비슷합니다. 참고로 체다 치즈에 관하여 많은 자료를 갖추고 자세하게 설명하는 책이 있는데, 이는 미국 코넬대학 농과대학 교수였고, 미국치즈협회(ACS / American Cheese Society) 창시자였던 코시코브스키 교수와 그의 제자 미스트리가 저술한 치즈와 발효유제품(Cheese and Fermented Milk Foods 제1권, 2권)의 체다 치즈와 관련 치즈(Cheddar cheese and Related Cheese) 항을 참고하시기 바랍니다.[343]

(본서에서는 순천대 유가공 실습장의 기구를 사용한 치즈제조와 목장에서 구할 수 있는 약식 기구류를 동원한 목장식 소규모 치즈제조 공정을 캐나다 겔프 대학교 목장유가공 집중코스의 체다치즈 제조공정을 골격삼아 한국 원유 실정에 맞게 조정하여 실시합니다.[344])

■ 성분표준 : 수분 39%, 지방 50% 전후

2) 제조공정 [1] : 캐나다 방식

(1) 원유를 P/F = 0.91로 표준화 합니다. 표준화 하는 법은 다소 복잡하므로 연습용 치즈 제조 시는 그냥 저녁 원유를 속이 깊은 통(직경 60cm×깊이 90cm)에 담아 냉장 보관하였다가 아침에 상층부 크림 층을 걷어낸 후 아침 원유와 1:1

---

343) Kosikowski, F. V. and Mistry, V. V. 1999. Cheese and Fermented Milk Foods. F. V. Kosikowski, L.L.C. VA. USA. 제1권의 pp. 204-225에는 체다 치즈 소개와 유사 종류의 원론적인 설명, 제조 원리가 설명되어 있고, 제2권의 pp. 90-107에는 치즈제조 공정이 시간대별로 잘 정리되어 있으며, 체다 치즈 외에도 콜비, 쿤, 워시 타입 체다 등의 제조공정이 자세하게 소개되어 있습니다.

344) 배인휴 역(Arthur R. Hill 저). 2017. (증보개정판) 치즈과학과 제조기술. 유한문화사, 서울. pp. 268-272.

비율로 혼합하여 표준화 합니다. 원유는 살균을 하고 스타터 넣기 전에 32℃로 냉각합니다.

(2) 체다 치즈 제조에는 중온균 스타터를 사용합니다. 최근에는 주로 DVS 균주제품을 사용하는데 중온균으로써 2.5g/100kg 정도를 원유에 녹여 접종합니다. 원유의 산도가 스타터 넣기 전보다 0.03% 증가 또는 pH가 0.2units 감소할 때까지 발효하는 데 아마 1시간이 걸릴 것입니다(듀퐁 다니스코사 MA14, R704).

(3) 이때 원유 100kg당 10mL의 치즈 색소를 첨가하는데 선택적입니다. 치즈 색소는 주로 안나토(Annato) 색소를 사용하는데, 10배의 물에 희석하여 원유에 혼합해 줍니다.

(4) 벳트의 원유 온도를 확인(30℃ 이상)하고 1배 렌넷(250~290/mL IMCU)을 19mL/100kg 원유에 넣습니다. 역시 정제수에 20배로 희석하여 즉시 첨가하고, 원유를 20여 회 교반해 준 뒤 교반기를 제거합니다.

(5) 렌넷 첨가로부터 25분경에 커드 굳기 검사를 한 후 적절한 굳기가 확인되었으면(앞서 기술한 치즈제조 8단계 참조) 줄 간격 1.0cm(10mm)인 커드 나이프를 사용하여 커드를 절단합니다. 먼저는 가로 나이프로 다음에 같은 방향에서 세로 나이프로 절단하며, 커드 크기는 세로 나이프를 사용하여 조정합니다. 그리고 3분간을 정치한 후 매우 서서히 교반해 줍니다. 마치 갓난아이 다루듯이 양손으로 마주치듯 느리게 교반해야 합니다.

(6) 교반을 시작한 15분 뒤에 가온을 시작합니다. 약 30분에 걸쳐 30℃에서 39℃로 온도를 올립니다. 서서히 가온해서 5분에 1.0℃ 올라가는 속도로 해야만 합니다. 아래 표의 진행단계에 따라 가온하는 것이 좋습니다.

시 간	온 도
가온 개시	30.0℃
5분	30.5℃
10분	31.0℃
15분	32,5℃
20분	35.0℃
25분	37.0℃
30분	39.0℃

(7) 커드의 pH가 6.1이 되기까지 온도를 39℃로 유지하면서 계속 교반을 해주어야 하는데, 만약 pH가 너무나 빨리 낮아지고 있다면 온도를 최대 40℃ 정도로 올려주어 유산균의 활성을 억제시킬 필요가 있습니다. 과도한 산 발생은 치즈의 제조 단계 진행에 전혀 유익하지 않기 때문에 온도를 높여 유산균의 활동을 억제해 줄 필요가 있습니다.

(8) 커드 pH가 6.0~6.1(유청 pH 6.2~6.3)일 때 유청을 제거합니다. 한꺼번에 유청을 대부분 제거하고 나서 효과적으로 유청을 최대한 배제하기 위해서 커드를 두세 번 수분 배출을 해주는 과정을 반복합니다. 즉 작은 벳트에서 100kg 원유로 제조하는 경우 커드를 벳트의 양쪽 벽쪽으로 높이 1.5~2.0cm, 넓이는 최대로 얇게 펴주되 가운데 고랑(trench)은 10cm 이내가 되게 해서 쌓아 두고 5분간을 그대로 두어 유청이 배출되게 합니다. 5분이 지나면 다시 커드를 비벼서 5분간 방치하는 식으로 세 번 반복해 줍니다.
 이 과정은 제품화 된 완성 치즈의 수분함량과 관련이 깊습니다. 이 작업을 한 번 해주면 최종 제품의 치즈 수분 함량이 39% 정도, 세 번 해주면 36% 정도가 되는데, 이 작업을 한 번 해준 치즈는 6개월 이내로 숙성을 끝내야 하고, 세 번 정도 이 과정을 반복해 주는 치즈는 1년 이상 숙성하는 경우입니다. 이런 과정을 거친 체다 치즈를 10년 이상 숙성하는 경우, 이런 치즈를 올드 체다(old cheddar) 치즈 또는 샤프 체다치즈(sharp cheddar cheese)라 하고, 가격도 차별적으로 비싸집니다.

(9) 추가적인 유청 배출 작업 후에는 치즈 벳의 벽면을 따라서 넓이 13~15cm로 커드가 매트를 형성하도록 쌓아 두어야 합니다. 15분 후에 매트자락 부분을 다듬고 25cm 블록 크기로 잘라 매트(Mat)를 만듭니다. 커드의 pH가 5.4~5.3이 될 때까지 매 15분마다 뒤집어 줍니다. 두 번째로 뒤집어 줄 때 매트를 두 겹으로 올려쌓고, 세 번째는 뒤집은 두 겹을 세 겹으로 쌓아 올려 마침내 한 덩이의 커드가 되게 합니다. 이를 체다링(cheddaring)이라고 합니다. 그림 3-51을 잘 살펴보면 체다링의 진행 단계별 작업요령을 잘 이해할 수 있을 것입니다. 이때 한 단계씩을 진행하는 시간 간격은 15분 정도로 하는데, 매트의 크기나 두께에 따라 시간을 달리해야 합니다.

(10) 체다링이 끝난 커드 매트는 커드 분쇄기(milling machine)를 통과시켜 폭 2.0cm의 10~13cm 짧은 끈 모양으로 잘려져서 커드를 규칙적인 형태로 잘게 부셔 줍니다. 목장 치즈공방에서는 그냥 커드 매트를 도마 위에서 칼로 1.0×2.5cm 크기로 규격화하여 잘라서 다시 벳트에 넣습니다. 커드를 15분마다 두

번 정도 휘젓고 뒤섞어서 커드 끝이 둥글고 부드러워질 때까지 교반해 줍니다(커드 분쇄 후 약 30분 소요).

(11) 교반이 끝난 커드에 예상 생산량 무게의 2.5% 정도의 소금을 3회에 걸쳐 나누어 뿌려가며 첨가하고 잘 섞어 줍니다. 최종 소금의 양은 커드 무게의 1.7%가 되어야 하는데, 다음과 같이 소금의 필요한 양을 계산하면 더 좋습니다.

① 치즈 예상 생산량 산출 :

예상 생산량(Y) = 0.93F + 0.78P - 0.1)1.09/1 - M

☞ F = 원유의 지방량

P = 원유의 단백질 함량

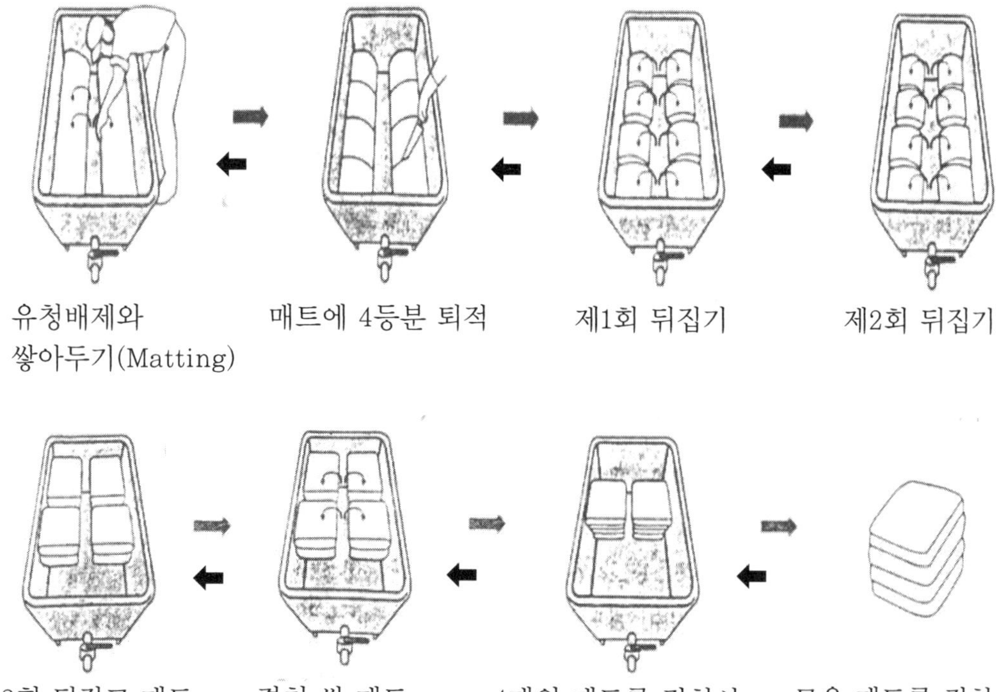

그림 3-51. 체다 치즈에서의 체다링 작업 진행 단계별 상세 작업요령[345)]

345) 출처 : 財團法人 藏王酪農センタ. 2000. 國産ナチユラルチ-ズ 製造技術 マニユアル 作成事業 教材 第10集).

M은 구성분으로서 표현되는 치즈의 목표 수분함량, 체다 치즈의 경우 37%인데, 숙성하여 건조된 치즈의 이상적인 목표 수분함량은 35~36%가 되어야 합니다.

② 소금의 양은 예상 치즈 생산량의 2.5%를 넣습니다. 이 함량 비는 최종 염도 1.7%보다 높은데, 가염 후에 많은 유청이 추가적으로 배제되면서 염분이 함께 빠져 나가게 된다는 점을 감안한 양이기도 합니다.

(12) 가염 이후 소금이 잘 흡수되면 추가적인 유청의 유출이 끝나고 커드를 성형하기 좋은 상태가 됩니다. 4.5kg 용량의 성형 틀(몰드, mould)에 약 5.0kg 정도의 커드를 담고 몰드들은 플라스틱판과 함께 나란히 배치한 뒤 가압용 천을 낱개로 각각 몰드마다 덮어 줍니다.

(13) 75kPa(4.53~9.06kg/cm^2)의 무게로 하룻밤 가압시킵니다. 처음 시작은 낮은 압력(치즈의 1배 무게)으로 개시하여 점차 올려 5배 무게까지 유지시켜 하룻밤 가압하는 것입니다.

[Tip 53] 체다링(Cheddaring)이란?

체다링의 의미는 약 두 시간에 걸쳐 치즈 벳트 안에서 따뜻한 커드 블록을 쌓아두었다가 커드 맷트를 뒤집어주고 다시 그것을 쌓아 올려두었다가 다시 뒤집어 주는 것을 말합니다. 이 과정은 체다 치즈에만 있는 독특한 처리법으로 미국의 요셉 하딩(Joseph Harding)[346]이 1857년에 오늘날의 방법으로 표준화 시켰습니다. 그는 이 방법을 통해 부패성 세균이나 가스 생성 균을 억제코자 하였습니다.

약 두 시간에 걸쳐 치즈 벳트 내에서(가온하면서) 커드를 블록으로 하여 겹쳐 쌓고 그 위에 또 쌓는 것입니다. 이때 유산(乳酸, lactic acid)의 급속한 증가가 일어나 유리 수소이온(遊離水素 이온, free hydrogen ions)에 의해 가스 생성을 일으키는 대장균 군(coliform bacteria)이 사멸되는 것입니다. 또한 이렇게 겹쳐 쌓는 동안 커드가 더욱 평평히 펴져 조직의 신장성이 좋아지고 수분함량이 조절됩니다. 1867년 로버트 맥담(Robert McCadam)이 뉴욕 주 북부지역에 이 개념을 대대적으로 도입시켜 그 후부터 대부분의 미국 체다 치즈 공장에 도입되었습니다.[347]

346) 요셉 하딩은 체다 치즈의 대부로 불려지는데, 그는 과학적인 원리를 적용하여 어디서나 똑같은 품질의 체다 치즈를 제조할 수 있는 방법을 고안해 냈습니다. 그것이 바로 체다링입니다. 구혜영 역(무라세 마유끼 저). 2017. 올 어바웃 치즈. 예문사. 서울. p. 213.

347) Kosikowski and Mistry, 1999(3rd ed.) Cheese and Fermented Milk Foods. F. V. Kosikowski, L.L.C. VG. USA. p. 204.

(14) 다음 날 아침에 치즈의 가압을 풀고 꺼내어 치즈의 pH를 확인해야 하는데, 반드시 5.1~5.3 범위 안에 있어야 합니다. 진공포장 하고 0~16℃ 하에 숙성시킵니다. 목장 치즈공장에서는 가능하다면 진공포장 하지 말고 그냥 치즈를 그대로 건조시킨 채로 표면 관리를 해주면서 자연적인 표피를 형성하거나 라드(lard, 돈지)를 바르고 치즈 천으로 감싸서(cloth-bound) 온화한 숙성(0~15℃)을 해야 합니다. 체다 치즈는 4~15℃, RH 95% 조건에서 최소한 60일 이상 숙성하고, 6개월이 지나야 제 맛을 얻을 수 있습니다.

[Tip 54] 영국의 자존심 체다 치즈를 명품 화하여 유지하는 이야기[348)]

무라세 미유키 씨는 영국인들이 체다 치즈의 제조 주도권을 미국에 뺏긴 뒤 그 존귀함을 살리기 위해 애쓴 과정을 다음과 같이 소개하고 있습니다.

《전통적인 체다 치즈는 원통형으로, 중량이 25~30kg 정도였고, 겉에는 면 포목을 감고 있었습니다. 그런데 18세기 후반에 산업혁명이 일어나자 체다 치즈의 생산에도 근대화와 표준화의 파도가 밀려왔습니다. 그 중심 인물이 체다 치즈의 대부라 불리우는 요셉 하딩(Joseph Harding)입니다. 그는 과학적인 원리를 이용해서 어디에서나 똑같은 체다 치즈를 제조할 수 있는 방법을 고안해 냈습니다. 이후 하딩의 체다 치즈 제조 시스템은 미국에 도입되었는데 일찌감치 산업혁명이 일어났던 영국보다도 오히려 미국에서 먼저 체다 치즈공장이 설립되었습니다...<중략>

체다 공장이 미국에 처음으로 생기고, 본고장인 영국이 미국으로부터 체다 치즈를 수입하게 되자 영국인들은 자존심이 상했습니다. 그리고 영국 본토에서도 치즈 대량생산에 박차를 가하게 되었습니다. 그런데 이후 2차 세계대전이 발발하면서 영국 정부는 전시통제를 행하고, 관제체다(Government cheddar)라 불리는 특정 타입의 체다에 대해서만 제조와 판매를 인정하게 되었습니다. 이 통제정책은 1954년까지 이어졌고...<중략> 여기에 더해 시간이 흐르면서 헝겁으로 감싼 원통형의 체다 대신 공장에서 만들어진 사각형태의 체다가 주류를 이루게 되었고...<중략> 이처럼 전통방식의 체다가 점점 설자리를 잃어가자 급기야 체다 치즈의 본고장인 잉글랜드 남서부 사람들이 들고 일어났습니다.

이들은 예로부터 농가에 전해져 왔던 전통적인 제조법으로 체다 치즈를 만들 목적으로 "웨스트 컨트리 팜 하우스 치즈 메이커" 라는 단체를 결성하였습니다. 그리고 그 활동이 결실을 맺어 1996년에 마침내 EU에 의한 원산지 통제명칭, PDO (Protected Designation of Origin)에 의거하여 "웨스트 컨트리 팜 하우스 체다"라는 명칭으로 등록을 마쳤습니다. 현재 잉글랜드 남서부의 도싯, 서머셋, 데번, 콘웰의 네 개 주내에 있는 열두 채의 농가만이 이 체다 치즈제조법을 인정받고 있습니다.》

348) 구혜영 역(무라세 마유끼 저). 2017. 올 어바웃 치즈. 예문사. 서울. pp. 213-214.

그림 3-52. 영국에서의 전통 방식으로 라드(Lard) 바른 표면을 치즈 천으로 감싸서 숙성한 체다 치즈 (화보 23쪽, Arthur R. Hill 교수 제공)

[Tip 55] 무라세 미유키 씨가 소개하는 "웨스트 컨트리 팜 하우스 체다" 치즈 제조법[349)]

무라세 미유키 씨가 소개하는 영국 잉글랜드 남서부지역 「웨스트 컨트리 팜 하우스 체다」 치즈 제조 고유방식을 이 책의 흐름에 알맞게 편집하여 옮겨 둡니다.

① 본고장 젖소에서 짠 신선원유를 송아지 렌넷(calf rennet)으로 응고시키고 커드 나이프로 절단한 다음 느리게 교반합니다.

② 서서히 교반하면서 38℃까지 가온하고(cooking) 38℃를 유지하면서 그 후에 센 교반으로 커드 수분을 빠져 나오게 한 뒤 한 번에 유청을 모두 배제합니다. 남은 커드가 뭉쳐서 큰 덩어리(mat)가 됩니다.

③ 큰 덩어리(mat)를 약 30×20㎝ 정도의 크기로 절단한 뒤 겹겹이 쌓아 올리고 15~20분마다 뒤집으면서 수분을 더 배출하면 연한 닭 가슴살 형태의 탄력 있는 덩어리가 완성됩니다.

④ 덩어리를 가늘게 절단한 뒤 소금을 첨가하여 헝겊을 깐 전통적인 원통형 치즈 성형 틀(mould)에 넣고 24시간 이상 가압합니다.

⑤ 다음 날 치즈를 성형 틀(mould)에서 꺼내어 헝겊을 댄 채 60℃ 전후의 열수에 담근 다음, 헝겊을 새로운 것으로 교환하고 다시 가압합니다.

⑥ 치즈에 돈지(豚脂, Lard)를 바르고 헝겊을 감은 채로 9개월 이상 숙성합니다.

349) 구혜영 역(무라세 마유끼 저). 2017. 올 어바웃 치즈. 예문사. 서울. p.215.

3) 제조공정 [2] : 캐나다 방식을 개조한 간편 방식(원유 70kg)

(1) 살 균 : 63℃ 30분

(2) 냉 각 : 32℃

(3) 스타터, 색소, 염화칼슘 첨가 : 중온균 원유의 1.0%(60분 배양)(DVS : 2.5g/100kg)
아나토 색소 - 원유의 0.002% (4.9mL/70kg, 물에 10배 희석)
염화칼슘 - 원유의 0.02% (14mL/70kg, 10배 희석)

(4) 렌넷 첨가 : 100kg 원유에 렌넷(250～290/mL IMCU) 19m→70kg에 13.3mL, 20배 희석, 30분 뒤 굳기 검사를 합니다.

(5) 커 팅 : 10mm^3 크기

(6) 교 반 : 15분

(7) 가 온 : 30분에 걸쳐 39℃로 온도를 올립니다. 5분에 1℃씩 가온합니다.

(8) 커드 pH가 6.1이 되기까지 온도를 39℃로 유지하며 교반합니다.

(9) 유청 제거 : 커드 pH가 6.0～6.1(유청 pH 6.2～6.3)일 때 유청 제거합니다.

(10) 수분배출 : 5분마다 3회 비벼서 뒤집어 주고 5분간 방치합니다.

(11) 매트 형성 : pH 5.8까지, 매트 형성이 1개나 2개가 되도록 합니다.

(12) 체다링 : 커드의 pH 5.4～5.3까지

(13) 커드 파쇄(1cm×2cm) 후 5분간 방치합니다.

(14) 소금 첨가 후 5분간 방치 : 커드 양의 1.7%의 소금을 3회에 걸쳐서 첨가합니다.

(15) 몰딩 → 가압 → 숙성 : 진공포장 하여 냉장고에서 숙성합니다.

4) 공정표

제조자 :	치즈명 : 체다 치즈(캐나다) (Cheddar cheese)	벳트 번호 :	일 시 :
원 유 kg 100 탈지유 kg ____ 분 유 kg ____ 스타터 kg ____ 총 량 kg ____	원 유 지 방 ____ 단백질 ____ 표준화 지 방 ____ 단백질 ____	스타터 산 도 ____ pH ____ 기 산 ____ 배 지 ____ 박테리오파지 ____	

제조과정 진행	시 간	온 도	산 도	pH	커드 pH	기 록 사 항
열처리		40℃				표준화 P/F = 0.91.0%
살 균	30분	63℃				63℃에서 30분간 살균 후 냉각합니다.
기본 스타터	40분	31℃				원유의 1.0%(1000mL), 중온균
첨가물	물에 녹여서 첨가합니다.					원유의 0.02%(20g) 염화칼슘
첨가물	물에 10배 희석하여 첨가합니다.					7mL의 아나토색소
렌넷 첨가						19mL의 렌넷
응 고	30분					
커드절단 시작						9.5~10mm 커드나이프를 사용합니다.
커드절단 종료						온도변화 없이 서서히 교반합니다.
가온 시작						절단 후 15분 후 가온 시작합니다.
가온 중단	30분	39℃				39℃ 유지하면서 커드의 pH 6.1까지 교반합니다.
유청제거					6.1~6.0	커드를 벽쪽으로 쌓아서 유청 배출합니다.
체다링						커드의 pH가 5.4~5.3 될 때까지 매 15분마다 뒤섞어 줍니다.
유청제거						
커드분쇄						1.5~2.0cm^{3}의 크기로 일정하게 분쇄하고 10분마다 휘젓고 뒤섞어 줍니다.
커드처리						
가 염						커드 무게의 1.7%의 소금 첨가합니다.
성 형						소금첨가 후 15분 후 몰딩
가 압						낮은 압력으로 시작하여 높은 압력으로 점차 올려 하룻밤 가압합니다.
포 장						압력과 성형틀 제거하고 건조 포장합니다.
숙 성						4~15℃, RH 95% 6개월간 숙성

3.10 카시오카발로 치즈(Caciocavallo cheese)

(1)

(2)

그림 3-53. (1) 순천대학교에서 가염중인 카시오카발로 치즈
(2) 숙성실의 카시오카발로 치즈 (화보 24쪽, 저자 사진)

그림 3-54. 일본 북해도 미토모(三友) 치즈목장 생산 카시오카발로 치즈 (화보 23쪽, 저자 사진)

1) 개 요

허브스트(Herbst) 부부가 소개하는 이 치즈의 소개에 따르면[350]

《원래 이탈리아 남부 여러 지방에서 유래되었던 카시오카발로 치즈는 오늘날 여러 가지 다양한 명칭들로 발견되고 있다고 합니다. 이를테면 카시오카발로 델 모나코(Caciocavallo del Monaco)를 비롯하여 카시오카발로 디 아그논(Caciocavallo de Agnone), 카시오카빌로 팔러미타노(Caciocavallo Palermitano), 카시오카빌로 델 포

---

350) Herbst, S. T and R. Herbst. 2007. The Cheese Lover's Companion. William Morrow. NY. USA. pp. 118-120.

도리코 알부르니(Caciocavallo Podolico Alburni) 카시오카발로 실라노(Caciocavallo Silano) 그리고 카시오카발로 델 포도리코 피엔티노(Caciocavallo Podolico Pientino)가 그것입니다. 이 중에서 현재 카시오카발로 실라노(Caciocavallo Silano)만 이탈리아의 원산지 명칭 보호제도인 DOC(DIMONINAZIONI DI ORIGINE CONTRO-LATA)의 인증 받은 치즈입니다. 이 치즈는 이탈리아 남부 지역의 칼라브리아(Calabria), 캄파니아(Campania), 몰리세(Molise), 바실리카타(Basilicata) 및 아풀리아(Apulia) 지방의 포지아(Foggia), 바리(Bari), 브린디시(Brindisi), 타란토(Taranto)와 같은 일부 마을들에서만 제조되도록 규제하고 있습니다. 이 치즈의 원유는 다양한 젖소의 젖으로 제조가 가능하지만, 가장 최고의 맛을 지닌 카시오카발로 치즈는 포도리언 종(Podorian breed)으로부터 얻은 원유에서만 얻을 수 있습니다. 왜냐하면 이 젖소는 반 야생적(semi-wild) 상태에서 사육되기 때문인데, 이 젖소는 다른 품종에 비해 많은 젖을 생산하지 않지만 치즈 제조에는 매우 좋은 품질과 우수한 특성의 젖을 내놓습니다.》

우리가 프랑스나 이탈리아 여행에서 치즈가게를 들르면 어김없이 만나는 표주박 모양의 치즈가 바로 이 치즈입니다. 우리 눈에는 이 치즈가 표주박처럼 보이지만 그림 3-53에서 보는 바와 같이 사실은 「오뚝이」 모양이 정확합니다. 이 치즈는 이탈리아 남부지역에서 만드는 대표적인 파스타 필라타(열탕수에서 커드를 늘여 만드는)형 치즈이며, 「카발로」라는 단어는 이탈리아 어에서 "말(馬, horse)"을 의미합니다. 그래서 이 치즈의 이름은 "마상(馬上)의 치즈(cheese on horseback)"라는 뜻이랍니다. 전통적으로 치즈 두 개를 끈으로 묶어서 말 양쪽 편에 매달아 늘어트려 마치 사람이 말을 탈 때처럼 평형을 유지시켜 숙성한 것에서 유래합니다.[351)]

다른 전래에 의하면, 이 치즈 두 개를 줄에 매달아 마구간에 걸어 두고 숙성했다는 의미도 있고, 일본의 치즈동행 가와구치(河口 理)선생이 전해 준 바로는 「치즈의 모양이 종마(種馬)의 고환을 닮았다」는 의미가 있다고 합니다. 하여튼 고온균을 사용하는 이 치즈는 제조 후 2개월~2년간 숙성시키면 달콤한 향미가 나는 맛 좋은 치즈입니다. 이 치즈들 중에 '아푸미카토(affumicato)'라고 라벨링이 되어 있는 것은 훈연한 치즈입니다[352)]. 이 치즈는 반경질 치즈로써 외부는 연한 노랑색에 내부는 아이보리 색이며, 질감이 부드럽고 온화한 향미여서 한국인에게 적합한 치즈로 추천합니다. 이 치즈 제조는 특히 요즘 「농촌융복합산업」으로 불리는 「6차 산업」의 체험학습 프로그램용으로 시도해 볼만한 치즈이기도 합니다.

---

351) 상게서 Herbst, S. T and R. Herbst. p. 120.
352) 상게서 Herbst, S. T and R. Herbst. p. 120.

2) 제조공정

(1) 살 균 : 63℃/30분

(2) 냉 각 : 32℃

(3) 염화칼슘 첨가와 스타터 접종과 배양 : DVS로는 듀퐁 다니스코사의 고온균 LH나 크리스챤 한센사의 ABT-5 균주를 3.5g /100kg 접종하고 60분간 정치 배양합니다. 아울러 33% 칼슘 포화액 20mL/100kg을 첨가합니다.

(4) 렌넷 첨가 : 1배 렌넷(250~290/mL IMCU)으로 25mL/100kg를 20배 물에 희석한 즉시 첨가하고 35분 정치(定置)해 둡니다.

(5) 커드 절단 : 8.0mm^3 크기로 절단합니다.

(6) 교 반 : 32℃를 유지하면서 30분간 커드끼리 엉키지 않을 정도의 적당한 속도로 교반해 줍니다.

(7) 가 온 : 32℃에서 48℃까지(48℃~32℃ = 16℃) 30분 동안에 걸쳐 가온하면서 (6)번과 같은 속도로 교반합니다. 가온 속도는 1℃/1.88분입니다.

(8) 교 반 : 48℃를 유지하면서 유청의 pH가 5.8이 될 때까지 교반하는데 비교적 강한 교반 속도로 30분간 실시해야 합니다.

(9) 유청 배제 : 유청을 한 번에 완전히 제거한 다음 벳트 양쪽 벽면 쪽에 커드를 모아 평평하게 만들고 10분 정도 쌓아둡니다.

(10) 매트링(Mattring) : 10분 정도 쌓아 둔 커드를 8등분한 뒤 매트(Mat)를 형성합니다. 체다 치즈의 체다링 방식으로 각 매트를 15분마다 뒤집어 주다가 최종적으로 2개의 매트 형성하고, 마침내 하나의 매트가 되게 한 다음 커드의 pH가 5.2에 이르기까지 발효합니다. 이 작업과정의 벳트 온도는 48℃를 유지합니다.

(11) 커드 썰기 및 스트레칭 : 커드가 pH 5.2에 도달한 것을 확인한 즉시 벳트 자켓 내부의 온수는 제거하고 대신 냉각수로 채워주고 찬물을 벳트에 부어 커드의 pH 상승을 정지시킵니다. 보다 안전하게는 미리 차가운 벳트에 찬물을 바닥에 채워둔 벳트로 커드를 길쭉하게 잘라서 신속히 옮겨서 커드의 pH 하강을 정지시켜야 합니다. 스트레칭 작업을 하기 위한 적당한 크기로 잘라낸 커드를 너비 2.5cm×두께 3mm로 잘라서 적절한 크기의 스트레칭용 대야에 담은 뒤 85℃의 뜨거운 물을 부어서 스트레칭을 실시합니다.

(12) 성형 및 매달기 : 뜨거운 물을 두세 번 부어 스트레칭 한 후 양은냄비를 뜨거운 물에 중탕하여 냄비 안에서 추가로 스트레칭 합니다. 이 후 스트레칭이 된

커드는 적당한 크기(약 300g)의 카시오카발로 모양으로 만들어 윗부분은 끈으로 묶어 냉각수 위에 걸친 걸이막대(hanger)에 매달아 냉각수에 잠기게 합니다. 성형과정을 좀 더 자세히 풀어 설명하면, 먼저 스트레칭이 잘 끝난 커드 덩어리 300g을 취한 뒤 커드를 양 손을 이용하여 안으로 모아 넣기를 반복합니다. 가운데로 모아 넣어진 커드를 완전한 공 모양으로 성형합니다. 하나의 공 모양이 완성되면 찬물 안에서 공의 80% 부위를 양손으로 꾹꾹 눌러가며 목 부위를 만든 다음 60cm 정도 길이의 노끈으로 목 부분을 묶어 줍니다. 그러면 머리 부분이 매끈하며 전체가 오뚝이 모양으로 성형이 완성될 것입니다.

※ 주의할 점 : 손으로 표면을 당기거나 밀지 말 것, 온도가 낮아지면 안에 공기가 생기므로 바로 모양을 만들어서 냉각수 속에 매달아 둘 것.

(13) 가 염 : 20°Bé 소금물에 작은 것(500g)은 55분에서 1시간, 큰 것(2kg)은 2시간 정도 가염 합니다.

(14) 건조와 숙성 : 가염 한 다음 온도 10℃, RH 73%의 건조실에서 확실히 건조시키고, 온도 13℃, RH 90%의 숙성고에서 매달아 두고 약 2개월간 숙성시킨 후 진공포장 하여 판매할 수 있습니다. 숙성 중 곰팡이 공격을 피하기 위해 아예 처음부터 진공포장 하거나 표면에 아마인유 같은 기름을 발라 주기도 하지만, 저자는 그냥 표피를 10%의 소금물로 매일 닦아 관리하기를 권합니다.

3) 공정표

<table>
<tr><td colspan="2">제조자 :</td><td colspan="3">치즈명 : 카시오카발로 치즈
(Caciocavallo cheese)</td><td colspan="2">벳트 번호 :   일 시 :</td></tr>
<tr><td colspan="2">원 유 kg 100
탈지유 kg ____
분 유 kg ____
스타터 kg ____
총 량 kg ____</td><td colspan="3">원 유 지 방 ____
단백질 ____

표준화 지 방 ____
단백질 ____</td><td colspan="2">스타터 산 도____
pH ____
기 간 ____
배 지 ____
박테리오파지 ____</td></tr>
<tr><td>제조과정 진행</td><td>시 간</td><td>온 도</td><td>산 도</td><td>pH</td><td>커드 pH</td><td>기 록 사 항</td></tr>
<tr><td>원 유</td><td></td><td>4℃</td><td></td><td></td><td></td><td>※ 표준화 P/F = 1.17%</td></tr>
<tr><td>살 균</td><td>30분</td><td>63℃</td><td></td><td></td><td></td><td></td></tr>
<tr><td>기본 스타터</td><td>1시간</td><td>32℃</td><td></td><td></td><td></td><td>Type, 고온균 DVS 3.5g</td></tr>
</table>

부가 스타터						Type, 사용량
첨가물						Type, 염화칼슘 사용량, 20mL
렌넷 첨가	※ 렌넷 넣기 전 온도를 점검합니다.					Type, 1배 렌넷 25mL
응 고		32℃	※ 25분 뒤부터 커드 굳기 검사 실시			응고 소요시간, 30분
커드절단		32℃	※8mm³ 크기로 절단			스타터 접종 후 1시간 35분
커드절단 종료	5분	※ 치유시간 후 30분간 교반 처음 10분은 서서히 교반하며 조금씩 속도를 빨리해 주며 교반합니다.				
가온 시작		32℃	※ 온도를 서서히 올려 커드 내 유청 배출이 충분히 이루어지도록 합니다.			
가온 중단	30분	48℃	가온이 끝난 후 30분간 추가 교반을 실시합니다.			
유청제거	5분					완전히 유청을 제거합니다.
체다링		48℃	유청을 완전히 제거하고 가운데 고랑을 파고 매트링 실시			
맷트 뒤집기	1차 뒤집기 : pH 5.3 8조각으로 치즈를 나눠 체다링 실시(유청 뺀 후 30분) 2차 뒤집기 : pH 5.23 4조각으로 치즈를 겹쳐 체다링 실시(1차 체다링 후 20분) 3차 뒤집기 : 뜨거운 물을 이용하여 스트레칭 예비검사 pH 5.2～5.1 (2차 체다링 후 15분)					
커드를 찬물에 담그기		5℃ 이하	더 이상의 pH 저하를 막기 위함이며, 커드를 길쭉하게 잘라 줍니다(폭 10cm, 두께 20cm 크기).			
커드 자르기	※ 커드 자르기 전 벵트에 hanger와 끈을 준비해 성형이 끝나면 메달아 놓을 준비를 합니다.					너비 2.5cm× 두께 3mm 크기로 잘라 줍니다.
스트레칭	뜨거운 물을 두 번 부어 버리고, 세 번째 물을 부어 스트레칭한 후 솥을 뜨겁게 달구고 커드는 중탕하여 스트레칭 합니다. 그리고 적당한 크기로 손으로 잘라 손으로 카쵸카발로 모양을 만들어 끈을 냉각수에 밑에서 바로바로 달아 hanger에 메달아 성형을 마무리합니다.					
가염, 건조, 숙성	작은 것은 55분에서 1시간, 큰 것은 2시간 정도 가염 합니다. 가염 후 10℃, RH 73%의 건조실에서 건조시킨 뒤 13℃, RH 90% 조건의 숙성실에서 매일 관리해 가면서 약 2개월간 숙성합니다. 숙성 후 진공포장 하여 냉장 보관하세요.					

3.11 콜비 치즈(Colby cheese)

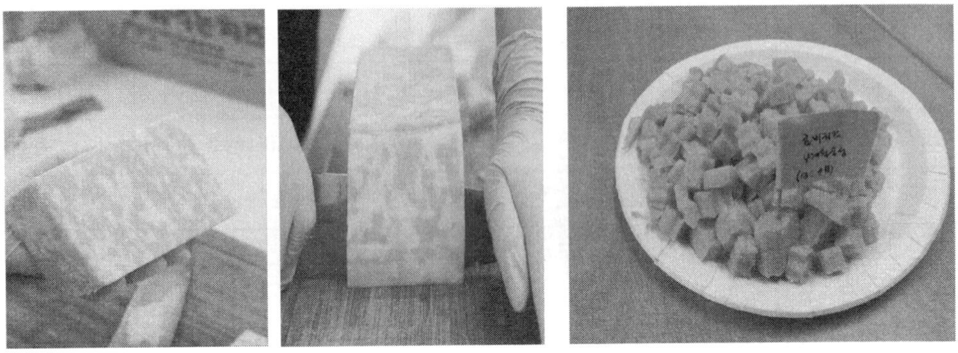

그림 3-55. 콜비 치즈 (화보 24쪽, 프로마쥬 김은주 대표 제공)

1) 개 요

콜비 치즈는 1880년대 미국의 위스콘신 주의 남부에 있는 작은 마을에서 전통적인 체다 치즈 제조법을 제멋대로(bastardized) 변형시켜 간편하게 제조하고 기계화가 가능하게 변형시킨 후 그 이름이 지어졌습니다. 그래서 이 치즈는 때때로 농민 치즈(Farmer's cheese)라고도 불리는데 스위스, 더치, 이탈리아 치즈류에도 종종 농민(Farmer's) 치즈로 불리어지는 것들이 있습니다. 그런데 이렇게 간편하게 개조된 기술로 만든 치즈지만 오리지날 체다 치즈와 다름없는 맛이 있습니다. 콜비 치즈의 탄생에 대한 비화를 위스콘신 주 치즈 역사를 정리했던 제리 앱스(Jerry Apps)는 다음과 같이 알려 줍니다[353].

《암브로스와 수잔 쉬타인반트(Ambrose and Susan)는 1877년에 마니토웍(Manitowoc, Wisconsin)으로부터 위스콘신주 클라크 카운티로 이사를 옵니다. 그들은 콜비 마을로부터 2.4km쯤 떨어진 곳에 160에이커의 땅을 구입하고 낙농업을 시작합니다. 그리고 동시에 치즈공장 건축도 시작하는데 1882년에 그 지역의 파티를 위한 「쉬타인반트 치즈공장」이 문을 엽니다. 1882년 5월 31일자 "The Colby Phonograph" 지 보도에 따르면 ***"매월 마지막 주 월요일 저녁이면 콜비 마을 안에 있는 「쉬타인반트 브라더 치즈공장」에서 가장 멋지고 흥겨운 무도회가 열리곤 했다. 거기에는 수많은 무도가들이 붐볐고 할 수만 있으면 오직 한 가지, 자신들을 위해 즐***

353) Jerry Apps. 1998. CHEESE-The Making of a Wisconsin Tradition. Amherst Press. WI. USA.

기기 위한 목적으로 모였고 먹고 마시고 춤을 추었다. 만약 「쉬타인반트 가」에서 그들이 춤추고 즐기기에 충분할 만큼의 치즈를 만들 수 있다면 성공은 확정된 것이었다[354]*". <중략> 위스콘신 주의 당시 치즈공장들처럼 쉬타인반트 공장도 이른 봄에 시작하여 늦가을까지만 치즈를 제조하였습니다. 어찌하여 콜비 치즈가 처음 만들어졌는지의 정확한 팩트는 여전히 미스테리로 남아 있습니다. 지금까지 가장 유명하게 인구에 회자되고 있는 이야기로는 죠셉 쉬타인반트, 그러니까 암브로스 쉬타인반트의 아들이 1885년에 콜비 치즈를 개발하였다는 것입니다. 이 이야기에 따르면, 평소 죠셉이 새로운 치즈 개발에 흥미를 느끼고 있었던 차에 그가 어느 날 체다 치즈를 한 벳트 만들고 있었는데 치즈제조가 제대로 이루어지지 않았더랍니다(제조상 문제가 일어난 것이지요). 그렇지만 죠셉은 그 치즈를 살려내기 위하여 또 다른 하나의 단계로 찬물을 벳트에 부어서 커드를 씻어내는(washing the curd) 과정을 행한 뒤에 유청을 한꺼번에 제거했습니다. 이렇게 해서 얻어진 치즈는 체다 치즈에 비해서 수분함량이 높았고, 치즈 내부에 잔구멍들이 많이 형성되어 있었습니다. 그는 새로 나온 이 치즈에 명칭을 붙이기를 자기가 살던 곳의 인근 마을인 「콜비(Colby)」에서 따다가 붙였습니다. 이윽고 이 치즈가 시판되자 반연질 치즈를 찾던 사람들에게 널리 알려지게 되었고 즐길 수 있는 치즈가 되었던 것입니다. 그 치즈 명칭 덕분에 위스콘신 주 콜비 마을이 역사적인 장소가 된 것입니다.》*

콜비 치즈는 제조 중에 커드의 가수세척(wash) 과정이 있고, 유청의 pH가 체다와 다를 뿐 거의 모든 제조 공정이 체다 치즈와 비슷합니다. 따라서 콜비 치즈는 체다에 비하여 수분 함량이 높고, 거친 조직에 부드러운 식감이면서 빠르게 숙성됩니다.

이 치즈의 제조과정은 몰드에 넣기까지의 pH에 이르기 까지는 체다 치즈의 제조과정과 모두 같은데, 이때 최종 산도는 커드 세척에 의해 유당과 산의 농도를 희석 조정하는데 비해 체다 치즈는 별도의 체다링(Cheddaring) 과정을 거치면서 추가적인 발효와 유청 빠짐(syneresis)에 의해 유당을 제거하는 것이 서로 다르다는 점을 유의하면 됩니다. 그 동안 저자는 콜비 치즈를 우리의 원유 실정에 맞게 약간 개조하여 제조하여 왔는데, 과정 중 수분 제거량을 늘리고, 온도 유지를 미국, 캐나다의 원래 제조법보다 약간 높여 주고 있습니다.

2) 제조공정

(1) 원유를 0.96 P/F로 표준화* 하고, 저온 살균하여 31℃로 냉각한 후 스타터를 첨가합니다. *표준화 방법은 배인휴 역(Arthur R. Hill 저). 2017. (증보개정판)

---

354) Colby Cheese Centennial Souvenir Edition, Colby Chronicle, July 12, 1983.

『치즈과학과 제조기술』 유한문화사. 서울. pp. 123-136의 <제6장 치즈의 제조와 원유의 표준화>를 참고하시기 바랍니다.

(2) 스타터로는 *Lc. lactis* ssp. *lactis*, *Lc. lactis* ssp. *cremoris*를 원유의 1.5%를 첨가하고 1시간 혹은 원유 산도가 원래 산도보다 0.03% 정도 증가하기까지 발효시킵니다(원래 산도가 0.12%이었으면 스타터 첨가하고, 발효 후에는 0.15% 인 경우). DVS의 경우에는 체다 치즈에서처럼 같은 균 제품을 그만큼 접종하시면 됩니다.

(3) 원유 100kg에 7.0mL의 치즈색소(Annato color)를 넣습니다. 치즈색소는 물에 20배 희석하여 원유에 넣습니다.

(4) 원유 100kg에 렌넷(250～290/mL IMCU 활력) 19mL을 물 20배액에 희석시켜 첨가한 후 원유를 2～3분 교반합니다.

(5) 커드가 적당히 응고되었을 때 간격이 9.5mm 정도인 커드 나이프로 커드를 절단한 후 매우 서서히 교반합니다[20분(15분)* 정도 교반]

*( )안 숫자는 미국, 캐나다의 원래 제조법입니다.

(6) 커드 가온을 시작합니다[절단 후 20분(15분)경] 온도를 31℃에서 39℃로 올리는 데 약 30분 정도 걸리게 합니다. 처음에는 서서히 가온하고, 5분에 1.0℃ 상승시키는 속도를 유지합니다.

(7) 유청의 pH가 6.1(6.2～6.3)이 될 때까지 39℃를 유지합니다. 이 과정은 39℃에서 75분간 혹은 커드 절단으로부터 2시간 정도가 되게 이루어져야 합니다. 만약 산성화가 급속히 증가되면 온도를 약간(최대 40℃) 올려 주어 스타터 균의 증식을 억제해 주어야 합니다.

(8) 유청의 pH가 6.1(6.2～6.3)에 도달하면 커드의 높이만큼 유청을 제거하고 물을 넣습니다. 물의 량은 커드가 씻겨 지면서 교반이 가능할 정도의 양만큼을 넣습니다.

(9) 커드와 물의 온도가 32℃ 될 때까지 20℃ 물을 첨가합니다(뽑아낸 유청의 양과 같은 양 정도). 요구되는 온도에 도달하기까지 물을 계속 가하여(원유의 7～14% 정도) 유청의 최종 온도가 32℃가 되게 합니다.

(10) 물을 첨가할 때는 20분 동안 추가적으로 교반해 줍니다. 첨가하는 물의 온도가 20℃보다 낮으면 조금만 사용해야 합니다. 찬물은 높은 수분함량의 치즈가 나오게 하고, 따뜻한 물은 낮은 수분의 치즈가 생산되게 할 것입니다.

(11) 치즈 벳트의 한쪽 면에 커드를 쌓아서 유청을 제거합니다. 그러나 커드가 매

트가 되게 해서는 안 됩니다(매트 형성을 방지하기 위해 벳트 안의 커드를 손으로 비벼주어야 합니다).

(12) 100kg 원유를 기준으로 0.21kg에 해당하는 소금을 첨가하고 커드를 잘 섞어 줍니다. 성형하기 전에 소금이 잘 녹을 수 있도록 15분 정도 방치합니다.

(13) 체다 치즈용 몰드에 치즈 무게가 9kg 정도 되게 커드를 넣어 성형합니다. 커드를 11kg 정도 채우면 최종 9kg 무게의 치즈가 됩니다. 치즈가 큰 사이즈가 되면 모양이 안 좋게 나올 수 있습니다.

(14) 75 kPa(4.53～9.06kg/cm^2)로 가압합니다(반나절). 낮은 압력으로 가압하다가 75 kPa까지 증가시킵니다. 최근 대규모 공장에서는 가압을 1시간 정도 합니다.

(15) 진공포장 하고 7～13℃에서 1～3개월간 보관하는데, 콜비 치즈는 체다 치즈보다 높은 수분을 함유하고 있어서 식감이 연합니다. 그리고 체다 치즈에서 나오는 특유의 진한 신맛(sharp)의 특성은 결코 나타나지 않습니다.

(16) 결 점

① 산성의 신 냄새 : 이 결점은 가염하기 전까지의 벳트 내에서 지나치게 많은 유산 생성에 기인합니다. 이 결점은 또한 가염 하는 동안에 유산(젖산)균의 활성이 낮아 유산(젖산) 생성이 부족한데서도 기인합니다. 만약 유산(젖산)균 증식이 제대로 되지 않고 유산(젖산) 생성이 잘 안 되면 커드는 높은 수분을 함유하게 되고, 유당 또한 많아질 것입니다. 그 유당이 후기 발효되면 이처럼 신 냄새가 많이 납니다.

② 발효 취 : 스타터 활력이 낮거나 치즈 제조중 스타터 증식이 저해 받았을 때 산 생성이 부족하여 일어납니다. 만일 치즈의 pH가 5.4 이상이 되면 치즈는 어쩔 수 없이 발효가 진행되면서 과일 썩은 냄새를 풍기게 됩니다.

③ 목질화, 코르크 마개형 조직 : 이 역시 치즈 제조중 산 생성 부족으로 나타납니다. 가수하여 커드를 세척할 때 너무 과도한 물 사용, 커드를 물에 너무 오랜 시간 동안 담가 두거나 40℃ 이상의 온도까지 가온되면 그렇습니다.

④ 얼룩덜룩한 치즈 : 이 결점은 항상 치즈 제조중 산 생성 부족으로 나타납니다. 혹은 유청을 제거한 뒤에 너무 빨리 가염을 해주면 그럴 수 있습니다. 가염 전에 너무 짧게 유청을 배제하고 가압을 하면 약간의 얼룩반점이 생길 수 있습니다.

3) 공정표

제조자 :	치즈명 : 콜비 치즈 (Colby cheese)	벳트 번호 :	일 시 :
원 유 kg 100 탈지유 kg ______ 분 유 kg ______ 스타터 kg ______ 총 량 kg ______	원 유 지 방 ______ 단백질 ______ 표준화 지 방 ______ 단백질 ______	스타터 산 도______ pH ______ 기 간 ______ 배 지 ______ 박테리오파지 ____	

제조과정 진행	시 간	온 도	산 도	pH	커드 pH	기 록 사 항
열처리		40℃				표준화 P/F=0.96
살 균	30분	63℃				
기본 스타터	35분	30℃				중온균 1.5%(1,500mL) *체다 치즈와 동일 제품과 접종량!
첨가물			물에 녹여서			염화칼슘 0.02%(20g)
		30℃	물에 20배 희석			Type, 아나토 색소 사용량, 7mL
렌넷 첨가		30℃	0.15%	물에 20배 희석		Type, 액상 렌넷 사용량, 19mL
응 고	35분	30℃				응고 소요시간 : 35분
커드절단 시작		30℃	9.5mm 나이프 사용			
교 반	20분	30℃				20분간 매우 서서히 교반
가온 시작		30℃				30분에 걸쳐 39℃까지 가온
가온 중단	30분	39℃				유청 pH가 6.2～6.3까지 교반
유청제거		39℃	커드 높이만큼 제거			
가수/세척		39℃				온도 : 20℃, 사용량 : 제거한 유청만큼
유청제거		32℃				매트 형성 되지 않게 손으로 비벼줍니다.
가 염			소금 첨가 후 15분 방치			커드 예상수율의 2%의 소금
성 형						체다 치즈 몰드에 11kg 넣기
가 압						
숙 성						7～13℃에서 1～3개월 숙성

3.12 테트 드 모앙 치즈(Tete de Moine cheese) [teht deuh MWUAHN]

(1)

(2)

그림 3-56. (1) 상품화된 테트 드 모앙 치즈 (http://www.jukkolanjuustola.f)
(2) 지롤(Girolle) 위에 놓인 테트 드 모앙 치즈
(화보 24쪽, Arthur R. Hill 교수 제공)

그림 3-57. 2011년 독일 뉘렌베르크 유기농치즈 박람회 전시 중인 테트 드 모앙 치즈 (화보 25쪽, 저자 사진)

1) 개 요

이 치즈는 원래 벨루라이에[Bellelaye(belulaie)] 치즈로 알려져 있습니다. 원산지는 스위스로서 1136년에 설립된 베른 칸톤[Bern Canton, 스위스의 주(州) 단위로 우리나라의 군 단위를 3~4개 묶은 규모입니다]의 산악지역 벨루라이에(Bellelaye) 수도원에서 한 수도자에 의해 처음 만들어졌습니다.

치즈의 이름이 원래는 벨루라이에 치즈였지만, 프랑스 혁명 이후 '수도승의 머리

(monk's head)'라는 뜻의 **'테트 드 모앙'**으로 변경되었습니다. 문헌이 전하는 바에 따르면, 이 수도원에서는 지역 농민들에게 그 수도자가 개발한 치즈 제조 레시피를 제공하여 이 치즈 제조를 허가해 주고 치즈제조 레시피 사용료 혹은 세금을 수도원에 지불하도록 했습니다. 수도원에서는 매년 세금 또는 레시피 사용료를 부과 할 때 농민 한 사람이 당시 수도원의 수도자 1명당(per monk's head) 1개의 치즈를 지불하도록 부과했다는 것입니다.

달리 전해 오는 이 치즈 명칭 관련 전승은 테트 드 모앙 치즈를 먹도록 서빙을 할 때 치즈의 맨 위 표피부분을 도려낸 뒤 지롤(Girolle)로 종이 두께 만큼 얇게 꽃잎(petals) 모양으로 위에서 아래로 평평하게 저며 내려갑니다. 이때 위 표피를 도려낸 모양과 치즈의 윗부분 밝은 면과 옆 부분의 어두운 모양이 수도자들이 머리를 밀어낸 모양(tonsure)과 비슷합니다. 그래서 수도자의 머리(monk's head)라는 뜻의 명칭 '테트 드 모앙' 치즈라고 지어졌다는 것입니다.[355)]

테트 드 모앙 치즈는 점차 베른과 유라 칸톤의 인근 칸톤들에서 유명하게 되었고, 스위스의 대표적인 스넥 치즈가 되었습니다. 지롤(Girolle)로 얇게 저며 낸 치즈 조각은 마치 양상추의 잎처럼 가장자리가 말려 나와 신선하거나 건조된 과일류와 함께 먹을 수 있습니다. 이렇게 먹는 것이 이 치즈가 갖는 향미를 온전히 즐길 수 있는 이상적 방법입니다. 작고도 향취가 강한 이 치즈는 스위스의 그뤼에르(Gruyére)나 스브린츠(Sbrinz) 같은 스위스 산악 치즈들과 대비될 정도로 좋은 치즈입니다. 그도 그럴 것이 같은 산악지 치즈지만 크기가 작아서 3～6개월이면 숙성이 완성되는데, 그뤼에르는 16개월, 스브린츠는 4년이나 소요되기 때문입니다. 테트 드 모앙 치즈는 숙성하는 동안 정기적으로 소금물로 닦아 주면 약간 점성이면서 홍당무의 색깔과 갈색이 어우러진 표피가 형성됩니다. 51% 지방분을 갖는 테트 드 모앙 치즈는 얇게 저며 내는 지롤(Girolle)이라는 특수 도구와 함께 오늘날 성공을 누리고 있습니다.[356)]

2) 치즈의 고유한 특징

(1) 원료유 : 우유

(2) 분 류 : 반 경질에서 경질, 연황색의 아이보리(ivory)색, 약간의 점성분이 있는 갈색의 껍질.

(3) 형 태 : 작고 두터운 긴 원통형으로 높이 20cm.

---

355) Herbst, S. T. and R. Herbst. 2007. The Cheese Lover's Companion. William Morrow. NY. USA. pp. 450-451.

356) 상게서 Herbst, S. T. and R. Herbst. p. 451.

(4) 중 량 : 700g～2kg

(5) 숙성기간 : 3～4개월(6개월가량 숙성하는 경우도 있는데, 매년 늦여름에 만들어서 9월부터 이듬해 3월까지 숙성하면 먹기에 좋은 치즈가 됩니다).

(6) 지방함량 : 45～50%

(7) 특 성 : 강한 토양 냄새, 효모 추출물(yeast extract)과 함께 태운 토스트 냄새 등이 혼합된 냄새를 가집니다. 지롤(Girolle)이라고 불리는 특수 기구를 통해 만들어진 두터운 끈 묶음(strips) 혹은 주름 잡힌 장식모양(ruffles) 형태로 서빙(serving)됩니다. 이렇게 주름 잡힌 가장자리를 가진 치즈 슬라이스는 샐러드 접시나 커다란 육류 요리접시 또는 다른 요리접시의 꽃 장식 모양내기에 사용됩니다.

3) 치즈의 전처리(display)와 서빙 준비

먼저 맨 윗부분의 치즈 껍질을 깎아내고 나면 '테트 드 모앙' 그러니까 승려의 머리 모양이 나타납니다. 치즈 슬라이스는 지롤[girolle(ʤirol)]이라는 특수 치즈 고정판 위에 놓인 치즈를 얇게 깎아내는 회전형 칼날을 돌려가며 깎아 냅니다(그림 3-56. 3-57, 3-58 참조). 깎여져 나온 치즈 슬라이스의 모양이 마치 양상추 속잎과 같습니다. 여름에 착유한 진한 젖을 원료로 하므로 지방분이 많은(51%) 치즈에 속합니다.

그림 3-58. 지롤(Girolle)을 사용하여 테트 드 모앙 치즈 서빙을 준비하는 저자의 외손녀 (화보 24쪽, 저자 사진)

4) 제조공정

(1) 원 유 : 신선 원유를 여과하여 정확히 계량하고 살균조에 넣습니다.

(2) 살 균 : 63℃에서 30분간 정확히 저온 살균합니다.

(3) 냉 각 : 32℃로 냉각하고 치즈 벳트도 32℃가 되게 미리 조정해 둡니다.

(4) 스타터 접종 : **A균** – 듀퐁 다니스코사의 Su Casu(고온균)균이나 크리스챤 한센사의 ABT – 5균 배양액을 원유의 0.7% **B균** – 크리스챤 한센(Chr. Hansen)사의 YO – 300 배양액을 원유의 0.7%씩 접종합니다(이로써 총 스타터 첨가량은 원유의 1.4%가 됩니다). 동일 균주 DVS의 경우 A, B균주를 각각 1.5g/100kg 접종해 줍니다. 접종한 뒤 60분간 배양합니다. TMR, 사일리지 급여 원유의 경우 Lysozyme을 18mL/100kg를 첨가합니다. 살균유의 경우 칼슘 포화용액(33%)을 20mL/100kg 정도 첨가합니다.

(5) 렌넷 첨가 : 32℃의 원유 온도 유지 여부와 산도 변화(원유보다 0.03% 변화)를 확인 후에 250～290/mL IMCU 역가의 송아지 렌넷(Calf – rennet)으로 19mL/100kg를 정제수에 20배 희석한 즉시 첨가하고 2분간 교반한 뒤 30분간 정치해 둡니다. 렌넷 첨가 후 25분경에 커드 굳기 검사를 실시해야 합니다.

(6) 커드 절단 : $5mm^3$ 정도의 녹두알 크기로 절단하고 3분간 치유합니다.

(7) 가 온 : 32℃로부터 2.5분마다 1.0℃ 상승시키는 정도로 가온하면서 계속 교반합니다. 가온은 51℃까지 실시합니다. 마치 산악지 치즈공방에서 장작불로 온도를 올리는 속도를 연상하며 작업하십시오.

(8) 교 반 : 51℃에서 10분간만 다소 강하게 교반해 줍니다.

(9) 커드 점성검사 : 교반 중에 손으로 커드를 한줌을 쥐었다가 한쪽 끝 부분을 잡고 흔들어도 떨어져 나가지 않고 찰랑거리게 보이면 그때 커드를 건져내고 유청을 제거합니다.

(10) 커드 건져 내기 : 단단한 치즈 천(무명천도 좋습니다)으로 커드를 건져 내서 길이 40cm×너비 25cm×높이 25cm 정도 되는 플라스틱 상자(밑 부분에 수분이 빠져나갈 틈새가 있을 것)에 넣고 예비 가압을 합니다. 플라스틱 상자에 커드를 담고 송판을 덮은 뒤 20kg 정도 되는 물 양동이를 올려서 10분간 예비가압을 합니다.

(11) 몰딩, 본 가압 : 아직 수분이 남아 있는 상태의 커드를 꺼내서 1,300g 단위가 되게(저울에서 무게 칭량) 잘라 낸 뒤 횡으로 스테인리스 철망 또는 굵은 천으

로 말아서 직경 12cm, 길이 30cm의 원통형 몰드(이런 몰드가 없으시면 까망베르용 원통 몰드 두 개를 합쳐서 사용하십시오) 안에 넣고 나서 1.0 L용 요구르트 용기에 1.0 L의 물을 채워서 올려 두고 3시간 정도 방치해 둡니다. 그 동안에 30～40분 간격으로 뒤집어 준 다음 3시간 경과 시 철망 또는 굵은 천을 제거하고 다시 원통에 넣어주고, 원통을 여섯 개 정도 한데 모아서 1.0 L의 물을 채운 요구르트 용기를 위에 얹고서 그 위에 송판을 올리고 30kg 되는 블록을 올려둡니다(치즈의 5배 무게). 이 상태에서 26～30℃를 유지하면서 그대로 하룻밤을 지냅니다.

(12) 가 염 : 다음날 치즈의 pH가 5.1～5.2인 것을 확인한 뒤 몰드를 해제한 치즈를 20°Bé의 소금물에 10시간 정도 침지하여 가염 합니다(10시간/1.3kg). 가염온도는 10℃ 내외로 유지해야 합니다.

(13) 숙 성 : 2일간 건조시킨 후 첫 1주간은 매일 10%의 소금물로 닦아 주고 뒤집어 주고, 2주째부터 4～5일에 1회 닦고, 뒤집어 주면서 12℃, RH 85～90% 조건으로 4개월간 숙성합니다.

5) 공정표

제조자 :	치즈명 : 테트 드 모앙 치즈 (Tete de Moine cheese)	벳트 번호 :	일 시 :

원 유 kg 100	원 유 지 방 ______	스타터 산 도 ______
탈지유 kg ______	단백질 ______	pH ______
분 유 kg ______		기 간 ______
스타터 kg ______	표준화 지 방 ______	배 지 ______
총 량 kg ______	단백질 ______	박테리오파지 ___

제조과정 진행	시 간	온 도	산 도	pH	커드 pH	기 록 사 항
열처리		40℃				
살 균	30분	63℃				30분간 살균합니다.
기본 스타터		32℃				Type : LH100, 사용량 : 700mL
부가 스타터		32℃	0.01%▲			Type : Yo-300, 사용량 : 700mL
첨가물						Type : 액상 $CaCl_2$, 사용량 : 20mL

렌넷 첨가		32℃				Type : 액상 렌넷, 사용량 : 19mL
응 고	25분	32℃				응고 소요시간 : 25분부터 커드 검사
커드절단 시작		32℃				0.5cm^3 크기로 절단합니다.
커드절단 종료	5분	32℃				3～5분간 정치합니다.
가 온	60분	51℃				2.5분에 1.0℃ 상승 속도로 교반합니다.
교 반	10분	51℃				10분간 교반합니다.
커드 검사		51℃				커드를 쥐었을 때 검사합니다.
유청제거		51℃				유청 완전 제거합니다.
예비가압	10분	38℃				플라스틱 상자에 넣어 송판을 덮은 뒤 20kg 무게를 올려 10분간 둡니다.
성형 및 가압	3시간	25℃				무게를 1,3kg씩 잘라내고 까망베르 원형 몰드에 넣어 30～40분 간격으로 뒤집어 줍니다. 약 1kg의 무게로 가압해 줍니다.
가 염	10시간	10℃ 내외			5.1～5.2	10시간/1.3kg
숙 성	숙성실					1주일간 10% 소금물로 닦아 주고 2주째 4～5일 1회 닦고 12℃, RH 85～90% 조건으로 4개월 숙성시킵니다.

3.13 틸지터(또는 틸지트) 치즈(Tilsiter cheese)

- 우유로 만들어 오래 숙성시킨 독일/스위스계 반경질 치즈 -

그림 3-59. 틸지터 치즈 - 내부에 물리적 구멍이 있음
(화보 25쪽, 최희영 박사/프로마쥬 김은주 대표 제공)

그림 3-60. 독일에서 시판 중인 소포장 틸시터 치즈
(화보 25쪽, 저자 사진)

1) 개 요

- 형 태 : 직사각형(독일) 또는 원반형(스위스)
- 크 기 : 폭 12cm × 길이 31cm(독일), ∅18 ~ 20cm × 8.0cm(스위스)
- 중 량 : 4.5kg
- 지방함량 : 전 고형분의 45%
- 표 피 : 적황색의 껍질, 내부는 담황색
- 식 감 : 유연하며 작은 구멍들[물리적 구멍(mechanical holes)]이 있음.
- 숙성기간 : 4 ~ 6개월

틸지트(Tilsit) 혹은 틸지터(Tilsiter)로 불리는 이 치즈는 연한 황색의 반경질 치즈, 즉 식탁용 치즈(Table cheese)입니다. 이 치즈는 19세기 중엽, 당시 스위스의 에멘탈(Emmental) 계곡에서 동 프러시아로 이주해 온 프러시안-스위스계 베스트팔(Westphal) 가문에 의해 개발되었습니다. 지금도 오리지널 치즈공장이 포함된 건물들이 과거 동 프러시안의 네만(Neman) 강가의 틸지트 지역이던 러시아의 소베츠크(Sovetsk)에 남아 있다고 합니다. 이 치즈는 라그니트(Ragnit)라고도 불리기도 하는데, 가열하지 않고 자체 중력으로 가압하여 만들며, 대부분이 껍질이 있지만 더러는 껍질이 없는(Rindless) 형태도 있습니다.

이 치즈는 주기적인 세척과 솔질을 통하여 만들어진 껍질 속에서 속살은 촉촉하게 숙성되며 버터 맛, 과일 맛과 약간 매운 맛을 내는 것이 특징이지만, 한국인에게 거부감이 적은 온화한 맛의 치즈입니다. 치즈의 결이 조밀하여 쉽게 잘라지며, 빵이나 샌드위치에 적합하고, 향미가 강한 와인(Dry wine)과 맥주 등에 잘 어울리는 치즈이기도 하지요. 이 치즈의 본고장이었던 동 프러시아 이외의 다른 지역에서 같은 원료들을 사용하여 이 치즈를 제조하여도 그 고장의 축축한 기후 조건하에서 자란 곰팡이, 효모, 그리고 세균류의 영향을 받은 탓인지 본고장에서 생산되어 가져온 치즈와 같이 제 맛이 나지 않는 색다른 치즈가 생산되었다고 합니다.

그 결과 다른 지역에서 만드는 치즈는 원래 본고장 치즈보다 강한 향미를 갖는 치즈가 된 것입니다. 동 프러시아에서 프러시아 도시지역으로 이민을 온 사람들 중 네덜란드 치즈를 만들던 이들이 가우다 치즈 스타일로 만들려는 의도를 갖고 이 치즈를 만들면서 틸지트(Tilsit) 치즈라고 명명하였는데, 이는 애초에 이 치즈가 태어난 곳의 지명(지금은 소벳스크<Sovetsk>로 알려진 러시아 지역)을 따서 치즈 명칭을 붙인 것입니다.[357]

틸지터 치즈는 중간 정도의 단단한 조직을 가지고 있었고, 내부에는 불규칙한 기계적 구멍들(mechanical holes)과 짜개진 금(open hole)이 나 있습니다. 대규모로 생산된 상품용 틸지터 치즈는 모두가 살균한 우유로 제조됩니다. 치즈의 지방함량은 30~60% 범위이며, 어둡고 노란색의 껍질을 가지고 있습니다. 종종 카라웨이[358] 씨와 후추열매로 향미를 강화하기도 하며, 틸지터 치즈는 따뜻한 갈색 보리빵과 맛이 진한 흑맥주를 곁들여 먹으면 잘 어울리지요. 틸지터 치즈를 이렇게 먹는 방식은 일반적인 식탁 치즈용이고, 그 외에도 다방면에 사용될 수 있습니다. 틸지터 치즈는 사각형으로 잘게 썰어서 샐러드에 토핑하거나 소스에 녹여 사용하고 감자에 녹여서 함께 먹거

357) Herbst, S. T and R. Herbst. 2007. The Cheese Lover's Companion. William Morrow. NY. USA. pp. 452-454.

358) 회향풀의 일종으로 열매는 약으로도 쓰이고, 씨는 기름을 짜서 이용함.

나 파이용으로 혹은 햄버거에 넣어 먹을 수도 있습니다.

원래는 동 프러시아 지역에 이민 갔던 스위스 인이 개발하여 보급되었던 틸지터 치즈 제조 레시피이긴 해도 스위스에 역수입되어 비로소 1893년부터 지금까지 스위스 내에 틸지터(Tilsiter) 치즈라는 이름으로 제조되고 있습니다. 스위스에서는 전에 이 치즈를 로얄프(Royalp) 혹은 로얄프 틸지터(Royalp Tilsiter, 후자는 원칙적으로 수출전용 치즈로 제조)라고 불렀습니다만 오늘날에는 일반적으로 틸지터 혹은 틸지트로 불리우고 있습니다.[359] 저자가 1990년에 스위스 연방공과대학에서 「파지 내성균 스타터 치즈 제조 연구」 주제를 두고 연수할 때 스위스 연방낙농연구소에서 제조하여 연구과제로 실험한 공시치즈가 바로 이 치즈였는데, 맛은 아펜젤러나 그뤼에르만 못해도 나름대로 매우 정교한 맛이 있는 치즈였습니다.

스위스에서의 틸지터 치즈는 세 가지 종류로 나뉘어서 제조되고 있습니다.

① 온화하고 부드러운 맛을 갖는 것(녹색 라벨)은 살균 원유로 만들고, ② 이 보다는 강한 향미를 갖는 것(빨강 라벨)이 있는데 살균하지 않은 신선한 원유로 제조되며, ③ 크림을 첨가하여 살균 원유로 제조한 것(황색 라벨)으로, 이 치즈는 "람-틸지터(Rahm[360] - Tilsiter)"로 불리고 있습니다. 틸지터 계열의 치즈가 스위스를 비롯한 리투아니아, 덴마크(Havarti), 폴란드, 오스트리아, 독일, 이탈리아, 벨지움, 핀란드, 네덜란드, 노르웨이 등지에서 제조되고 있는데 각 나라마다, 지역마다 다른 풍토와 원유 그리고 제조기법의 차이로 인하여 각각 다른 맛을 냅니다. 일단 틸지터 치즈는 영국을 제외한 각국에서 아침 식사에 주로 먹는 식탁용 치즈로 활용되고 있어 대륙형 식탁치즈인 셈입니다.

2) 제조공정 [1] : 독일식

우리는 우선 독일식 틸지터 치즈 제조방식을 우리 식으로 개조한 방법에 따라 틸지터 치즈를 제조하기로 합니다. 그리고 이 방식을 기본 골격으로 삼아 자신의 원유나 목장 환경에 따라 개조를 하면 자기만의 독특한 맛을 갖는 틸지터 치즈를 생산해 낼 수 있을 것입니다.

(1) 살 균 : 원유의 살균은 63℃/30분 또는 71℃/15초 조건으로 실시합니다. 원유의 위생적 품질에 자신이 있으면 착유 즉시 원유를 벳트에 앉혀서 온도를 32℃로 맞추고 바로 다음 단계로 넘어가도 될 것입니다. 우리나라도 2017년부터 2개월 이상 숙성하는 치즈는 비살균 원유로 치즈를 제조하도록 허용하고 있습니

359) 상게서 Herbst, S. T and R. Herbst. p. 453.

360) Rahm은 독일어로 유지방, 즉 크림이란 뜻임.

다. 특히 목장에서 자기 목장의 신선한 원유를 사용하여 연습용으로 치즈를 제조할 때는 굳이 살균과정을 거칠 필요가 없을 것입니다.

(2) 냉 각 : 32℃로 냉각합니다. 틸지터 치즈를 제조하는 데 사용하는 스타터 균이 중온균이기 때문에 이 온도를 사용합니다.

(3) 스타터 첨가 : 균주회사들이 보급하는 중온균 DVS로써 크리스챤 한센사 Flora Danica(FD)균, 혹은 듀퐁 다니스코사 Provat 222, 322균을 2.0g/100kg 정도 원유에 녹여서 접종합니다. 이때 살균한 원유인 경우에는 염화칼슘을 첨가하는데 칼슘 포화용액인 Calso 또는 Calciol 0.02%(20mL/100kg), 안나토 색소 7mL/100kg, 그리고 사일리지나 TMR사료 급여 젖소의 원유에는 라이소자임(lysozyme) 15mL/100kg를 함께 첨가해 줍니다. 가만히 두고(定置) 45분간 배양합니다.

(4) 렌넷 첨가 : 이제 배양을 종료하고 산도를 적정하여 애초 원유의 산도보다 0.03%가 증가한 것을 확인하고, 벳트 내 원유의 온도가 32℃ 이상 유지되고 있음이 확인되면 250～290/mL IMCU 역가의 렌넷을 16mL/100kg 정도를 물에 20배로 희석하여 즉시 첨가합니다. 이때의 원유 pH는 6.4 정도일 것입니다.

(5) 정 치 : 렌넷을 첨가한 뒤 30분 정도 정치(定置)해 둡니다.

(6) 절 단 : 렌넷 첨가하고 25분경부터 커드 굳기 검사를 실시해서 적절한 굳기가 되었으면 가로 나이프 → 세로 나이프 순으로 커드를 절단해 줍니다. 이때 커드 크기가 7～10mm^3가 되게 절단해 주는데, 이 크기 조절은 세로 나이프를 사용하여 신속히 전후로 당겨가며 합니다.

(7) 교 반 : 절단 후 3～4분간 커드를 방치하여 커드의 생채기가 치유되게 하고 나서 30분 동안 교반합니다. 처음에는 서서히 손으로 5분 정도 저어주고, 이어서 긴 삽이나 주걱으로 25분간 더 교반합니다.

(8) 유청 제거 : 30분간 교반한 뒤 유청을 원유의 40% 정도 제거합니다.

(9) 가 온 : 미리 준비해 둔 70～80℃의 물을 원유의 20% 정도 첨가하여 32℃로부터 38℃까지 30분에 걸쳐 가온(1℃/5분 올리는 속도)해 줍니다.

(10) 교 반 : 38℃에 도달한 이후에 여기서 10분 정도 더 교반해 줍니다. 이때는 제법 빠른 속도로 센 교반을 합니다.

(11) 유청 제거 : 이윽고 유청을 완전히 제거하는데, 이때의 유청 pH가 6.14 정도입니다. 유청은 추가적으로 충분히 제거합니다.

(12) 가 염 : 벳트 내에서 커드를 펴 놓고 유청을 제거하는 과정에 예상 커드 무게

의 0.3%의 소금을 첨가합니다. 가령 100kg의 원유로 치즈를 제조한다면 10kg의 커드가 얻어지는데, 이때 소금은 30g을 첨가하는 것입니다. 이는 치즈 가압 중에 유산균의 과도한 증식을 억제함으로써 적정한 pH를 얻어 온화한 맛의 치즈를 얻으려고 취하는 조치입니다.

(13) 몰 딩 : 사각형이나 원형 몰드(치즈 틀)에 커드를 넣어 성형을 하고 매 30분마다 뒤집기를 5번 반복 실시해 줍니다. 천을 싸서 겉 표면을 매끄럽게 해주는데 끝까지 천을 덮은 채로 작업을 하고, 한 번 뒤집을 때마다 70~80℃ 물을 3바가지씩/회 몰드 벽면에 뿌려 주는데, 그 이유는

① 치즈 조직 내 잔구멍(mechanical holes)을 제거하기 위하여

② 치즈 표면을 코팅처리 하려고 하는데, 이 과정을 거치면 치즈 커드의 수축이 일어나 자체 중량의 가압인데도 단단한 조직의 치즈가 얻어집니다.

(14) 가 압 : 이 치즈는 자체 중량에 의한 가압으로 성형이 이루어집니다. 가압실의 온도는 26℃를 유지합니다.

(15) 가 염 : 그 다음날 몰드를 풀고 치즈를 조금 잘라서 pH를 확인(pH 5.2)한 뒤 가염용 소금물의 pH도 치즈 pH와 맞춘 뒤 소금물에 담가서 가염을 합니다. 4kg 정도 치즈의 경우 18°Bé 소금물에서 24시간 동안 담가서 가염을 합니다.

(16) 표면처리 : 소금물에서 건져낸 후 온도 12℃, 상대습도 73% 정도의 건조실에서 2~3일간 건조하다가 숙성실로 옮겨서 뒤집어 가며 치즈가 자리 잡아 곰팡이를 이겨 내기까지는 매일 10% 소금물을 표면에 바르고 닦아 주든지 아니면 진공포장 하여 온도 13℃, RH 90%의 조건에서 숙성합니다. 숙성기간은 3~6개월이지만, 6개월 이상 되어야 제 맛이 나기 시작합니다.

3) 제조공정 [2] : 일본 북해도식

(1) 원유 성분 표준화 : 카제인 단백질과 유지방의 비율(P/F)을 0.7:1이 되도록 조정합니다.

(2) 원유 살균 : 63℃에서 30분을 유지(LTLT) 또는 73℃에서 15초 유지(HTST) 살균처리 합니다.

(3) 냉 각 : 30~32℃로 냉각합니다.

(4) 스타터 첨가 : 가우다 치즈와 마찬가지로 4종류의 혼합 스타터(DL 스타터)를 목장에서 배양한 신선 스타터(pH 4.6)를 원유의 0.8~1.0% 접종합니다. 또는 중온균 DVS로써 크리스찬 한센사의 FD균이나 듀퐁 다니스코사의 Choozit

Provat 222, 322 균을 2.0g/100kg 정도 원유에 녹여서 접종합니다. 이때 살균한 원유인 경우에는 염화칼슘을 첨가하는데, 칼슘 포화용액인 Calso 또는 Calciol 0.02%(20mL/100kg), 안나토 색소 7mL/100kg, 그리고 사일리지나 TMR사료 급여 젖소의 원유에는 라이소자임(lysozyme) 15mL/100kg를 함께 첨가해 줍니다. 45분간 가만히 두고(定置) 배양합니다.

(5) 정 치 : 스타터 첨가 후 우유 온도를 32℃로 유지하면서 약 50분간 정치합니다. 그 동안 우유는 렌넷팅(우유 응고)에 적합한 산도가 됩니다.

(6) 렌넷 첨가 : 렌넷은 우유가 30분 만에 응고되는 양(250～290/mL IMCU 역가, 19mL/100kg)을 첨가합니다. 첨가 후 잘 섞어 줍니다.

(7) 응고 커드 절단 : 응고된 커드는 커드 나이프로 대두～팥알(0.8cm) 크기 정도로 절단합니다. 절단 후 3분 동안 커드의 치유(healing)를 위해 정치합니다.

(8) 교 반 : 15분간 천천히 잘 섞어 줍니다.

(9) 유청 배제 : 교반을 멈추고, 5분간 정치하고 난 뒤 커드 입자가 표면에 보일 때까지 유청을 제거합니다.

(10) 가온 개시 : 교반하면서 약 80℃의 열탕수를 가하여 38℃까지 가온합니다. 온도 상승은 2분에 1.0℃ 올리는 속도로 가온합니다.

(11) 교 반 : 38℃를 유지하면서 50～60분간 센 교반을 실시합니다.

(12) 유청 빼기 : 커드 입자가 표면에 보일 때까지 유청을 완전히 제거합니다.

(13) 커드의 성형 : 바닥이 없는 치즈 몰드의 밑바닥에 치즈 천을 깔고 커드를 유청과 함께 몰드에 부어 넣습니다.

(14) 몰드 뒤집기 : 30분 후 1회째의 뒤집기를 하고, 이후 1시간 마다 한 번씩 3회 뒤집기를 반복합니다. 그 사이 커드가 식지 않도록 주의합니다. 커드의 보온을 위해 커버를 씌우든지, 때때로 37～38℃의 물을 부어 주어도 됩니다.

(15) 가 염 : 20～22°Bé 농도의 식염수에 가염 합니다. 가염 액에 침지 직전의 커드 pH는 5.2～5.4, 침지시간은 치즈의 크기(중량)에 따라 다른데, 대개는 5시간/kg정도 담가 둡니다.

(16) 건 조 : 가염한 뒤 1～2일간 10～15℃의 건조실에 두어 표면을 약간 건조시킵니다.

(17) 숙 성 : BL균(*B. linens*)은 약 10% 농도의 식염수에 용해하여 사용합니다. 치즈를 BL균 액에 담가 치즈 표면을 문지르든지 BL균 액을 청결한 천에 적셔

서 문질러 줍니다. 2일 마다 뒤집어 주고, 그때마다 BL균 액을 위와 같이 도포합니다. 숙성실의 온도는 약 15℃, RH 95%를 유지합니다. 10일~2주 정도 경과 시 치즈 표면에 점액(Smear)과 짙은 오렌지색의 표피가 나타납니다. 그 이후는 소금물에 적신 천이나 솔로 표면을 관리하며, BL균의 생육 상에 얼룩이 생기지 않게 합니다.

(18) 숙성 Ⅱ(본 숙성) : 치즈의 표면 전체가 얼룩이 없는 짙은 오렌지색으로 되면 약 10℃ 정도의 숙성실로 옮겨 수일간 건조시킨 다음 파라핀지 등으로 포장하여 2개월간 본 숙성에 들어갑니다.

4) 공정표

제조자 :	치즈명 : 틸지터 치즈 (Tilsiter cheese)	벳트 번호 :	일 시 :
원 유 kg 100 탈지유 kg ______ 분 유 kg ______ 스타터 kg ______ 총 량 kg ______	원 유 지 방 ______ 단백질 ______ 표준화 지 방 ______ 단백질 ______	스타터 산 도______ pH ______ 기 간 ______ 배 지 ______ 박테리오파지 ___	

제조과정 진행	시 간	온 도	산 도	pH	커드 pH	기 록 사 항
열처리						
살 균	30분	63℃				
기본 스타터	45분	32℃				0.7~1.0%(700~1,000mL) 중온균
첨가물	염화칼슘					
렌넷 첨가		32℃ 유지		pH 6.4		12~16m, pH 6.4 정도에서 첨가합니다.
응 고	60분					커드 크기가 7~10mm^{3}가 되게 절단합니다.
교 반	30분					절단 후 30분 교반합니다.
유청제거						교반 후 원유 40%의 유청을 제거합니다.

가 온	30분	36～38℃		80℃의 물을 원유의 20% 정도 첨가하여 36～38℃가 되게 가온(5분에 1.0℃씩, 30분에 걸쳐)합니다.		
교 반	10분					10분 정도 더 교반합니다.
유청제거				pH 4.9～4.5		유청을 완전히 제거합니다.
가 염					커드 무게의 0.1～0.3% 소금 첨가(벳트 내)합니다.	
몰 딩						매 30분마다 뒤집기 5번 반복합니다.
가 압	60～80℃ 물을 표면에 부어 치즈 조직 내 기포(잔구멍)를 없앱니다(5회).					
가 염	35시간				20°Bé 소금물에서 35시간 동안 담가 둡니다.	
표면처리	소금물에서 건져낸 후 2～3일간 건조하였다가 주 2～3회 표면처리액(*B. linens*)을 표면에 바르고 관리하든지 아니면 진공포장 해서 숙성하고 6주경부터 판매 가능합니다.					

3.14 프로볼로네 치즈(Provolone cheese)

그림 3-61. 프로볼로네 치즈 (화보 25쪽)
(출처 : http://www.theworldwidegourmet.com)

그림 3-62. 이탈리아 베네토 지역의 프로볼로네 치즈 공장의 구리판을 처리한 소형 치즈 벳트 설치 운영광경 (화보 26쪽, 저자 사진)

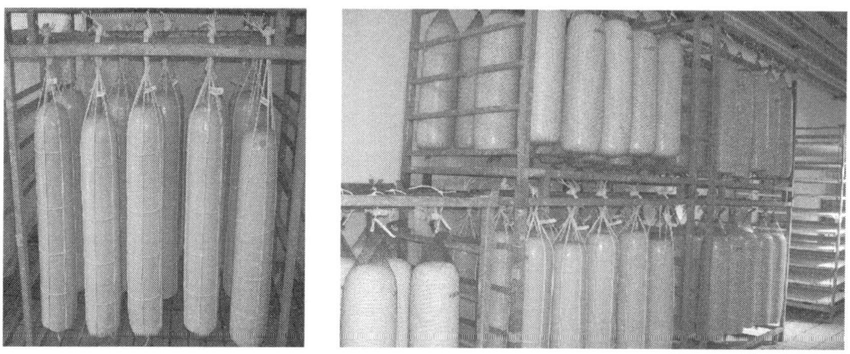

그림 3-63. 이탈리아 베네토 지역의 프로볼로네 치즈 공장의 Provolone Valpadana 숙성광경 (화보 26쪽, 저자 사진)

1) 개 요

우리가 유럽을 여행하다 보면 치즈가게에 커다란 표주박을 새끼줄로 매달아 놓은 모양의 치즈를 볼 수 있습니다. 이탈리아가 원산지인 프로볼로네 치즈는 북부 베네토 지역 알프스 산이 시작되는 지역에서 제조되고 있습니다. 대표적인 파스타 필라타(Pasta Filata)형 치즈로써 모짜렐라, 스트링, 카시오카발로 같이 이들은 제조공정 중 고온처리 과정이 있는데 제조방법이 거의 유사합니다. 이 치즈들은 잘 녹고 잘 늘어나는 특성을 갖게 하려고 제조공정 중에 뜨거운 열수를 부어가며 커드를 반죽하거나 스트레칭(늘림의 반복과정)을 하여 제조하는 것입니다. 그러나 이들 치즈가 프로볼로네 치즈와 근본적으로 서로 다른 점은 다음과 같습니다.

(1) 파스타 필라타(Pasta Filata)형은 프로볼로네 보다 지방함량이 낮습니다.

(2) 파스타 필라타(Pasta Filata)형 치즈는 대개 중온성 스타터를 사용하기 때문에 고온 하에서 반죽하고 늘어뜨리는 작업 중에 사멸하거나 활성이 매우 낮아집니다. 그러나 프로볼로네 치즈는 중온균 스타터뿐만 아니라 고온성 스타터도 함께 사용합니다.

(3) 프로볼로네 치즈는 끈으로 매달아 RH 85.0%에서 숙성합니다.

다음은 프로볼로네 치즈 제조과정입니다. 저자는 이 치즈 제조공법을 캐나다 궬프대학 치즈 집중코스에 참가하여 배웠습니다. 그 뒤로 그 대학의 아더 힐(Arthur R. Hill) 교수가 순천대학에 초청되어 세 차례의 치즈제조 워크숍을 진행할 때 자세하게 전수 받은 바 있습니다. 2005년에는 이탈리아 베네토 지역을 방문하여 그곳의 프로볼로네 치즈 전문공장인 프레지오(Fresio)를 견학하면서 장엄한 프로볼로네 치즈의 진면목을 살펴보았습니다. 그에 관한 견학기는 저자의 『목장유가공론』[361]에 잘 소개되어 있습니다. 그 뒤로 저자는 순천대학의 목장유가공교육과 치즈사관학교 치즈제조실습을 통해 부단히 한국화 하는 노력을 기울였으며, 그 제조공정을 여기 소개해 둡니다. 그러므로 이 제조공정의 골격은 아더 힐 교수가 전수해 주었던 『치즈과학과 제조기술』[362]에서 가져와 사용합니다.

2) 제조공정

(1) 표준화 : 우유를 P/F를 1.17로 표준화하는데 간편하게 표준화하는 방법은 저녁

---

361) 배인휴 저. 2017. 목장유가공론 - 지속가능 낙농 길잡이 -. 유한문화사. 서울. pp. 215-220.

362) 배인휴 역(Arthur R. Hill 저). 2017. (증보개정판) 치즈과학과 제조기술. 유한문화사, 서울. pp. 263-267.

착유 원유를 ∅50cm×높이 90cm 정도의 깊은 원통형 스테인리스 통에 담아 10℃ 저온실에 보관했다가 표면의 지방층을 걷어낸 뒤 아침 착유 원유와 1 : 1로 혼합하여 저온살균(63℃/30분)합니다. 여기서 얻은 지방층은 모아서 발효버터 제조에 사용합니다.

(2) 스타터 접종 : 원유의 1～2%에 해당하는 중온성균과 고온성균 스타터(*S. thermophilus, L. bulgaricus*)를 사용하거나 DVS로써 고온균과 중온균이 혼합된 제품(듀퐁 다니스코사의 CHOOZIT TM 81, 82, Flav 54균과 MM 100, 101 / 크리스챤 한센사의 FD균과 ABT-5를 각각 1 : 1 혼합사용[363]))을 2.5g/100kg 접종합니다. 32℃에서 1시간 동안 배양하거나 산도가 0.02～0.03% 증가하기까지 배양합니다.

(3) 첨가제 넣기 : 스타터를 접종할 때 ① 지방분해효소(lipase)를 제조회사의 제품의 사용법에 따라 식섭 첨가합니다(보통 0.1～0.2g/100kg 정도 첨가). ② 살균원유의 경우, $CaCl_2$ 30% 이상 함유한 액상 제품인 염화칼슘제제를 20mL/100kg 정도 첨가해 줍니다. 사일리지나 TMR사료 급여우의 원유 경우 라이소자임(lysozyme) 18mL/100kg를 첨가해 줍니다.

(4) 렌넷 첨가 : 250～290/mL IMCU 역가의 렌넷으로 19mL/100kg 를 첨가하는데, 렌넷은 정제수에 20배 희석하여 즉시 첨가합니다. 렌넷을 첨가하기 전에는 원유 온도가 32℃ 이상으로 유지되고 있는지를 반드시 확인하기 바랍니다. 첨가 후에는 2분 정도 교반한 다음 교반기를 떼어내야 합니다. 렌넷 첨가한 뒤에 30분간 정치합니다.

(5) 커드 절단 : 커드가 굳었을 때 커드 굳기 검사를 해서 양면이 곧추 서 있되 약간 완만하게 굽은 모양으로 깨끗하게 갈라지는 것이 확인되면 커드 나이프로 $5.0mm^3$ 크기(쌀알 크기)로 절단합니다. $5.0mm^3$ 크기(쌀알 크기)로 절단하는 방법은 세로 나이프를 사용하여 마치 검도(劍道)에서 칼을 힘껏 내려치듯 나이프를 앞뒤로 순간적으로 당겨 주기를 서너 차례 실시해 주면 됩니다.

(6) 가 온 : 5분간은 양 손바닥을 펴서 매우 느리게 저어주고, 5분 동안은 큰 주걱이나 삽으로 서서히 교반을 한 뒤에 아래와 같은 방법으로 30분에 걸쳐 최종 온도가 39℃가 되기까지 가온 합니다.

---

363) 이때 향미 증진 균인 *L. helveticus*나 *Lc. lactis* spp. *lactis biovar. diacetylactis* 균이 함유된 제품을 사용하시기를 권해드립니다. 위에 소개해 둔 제품에는 이 균들이 함유되어 있지 않을 수 있으니 듀퐁 다니스코사의 Choozit Flav 54(*L. helveticus* 단일 균)를 0.1～0.2g/100kg 정도 추가해 줍니다.

(7) 유청배제 : 유청의 온도가 39℃에 도달하면 약 10분간 제법 빠르게 교반한 다음 커드를 5분간 정치합니다. 유청을 원유의 1/3 정도 제거합니다. 제거한 유청은 리코타 치즈 제조에 이용하기 위해 60℃ 이상으로 열처리 한 뒤 리코타 치즈 제조용 벳트에 보관합니다. 이어서 유청의 pH가 6.1～6.2 될 때까지 교반을 계속합니다. 목표 pH에 도달한 것을 확인한 다음 남아 있는 유청을 배제하기 전에 5분 동안 커드를 정치합니다. 그리고 나서 유청을 완전히 제거합니다.

시 간	온 도
가온 개시	30.0℃
5분	30.5℃
10분	31.0℃
15분	32,5℃
20분	35.0℃
25분	37.0℃
30분	39.0℃

(8) 매트 형성 : 커드를 벳트 측면을 따라서 넓이 45cm×두께 12～20cm로 기다란 커드 매트(mat)를 만들고, 커드 가장 자리를 다듬어 떨어져 나오는 커드 조각은 매트의 아래 안쪽으로 넣어 줍니다.

(9) 배양과 매트 쌓기 : 커드 매트 형성 10분 뒤에 커드를 다시 폭 20～30cm 정도의 블록모양으로 자르고, 커드의 pH가 5.4가 될 때까지 매 15분마다 매트를 뒤집어 줍니다. 세 번째로 커드를 뒤집을 때가 되면 커드를 각각 2단으로 겹쳐 쌓습니다.

(10) 스트레칭 준비 : 커드의 pH가 5.4 되면 77℃ 온수를 가해 커드 스트레칭(삽이나 주걱을 사용하여 커드를 반복하여 합쳤다가 늘였다가 함)을 하거나, 체다 치즈 제조에서처럼 벳트 안에서 커드를 끈 모양(폭 1～2cm×길이 10～15cm)이 되게 칼로 잘라줍니다. 만약 손으로 스트레칭을 한다면 치즈 pH가 5.2～5.1 되기까지 기다립니다. 스트레칭 작업 개시 여부는 커드 일부를 잘라내어 80℃의 뜨거운 물에 10～20초간 담가서 늘여보아서 결정하거나, 혹은 전체 커드가 55～60℃ 될 때까지 가온합니다. 커드 늘이기 시험을 하는 경우 80℃ 물에 담갔던 커드를 물로부터 꺼내어 스트레칭 해봅니다(이때 커드가 10cm 이상 길이에서도 끊어지지 않고 늘어나면 스트레칭 함). 이렇게 커드의 스트레칭 작업 준

비가 되면 25~50cm 길이로 스트레칭 해야 합니다. 스트레칭 작업을 시작하는 처음에는 너무 서두르지 말고 커드상태에 맞추어 조금씩 늘이며 서서히 실시합니다.

(11) 스트레칭 : 스트레칭 도구를 사용하여 스트레칭 작업을 실시합니다. 벳트 안에서 커드를 두 사람이 앞이 평평한 얇은 삽 같은 기구(paddle)를 써서 스트레칭 합니다. 모으고 스트레칭 하는 식으로 3회 실시하고 벳트 한쪽으로 모아둡니다. 손으로 스트레칭 작업을 하는 경우는 온도가 70℃보다 높은 물에 커드가 모두 잠기도록 담가야 합니다. 커드 덩어리를 늘이고 모으고 하는 스트레칭 작업을 반복하는데, 녹은 엿 가닥처럼 끊어지지 않고 늘어질 때까지 스트레칭 합니다. 이와 같은 조직을 형성하기 위해서는 그 내부 온도가 50℃보다 높고, pH가 5.3~5.1 정도 되어야 합니다.

(12) 성 형 : 스트레칭이 잘 된 커드를 500~1000g 정도씩 칼로 떼어내어 계속 늘리고 합치며 반죽해 가면서 프로볼로네 치즈 특유의 바람직한 형태를 만들어 갑니다. 초보자들은 처음에 크게 만들려고 욕심 부리지 말아야 합니다. 무엇보다도 커드 끝을 잘 처리하여 잘 마무리하는 방법을 배워야 합니다. 계속 뜨거운 물에 커드를 넣어두어 작업하는 동안 커드를 50℃ 이상 되게 유지해야 합니다. 특유의 치즈 모양이 형성되면 바로 10℃ 이하의 냉수에 담가 형태가 굳어지게 해야 합니다. 만약 커드가 뜨겁고 너무 뜨거운 온도에 오랫동안 방치하면 연성(stretchability)과 치즈 외형 유지 성질(mouldability)을 잃게 되므로 작업 단계를 표준화해서 신속히 진행되도록 주의해야 합니다.

(13) 가 염 : 22°Bé의 소금물에 담가서 아래 표와 같은 기준에 맞추어 가염하는데, 치즈 크기에 따라 가염시간을 조절합니다.

치즈 무게	가염시간
0.5kg	20시간
1.0kg	36시간
10kg	4일 +12시간
20kg	7일

(14) 숙 성 : 가염이 끝난 치즈는 튼튼한 플라스틱제 그물망에 넣거나 부드러운 끈으로 묶어 RH 85% 이상, 온도 12℃의 숙성실에 치즈를 매달아 둡니다. 이탈리아 베넷토 지방의 프로볼로네 치즈는 두 종류로 제조하는데, ① 돌체 오 피칸

테(Dolce O Piccante) ② 스파이스(Spice)입니다. ①은 송아지 렌넷을 사용하고, ②는 톡 쏘는 맛을 내기 위해 유산양의 자양(仔羊) 렌넷을 사용하여 응고시킵니다. 따라서 이들 치즈의 숙성은 ① 돌체 오 피칸테는 1개월 이상 숙성하고, ② 스파이스 타입은 최소 3개월 이상 숙성 합니다[364]. 더러 이 치즈는 냉장실에서 2∼4시간 동안 가볍게 훈연할 수도 있고, 진공포장 하기도 합니다.

(15) 제조와 품질관리 유의점 : 유청을 배제할 때의 pH는 커드에 칼슘이 잔존하는 양을 결정하는 매우 중요한 요인이며, 커드 내에 존재하는 칼슘은 커드의 단단함의 중요한 결정 요인입니다. 더 단단한 커드를 제조하기 위해서는 높은 pH에서 유청을 배제함으로써 커드 내에 칼슘이 많이 남아 있게 해야 합니다.

3) 공정표

제조자 :	치즈명 : 프로볼로네 치즈 (Provolone cheese)	벳트 번호 :	일 시:
원 유 kg __100__ 탈지유 kg ____ 분 유 kg ____ 스타터 kg ____ 총 량 kg ____	원 유 지 방 ____ 단백질 ____ 표준화 지 방 ____ 단백질 ____	스타터 산 도____ pH ____ 기 간 ____ 배 지 ____ 박테리오파지 ____	

제조과정 진행	시 간	온 도	산 도	pH	커드 pH	기 록 사 항
열처리		40℃				P/F = 1.17
살 균	30분	63℃				30분 살균 후 냉각합니다.
기본 스타터		32℃				Type : TM 81과 MM 100, 사용량 : 1,000mL
부가 스타터	50분간 발효	32℃	0.01% ▲			Type : 지방분해효소, 사용량 : 제조사 용법에 따라 첨가합니다.
첨가물		32℃				Type : $CaCl_2$, 사용량 : 20g
렌넷 첨가		32℃				Type : 액상 렌넷, 사용량 : 19mL
응 고	25분	32℃				응고 소요시간 : 25분부터 검사

364) 배인휴 저. 2017. 목장유가공론 - 지속가능 낙농 길잡이 -. 유한문화사. 서울. pp. 216-220.

커드절단 시작		32℃				약 1.0cm 크기로 절단합니다.
커드절단 종료	5분	32℃				3~5분간 정치합니다.
교 반	10분	32℃		6.4~6.5		10분간 천천히 교반합니다.
가온 시작	30분에 걸쳐	39℃				30분에 걸쳐 39℃까지 올립니다.
가온 정지		39℃				
교 반	10분	39℃				10분간 교반합니다.
정 치	5분	39℃				5분간 정치합니다.
유청제거		39℃				원유의 1/3을 제거합니다.
교 반	30분			6.1~6.2		pH 6.1이 될 때까지 세게 교반합니다.
정치 및 유청 제거	5분					5분간 정치 후 유청을 완전히 제거합니다.
매트 형성		38℃				20~30cm 정도의 블록모양으로 커팅하여 매트를 형성합니다.
매트 뒤집기	15분 마다	38℃			5.4	15분마다 매트 뒤집으면서 매트 2단으로 쌓기
스트레칭 작업		커드의 온도 55~60℃			5.1~5.2	77℃의 온수를 넣어 스트레칭 도구를 이용하여 덩어리를 늘리고 모으기를 반복하여 작업합니다.
성 형		50℃ 이상			5.0~5.3	큰 조롱박 모양으로 성형합니다.
냉각수 담기	1시간	4℃			5.1~5.2	냉각수에 담그기(약 1시간 이상)
가 염		4℃			5.1~5.2	22°Bé 소금물에 8hr / kg 가염합니다.
매달아 숙성		12 ℃ RH 85%				플라스틱 그물이나 부드러운 끈으로 묶어 치즈를 매달아 1~3개월 간 숙성합니다.

3.15 하바티 치즈(Havarti cheese)

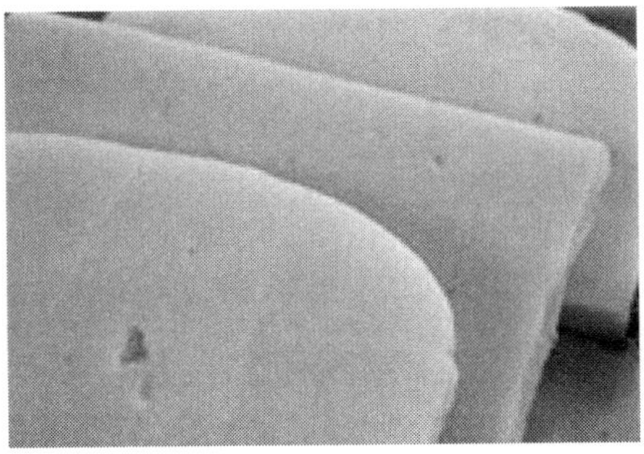

그림 3-64. 하바티 치즈 (화보 27쪽)
(출처 : http://www.practicallyedible.com)

1) 개 요

- 형 태 : 원반형, 사각형
- 중 량 : 작은 것은 200g에서 큰 것은 4.5kg
- 지방함량 : 고형분의 45%, 저지방용은 30%
- 겉 표면 : 적황색의 껍질, 내부는 담황색
- 식 감 : 유연하며 탄성이 있고, 고지방용은 보다 크리미(creamier)함.
- 숙성기간 : 2～4개월

이 치즈는 덴마크가 원산지인데 덴마크 식 틸지트(Danish Tilsits) 치즈입니다. 덴마크의 치즈 역사를 보면 치즈를 공부하던 사람들이 유럽 중심부로 파고 들어가 자신들이 배우고 익힌 치즈제조 기법을 덴마크에 와서 구현하면서 명칭을 덴마크 식으로 변경했습니다. 자세한 그 명칭 변경 사례는 이 책 제1장의 표 1-3에서 나타낸「덴마크의 외국 원산 치즈의 덴마크 식 치즈 명명방식」을 참고하시기 바랍니다. 허브스트(Herbst) 부부의 기록에 따르면,

《이 치즈의 명칭은 19세기 한네 닐센(Hanne Nielsen)에 있었던 시험기관인 '하바티 목장(Harvarti Farm)'에서 창안된 치즈에 붙여진 '하바티가아드(Havartigaard)'라는 명칭을 따른 것으로, 이제는 덴마크에서 가장 인기리에 이용 중인 치즈 중의 하나가 되었습니다. 이 하바티 치즈가 자주 "대니쉬 틸지트(the Danish Tilsit)"로 불리는 것은 이 치즈가 틸지트 치즈와 매우 유사하기 때문인데, 그 향미와 냄새(aroma and flavor)가 온화한 것이 서로 아주 닮았다는 것입니다.[365]》

제조공정의 전반, 벳트 내에서 예비 가압 전의 유청배출 단계까지는 가우다 치즈의 제조공정과 동일합니다. 특히 이 치즈는 기계적 가압을 하지 않고 치즈 자체 무게로만 성형합니다. 여기서는 일본 북해도 방식을 골격삼아 한국 원유에 맞춘 제조공정을 정리해 둡니다.

2) 제조공정

(1) 성분 조정 : 카제인과 유지방의 비율(P/F)을 약 0.7 : 1이 되도록 조정합니다.

(2) 원유의 살균 : 63℃, 30분간 또는 73℃, 15초간 저온 살균합니다. 숙성기한이 2～4개월 이내이므로 원유는 살균하지 않아도 되지만 제조공장이 평지이면 반드시 살균 또는 열처리(Thermization)하는 것을 권장합니다.

(3) 냉 각 : 32℃로 맞춥니다.

(4) 염화칼슘 / 라이소자임(lysozyme) 첨가 : 염화칼슘은 살균 또는 열처리한 경우에만 분말이면 원유의 0.02%를 미지근한 물에 용해하여 첨가하고(20g/100kg), 요즘에는 칼슘포화용액을 20mL/100kg 첨가합니다. 라이소자임은 사일리지나 TMR급여 우(牛)의 원유에만 15mL/100kg 정도 첨가합니다.

(5) 스타터 첨가 : 중온균(듀퐁 다니스코사의 Choozit Provat 222, 322 균이나 크리스챤 한센사의 FD균) DVS 2.5g/100kg 접종합니다.

(6) 정치배양(定置培養)[366] : 45～50분간 배양합니다.

(7) 렌넷 첨가 : 약 30분 안에 응고하는 양(250～290/mL IMCU 역가의 렌넷 19mL/100kg) 20배 물에 희석 즉시 첨가하고, 2분간 교반한 뒤에 교반기를 제거해 둡니다.

(8) 커드 절단 : 1.0mm^3 크기로 커드를 절단한 뒤 약 5분간 정치합니다.

(9) 교 반 : 천천히 15분간 실시합니다. 처음 5분간은 손으로 교반합니다.

(10) 유청 배출 : 5분간 정치 후 커드 입자가 표면에 보일 때까지 합니다.

(11) 가 온 : 80℃의 뜨거운 물을 벽면을 향해 넣어가며 38℃까지 가온하되 가온

---

365) Herbst, S. T and R. Herbst. 2007. The Cheese Lover's Companion. William Morrow. NY. USA. pp. 241-242.

366) 정치배양(定置培養 / stationary cultivation) : 가끔 치즈 제조자들 중 저자에게 물어오는 질문의 하나가 "치즈 스타터 배양 시 꼭 교반하지 않고 배양해야 하느냐?"는 것입니다. 맞습니다. 유산균은 혐기성균이므로 배양 중에 공기유입을 싫어하는 성질을 갖고 있기 때문입니다. 그래서 교반을 하면 안 되는 것입니다. 문자 그대로 가만히 둔 채로 배양을 하는 것입니다. 교반을 하면 배양이 온전히 이루어지지 않게 된다는 것을 명심하십시오.

속도는 2분에 1.0℃ 상승하는 속도로 실시해야 합니다.

(12) 교 반 : 가온 완료 후 38℃를 유지하면서 약 1시간 동안 센 교반을 실시합니다. 왜냐하면 이때 커드 입자에서 유청이 잘 배출되도록 하기 위함입니다.

(13) 유청 빼기 : 출구를 열고 한꺼번에 유청을 배제하는데, 커드 입자가 표면에 보일 때까지 제거해 줍니다.

(14) 몰딩과 성형 : 커드 입자를 유청과 같이 치즈 몰드에 흘려 넣습니다. 몰드의 형은 장방형의 상자 모양 또는 작은 원통인데, 치즈 중량은 1～3kg입니다. 성형이 끝나면 커드가 식지 않게 35℃ 정도에서 보온합니다. 성형을 위한 몰드 뒤집기 간격은 다음과 같습니다. 이 치즈는 가압을 하지 않고 치즈 자체 무게로만 성형을 합니다.

- 뒤집기 ① : 성형 시작 20～30분 뒤, 첫 번째 뒤집기를 합니다.
- 뒤집기 ② : 성형 시작 1시간 뒤, 두 번째 뒤집기를 합니다. 그 후에는 20℃ 정도의 실온에서 치즈를 방치해 둡니다.
- 뒤집기 ③ : 1시간 뒤, 뒤집기, 이때부터 20℃를 유지합니다.
- 뒤집기 ④ : 또 1시간 뒤에 뒤집고, 몰드에 넣은 채 약 10℃에서 하룻밤을 보낸 뒤에 그 다음 단계의 처리를 합니다.

(15) 가 염 : 치즈의 pH가 5.2인 것을 확인하고 치즈를 몰드에서 꺼낸 뒤 20°Bé 농도의 소금물에 담가서 가염 합니다. 소금물의 pH는 5.2이고, 온도는 약 10℃이며, 가염시간은 치즈의 크기에 따라 8～24시간입니다(4～6시간/kg)가염 정도는 자신의 원유와 숙성 환경 조건에 따라 짠맛 정도는 시간을 조정해서 자신이 찾아내야 합니다.

(16) 건 조 : 소금물에서 꺼낸 치즈는 RH 73%, 10～15℃에서 1～2일간 표면을 적절히 건조시킵니다. 그러나 너무 과도하게 건조되지 않도록 주의하시기 바랍니다.

(17) BL(*B. linens*)균 액 도포 : BL균 액 제조법[367]에 따라 제조한 균액을 치즈 천에 묻혀서 주기적으로 치즈 표면에 바릅니다.

(18) 숙성관리 요령 ① : 청결한 손으로 2일 간격으로 뒤집어 주고, 그때마다 BL(*B. linens*)균을 도포합니다. 도포는 전부 3회 정도 합니다. 이때의 숙성 온도는 BL균 증식을 돕기 위해 16～18℃, RH 95% 유지가 필수입니다.

(19) 숙성관리 요령 ② : 7～10일 후 치즈 표면에 끈적이는 점질물질(Smear)이

367) BL균 액의 제조법은 제3장의 연질치즈 편에 제시된 관련 Tip들을 참조바랍니다.

나타나면 그 이후에는 소금물에 적신 수건 · 솔 등으로 표면을 문질러 균이 뭉치지 않고 균등하게 증식되도록 해줍니다. 그 동안 치즈 표면은 붉은 황색 또는 연한 갈색의 표피가 될 것입니다.

(20) 숙성관리 요령 ③ : 숙성 2~3주 후 치즈 표면 전체에 충분히 BL(*B. linens*) 균이 뒤덮일 정도로 증식이 이루어졌다면 10℃ 정도의 낮은 온도의 숙성실로 옮겨 때때로 뒤집어 주고 약 1주일간 건조시킵니다. 이때의 RH는 80~85%로서 건조 후 파라핀지, 플라스틱 필름 등으로 포장하여 그대로 10℃에서 1~2개월 숙성 후 판매합니다.

3) 공정표

제조자 :	치즈명 : 하바티 치즈 (Havarti cheese)	벳트 번호 :	일 시 :
원 유 kg 100 탈지유 kg ____ 분 유 kg ____ 스타터 kg ____ 총 량 kg ____	원 유 지 방 ____ 단백질 ____ 표준화 지 방 ____ 단백질 ____	스타터 산 도____ pH ____ 기 간 ____ 배 지 ____ 박테리오파지 ____	

제조과정 진행	시 간	온 도	산 도	pH	커드 pH	기 록 사 항
살 균	30분	63℃				P/F = 0.7/1.0, 바로 냉각
기본 스타터	50분간 발효	32℃				Type : DVS FD나 Provat균, 사용량 : 2.5g
첨가물		32℃				Type : 아나토 색소, 사용량 : 1~2mL
		32℃				Type : $CaCl_2$, 사용량 : 20mL Type : Lysozyme, 사용량 : 15mL
렌넷 첨가		32℃				Type : 액상 렌넷, 사용량 : 17mL
응 고	30분	32℃				응고 소요시간 : 30분
커드절단 시자		32℃				0.8~1.0cm^3 크기로 절단합니다.
커드절단 종료	5분	32℃				3~5분간 정치합니다.

교 반	15분	32℃		6.4～6.5		15분간 천천히 교반합니다.
1차 유청제거		32℃				커드 높이까지 제거합니다.
1차 온수첨가	15분	38℃				70～80℃의 물을 부어가면서 2분에 1.0℃의 속도로 15분에 걸쳐 38℃까지 가온합니다.
교 반	60분	38℃				60분간 센 교반합니다.
2차 유청제거		38℃				커드 높이보다 약간 위까지 제거합니다.
성형 및 가압		23℃			5.8	유청과 함께 커드를 몰드에 넣기 사각형의 1～3kg 몰드에 넣어 자체 무게로 가압합니다.
뒤집기		23℃			5.8	30분 후 첫 번째 뒤집기 합니다. 1시간 후 두 번째 뒤집기 시간별로 뒤집고 하룻밤 두기
가 염		10℃			5.1～5.2	치즈의 pH가 5.1～5.2인 것을 확인한 뒤 4～6시간/kg 동안 가염 합니다.
건 조		10℃			5.1～5.2	RH 73%, 10～15℃에서 표면 건조합니다.
BL균 도포		16～18℃/RH 95.0%				10% 식염수에 BL균 현탁액을 2일 간격으로 뒤집고 도포, 3회 정도 실시합니다.
숙 성	1～2개월	10℃ RH 80%～85%				7일 이후 끈적임 나타나면 수건으로 균을 균등하게 펼쳐주고 숙성 - 이후 오렌지색이나 갈색으로 표피 형성됩니다. 포장한 뒤 1～2개월 숙성합니다.

4. 경질치즈(Hard cheese)

4.1 그뤼에르 치즈(Gruyère cheese)[368] [groo-YEHR : gree-YEHR]

(1)

(2)

그림 3-65. (1) 2015년 미국 ACS 치즈 컨테스트에 출품된 그뤼에르 치즈 (Arthur R. Hill 교수 제공)
(2) 그뤼에르 치즈 (화보 26쪽, 저자 사진)

1) 개 요

그뤼에르 치즈는 원래 스위스 프리부르크(Fribourg) 지방이 원산지인 반경질 치즈입니다. 비살균 우유를 사용하고 아티잔(Artisan), 목장치즈이며, 협동조합에서도 공장식으로 제조합니다. 이 치즈는 일단 알프스 산악지 제조 치즈입니다. 25～40kg 무게의 원통형이고, 자연적으로 형성시킨 딱딱한 껍질이 있는 치즈(rinded cheese)입니다. 식감은 치밀하고 꽉 찬 치즈이며, 내부에 가끔 매우 작은 치즈 눈이 보입니다. 내부는 아이보리색으로부터 연한 황색을 띱니다. 숙성이 되면 속살은 더 단단해지고 회색빛이 섞인 황색으로 변합니다. 벌꿀 향과 고소한 냄새가 혼재하면서 시골풍 냄새가 납니다. 전반적인 풍미는 에멘탈과 비슷한데 강한 토탄(土炭) 냄새가 섞이고 자극적인 끝 맛이 있습니다.

'그뤼에르'라는 명칭은 스위스 서부지역에 위치한 프리부르크 칸톤의 작은 마을이름에서 유래하였습니다. 그뤼에르 치즈는 에멘탈 치즈 다음으로 스위스에서 많이 생산되는 가열, 가압 형 치즈입니다. 또한 유럽에서 가장 오래된 치즈 중 하나로도 알려져 있습니다.

368) Gruyere[Grüijähr : 그뤼에르]

전해오는 기록에 따르면,

《1115년경에 농민들이 그 지역 수도원에 이 치즈를 십일조로 바쳤다고 합니다. 그뤼에르라는 명칭의 뜻은 샤를마뉴(Charlemagne) 대제 시절의 숲을 뜻하는 프랑스 말에서 유래하였고, 'gruyer'이란 '숲을 관리하는 관리(Forestry official)'라는 뜻이었다고 합니다. 이들은 세금 징수에 대한 업무를 동시에 담당하였습니다. 당시는 장작으로 세금을 냈고, 치즈를 만들기 위해서는 큰 구리 솥에 우유를 넣고 끓여야 했기 때문에 치즈를 만드는 데는 엄청난 땔감용 장작이 필요했습니다. 따라서 치즈 제조업자들은 치즈를 수도원의 십일조나 관공서의 세금 대신 내기도 했습니다.

이 치즈는 스위스 외에도 프랑스, 독일 지역들에서도 제조되고 있는데 <그뤼에르 치즈류>로 분류되면서 각각 프랑스의 <꽁떼, Comte>, <보포르, Beaufort>, 그리고 <에멘탈, Emmental>로 불리는 것입니다. 그래서 그뤼에르라는 용어가 '그뤼에르 드 꽁떼(GRUYÈRE DE COMTE)'라는 꽁떼 치즈명칭에도 붙여져서 사용되는 것입니다. 2001년 7월에 스위스는 그뤼에르 치즈를 AOC(APPELLATION D' ORIGINE CONTRÔLÈE) 즉 국제적으로 명칭에 관한 충돌의 종지부를 찍기 위해 만들어진 원산지 명칭보호 인증을 취득하였습니다....그래서 그뤼에르 치즈라는 명칭은 스위스 프리부르크(FRIBOURG), 바우드(VAUD), 뉘샤텔(NEUSCHÂTEL), 유라(JURA) 그리고 베른(BERNE) 칸톤에서 제조된 그뤼에르 치즈에만 AOC 표지를 부착할 수 있습니다.[369])》

정호정의 자료에 따르면,

《12세기부터 그뤼에르 치즈는 유럽 전역에 퍼졌고, 물물교환의 수단으로 쓰였다고 합니다. 그뤼에르 치즈는 로마시대부터 만들기 시작한 것으로 전해지며, 로마 황제 안토닌 르 퓨외[Antonin le Pieux(86～161)]는 이 치즈를 너무 많이 먹어 죽었다는 설도 있습니다.[370])》

기록에 의하면 그뤼에르 치즈는 스위스 외에도 프랑스나 독일 등 여러 지역에서도 제조 판매 현상이 발견되고 있습니다. 특히 프랑스에서는 17세기부터 그뤼에르 치즈를 생산하기 시작하였는데, 이는 프리부르크(Fribourg)에 살던 스위스인들이 프랑슈-콩떼(Franche-Comté) 및 론-알프스(RHône-Aples) 주로 이주하면서 그들이 가지고 있던 치즈 제조법을 전수한 것이었습니다. 1115년에 한 수도원에서 쓴 기록에 최초로 언급되며, 적어도 2세기 이상 지금의 모습으로 만들어져 왔습니다. 프랑스의 두

369) Herbst, S. T and R. Herbst. 2007. The Cheese Lover's Companion. William Morrow. NY. USA. pp. 236-237.

370) 정호정. 2011. 내 미각을 사로잡는 104가지 치즈수첩, 우듬지. 서울. p. 164.

데파르트망(Doubs Department)과 쥐라(Jura)에서도 생산되며, 스위스와 프랑스는 1951년의 스트레사 회의에서 그뤼에르를 브랜드 명으로 쓰기로 합의하였습니다.[371] 그래서 스위스인들은 자국이 원산지임을 표지하려고 치즈 옆면 둘레에 「Swizerland」 마크를 찍어 판매하고 있습니다. 그뤼에르 치즈를 프랑스 사람들이 워낙 좋아해서 그들은 그뤼에르가 자연스럽게 프랑스가 원산지인 치즈라고 알 정도입니다.

그뤼에르 치즈의 명성이 좋아서 오스트리아, 덴마크, 독일, 미국 등지에서 제조되고 있습니다. 만약 스위스가 유럽연합(EU)에 가입하기만 하면 EU의 PDO(Protected Designation of Origin) 인증을 받게 될 것이고, 다른 유럽 제국들은 더 이상 이 명칭 사용을 할 수 없게 될 것입니다.[372] 미국에서도 마찬가지로 이 명칭 사용이 금지되기는 마찬가지인데 한국에서도 금지되는 사항이며, 그뤼에르 스타일이라고 해도 곤란하므로 반드시 자신의 브랜드 명으로 판매해야만 할 것입니다.

AOC 스위스 인증 그뤼에르 치즈는 세 종류가 있는데 ① 클라식(Classic) : 최소한 5개월간 숙성한 것, ② 리저브(Réserve) : 10~16개월 숙성한 것, ③ 드' 알파게(d' Alpage) : 4월부터 10월 사이에 고지대 알프스 산악지에서 오로지 청초 방목우의 우유로만 생산한 것 등입니다.[373] 이와 같이 오랜 전통 속에서 까다롭게 제조되는 그뤼에르 치즈를 한국 버전으로 생산하여 한국판 브랜드로 출시하는 것도 뜻 깊은 일이라고 보아 소개드리니 꼭 도전해 보시기 바랍니다.

2) 제조공정

(1) 살 균 : 원래 이 치즈는 청초에 방목하여 얻은 우유(grass-fed milk)를 살균하지 않고 제조합니다. 그러나 우리 원유는 63℃/15초 정도의 열처리를 합니다.

(2) 냉 각 : 33℃로 냉각(비살균 시는 4℃ 원유를 33℃로만 가온함)합니다.

(3) 염화 칼슘첨가 : 비살균의 경우에는 첨가하지 않지만 열처리한 원유에는 원유량의 0.02%(20g/100kg) 첨가하는데, 순천대에서는 Calso(33% $CaCl_2$)를 18mL /100kg 정도 첨가합니다.

(4)라이소자임(Lysozyme) 첨가 : 한국 낙농현실에서 사일리지나 TMR 급여 소의 원유로 치즈를 생산하는 것을 감안하여 권하는 후기팽화 방지용 효소 성분입니다. 물론 청초나 건초먹인 소의 원유에는 첨가할 필요가 없지요. 이 효소는 공급사의 지시에 따르되 10~14mL/100kg 정도 첨가해 줍니다. EU의 PDO규정

371) [네이버 지식백과] 그뤼에르(Gruyere) [두산백과]

372) Herbst, S. T and R. Herbst. 2007. The Cheese Lover's Companion. William Morrow. NY. USA. p. 237.

373) 상게서 Herbst, S. T and R. Herbst. p. 237.

에는 간혹 라이소자임 앨러지를 가진 소비자들을 위해 치즈 포장지에 「라이소자임을 첨가했다」는 표지를 해 둘 것을 권장합니다(부록 : 이탈리아 아시아고 치즈 원산지명칭보호규약 참조).

(5) 스타터 첨가 : 고온균으로써 듀퐁 다니스코사의 Su Casu 균이나 크리스챤 한센사의 ABT-5균 DVS를 1.0g～3.0g/100kg 정도 접종하고 아울러 프로피온산균(*Propionibacterium shermanii*)을 시약 스푼 뒷부분으로 한 스푼 정도(0.01g/100kg)를 접종합니다.

(6) 배 양 : 10분 정도 정치 배양하되 원유의 온도는 33℃를 준수해야만 합니다.

(7) 렌넷 첨가: 원유의 온도가 33℃ 부근인지 확인하고 250～290/mL IMCU 역가의 렌넷을 20mL/100kg 정도를 정제수에 20배로 희석한 뒤 즉시 첨가합니다.

(8) 정 치 : 40분간 정치(이때의 온도 33℃를 준수 할 것)해 둡니다.

(9) 절 단 : 렌넷 첨가 25분경부터 커드 굳기 검사를 하여 커드 크기가 $8mm^3$(국산 콩 크기)가 되게 절단해 줍니다. 작은 크기로 자르는 것은 세로 나이프로 수차례에 걸쳐 검도에서 칼로 내려치듯이 순간적으로 힘을 가해 잘라 주어야 가능합니다.

(10) 치 유 : 절단 후 3분간 방치했다가 15분간 손과 삽으로 느린 교반합니다.

(11) 가 온 : 느리게 교반하면서 33℃에서 49℃까지 35분간에 걸쳐 가온합니다.

(12) 교 반 : 49℃에 도달 이후 30분간 센 교반을 합니다. 이때 반드시 49℃를 유지해야 합니다.

(13) 정 치 : 5분간 정치(定置)합니다. 이 정치는 사람이 천을 이용하여 커드를 건져 올리기 위해 가라앉히는 것입니다. 그렇지만 우리는 커드와 유청을 한꺼번에 몰드에 받아내므로 이 과정은 넘어갈 수 있습니다.

(14) 유청 제거 : 치즈 뱃의 출구를 열고 큰 대야에 위치시킨 몰드에 커드를 유청과 함께 받아냅니다. 이때는 몰드에 치즈 천을 깔고 유청과 함께 커드를 받아 몰드에 평평히 골라가며 담습니다.

(15) 예비가압(성형) : 커드가 따뜻할 때 몰드를 실온 하에서 100kg 원유로 제조한 경우 7.0kg의 무게로(75kg의 경우 4.5kg) 15분간 가압하여 뒤집어 주는 일을 4회 실시하여 60분간 가압합니다. 이 작업은 예비 가압이라고 하지만 실은 성형하는 과정입니다.

(16) 본 가압 ① : 21kg(75kg은 13.5kg) 무게로 6시간 동안 가압합니다.

(17) 본 가압 ② : 뒤집어서 30kg(75kg은 22.5kg) 무게로 12시간 동안 가압합니다. 본 가압 시 커드 온도는 30℃를 유지하도록 조치해 두어야 합니다. 다음 날 아침 치즈의 pH는 5.1～5.2에 도달시키기 위함입니다.

(18) 가 염 : 치즈는 약 20°Bé의 소금물(pH 5.1～5.2)에 4～5시간/kg 정도를 담가 가염 합니다. 이때 치즈가 소금물 위로 떠오르지 않게 가염용 선반에 넣어 조치합니다. 가염 전 소금물의 pH가 5.1～5.2 정도인지를 꼭 확인하고 침지하며 가염실 소금물의 온도는 13℃를 유지해야 합니다.

(19) 표면처리(건조) : 10℃ 이하, RH 73%의 건조실에서 2～3일간 건조하며 매일 2～3회 뒤집어 가면서 표면을 건조해 단단한 껍질(rind)을 형성해 줍니다.

(20) 숙 성 : 12～13℃ 온도와 RH 85% 조건의 숙성실에서 8개월간 숙성하면 소비자가 원하는 맛이 얻어집니다. 숙성기간 8개월이 지난 즉시 냉장 보존하면서 판매합니다.

3) 공정표

제조자 :	치즈명 : 그뤼에르 치즈 (Gruyère cheese)	벳트 번호 :	일 시 :
원 유 kg __100__ 탈지유 kg ______ 분 유 kg ______ 스타터 kg ______ 총 량 kg ______	원 유 지 방 ______ 단백질 ______ 표준화 지 방 ______ 단백질 ______	스타터 산 도 ______ pH ______ 기 간 ______ 배 지 ______ 박테리오파지 ___	

제조과정 진행	시 간	온 도	pH	커드 pH	기 록 사 항
열처리					
살 균	30분	63℃			63℃에서 30분
기본 스타터	10분	33℃			고온균 스타터 첨가(다니스코사 LH나 Su Casu, 크리스찬 한센사 ABT-5를 DVS로 1.0g～3.0/100kg) 10분 배양
첨가물	염화칼슘, *Propionibacterium shermanii*				염화칼슘은 CalSol로 18mL/100kg, *Propionibacterium shermanii*는 시약스픈 뒷부분으로 하나 정도를 1/4컵 정도 원유에 넣고 녹인 뒤 접종합니다.

렌넷 첨가		33℃유지			20mL/100kg(15mL/75kg)
정치 및 절단	40분	33℃유지			커드 크기가 $8mm^3$가 되게 절단합니다.
가 온	35분	49℃까지			35분에 걸쳐 49℃까지 가온합니다.
교 반	30분	49℃유지			마치 파도치듯이 세게 교반합니다.
정 치	5분				49℃에서 5분간 정치(몰드에 커드를 받을 경우 생략)합니다.
유청제거					몰드에 커드를 부어 넣습니다.
예비가압	60분				7.0kg으로 15분 가압 후 뒤집기 하고, 이 과정을 4번 더 실시합니다.
본 가압 1	6시간				21kg으로 6시간 가압합니다.
본 가압 2	12시간				뒤집어서 30kg으로 12시간 가압합니다.
가 염	5시간 / kg	13℃			20°Bé 소금물에서 4～5시간/kg
표면처리 (건조)	2～3일간	10℃			RH 73% 매일 뒤집어 줍니다. (2회/일 이상)
숙 성	8개월 이상	13℃			RH 85%
포 장					최소 8개월 숙성 후에 포장 판매합니다.

4.2 꽁떼 치즈(Comté cheese) [Comte-Koh(m : 약하게 발음, 꼬엠테, 꿩떼)]

그림 3-66. 2011년 독일 뉘렌베르크 유기농치즈 박람회에서 만난 꽁떼 치즈(화보 27쪽, 저자 사진)

1) 개 요

프랑스가 원산[374]인 이 치즈는 그뤼에르 드 꽁떼(Gruyére de Comté)로도 불립니다. 원형의 둘레가 보통 이상으로 커 마치 마차 바퀴같이 보이는 이 치즈는 아마도 수천 년 전부터 만들어 왔으며, 11세기경부터는 커다란 원반모양의 치즈를 얻기 위해 여러 농가들의 원유를 모아서 만들기 시작했습니다.

《하나의 전통적인 Comté를 만들려면, 예전에는 착유우 30두 정도의 원유가 필요했으므로 여러 작은 농가들의 원유를 합쳐 대략 500kg의 원유로 매일 하나의 Comté를 생산해야 했습니다. 12~13세기 때부터는 스위스 구경에 위치한 유라(Jura) 지방

374) 프랑스의 AOC 꽁떼는 론 알프스(Rhone-Alpes), 버건디(Burgundy), 샴페인-아르뎅(Champagne-Ardenne), 로라인(Lorraine) 지방에서 주로 생산됩니다.

의 5~6농가들이 'Fruitieres'란 조합 공방을 만들어 눈이 많이 내리는 긴 겨울동안 숙성, 저장하면서 겨울 양식으로 이용했다는 기록이 있습니다.

오늘날에는 프랑스의 다섯 개 지역에서 AOC 인증을 받은 수천 개의 목장들과 수백 개의 'Fruitieres'에서 제조하고 있습니다. AOC 규정에 따르면 꽁떼 치즈는 방목지에서 사육된 것이 인증된 Montbeliarde와 Pie-Rouge 품글리 산(產) 원유만을 사용하도록 강제하고 있습니다. 또한 착유 후 24시간 이내에 Comté 치즈 제조를 시작해야만 하는 전통적인 규율이 지금까지 적용되고 있습니다. 최소한 4개월을 숙성시켜야 하고 보통 5~6개월간 혹은 더 길게 숙성하기도 합니다. 각각의 Comté 치즈는 20점의 등급 심사를 거쳐야 하는데 15점 이상은 녹색 라벨, 12~15점을 받은 치즈에는 적색 라벨을 붙입니다. 12점 이하를 받는 치즈가 전체의 5% 정도 발생하는데, 이런 치즈는 Comté 치즈로는 팔지 못하게 하면서 Gruyére 치즈로 팔고 있습니다.[375]》

이 치즈의 특징은 지방함량 45%, 겉모양이 원반형으로 높이가 9~13cm, 직경은 50~75cm 정도 되며, 무게는 매일 원유에 따라 다르겠지만 보통 35~55kg 정도 됩니다. 표면은 얇으면서 단단하며, 거칠고(표면처리 과정을 거치므로) 치즈 색은 황금빛 갈색(golden brown)으로 단단하면서도 내부 조직은 옅은 백색에서 연 노란색을 띱니다. 숙성 중 작은 치즈 눈이 형성되고, 짜개진 틈(open-holes)이 보이기도 합니다.

《겨울 원유(건초 급여 유)로 제조한 치즈는 연한 주황색이고, 방목시킨 여름 원유로 제조한 치즈는 진한 주황색을 갖습니다. 겨울(건초 급여 유) 원유의 치즈맛과 향은 기름진 견과류 맛(호두, 잣, 땅콩)을 가지며, 여름(방목유) 원유의 치즈는 과일 향과 같은 여러 가지 풀 맛과 향이 있고, 입안에서 씹어보면 약간의 단맛을 느낄 수 있습니다. Comté 치즈는 바다 생선과 조개류 요리와 함께 그 맛을 최상으로 느낄 수 있는데, 바다 생선을 한국인만큼이나 좋아하는 프랑스인들에게는 바다 생선과 Comté 치즈의 조화를 잘 맞추어 먹는 재미로 만족하고, 또 겨울철에는 라클렛이나 퐁뒤 요리용으로도 선호하며, 어울리는 와인으로는 스파클링 와인(예 : Champagne)이나 쥐라(Jura) 지방에서 생산되는 드라이한 백포도주가 어울립니다.[376]》

2) 제조공정

원유 표준화는 저녁에 착유한 원유를 10~12℃에 8~10시간 정치 후 원유 표면의

375) Herbst, S. T and R. Herbst, 2007. The cheese lover's Companion William Morrow NY. USA. pp. 157-158.

376) 정용삼. 2015. 대구경북낙농협동조합 목장형 유가공 교재. pp. 559-560.

크림층을 걷어낸 뒤 아침에 착유한 원유와 1:1 비율로 합해서 지방률이 3.4~3.7% 범위가 되게 표준화 합니다. 저녁 착유 원유를 10~12℃에서 정치하는 동안 청초에서 유래한 중온성 유산균의 느린 증식도 기대됩니다.

(1) 열처리 : 65℃에서 15초간 열처리 후 냉각(한국의 원유로 제조 시 평지나 도시 근교에서는 반드시 원유를 저온 살균하시기 바랍니다)합니다.

(2) 냉 각 : 33℃로 냉각(비살균 시는 그냥 33℃로 보온)합니다.

(3) 스타터 첨가 : 고온균(CHOOZIT Su Casu 5-10 DCU →포치 무게를 기준으로 계산하여(예, 2.5g/100kg) 원유에 녹여서 접종하십시오. 프로피온산균(Choozit Eye 2(0.1~0.3 Dose → 0.01g/70kg → 시약스푼 뒷부분으로 하나 정도)(참고로 듀퐁 다니스코사의 CHOOZIT Su Casu 균 제품이 없는 경우에는 *L. helveticus* 균과 *L. lactis*. ssp. *lactis* biovar. *diacetylactis* 균이 포함된 고온성균) 제품을 구해서 사용합니다. 이런 제품의 확보는 균주회사 대리점에 의뢰하시기 바랍니다.

(4) 염화칼슘 첨가 : 원유를 저온 살균했거나 열처리한 경우에만 첨가합니다. Calso(33% $CaCl_2$)를 18mL/100kg(13mL/70kg) 첨가합니다.

(5) 라이소자임(lysozyme) 첨가 : 15mL/100kg(10.5mL/70kg) 첨가합니다. 물론 청초나 건초먹인 소의 원유에는 첨가할 필요가 없지만 사일리지나 TMR 급여우의 원유로 치즈를 생산하는 경우 권하는 후기팽화 방지용 효소 성분입니다. EU의 PDO 규정에는 간혹 라이소자임 앨러지를 가진 소비자들을 위해 치즈 포장지에 라이소자임을 첨가했다는 표지를 해 둘 것을 권장합니다(부록 : 이탈리아 아시아고 치즈 원산지명칭보호규약 참조). ※ 스타터, 염화칼슘, 라이소자임은 동시에 첨가하십시오.

(6) 정치 배양 : 원유의 pH가 6.6~6.5가 되도록 10~40분 정도 정치 배양합니다. 이때 원유의 온도는 33℃를 준수해야만 합니다(pH가 6.6이 되면 렌넷 첨가 준비).

(7) 렌넷 첨가 : 250~290/mL IMCU 역가의 렌넷으로 23mL/100kg(16.1mL/70kg) 정도를 정제수에 20배로 희석한 뒤 즉시 첨가해 줍니다.

(8) 정 치 : 30분간 정치(이때의 온도 32℃ 이상 준수할 것)합니다..

(9) 절 단 : 1치 절단 ─ 렌넷 첨기 25분경부터 기드 곤기 검사를 하여 거드 크기가 3~5mm^3(결명자 크기) 되게 절단해 줍니다. 이렇게 아주 작은 크기로 자르는 것은 세로 나이프로 수차례에 걸쳐 검도에서 칼로 내려치듯이 순간적으로

힘을 가해 잘라 주어야 가능해 집니다. 2차 절단 — 벽면의 커드를 가운데로 모으고 3～5mm^3(결명자 크기)가 되게 한 번 더 절단해 줍니다.

(10) 치유/교반 : 절단 후 3분간 정치하여 치유/교반은 30분간 하되 손(5분)과 큰 나무주걱이나 삽(25분)으로 서서히 교반합니다. 이때의 교반속도는 서로 엉키지 않도록 하는 정도입니다.

(11) 유청 배제 : 원유의 15%를 제거합니다, 이때 유청의 산도는 0.073～0.078%(4.4～4.7 SH°[377])) 정도입니다. 이때 나온 유청은 버리지 말고 냉장 보관해 두어야 합니다.

(12) 가 온 : 1차 가온 — 15분 내 40～45℃, 2차 가온 — 30분 내 55～56℃ 도달하도록 천천히 가온합니다. 산악지 치즈 공방에서 장작불로 가온하는 것을 상상하시면서 꼭 느린 가온을 하세요!!!

(13) 교 반 : 55～56℃를 유지하면서 20분간 센 교반이 필요합니다.

(14) 냉 각 : 앞서의 (11)번에서 유청 배제 시 모아 냉각시켜 냉장 보관한 유청을 원유의 7～8% 정도 사용하여 50～49℃가 되게 냉각시킵니다.

(15) 정 치 : 20분, 대야를 출구에 놓고 몰드를 놓은 뒤 몰드에 천을 깔고 유청과 커드를 함께 몰드에 부어 넣습니다. 이때 나오는 유청을 따로 모아 두고 커드가 든 몰드를 벳트에 앉히고 모아 두었던 유청을 부어 줍니다. 이때 몰드에는 커드 무게의 1배(8.0kg)를 얹어서 10분간, 다시 커드를 뒤집어 주고, 나머지 10분간은 2배 무게로 눌러 유청안에서 정치시킵니다.

(16) 성형(60분) : 커드가 따뜻할 때 몰드를 실온 하에서 15분간 가압하여 뒤집어 주는 일을 4회 실시하여 60분간 가압합니다. 이 작업은 성형하는 과정입니다. 처음 1배 무게(8.0kg)로 시작해서 4배 무게로 눌러 주면서 15분 간격으로 4회 뒤집어 주는 과정을 거치는 것입니다.

(17) 가 압 : 5배 무게로 총 20시간 동안 가압합니다. 가압 시 커드 온도는 30℃를 유지하도록 조치하는데, 가압실의 온도가 30℃ 이상이 꾸준히 유지되게 해야 한다는 것입니다. 다음날 아침 치즈의 pH는 5.1～5.2가 되어야 합니다.

---

377) SH°란 Säuregrad의 약어로 스위스를 비롯한 알프스지역 프랑스인들이 사용하는 산도단위입니다. 이를 대략 60으로 나누면 우리가 사용하는 산도 %로 환산됩니다. 가령 30 SH°는 산도로는 0.428%에 해당하며, 액상 스타터의 경우 40～45 SH°인데, 이를 적정산도로 환산하면 0.66～0.75%인 셈입니다. 여기서 4.4～4.7 SH°는 산도 0.073～0.078%에 해당합니다. 반드시 산도를 측정하여 유청배제를 하는 것이 좋기 때문에 이렇게 엄격히 표지해 두는 것입니다.

(18) 가 염 : 치즈 pH가 5.1～5.2 범위인 것을 확인하고 가압을 풀어서 몰드를 해제한 뒤 10～13℃, 20°Bé 소금물에 5.0시간/kg 담가 가염 합니다.

(19) 표면 건조 : RH 73%, 12℃에서 2～3일간 건조, 매일 2회(아침과 저녁) 뒤집어 주면서 표면 건조합니다. 다소 시간이 걸려도 충분히 표면이 건조될 때까지 뒤집어 가며 잘 건조해야 표피형성이 자연스럽습니다.

(20) 숙 성 ① : 10～13℃, RH 85～90% 조건으로 2～3주간, 매일 2회(아침과 저녁) 뒤집어 주고, 표면처리는 10%의 소금물을 거친 무명천에 묻혀서 표면을 닦아 줍니다.

(21) 숙 성 ② : 4주째부터 18～20℃, RH 90% 조건의 숙성실에서 5～6주 동안 관리하여 프로피온산균에 의해 치즈 내에 가스가 생성되면서 직경(∅) 15～18mm의 치즈 눈이 형성되게 합니다.

(22) 숙 성 ③ : RH 95%, 9～11℃, 1～2개월간 표면처리 및 매주 2～3회 뒤집어 주면서 8개월간 숙성합니다.

(23) 판 매 : 4～5개월부터 가능하지만, 제대로 된 치즈 맛은 숙성 8개월에 얻어집니다. 숙성기간이 만료되면 즉시 냉장실에 옮겨 보존해야 합니다.

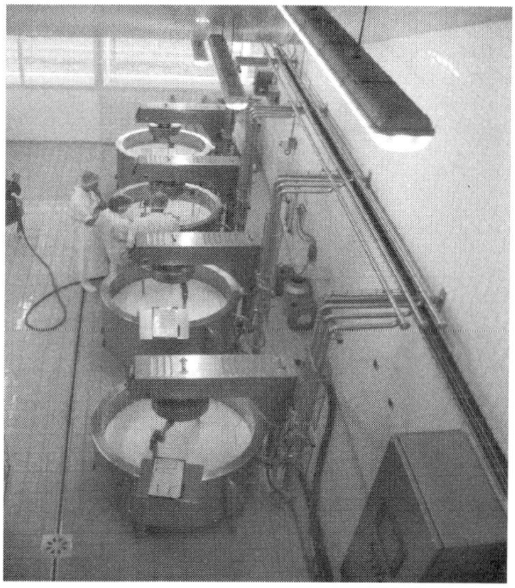
(1)

(2)

그림 3-67. 현대화 된 프랑스의 꽁떼 치즈공장 내부(1)와 꽁떼 치즈(2)
(화보 27쪽, Arthur R. Hill 교수 제공)

4.3 로마노 치즈(Romano cheese)

그림 3-68. 로마노 치즈
(화보 28쪽, 최희영 박사 제공)

1) 개 요

무라세 마유키가 쓴 저술에 의하면,

《페코리노 로마노 치즈는 이탈리아에서 가장 오래된 치즈이면서 로마 근교 리치오 주, 사르데나 주, 토스카나 주 그로세토 등지에서 제조하는 경질 치즈입니다. 로마노 치즈는 고대 로마인의 삶에서 빼 놓을 수 없는 로마풍 식생활이라고 하면 '빵을 굽고, 와인을 마시고, 치즈를 먹는 생활'이었다고 하는데요, 당시 서민들은 주택 구조상 집안에서 불을 피워 취사를 할 수 없었기 때문에 별도의 조리과정이 없이 그대로 맛있게 먹을 수 있는 치즈가 요긴한 식료품이었습니다. 원정길에 나선 로마병사들에게 배급되던 식료품 중에는 이 페코리노 로마노가 빠지지 않았다는 고대 기록도 남아 있습니다....페코리노 로마노는 더 이상 로마 근교에서 생산하지 않습니다. 사르데냐 섬으로 생산 중심지가 옮겨졌습니다. 이 섬은 지중해에 있는데, 북쪽으로는 프랑스령 코르시카(Corsica) 섬이 있습니다. 현재 페코리노 로마노협회의 사무국도 사르데냐 섬으로 옮겼을 정도입니다.[378]》

허브스트 부부는 로마노 치즈의 특성을 다음과 같이 정리했습니다.

《로마노 치즈의 명칭은 로마 시(city of Rome)에서 가져와 붙인 것으로 세계 각국에서 다양한 모습으로 제조되고 있습니다. 이 치즈는 일단 경질 치즈로써 짠맛이 강하고, 치즈가루를 내어 이용하는 그레이트(Grate) 치즈 종류에 속합니다. 가장 유명한 로마노 치즈로는 페코리노 로마노(PECORINO ROMANO/PDO와 DOC)가

378) 구혜영 역(무라세 미유키 저). 2014. 올 어바웃 치즈. 예문사. 서울. pp. 22-41.

있는데, 이는 면양유로 제조한 것입니다. 면양유로 만든 페코리노 로마노와 산양유로 만든 카프리노 로마노(CAPRINO ROMANO)는 원래부터 이탈리아에서 2000년이 넘는 오랜 역사를 가지고 제조되어 왔습니다. 우유를 원유로 사용하여 제조한 베키노 로마노(VACCHINO[379] ROMANO) 치즈는 또 하나의 인기 있는 로마노 치즈 버전이지요. 미국에서는 우유로 제조하는 이 버전(때로는 면양 젖이나 산양유를 약간씩 첨가하지만)이 대량 생산 공장에서 생산되고 있습니다.

진정한 치즈 광(aficionados)들은 우유로 만든 온화한 맛을 내는 우유 로마노 버전보다 면양유나 산양유로 만든 버전을 특이하게 더 선호하는데, 이 버전이 얼얼하면서 톡 쏘는 맛과 보다 두드러진 향미가 우유버전 치즈보다 강하기 때문입니다. 로마노 치즈는 최소한 5개월은 숙성해야 하고, 제대로 맛을 내려면 12개월 이상은 숙성하는 것이 일반적입니다. 이 치즈의 지방함량은 27～29%입니다.[380]》

로마노 치즈는 평균 30kg의 커다란 원통형이고, 소금기가 강한 짠맛의 치즈인 것이 가염 시 건염법으로 여러 차례 소금을 문질러 가며 가염하였기 때문입니다. 그래서 이 치즈는 가루를 내어 각종 요리에 양념 겸 소금 대용으로 사용했습니다. 저자는 이 치즈 제조기법을 캐나다 궬프대학교 아더 R. 힐 교수로부터 소개받아 순천대학교 치즈교육에 활용해 왔습니다. 이 치즈의 우유버전을 만든 셈인데, 여러 차례 실패 끝에 지금 소개하는 한국형 제조공정을 확립해 냈습니다. 이 실패와 성공에 얽힌 사연은 이 항의 맨 나중 부분 Tip 56에서 만나실 수 있습니다.

2) 제조공정

(1) 원유의 표준화 : 원유는 P/F = 1.58로 표준화 하고 63℃/30분간 살균합니다.

(2) 냉 각 : 33～35℃

(3) 스타터, 지방분해효소(lipase), 염화칼슘 첨가 :

① 스타터 접종 : 고온균 DVS를 듀퐁 다니스코사의 LH 또는 Su Casu 균이나 크리스찬 한센사의 ABT-5류를 3.75g/100kg을 접종하는데, 가끔은 *Lactobacillus helveticus* 균이 함유된 것(듀퐁 다니스코사 Choozit Flav 54, *L. helveticus* 단일 균, 0.1g/100kg)을 접종하고, 33℃에서 15분간 짧게 발효시킵니다(pH 6.5～6.6 도달 요망).

379) 라틴어에서 VAC-는 소를 의미하는 접두어입니다. VACCINE도 '소에서 유래한 예방접종물'이라는 뜻입니다. 지금은 대부분의 질병예방 주사를 백신이라고 부르지만, 애초에는 천연두 예방용인 '우두 예방접종'이 '백신'의 효시입니다.

380) Herbst, S. T. and R. Herbst, 2007. The Cheese Lover's Companion. William Morrow. NY. USA. pp. 406-407

② 지방분해효소 첨가 : 로마노 치즈는 원래 면양유로 제조하는 것(그래서 이 치즈의 원래 명칭을 페코리노 로마노라고 불렀습니다)인데, 면양유로 제조하는 경우 지방분해효소(lipase)가 천연적으로 함유되어 있지만, 우유에는 없기 때문에 이를 첨가해야 페코리노 로마노 맛이 납니다. 첨가량은 효소 제조회사의 사용 요령에 따라 첨가하십시오.

③ 염화칼슘 첨가 : 살균 처리한 원유에는 응고를 돕기 위하여 염화칼슘($CaCl_2$)을 첨가하는데 첨가량은 원유의 0.02%입니다. 요즘은 포화 액상 칼슘제제(Calciol이나 Calso)를 사용하는데 18～20mL/100kg를 첨가합니다.

(4) 렌넷 첨가 : 250～290/mL IMCU 역가의 렌넷으로 19mL/100kg을 첨가하는데, 렌넷 첨가 시 정제수에 20배 희석하여 즉시 첨가하고 교반기를 20여 회 돌려서 저어준 뒤 교반기를 제거합니다.

(5) 커드 절단 : 30분간 정치하되 25분경에 커드 검사 후에 커드가 어느 정도 연약할지라도 6.4mm 간격의 커드 나이프로 2회 연속 절단하여 커드가 쌀알 크기가 되기까지 계속 커드를 자릅니다. ※ 알갱이가 작으므로 2분간만 방치하여 커드 치유를 합니다.

(6) 교 반 : 15분간에 걸쳐 서서히 교반해 줍니다.

(7) 가수와 커드 세척 : 15～20% 유청을 제거하고 빼낸 유청 양(15～20%) 만큼 60℃ 이상의 물을 가수하고 교반합니다(이때 유청의 pH는 6.45 정도). 여기서 세척(washing)이라 함은 벳트에 물을 넣어서 교반함으로써 커드를 씻듯이 작업하여 커드의 무기물을 조정하고, 유당을 희석해 주는 것을 말합니다. 그러면 유산균 증식이 완만해지면서 제품의 향미가 온화(mild)해지는 것입니다.

(8) 가 온 : 50분간에 걸쳐 32℃에서 → 46℃까지 가온합니다. ⇒ 이때 가온속도를 4분에 1.0℃ 올리는 속도(1.0℃/4분)로 서서히 해야만 합니다. 이 부분이 로마노 치즈 성공 열쇠의 하나입니다.

(9) 교반 및 유청 배제 : 46℃를 유지하면서 유청의 pH가 6.1～6.2가 되기까지 센 교반을 하다가 pH 6.1～6.2 되면 교반을 중지하고 커드를 정치시킵니다. 그때 벳트의 출구 쪽으로부터 커드를 벳트 안쪽으로 밀어 보내 유청 표면이 벳트 밑바닥에 닿기까지 유청 높이를 낮추어 줍니다. 그러고 나서 유청을 제거합니다. 이때 체다 치즈의 추가 수분배출 과정에서처럼 커드를 치즈 벳트의 양쪽 벽면으로 쌓고, 3분 간격으로 두 번 정도 비벼주고 쌓아놓는 방식으로 추가 수분을 제거합니다(여기서 자신의 목장 원유 성질에 따라 적정한 수분 제거 횟수를 찾

아내서 추가 수분 배출 정도를 확립해야만 합니다). ⇒ 이때 수분배출 양을 잘 조정해 주어야 하는데, 저자의 경험으로는 3분간씩 두 번이 좋았습니다. 한국 원유로 로마노 치즈 제조 시 필히 이 과정을 거쳐야 함을 강조해 둡니다.

(10) 몰 딩 : 천으로 덮은 몰드에 커드를 몰드 크기에 맞는 덩어리로 잘라 넣습니다. 보통 25kg짜리 원형 몰드를 사용합니다. 순천대 실습장의 경우 10kg용 몰드에 5～7kg의 커드를 담습니다.

(11) 가 압 : 자체 무게로 20분간 그대로 두었다가 몰드를 두 개씩 겹쳐 올려서 20분 동안 쌓아 둡니다. 그리고 몰드를 뒤집어서 돌린 후에 다시 20분 동안 놔둡니다. 이어서 치즈 무게 1배 무게로 실온 하에 60분 동안 가압한 뒤 그대로 가압하지 않고 밤새 놓아둡니다(치즈를 동시에 여러 개 제조 시에는 몰드 위에 다른 몰드 하나를 겹쳐서 60분간 보낸 뒤 압력을 가하지 않은 채로 실온 하에 하룻밤 동안 둡니다).

(12) 가 염 : 5.3시간 / kg 기준으로 32시간 / 6kg(48～96시간 / 9～18kg) 동안 치즈를 20°Bé 염도의 소금물에 담가 둡니다(치즈 9kg당 48시간 유지).

(13) 건 조 : 소금물에서 건져낸 치즈는 RH 73%, 10℃ 건조실에서 48시간 동안 건조합니다. 건조하는 중에도 자주(2～3회 / 일) 뒤집어 주는 것이 좋습니다.

(14) 숙 성 : RH 85%～90%, 10～15℃에서 숙성시키면서 주기적으로 뒤집어 주고 닦아 주며 최소 5개월 동안 숙성합니다. 숙성 중 치즈 표면관리는 미네랄 오일[381]이나 10% 소금물 또는 BL균 액으로 표면을 주기적으로 닦아줍니다. 다른 방식으로는 치즈를 진공포장 합니다. 최종 치즈 성분은 수분 34%, 지방 25.0%, 소금함량 1.5%가 되어야 합니다. 숙성기한이 지난 즉시 냉장 보관하십시오.

---

381) 미네랄 오일(Mineral Oil)이란 광물유(鑛物油)라고도 하는 것으로, 원유 정제과정에서 나오는 부산물로 액체상태의 탄화수소류 혼합물입니다. 주성분은 알케인(alkane)과 파라핀(paraffin)입니다. 미네랄 오일은 대량 생산되고 있어서 상대적으로 싼 물질입니다. 사용처는 변압기유, 윤활유, 냉각제, 표본액, 피부 보호제, 피부 컨디셔닝제(수분 차단제/피부 유연제), 헤어 컨디셔닝제입니다. 영국, 프랑스, 미국 등지에서는 향을 첨가하여 베이비오일로 판매됩니다. 광물유의 다른 이름은 베이비오일, 케이블오일, 액체 파라핀, 광유, 화이트 오일입니다. 공업용과 의약품용이 있는데, 의약품용은 300℃ 이상의 고온에서 증류하고 정제한 것으로, 치즈 표면처리에는 의약품용을 쓰셔야 합니다. <위키백과/네이버 지식백과>

[Tip 56] 로마노치즈(Romano Cheese)가 제조된 날[382](2005년 6월 10일)

「2004년 11월 초에 캐나다 궬프대학교 아더 R. 힐 교수가 리드하여 순천대학 유가공 실습장에서 가진 치즈 집중코스 때 소개받은 로마노 치즈를 우리 실습장에서 4~5회 제조했지만 모두 실패하였습니다. 커드에서 수분이 빠져 나가지 않아서 모두 풀떡처럼 엉겨 붙어 성형 자체가 안 되었습니다.

원유에 문제가 있어 렌넷을 넣고 두 어 시간이나 경과해서 굳었던 탓이었습니다. 최근에도 원유가 문제가 되어 콜비 치즈를 한 번 풀떡을 만든 적이 있지요. 그런데 드디어 오늘 실습을 통해 성공을 기약할 수 있었고 감을 잡았습니다. 로마노 치즈 두 벳트를 제조했는데 모두 아름답게 제조가 되었습니다. 로마노 치즈는 수분함량 34%인 경질 치즈이지만 제조법이 비교적 간단하고, 숙성기간도 짧으며, 모양새가 우람하고 묵직한 매력적인 치즈입니다. 지난날(2005년 6월 이전) 저자의 로마노 치즈 제조 실패의 원인은 크게 네 가지 정도에 있었습니다.

① 원유가 1등급 A를 마크하지 않은 것을 사용하면 실패하기 십상입니다.

② 가온을 32℃에서 46℃까지 하는 과정이 있는데, 4분에 1.0℃ 정도로 서서히 올리지 않으면 떡이 됩니다.

③ 우리나라 원유는 마지막 유청 빼는 과정에서 유청 제거를 추가적으로 충분히 하지 않으면 떡이 됩니다. 우리의 원유는 비정상 구성분(지방률은 높고 단백질은 너무 적은 구성) 때문에 모든 치즈 제조에서 원유를 표준화 하고, 제조공정 중에 충분한 수분배출이 필요하다는 것이 저의 경험입니다. 저는 로마노 치즈의 경우 유청을 제거한 뒤 커드를 양쪽 벽 쪽에 밀어 붙여두고(체다 치즈에서 처럼) 3분에 두 번 정도 커드를 뒤집어 주며 하는 수분제거 과정을 넣을 것을 권합니다.

④ 커드 절단 시 매우 잘게 잘라 주어야 합니다.

처음에 쌀알 크기로 잘라 주면 마지막 유청 제거 전에 결명자 크기가 됩니다. 여기서 가장 큰 실패 원인은 원유의 품질인데, 오늘은 교육생들이 1등급 A를 마크하는 고품질 원유를 조달해 주어서 출발이 너무 좋았습니다. 그래서 벳트 주변의 이야기들이 기분 좋은 말만 오갔습니다. 치즈 제조 시나 숙성실에서 아름다운 언어를 사용하는 것이 매우 중요함을 오늘 강의 시간에도 저는 강조한 바 있습니다. 이제 몇 차례 더 만들다 보면 이탈리아 정통 로마노 치즈에 근접된 한국적인 로마노 치즈가 탄생할 것임을 기대해도 될 것입니다. 오늘은 정말 기분이 매우 개운합니다.」

382) 2005년 당시 저자의 개인 홈페이지 자료실에 올렸던 글을 옮겨 왔습니다.

3) 공정표

<table>
<tr><th colspan="2">제조자 :</th><th colspan="4">치즈명 : 로마노 치즈
(Romano cheese)</th><th>벳트 번호 :   일 시 :</th></tr>
<tr><td colspan="2">원 유 kg 100
탈지유 kg ______
분 유 kg ______
스타터 kg ______
총 량 kg ______</td><td colspan="4">원 유 지 방 ______
단백질 ______

표준화 지 방 ______
단백질 ______</td><td>스타터 산 도______
pH ______
기 간 ______
배 지 ______
박테리오파지 ____</td></tr>
<tr><th>제조과정 진행</th><th>시간</th><th>온도</th><th>산도</th><th>pH</th><th>커드 pH</th><th>기 록 사 항</th></tr>
<tr><td>표준화</td><td></td><td></td><td></td><td></td><td></td><td>P/F = 1.58 ※ 전통기법 사용(표준화)</td></tr>
<tr><td>살 균</td><td>30분</td><td>63℃</td><td></td><td></td><td></td><td></td></tr>
<tr><td>기본 스타터</td><td>15분</td><td>32℃</td><td></td><td></td><td></td><td>고온균 1.5%(1,500mL)</td></tr>
<tr><td>첨가물 I</td><td></td><td>32℃</td><td></td><td></td><td></td><td>Lipase 시약스푼의 뒤쪽
작은 스푼 1개 분량</td></tr>
<tr><td>첨가물 II</td><td></td><td>32℃</td><td></td><td></td><td></td><td>Type, 염화칼슘 사용량, 0.02%(20g)</td></tr>
<tr><td>렌넷 첨가</td><td></td><td>32℃</td><td></td><td></td><td></td><td>Type, 렌넷 사용량, 19mL(250～290mL IMCU 역가)</td></tr>
<tr><td>응 고</td><td>30분</td><td>32℃</td><td></td><td></td><td></td><td></td></tr>
<tr><td>커드 절단</td><td></td><td>32℃</td><td></td><td></td><td></td><td>쌀알 크기로 자릅니다.</td></tr>
<tr><td>정 치</td><td>2분</td><td>32℃</td><td></td><td>pH
6.1～6.2</td><td></td><td>크기가 작으므로 2분 정치 후 바로 교반합니다.</td></tr>
<tr><td>가온 시작</td><td>50분</td><td>32℃</td><td></td><td></td><td></td><td></td></tr>
<tr><td>가온 중단</td><td></td><td>46℃</td><td></td><td></td><td></td><td></td></tr>
<tr><td>교 반</td><td>30분</td><td></td><td></td><td></td><td></td><td>pH가 떨어질 때까지</td></tr>
<tr><td>유청 제거</td><td></td><td></td><td></td><td>pH
6.1～6.2</td><td></td><td>벳트 벽면에 커드를 쌓아 3분간씩 두었다가 비벼주기 2회 권장</td></tr>
<tr><td>성형(몰딩)</td><td></td><td></td><td></td><td></td><td></td><td>7.5kg 이상의 원형 몰드</td></tr>
<tr><td>가 압</td><td>2시간</td><td></td><td></td><td></td><td></td><td>자체 무게로 뒤집어 주면서 2시간</td></tr>
<tr><td></td><td>24시간</td><td></td><td></td><td></td><td></td><td>24시간 over night(가압 없이)</td></tr>
<tr><td>가 염</td><td>2일간</td><td></td><td></td><td></td><td></td><td>9kg당 48시간 가염 합니다.
(5.3시간/kg)</td></tr>
<tr><td>건 조</td><td></td><td></td><td></td><td></td><td></td><td>온도 10℃, RH 73%</td></tr>
<tr><td>숙 성</td><td>5개월</td><td>10～
15℃</td><td></td><td></td><td></td><td>최소 5개월, 8～12개월간
(RH 85～90%)</td></tr>
</table>

4.4 베르크 치즈(Berg cheese)

그림 3-69. 대광목장의 유기농 베르크 치즈 상품 소개자료 (화보 27쪽, 김홍철 사장 제공)

그림 3-70. 스위스 알프스 지역의 베르크 치즈 (화보 27쪽, 저자 사진)

1) 개 요

베르크 치즈는 알프스의 독일쪽 산악지에서 생산되는 치즈 그룹의 하나입니다. 이 치즈의 이름은 전통적으로 치즈를 제조하는 지역에서는 생산되지 않으면서 맛과 식감이 비슷한 치즈에 사용(특히 오스트리아 내에서)합니다. 치즈의 외양은 옅은 황색이면서 껍질이 단단하고, 내부 조직은 다소 단단하고 때로는 작은 치즈 눈과 금이 간 부분이 있습니다. 치즈의 향은 중후하면서 종종 약간의 견과류 향이 나므로 한국인이 좋아할 수 있는 치즈입니다. 이 치즈는 독일, 프랑스, 오스트리아 그리고 스위스등지에서 제조하는 알파인 치즈, 즉 산악지형 치즈이며, 경질 치즈입니다. 그래서 이와 유사한 치즈는 알고이어 베르크캐제(Allgäuer Bergkäse), 티롤러 베르크캐제(Tiroler Bergkäse), 포라리 베르커 베르크캐제(Vorari Berger Bergkäse)가 있습니다.

2) 제조공정 [1]

(1) 살 균 : 63℃/30분 아니면 70℃/5초 살균합니다. 원래는 청초 방목하여 얻은 우유를 비 살균하여 제조합니다(치즈 지방함량이 45%인 경우 원유의 지방은 2.85～2.90%로 표준화 하는데 전통방식이 좋습니다).

(2) 냉 각 : 32℃로 냉각합니다.

(3) 염화칼슘/라이소자임 첨가 : 살균한 원유에는 원유량의 0.02%(액상 포화칼슘제인 Calso나 Calciol 20mL/100kg)를 첨가합니다. 라이소자임은 사일리지나 TMR을 급여한 젖소로부터 착유한 원유를 사용하는 경우 치즈의 후기팽화 방

지용으로 첨가하는데, 15～18mL/100kg 정도 첨가합니다.

(4) 스타터 첨가 : 고온균(듀퐁 다니스코사의 CHOOZIT Su Casu 균이나 크리스챤 한센사의 ABT-5 균) 배양액을 원유의 0.5% 접종하거나 DVS로는 1.5g/100kg을 접종하고 프로피온산균(*Propionibacterium shermanii*)을 원유 100kg당 시약스푼 뒷부분으로 한 스푼 정도를 접종해 줍니다.

(5) 정치 배양 : 45분 정도 정치 배양하는데, 이때 원유 온도는 31～32℃를 반드시 준수해야만 합니다.

(6) 렌넷 첨가 : 원유 온도가 32℃ 부근인지와 적절한 산도 변화가 있었는지를 확인하고(산도는 원유보다 0.03% 증가했거나 pH는 원유보다 0.2point 낮아짐), 250～290/mL IMCU 역가의 렌넷을 18mL/100kg(송아지 렌넷 80 : 미생물 렌넷 20 비율로 혼합도 무방합니다) 정도를 정제수에 20배 희석한 즉시 첨가합니다.

(7) 정 치 : 30분간 정치(온도 32℃ 이상 준수)합니다.

(8) 절 단 : 렌넷 첨가 25분경부터 커드 굳기 검사를 하여 커드 크기가 3～5mm^{3}이 되게 절단합니다. 이렇게 작은 크기로 자르는 것은 세로 나이프로 순간적인 힘을 가해 가며 수차례에 걸쳐 신속히 잘라 주어야 가능해 집니다.

(9) 교 반 : 절단 후 3분간 방치했다가 15분간 교반하는데, 5분간은 손으로 느리게 교반하고, 나머지는 큰 주걱이나 삽으로 교반해 줍니다.

(10) 유청 제거 : 원유의 20% 정도를 제거하고, 이때는 적당한 용량이 나타난 용기를 사용해서 정확하게 제거해야 합니다.

(11) 가 열 : 여기서는 다른 치즈에서와 같이 열탕수를 첨가하지 않고 그냥 스팀을 사용하여 53℃까지 가온해 주는데, 30분에 걸쳐 서서히 53℃까지 가온합니다. 전통적인 산악지 치즈공방에서 장작불로 가온해 나가는 것을 상상하십시오.

(12) 교 반 : 53℃ 도달 이후 그 온도를 유지하면서 40분간 교반하는데, 비교적 센 교반을 해 주어 커드 내 유청이 온전히 배제되어 커드 모양이 쪼글쪼글하면서 손으로 쥐었다가 손바닥에 놓고 두서너 번 문질렀을 때 흩어지는 모양이 될 때까지 해 줍니다. 아마 이때 유청의 pH는 6.3 정도일 것입니다.

(13) 유청 배제와 정치 : 벳트 출구를 열어 커드를 몰드에 담고, 유청은 따로 받아 두었다가 다시 벳트에 부어서 커드가 담긴 몰드는 유청안에서 20분간 정치[383] 해 둡니다. 이때의 온도는 53℃입니다.

---

383) 미리 큰 대야에 치즈 천을 깔아둔 몰드를 놓고 커드를 유청과 커드를 담은 뒤 유청은 따로 모았다가 다시 유청을 벳트에 옮긴 후 몰드를 벳트의 유청 속에 담가서 20분간 정치시킵니다.

(14) 성 형 : 벳트로부터 몰드를 꺼내어 작업대 위에 옮기고 자주 뒤집어 주면서 성형합니다. 아래 (15)번의 가압 항을 참고 하십시오.

(15) 가 압 : 이 치즈는 커드의 자체 중량으로도 가압이 되지만 커드를 거친 천으로 싸서 15분을 두었다가 뒤집어 주면서 고운 천으로 교체하고 2시간마다 뒤집어 주고, 뒤집어 줄 때마다 추가적인 가압을 높여 줍니다. 최종 치즈 중량의 3배로 맞추어 하룻밤을 가압하되 가압 시 커드 온도는 30℃를 유지하도록 가압실 온도를 이 보다 약간 높게 유지하도록 조치해 두어야 합니다. 다음날 아침에 몰드를 해제할 때 치즈의 pH는 5.2～5.3이 되어야 정상적인 맛을 가진 치즈로 숙성될 수 있다는 점을 명심하십시오.

(16) 가 염 : 중량이 10kg인 치즈는 18～20°Bé의 소금물(pH 5.3～5.2)에 48시간 동안 담가 두는데, 가염용 선반(떠오름 방지용)에 넣어서 소금물에 담가 둡니다. 가염 전에 반드시 치즈의 pH가 5.2 정도인지를 확인하는데, 그 pH에 도달하지 못한 경우에는 그냥 가압실에 그대로 두어 pH 5.2에 도달하면 가염에 들어가도록 하십시오. 가염실 온도는 10～12℃를 유지해야 하는데, 만약 숙성 실에 소금물 통이 있다면 온도 조절은 자연스럽게 해결되는 것입니다.

(17) 건조(표피 형성) : 소금물에서 건져낸 치즈는 RH 73%, 10℃ 이하의 건조실에서 2～3일간 자주(2회 이상/일) 뒤집어 가며 건조하면서 표피를 충분하게 형성시켜야 합니다.

(18) 숙 성 : 12～14℃ 온도와 RH 85～90% 조건의 숙성실에서 6개월간을 숙성해야 합니다. 최소한 6개월이 지나야 이 치즈의 맛이 얻어집니다. 숙성한 지 6개월 이후부터 영 치즈(Young Cheese)[384]로 판매할 수 있습니다.

(19) 표면처리 : 숙성 중 표면처리는 10% 소금물로 매주 2～3회 뒤집어 주면서 양면을 문지르며 발라 주는데, 저자의 경험으로는 거의 매일 10% 소금물을 천에 묻혀서 닦고 뒤집어 주는 것이 안전했습니다.

3) 제조공정 [2] : 일본 북해도 방식의 베르크캐제(Bergkäse)[385]

384) 알파인계 치즈 제조 시 가염, 건조가 끝난 치즈는 그린 치즈(Green cheese, 생 치즈)라 하고, 6개월 이상 숙성한 치즈를 영 치즈(young cheese, 반 숙성 치즈), 그리고 1년 이상 숙성한 치즈를 숙성 치즈(ripened cheese, 완숙 치즈)로 구분하고 있습니다.

385) 이 치즈는 프랑스의 보포르(Beaufort) 치즈를 북해도 지역의 청초 방목한 젖소의 원유와 기후 사정에 맞추어 약간 변형시킨 제조방식으로 만든 것입니다. 미토모 유미꼬(三友由美子) 씨는 이 방식에 의해 제조한 치즈를 '산의 치즈'라는 의미의 야마노 치즈(山, やまのチーズ)라는 브랜드로 상품화하여 판매 중에 있습니다(石田美恵. 1998. 北海道 ナチュラルチーズ 紀行. 東京書籍. 東京. 日本. pp. 108-109).

(1) 성분 조정 : 카제인과 유지방의 비율(P/F)을 약 0.7 : 1로 조정합니다.

(2) 살 균 : 63℃/30분 또는 70℃/15초간 저온살균 합니다.

(3) 냉 각 : 32℃로 냉각합니다.

(4) 스타터 첨가 : 신선 액상 스타터로 0.5～0.7%. *St. thermophilus, Lb. helveticus* 등의 고온균 스타터를 사용합니다.

(5) 정치 배양 : 32℃ 유지, 약 30분간 배양합니다.

(6) 염화칼슘/라이소자임 첨가 : 살균 원유의 경우 원유량의 0.01～0.02%(10～20g/100kg)를 온수에 용해시켜 첨가합니다. 라이소자임은 사일리지나 TMR 급여우의 원유일 경우 후기 팽화 방지용으로 첨가하는데 15～18mL/100kg 정도 첨가합니다.

(7) 렌넷 첨가 : 25～30분 안에 응고하는 양으로 250～290/mL IMCU 역가의 렌넷 19mL/100kg 정도를 정제수에 20배 희석하여 첨가합니다.

(8) 커드 절단 : 가우다 치즈보다 작게 합니다($5mm^3$).

(9) 교 반 : 32℃ 유지하면서 30～45분간 교반합니다.

(10) 가온(쿠킹) : 스팀을 가해서 53℃까지 가온하는데, 반드시 가온속도는 1.0℃/2분 속도입니다.

(11) 교 반 : 52～53℃를 유지하며 약 20분간 센 교반을 합니다. 이때 교반을 끝내는 유청의 목표 pH는 6.3입니다.

(12) 성 형 : 커드 입자 사이에 공기가 들어가지 않도록 치즈 천으로 커드를 유청과 함께 담아 건져 올려 틀(치즈 Hoop)에 넣어 전체를 손으로 고르게 합니다.

(13) 가 압 : 처음에는 낮은 프레스 압으로 시작하여 15분 후 치즈 천을 벗기고 더 가늘고 고운 천으로 바꾸어 싸줍니다. 치즈를 뒤집어 주고 2시간 가압하고, 그 후 2시간마다 뒤집어 주기를 3회 반복합니다. 뒤집어 줄 때마다 프레스 압을 차차 올려 최종 압력은 치즈 중량의 10～15배가 되게 합니다.

(14) 다음날 아침까지 가압하는데, 치즈 온도가 30℃ 이하로 내려가지 않도록 주의해야 하므로 가압실에는 적절한 온도 유지 조치를 하십시오.

(15) 가 염 : 다음날 커드가 목표 pH 5.2인 것을 확인하고 몰드를 해제하여 가염에 들어갑니다. 20～22°Bé의 식염수에 담가 가염하는데, 이때 온도는 약 15℃입니다. 가염시간은 치즈 중량에 따라 24～48시간 동안 실시합니다.

(16) 숙 성 : 건조실(RH 73%, 10℃ 건조실)에서 2～3일간 건조하여 린드(표피)

가 형성되면 온도 12～14℃, RH 85～90%의 숙성 조건에서 숙성 관리합니다. 곰팡이 등 치즈 표면 오염 미생물 증식을 방지하기 위하여 정기적으로 표면을 닦아 줍니다. 이것이 힘들면 진공포장 하여 숙성해도 좋습니다. 숙성기간은 최소한 3개월 이상입니다.

4) 공정표

제조자 :	치즈명 : 베르크 치즈 (Berg cheese)	벳트 번호 :	일 시 :
원 유 kg 100 탈지유 kg ______ 분 유 kg ______ 스타터 kg ______ 총 량 kg ______	원 유 지 방 ______ 단백질 ______ 표준화 지 방 ______ 단백질 ______	스타터 산 도 ______ pH ______ 기 간 ______ 배 지 ______ 박테리오파지 ____	

제조과정 진행	시 간	온 도	산 도	pH	커드 pH	기 록 사 항
열처리						
살 균	30분	63℃				
기본 스타터	45분	32℃				고온균 사용량, 0.5%(500mL) DVS : Choozit Su Casu나 Abt-5(1.5g/100kg)
첨가물 Ⅰ	※ 프로피온산균은 약 수저 작은 쪽 부분으로 한번만 떠서 원유에 희석하여 넣습니다.					프로피온산균 사용량, 소량
첨가물 Ⅱ						염화칼슘 사용량, 0.02%(20g)
렌넷 첨가	※ 렌넷을 넣기 전 산도검사를 실시해 0.03%변화가 보이면 넣지만 베르크의 경우 고온균의 스타터를 0.5% 밖에 넣지 않기 때문에 시간의 경과를 기다린 후 렌넷을 넣습니다.					렌넷 사용량, 19mL
응 고	30분					응고 소요시간 : 30분
커드절단 시작		32℃				스타터 접종 후 : 1시간 25분

커드절단 종료	10분		※ 경질치즈 이므로 커드의 크기는 3~5mm^{3}로 잘라줍니다. 커드 절단 후 15분 추가 교반 실시합니다.			
유청제거		32℃				원유의 20%(20kg) 제거
가온 시작		32℃				
가온 종료	30분	53℃	※ 물을 넣지 않고 스팀을 이용하여 온도를 올립니다.			
교 반	35분	53℃	※ 속도를 빠르게 해 센 교반을 합니다.			
정 치	20분					몸체(Body)를 만들기 위함
몰 딩						반복된 뒤집기를 합니다.
가 압	3시간	※ 30분에 한 번씩 뒤집고 1bar에서 6bar까지 올려 주며 6번 뒤집어 줍니다.				
가 염	※ 가염용 선반에 넣어 18~20°Bé 소금물에 10kg당 48시간 담가 둡니다.					
건 조		RH 73%, 10℃ 건조실				2~3일간 건조하여 표피 형성
숙 성		12~14℃	RH 85~90%			6개월 이상 숙성합니다.

그림 3-71. 대광목장의 유기농 베르크 치즈가 익어가는 전용 숙성실과 2016년에 한국 최초로 유기농 원유로 제조한 베르크 치즈를 출시한 전북 완주군 대광목장의 김홍철 대표(좌)와 저자(우) (화보 28쪽, 김홍철 사장 제공)

4.5 스위스 치즈(Swiss cheese, Emmental cheese)

그림 3-72. 스위스의 전통적인 알프스 에멘탈 치즈 제조공방과 에멘탈 치즈
(스위스 취리히의 일간지 보도자료 캡쳐 사진)

1) 개 요

"스위스에 가면 스위스 치즈가 없다." 이것은 한낱 우스갯말이면서도 정확한 사실입니다. 왜냐하면 세상에 떠도는 말 중에 「스위스 치즈」란 스위스가 아닌 다른 나라에서 만드는 "에멘탈 치즈"를 일컫는 말이기 때문입니다. 이는 마치 프랑스 아이베롱 지역에서 만드는 로크포르 치즈를 프랑스의 로크포르 마을이 아닌 외국에서 제조하면 「블루치즈」로 칭하는 것과 같은 이치입니다. 우리는 이제 한국에서 「에멘탈 치즈」를 만드는데 그 치즈를 부르기는 "스위스 치즈"로 불러야 합니다.

이 치즈를 처음 대한 것은 저자가 2003년 12월~2004년 1월, 그리고 이어서 2004년 5월에 캐나다 겔프 대학교 연수 시절이었습니다. 그리고 겔프 대학교의 아더 R. 힐 교수를 순천대학에 2004, 2005, 2007년에 걸쳐 세 차례 초청하여 치즈 집중코스를 운영할 때 이전(移轉)을 받은 제조기술입니다. 그 뒤로 저자는 이 치즈 제조방식을 스위스 에멘탈 치즈방식을 따라 가지 아니하고 한국형으로 개조하여 제조하고 숙성했는데 너무 맛이 좋았습니다. 그래서 여기서는 우리 방식의 스위스 치즈 제조기술을 정리하여 소개하고, 참고 자료로서 스위스 에멘탈 지역의 에멘탈 치즈 제조에 관한 상세 자료를 이 항의 뒷부분에 붙여 둡니다.

참고로 여기 소개하는 스위스 치즈 제조공정의 기본 골격은 캐나다 겔프 대학교 아더 R. 힐 교수의 2004년, 2005년, 2007년도 순천대학교 치즈제조기술 워크숍 교재였던 『치즈과학과 제조기술』[386]을 인용하였음을 밝혀 둡니다. 아래에 허브스트 부부가 전해 주는 에멘탈 치즈에 대한 소개[387]를 옮겨 두면서 좀 더 자세한 에멘탈 치즈 정보는 이 항의 뒤편에 게재해 둔 「에멘탈 치즈의 본고장에서의 에멘탈 치즈제조」를 참고하시기 바랍니다.

《13세기 이후 제조되기 시작한 에멘탈(Emmental) 치즈는 그 이름을 이 치즈의 탄생지 이름인 에메 계곡[Emme Valley(Emme River)]에서 가져왔습니다. 오늘날 이 치즈는 아르가우(Aargau), 베른(Berne), 글라루스(Glarus), 루쩨른(Lucerne), 쉬바이츠(Schwyz), 솔로쑤른(Solothurn), 생 갈렌(St. Gallen), 쓰루가우(Thurgau), 쭈크(Zug), 취리히(Zurich)를 포함한 스위스 중앙부 지역 전역의 칸톤(Canton) 그리고 프리보크(Fribourg) 칸톤의 몇몇 지역에서 제조되고 있습니다. 어쨌든 이 치즈가 원산지 명칭보호(AOC)를 받기 전에는 오스트리아, 프랑스, 덴마크, 핀란드, 독일과 미국 등지에서 이른바 「에멘탈 치즈(Emmental cheese)」라는 명칭 하에 제조되고 있었습니다. 스위스 본토에서 제조되는 에멘탈 치즈는 건초는 물론 사일리지도 급여하지 않고 오로지 청초만을 방목하여 얻은 우유를 살균하지 않고 제조합니다. 1톤의 원유로 직경 114㎝, 높이 23㎝의 에멘탈 치즈 한 통을 얻을 수 있습니다.

에멘탈 치즈 역시 대부분의 알파인 치즈에서처럼 두 종류의 원유, 즉 저녁 착유 분과 아침 착유 분을 혼합하여 제조합니다.[388] 그리고 커드 절단 시 커드 알갱이를 아주 잘게 하여 고온가열과 강한 교반을 통해 커드 속에 갇힌 유청(수분)을 충분히 배제시킵니다. 그런 다음 커드들은 커다란 치즈 천(cheese cloth) 자루 안에 모아 매달아서 몰드 안에 넣기 전에 더 추가적인 유청을 배제시키는 것입니다. 그 뒤에 가염을 며칠간에 걸쳐 실시하고 건조시키면 숙성할 준비가 다 된 것입니다. 이윽고 치즈는 비교적 따뜻한 온도를 좋아하는 프로피온산균의 증식을 위해 따뜻한 방으로 옮기는데, 이때 프로피온산균이 치즈 안에서 충분히 증식되는 동안 발효가 일어나 CO_2가스가 발생하여 에멘탈 치즈의 고유 특징인 체리 크기로부터 호두알 크기의 치즈 눈(cheese eyes)을 형성하게 됩니다. 이 과정이 끝나면 차가운 숙성실(10~12℃)로 옮

386) 배인휴/안종건 역(Arthur R. hill 저). 2007. 치즈과학과 제조기술. 유한문화사. 서울. pp. 219-223.

387) Herbst, S. T. and R. Herbst, 2007. The Cheese Lover's Companion William Morrow NY. USA. pp. 187-188.

388) 일종의 알파인 치즈의 원유 표준화 방식인데, 저녁 착유 분은 저온 하에 하룻밤 정치시킨 다음 아침에 그 원유의 표면에 형성된 크림 층을 걷어낸 뒤 같은 양의 아침 착유 분을 혼합하여 지방함량 2.9~3.1%의 지방률을 갖는 원유로 표준화 하여 치즈를 제조하는 전통적인 방식입니다.

겨져서 최소한 4개월 숙성하고, 다시 8개월까지 잘 익도록 하며(mature), 12개월째에 완전히 숙성하도록(fully mature)하는 과정을 거쳐 제품을 완성합니다.

숙성이 완성된 치즈는 축축한 환경의 저장실(cellar)에 저장되는데, 이 무렵에 치즈는 비로소 거의 검은색에 가까운 어두운 색조의 껍질로 변합니다. 정통성을 갖는 이 치즈 표피에는 「Emmental」과 「Switzerland」이라는 스탬프가 찍히게 됩니다. 이렇게 제조된 치즈의 지방함량은 45%입니다. 참고로 프랑스 에멘탈(French Emmental)도 스위스 본토 치즈만큼 오랜 역사를 가졌고, 에멘탈 드 사보이(Emmental de Savoie)와 에멘탈 프랜차이즈 이스트-센트랄(Emmental Francais Est-Central)은 원산지 명칭보호(PDO) 제품이며, 독일의 알고이어 에멘탈러(Allgäuer Emmentaler) 역시 PDO 인증제품입니다.》

2) 제조공정

(1) 원유의 표준화 : P/F : 1.1(저자는 이 정도의 P/F를 맞추기 위해 저녁 착유 분을 10~12℃ 저온실에서 8~10시간 보관해서 아침에 표면의 크림 층을 제거한 뒤 동량의 아침착유 젖을 합쳐서 치즈제조에 사용하기를 권장합니다. 그리고 여기서 얻은 크림은 살균해서 발효한 뒤 발효버터를 제조하는 것도 유용합니다)

(2) 살 균 : 63℃/30분(저자는 1등급 A인 원유이면 비살균 원유 사용을 권장합니다)

(3) 냉 각 : 37℃

(4) 스타터 첨가 : 액상 고온균, 원유의 0.2%[389]를 접종합니다(한국 원유는 듀퐁 다니스코사의 DVS, LH 100 또는 Choozit Su Casu균 2.2g/100kg 접종을 권장함). 프로피온산균(*Propionibacterium shermananii* / *듀퐁 다니스코사의 Eye 2 균*)은 0.005%를 접종하고 20분간 정치 발효합니다.

(5) 염화칼슘/라이소자임 첨가 : 살균유인 경우 $CaCl_2$는 원유의 0.02%를 첨가하는데 액상 칼슘제 20mL/100kg를 첨가합니다. 라이소자임은 사일리지나 TMR 급여우의 원유일 경우 후기 팽화 방지용으로 첨가하는데 15~18mL/100kg 정도

389) 스타터를 이렇게 극미량을 접종하는 이유는 알프스 지역 청초방목 젖소의 젖으로 치즈를 제조하는 경우 그 원유 속에는 천연 유산균이 다량 함유되어 있기 때문입니다. 5월부터 시작하여 9월경까지 알프스 산악지대에서 청초방목으로 생산된 원유는 원칙적으로 비살균 원유 치즈제조가 허가되고 있기 때문에 천연 유산균을 이용하면서 상업적인 스타터는 극미량 사용해도 문제가 없는 것이지요. 그러나 한국과 같은 볏짚과 사일리지나 TMR 위주로 사육하여 얻은 원유로 스위스 치즈를 제조할 경우 스타터 접종 량을 늘려 줄 필요가 있습니다. 적어도 원유의 액상 스타터의 경우 0.5~0.7%를 넣는 것이 적당할 것으로 봅니다.

첨가합니다.

(6) 렌넷 첨가 : 250∼290/mL IMCU 역가의 렌넷 19mL/100kg를 20배 정제수에 희석 즉시 첨가합니다.

(7) 커드 절단 : 쌀알 크기(6.0mm^3)만큼 세로 나이프로 서너 차례 강하고 순간적인 절단을 하여 쌀알만큼의 크기로 조절합니다.

(8) 교 반 : 3분간 치유한 뒤 37℃를 유지하면서 처음엔 느리게 교반하다가 15분 후부터 커드가 엉기지 않을 속도로 60분간 교반합니다. 교반은 pH 6.5 정도에서 중지합니다.

(9) 유청 제거 : 원유의 10%를 제거합니다.

(10) 가 온 : 교반을 재개하여 37℃에서 52℃까지 30분에 걸쳐 가온(pH 6.3∼6.4가 될 때까지)하는데 반드시 느린 가온을 권합니다(1℃/2분 속도).

(11) 교 반 : 52℃를 유지하면서 30분간 교반(센 교반)합니다. 커드 쥐었다가 양손으로 비볐을 때 흩어질 때까지 교반하여 커드 내 유청을 충분히 배제(syneresis)해야 합니다.

(12) 몰 딩 : 커다란 치즈 천 한쪽 끝에 단단한 철사를 감아서 유청 속의 커드를 건져 올리고 신속히 몰드에 옮겨 담습니다. 다른 방법은 출구에 치즈 천을 깔아 둔 몰드를 대야 안에 놓고 유청과 커드를 함께 몰드에 담습니다. 이렇게 한 경우에는 유청을 별도 용기에 받아 두었다가 커드 담은 몰드를 벳트로 옮기고 그 유청을 부어서 예상 치즈 무게 1배로 눌러 15∼30분간 정치하여 커드 내 기포를 제거합니다.

(13) 가 압 : 이번에는 벳트의 유청을 제거하고 1.0배 무게로 1시간 동안 벳트 안에서 방치합니다. 이어서 벳트에서 꺼낸 몰드는 22℃ 혹은 그 이상의 실온에서 12∼18시간 본 가압을 합니다. 본 가압은 치즈의 2배, 3배, 5배 무게로 가압을 하여 치즈의 5배 무게로 치즈의 pH가 5.2가 되기까지 가압해 줍니다(천으로 커드를 걷어 올려 몰드에 담은 경우에는 벳트 내 가압정치는 하지 않고 본 가압으로 바로 들어가도 됩니다).

(14) 가 염 : 20°Bé 소금물에 6시간/kg(이를 기준으로 자기 치즈의 짠맛 정도를 가염시간을 30분 단위로 줄이거나 늘려서 조정한 뒤 자기 치즈의 맛을 찾아내십시오) 단위로 가염을 합니다. 이때 소금물의 pH는 5.2를, 온도는 12℃ 내외를 유지해야 합니다.

(15) 건조와 숙성 : RH 73%, 10℃인 건조실에서 2주간(14일) 건조하여 확실한

표피를 형성해 주어야 합니다. 23℃, RH 80%의 숙성실에서 3주간 치즈 눈(eyes) 형성 후 저장실(10～12℃/ RH 85%)에 6개월간 숙성 후 냉장 보존[390] 하면서 시판합니다. 건조기간과 숙성기간에 치즈의 정기적인 뒤집고 표면 관리하는 것은 기존의 알파인계 치즈에서처럼 실시해 주어야 합니다.

그림 3-73. 스위스의 에멘탈 치즈 숙성 관리 (화보 28쪽)
(100kg의 치즈를 뒤집어 줍니다. 현지 홍보사진)

그림 3-74. 스위스 치즈 공장의 브러쉬가 양면을 청소하도록 붙여진 치즈 표면 클리너 (화보 28쪽, Arthur R. Hill 교수 제공)

390) 스위스 에멘탈 지역의 조합 치즈공장의 경우 다음과 같이 5단계의 숙성과정을 거칩니다. 1단계 : 예비숙성(1) ; 10～14℃/10～14일간 건조→ 2단계 : 예비숙성(2) ; 18～20℃/10～14일 →3단계 : 치즈 눈 형성 단계로서 22～25℃/4～6주간→4단계 : 숙성고로 옮겨 본 숙성 ; 10～14℃/ 2～4주→5단계 : 마무리 숙성은 판매소에서 저장 겸 숙성을 1～6개월간 실시하면서 숙성된 월령별 상품 분류, 포장한 뒤 출하합니다. 이때 예비숙성, 숙성실 모두에서 습도는 RH 80%를 유지합니다.

3) 공정표

제조자 :	치즈명 : 스위스 치즈 (Swiss cheese)	벳트 번호 :	일 시 :
원 유 kg ______ 탈지유 kg ______ 분 유 kg ______ 스타터 kg ______ 총 량 kg ______	원 유 지 방 ______ 단백질 ______ 표준화 지 방 ______ 단백질 ______	스타터 산 도______ pH ______ 기 간 ______ 배 지 ______ 박테리오파지 __	

제조과정 진행	시 간	온 도	산 도	pH	커드 pH	기 록 사 항
비살균 시 가온		40℃				표준화 P/F = 1.1%
살 균	30분	63℃				63℃에서 30분간 저온살균 후 냉각합니다.
기본 스타터		37℃				37℃까지 냉각 후 고온균 DVS Choozit Su Casu 100 2.2g/100kg 접종합니다.
부가 스타터	*Propionibacterium shermananii*를 0.005% 첨가 후 20분간 발효합니다.					
첨가물						
렌넷 첨가		37℃				원유 100kg당 19mL의 1배 렌넷을 물에 20배 희석하여 즉시 첨가합니다.
응 고	30분					
커드절단 시작	커드 나이프를 이용하여 절단(6.0mm^3/쌀알 크기)합니다.					
커드절단 종료	커드 절단은 5분 안에 마쳐야 하고 뭉치지 않도록 해야 합니다.					
교 반	30~ 60분	37℃	커드가 단단하면서 탱글탱글 할 때까지 교반합니다.			
가온 시작	30분	37℃	30분에 걸쳐 52℃까지 가온합니다.			
교 반		52℃	30분간 센 교반으로 실시합니다.			
성 형	유청 내에서 커드를 건져 올려 그대로 몰딩하여 커드 내에 공기가 유입되지 않게 합니다.					

<table>
<tr><td>가 압</td><td colspan="5">커드를 출구에서 몰딩한 경우에만 유청이 있는 벳트 안에서 치즈의 1배 압력을 가하고 15~30분간 유지한 다음 유청을 제거한 벳트 안에서 1배 무게로 눌러서 1시간 방치합니다.</td></tr>
<tr><td></td><td colspan="5">22℃ 혹은 그 이상의 실온에서 12~18시간 동안 본 가압(커드 pH 5.2까지) 합니다.</td></tr>
<tr><td></td><td></td><td></td><td></td><td>5.2</td><td>몰드 제거합니다.</td></tr>
<tr><td>가 염</td><td colspan="5">10℃의 20°Bé 소금물에 48~60시간(가염 선반에 담아서)</td></tr>
<tr><td>포장 및 숙성</td><td colspan="5">표면의 소금을 제거하고 10℃에서 표면 건조, 진공포장. 10℃에서 8~10일, 23℃에서 2~3주 치즈 아이 형성 후 RH 80%, 10℃의 본 숙성실에 넣습니다. 최소한 6개월 이상 숙성 후 2~5℃ 저장실에 보존하면서 출하합니다.</td></tr>
</table>

그림 3-75. 2011년 독일 뉘렌베르크 전시장의 에멘탈 치즈(화보 29쪽, 저자 사진)

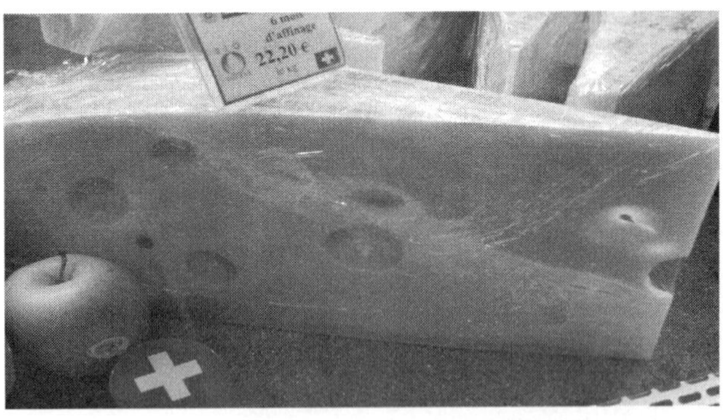

그림 3-76. 스위스 에멘탈 지역 산(産) 에멘탈 치즈 (화보 29쪽, 저자 사진)

[Tip 57] 에멘탈 치즈 본고장에서의 에멘탈 치즈 제조[391]

[에멘탈(Emmental cheese) 치즈]

『1. 에멘탈 치즈의 역사

스위스에서는 지금으로부터 170~180년 정도 이전에는 여름철에는 가축이 산(알프스 = Alp : 스위스 원주민 켈트어 어원에서 산(山)을 의미함)에 위치한 목장에 있는 동안에만 치즈가 만들어졌습니다(5월~9월 사이). 당시 그것은 사치품으로 취급해서 양질의 것은 수출되고, 국내에서는 그다지 좋지 않는 것을 축제일이나 가족 중 생일에만 먹는 것이 가능했습니다. 그 수출용, 특히 독일・러시아에 출하된 것은 실제는 알프스 그뤼에르(Greyerzer Alpen)에서 있었지만, 에멘탈 치즈라고 불러지고 있었습니다. 이것은 아마 에멘탈(에멘의 계곡) 지방의 상인이 최초로 이 치즈를 그 시장에 가져왔기 때문에 이름이 붙여진 것이라고 생각합니다.

한편으로는 프랑스에 수출된 질이 좋은 것은 Greyerzer Käse(그뤼에르 치즈)라고 불렀습니다. 지금도 여전히 프랑스에 수출되는 에멘탈 치즈는 그뤼에르(Gruyeres = Greyerzer)라고 기록되고 있지요. 그러나 현재 독일어권에는 Greyerzer는 전혀 다른 종류의 치즈를 나타내고 있습니다. 스위스에서 치즈가 대중적으로 소비될 수 있게 된 것은 1800년 무렵 스위스에서의 농업혁명 이후입니다. 이제까지 행해져온 휴한농법(休閑農法)이 재배목초, 즉 루-산(ルーサン)과 스위스 크로바(Esparsette)가 국내에 도입된 결과, 젖소의 우사와 좋은 사료가 확보되어 가축수와 유생산량이 증가했기 때문입니다. 또한 다른 지방에서는 근대 산업화로 공업의 발전과 동시에 농업에 종사하고 있던 노동력이 도시로 흡수되고, 농지를 집약적으로 경작하여 생산력이 증가하고, 이제까지 대부분 자가 소비되었던 농산물이 상품화 되어 도시에 공급되게 되었습니다. 그리고 구매력이 있는 도시 주민은 높은 가격의 치즈도 일용품으로 해서 소비할 수 있게 되었습니다.

그러나 당시 산지 이외의 저지대(Tal : 골짜기)에서는 치즈의 제조는 행해지지 않

391) 본 자료는 일본의 북해도 나가시벳츠쵸축산식품가공연수센터(中標津町畜産食品加工研修センター)의 오사무 가와구치(河口 里) 선생이 실제로 스위스 쓰루가우 칸톤의 뮬라임(Mülleim, Thrugau) 마을 소재 전통 에멘탈 치즈공장에서 1982년~1983년까지 1년 동안의 현상 연수를 마치고 1984년 2월에 작성한 보고서「スイスエメンタールチーズ(報告)」인데 저자가 1996년 북해도 연수 시 만났을 때 가와구치 선생으로부터 증정 받은 것입니다.
　본 자료의 귀중함을 감안하여 번역 정리한 전부를 게재해 둡니다(이 자료의 사본은 저자가 소장하고 있습니다).

1983년 스위스에서 생산되고 있는 각종 치즈의 종류

1. 경질 치즈	Sbrinz	Greyerzer	
	Parmesan	Emmentaler	
	Berg Käse		
2. 반경질 치즈	Tilsiter	Vacherin	블루치즈 계열
	Appenzeller	Fribourgeois	Roquefort
	Bel Pease	Raclett Käse	Gorgonzola
	Fantina		
3. 연질 치즈	하얀 곰팡이 치즈	점질균(Smear culture)[392] 표피관리 치즈	
	Camembert	Münster	
	Brie	Vacherin	
	Tomme	Montd'Or	
		Reblochon	
		Limburger	

았고, 우유는 전부 버터로 제조되었기 때문에 농업혁명에 의한 우유 생산량의 증가는 버터 가격의 끝없는 하락을 초래했고, 이때 이후로 즉 19세기 전반 이후에 저지대에서의 치즈 제조소(Tal-Käserei)가 개설되었습니다. 그 최초의 제조소는 1815년에 키센(Kiesen)에 창설되었습니다.

2. 에멘탈 치즈의 공장

약 70~80년 전의 치즈를 제조하는 시설은 치즈 제조실, 우유를 보관하는 지하실, 지하의 숙성실(Cellar), 그리고 제조 도구로는 우유저울, 구리(銅)로 만든 주물 치즈 벳트, 끓이는 작은 구리(銅)통, 목조로 테를 두른 몰드, 치즈 프레스, 핸들이 달린 버터 천(Churn), 우유 운반통, 숙성실의 장작 스토브, 가염용의 테이블이 있으면 충분했습니다. 렌넷은 대개 타일 스토브 위의 용기에 넣어 놓습니다. 이것들은 지금도 여전히 산지 치즈공방 경영에서는 남아 있습니다. 현대의 치즈 제조소에는 다음과 같은 것이 준비되어 있습니다.

자동 원유 칭량용 저울, 교반기가 붙은 구리주조(銅製) 치즈 벳트, 원유 저장탱크,

---

392) 점질균인 BL균(*B. linence*)을 표피에 발라가며 숙성 관리하는 치즈(역주)

석유 보일러, 크림 분리기, 치즈 프레스, 치즈 엘리베이터, 소금물 통(塩漬槽), 치즈 뒤집기(反轉) 로봇, 숙성실의 집중 난방기, 스타터용 배양기(incubator), 냉장고 등이 있습니다. 더욱이 새로운 설비로는 5,000L 이상의 대형 치즈 벳트, 자동 커드 나이프, 커드/유청 펌프, 자동 치즈 프레스 등이 이용되고 있습니다. 현재(1983년) 스위스에는 약 800개소의 에멘탈 치즈공장이 있습니다.

3. 에멘탈 치즈 제조 (스위스 에멘탈 치즈조합에 따른 일반 공정)

제 조 공 정	시간(오전)
1. 원료유 받기 : 유량의 계량	6 : 00
2. 지방률 조절 : 2.9～3.1%	저녁/아침 젖 혼합
3. 스타터 첨가 : 고온균 스타터	6 : 30
4. 가 온 : 31℃	
5. 프로피온산균 첨가	
렌넷 첨가 :	7 : 00
6. 커 팅 : 렌넷 첨가 30분 후	7 : 30
7. 교 반 : 31℃, 약 40분	7 : 40
8. 가 온 : 51～53℃	
9. 교 반 : 51～53℃, 50분간	아침식사
10. 성 형	9 : 10
11. 가압(Press)	9 : 20
12. 프레스 해제	다음날
13. 가 염 : 10～12℃	2～3일
14. 예비 숙성(Ⅰ) : 10～14℃	10～14일
15. 예비 숙성(Ⅱ) : 18～20℃	10～14일
16. 본 숙성 : 22～25℃(치즈 눈 형성)	4～6주
17. 저장실 : 10～14℃	2～4주
18. 출 하 : 치즈 집하회사에서의 숙성	1～6개월

1) 원료유 받기(受乳)

원료 우유는 저녁과 아침의 착유 후 농가가 치즈 제조소에 옮깁니다. 옮기는 시간은 엄격하게 지켜야 하며, 그것에 따라 치즈 제조 시간이 좌우되어서는 안 됩니다. 저녁에 착유한 우유는 다음날 아침의 우유와 혼합하기 때문에 벌크 탱크에 옮겨 두지만 냉각은 하지 않습니다. **그것은 원료유 중에 함유되어 있는 유용한 유산균, 특히 중온성의 유산균의 증식을 촉진하고, 치즈 제조에 이용되는 고온성 유산균의 생육에 가장 좋은 조건을 만들어 내기 위해서 입니다.** 저장온도는 뒤의 제조공정에 커다란 의의를 가지지만, 원료유 중의 균상(菌狀)과 양에 좌우되기 때문에 일반적으로 말하는 것은 불가능하고, 각 제조소에 따라 다릅니다. 또한 저녁우유의 저장은 12시간 이상 구리로 만든 치즈 벳트에 넣어 두면 지방의 변질을 초래하기 때문에 스테인리스제의 용기에 보관합니다.

우유의 냉각은 여름철 특히 더운 시기에는 농가에서 출하하기까지 냉수에 의해 이루어지는 것이 가능합니다. 원료유를 공급하는 농가는 우유를 여과하는 일이 없이 치즈 제조소에 가져오고, 저울로 칭량(稱量)할 때에 여과기에서 행하고, 여기에서 치즈 제조자에 의해 육안으로 우유 중의 혼입물, 이물질을 검사받게 됩니다. 아침저녁으로 2회에 받아들인 각 농가의 유량은 매회 제조소의 대표와 농가의 대표가 기록하고, 월말에 유대를 지급합니다. 유질검사는 유 생산 조합에 의해 농가당 월 1회 실시하고, 우사와 부속시설의 검사는 년 2회 실시합니다. 그 안에 1회는 검사관의 입회 없이 치즈 제조자 자신들이 행하기 때문에 그 사이 치즈 제조자는 기본적인 가축, 축사관리와 우유공급 조례의 지식이 요구됩니다. 그 기본적인 지식은 다음과 같은 것들입니다.

(1) 양질의 사료/나쁜 사료 및 허가된 사료/허가 안 된 사료의 구별이 가능한가?

(2) 사료 저장고, 사료통 등의 시설 상태의 적합성을 조사하는 일이 가능한가?

(3) 유방염 검사가 가능한가? 또한 유방의 외관, 우유의 외관에 의한 어느 정도의 유질 판별이 가능한가?

(4) 우유의 세균검사가 가능한가? 착유기구, 착유용기 위생상태 검사가 가능한가?

(5) 착유기는 여러 종류가 있기 때문에 그 시스템과 기능을 알고 있는가?

2) 원료유의 지방함량 조정(표준화)

원료유는 치즈 벳트에 넣기 전에 크림 분리기를 사용하여 지방률을 조정합니다. 에멘탈 치즈의 경우 사용하는 우유의 지방률은 2.9～3.1%이고, 공급되는 우유의 지방률이 평균보다 낮은 봄부터 여름에 걸쳐서는 2.9%가, 평균보다 높은 가을부터 겨울에 걸쳐서는 3.1%를 이용해도 좋습니다. 지방함량 조정은 피어슨의 사각법으로 계산합니다. 치즈 제조 중에 실제로는 유청 중으로 지방분이 유출되기 때문에 정미(正味, net)의 지방률은 더욱더 낮게 됩니다. 유청 중에 유출되는 지방은 0.6%(종래의 수공업적 제조방법에서는 약 0.4%)이기 때문에 치즈 우유의 정미 지방률은 한 예를 나타내면 다음과 같습니다.

[예] 치즈원유의 정미 지방률(net fat content)

(1) 조정 후의 지방률 : 3.1%

(2) 제조공정 중 10%의 물이 가해지기 때문에 그만큼의 지방을 더 계산해 줍니다. : + 0.3.1%

(3) 유청 중에 유출되는 지방 : - 0.6%

(4) 따라서 치즈 원유의 정미 지방률은 3.1 + 0.31 - 0.6 = 2.81%가 됩니다.

3) 스타터

현재 스위스의 에멘탈 치즈 공장에서는 종래 각 공장에서 육종해 온 유산균에서 진보해서 베른 부근의 리베펠트(Liebefeld)에 있는 「스위스연방낙농연구소」에서 배양한 순수한 모 배양균(mother stater)을 사용하고 있습니다. 사용되는 균종은 기본적으로는 *Str. thermophilus*와 *L. helveticus*이지만 *L. bulgaricus*도 사용됩니다. 벌크스타터의 배지는 멸균 탈지유로 모 배양균 접종 후 38℃ 약 6시간 배양하고, 다음날 아침 사용하기까지 냉장합니다. 사용 시 스타터의 산도는 40SH°(Soxhlet Henkel, 한국식 산도 환산 = 40SH° × 0.0225 = 0.9%)이고, 그 좋고 나쁨은 응고상태를 보는 것으로 판별이 가능하지만, 정기적인 산도 측정과 현미경에 의한 관찰이 필요합니다.

치즈의 유산발효는 그 초기에는 유산구균(*Str. thermophilus*)이 담당하고, 후기에는 유산간균(*L. helveticus*)이 관여하기 때문에 치즈의 프레스 2~4시간 후의 유청 산도가 너무 낮은 경우에는 *Str. thermophilus*의 비율을 많이 하고, 산도가 너무 높은 경우에는 조금 적게 사용합니다. 프로피온산균(*P. shermanii*)은 에멘탈 치즈의 중요한 특징인 독특한 치즈 눈과 향미형성에 꼭 필요합니다. 프로피온산균은 쇠똥(牛糞)에서 발견되어 보통 우유 중에 혼입되어 있지만, 미생물 함량이 낮은 양질의 원유를 사용하는 경우 양호한 치즈 눈을 만들기 위해서 프로피온산균을 스타터로써 첨가합니다. 치즈 눈을 형성하는 프로피온산균 발효는 20~23℃에서의 숙성 중에 일어나고, 프로피온산균은 치즈 중의 유산을 프로피온산, 초산, 이산화탄소(CO_2)로 분해하면서 치즈 눈과 특유의 향미를 형성합니다. 치즈공장에서는 프로피온산균의 배양이 어렵기 때문에 「스위스연방낙농연구소」로부터 매월 1회 각 치즈공장에 공급됩니다.

※ SH° 산도 측정법 :

스위스에서는 우리가 사용하는 적정산도(滴定酸度, Titratabl acidity, TA%)와는 달리 독자적인 적정 산도법을 사용합니다. 시료 50mL를 채취하고, 2% 페놀프탈레인 알코올 용액[393] 2mL을 가하고, 0.25N NaOH 용액으로 엷은 적색이 될 때까지 적정합니다. 그리고 사용한 NaOH 용액의 mL수를 2배 곱해 준 수치가 SH° 산도의 1.0이 됩니다. 즉 시료 100mL에 대한 NaOH 용액 mL수를 가지고 SH° 산도로 산정합니다. SH° 산도를 유산 %(적정산도, TA)로 계산하는 것은 SH° 산도에 0.0225를 곱해 주면 됩니다.

4) 렌넷 첨가

우유 중의 카제인은 카제인 염으로서 전하를 띤 상태에서 우유 중에 분산되어 있습니다. 카제인 염은 송아지의 제4위로부터 추출된 렌닌(Rennin)을 주성분으로 한 응유 효소제, 즉 렌넷 작용에 의한 칼슘이온 존재 하에서 입자의 전하를 소거하고, 파라 카제인(*para*-Casein)으로 되는 그물 상(net)에 결합합니다. 이렇게 해서 응고한 우유 커드를 가늘게 절단하면 유당을 함유한 수분(유청)은 배출됩니다. 카제인 망(網)이 형성될 때 지방구는 카제인 입자보다 크기 때문에 대부분은 파라 카제인의 망 내에 갇히게 됩니다.

카제인과 유지방은 렌넷의 작용에 의해 획득된 치즈 본체(Body)를 형성합니다. 렌넷은 액체, 농축, 분말과 여러 가지 형태가 있고, 활력이 다르기 때문에 다음과 같은 활력검사 시험을 합니다. 예를 들면, 32℃에서 1200L의 우유를 30분간 응고시키는 경우 7L의 우유를 취하고, 그 1/7의(1L)의 렌넷 액을 첨가하고 10초간 응고하는 경과를 관찰합니다. 그 공식은 다음과 같습니다.

$$M \times g \,/\, m \times G$$

M = 치즈 벳트의 유량(L), G = 희망하는 벳트의 응고시간(초)

m = 시험하는 우유의 양(L), g = m의 응고시간(초)

1200L의 우유를 30초간 응고시키는 데 필요한 렌넷 양은

$$1200L \times 10초 \,/\, 7L \times 1800초 = 약\ 1L$$

5) 벳트 우유의 커드 굳기 검사와 커드 절단

렌넷 첨가 뒤 약 30분에서 벳트 안의 우유는 자르기 적당할 때까지 응고시키지만,

---

393) 이는 페놀프탈레인 지시약(Phenolphthalein)을 99% 이상의 에칠알콜 용액에 녹여 만든 것입니다. 즉 2.0g의 페놀프탈레인 지시약을 위의 알콜 98mL에 녹인 것입니다(역주).

그 응고상태는 손과 국자(kelle)에 의한 감각으로 검사합니다. 원래 국자에 의한 검사는 현재의 잘 단열이 되고 균일하게 따뜻해지는 벳트가 사용되기 전에는 밑부분의 따뜻한 부분과 표면의 차가운 부분을 반전시킨다고 하는 목적 때문에 국자가 이용되었을 때에서 유래합니다. 이것을 「위에 놓는다(Uberlegen)」라고 칭하며, 이 Uberlegen 상태의 우유 응고상태가 가장 좋다고 판단할 수 있습니다.

커팅은 Harfe(영어의 harp에 해당, 역주)라고 부르는 양금선 커드 나이프에 의해 되는대로 잘라 줍니다. 이것에 의해 커드는 1.0cm 각의 수직의 막대모양으로 잘려지게 됩니다. 다음으로, 국자에 의해 천천히 커드를 끌어당기는 것 같이 뒤집어 혼합해 밑부분의 커팅 되지 않은 부분을 위로 끄집어 올려줍니다. 이것은 어느 정도 숙련을 요하지만, 기계에 의한 커팅에서는 이 작업은 불가능하고, 그 때문에 숙련된 커팅은 기계식 커팅으로는 도저히 능가하지 못하는 단점일 정도로 우수합니다.

계속해서 꺼낸 커드는 Harfe를 뒤섞는 것 같이 혼합해 움직여서 커드 입자를 만듭니다. 에멘탈 치즈나 그 외의 경질 치즈의 경우 커드 입자의 크기는 대략 **좁쌀 크기**이고, 연질 치즈에서는 개암나무 열매 크기로 예를 들 수 있습니다. 이 커드입자로 하는 절단은 5~7분 이내에 완료합니다. 그 뒤에 가온 전의 온도(31~32℃)에서 40~45분간 잘 교반합니다. 이 공정을 VorKäse(치즈 제조 전 공정, 커드입자를 가온에 의한 수축시키기 전의 공정, 역주)라고 칭하고, 교반해 가면서 커드입자로부터 유청을 배출시킵니다. 그 사이에 커드입자 표면에 얇은 막이 형성됩니다.

[커드로부터 유청 배출량에 영향을 주는 요인들]

(1) 렌넷의 첨가량
(2) 원유의 숙성도[유산(乳酸) 양과 각종 효소 량)
(3) 원유의 온도
(4) 절단한 커드 입자의 크기 : 커드 입자의 크기는 치즈의 수분함량에 커다란 영향을 주고, 고 수분은 치즈의 보존성을 나쁘게 합니다.

6) 가 온

40~45분의 VorKäse(치즈 제조 전 공정, 커드입자를 가온에 의한 수축시키기 전의 공정)의 작업 후 커드입자와 유청을 51~53℃까지 가온합니다. 이것에 의해 커드입자의 수분함량과 유산균의 활력이 커다란 영향을 받습니다. 가온은 30~35분 만에 완료해 가온 처음의 15분 동안에 45℃까지 가온해 줍니다. 불규칙한 가온은 치즈 내의 불균일한 수분분포와 치밀하지 않는 조직의 원인이 됩니다.

가온으로 약 40℃에 달했을 때 커드입자의 유당배출을 촉진하기 위하여 약 40L의 냉수를 첨가합니다. 51～53℃까지 가온 후 약 20분간 교반하고, 그 사이에 커드입자는 「물 빠짐」 상태로 됩니다. 이 교반공정을 '아우스루렌(Ausruhren)'이라고 칭하지만, 그 「물 빠짐」 상태라고 하는 것은 커드입자를 한손으로 꼭 쥐었을 때 커드가 달라붙으며, 그렇게 해서 점도의 점성을 가지고 있고, 이것을 다시 양손으로 감싸 쥐면 자연스럽게 합쳐지며 잘 떨어져 나가는 상태를 말합니다. 만약에 커드의 점도가 높은 커드입자는 가압에 의해 치즈가 치즈 몰드에 딱 달라붙어 쉽게 떨어지지 않게 됩니다. 에멘탈 치즈 제조 중에 커드가 배출하는 수분량은 다음과 같습니다.

(1) 가온 전의 교반 중에 : 24%
(2) 가온 중에 : 9
(3) 가온 후의 교반 중에 : 2
(4) 가압 중에 : 15 〈총 50%〉

커팅 전의 커드의 수분함량은 88.4%이기 때문에 가압을 푼 시점의 치즈의 수분함량은 88.4% - 50% = 38.4%가 됩니다.

7) 몰드에 커드 채워 넣기(hooping)와 가압

전통적인 방식에 따른 「커드 입자를 벳트의 치즈 천으로 한꺼번에 모아 걷어낼 수 있는 기술」은 숙련을 요구합니다. 치즈 몰드에 커드 채우기는 커드 펌프에 의한 또는 벳트로 부터의 낙차에 의해 흘러 넣는 방법에 의한 성형은 용이하고 무리가 없이 성형이 가능합니다. 이 기계에 의한 경우 후프(Hoop)[394]와 가압기는 일체식으로 되어 있고, 치즈 뒤집기(反轉)는 자동적으로 행해지고, 후프 내에 깔았던 치즈 천 대신 스테인리스 다공판이나 플라스틱판은 치즈펌프를 사용하는 방법이 전향적으로 채용되고 있습니다. 치즈를 가압하는 동안에는 항상 정확한 압력 하에 치즈가 놓여 있지 않으면 안 됩니다. 만약 도중에 가압장치(press)가 느슨해지거나 불충분하면 치즈 안에 작은 치즈 구멍(mechanical holes)들이 무수히 생기고 맙니다.

가압하는 압력은 종전의 수동식 프레스에서는 4,000kg 이상으로 하는 것이 드물지 않았지만, 최대 압력은 치즈 중량의 15배까지 하는 것이 당연했습니다. 따라서 약 1,500kg까지였습니다. 또한 많은 사람들이 가압 중의 치즈의 뒤집기(反轉)를 없애는 시험을 했지만 그다지 좋은 결과가 나오지 않았습니다. 치즈 반전(反轉)을 하지 않으면 치즈에 잔금이 생기므로 가압 중에 3～5회의 규칙적이고 정확한 반전(反轉)의 중요성을 나타내고 있습니다. 가압을 할 때 치즈의 표면에 카제인으로 만든 월/일과 벳

394) 스위스 각종 산악지 치즈(Alpine cheese)는 독특한 목제 성형 틀(mould)을 사용합니다. 그 몰드를 hoop라고 합니다(역주).

트 번호 및 에멘탈 치즈 고유의 라벨(인증표)을 넣고, 이것은 출하할 때에도 확실히 고정시켜 놓지 않으면 안 됩니다. 그렇지 않으면 출하 시의 품질 검정과 언제 어느 치즈 벳트에서 제조된 것인가를 제조기록과 대조할 수 없기 때문입니다. 가압개시 2시간 뒤 치즈 내부의 유청을 샘플링해서 산도를 조사합니다(가압 중 유산발효의 진행 상황을 점검하기 위해서입니다. 역주).

8) 가염(加鹽/소금치기)

가염의 주목적은 치즈 껍질을 형성해 치즈의 표면 가까이까지 치즈 눈이 만들어지는 것을 방지하는 일입니다. 소금농도는 충분히 높고, 너무 따뜻하지 않도록 주의를 기울여야 합니다. 가염시의 온도는 10～12℃로 유지하고, 그것을 초과하면 조정합니다. 일반적으로 겨울철에는 가압을 해제한 뒤 치즈는 곧 바로 가염하여 그 소금물 온도는 약간 높고, 여름에는 약간 낮게 합니다. 소금물의 온도가 너무 높은 경우에는 다음과 같은 방법으로 온도를 낮추어 줍니다.

(1) 냉각장치를 사용(소금물 냉각기 사용)

(2) 냉매를 소금물에 넣어 줍니다.

(3) 소금물의 일부를 꺼내고 바로 제냉실(製冷室)로 넣었다가 다시 꺼냅니다.

소금물의 염분 농도는 20～22%, 따라서 80～78의 물에 대해서 20～22%의 소금을 녹이는 것인데, 소금물 통에 넣는 물은 반드시 살균해야 합니다(감자를 소금물에 넣어서 뜨는 정도이면 알맞은 염도임-역주). 소금물의 산도는 15 SH°(TA 0.21%) 이상이어서는 안 됩니다. 산도가 너무 높은 경우에는 묽은 소다액으로 조정하고, 산도가 너무 낮은(6.0 SH° 이하, TA 0.08%) 경우에는 유산(젖산)으로 조정하여 끌어 올립니다. 산도 1.0SH°(TA 0.014%) 올리는 데는 1000L의 소금물에 대해서 225g의 유산(젖산)을 사용합니다. 소금물 농도가 불충분하거나 혹은 소금물 온도가 너무 높으면 생기는 치즈의 결점은 아래와 같습니다.

(1) 숙성 중 치즈 표면이 끈적끈적해집니다.

(2) 껍질의 바로 밑 부분까지 치즈 눈이 생깁니다.

(3) 소금물이 산패되어 냄새가 납니다.

가염용 지하실에 운반한 그린 치즈(생 치즈)는 특히 여름철에는 급격한 온도 변동을 피하기 위하여 소금물에 넣기 전에 천천히 제냉실에서 냉각시킬 필요가 있습니다. 가염기간은 에멘탈 치즈에서는 2～3일이고, 치즈의 크기에 따라 다릅니다. 가염 중에 치즈 표면 밑의 유청이 배출되고, 치즈 중량은 1.0～2.0% 가벼워집니다. 가염 후 치즈는 저온 숙성실로 이동합니다.

9) 숙성실에서의 치즈의 취급방법

숙성중의 에멘탈 치즈의 취급방법은 공장에 따라 다르지만, 많은 경우 단계적으로 관리해 나갑니다.

1단계 : 숙성실에 넣기 전에 10～14일간, 10～15℃의 저온 실에 넣어둡니다. 이 저온실에 넣어둠으로서 얻는 이점(利點)은 다음과 같습니다.

(1) 점성이 너무 많거나, 혹은 너무 딱딱한 치즈를 피하는 일이 가능함

(2) 저온 중 적절하고, 청결하게 취급하는 일에 의해 그 뒤 작업이 편함

2단계 : 다음 단계는 18～20℃에서 10～14일간 예비 숙성하고 나서

3단계 : 22～25℃의 본 숙성에 들어갑니다. 여기에서 치즈는 부드럽게 되고 손상을 받기 쉽게 됩니다. 본 숙성 초기에 치즈를 떨어뜨리거나 충격을 주면 그 부분에 비정상적인 가느다란 치즈 눈이 형성됩니다. 또 신맛이 있는 치즈가 출현하는 것도 치즈 눈 형성 중의 민감한 시기의 취급 잘못이 원인인 점이 적지 않습니다. 치즈 눈은 본 숙성 중 치즈 제조 6주간 기간에서 형성됩니다. 숙성실 안의 치즈는 주 2～3회 전용 솔이나 철 수세미로 깨끗이 청소하고, 그 경우 반전하는 것이 혹시 그 반전이 1주간이라도 하지 않으면 치즈 밑 부분이 판에 달라붙거나 요철이 생기거나 해서 출하할 때에 감점의 대상이 됩니다. 그러나 외관이 깨끗하고 손상이 없는 치즈를 만들어 내는 일은 치즈 제조자의 명예에 관계되는 일로 평가점수가 떨어지는 것에 연연하는 것이 아닙니다.

4단계 : 본 숙성을 4～6주간 행한 후 치즈는 저장실로 이송합니다. 저장실의 온도는 10～14℃이고, 온도가 너무 높으면 2차 발효가 일어나고, 반대로 너무 낮으면 단단한 조직의 치즈가 됩니다. 또한 낮은 온도로부터 높은 온도라고 할 수 있는 온도변화가 있으면 원하지 않는 2차 발효가 종종 일어납니다. 저장실은 15℃ 이상이 되어서는 안 되고, 가능한 한계 온도 변동은 일어나지 않는 것이 좋습니다. 또한 숙성실과 저장실의 커다란 습도 차이는 2차 발효의 출현을 유발할 수 있기 때문에 숙성실, 저장실 모두 같이 약 RH 80%를 유지해야 합니다.

5단계 : 마무리 숙성은 치즈 판매소에서 낮은 온도로 저장 겸 숙성을 진행하여 1～6개월간 숙성하면서 월령별 치즈로 상품 분류, 포장하여 출하(出荷)하게 됩니다.

4. 에멘탈 치즈의 품질 기준

스위스 치즈거래조례에 대해서 치즈 제조자는 다음 상태에 도달한 경질치즈에 대

하여 출하할 의무를 가집니다. 그 때의 치즈 품질의 기본적인 조건은 다음과 같습니다.

치즈의 종류	평균 중량(Kg)	건물 중 지방(%)	수분함량(%)
Emmentaler 65kg 이상	70	47	37.4
Emmentaler 50kg 이하	60	47	37.4
Greyerzer	20	48	36.9
Sbrinz	20	47	34.9
Dreiviertelfett RunKäse	20	38	37.4

에멘탈 치즈에서는 건물 중 지방함량이 스위스 치즈조합이 정한 것 보다 낮은 경우에는 출하 인도 시 가격은 다음과 같이 감가(減價)됩니다.

건물 중 지방 %	감가(년도마다 상이함)
45～45.9	100kg당 20스위스 Fr.
46～46.9	100kg당 10스위스 Fr.

치즈 품질검정위원회(Taxationskommission)는 치즈의 수취, 등급 매기기의 권한을 가집니다. 그러나 치즈 제조업자는 검정 결과에 승복할 수 없을 때 소명을 하는 것이 가능합니다. 소송위원회(Rekurskommission)는 에멘탈 치즈의 경우 낱낱의 치즈에 대하여 상세하게 조사하지만, 치즈 제조업자는 그 검사에 입회해야만 합니다. 그리고 만일 그 소송에서 패소했을 경우 소송비용을 부담해야 합니다. 이것은 소송위원회가 검정위원회의 판단을 추인한 경우에도 같은 책임을 집니다. 치즈공장은 제조상황과 기본적인 일을 기록해 두는 일이 의무로 되어 있습니다. 그 내용은

(1) 저녁, 아침 착유 원유의 혼합비율, 치즈 원유의 지방율, 세균검사 결과
(2) 치즈 원유에 첨가한 물의 양
(3) 외기 온도, 공장 내의 온도, 저녁 원유의 저장온도
(4) 제조 공정별 진행시간, 각 공정의 온도(매일이 아니고 이상이 있는 경우에만)
(5) 스타터 유산균의 종류, 첨가한 액상스타터의 산도
(6) 현미경에 의한 정기적인 스타터 유산균 검사 결과

(7) 유청 산도
(8) 치즈 제조 중 혹은 가압 중에 의문이나 이상을 느낄 때
(9) 숙성 중의 치즈 상태
(10) 특별하게 일어난 일, 예를 들면 기후의 급변, 사료의 변화 등
(11) 치즈의 결함
(12) 생 치즈(Green cheese)의 pH 값[부정기(不定期), 가압해제 24시간 뒤 혹은 48시간 뒤]
(13) LAP 값(단백질 분해치)

5. 에멘탈 치즈의 출하(스위스 치즈연합에 의한 등급 매기기와 검정)

치즈 공장으로부터 출하, 인수의 원칙은 법적인 조령에 의해 정해져 있습니다. 이 조령은 스위스 치즈연합(Schweizersche Käseunion AG)의 생산자 출하업무 규정의 기초로 되어 있고, 이것은 나아가 판매 조약에 의해 상세하게 규정되어 있습니다. 생산자의 출하 업무 규정은 현재 스위스 연방정부의 「우유· 치즈시장 조령」 및 「낙농에 관한 정의 제11조」에 기초로 다음의 치즈에 적용됩니다.

[Emmentaler Käse, Greyerzer Käse, Sbrinz Käse, Spalen und Schnttkäse, Dreiviertelfett Rundkäse]

이 조령은 스위스 치즈연합의 멤버인 회사, 치즈 제조자, 치즈조합의 품질검정위원회 및 품질검정공소위원회에서 적용됩니다. 치즈연합의 멤버 회사는 제조자로부터 치즈 수취인 사이 정확한 치즈 수와 중량(kg) 및 품질(Ia = 1등급, Ⅱa = 2등급, Ⅲa = 3등급)을 검정합니다. 1등급, 2등급 치즈의 검정결과는 수취보고서로 스위스 치즈연합에 보고되고, 3등급 치즈에 대해서는 수취된 것에 한하여 보고합니다.

1. Prima-Käse (1등급)	흠이 없고 정상적인 색조의 내부
	순수하고 감칠 맛
	손상이 없고 잘 손질된 고운 껍질
	숙성이 충분히 되어 있는 것
	내부에 갈라진 눈이 없고, 버찌보다 큰 치즈 눈이 균등하게 있는 것
	위생상 문제가 없는 것
	운송과 저장이 잘된 것

2. Sekunda-Käse (2등급)	내부, 맛은 양호하지만 치즈 눈의 상태가 불량. (너무 많거나 너무 작거나, 너무 조금이거나, 크림의 상태, 윤기가 없는 치즈 눈, 혹은 갈라진 눈, 물리적으로 생긴 구멍들(holes) 등)
	치즈 조직의 결함(너무 단단하거나, 끈끈하게 달라붙거나, 너무 건조하거나, 점성이 너무 강하거나, 껍질이 각질화 된 것)
	치즈 색조가 어두운 황색, 갈색, 회색, 보라색, 반점이 있는 것
	풍미의 결함(담담한 맛, 단맛, 가스냄새, 가열 취, 초기숙성 취, 산미, 쓴맛(苦味))
	보존성이 나쁜 것(표면에 금이 있는 것, 요철이 있는 것, 프로피온산균에 의한 2차 발효, 수포가 있는 것, 건조성 부패)
3. Tertia-Käse (3등급)	낙산균에 의한 이상발효(후기팽화)
	조직이 해조 상(海藻 狀)(스폰지 상)의 치즈
	대장균 등으로 오염된 치즈
	커다란 금(crack)이 들어있는 치즈
	커다란 구멍(holes)이 있는 치즈
	유청에 의한 얼룩과 부패 기미가 있는 치즈

출하하는 치즈는 검정기준에 따라 평가점수가 매겨 집니다.	
치즈 눈의 상태	5점
치즈의 색조	5점
맛, 냄새	5점
외관 및 보존성	5점
	소계 20점

치즈의 수분이 너무 많은 경우에는 가격은 다음과 같이 떨어집니다(減價).	
수분(%)	감가(년도마다 상이함)
37.5∼37.9	100kg당 10스위스 Fr.
38.0∼38.4	100kg당 20스위스 Fr.
38.5 이상	100kg당 40스위스 Fr.

[에멘탈 치즈의 등급 평가 기준]

전체 각각의 치즈에 대해서 외관, 내부(타진과 치즈 트라이어 사용)가 검사되고, 2등급 치즈에는 치즈 측면에 로마숫자로 Ⅱ, 3등급은 Ⅲ가 기록됩니다.

■ **1등급(Prima) 치즈**로 지정되는 것은 다음의 조건을 만족하는 것입니다.

① 직경 2~3cm의 규칙적으로 보기 좋은 원형의 치즈 눈이 있는 것
② 상아색으로 유연한 조직
③ 순백하고 부드러운 냄새, 에멘탈의 전형적인 향기와 맛
④ 청결하고 상처가 없는 껍질, 정상적인 형태, 양호한 운송성과 보존성

■ **2등급(Sekunda) 치즈**

① 치즈 눈의 결함 : 너무 많은 것, 너무 적은 것, 너무 작은 것, 미세한 치즈 눈이 무수히 많은 것, 물리적으로 나온 눈, 갈라진 눈, 깨끗한 원의 치즈 눈이 없는 것
② 내부의 결함 : 건조해 있는 것, 끈끈하게 붙는 것, 고무 상, 색이 비정상, 즙 등이 있는 것
③ 풍미의 결함 : 가스냄새, 가열 취, 신맛, 쓴맛, 자극적인 맛이 있는 것
④ 외관의 결함과 보존성 : 표면의 요철, 함몰, 일그러짐, 너무 두터운 것 혹은 너무 얇은 껍질, 껍질의 상처, 급성의 2차 발효

■ **3등급(Tertia) 치즈**

① 낙산균에 의한 이상발효가 일어난 것(후기팽화)
② 세균에 의해 회색으로 변색한 것
③ 맛이 너무 나쁘고, 정상적인 소비가 이루어질 수 없는 것

[검정 기준(Taxationskrititerien)]

1등급으로 인정된 에멘탈 치즈는 치즈 연합검사검정위원회(Kontrollund Taxation-skrititerien = KTK)의 다음과 같은 항목에 따라 점수가 평가 됩니다. 4개 항목의 합계 최고 점수는 20점이 됩니다. KTK의 검사항목에 따른 치즈의 평가는 스위스 치즈 연합의 관리하는 방침에 기초하여 행해집니다.

검정 항목	평 가	점 수
1. 치즈 눈의 상태	우	5
2. 내부 조직	양~우	4.5
3. 맛과 향기	양	4
4. 외관 · 형태 · 보존성	가	3.5
	불가~가	3
	불가	2.5

[치즈 등급 매기기 · 검정공소위원회(Rekurskommission betreffend Klassierung u. Taxation der Käse = KTRK)의 조직과 공소수속]

KTRK은 KTK의 검정결과에 대하여 이의신청 성립에 대하여 판결을 내리는 권한을 가집니다. 따라서

(1) KTK의 붙인 치즈의 등급에 대하여, 연합 멤버의 회사 혹은 치즈 제조자로부터의 공소에 대하여.

(2) 치즈 계량, 품질 점정에 대하여 치즈 제조자로부터의 공소에 대하여.

KRTK의 위원은 치즈 제조 경험자, 치즈 취급업자의 대표, 법률 전문가로 구성되어 있고, 그들은 스위스 치즈연합관리위원회의 추천에 기초하여 연방의회에서 선출합니다. 이들의 대표자는 연합의 대변자로서가 아니고, 객관적으로 공평한 집무를 하는 일이 의무로 부과되어 있습니다. 제소자의 소장(訴狀)은 KTK의 등급부로 검정 결과가 나오고부터 5일 이내에 스위스 치즈연합에 서류가 제출되지 않으면 안 됩니다. 제소자는 KRTK가 심사하는 치즈와 등급 · 검정결과의 서류를 용의하고, 그를 위하여 치즈는 품질의 재검사와 재검정이 가능할 수 있도록 보존해 두지 않으면 안 됩니다. 소장은 공소기한(5일간) 만료 후 14일 이내에 심의 · 처리됩니다. 쌍방 이해관계의 대표자는 그 공소에 변호인을 구성하는 것이 가능합니다.

KTRK의 재심사는 전에 검사한 치즈의 등급 매기기와 검정 기준에 따라 정확하게 놓아둡니다. 에멘탈 치즈의 경우에는 전체 각각의 치즈에 맞게 양면으로부터 타진(打診)과 필요한 각 개소의 치즈 검사원에 의해 검사가 이루어지고, 다른 치즈, Greyerzer, Sbrinz, Spalen 및 Schnittkäse의 경우에는 전체량의 최저 25%에 대하여 치즈의 외관, 타진과 검사원에 의해 검사가 행해집니다. 그러나 만약 KTK의 등급 매기기와 검정이 정확하지 않다고 하는 증거가 나온 경우에는 이들의 치즈에서도 전체의

치즈에 대하여 재검사가 행해집니다. 재심사에 따라 1등급 치즈로서 조건을 충족시키지 못한다고 판단된 경우, 등급은 내려가고 그것에 어울리는 가격이 결정됩니다. 3등급으로부터 2등급으로 격상된 경우에는 2등급의 최저 가격이 도입됩니다. 당해의 등급 매기기, 심사의 KTRK의 결정에 대하여 심사는 비밀로 덮어지고, KTRK 내의 다수결에 따라 결정됩니다. 공소수속의 비용은 패소한 측의 부담이 되고, 「치즈판매조약」에 따른 기준에 따라 공소비용을 지불합니다.

6. 뮬하임(Müllheim) 마을 에멘탈 치즈 제조소의 역사

뮬하임(Müllheim) 마을은 스위스 북부, 보-덴호(湖)에 접한 쓰루가우 칸톤(Thurgau Canton)의 중앙에 위치하고, 인구 약 3,000명의 마을입니다. 해발 수백 미터의 온화한 구릉지에 위치하고, 주민은 아레만어라고 불리는 스위스 독일어(Swiss Deutsch)를 일상어로 하고 있는 지역입니다. 저는 이 마을에 체재했던 지난 1년간의 에멘탈 치즈 제조 연수를 통해 파악한 치즈 제조에 관한 사항에 대해서 기술해 두고자 합니다. 뮬하임(Müllheim) 마을에서는 1881년, 지역농민들의 의지로 공동의 치즈 제조소를 설립하게 되었고, 그 구성원이 선출되었습니다. 그리고 동년 8월 1일 시설이 완성되어 치즈의 생산이 개시되었습니다. 아쉽게도 그 후 1923년까지의 기록은 남아 있지 않지만, 1940년 1월 19일자의 「Thurtal Anzeiger」라는 지역신문의 특별호에서 치즈 제조소 개축에 대해서 다루어졌고, 그 이전의 우유 가격과 치즈 제조자의 수입에 대하여 기록되어 있었습니다.

이에 따르면 1882년경의 우유 가격은 1L당 12.5 Rp.(1랏펜 = 1/100 스위스 프랑)이고, 겨울철에는 11.5 Rp.이었습니다. 1880년대의 치즈 제조소의 경영상태는 나빴고, 치즈 제조자에게는 우유 1L에 대하여 0.5 Rp.의 특별 급여가 붙여졌었습니다. 1891년과 1892의 겨울에는 우유가격은 최저를 나타내 1L당 10.5 Rp.가 되었습니다. 1893년에 취리히에서 시유(市乳)로 공급해 준다면 13 Rp.(랏펜)/L에 매입하겠다고 하는 유리한 제안을 받았지만, 이 마을의 농민들은 그것을 거부하고 12 Rp.에 원래대로 마을의 치즈 제조소에 우유를 납유(納乳)했습니다.

1900년대에 들어오면 경영상태는 비교적 안정되고, 1905년 치즈제조소의 돈사(豚舍)[395]가 확장되었습니다. 1915년의 우유가격은 1L당 19 Rp.로 되고, 제1차 세계대

395) 치즈공장과 돈사는 매우 밀접한 관련성을 갖고 있습니다. 우선 치즈제조에서 발생하는 유청을 양돈용 사료로 활용하고, 그렇게 길러진 돼지는 햄, 소시지의 가공 원료가 되어 자원 순환 활용에 유리하였기 때문입니다. 만약 치즈제조소에 돈사가 없었다면 유청을 폐기물로 처리해야 했는데, 그 비용이 만만치 않았을 것입니다. 한국에서도 치즈공장에서 양돈을 하는 것이 구체적인 연구 주제가 되어 유청을 재활용할 수 있기 바랍니다(역주).

전 중에는 최고 38 Rp./L까지 앙등했습니다. 전후(戰後), 사람들은 이 마을의 학교에서 회합을 가진 뒤 치즈 제조소에 30 Rp. /L로 공급하도록 결정되었지만, 다시 경영부진 때문에 0.5 Rp. /L의 수당이 붙여졌었습니다. 그 이후 제2차 세계대전이 발발할 때까지 우유가격은 계속 하락했지만, 1939년에 조합원들은 치즈 제조소의 경영 정상화를 위한 식사모임을 개최하였습니다. 제2차 세계대전 후 우유가격은 1L당 30 Rp.로 결정되었고, 양돈장의 돼지구입 가격을 위하여 조합가입과 학교 우유급식을 위하여 치즈제조소가 연간 300 Fr. 부담하는 것으로 결정되었습니다. 1949년 1월에 당 치즈 제조소의 주위에 도축장이 설치되고, 이것은 오늘날까지도 사용되고 있습니다.

1950년 12월 16일, 23년간 치즈제조에 종사해온 E. 브라운이 심장발작 때문에 작고했습니다. 1951년의 치즈제조 책임자의 모집에는 22명의 응모자가 있었지만 엄격한 심사와 경쟁의 결과 E. 슈루히가 후임자로 결정되었습니다. 동시에 치즈 제조소, 돈사, 숙사의 개선이 이루어졌습니다. 1955년 5월의 이 마을 젖소 사육두수는 466두를 나타냈고, 우유가격은 41.5 Rp./L이었습니다. 또한 이 시기, 새로운 석유 보일러와 크림분리기가 설치되었습니다. 1957년에 이 마을의 1등급 치즈가 수출용으로 인정되었습니다. 그러나 1959년 후반, 불량치즈가 나오기 시작했기 때문에 동년 11월부터 치즈 생산량을 1개월분 감소시키고, 다음해 1월에 우유생산협동조합의 조합장, 의장, 치즈제조 검사관의 회합을 기점으로 양질의 원유 공급과 낙농경영발전을 위한 안내와 토론을 위한 회합이 개최되었습니다.

1961년 5월 1일, 치즈제조 책임자가 퇴임했기 때문에 16명의 응모자 중에서 심사와 경쟁에 의해 조합원 41명 중 21명의 찬성으로 F. Zaugg(1983년 현재의 치즈제조자)가 선출되었습니다. 이때 연관 공장, 돈사, 숙소, 점포가 개장되었습니다.

1967/68년의 우유가격은 54.2 Rp./L, 1972년 63.65 Rp./L, 1974년 70.05 Rp./L, 1976년 71.35 Rp./L, 1977년 72.35 Rp./L 1978년 74.85 Rp./L, 1980년 77.85 Rp./L로 상향된 경향으로 이어져 왔습니다.

7. 뮬하임(Müllheim) 마을에서 에멘탈 치즈의 제조

뮬하임 마을의 치즈제조 공방은 스위스의 저지대 치즈 제조소(Talkäserei)들이 일반적으로 그러함과 같이 1층은 공장, 2층 및 3층은 생활공간으로 되어 있습니다. 여기에서는 1층 공장 안에 치즈 유제품의 판매 점포도 있습니다. 노동력은 주인의 마이스터, 마이스터 도제 수업중의 젊은 노동자, 모로코의 외국인 노동자 등 계 3명이고, 노동자는 주거하고, 주인의 부인은 점포와 가사에 종사하고 있습니다. 일요일과 국경일에 점포는 쉬고, 치즈 제조소에서는 3명이 교대로 주 1회 반드시 쉴 수 있도록 근무조가 짜여져 있습니다.

이 공장 내의 중요한 설비는 회거(Hoegger) 시스템이라고 불리는 교반기가 붙은 원형 구리 벳트(1,200L) 4기가 중앙에 횡렬(橫列)로 배치되어 있고, 원유 수유 저울, 크림 분리기, 커드펌프, 4연 자동반전 치즈프레스, 유청펌프, 석유보일러가 있습니다. 제조실 옆 부실에는 원유 수납 탱크, 후프(hoop) 세정조, 버터 천, 스타터 제조용 멸균기(Autoclave)와 인큐베이터, 치즈 엘리베이터가 설치되어 있습니다. 지하실에는 가염 조와 저온 숙성실, 난방 보일러실, 치즈 저장실이 있고, 회전치즈 클리너, 치즈 반전용 로봇이 주요 기계입니다.

점포에는 스위스 국내의 각종 치즈, 카탈로그, 요구르트, 케피어, 발효버터, 크림, 장기 저장우유(Long life milk) 외에 무 살균유와 저온살균 크림을 저울에 달아서 팔고 있습니다. 치즈 원료유의 지방율 조정(원유 표준화)으로 얻어낸 크림은 점포에서 판매하는 것 외에는 버터공장에 매일 출하합니다. 치즈제조 공방 뒤에는 대부분의 치즈제조 공방이 그러하듯이 돈사가 있고, 거기에는 치즈공방의 부산물인 유청에 곡물 가루를 혼합하여 양돈사료로 활용합니다. 이 제조공방의 건물, 기계설비, 주택, 점포, 양돈장, 트랙터, 트럭 등이 전부 뮬하임 마을 농업협동조합의 소유물입니다.

8. 뮬하임(Müllheim) 마을 공방에서의 에멘탈 치즈 제조공정

1) 원유의 수유

원료유는 아침/저녁 2회, 6시 반부터 7시 반 사이에 각 농가가 착유 후 냉각을 하지 않고 운송 관으로 공장에 반입합니다. 그렇지만 여름철에는 저녁 우유를 반입시간까지 냉수로 냉각할 수 있습니다. 우유의 반입은 제조자와 조합이 결정한 시간 외에 가져온 것에 대해서는 받아들일 의무는 없습니다. 수유된 우유는 저울 위에 있는 여과기를 통하여 계량하고, 그 시간 각각의 우유 중의 이물질을 검사합니다. 수유된 우유 량은 매회 치즈 제조소의 장부와 농가의 노트에 기록됩니다.

1983년 현재 23호의 농가가 매일 약 4,000~5,000L의 우유를 납유하고, 1일 4개의 에멘탈 치즈가 제조되지만, 계절에 따라 공급량이 적은 경우 제조 치즈수를 줄이므로써 조정합니다. 저녁우유는 받아들인 후 벌크형 냉각 탱크에 넣어 14℃를 유지하면서 다음날 아침까지 저장합니다. 아침우유는 수유, 계량한 뒤 저유탱크에 넣지 않고 크림층을 걷어낸 저녁 젖과 혼합함으로써 지방을 표준화해서 곧 바로 치즈 벳트에 넣습니다. 저녁우유는 아침우유가 도착하기 전에 표준화하고, 전부 유산균 스타터가 들어 있는 치즈 벳트에 옮겨 놓지 않으면 안 됩니다. 치즈 제조소로부터 낙농가에 대한 유대 지불은 월말에 행합니다. 유가는 현재(1983년) 86 Rp./L이고, 생산비가 드는 양질의 건초를 급여하는 겨울철은 여름의 방목기보다 약간 높게 책정됩니다.

치즈 원료유를 공급하는 낙농가에 대한 사료, 축사 위생관리, 항생물질의 취급 기준은 다른 가공유, 식용유의 경우보다 한층 더 엄격합니다. 항생물질을 사용한 경우에는 최저 5일간, 보통 1주일간 납유 정지에 처해지고, 이것들은 「스위스 우유공급조령」에 의해 자세히 규정되어 있습니다. 사일리지, 곰팡이가 핀 건초나 사료는 급여가 금지되어 있습니다. 사료는 청초, 건초, 비-트(사탕무), 배합사료가 기준이 되고, 맥주찌꺼기 등의 박류(粕類)는 그것이 신선한 것일 경우에 한하여 허가됩니다. 건초는 포장을 하지 않고, 우사 2층에 잘 건조될 수 있도록 칸막이 등으로 넓게 하여 넣고, 초여름부터 가을에 걸쳐서 건초가 치워지지 않고 급여할 수 있도록 수직으로 꺼내가며 급여합니다. 각 낙농가의 우사 내부는 청결하고, 나쁜 냄새가 거의 없어 너무 놀랍습니다. 젖소의 품종은 브라운 스위스가 많고, 심멘탈, 독일 적백우(Rotbunt), 이들의 잡종, 최근에는 홀스타인종도 증가하고 있습니다. 브라운 스위스를 시작으로 각 젖소 품종은 미국, 캐나다로부터 보증된 종모우(種牡牛)나 정액의 수입에 의해 개량이 진행되었습니다.

쓰루가우 칸톤(Thurgau Canton)의 낙농가 평균 유우 사육두수는 14~15두이고, 많은 낙농가가 맥류, 감자, 사과, 양돈 등과의 복합경영을 행하거나 부업을 가지고 있습니다. 한 예를 들면, 이 치즈제조소의 근처의 낙농가에서는 가족 4인, 착유두수 14두로 주인은 농번기 이외는 월평균 100시간 정도의 건축업장 아르바이트를 하고 있었습니다. 사용되고 있는 착유기 기종은 알파라발사와 웨스트팔리아가 많고, 대부분이 바켓식 착유기입니다.

2) 유산균 스타터 접종

주 스타터는 수도 베른 근처에 위치한 Liebefield의 연방 낙농연구소로부터 매주 공급됩니다. 사용하는 유산균종은 *Str. thermophilus, L. helveticus, L. bulgaricus*의 3종이고, *P. shermanii*는 매월 1회 같은 연구소로부터 택배로 보내옵니다. 유산균 벌크 스타터는 매회 치즈제조소에서 제조하지만, 프로피온산균 스타터는 자가 배양을 하지 않고 낙농연구소로부터 택배로 배달된 종균을 그대로 몇 방울을 치즈 벳트에 첨가합니다. 유산균은 멸균한 탈지유 배지에 접종하고, 38℃ 약 6시간 배양합니다. 인큐베이터는 목재 상자에 이중유리의 창이 붙은 간단한 구조이고, 열원은 써모 스타터(Thermo stater)에 접속시킨 2개의 진구가 진부입니다.

스타터의 표준 산도는 40 SH°(유산도 0.9%), 벳트 우유에의 첨가량은 0.2%이고, 유지방률을 조정한 표준화한 원료유를 넣기 전에 치즈 벳트에 넣어 둡니다. 벌크 스타터의 제조는 치즈를 성형하고, 가압작업을 하면 곧 바로 시작하고, 저녁우유가 반입되기 전에 배양이 끝날 수 있도록 하고, 냉장차에서 다음날 아침 사용할 때까지 보존합니다. 스타터 배지의 탈지유는 아침 원료유의 지방조정을 할 때에 배양 병에 채집해 점심 무렵 사용할 수 있도록 살균하여 둡니다. 스타터의 산도 측정은 때때로 행하고, 현미경 검사는 월 1회 행합니다(여기서 스타터 첨가량이 원유의 0.2%인 것은 방목으로 얻은 신선한 원유로써 살균하지 않았기 때문에 함유된 천연적인 유산균, 그리고 밤새 저장 중 증식한 중온균 균세를 감안한 것이므로 한국에서 스타터 접종량 적용은 달리해야 합니다. - 역주).

3) 렌넷 첨가

스타터를 넣은 치즈 벳트를 우유로 채우면 31℃까지 약 20분에 걸쳐서 가온합니다. 렌넷을 해당 공장에서는 분말 렌넷과 크리스챤 한센사의 액체 렌넷을 반반 비율로 혼합하여 사용합니다. 프로피온산균 스타터는 냉수에서 용해한 렌넷 용액 중에 각 치즈 벳트에 1방울씩이 되도록 첨가해서 충분히 흔들어서 혼합합니다. 우유는 렌넷 첨가 후 30분경이면 응고합니다.

렌넷에 의한 우유의 응고력은 원유 중의 용해성 칼슘(칼슘이온)의 양에 영향을 받기 때문에 칼슘을 불용화시키는 우유의 가온(69～71℃) 살균은 렌넷의 활성도를 저하시킵니다. 또한 유방염유는 저산도 때문에 렌넷 활성이 저하하고, 초유의 혼입도 초유에 함유된 각종 효소 때문에 렌넷의 작용은 방해받게 됩니다.

4) 커드 절단

커드는 렌넷 첨가 후 30분부터 적당한 굳기로 커드가 형성됩니다. 그 응고 정도는 국자(Kelle)와 손의 감각으로 검사한 후 Harfe라고 불리는 커드 나이프로 먼저 제1회째 커드 절단을 행합니다. 이것에 의해 커드는 수직으로 1.0cm 각의 길고 가늘은 막대모양으로 절단됩니다. 다음으로 이 가늘고 길게 잘린 커드는 국자로 천천히 상부로 끌어내고, 특히 벳트 주변이나 밑 부분의 잘리지 않은 부분을 위쪽으로 끌어올립니다. 다음으로 두 번째의 커드 절단을 행하고, 3～5mm의 쌀알크기의 커드 입자가 형성되게 합니다. 커드 절단을 개시해서 커드 입자를 형성하기 전까지 약 7분 만에 종료시킵니다. 2회째의 커드 절단은 잘 잘리지 않은 커드를 다시 한 사람이 국자로 Harfe가 닿는 주변에 뒤집어 혼합해 가면서 넣어 줄 필요가 있습니다.

커드 절단에서 주의해야 할 점은 커드 입자의 크기를 가능한 한 균일하게 하는 일입니다. 커드 입자의 불균일은 치즈 내의 수분분포를 불균일하게 하고, 또한 너무 가는 입자는 물리적 틈새(mechanical hole)의 원인이 됩니다. 커드 절단 개시 때에 커드가 너무 연약 할 때에는 커드 절단 속도를 천천히 하고, 굳기가 충분한 경우에는 적절한 빠르기로 합니다.

커드 절단 후 31℃를 유지하고 45분간 교반합니다. 이 사이에 커드 입자는 유청을 배출해 표면에 얇은 막을 형성합니다. 45분이라고 하는 교반시간은 하나의 기준이고, 그때그때 커드의 상태에 따라 조절해야 하며 똑같이 행할 것은 아닙니다. 예를 들면 미리 숙성한 우유(유산균이 많아 산도가 비교적 높음)를 원료유로 한 경우 교반시간은 짧아져야 합니다. 결국 이것에 의해 커드 입자에 필요한 「굳기」를 주는 일입니다.

5) 가 온

가온은 증기에 의해 쟈켓 기온으로, 35분 사이에 52℃까지 가온합니다. 온도 상승은 균등하게 무리가 없도록 주의하고, 커드 입자는 부서지기 쉽기 때문에 충분한 속도로 교반하고 결착을 방지합니다. 40℃에 다다를 때 약 40 L의 냉수를 첨가하고, 삼투압에 의해 커드 입자로부터 유당의 배출을 촉진합니다. 52℃에 도달하면 약 20분간 교반합니다. 그 온도에서 대장균 등의 중온성 세균의 생육은 강력히 억제됩니다.

후-프(hoop)에 성형하기 전에 커드 입자의 가능한 상태를 조사합니다. 그 방법은 먼저 커드 입자를 한손으로 가볍게 쥐고, 초밥을 잡는 요령으로 단단히 잡아 쥐고, 그러고 나서 그 덩어리를 손가락으로 적당한지 가볍게 흔들어 줍니다. 그때 커드 입자의 결착이 나쁘고, 부서질 것 같은 커드 입자는 너무 '건조'해 있고, 수분이 너무 없어 굳은 치즈가 됩니다. 계속해서 쥔 커드 입자의 덩어리를 떼어 보고 적당한 점성을 가지고 있는가를 조사합니다. 점성이 너무 높으면 수분함량이 많고, 치즈의 품질과 보존성 저하의 원인이 됩니다. 최후에 그것을 양손으로 합치고, 압력을 푼 커드 입자가 다시 너덜너덜하게 깨어지는가를 봅니다. 이 검사를 커드 입자의 「결착시험」이라고 합니다.

6) 커드 형성과 가압

여기 치즈공장에서는 CECA-System라고 부르는 후-프와 가압기가 일체로 되어 자동적으로 반전하는 장치가 사용되고 있습니다. 이것은 종래의 나무 혹은 플라스틱 후프에 치즈 천을 사용한 경우보다 청결하고, 핸들 프레스보다 작업량은 훨씬 경감되었습니다. 알루미늄의 후-프의 내측에 치즈 천을 대신하여 붙여진 작은 구멍들이 있는 얇은 스테인리스판과 싱하의 플라스틱 원빈은 사용 후 가성소다(NaOH) 같은 강알칼리와 초산(Acetic acid) 용액으로 매회 씻어 살균합니다.

가온이 끝난 커드 입자는 성형 직전에 약 40L의 냉수를 치즈 벳트에 첨가해 50℃로 내려 주고부터 커드펌프로 퍼냅니다. 이 커드펌프 형식은 치즈 벳트의 상부 중앙으로부터 커드 입자 흡입파이프를 벳트 밑 부분에 넣어 빨아올리는 형식입니다. 펌프로 커드 입자와 유청을 후-프에 넣는 동안에 교반기는 천천히 움직여 커드 입자의 결착이 일어나지 않도록 합니다. 커드를 채워 넣기가 끝난 커드와 유청은 국자로 표면의 구멍을 제거하고, 커드 중앙을 조그만 산모양이 되도록 만듭니다. 후-프 중앙으로부터 유청이 충분히 모인 때 카제인 재질로 만든 검은 일자의 **숫자, 벳트 번호, 에멘탈 치즈 인증 라벨**을 표면에 붙여서 가압을 시작합니다. 치즈 벳트에 남은 유청과 가압기로부터 흘러나온 유청은 펌프로 크림 분리기에 옮기고 유청 중의 지방분을 회수합니다. 이렇게 얻은 크림은 유청버터 원료로 사용됩니다. 유청버터는 융점이 낮고, 원료유에서 유래한 치즈공장의 보배입니다.

치즈 압력과 반전은 자동적으로 행해지고, 개시 시의 압력은 낮은데서 서서히 높여가고, 최대 압력은 2,500kg까지 합니다. 반전의 간격은 처음은 자주, 뒤에는 듬성듬성한 간격으로 하여 5회 반전을 행합니다. 가압시간은 20시간입니다. 가압 2시간 후 치즈 내부의 유청을 채취하고 산도를 조사하여 가압중의 유산균 증식성을 파악합니다. 이때의 표준산도는 12 SH°(= TA 0.25%)이어야 합니다.

7) 가 염

가압을 해제한 치즈는 엘리베이터로 가염조가 있는 지하실로 옮기고, 소금물에 넣기 전 2～3시간 방치하고 냉각합니다. 이 시간은 여름철은 길고, 겨울철에는 약간 짧게 합니다. 소금물에 넣은 치즈의 표면에 소금기가 스며들면 다음날 반전한 데에도 같은 양의 소금이 스며듭니다. 가염기간은 2일입니다. 소금물의 염농도는 20°Bé, 수온 10～12℃로 산도는 그때그때 조사하여 조정합니다. 치즈는 가염 조에 두 개를 겹쳐 넣으면 안 되지만, 최근에는 깊은 가염 조에 포개어 넣는 방법도 행해지고 있습니다. (이때까지는 가염용 치즈 선반이 없었습니다. - 역주)

8) 숙성과 저장

이 치즈공장에서는 난방이 되어 있는 본 숙성실에 치즈를 넣기 전에 14일간의 예비숙성(12℃)을 행합니다. 이것을 Vorheizung(전 난방공정)라고 칭하고, 일종의 완충실로서 난방실에 넣는 것에 의한 급속한 온도 변화로부터 치즈를 지키는 것이 목적으로 보입니다. 숙성기간 중 치즈는 뒤집어 주기와 솔질을 행하고, 이 작업은 중노동이지만 아름다운 껍질을 만들기 위해서는 필수 불가결합니다. 현재에는 뒤집어 주기용 로봇이 사용되고 있습니다. Vorheizung 중 혹은 숙성 중 치즈를 놓는 둥근 판은 구리판에 플라스틱 코팅한 것이 전문적으로 사용되고 있고, 이는 예전의 목제보다 가볍고 씻기에 편합니다.

프로피온산 발효를 위한 본 숙성실의 온도는 23℃, 습도는 80%이고, 스팀 난방기가 설치되어 있으며, 습도는 가습기로 조절되지만 여름철에는 습도가 올라가기 쉽기 때문에 그 경우에는 오히려 제습기가 이용되고 있습니다. 본 숙성은 4~6주간 계속되고, 정기적으로 뒤집어 주기, 껍질의 손질이 행해집니다. 그때의 치즈 놓는 선반 위치를 상하부로 옮겨 넣어 교체합니다. 그것은 숙성실 내의 온도, 습도가 상부와 하부에서 미세한 차이가 있기 때문입니다.

프로피온산균에 의한 치즈 눈의 형성은 이 기간에 형성되고, 에멘탈 치즈의 특징적인 조직과 향미가 만들어집니다. 숙성실로부터 저장실로 옮기기 전에 치즈 샘플 병에 치즈를 떼어내어 치즈 눈의 만들어진 정도를 조사합니다. 저장실의 온도는 10~12℃, 습도 80%로 출하까지 약 1개월간 걸립니다. 저장중의 치즈는 출하에 맞추어 회전하는 와이어 부러쉬가 붙은 클리너 위에서 껍질을 깨끗이 청소합니다.

9) 출 하

제조 후 약 3개월 무렵에 치즈는 치즈 유통회사에 출하됩니다. 출하는 월 1회 행하고, 그 사이 스위스 치즈연합(union) 검사관이 치즈 출하 조령에 기초해서 하나하나의 치즈에 대해서 품질검사와 등급 매기기 계량을 합니다. 등급은 3단계로 나뉘고, 점수로 표시되어 치즈연합에 보고합니다. 이 등급 매기기와 계량은 차후에 문제가 생기지 않도록 제조자의 입회하에 행해집니다. 품질검사에서는 치즈 샘플 병에 의한 타진과 시료 채취 구(trier)에 의한 샘플링으로 색, 맛, 향기, 촉감이 조사되고, 또 외부의 껍질의 상처, 보존성이 조사됩니다.

스위스 전국에서 생산된 에멘탈 치즈의 90%가 수출되고, 그 주요한 수출 선은 독일, 이탈리아, 프랑스입니다. 일반적으로 치즈 눈이 크고 많은 것은 이탈리아에, 작은 것은 독일로 향합니다. 스위스 국내에는 수출에 부적합한 약간의 결함이 있는 것이 소비됩니다. (그래서 1990년경 홍콩지사 근무를 마치고 귀임한 역자의 지인이었던 스위스인이 홍콩백화점에서 판매되는 에멘탈 치즈를 구입하여 먹어본 뒤 스위스인들이 불쌍하다고 한탄하는 이야기를 들었습니다. - 역주)

9. 에멘탈 치즈의 숙성 중 발효단계

에멘탈 치즈의 발효는 크게 나누어 다음의 3단계로 나눌 수 있습니다.

(1) 제1의 발효 : 유산균에 의해 유당이 분해되어 유산을 생성시킵니다. 정상적인 경우에는 제조 후 24시간의 치즈에는 거의 유당이 존재하지 않지만, 2일 후 더욱이 유당이 확인된다면 전부 좋지 않는 효소가 생깁니다.

(2) 제2의 발효 : 프로피온산균에 의한 발효과정입니다. 유산은 프로피온산균에 의해 이산화탄소(CO_2), 초산(醋酸), 프로피온산으로 분해됩니다. 이 낙산균과 프로피온산균이 아미노산을 분해해서 에멘탈 치즈의 특유한 향미의 일부를 형성하지만, 제일 중요한 것은 CO_2 가스에 의해 독특한 치즈 눈이 만들어지는 것입니다. 이 단계에서 비정상적인 발효로는 탄산가스 이외의 가스를 생성합니다. 이를테면 낙산균(*Cl. tyrobutyricum*)에 의한 발효로, 유산으로부터 초산 등의 다른 수소가스가 생성되면 치즈의 이상풍미와 이상팽화(異狀膨化, Blown)의 원인이 됩니다.

(3) 제3단계 : 치즈 눈의 형성 중 제3단계의 발효가 시작됩니다. 유산균에서 유래한 효소의 작용에 의한 단백질 분해입니다. 그리고 이 3단계에서 치즈의 맛, 향기, 조직의 상태가 결정됩니다.』

4.6 아시아고 치즈(Asiago cheese)

그림 3-77. 아시아고 치즈 (화보 29쪽)
(http://en.wikipedia.org)

그림 3-78. 아시아고 치즈
(화보 29쪽, 저자 사진)

그림 3-79. 이탈리아 아시아고 지역의 치즈 숙성고 (화보 30쪽, 저자 사진)

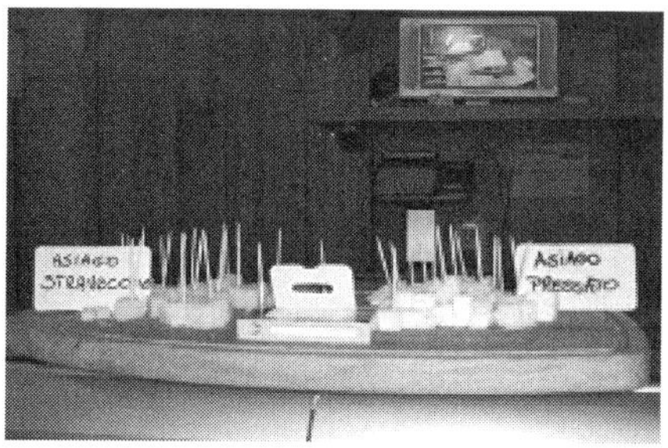

그림 3-80. 아시아고 치즈 플레이트
(화보 30쪽, 저자 사진)

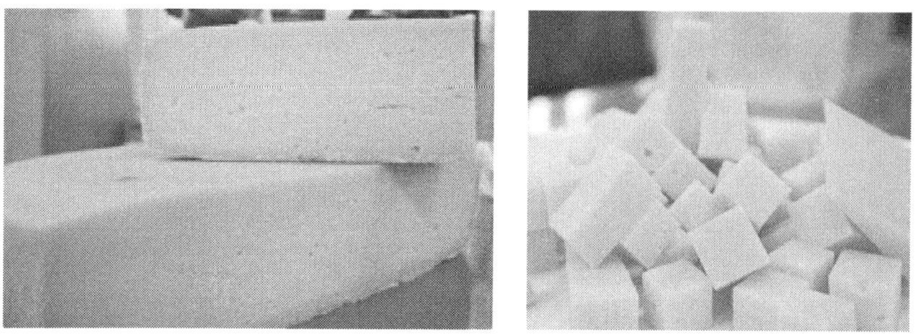

그림 3-81. 순천대학의 9개월 숙성된 아시아고 치즈와 서빙용 큐브
(화보 31쪽, 프로마쥬 김은주 대표 제공)

1) 개 요

저자는 2005년 6월 23일부터 6월 28일까지 이탈리아 아시아고(Asiago) 지방에 치즈여행을 갈 수 있었습니다. 그 때 현지에서 아시아고 치즈산업을 안내해 주는 스턴 박사(Dr. Rigoni Stern)의 설명을 우리 교포인 전원미 선생의 통역으로 해박하게 전해 주었던 내용을 중심으로 비교적 상세하게 정리하여 저자의 졸저에 옮겨 두었습니다.[396] 이 지역은 이탈리아 북부 베네토(Veneto) 지방의 고원지대에 속하는 지역입니다. 여기서 이탈리아의 알프스가 시작되는 곳입니다. 그래서 pre-alpi라고 부릅니다. 그러니까 아시아고 지방은 이탈리아 베네토 지방의 해발 1600m에 있는 고원지대입니다. 여기는 고원지대의 넓이가 416km^2(원경)나 됩니다. 이 거대한 고원지대는 브렌따강(오른쪽)과 아느리강(왼쪽)에 의해 갇혀 있는 형상입니다. 고원지대의 50%는 산림, 30%는 초지, 20%는 낙농업을 위한 고원지대 자연초지입니다. 이곳 사람들의 생활 방편은 낙농과 산림자원 이용입니다.

역사 자료에 의하면 이 치즈는 AD 900년부터 언급됩니다. 그 무렵부터 이곳에서는 면양유로 아시아고 치즈를 제조하였다고 합니다. 이 지방에서는 AD1000~1800년까지 면양을 주로 사육하여 양모, 모직원료를 많이 생산한 지역이었습니다. 그런데 1800년대 이후부터 이곳의 산업이 양모생산에서 낙농 쪽으로 전환되었습니다. 거기에는 서글픈 역사적 이야기가 있었습니다. 아래 [Tip 58] 「아시아고 지방 역사 이야기」를 참고하십시오. 지금은 6,000두의 젖소를 사육하고, 그 우유로 치즈를 생산하는 회사가 많아졌습니다. 그래서 아시아고가 치즈로 유명해졌습니다. 1900년대 초까지는 목장 유가공 수준의 소규모 치즈공장들이 대부분이었으나, 현재는 3개의 대규모 치즈공장들이 있습니다.

[Tip 58] 스턴 박사가 전해 준 아시아고(Asiago) 지방 역사 이야기

여기는 이탈리아 북부 알프스 산맥의 융기가 시작되는 고원지대입니다. 1차대전시 격전지로 유명하고 수많은 알프스 병사들이 죽었습니다. 당시 이 지역이 초토화 되었고 산업도 많이 피폐해졌습니다. 1차대전이 끝나고(1918) 3년 후인 1921년부터 아시아고 치즈제조가 복구되었습니다. 1차대전 당시 여기는 오스트리아의 합스부르크 제국 치하에 있었습니다. 오스트리아 남부 티롤(Tirol)이 독립운동을 하면서 골치가 아프니까 티롤(Tirol)을 이탈리아에 넘겨주기로 하고, 이탈리아를 3국 동맹에 연합시켰습니다. 그러나 이탈리아는 전쟁 나고 1년 반 만에 먼저 항복을 해버렸고, 프랑스와 영국 쪽에 가담하고 말았습니다. 그러고 나서 아시아고 지역은 프랑스 영국 연합군의

396) 배인휴 저. 2017. 목장유가공론 - 지속가능 낙농 길잡이 -. 유한문화사. 서울. pp. 191-221.

점령지가 되어 버렸고, 오스트리아 영토에서 이탈리아 영토로 전환되었던 것입니다. 그 이후부터 젖소를 사육하기 시작했습니다.

사실 아시아고 지역은 1780년까지는 면양을 키웠고, 그때까지 면양이 20만 두였습니다. 면양이 없어지고 젖소가 사육되면서 면양유 치즈 대신 우유치즈가 제조되었는데 그때가 1790년경입니다. 저자 일행이 방문했던 말가(Malga)는 1000년 전에 세워졌습니다. AD 780년~1000년까지 면양유 치즈를 만들었습니다. 그 동안 복속되어 있었던 베니스 왕국이 나폴레옹에 의해 패망했습니다. 그러니까 왜 이곳에 면양유 치즈가 발달했는가 하면 이곳의 주산업이 양모생산이었기 때문이지요. 그런데 나폴레옹이 이곳 양모산업이 프랑스 양모산업 발전에 방해가 된다고 전격적으로 이곳의 양모산업을 폐지시켰습니다. 그러고 나서 프랑스가 세계 양모산업을 제패하기에 이른 것입니다. 힘이 없는 민족에게는 이렇게 슬픈 역사가 서려 있습니다.

[Tip 59] 아시아고 자연방목시 말가(Malga) 이야기

아시아고 지역에는 80여 개의 말가(Malga)가 있으며, 사람들이 사는 곳 아시아고 시티는 해발 1000m 지역이고, 말가 지대는 1200~1700m에 형성되어 있습니다. 1700m 이상 고원인 말가 지대에는 에델바이스, 란뽕, 마리아의 신발이라는 난이 있는데, 이런 곳에는 에델바이스가 발에 밟힐 정도로 많다고 합니다. 하나의 말가는 1만 2천ha의 자연방목 초지를 보유하고 있습니다(12000 × 3000평 = 360,000평). 여기는 고원지대라 숲을 개간하여 목초지를 조성하는데 풀씨를 뿌리지 않고 자생 초종으로만 초지가 조성되어 있습니다. 말가 지대에서는 1년에 2회 초지목초를 수확합니다. 말가에서는 소가 한 번 먹고 지난 뒤 배설물로 거름이 되는데, 산위로 올라가면서 배설한 것이 유일한 거름이 되고 있습니다. 그야말로 자연순환 농법으로 인공비료를 하지 않은 유기농 초지인 셈입니다. 젖소가 말가에 올라오는 때는 6월인데, 올라와서 11월까지 머무르다가 12월 초에 하산합니다.

하나의 말가에서는 6~11월까지 800개의 치즈가 생산되는데, 40~50%는 현장 방문 고객에게 판매하고, 나머지는 명품치즈 특별 매장에 넘긴다고 합니다. 아시아고 치즈 제조 뒤에 만든 리코타 치즈가 치즈 공장 내 연기를 뽑아내는 후드의 앞면 선반 위에서 훈연되는데, 이것은 피자 요리 시 뿌려 먹으면 참 맛있다고 합니다. 이 고원지대의 방목지는 개인 소유가 아니랍니다. 옛날 원주민 때부터 개인 소유를 할 수 없게 되어 있었고, 주택지만 사유하나 방목지는 지역 공동체 명의로 되어있습니다. 소유는 지자체인 아시아고 시에서 갖고 있고, 「씨족공동체」 명의의 지역 공동체가 있습니다. 말가는 거기에서 관리하고 있는 것입니다. 따라서 말가는 조상 대대로 지역 공동체 소유입니다. 양을 키우거나 소를 키우는 사람이 사용신청을 하면 6년 단위로 사용하는 경매에 붙여 낙찰자에게 임대합니다. 임대기간이 끝나면 말가 대상으로 다시 경매에 붙입니다. 봉투에 내가 우유 1.0 L에 얼마 이상 받아낼 수 있다고 써내면 최고가를 써낸 사람에게 낙찰되어 임대를 해줍니다. 기간은 6년 단위입니다. 6년 계약할 때에 해야 할 의무가 있습니다. 관리공동체에서 목초지에 없애야 할 독초 제거, 인공연못은 5년마다 청소해 주어야 한다는 의무를 부과합니다. 그래서 공동체 감찰결과 이를 이행하지 않았을 때는 500유로 벌금을 부과합니다. 매우 철저히 관리합니다.

[Tip 60] 아시아고 치즈(Asiago cheese)의 숙성기간에 따른 치즈 분류

경질형과 초경질형과 같은 장기 숙성용 치즈는 저녁 착유 원유의 크림층을 제거한 다음, 같은 양의 아침 착유 원유와 혼합하여 비살균 생유 그대로 치즈를 제조합니다. 이것이 아시아고의 특유의 치즈인데, 아시아고 치즈는 신선형을 제외하면 보통 3개월~3, 4 년간 숙성시키는 반경질, 경질치즈에서 숙성기간이 연장되면 수분감소에 따른 초경질 치즈가 되는 것입니다. 아시아고 치즈는 숙성 정도에 따라 다음과 같이 네 가지 종류로 나뉩니다. 그러니까 아시아고 치즈는 반경질/경질/초경질 치즈를 아우르는 치즈가 되는 것입니다.

① 아시아고 프레스코(Asiago Fresco) : 3개월 미만(Vechano, 3개월 이하) 숙성한 것
② 아시아고 메짜노(Asiago Mezzano) : 3~8개월 정도 숙성한 것으로 부드러워 테이블 치즈로 선호됩니다.
③ 아시아고 베끼오(Asiago Vecchio) : 9~18개월 정도 숙성한 것
④ 아시아고 스트라베끼오(Asiago Stravecchio) : 18개월 이상 4년까지 숙성한 치즈입니다. 그라나 파다노(Grana padano)나 파르메지아노 레지아노(Parmigiano Reggiano) 치즈처럼 매우 단단하며, 결정질(Crystal)이 많은 치즈입니다. 치즈가루를 내서(grate) 각종 이탈리아 요리 양념, 스파게티, 샐러드에 사용합니다.

이 지역 고유의 자연초지에서 생산된 우유라는 점 때문에 High class 치즈가 되고 DOP*의 의미가 있는 것입니다.

[Tip 61] *DOP(Dinononation Origin Protecte)와 CSQA

세계적인 공인을 얻은 이탈리아의 원산지 명칭보호 제도입니다, 프랑스의 AOC와 유사한 제도지요. 지금은 브뤼셀 EU본부에서 발급해 주는 EU회원국 공통의 원산지 명칭보호제도인 PDO로 변경되어 받는 공인제도입니다. 1992년에 과거 DOC(control)가 DOP로 바뀌어 EU에 의해 제정된 것입니다. DOP의 첫 규정은 지역과 생산지입니다. 두 번째는 제조기술이 과거부터의 전통적인 것, 전승적인 것에 근거한 제조법이어야 합니다. 사용하는 원료가 어떤 식으로 생산되는가(우유는 어떤 품종의 소에서, 어떠한 사양방식으로 생산되며, 원유처리법이 독특해야 함) 등 위의 3요소가 DOP 결정의 기본이 됩니다. DOP 생산업자 단체인 신청인을 감독하는 제3자 집단, 기관이 필요합니다. ※ 한국에도 조만간 치즈 원산지 명칭보호규약제정이 필요합니다. 한때 한국식품연구원이 추진하였으나 결과 보고는 아직 알지 못합니다.

이런 Control과 분석을 해주는 기관이 바로 이탈리아 아시아고 지방의 CSQA[397]입니다. CSQA에서 확인을 받으면 DOP 제품임이 공인됩니다. CSQA에서 공인증을 DOP 신청인에 보내줍니다. 그 공인증을 가지고 확인 협회에 가면 제품에 활용하도록 도장을 찍어줍니다. 그곳이 Consorzio입니다. Consorzio에서 공인받은 것만 DOP 제품에 사용할 수 있습니다. 아무나 그 공인마크를 사용하지 못하게 공인기관이 보호해 주고 있고, CSQA에서 정기적인 검사를 해오고 있습니다. 정해진 인증규격에서 벗어나는 일이 연속되면 취소가 됩니다. 취소된 DOP 공인증은 쓸 수 없습니다. 한국의 유기농인증마크, Q마크와 같습니다.

[Tip 62] 그라나 파다노 치즈(Grana-Padano cheese)란?

이 치즈는 비옥한 이탈리아 파다나 평원의 넓은 지역에서 제조되는 것으로, 세계에서 많이 팔리는 치즈입니다. Grana라는 말은 알갱이(granule)란 뜻인데, 치즈를 숙성시키면 아미노산이 결정회 되어 알갱이가 만들어지고, 지르면 부슬부슬 부서지는 특징이 있습니다. 이는 숙성 중 수분감소와 단백질 분해로 만들어진데서 유래한 말입니다. 파다노(Padano)는 이 치즈가 처음 만들어졌던 포(Pô)강을 지칭하는 라틴어인 파두스(Padus)를 합친 말입니다. 이 치즈에는 DOP(Dinonation Orginal Protecte, 일종의 이탈리아 원산지 명칭보호공인규약, 프랑스의 AOC와 유사함)[398] 마크가 찍혀서 판매되던 것이 EU통합 이후에는 PDO마크가 찍혀 판매됩니다. 그라나 파다노 치즈의 특징은 제조, 숙성과정에 방부제 사용이 없습니다. 그러면서 장기 숙성 후에도 방부제를 사용하지 않습니다. 이 치즈는 진공포장 하여 숙성합니다.

[Tip 63] 말가의 아시아고 치즈 마에스트로 할아버지의 아들 이야기

저자가 만났던 말가 치즈 명인 할아버지 아들은 세계 공인대학 중 최초의 대학인 볼로냐 대학교에서 화학을 전공하고, 현재 아시아고 시티에서 호텔을 경영하고 있습니다. 어려서부터 치즈를 배우고, 치즈의 화학적 변화를 알고 있습니다. 그의 특기로는 타원형 치즈를 제조(아버지의 비밀을 다 전수) 할 수 있다고 합니다. 아버지를 따라가지 못하는 것은 아버지는 아침 원유가 오면 1초 이내에 원유를 알아보고 오늘 치즈는 어떤 방식으로 만들어야겠다고 정확히 읽어내신다는 것입니다. 그러나 화학을 전공하였고, 치즈의 화학적 변화를 다 읽어낼 수 있는 그도 그것을 전혀 모른다는 것입니다. 아버지에게 치즈기술의 비법을 모두 배웠어도 이것만은 익히지 못했다고 합니다. 어느 날 아버지가 그에게 말씀하시기를 "나는 가슴으로 치즈를 만드는데 너는 머리로, 기술로 만들어 내려고 한다. 치즈를 가슴과 혼으로 만들도록 하라"고 하셨다며 아버지를 매우 자랑스러워했습니다. 자기가 보는 아버지는 치즈 기술자(Technician)가 아닌 치즈 예술가(Artisan)로 안다고 하였습니다.

397) Institute of Agri-Food Quality and Technologyes /Veneto Agricultral Control Institute

2) 제조공정

(1) 원유처리 : 저녁 원유를 냉장실이나 10～12℃의 저온실에서 지방 자연분리 통에 보관했다가 아침에 2° 경사진 바닥끝의 틈새를 빠져 나온 부분 탈지유와 같은 양의 아침 원유를 혼합하여 사용합니다. 이것은 아시아고 지역의 표준화 방식입니다. 부분 탈지유는 빠져 나가고 원유 상층부의 크림은 지방 분리통 바닥 위에 그대로 남게 되는데, 그대로 긁어서 받아낸 이 크림으로 발효버터를 제조합니다.

(2) 살 균 : 63℃/30분(아시아고에서는 비살균)

(3) 냉 각 : 33～35℃

(4) 스타터 첨가 : 원유의 1.0%(듀퐁 다니스코사의 Choozit-LH 100 또는 Choozit Su Casu균이나 크리스챤 한센사 ABT-5 같은 고온균 DVS : 2.5g/100kg)

- 원유 숙성 : 50분간(목표 pH 6.40～6.50)
- 염화칼슘($CaCl_2$) 첨가 : 15g/100kg(비살균 시 필요 없음)
- 안나토 색소 첨가 : 2.0mL/100kg
- 라이소자임 첨가 : 15～18mL/100kg(사일리지나 TMR 급여우 원유에만)

(5) 렌넷 첨가 : 송아지 렌넷으로 250～290/mL IMCU 활력의 렌넷을 20mL/100kg 정도 취해 20배 물에 희석 첨가, 온도 33～35℃, 30분 정치하고 25분부터 커드 굳기 검사를 합니다.

(6) 커드 절단 : 쌀알 크기(3～5mm^3 크기)로 절단, 절단 전 pH는 6.40 정도일 것 절단 후 3분간 치유합니다.

(7) 커드 교반 : 손으로 부드럽게 10분간 교반합니다.

(8) 1차 가온 : 10분간 교반 후부터 33～35℃에서 38～40℃가 되기까지 가온(해당 온도 도달 시 그 온도를 유지하면서 교반 20분)합니다.

(9) 2차 가온 : 교반 20분 후부터 42～46℃가 될 때까지 다시 가온합니다.

(10) 교 반 : 46℃ 도달 시 46℃를 유지하면서 30분간 센 교반을 실시합니다.

(11) 커드 정치 : 커드 정치 및 침지로 커드의 매트 형성 작업 - 20분간 유청 내에서 (이탈리아 아시아고 지역의 말가(Malga)에서는 청초방목으로 얻은 원유 내에 존재하는 자연 유산균을 사용하므로 60분간 정치하여 맷팅 과정을 거칩니다) 정치합니다. 그렇지만 우리의 벳트는 바닥이 평평하므로 미리 큰 대야에 몰드를 놓고 몰드에 천을 대고 유청과 커드를 함께 담은 후 별도 대야에 유청을

받아 모았다가 다시 유청을 벳트에 옮긴 후 커드가 든 몰드를 벳트의 유청 속에 담가서 20분간 정치시킵니다. 그러면 아래의 (12)번 유청제거 과정은 생략해야 합니다.

(12) 유청제거 : 정치 후 유청의 1/2량을 제거하고 커드를 한 번 뒤집어엎어 1차 성형하여 다시 20분간 정치(46℃ → 42~43℃)합니다. 이탈리아 아시아고 지역에서는 유청 제거 후 20분간 벳트 내에 방치하는 동안 몰드(hoop)를 준비, 커드를 몰드크기에 알맞게 잘라(가우다 처럼) 몰드에 채워 성형합니다. 몰드는 베르크(직경 45~50cm, 높이 10cm)용이 무방합니다.

(13) 가 압 : 성형 후 치즈 무게의 1~2배로 가압하면서 30분마다 뒤집어주는 작업을 2~3시간에 걸쳐 실시해 줍니다. 최종적으로 5배 무게로 하룻밤 가압합니다. 가압실의 온도 20℃, 6~8시간 가압합니다.

(14) 가 염 : 가염 전에 치즈의 pH 5.1~5.3 정도인지를 확인하여 가염합니다. 20°Bé 소금물로 8시간/kg 규격으로 염지합니다. 8kg 치즈는 2.6일, 12kg 치즈는 4일간 가염합니다(아시아고 전통 방식의 건염법을 쓰는 경우 8일 소요되는 가염법에 관한 Tip 64를 참고하십시오). 이때의 소금물의 pH는 치즈와 같게 하고(5.1~5.3), 염도 17°Bé, 소금물의 온도 12~14℃를 준수해야 합니다.

(15) 건 조 : 10~12℃에서 표면 건조하여 표피를 형성합니다. RH 73%, 온도 10~12℃에서 2일간 자주 뒤집어 주면서 건조하여 표피를 확실히 만듭니다.

(16) 숙 성 : 14℃, RH 85% 조건에서 6~12개월간 숙성합니다.

① 숙성관리 요령 : 숙성의 처음 1개월간이 매우 중요합니다. 아시아고 말가(Malga)에서의 [Tip 65] 「숙성 1개월 동안의 아시아고 치즈 관리법」을 참고하십시오.

② 숙성 중의 치즈의 표면관리 : 치즈 뒤집어 주는 날 10% 소금물을 천에 묻혀 표면을 닦아 주고, 그 이후부터는 표면에 곰팡이가 보이면 물로 세척하여 제거합니다. 아시아고 지방에서는 숙성 1개월째에 표면에 아마인유를 발라주고 그 다음부터는 아마인유로 표면 관리해 줍니다. 치즈 표면에 아마인유를 발라주지 않으면 작은 치즈벌레(mite)나 거미가 치즈에 구멍을 내고 파고 들어가 상품성을 떨어트리기 때문입니다. 산에 사는 작은 곤충이나 날파리들이 달라붙지 않게 린넨 천에 오일(아마인유)을 묻혀서 치즈 위에 덮어 줍니다. 천에 아마인유를 적셔서 치즈 표면을 닦아 주는데, 그런 다음 천을 덮어줍니다. 참고로 저자가 방문했던 말가(Malga)에서는 숙성기간에 따라 치즈를 세 가지로 분류하고 있었습니다.

① 6개월 숙성한 치즈 : 프레사토(Presato)
② 1년 숙성한 치즈 : 베끼오(Vecchio)
③ 2년 숙성한 치즈 : 스트라베끼오(Stravecchio)

3) **공정표**(아시아고 지방 전통 방식을 한국 원유에 맞추어 개조함)
: 원유 100kg 기준

제조자 :	치즈명 : 아시아고 치즈 (Asiago cheese)	벳트 번호 :	일 시 :
원 유 kg 100 탈지유 kg ____ 분 유 kg ____ 스타터 kg ____ 총 량 kg ____	원 유 지 방 ____ 단백질 ____ 표준화 지 방 ____ 단백질 ____	스타터 산 도____ pH ____ 기 간 ____ 배 지 ____ 박테리오파지 ___	

제조과정 진행	시 간	온 도	산 도	pH	커드 pH	기 록 사 항
원 유		4~5℃				저녁 젖의 정치로 크림층 제거한 뒤 아침 젖을 동량 혼합하는 표준화 작업을 합니다.
살 균	30분	63℃				30분간 살균 후 냉각합니다.
기본 스타터	50분간 발효	35~36℃				고온균, 듀퐁 다니스코사-Su Casu균 2.5g/100kg
부가 스타터		35~36℃	0.01% ▲		6.4~6.5	아나토 색소, 사용량 : 1~2mL/100kg
첨가물		35~36℃				액상 $CaCl_2$, 20mL/100kg
렌넷 첨가		33~35℃				액상 렌넷, 사용량 : 250~290/mL IMCU 20mL/100kg
응 고	25분	35℃				응고 소요시간 : 20분부터 커드 검사합니다.
커드절단 시작		35℃			6.4	3~5mm 크기로 절단(쌀알 크기)
커드절단 종료	5분	35℃				3분간 정치하여 치유합니다.
교 반	10분	35℃		6.4~6.5		10분간 천천히 교반합니다.

1차 가온	5분	40℃				5분 만에 38~40℃로 올립니다.
2차 가온	20분	42~46℃				20분간 교반하며 46℃로 느리게 가온합니다.
교 반	20분	46℃				센 교반을 하여 커드 내 유청을 배제(syneresis)합니다.
커드정치	60분	46℃				벳트 바닥에 커드를 정치합니다.
유청 제거		46℃				1/2 제거 후 뒤집고 20분간 정치합니다.
후핑(몰드에 커드 채움)		42~43℃			6.4	원형 치즈 몰드 크기에 맞추어 철사 줄로 자른 커드를 넣어 성형(8~12kg) - 마치 예비가압 후의 가우디 치럼 커드를 몰드 그기에 알맞게 잘라 넣어 줍니다.
뒤집기	2~3시간	20℃			5.8	처음 1~2배로 가압, 20분 뒤에 뒤집고 이를 2~3회 반복, 그 다음 치즈 무게의 4~5배로 20℃하에 하룻밤 정치 가압합니다.
가 염		실온 온도 14~15℃			5.3	치즈의 pH 5.1~5.3 범위 확인 뒤 8hr/kg의 시간으로 가염합니다.
건 조		10℃, RH 73%			5.2	10℃에서 표면 건조, 2~3일간 자주 뒤집어 가며 건조합니다.
숙 성		14℃/RH 85%				6~12개월간 숙성합니다.

■ 아시아고 말가(Malga) 치즈공방에서의 전통적인 아시아고 치즈 제조법[399)]

(1) 저자 일행은 07시 30분부터 출발하여 말가가 있는 해발 1650m 고지까지 속 깊은 골짜기로 된 전나무 숲을 기어가듯 꼬불꼬불 올라갔습니다. 전나무 숲이 모든 산을 온통 장식해 놓은 느낌입니다.

(2) 원유의 표준화 : 저녁 착유 젖 정치(14～15℃), 아침에 크림층을 걷어내고 아침 젖을 혼합합니다. 그 목적은 다음 세 가지입니다.

① 오래 정치시킨 원유 지방에 흡착된 낙산균을 원유 표면 쪽으로 끌어올려 제거시키는 것입니다. 지방제거도 되고, 낙산균(이들이 말하는 낙산균은 아마 방목 시의 야생풀에서 묻어온 *Clostridium butyricum*균으로, 치즈에 오염되면 후기팽화의 원인)이 제거되므로 치즈 숙성시의 후기팽화가 방지가 됩니다.

② 아시아고 치즈제조에 적합한 단백질/지방 비(Protein/Fat ratio, P/F)인 0.93을 얻을 수 있습니다. 이는 오랜 전통에 의한 방식인데, 과학적으로 너무 알맞은 방법입니다. 결국 이 조치는 표준화를 위한 지방제거와 팽화방지를 위한 낙산균 제거를 동시에 얻어내는 지혜가 담겨 있었습니다. 또한 이는 치즈를 장기 숙성시키기 위해 필요한 조치입니다(2년 이상).

☞ 스트라베끼오(Stravecchio : Ultra old /원유 온도를 37℃까지 올리므로 여기서는 이 치즈를 익힌 치즈라고 한답니다).

③ 보관 온도인 14～15℃에서 12시간 동안 유익한 중온균을 증식시켜 치즈 제조와 숙성에 유리한 조건을 조성합니다.

(3) 원유로부터의 크림분리를 위한 방의 구조 : 북쪽 문 창문을 반만 열어둡니다. 곤충침입 방지를 위한 방충망이 있습니다. 왜냐하면 온도가 낮아야 크림분리가 잘 되기 때문입니다. 말가의 치즈공장의 천정은 나무판으로 덮여 있습니다. 대략 2.5m 높이 입니다. 크림분리용 목제 통은 2층 구조로 되어 있습니다. 층간은 50cm 간격으로 되어 있어 자연 낙차로 크림을 분리합니다.

(4) 이 말가 치즈공방의 스트라베끼오(Stravecchio)는 아시아고 치즈를 2년간 숙성시킨 것인데, 요즘 웰빙 운동으로 떠오르는 자연식품 섭취 운동인 이탈리아 슬로우 푸드(slow food) 협회에서 상을 받을 정도로 호평을 받고 있답니다. 대신 비싼 편입니다. 15유로/1kg(보통 치즈는 10유로/1kg)입니다.

---

399) 저자가 방문했던 말가의 치즈공방 치즈 마에스트로 할아버지의 전통 아시아고 치즈 제조과정을 옮겨 놓은 것입니다.

(5) 원유 발효 : 구리 벳에 넣은 원유는 장작을 때서 직화(直火)로 가온하여 교반하며 37℃까지 올립니다. 일부 엉긴 젖을 부수려고 깨지도록 세게 교반해 주고 1시간 동안 방치하여 배양을 합니다. 참으로 놀라운 것은 상업용 스타터를 전혀 사용하지 않고, 원유에 자연적으로 존재하는 유산균으로 발효시켜서 치즈를 제조한다는 것입니다(비살균 원유이므로 가능합니다).

(6) 렌넷[400]을 첨가해 준 다음 30분간 정치합니다. 하프 절단기로 힘차게 커드 절단을 하고 잠시 두었다가 교반작업[401]을 거쳐 1시간 동안 정치합니다.

(7) 정치 1시간 후에 유청을 제거합니다. 바킷을 평면으로 넣어 퍼냅니다. 유청은 절반 정도 퍼낸 다음 가란 앉은 커드를 벳트 내에서 상하로 돌려주며 반죽하듯이 눌러주어 따뜻한 유청 속에서 1차 성형(덩어리 만들기)을 합니다. 저자도 커드 반죽을 해 보았는데 커드 덩어리의 촉감이 인절미 덩이처럼 너무 부드러웠습니다.

(8) 이렇게 해서 잘 덩어리진 커드를 벳트 안에서 뒤집어 줍니다. 위아래가 뒤집어지게 한 번만 해줍니다. 그러고 나서 유청 속에 넣어둔 상태로 20분간 방치합니다. 20분간 방치하는 동안 46℃이었던 온도가 42~43℃로 내려갑니다.

(9) 후핑(Hooping) 전에 커드를 철사 줄칼로 몰드에 들어가기 적당한 크기로 잘라주어 나무로 된 몰드 안에 그대로 넣고 성형합니다[그림 3-84의 (1)~(3)을 참조]. 이때 커드는 갓난아이 다루듯이 부드럽게 넣어 주어야 합니다. 아베떼(경사진 전나무 판으로 된 작업대) 위에서 성형 시와 가염 시 추가 유청이 제거됩니다. 원유 500kg에서 7~8kg 짜리 치즈 6개가 나옵니다.

(10) 성 형 : 후핑한 몰드는 전나무 작업대 위에 올려서 1시간에 한 번씩 뒤집어 줍니다. 하루 동안 일정한 간격을 두고 반복하여 계속 뒤집어서 성형해 줍니다.

(11) 가 염 : 성형을 하느라 하루가 지난 것을 가염실 선반 위로 이동시킨 뒤 매일 표면에 소금치고 뒤집어 준 작업 단계를 거쳐 8일 후 숙성실로 이동합니다(온도는 알프스 산의 온도 14~15℃를 그대로 이용함). 가염과 가압이 8일 동안 진행되는데, 가염실에서는 하루 동안 만든 치즈 6개를 겹쳐 쌓아 둡니다(원유 500kg에서 7~8kg짜리 치즈 6개가 나옵니다). 그러면서 소금을 뿌려줍니다.

---

400) 렌넷의 종류나 량을 정확히 기억할 수는 없지만 매우 소량을 첨가합니다. 이를테면 분말형으로 1.0g / 500 kg 정도인 것으로 기억합니다.

401) 교반은 전나무로 제작한 긴 막대에 곡면으로 된 원형 판을 붙인 것인데, 전적으로 사람의 힘으로 저어줍니다. 교반은 약 2시간에 걸쳐 처음에는 느리게 하다가 37℃로부터 46℃까지 가온을 하여 46℃에서 20분간 센 교반을 한 다음 정치합니다.

매일 1회 뿌리고 치즈 위치를 바꾸어 가며 뒤집어 주기를 8일간 해야 합니다 [그림 3-84의 (4)를 참조]. 이때 추가적인 유청 분리가 일어나고, 건조도 어느 정도 완성됩니다. 가염법에 관한 [Tip 64]를 참고하십시오.

(12) 치즈 위에 연필로 제조한 날짜를 기록해 둡니다. 그리고 쌓아 올립니다.

(13) 치즈를 뒤집을 때 맨 밑의 것이 맨 위로 올라오게 하며, 자체 무게에 의해 가압되게 합니다. 치즈 한 개의 무게가 7~8kg인데, 6개가 쌓여 42~48kg의 무게가 누르는 셈이므로 이것으로 가압은 충분한 것입니다. 소금 바르기가 끝나면 표면의 소금을 털어내고 표면을 물에 넣고 씻어서 선반에 올려 하루 방치/건조합니다. 다음날 숙성실로 옮깁니다. 숙성실로 옮겨 하루에 한 번씩의 뒤집기를 한 달간 합니다. 자세한 숙성 개시한 뒤의 1개월간의 관리법은 [Tip 65]를 참고하십시오.

(1) 교반정지 시점을 보임, (2) 가염이 끝난 치즈의 건조,
(3)치즈의 숙성실-발효 소시지가 함께 익어갑니다.
(4) 견학자를 대접할 치즈를 준비함.

그림 3-82. 말가의 치즈 마에스트로 할아버지 (화보 30쪽, 저자 사진)

그림 3-83. 아시아고 지역 말가에서 전통적인 아시아고 치즈 제조에 사용하는 각종 도구들 (화보 32쪽, 저자 사진)

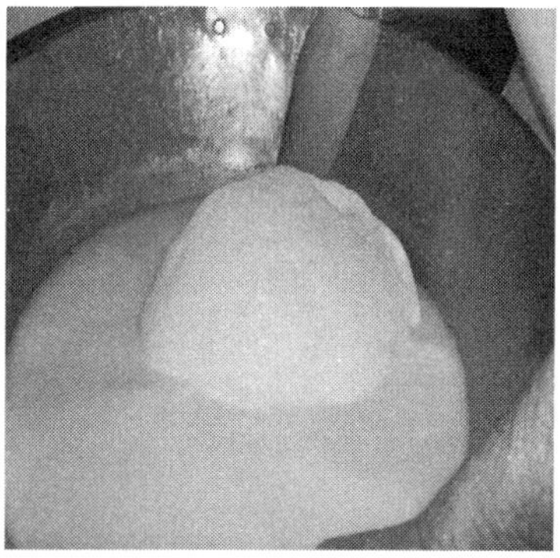

(1)

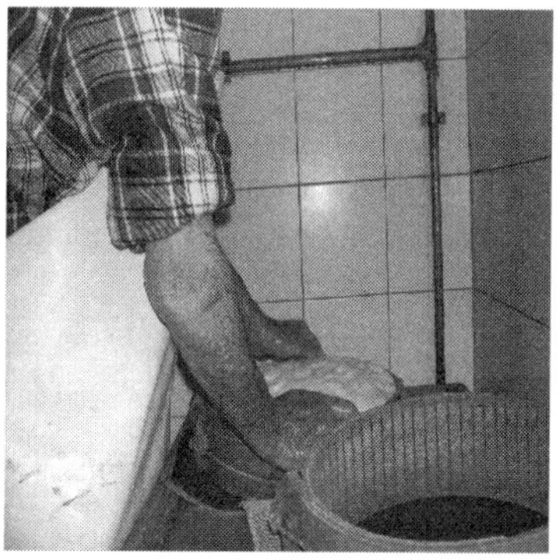

(2)

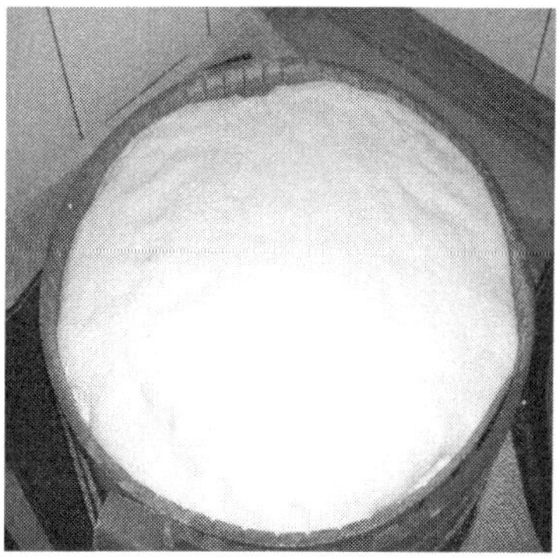

(3)

(4)

(1) 몰드 크기로 자른 커드, (2) 후핑(hooping)
(3) 가염 직전 몰드, (4) 가염/가압 중

그림 3-84. 아시아고 말가의 치즈공방에서 후핑과 가염/가압 (화보 31쪽, 저자 사진)

[Tip 64] 아시아고 치즈 스트라베끼오 가염방법

Ⓐ 몰드 뒤집기, Ⓑ 몰드 빼기 → 몰드 뒤집기, Ⓒ 치즈를 몰드 1/2만 박기, Ⓓ 드러난 치즈 표면에 소금 뿌리기, Ⓔ 몰드를 다시 완전히 눌러 박기, Ⓕ 숙성실 관리 1개월 후 아마인유를 발라 2년 동안 숙성함.

[Tip 65] 아시아고 치즈의 숙성 1개월간의 관리

숙성 1개월의 관리가 전체 숙성을 좌우할 정도로 중요하기 때문에 아래와 같이 철저히 관리해 주어야 합니다. 숙성 1개월째를 넘기면 치즈 스스로 추스립니다.

① 1주 동안은 매일 뒤집기
② 2주 동안은 2일마다 뒤집기
③ 3주 동안은 3일마다 뒤집기
④ 4주 동안은 5일마다 뒤집기 하고, 5주 이후부터 1주 1회 뒤집어 줍니다.
⑤ 1개월 되는 때에는 표면에 아마인유를 발라 줍니다. 정기적으로 뒤집어 가며 숙성합니다.

※ 산에 사는 작은 곤충이나 날 파리들이 달라붙지 않게 린넨 천에 아마인유를 묻혀서 치즈 위에 덮어줍니다. 나아가 일정한 간격을 두고 치즈 표피에 기름을 바르고 뒤집어 줍니다. 만일 아마인유를 발라 주지 않으면 작은 벌레(cheese mite)나 거미가 구멍을 파고들어가 치즈 속에 집을 지어 치즈의 제품성을 망칩니다.

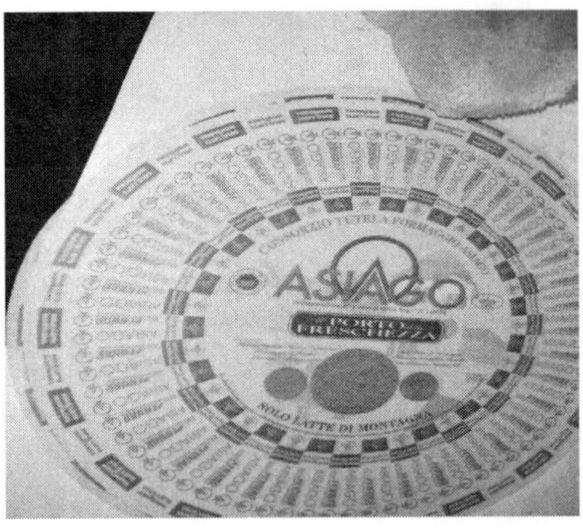

그림 3-85. 아시아고 시티에서 상품화된 시판용
아시아고 치즈 (화보 32쪽, 저자 사진)

[Tip 66] 말가에서의 Asiago Stravecchio(ultra old) 제조 방식의 요약정리

저자 일행이 방문했던 말가의 전통 아시아고 치즈공방의 스트라베끼오 치즈 제조 방식을 간단하게 정리하면 다음과 같습니다.

① 저녁 착유 우유 250kg을 유지방 분리실에 정치합니다.

② 아침에 우유를 경사진 저장 통에서 뽑아서 아침 착유 우유 250kg와 혼합합니다. 그러면 한 벳트의 원유는 약 500kg이 될 것입니다.

③ 37℃로 가온하여 벳트에 넣습니다(따로 스타터 배양액을 넣지 않는 것, 그리고 살균이나 열처리를 하지 않음에 주목해야 합니다).

④ 분말 렌넷을 1.0g/500kg 정도를 물에 10배 희석하며 첨가합니다.

⑤ 37℃를 유지하면서 25분간 정치해 둡니다.

⑥ 커다란 구형(球型)의 특수 커드 나이프(그림 3-83의 왼쪽부분 구형 커드 절단기 참조)로 커드가 그래뉼 커피 크기가 되기까지 여러 차례에 걸쳐 설단해 줍니다.

⑦ 천천히 교반해 주면서 직화로 가온합니다. 46℃까지 서서히 올립니다.

⑧ 덩어리진 커드들이 부서지게 교반해 주고 그대로 방치합니다. 1시간 동안 그냥 방치합니다.

⑨ 1시간 후 유청을 절반만 제거하고 커드덩이를 그대로 뒤집어 놓고 20분간 정치합니다. 그러는 동안 벳트 온도는 46℃에서 42~43℃가 됩니다. 이때 미리 치즈 몰드(Hoop)를 준비해 둡니다.

⑩ 후핑/성형 : 정치했던 커드를 철사칼로 몰드 크기에 맞추어 잘라 후핑하고 1일간 1시간에 1회씩 뒤집어 주면서 성형합니다.

⑪ 이튿날 가염실로 옮깁니다. 여기서 위 표면에 소금을 뿌려가며 발라 주고 위로 겹쳐쌓기를 합니다(소금을 뿌리고 약간 쳐주면서 몰드를 기울이면 치즈의 측면에도 소금이 흘러내려 가염이 됩니다).

⑫ 다음날 맨 아래 것을 맨 위로 쌓아주는 식으로 순서대로 전체를 뒤집어 줍니다.

⑬ 이런 방식으로 가염실에서 8일간 뒤집고, 표면에 가염하여 8일 지나면 숙성실로 이동하여 2년 이상 숙성합니다.

5. 가공치즈

1) 개 요

목장 유가공장이나 소규모 유가공장에서 과연 가공치즈 제조 기술이 필요한 것일까요? 당연히 필요합니다. 그 이유는 이러합니다.

(1) 목장 치즈 제조 실패에서 나오는 커드(커드의 냉장 보존), 치즈 숙성 중 잘못 다루어 깨지거나 살짝 팽화가 일어난 치즈들을 재활용하기 위해서입니다.

(2) 한국에서는 한국인 식성을 맞추는 신제품 개발에 필요합니다. 저는 미국의 가공치즈 업자가 저에게 김치 분말을 구해 달라고 해서 보내 준적이 있습니다. 이유를 물어 보니 그들은 김치 분말을 첨가한 가공치즈 스프레드를 제조하여 미국 내 한인들에게 공급한다는 것입니다. 저자는 2013년 미국치즈협회(ACS) 창립 30주년 연차대회에 참가하여 위스콘신대학교의 CDR*에서 김치, 청국장, 된장, 고추장을 신선치즈와 혼합한 스프레드형(spread type) 치즈를 개발하는 워크숍을 통해 직접 실습한 일이 있습니다. 가공 치즈를 이렇게 응용하면 될 것입니다. *CDR : Center for Dairy Research//www.cdr.wisc.edu.

(3) 경제성 환원입니다. 치즈를 숙성하고 판매하는 과정에서 포장 시 많은 자투리 치즈(모짜렐라 쉬레드를 포장할 때 나오는 치즈가루 포함)가 발생합니다. 이를 버리지 말고 가공 판매하는 방식으로, 버려질 자원을 회수, 환원하는 경제적인 이익 창출을 위해 필요하다는 것입니다. 스위스와 독일에서 출현한 가공 치즈의 원래 출발이 바로 이 세 번째 필요성에서 나온 것입니다.

여기서 일단 자기만의 가공치즈 원료 조성분 배합비 노하우를 아래에 소개하는 방식을 응용하면 될 것입니다.

2) 제조공정 [1]

〈원료 치즈 예 : 1~3개월 숙성된 가우다 치즈〉

(1) 준 비 : 숙성치즈 5.0kg을 미리 2~3cm^3 크기로 잘게 썰어 놓습니다. 인산염 250g과 탈지분유 250g을 물 800mL에 섞어 적당한 용기 → 냉장보관

(2) 원료 넣기 : 스테판 쿠커(공처럼 생긴 용기로서 솥 안에 칼날이 붙어 있어 치즈 덩어리를 잘게 부수어 주면서 동시에 84℃까지 스팀을 이용해 올립니다)

[Tip 67] 독일 노르드 라인 베스트팔렌 주 닐겐 슈미츠 산양유 치즈(Nilgen-Schmitz Ziegenkäse) 목장에서의 「판매하다 남은 치즈」 처리법[402]

저자는 2005년도에 독일 노르드 라인 베스트팔렌(Nord RHine Westfallen) 주의 산양유 목장 치즈공장을 방문하여 목장주로부터 입수한 팁으로 자기 목장 치즈를 팔다가 남은 경우 유효하게 재활용 처리하여 판매하고 있다는 이야기가 인상적이었습니다. 저자는 우리의 목장 치즈도 이렇게 재활용하는 방식의 가공치즈 제조 판매가 필요하다고 생각해서 소개해 둡니다.

① 판매하다 남은 치즈는 가공하여 다시 가공 치즈로 상품화하여 판매합니다.

② 가공 요령은 적정 배합기준에 따라 「판매하다 남은 치즈 + 탈지분유 + 물」을 자신만의 독특한 배합비에 맞추어 준비한 뒤 가공 치즈용 벳트에 순서에 따라 재료를 넣습니다.

③ 84℃로 가온하여 슬라이스(slice) 또는 스프레드(spread)로 포장하여 자기 목장 가공치즈 브랜드로 판매한다는 것입니다.

(3) 가 온 : 내용물이 85℃ 이상 되지 않도록 끓여 줍니다.

상태검사 : ① 단단한 형식(Slice type) → 얇게 자를 수 있도록 합니다.

② 무른 형식(Spread type) → 빵에 바를 수 있도록 합니다.

후에 용도에 따라 200～400mL 물을 첨가 후 온도 85℃ 이하 확인 후 즉시 준비한 용기에 포장합니다.

(4) 유통기간 : 5℃에서 4～7주 정도입니다.

〈50kg 가공치즈 믹스 제조 시 사례〉

(1) 원료 치즈 : 숙성 3개월 이내의 각종 자연 치즈를 2～3cm^3 크기로 잘게 썰어 40kg을 칭량해 놓습니다.

(2) 인산염 : 2.0 kg

(3) 탈지분유 : 2kg을 물 6.4L에 용해시킵니다.

(4) 색 소 : 파프리카나 베타카로틴색소 8mL×10배 액

(5) 물 10L 추가

(6) 온 도 : 84℃까지 가열하고 3～5분 유지하되 덩어리가 없게 합니다.

---

402) 배인휴 저. 2017. 목장유가공론 - 지속가능 낙농 길잡이 -. 유한문화사. 서울. pp. 189-191.

3) 제조공정 [2] : 가공치즈(Process Cheese) 제조 실제[403)]

〈Step Ⅰ〉 • 가공하려는 치즈의 목표 성분치를 정합니다.
(지방 / 수분 / NFS*=100%)
• 목표 pH는 <5.6으로 잡고 시작합니다.
• 이런 pH 범위에서는 *Clostridium* spp.(식중독균)가 증식하지 못함.

〈Step Ⅱ〉 • 원 재료로서 어떤 치즈를 사용하느냐를 정합니다.
• 치즈 종류는 어떤 것을 쓰나?
• 여기서는 Colby와 Cheddar를 쓴다고 합시다. 그것을 겔프대학 치즈 코스에서 마련한 계산표에 기입합니다.

〈Step Ⅲ〉 • 넣는 원료의 양을 정해야 합니다.
① 수분함량(water condensate)
② 1.0%의 NaCl(sodium chloride)을 사용합니다.
③ 인산염(phosphate)도 필요합니다.
• 인 성분은 *Cl. perfringens*의 증식을 막아 줍니다.
• 유화제염으로 인산염(sodium phosphate)과 구연산염(sodium citrate)이 가장 많이 쓰입니다.
• 미국, 캐나다에서는 유화염의 사용량을 3% 이하로 제한하고 있습니다. 그것을 GMP*나 GRAS*로 엄격히 규제합니다.
• 구연산(citrate)과 인산(phosphate)을 각각 1.0%씩 섞어서 2%만 쓰는 것이 좋습니다.

〈Step Ⅳ〉 • 산(acid)은 구연산(citric acid)을 사용하여 목표 pH에 맞춥니다.
• pH는 5.6 정도가 좋습니다(상업용 가공치즈는 5.5로 조정합니다).
• 제조 중에 pH를 자주 체크합니다.
• 높은 온도에서는 불가능하기 때문에 pH는 가온 전에 체크합니다.
• 수분 측정은 간접방식이 정확합니다. 이것도 가열(heating) 전에 측정합니다.

〈Step Ⅴ〉 • 가공 치즈에도 색소(colour)를 매우 작은 양 쓸 수 있습니다.
• 체다에서처럼 안정하지 않지만 업자들이 안정된 색소를 개발하고

---

403) 이 내용은 캐나다 Guelph 대학교 Arthur R. Hill 교수가 소규모 유가공장에서의 간편한 가공치즈 제조단계를 2003년도 저자의 캐나다 현지 연수 시 직접 저자에게 구술하여 준 것을 재구성하여 정리한 것입니다.

있습니다.

- 캐나다에서는 덴마크 Christian Hansen사의 β-carotene이 사용됩니다.
- 색소는 가열 온도인 85℃에서도 안정된 것을 써야 합니다.

여기까지가 매우 중요합니다.

〈Step Ⅵ〉 • 원료 치즈는 3개월 숙성치즈로 평균을 잡고 숙성기간이 짧은 것(young)과 숙성기간인 긴 것(old)으로 혼합비를 적정하게 잡습니다. 치즈 함량 Total 70%는 제조자의 마음입니다. 그러나 좋은 치즈를 위해서는 적어도 치즈함량 70% 이상은 되어야 좋습니다.

- 75.0% cheddar를 사용합니다(70% 치즈 총량의 75.0% → 52.5%가 됩니다).
- 나머지는 Colby를 사용합니다(70% 치즈 총량의 25.0% → 17.5%가 됩니다).

〈Step Ⅶ〉 • 치즈의 지방함량(fat), H_2O, NFS*를 환산해 주어야 합니다.

먼저 Colby의 경우

- Fat : 17.5×0.29 = 5.075 ≒ 5.1%
- H_2O : 17.5×0.42 = 7.35 ≒ 7.4%가 되며, 나머지가 NFS입니다.
- NFS : 17.5×0.29 = 5.0%

총량을 계산해 보면 17.5%가 나옵니다.

다음은 Cheddar 치즈입니다.

- Fat : 52.5×0.3 = 15.7%
- H_2O : 52.5×0.39 = 20.5%
- NFS : 52.5×0.31 = 16.3%

총량 : 52.5%가 됩니다.

〈Step Ⅷ〉 • 품질 균형을 맞춥니다.

① 지방(fat) 양을 바로잡고
② 무지고형분(NFS) 양을 바로잡고
③ 수분함량을 바로잡습니다.

- 버터나 크림으로 맞춥니다. 버터로 지방 양을 잡을 경우 먼저 계산된 지방 양을 합하면 20.8이 되어 목표 지방 %보다 낮습니다. 24 - 20.8 = 3.2가 더해져야 합니다. 버터 양은 3.2/ 0.8 = 4.0%가 됩니다.

- H_2O는 3.3×0.16 ≒ 0.4%
- NFS는 나머지가 됩니다. 3.3×0.04 = 0.2%

  유청 분말로 8.1%가 더해져야 합니다.

★ 용어해설 ★

(1) NFS : Not Fat Solids - 무지 고형분

(2) Condensate : 치즈를 녹일 때 steam으로 가열하는 경우 직접 steam을 가하면 수분의 증가가 일어납니다(응축수 발생). 이때의 수분 증가량은 약 10% 정도로 봅니다.

(3) GMP : 캐나다(Good Manufacturing Practice) : 의약품, 식품의 안전성이나 유효성면을 보장하는 기본 조건

(4) GRAS : 미국(Generally Recognized As Safe) : 의약품, 식품의 안전성이나 유효성면을 보장하는 기본 조건

4) 제조공정 [3] : 목장/소규모 유가공장의 가공치즈 배합표 작성 요령

(1) 재료 준비

① 원료용 치즈 : 숙성 3개월 이내의 체다, 가우다, 아펜젤러, 콜비 치즈 등

② 버 터 : 지방함량 80% 이상

③ 탈지분유 : 단백질 35.0% 이상

④ 유화염 : 인산염 등

⑤ 소 금 : 정제염(순수 NaCl)

⑥ 산미료 : 구연산

⑦ 색 소 : 파프리카 또는 베타-카로틴(β-carotene) 색소

⑧ 물 : 정수기 물, 천연수

⑨ 응축수 : 스팀 직접 가열에 의한 수분 증가(10% 정도)

(2) 배합표 작성 요령

① 원료성분 조성 정보 기입

② 재료 혼합물에 대한 각 원료성분 조성 정보 기입

③ 총계(100% 기준)

④ 당일 제조할 실제 양에 맞추어 환산합니다.

(3) 소규모 공장에서의 가공치즈 제조기계 사용 요령

① 온도 조정 : 85℃

② 스팀 ON : 스팀 정화기 밑 코크를 열어서 파이프에 고인 물을 제거한 뒤 배합표에 정해진 물을 미리 넣고 70℃ 정도로 가온합니다.

③ 교반기 ON : 저속 → 고속 → 최고속

④ 용융솥에 원료 넣기 순서 : 정제수 + 치즈 + 분유 + 버터 + 소금 + 산미료 + 색소(베타-카로틴이나 파프리카 색소) 순으로 넣습니다.

⑤ 가 동 : 뚜껑 닫기

■ 가공치즈 조성분 함량 구성표–실예[404)]　　　　일자 : 2018 년　월　일

목장 가공치즈 구성분 조성표								
	원료의 성분 조성 내역			재료 혼합물에 대한 각 원료 성분				
원료성분	지 방	수 분	무지 고형분	지 방	수 분	무지 고형분	총계 (%)	뱃치의 재료혼합 (kg)
치즈 A	29	42	29	⑤ 5.1	7.3	5.1	④ 17.4	1.74
치즈 B	30	39	31	15.8	20.5	16.3	52.6	5.26
버터 혹은 버터오일	80.0	16.0	4.0	⑥ 3.1	⑧ 0.6	⑨ 0.2	⑦ 3.9	0.39
탈지분유 혹은 유청분말	0 (nil)	4.0	96.0		0.3	8.0	⑩ 8.3	0.83
유화염			100.0			1.0	1.0	0.01
정제염			100.0			1.0	1.0	0.01
산미료			100.0			0.4	0.4	0.04
보존제								
색소(mL)			100.0					30
정제수		100.0			⑪ 4.3		⑫ 24.1	0.43
응축수※		100.0			10.0		10.0	1.00
목표하는 가공치즈의 조성분(무게 %)				① 22%	56%	22%	⑬ 100	② 10.0

404) 배인휴 역(Arthur R. Hill 저). 2017. (증보개정판) 치즈과학과 제조기술. 유한문화사, 서울. p. 316.

(4) 목장 가공치즈의 실제 제조 요령[405)]

- 제일 먼저 자신이 만들고자 하는 가공치즈의 종류를 선택합니다.
  ① 발라 먹는 가공치즈(spread process cheese)는 치즈를 50% 첨가합니다.
  ② 슬라이스 형 가공치즈(semi-hard process cheese)는 치즈를 70% 첨가합니다.

- 구성분 조성표에 표시된 번호에 맞추어서 기술해 두었으므로 이 순서에 따르면 좋은 목장/소규모 치즈공장의 가공치즈 제조가 가능할 것입니다.
  ① 목표하는 가공치즈의 조성분 칸을 기재합니다(지방 최소 20%w/w, 수분 최고 60%w/w).
  ② 재료혼합의 아랫줄을 적습니다.
  ③ 원료성분 조성을 적습니다.
  ④ 치즈 총계(%)를 씁니다.
  ⑤ 재료 혼합물에 대한 각 원료 성분을 적습니다(총계 치즈 % 계산, ex, 50% : X = 100% : 31.0, X : 첨가할 치즈 50%에 대한 지방량)
  ⑥ 버터 지방량을 구합니다(① - ⑤ = ⑥).
  ⑦ 버터 총계(%)를 구합니다(6.5.0%/(80/100) = 8.1(80/100 = 버터 지방함량)
  ⑧ 8.1×0.16 = 1.296 ≒ 1.3
  ⑨ 8.1×0.04 = 0.3
  ⑩ 2.5÷0.96 = 2.6
  ⑪ 목표하는 가공치즈 조성분 수분 56% 응축수를 포함한 모든 수분을 뺀 값
  ⑫ 수분의 총계 값
  ⑬ 첨가할 재료의 총계 값을 더합니다. 모두 더했을 때 100이 나와야 합니다.

- 재료 첨가 시 주의사항
  ① 단백질 보충원(탈지분유 혹은 유청 분말)은 총 재료의 3% 이하 → 탈지분유에는 유당 함유, 유당이 많이 들어갈 경우 유당결정이 생길 수 있습니다. 유청 분말을 첨가하는 경우 유청 단백질이 너무 많이 들어가게 되면 용융성이 나빠지기 때문이지요.
  ② 유화염(용융염, melting salt)은 2～3% 첨가 → 단백질이 수분을 함유하는 능력이 늘어나게 하고, 원료들의 유화를 도와주는 역할을 합니다. 항상 인산염(phosphate)을 첨가합니다.

---

405) 이 내용은 저자가 순천대학교 목장유가공 교육과정에서 진행한 실습 중 실예로 든 배합표 작성 요령의 설명 내용을 그대로 옮겨와 정리한 것입니다.

③ 소금은 0.5~1.0%를 첨가하는데, 이는 이미 다른 첨가물에 염분이 함유되어 있기 때문입니다.

④ 산미료(pH 5.6까지 맞추어 줍니다.) → 만약 2%를 첨가하게 되면 지나친 산 공급이 되어 단백질 응고가 일어나 토마토소스처럼 변하므로 조심해야 합니다.

※ 아래 그림 3-86은 가공 치즈용 유화염으로 사용중인 ELKA무역 공급 인산염인 Joha C-S, Joha T 관련 자료입니다. 사용방법은 제조사의 지침에 따르십시오.

제품명	Joha C-S	Joha T neu
제조사	BK GIULINI GMBH	
수입처	엘카무역	
배합비	메타인산나트륨 45.9%	제삼인산나트륨 100%
	폴리인산나트륨 32.6%	
	제이인산나트륨 19.1%	
	피로인산나트륨 2.4%	

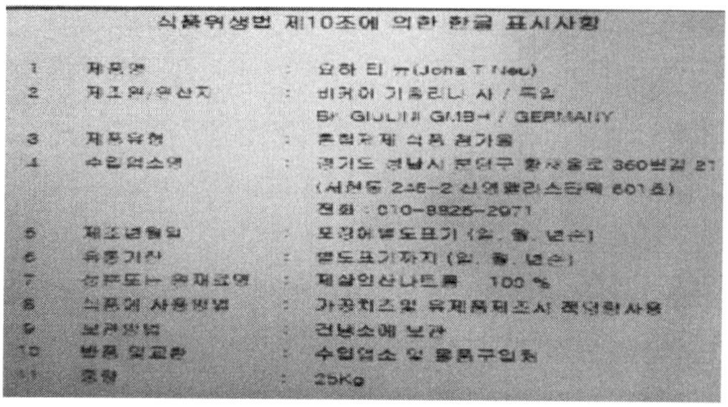
식품위생법 제10조에 의한 한글 표시사항

GERMANY

100 %

25Kg

그림 3-86. 가공 치즈용 유화염 수입사 및 성분 구성표와 표시사항

(최희영 박사, 엄태진 선생 제공)

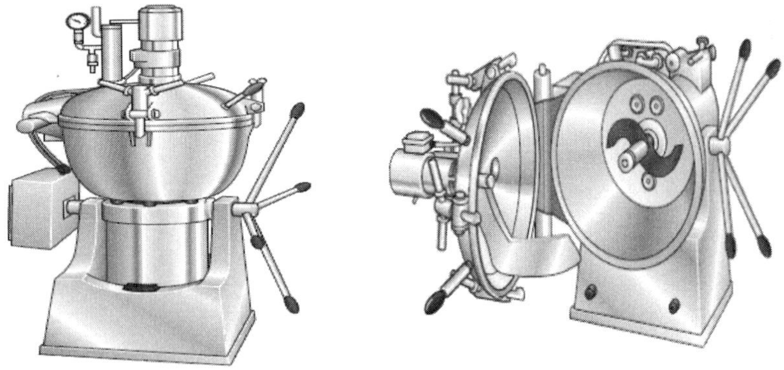

가공치즈를 비워 내기 위해 기울게 하고, 열어젖힐 수 있는 형식의 쿠커입니다. 목장이나 소규모 공장의 가공치즈 쿠커는 이를 바탕으로 제작 의뢰하시면 될 것입니다.

그림 3-87. 가공 치즈용 쿠커

〈자료 : Tetra Pak Processing Systems AB 1995. Dairy Proscessing Handbook〉

부 록

[부록 1] 대표적인 숙성치즈 15종의 치즈제조 공정 요약

그라나 (Grana)	에멘탈 (Emmental)	체 다 (Cheddar)	프로볼로네 (Provolone)	가우다 (Gouda)
원 유	원 유	원 유	원 유	원 유
크림층 제거	크림층 제거	지방 조정	지방 조정	지방 조정
살균/냉각	살균/냉각	살균/냉각	살균/냉각	살균/냉각
유산균 접종	유산균 접종	유산균 접종	유산균 접종	유산균 접종
유산 발효	유산 발효	유산 발효	유산 발효	유산 발효
렌넷 첨가	렌넷 첨가	렌넷 첨가	렌넷 첨가	렌넷 첨가
정치 응고	정치 응고	정치 응고	정치 응고	정치 응고
커드 절단	커드 절단	커드 절단	커드 절단	커드 절단
교 반	정 치	교 반	교 반	교 반
가온 교반	교 반	유청배출 ⅓	가온 교반	유청배출 ⅓
정 치	가온 교반	가온 교반	유청배출 유청	열수 주입, 교반
커드 건져 올리기 (큰 치즈 천 사용) 유청	커드 건져 올리기 (큰 치즈 천 사용) 유청	유청배출 유청	예비가압 (유청내)	정 치
성형(몰드쌓기)	성형가압	커드 멧트 쌓기 (추가 수분제거)	커드 나누기	유청 중 가압
몰드 반전(反轉)	몰드 반전(反轉)	체다링	성 형	유청배출 유청
몰드 제거	몰드 제거	밀링(커드세절)	가 압	예비가압(유청내)
가 염	가 염	가염(커드의 1.7%)	몰드 제거	커드 나누기
건 조	건 조	몰 딩	소금물 담그기	성 형
숙 성	숙 성	가 압	건조/표면처리	가 압
제 품	제 품	건조 및 진공포장	숙 성	몰드 제거
		숙성(6개월)	제 품	소금물 담그기
		제 품		숙 성
				제 품

블 루 (Blue)	까망베르 (Camembert)	리바로 (Livarot)	베르크 (Berg)	틸시터 (Tilsiter)
원 유	원 유	원 유	원 유	원 유
크림층 제거	크림층 제거	지방 조정	지방 조정	지방 조정
살균/냉각	살균/냉각	살균/냉각	살균/냉각	살균/냉각
유산균 접종	유산균 접종	유산균 접종	유산균 접종	유산균 접종
유산 발효	유산 발효	유산 발효	유산 발효	유산 발효
렌넷 첨가	렌넷 첨가	렌넷 첨가	렌넷 첨가	렌넷 첨가
정치 응고	정치 응고	정치 응고	정치 응고	정치 응고
커드 절단	커드 절단	커드 절단	커드 절단	커드 절단
교 반	정 치	정 치	교 반	교 반
가온교반	성형틀에 커드와 유청 퍼 담기	교 반	유청 20% 배제	유청 40% 배제
정 치	몰드 반전	정 치	열수 가온 교반	열수 첨가 가온 교반
유청 배출	몰드 제거	유청에서 커드를 마포로 건져냄	교 반	유청 배제
푸른곰팡이 분말접종	가염(건염)	성 형	성 형	가염(0.3%)
성 형	몰드 반전	몰드 제거	가압 - 자체 중량	성 형
몰드 반전	곰팡이 배양	가염(건염)	몰드 반전	가압(자체 중량)
몰드 제거	숙 성	표면숙성(*B. linens* 균액 도포)	가염(소금물) 표면 건조	표면 열수 붓기
가염(건염)	제 품	색소 도포	숙성(표면은 *B. linens* 균액 도포)	몰드 제거
송곳 찌르기		제 품	제 품	가염(소금물)
포장(공기 유통 방지)				표면숙성(*B. linens* 균액 도포)
숙 성				제 품
제 품				

생 넥타르 (Saint ectaire)	안데러 고메 (Andeerer ouret)	가우탈러 (Gautaler)	아시아고 (Asiago)	아펜젤러 (Appenzeller)
원 유	원 유	원 유	원 유	원 유
크림층 제거	크림층 제거	지방 조정	지방 조정	가수(원유의 10%)
살균/냉각	살균/냉각	살균/냉각	살균/냉각	지방 조정
유산균 접종	유산균 접종	유산균 접종	유산균 접종	살균/냉각
유산 발효	유산 발효	유산 발효	첨가물 Patasuim	유산균 접종
렌넷 첨가	렌넷 첨가	렌넷 첨가	유산 발효	유산 발효
정치 응고	정치 응고	정치 응고	렌넷 첨가	렌넷 첨가
커드 절단	커드 절단	커드 절단	정치 응고	정치 응고
짧은 교반 (3~5분)	정 치	정 치	커드 절단	커드 절단
유청 40% 배제	교 반	교 반	정 치	정 치
정치(20분)	가온(예비가온)	유청 30% 배제	교 반	교 반
성 형	가수·가온	가온 교반	1차 가온(40℃)	유청 10% 배제
가압(실온)	냉 각	교 반	2차 가온(46℃)	가수(원유의 10%)
몰드 반전(反轉)	유청 10% 배제	성 형	커드 정치	가온(38~45℃)
몰드제거	예비가압	가 압	성 형	교 반
가염(건염)	성 형	가염(소금물)	가 압	유청 제거
숙성(*B. linens* 균액 도포)	가 압	예비 숙성 (치즈눈 형성)	가 염	성 형
동굴숙성 (토밀짚 위)	가 염	숙 성	숙 성	가 압
제 품	숙 성	제 품	제 품	가 염
	제 품			숙 성
				제 품

[부록 2] 목장의 소규모 치즈공방에서 필요한 도구들

목장이나 가정에 작은 공방 또는 부엌에서 치즈를 제조하는 데는 특별히 필요로 하는 도구가 그리 많지 않습니다. 이를테면 치즈 가압기(press), 경질치즈용 가압장치, 연질치즈에 필요한 특수 성형틀(mould)을 제외하고는 집 부엌에서 일상으로 사용하는 기본적인 주방용품들이면 충분합니다. 어쨌든 재주가 좋은 사람이라면 자기 집에 있는 부엌용품들을 동원해서 바로 치즈를 제조해 낼 수 있겠지요.

1) 원유 수유와 보관 설비

(1) 스테인리스강 원유통이나 플라스틱 통(뚜껑이 좋은 것), 버킷통

(2) 원유 탱크로써 냉장장치가 되었거나 냉수통 시장에 가면 스테인리스 강철로 만든 것이나 식품용 등급의 플라스틱으로 제조한 원유통을 구할 수 있습니다. 손 착유에 의한 젖, 소규모 두수로부터 착유된 젖을 여과시켜 주는 여과막이 원유통에 붙어 있는 것을 구합니다. 원유를 운반하여 냉각통에 부을 때 착유되자마자 여과하는 것이 미생물 오염을 줄이는 방법이 됩니다. 치즈제조에 쓰이는 원유의 여과는 아무리 강조해도 부족하다고 할 수 있습니다.

이는 1차적으로 착유가축으로부터 옮겨온 털, 티끌, 흙먼지 같은 이물질 제거와 오염물 제거효과가 있기 때문입니다. 원유는 바로 냉각탱크나 찬물에 냉각시켜 보관해야 합니다. 식품용급의 플라스틱 운반통은 인근도시의 빵집 또는 식품재료 취급점에 가면 식품재료 운반용 통을 쓰고 버리는 수가 많아서 쉽게 구할 수 있습니다. 원유 운반통은 15~20리터 용량이면 편리합니다. 운반해 온 원유는 즉시 냉장조건하에 보관되어야 하는데 원유 버킷이 들어갈 수 있는 중고 쇼케이스나 냉장고가 있어야 하고, 그것이 없다면 커다란 대야(플라스틱 통)에 찬물을 채워서 원유통을 담가 두면 됩니다. 항상 명심할 것은 신선한 원유가 좋은 치즈제품 산출의 첫 번째 조건이라는 점입니다.

2) 치즈 원유의 가온과 보온 도구

(1) 12~15리터 들이 스테인리스강 제품의 원형통(스테인리스강 버킷)

(2) 검은 에나멜 항아리, 보통 사용하는 단단한 뚜껑 달린 항아리와 그것을 받쳐주는 랙(rack), 즉 고정 장치. 치즈를 부엌에서 제조한다고 가정하면 일단 원유를 가온해야 하는데 넓은 통을 가스불 위에 올려 적당한 높이의 물을 채운 뒤 원유가 든 항아리를 잠기게 하고 가온・보온을 해야 하기 때문에 이 두 가지 기구가 필요합니다.

3) 측정도구

(1) 온도계로서 20～65℃ 범위의 정교한 눈금이 있는 것. 수은 온도계는 피하십시요. 요즘은 스테인리스로 처리된 디지털 온도계가 나와 있어서 편리합니다. 최근에는 시료에 레이저 빔을 쏴서 온도를 읽어내는 온도계도 출시중입니다.

(2) 액상 재료의 부피측정을 위한 눈금이 있는 비이커, 메스 플라스크, 컵, 통이 필요합니다. 최근 식품용 등급의 플라스틱 제품이 판매되고 있습니다.

(3) 측정용 스푼, 1/8～1티스푼 범위

(4) 전자저울 : 가정용 저울이 비교적 정교하게 제조 판매되고 있습니다.
소수점 두자리(0.00g) 정도는 되어야 좋습니다.

4) 커드절단, 교반용품

(1) 스테인리스강 국자, 소형 바가지(손잡이가 긴 것)

(2) 스테인리스강 큰 스푼

(3) 스테인리스강 거품기, 혼합기

(4) 치즈용 원유통 맨 바닥까지 닿는 폭이 넓은 칼

5) 유청제거 용품

(1) 커다란 스테인리스강 거름망

(2) 마나 삼베 같은 치즈 천, 이런 것으로 만든 유청 제거용 자루. 기존의 거즈 스타일의 천은 부적당합니다. 망의 틈이 너무 크지 않아야 합니다. 치즈 용품점에서 구할 수 있는(인터넷상에서 구입 가능) 치즈 천(cheese cloth)이면 좋습니다.

6) 치즈 커드 절단용 나이프

(1) 생선구이용 석쇠(큰것) 가로형, 세로형이나 길이가 긴 폭 넓은 칼

7) 치즈 프레스

(1) 치즈를 감싸는 밴딩용품, 치즈의 껍질이 예쁘게 나오도록 단단히 감싸서 묶을 수 있는 것

(2) 치즈 위에 2～3개의 치즈를 올리거나 경질치즈의 경우 다른 무거운 치즈 몰드 사용, 네덜란드식 레버형 치즈 프레스

(3) 스포츠 용품점의 역도 중량 조정용 링(1, 5, 10, 20kg)

8) 가 염 : 소금용 플라스틱제 식품용 급의 버킷이나 스테인리스 강 원형통

[부록 3] 치즈제조 기구, 재료, 자재 공급처

▣ 유제품용 스타터구입 요령

유제품 제조용 스타터는 팩스 그리고 인터넷 회사 홈페이지를 통한 외국회사 직접 구입과 국내 대리점을 통한 구입방법이 있습니다. 팩스나 인터넷 구입은 마스터나 비자카드 결재가 가능하며 국내 수입대리점가격보다 다소 저렴하고 신속히 받아 쓸 수 있습니다. 균주 회사들이 렌넷이나 색소, 파라핀(왁스), 표면 코팅용 플라스틱 그리고 각종 효소와 색소, 각종 첨가제, 공장 용품류도 취급하기 때문에 스타터와 함께 구입하면 됩니다.

☞ **국내 균주 수입대리점**(2018. 02. 10 현재)

1) (주)주피터 인터내셔널, JUPITER INTERNATIONAL. CO. LTC
덴마크 크리스챤 한센(Chr. Hansen)사의 균주와 제품들을 취급하고 있음.
Tel. 02-578-0177 Fax. 02-578-0176
H/P : 010-8345-0317, 김지환 차장
(서울특별시 서초구 양재동 3-16 제우스 빌딩 3층)

2) ㈜폴라리스 푸드텍(Polaris Foodtech)
다국적 기업 듀퐁 다니스코(DuPont-Danisco)사 균주와 각종 제품을 취급함
Tel. 02-456-4217 010-8606-4217 박성현 대표
(서울 광진구 아차산로 76길 27 광나루현대아파트 상가동 202호)

3) 삼익유가공
미국 컬쳐시스템사 대리점
Tel. 02-548-4511
대표 : 이봄이 / 010-6223-5884
(서울시 강남구 역삼로 453 삼익빌딩 5)

4) 송은통상
http://www.songeun.com
이탈리아 Sacco사 / IFC(미국) / Ingrenat(스페인) / Lallemano(프랑스)
Ballantyne(호주) / Akay(인도) 사의 대리점
Tel. 02-409-4882
(서울 송파구 오금동 60-2 송은빌딩)

☞ **외국 균주회사 및 치즈제조 도구, 용품 판매 전문점**

1) 스위스 윙클러(Winkler)

FR. WINKLER AG Thunstrasse 18

CH- 3510Konolfingen / Bern Switzerland

Tel. : 031-7910131

Fax. : 031-7911145

Home page : www.winklerag.ch

2) 스위스 비쉘(BICHSEL)

Tel. : 031-711 11 11

Fax. : 031-711 04 56

Home page : www.bichsel-ag.ch

3) 캐나다 알바타 소재 유가공 재료 공급회사

http://www.danlac.com/

4) 뉴 잉글랜드 치즈제조 용품 보급회사

(New England Cheesemaking Supply Company, Inc).

http://www.cheesemaking.com/

리키 캐롤과 로버트 캐롤(Ricki and Robert Carroll)이 1978년에 미국 매사츄세츠 주 애쉬필드(Ashfield, Massachusetts)에 개설한 유가공용품 온라인 판매점입니다. 그들은 세계적으로 유명한 가정치즈 제조론(Home Cheese Making 2002. Storey Books. LLC)을 발간하였습니다. 여기서는 많은 가정에서 유제품과 치즈제조에 필요한 킷트, 용품류, 그리고 도서류를 온라인상으로 판매합니다.

5) 프랑스 직구용 유가공 기자재 업체 Laiterie-Fromagerie-Fromagerie

http://www.alliance-elevage.com/

dept80 80 02 012liste material affinage 1.htmL

http://www.alliance elevage.com/

dept80%2080%2002%20012liste%20material%20affinage%201.htmL

홈페이지 들어가서 [English]를 클릭하고 Dairy Cheese Making를 들어가면 유가공자재 모든 것이 있습니다(원래 홈페이지는 프랑스어로 나와 있음).

■ 유럽의 주요 치즈제조회사, 기자재 생산, 공급 업체 사이트

(2016년 06월 정리 본)

회사명	인터넷 주소	전화 No.	국 명
AGROTEL	www.agrotel.eu arnaud.bacciochi@agrotel.eu	+33(0)6 67 08 20 08	Eu
FRANCIA	www.franciamozzarella.com p.caria@franciamozzarella.com	(+49 30)70 17 36 77	Berlin
LA BUVETTE	www.labuvette.fr l.lebreton@sfr.fr	02 97 74 66 25	Fr
BARTH	www.thermo-future-box.com infro@barth-box.de	+49(0)7021 482 97 63	De
Annette tilouche	Tilouche.Fruchtimport@t-online.de	0049 89-777 180	De
CONDOR	www.condorinox.it bigliardi@condorinox.it	+39 0522 300372 308334	It
PRIMERA	http://primera.eu info@primera.eu	+49(0)611 92777-0	Eu
Werraland	www.werraland-wfb.de frank.viereck-jacob@werraland-wfb.de	05651 926 -155	De
Formaggi Ovini Biologici della Sardegna	www.forma661pes.it pes.salvatore@tiscali.it	0785 59687	It
32 Fahrenheit GnbH	www.32-fahrenheit.de alexander.avramidis@32-fahrenheit.de	+49(0)6134 956990	De
Villa ORGANIC	www.villaorganic.com ak@villaorganic.com	+47 70 17 81 70	Nor way
S.A.S RenéTOY	export@toy-sa.com	0 033(0) 2.54.85.01.10	Fr
V3 VANBOCK RIJCK	www.vanbockijck.fr mario@vanbockijck.fr	+33 6 29 50 62 97	Fr
Nelly Frees Riggelsen	naturmaelk.dk nelly@naturmaelk.dk	+45 73 64 28 20	Dk
One Point Storage Systems GmbH	www.onepoint.de curto@onepoint.de	06135-93 222 14	De

회사명	인터넷 주소	전화 No.	국 명
MILKLINE	www.milkline.com v.voykov@milkline.com	+39 0523 524245	It
KNUTHENLUND	www.knuthenlund.dk jesper@knuthenlund.dk	+45 5471 1380	Dk
CID LINES	www.cidlines.com josephine.verhaeghe@cidlines.com	+32(0)57 21 78 77	Belgium
HEALTHEY PLANET	www.DasEis.eu fm@healthyplanet.de	+49(0)611.724 93 76	Eu
DORFKÄSEREI PÖTZELSBER GER	www.biokas.at infro@biokas.at	0043(0)6245/832 28	At
Laiterie Fromgerie-Fromagerie	http;//www.alliance-elevage.com/dept80 80 02 012 liste material affinage 1.htmL	프랑스 기구회사	Fr
NETHER INDUSTRIES INC.	www.netherind.com	치즈 도구 공급	USA
New England Cheesemaking Supply Company	www.cheesemaking.com	뉴잉글랜드 치즈도구회사	USA
AIR QUALITY PROCESS	www.airqualityprocess.com	치즈 숙성실 공기공급 환기장치	Fr
Page & Pedersen International, Ltd.	www.pageprdersen.com	유성분 분석기	USA
FROMAGEX	www.fromagex.com	캐나다 치즈 기자재회사	Ca
Clauger (soltions deslgner in Refrigeration & Process air)	www.clauger.us	치즈숙성실 공기공급 환기장치	Fr

[부록 4] 치즈 명칭 체계와 원산지 보호제도[406)]

(1) P.D.O(Protected Denomination of Origin : 원산지 명칭 보호 시스템) - EU 제정(1992)

(2) P.G.I(Protected Geographical Indication : 지리적 보호 표지) - 지역적인 생산지 지정 표시

(3) C.S.C(Certificate of Specific Character : 특정의 특징 증명) - 제조공정의 전통방식 채용

(4) A.O.C(Appellation d'origine Controlee : 원산지 명칭 통제) - 프랑스

(5) D.O.P(Denomination di Origin Protetta : 원산지 명칭 보호 - 1996년 6월 이전 치즈의 경우 DOC) - 이탈리아(1996)

※ 프랑스 A.O.C 인가조건 : ① 원료유의 종류, 생산지역, ② 제조지역과 제조방법, ③ 숙성지역과 숙성기간, ④ 형태, 외피모양, 중량, 유지방분 함량

※ 프랑스 A.O.C 인가 치즈(2007년) : 44종

※ 이탈리아 D.O.P 치즈 : 제조공정, 숙성공정을 명확히 규정하고, 치즈 이미지 관리 철저, 가맹 생산공장 상표 신뢰성 관리까지 하고 있음 2007년 현재 32개 지역에서 생산하고 있습니다.

※ 스위스도 장차 유럽연합(EU)과의 공조를 위해 1997년부터 A.O.C 제조를 검토하여 수용했고, 2000년에 Etivaz 치즈가 처음으로 A.O.C 인증을 받았습니다. 2007년 현재 10종이 인가받음(에티비아외 그뤼에르, 테데드모앙, 스브린츠, 바슈랑 몽톨, 바슈랭프리부르즈와, 에멘탈, 베르너 알프캐제, 베르너 호프캐지, 테시너 알프케제가 있음).

※ 스페인 : 스페인도 원산지 명칭보호(D.O.P) 제도를 도입하고 있으며, 22종이 지정인가 되어 있습니다. 대표적인 것은 이데이 아자반, 퀘소 데 라 세라나, 퀘소 만체고, 퀘소 자모라노(이상 양·면양 젖), 마혼, 퀘소 데 칸타브리아, 퀘소 테틸라, 퀘소 코스데리에바나, 산시몬 다 코스타(이상우유), 가로챠, 퀘소 이보레스, 퀘소 마조레노(이상 산양유), 퀘소 이베리꼬, 트론촌(이상 혼합유).

※ 포르투갈 : 포르투갈도 국토는 작지만 D.O.P를 도입하고 있고 11종이 인가되어

406) NPD 法人協會 2008. C.P.A チ-ズ チ-ズプロフェッショナル 敎本. 飛鳥出版(株) 東京. 日本. pp. 47-129.

있습니다. 퀘조 아세이통, 퀘조 에보라, 퀘조 다 베이라 바이샤, 퀘조 데 니-쟈, 퀘조 나빠샬, 퀘조 사라다 에스트렐라, 퀘조 세르파, 퀘조 데링쵸, 퀘조 메스데이소 데 톨로사(이상 면양유 또는 면양유와 산양유 혼합유 사용), 퀘조 데 카브라 트란스몬타노(이상 산양유), 퀘조 상 호르테, 퀘조 데 피코(이상 우유)

※ 영 국 : 1993년에 EU에 가입하면서 P.D.O를 채용하고 치즈회사가 인가받기 위해서 다음 조건을 충족하도록 하고 있습니다. ① 제조법이 전통적인가? ② 생산지역이 한정적인가? ③ 서로 비슷한 치즈가 없는 개성적, 특수성을 가졌는가? 2007년 현재 7종이 인가되어 있습니다. 비콘펠 트레디셔날 랭카셔, 웨스트 컨츄리 팜하우스 체다, 싱글 글로스터, 스웨일리데일 과 스웨일리 데일 이유즈, 로버데일, 벅스톤 블루, 블루 스틸튼과 화이트 스틸튼 등입니다.

※ 독일 : P.D.O 치즈 4개 : 알고이어, 에멘탈 - 알고이어 베르크 캐제, 알덴부르거 지겐캐제, 오덴베르다 후레쉬 데위크 캐제 등

※ 네덜란드 : P.D.O 치즈 : 노르드 호랑쉐 하우다(가우다), 노르드 호랑쉐 에다멜(에담), 폴렝 라이쉐 메트 스류-델스, 깡텔카스

※ 그리스 : P.D.O 치즈 : 페타, 그라비에라 크리티스

[부록 5] 이탈리아 아시아고 치즈의 원산지명칭 보호제도와 그 규칙[407][408]

▶ 트렌티노(Trentino) 치즈의 최고는 아시아고 치즈로 이탈리아 치즈 중에서 가장 유명한 치즈 중 하나이다. 이 치즈는 트렌트와 비첸차(Trent and Vicenza) 지역 사이에 있는 동일한 이름의 고원지대에서 생산될 뿐만 아니라 벨루노지방과 같은 다른 지역에서도 생산되고 있다.

치즈 제조에는 두 가지 방법이 있다. 아시아고 탈레보(아시아고 지방의 고지대)는 저녁 착유한 젖으로부터 크림을 제거하여 부분 탈지한 우유에 아침에 착유한 원유를 혼합하여 얻은 semi-fat 치즈이다. 이 치즈의 조직은 중간크기의 치즈 눈과 함께 고유의 향미를 지닌 채 숙성기간이 경과하면서 점점 개선되면서 균일하고 매끄러운 황갈색 표피와 semi-cooked 치즈이다. 치즈는 원반형으로 직경 30～36cm(12～14½인치), 높이 9～10cm 정도이고, 외면이 약간 볼록한 측면이 있고 무게는 8～12g 정도이다. 치즈는 숙성기간에 따라 아시아고 중간 정도 숙성품(6개월), 숙성품(1년), 장기 숙성품(18～24개월)으로 나누어 숙성시킬 수 있다. 처음 3가지 유형이 테이블 치즈들이고, 본질적으로 전형적인 조리 용도로 사용된다. 그러나 장기 숙성형 치즈는 가루용 치즈로 사용된다.

아시아고 프레사토(pressato, 가압식 신선형 아시아고 치즈)는 어쨌든 앞서의 유형과는 실질적으로 다른 특성이 있다. 사실 그것은 full-fat(전 고형분 중 50%가 지방분) 치즈로써 24일～40일 뒤에 사용하려고 준비한 것이며, 부분적으로 가온처리가 된 치즈이다. 그것은 높이 11～14cm(4～5인치), 직경 30～40cm(12～16인치)의 원반형 모양이다. 중량은 8～14kg(17～31파운드) 정도이다. 이 치즈는 전형적인 테이블 치즈인데 색은 흰색, 눈에 띄는 구멍, 일종의 우유 맛을 연상시키는 달콤한 향기와 부드러운 치즈이다.

아시아고 치즈는 주로 테이블 치즈로 먹을 뿐만 아니라 그것도 어떤 곳에서는 몇 가지 요리법을 가지고 있지만 치즈를 강판에 갈아서 가루로 사용하는 것은 없다. 예를 들어, 파스티시오 알 아시아고(pasticcio all'asiago)는 짧은 모양의 파스타 요리인

---

407) PDO/EU(Protected Denomination of Origin/ Europe Union) = 원산지 명칭 표지 규정에 따른 제도.

408) 이 자료는 저자가 2015년에 수행한 임실군 용역보고서에서 발췌하였습니다. 이 자료를 수록해 두는 것은 미래의 한국 치즈 중 원산지 명칭보호제도를 실시할 치즈를 위한 것입니다. [배인휴 2015. 임실군 유제품의 중장기 발전 로드맵 작성. [재] 임실치즈과학연구소. pp. 212-227.]

데, 대개는 푸실리(빙글빙글 꼬인 파스타) 또는 리가 토니(짧은 파스타, 슬롯 파스타), 끓이고 물기를 제거한 al dente, 토마토와 고기를 섞어 만든 소스로 드레싱하고 신선미를 강화한 다음 아시아고 치즈를 절단하고 장기 숙성한 아시아고 치즈를 가루 내어 만드는 요리이다. 또 다른 준비물로는 아시아고 Pressato는 생 시금치를 사용한 샐러드에서의 주인공이다. 아시아고 치즈는 끈 모양으로 길게 절단하고 요리접시 마무리는 마늘로 향미를 강화한 올리브유로 드레싱을 한다.

「이사회 규정(EC) 지리적 표시 및 농산물 및 식료품에 대한 원산지 보호에 관한 제 510/2006의 제6조 (2)에 따라 개정 출원 공개(2006 / C321 / 08)」

이 공개서는 이사회 규정(EC) No510 / 2006의 제7조의 규정에 의하여 개정 응용 프로그램에 반대할 권리를 부여한다. 이의가 있는 문건은 이 공개서의 발행일로부터 6개월 이내에 위원회에 제출되어야 한다.

▸ 개정된 적용 안

이사회 규정(EC) No.510/2006 제9조 및 제17조 (2)에 따라 수정 적용된
"아시아고"
EC 번호 : IT / PDO / 117 / 0001
PDO(X) PGI( )

▸ 개정(건수) 요청 규격 내 대표 (건) :

- 품 명
- 제품 설명
- 지리적 영역
- 원산지 증명서
- 생산방법
- 링 크
- 라 벨
- 국가적인 청구요건

▸ 개정(건) :

내 용

규격, 일반성분(수분, 단백질, 지방, 건물 중 지방(FDM) 및 미생물 두 가지 종류의 아시아고 치즈, 신선치즈와 숙성치즈의 미생물학적 특성(병원균류, 황색 포도상구균, 대장균, 대장균군 30°)이 상세하게 기재되어 있다.

이것은 “Prodotto della montagna”(산악치즈 제품)로 추가적인 표시가 된 치즈를 제외하고 최소한의 숙성기간이 지나면 치즈의 표면은 국가규정에 따라 허용된 물질로 처리할 수 있다는 것이 명확하게 규정되어 있다.

▸ 지리적 영역

“산악지역”이란 말을 추가적으로 표시하려면 다음의 정의를 따라야 한다. : 해발 600m나 그 이상의 산악지대.

▸ 치즈의 생산방법

금지된 조사료와 배합사료에 대한 자세한 내용이 제시되어 있다. 또한 산악지 치즈로써 추가적인 독특한 표시는 어떤 형태의 사일리지도 급여가 금지되어 있다는 점이다. 신선형 “아시아고” 치즈나 숙성된 “아시아고” 치즈에 대한 정보는 최대 저장기간, 치즈 제조에 사용한 원유의 일반 성분이 제시되어 있다.

2006년 12월 29일자 EN 관보 유럽연합 C321 / C23

모든 “아시아고” 치즈 유형에 대한 생산에 사용한 물리적 및 시간의 구체적인 항목들이 제시되어 있다. 숙성형 “아시아고” 치즈는 산악지 치즈 제품으로 표시된 치즈를 제외하고 평지의 치즈의 경우 원유에 라이소자임(E1105)을 첨가할 수 있다.

치즈가 제조되고 있는 조건에 대한 자세한 기술정보(온도, 습도)에는 치즈의 숙성 및 저장조건 정보도 제공된다. “아시아고” 치즈의 최소 숙성기간(산악지 제품으로 표지된 치즈 : 60일~90일)이 표시되어 있다. 치즈가 보다 잘 식별되도록 하기 위해 카제인 계수표가 현재 사용되고 있다. 치즈제조 일시를 나타내는 알파벳 문자가 치즈 측면에 새겨져 있다.

모든 PDO 인증 “아시아고” 치즈는 측면부 표지가 식별되도록 미리 절단하여 포장하거나 잘라서 제공된다. 만약 절단작업을 하다가 긁힘 또는 껍질이 제거되는 것이 필연적으로 수반하는 경우에는 제품의 신뢰성이나 권위에 대한 의문이 생기지 않도록 치즈를 생산한 지역에서 반드시 일련번호를 남기고 포장해야 한다.

▸ 표지(Labelling)

라벨에는 다음 정보들이 자세하게 추가된다. :

숙성기간의 차이에 따른 가압식 신선형 치즈이든 숙성된 아시아고 치즈이든 간에 아시아고(mezzano, vecchio, stravecchio - 반숙성, 숙성, 장기 숙성)라는 정보와 가능한 한 라이소자임(E1105)이 사용되지 않았음을 나타내는 라벨, 그리고 산악지 제조 치즈임을 표지할 수 있는 요구, 이러한 산악지 치즈는 산지에서 생산된 원유를 산지에 있는 치즈공장에서 제조한 것임을 담아야 한다.

Ⅰ. 업데이트 내용의 개요

이사회 규정(EC) No 510/2006
"아시아고"
EC No : IT / PDO / 117 / 0001
PDO(X) PGI ()

이 요약은 오로지 정보를 제공하기 위해 작성되었다. 완전히 상세한 내용을 얻고자 하는 관심 당사자들이 섹션 1. 또는 유럽위원회 (1)에 나타난 정부 당국으로부터 얻을 수 있는 제품 사양의 전체 버전을 상담 받을 수 있도록 개방되어 있다.

1. 회원국내 담당 부서 :

이름 : Ministero politiche agricole e forestali
주소 : Via XX Settembre, 20 I-00187 Roma
전화 : (39-06) 4819968
팩스 : (39-06) 42013126
E메일 : QTC3@politicheagricole.it

2. 응모자 그룹 :

이름 : Consorzio Tutela formaggio Asiago
주소 : Corso Fogazzaro, 18 I-36100 Vicenza
전화 : (39 0444) 321758
팩스 : (39 0444) 326212
E메일 : asiago@asiagocheese.it
성분조성 : 생산자 / 프로세서(X) 기타( )
200 년 12월 29일의 321 / C24 EN 유럽공동체(EC) 관보
농촌개발, (1) 유럽위원회 총국, 농산제품 품질정책
B-1049 브뤼셀.

3. 제품의 종류 :

클래스 1.3 - CHEESE

4. 규격(제4조(2) 규정에 의한 요건 개요)

4.1 명 칭 : "아시아고"

4.2 개 요 : 원산지 명칭 보호를 받는 "아시아고" 치즈는 오직 우유를 이용하여 제조되고 반 조리된 치즈, 치즈 규격에 부합된 것에만 인증이 부여되며, 여기에는 신선형 "아시아고" 치즈와 숙성형 "아시아고" 치즈라는 2개의 버전이 있을 수 있다.

4.2.1. 20일간 숙성한 신선형 가압식 "아시아고" 치즈의 제조 기술적 특성

(a) 시각적인 관능 특성 : 백색 또는 약간 황색을 띠는 색깔, 표가 나게 불규칙한 치즈 눈, 편안하고 섬세한 향미, 탄력 있는 질감과 얇은 표피(rind).

(b) 화학적 성분특성 : 오차범위 내 허용 규격

수 분 : 39,5% + / − 4,5

단백질 : 24.0% + / − 3.5

지방분 : 30.0% + / − 4,0

염 분 : 1.7% + / − 1,0

지 방 / 건조 추출물 : 44% 이상 없음

(c) 물리적 특성 :

표피의 측면부 : 평평하든지 약간 볼록형

상부 및 하부면 : 평면 또는 거의 평탄

중 량 : 11∼15kg

높 이 : 11∼15cm

직 경 : 30∼40cm

(d) 미생물학적, 위생 특성 :

병원성 균 : 음성

황색 포도상구균(*) : M<1000/g

대장균(*) : M <1000/g

대장균군 30℃(*) : M<100000/g

(*) 이러한 데이터는 원유를 가열처리하여 제조한 치즈에 해당됨.

4.2.2. 60일간 숙성한 신선형 가압식 "아시아고" 치즈의 기술적 특성

(a) 시각적인 관능 특성 : 백색 또는 약간 황색을 띠는 색깔. 소형 또는 중형 크기의 치즈 눈. 달콤한 향미(반 숙성상태). 향긋하고 유쾌한 향미(숙성) : 부드럽고 매끈한 표피(rind).

(b) 화학적 성분 특성 : 오차범위 내 허용 규격

수 분 : 34,50 % + / - 4,00
단백질 : 28.0 % + / - 4.00
지방분 : 31.00 % + / - 4.5
염 분 : 2.40 % + / - 1.00
지 방 / 건조 추출물 : 34% 이상 없음

(c) 물리적 특성 :
표피의 측면부 : 바르거나 거의 똑바름
상부 및 하부면 : 평면 또는 거의 평탄
중 량 : 8 ~ 12kg
높 이 : 9 ~ 12cm
직 경 : 30 ~ 36cm

(d) 미생물학적, 위생 특성 :
병원성 균 : 음성
황색 포도상구균(*S. aureus*) : M<10,000/g
대장균(*E. coli*) : M<100,000/g

"아시아고" 치즈의 표면은 최소의 숙성기간이 지나면 현재 법적으로 허용된 물질을 처리할 수 있다. 치즈 표피(rind)는 먹을 수 없다. 치즈의 표면처리는 치즈의 지정된 로고와 카제인 계수표의 고유 식별성을 떨어트리기까지 해서는 안 된다. 또한 "아시아고" 치즈의 표면에는 산악지 제품으로써 치즈에 색소를 넣은 착색처리나 항진균제(antimould) 처리를 하지 않았다는 추가적인 표지를 할 수가 있다. 모든 PDO인증 아시아고 치즈는 마크가 찍힌 표피가 보이도록 절단하거나 예비포장(pre-packaged) 할 수 있다.

4.3 지리적 표지영역 :

제품에서 말하는 PDO인증 "아시아고" 치즈는 생산지역 내에서 사육한 젖소로부터 얻은 우유를 이용하여 그 지역 내 치즈공장에서 제조되고 있는데, 그 관할 지역은 제품에 표시되어 있는 바와 같은 비 첸차, 토런트, 파도바, 트레비(Vicenza, Trento, Padua and Treviso)이다. 이미 앞서 언급한 대로 위의 생산지역은 600m 혹은 그 이상의 높이에 걸쳐 있는 산악지역으로 특정되어 있다.

4.4 원산지 인증 :

치즈 제조의 각 처리단계가 모니터링 된다. 검사기관은 우유 생산자 리스트를 관리하고 집유업자, 치즈 제조자, 숙성 관리자와 무 표피(rindless) 치즈 포장업자를 관리하는 책임을 진다. 이런 일은 제품의 사양 및 제품의 이력 추적하는 방식과 같이 적절한 관리 계획에서 정하는 검사 및 규제의 대상을 점검하고 조정하도록 제공한다. 만약 가공 처리 / 또는 제품이 규격이나 규정에 맞지 않다는 것을 발견했을 경우 그 제품은 “아시아고” 치즈로 판매될 수 없다.

4.5 치즈 생산방법 :

제품 규격에 따르면, 어떤 원유가 PDO인증 “아시아고” 치즈 생산에 사용되기 위해서는 제품규격에서 금지 된 농후사료나 조사료를 급여해서는 안 된다. 우유를 치즈 생산하는 데 사용할 때 산악지 제조 표지가 되어 있는 PDO인증 “아시아고” 치즈에는 어떤 형태의 사일리지를 급여하여 얻은 원유도 사용이 금지되어 있다.

신선형 “아시아고” 치즈의 경우에 사용되는 원유는 현재의 건강 법규를 준수해야 하고는 한 번 또는 두 번의 착유에서 얻은 것을 비살균 우유로 또는 현재의 법률에 따라 72℃에서 15초 동안 저온살균 해야 한다. 숙성형 “아시아고” 치즈의 생산에 사용하는 원유는 현재의 건강 법규를 준수해야 하고, 두 번의 착유에서 얻은 원유 표면으로부터 한 번만 크림을 걷어내는 방식으로 부분 탈지하거나 한 번 착유한 원유 표면으로부터 크림을 걷어낸 부분 탈지한 원유를 비살균 우유로 또는 57 / 68℃에서 15초간 열처리(thermised)해야 한다. 산악지 제품으로서의 PDO인증 “아시아고” 치즈를 제조하기 위하여 산악지 제품 두 번째 착유로부터 네 번째 착유한 원유만을 가져다가 18시간 이내에 가공처리 해야 하고, 만약 네 번째 착유분도 집유가 허용되었다면 24시간 이내에 치즈제조에 사용할 수 있다.

숙성형 “아시아고” 치즈의 생산을 위해 법적인 허용범위 내의 용량의 라이소자임(E1105)을 원유에 첨가할 수 있다. 산악지 치즈 제품으로 표시된 “아시아고” 치즈 생산에는 라이소자임의 사용이 금지되어 있다. 신선형 가압식 “아시아고” 치즈는 제조일로부터 최소한 20일간은 숙성해야 한다. 숙성형 “아시아고 ” 치즈의 최소한의 숙성기간은 생산한 달의 마지막 날로부터 60일간 이다. 산악지 생산 “아시아고” 치즈라는 마크를 붙이는 치즈는 그것이 생산된 달의 마지막 날로부터 90일간이고, 신선형 가압식 아시아고 치즈라 해도 제조일로부터 30일은 숙성해야 한다. 이들 치즈는 반드시 생산한 지역에서 숙성해야 한다.

유럽연합(EU) EN 관보 C321/26 [2006년 12월 29일]

산악지 생산의 치즈는 반드시 그 치즈를 만든 산악지역에 위치한 치즈공장에 있는 온도와 습도가 자연환경 조건에 가까운 조건의 숙성고에서 숙성해야 한다. 치즈의 절단작업을 하는 과정에서 표피가 긁히거나 표피가 제거되어 어쩔 수 없이 원래의 표피에 있는 산악지 치즈마크가 보이지 않게 되는 경우(큐브, 얇은 조각 등) 그것의 포장은 제품의 생산이력 추적을 보장하기 위해 치즈생산 지역에서만 이루어져야 한다. 산악지대에서 생산한 원유를 사용하여 산악지 치즈공장에서 제조하고, 그 산악지 숙성고에서 숙성한 아시아고 치즈에만 산악지 "아시아고 " 치즈라는 마크의 라벨을 붙일 수 있다.

4.6 링크(Link) :

자연 요인 토양조건, 그리고 기후와 지역의 조건들에 대해서는 실질적으로 잘 균일화가 이루어졌지만 보다 중요한 점은 목장의 젖소에게 급여하는 조사료와 배합사료를 어떤 조건으로 공급하느냐가 영향을 미친다. 인간적인 측면으로는 이 치즈는 아시아고 고원에서 역사적으로 시작되었고, 제1차 세계대전 중에 지역 주민 이주 인구 증가와 더불어 치즈 생산은 인접한 구릉지에까지도 널리 확산되었다.

4.7 검사기관 :

명칭 : CSQA S.r.l. Certificazioni

주소 : Via S. Gaetano, 74 I-36016 Thiene (VI)

전화 : (39 0445) 366094

팩스 : (39 0445) 382672

E-메일 : csqa@csqa.it

4.8 표지(라벨링) :

PDO인증 "아시아고" 치즈는 카제인 계수, 권리가 있는 모든 사람에 의해 사용되도록 명칭 보호기관(Consorzio di Tutela)이 소유한 특수 밴드(치즈 측면부에 찍히는 띠)가 찍혀있는 것으로 식별된다. 스탬프로 찍히는 밴드에는 내부의 치즈의 규격, 치즈 생산자 고유 정보가 담긴 영문-숫자 조합형 식별부호, 연속적으로 찍힌 [Asiago]라는 지정로고가 포함되어 있다. 라벨링 되는 문자의 크기는 신선형 치즈에는 25mm 숙성 치즈버전은 20mm 정도이다. 또한 숙성형 "아시아고" 치즈 측면부에 찍히는 알파벳 문자는 제품 사양에 따라 치즈 생산 월과 치즈의 규격을 나타내는 것이 새겨져 있다. 산악지 생산 제품으로 표시된 "아시아고" 치즈에는 문구 "Prodotto della montagna"라는 문구가 밴드부분에 한 번 각인되어 있다.

산악지 생산 인증 마크가 찍히는 "아시아고" 치즈에는 최소 숙성 기간의 마지막 날에 감독기관이 보유하는 공구로 치즈 측면에 추가적인 날인이 이루어지는데, 이 작업은 자격을 갖춘 인증 치즈공장에서도 사용하고 있다. 발뒤꿈치 브랜드이다. 날인하는 장치에는 해당제품의 규격이 기재된 로고가 들어가 있다.

– 신선형 가압식 "아시아고" 치즈는 "프레스코/fresco"(신선한 치즈)로 분류된 라

벨이 붙는다.

- 숙성형 "아시아고" 치즈는 "스타지오나토 / stagionato"(숙성된)로 분류된 라벨이 붙는다.
- 숙성형으로 4~6개월 숙성된 "아시아고" 치즈는 "메짜노/Mezzano"(반 숙성)로 분류된 라벨이 붙는다.
- 숙성형으로 10개월 이상 숙성된 "아시아고" 치즈는 "베키오/Vechio"(숙성된)로 분류된 라벨이 붙는다.
- 숙성형으로 15개월 이상 숙성된 "아시아고 치즈"는 "스트라베끼오/stravecchio"(오래 숙성한)로 분류된 라벨이 붙는다.

또한 라벨에는 라이소자임 / Lysozyme(E 1105)을 사용했는지의 여부를 표시할 수 있다. 어느 회사이든 간에 라벨, 스탬프, 실크 스크린 인쇄물에 자기 제품의 정보를 넣을 수 있지만 PDO인증 "아시아고" 치즈라는 마크(특별한 나무로 된 도장에 의해 각인)와 아시아고 치즈에 해당하는 카제인 계수를 식별하는데 문구나 마크의 선명도를 감소시켜서는 안 된다.

4.9 국가적 요구 조건 :
유럽연합 EN 관보 C321 / 27. 2006년 12월 29일

Ⅱ. 아시아고 치즈의 원산지 명칭 보호규정

〈서 론〉

D.O.P란 말은 이태리 말인 Denominazione d'Origine Protetta 의 약자로서 영어로는 Protected Designation of Origin(P.D.O)이라는 말로써 「원산지 명칭 보호」란 뜻이다. 이것은 유럽연합(EU)이 특정 지역에서 생산된 농산품 및 식품의 질을 검증하여 높이 인정해 주는 제도가 도입되었다. EEC 2081/92법이 정의하기를 "D.O.P란 그 지역, 특정한 장소 혹은 특정한 나라에서 산출한 식품의 품질 혹은 특성이며, 그것은 천부의 자연을 가진 특정된 지리적 환경과 인간적 요소와 그 특성 지역에서 일어나는 생산, 가공 및 제조에 기인한다."고 하였다. 이탈리아에서 400종 이상의 치즈가 생산되나 단지 30종이 D.O.P 자격을 획득하였고, Asiago 치즈가 그 중 하나이며, 이탈리아 치즈 중에서 가장 중요한 치즈 중의 하나이다.

제 1 절 : 지 정

아시아고 치즈는 반 익힌 페이스트로서 우유로만 제조되며, 엄격한 제조규정에 따라 가압식 신선형 아시아고 치즈와 숙성 아시아고 치즈로 구별된다.

제 2 절 : 생산지역

아시아고 치즈는 지역과 그 지역의 낙농가 안에서 사육된 젖소에서 얻어진 우유에서 생산한다. 지정된 지역은 Vicenza, Trento, Padua 및 Treviso 주이고, 지역 이름이 치즈 포장지 위에 명기된다. 상기 주들 중 해발 600미터 혹은 그 이상에 있는 지역은 산악지역이라고 명기한다.

제 3 절 : 금지된 사료들

- **조사료의 종류**
  - 유채씨, 겨자, 그리스건초
  - 과일 잎, 근대 잎 및 줄기
  - 약초, 완두, 부산물의 사일로
  - 식품 가공공장 부산물(과일, 야채)
  - 주정발효 찌꺼기(주정박)
  - 산업발효 부산물(양조, 제당)
  - 육가공공장 부산물(도살)
- **농후사료의 종류**
  - 고기, 생선가루
  - 유 압착분
  - 건조야채 및 과일
  - 야채가공 부산물
  - 제당 부산물(당밀)
  - 발효 부산물(건조한 것)

산악지역에서의 치즈 제조에 사용될 우유를 생산하는 소에게는 어떤 형태의 사일리지도 급여해서는 안 된다.

제 4 절 : 치즈 생산방법

최대 저장기간 및 우유의 성분이 압착 가압식 신선형 아시아고 치즈 및 숙성 아시아고 치즈에 명기한다. 압착 가압식 신선형 아시아고 치즈 제조 시 우유는 현행 보건법에 따라야 하며, 첫 번 혹은 두 번째 짠 것을 사용하고, 현행법에 따른 원유 혹은 72℃에서 15초 동안 저온 살균한 것을 사용한다. 숙성형 아시아고 치즈 제조 시 우유는 현행 보건법에 따라야 하며, 2번째 짠 우유(저녁에 짠 우유)를 표면 부분 크림층을 걷어낸 탈지한 것을 사용하거나, 두 번 짜낸 우유(아침과 저녁) 중 어느 한 우유만을 표면 부분 크림층을 걷어내 탈지하거나 그렇지 않으면 오직 어느 한 것을 표면 부분탈지한 후 살균하지 않고 사용하거나 중간 온도 57/68℃에서 15초간 열처리한 후 사용한다.

만일 산악지 제품 표시를 한 D.O.P 아시아고 치즈 제조 시 반드시 2번-4번째 짠 우유를 사용한다. 그리고 2번째 짠 우유일 경우 집유 한 후 18시간 내에, 4번째 짠 것일 경우 24시간 내에 처리한 우유만이 허가된다. 숙성형 아시아고 치즈 제조 시 법의 허용한계에 따라 우유에 라이소자임(Lysozyme, E 1105) 첨가를 허용하나 산악지 제품 표시를 한 D.O.P 아시아고 치즈 제조 시에는 첨가를 금지한다.

산악지 제품은 산악지역에 위치한 공장에서 숙성해야 하고, 숙성실의 온도와 습도가 그 지역의 환경조건과 같아야 한다. 만일 절단하는 과정 중 치즈 표면을 긁어내었거나 치즈를 둘러싸고 있던 표피(skin or rind)를 제거하여 원래의 표시가 보이지 않게 된 경우 포장을 생산실 내에서 하고, 제품의 일련정보를 보존한다. 오직 아시아고 치즈를 우사와 치즈공장이 산악지역에 존재하고, 숙성도 산악지역에서 하고, 레이블에 '산악지 제품' 표시를 한다.

제 5 절 : 표 지

D.O.P 아시아고 치즈포장 위에는 숫자가 적힌 카제인 계수와 D.O.P 관리청(Consorzio di Tetela, protection body) 인증도장이 찍힌 것으로 식별이 가능하다. 도장은 표지그림 마크(로고)인데 이것은 완전한 제품의 표시이고, 생산자의 알파벳의 표시, 아시아고 치즈 표시가 있다.

두 종류의 아시아고 치즈 제조방법에 관한 물리적 및 시간변수들이 잘 명시되어 있다. 숙성형 아시아고는 '산악 제품'을 제외하고는 「라이소자임(E 1105)이 우유 가공 중 첨가되었다」라고 명시한다. 치즈 숙성과 저장에 관한 기타 상세한 기술적인 정보(온도와 습도)도 명시되어 있다. 아시아고 최소 숙성치즈 기간이 표시되어 있다(60일 또는 90일이 산악지 제품에 추가로 표시되어 있다).

치즈를 더 잘 식별하기 위해 카제인 계수가 기재되어 있다. 치즈 몸체에 찍힌 알파벳 문자 스탬프가 그 치즈의 제조 월을 명시한다.

1월 → B	4월 → E	7월 → L	10월 → S
2월 → C	5월 → H	8월 → N	11월 → T
3월 → D	6월 → I	9월 → P	12월 → U

제 6 절 : 보존과 숙성

가염처리 전에 섭씨 10/15℃, 상대습도 80~85%에서 최소 48시간 저장한다. 소금은 가루를 뿌리거나 200 + / -20Be 염수에 담근다. 압착 가압식 신선형 아시아고 치즈는 제조일로부터 최소 20일간은 숙성시켜야 한다. 숙성형 아시아고 치즈는 제조한 달의 마지막 날로부터 시작하여 최소 60일간은 숙성시켜야 한다. 숙성온도는 5/8℃이다. 산악지 제품 표시를 한 숙성형 아시아고 치즈의 경우 제조한 달의 마지막 날로부터 시작하여 최소한 90일간은 숙성시켜야 하고, 산악지 제품 표시를 한 신선형 가압식 신선형 아시아고 치즈는 제조일로부터 최소 30일간은 숙성시켜야 한다. 치즈는 생산한 같은 장소 내에서 숙성시켜야 한다.

제 7 절 : 완제품의 특성

▸ **20일 숙성된 압착 가압식 신선형 아시아고 치즈의 기술적 특성**

- 시각적 관능검사 특성 : 흰색 혹은 약간 노란색 ; 표시가 나고 불규칙적 눈, 좋은 향미, 얇은 탄력 있는 껍질(치즈 표면)
- 화학적 특성 :
  - 수 분 39.5% + / -4.5
  - 단백질 24.0% + / -3.5
  - 지 방 30.0% + / -4.0
  - 소 금 1.7% + / -1.0
  - 지방 / 건조 추출물 44% 혹은 이상
- 물리적 특성 :
  - 몸통이 바르거나 약간 튀어나옴
  - 위나 아래가 바르거나 거의 바름
  - 무 게 11~15kg
  - 높 이 11~15cm
  - 직 경 30~40cm
- 미생물학적 및 위생적 특성 :
  - 병원성 세균 없음
  - 포도상 구균 *Staph. aureus* (*)M<1000 / g
  - 대장균(*E. coli*) (*)M<1000 / g
  - Coliform 30℃ (*)M<100000 / g

(*) 이 데이터는 열처리한 우유로 만든 치즈에서 나온 것

▸ **60일 가압식 신선형 아시아고 치즈의 기술적 특성**

- 시각적 관능검사 특성 : 흰색 혹은 약간 노란색; 작거나 중간 크기의 치즈 눈, 단 향미(중간 숙성), 향긋한 향미(숙성) ; 매끄럽고 규칙적인 껍질(치즈 표면)
- 화학적 특성 :
  - 수 분 34.5% +/ -4.0
  - 단백질 28.0% +/ -4.0
  - 지 방 31.0% +/ -4.5
  - 소 금 2.4% +/ -1.0
  - 지방/건조 추출물 34% 혹은 이상
- 물리적 특성 :
  - 몸통이 바르거나 거의 똑바름
  - 위나 아래가 바르거나 거의 바름
  - 무 게 8～12kg
  - 높 이 8～12cm
  - 직 경 30～36cm
- 미생물학적 및 위생적 특성 :
  - 병원성 세균 없음
  - 황색포도상구균(*Staph. aureus*) (*)M<10000 / g
  - 대장균(*E. coli*) (*)M<100000 / g

(*) 이 데이터는 열처리(Thermisation)한 우유로 만든 치즈에서 나온 것.

제 8 절 : 포 장

다음의 표지는 아시아고 숙성치즈의 숙성기간을 말해 준다.

[아시아고(mezzano, 4～6개월, 중간 숙성 ; vecchio, 10개월 숙성 ; stravecchio, 15개월～초 숙성), 또한 '산악지 제품' 표기 시 라벨에 「라이소자임 무첨가」라고 표기한다. 치즈 표면은 최소한의 숙성기간 후 법이 허용하는 물질로 처리 가능하다. 치즈 표면은 식용 불가하다. 치즈 표면 처리할 때 치즈의 정체성과 표시마크를 나타내는 카제인 계수를 지워서는 안 된다. 아시아고 치즈 표면에 추가로 표지한 산악지 제품 마크를 색깔 있는 펜이나 항 곰팡이 약제로 지워서는 안 된다. D.O.P 아시아고 치즈 전부를 절단하여 소분 포장할 수 있으나 몸통의 측면부는 보이도록 해야 한다.]

[부록 6] 세계 주요 치즈 명칭에 따른 기본 데이터[1)]

치즈명	명칭 유래	주요 산지	타 입	원료유	숙성기간	고형분중 유지방 (FMD)	형태 · 중량	품질보증 제도 등
가엑크 두 카페란 (Gaec de Caperan)	가엑크 = 농업 개발단체명 카페란=산양을 뜻하는 지방 사투리	프랑스 랑돗그 지방	신선형	산양유	10일	45.0%	계란형	
가우다(Gouda) 「HOW-dah, 또는 GAU-dah」로 발음됨	지 명	네덜란드 서부의 남 네델란드에 있는 Utrecht와 로텔담 사이의 작은 마을 Gouda에서 유래, 전 세계적으로 제조됨	반경질	우 유	30일 이상	48%	원통형, 직경 35cm 높이 10～12.5cm 약 10kg(4kg, 300～500g 짜리도 있음)	B.O.B
고르곤졸라 (Gorgonzola)	지 명	이탈리아 피에몬테 롬바드리다의 각지역	푸른곰팡이 숙성	우 유	2～3개월	48%	원통형, 직경 25～30cm 높이 16～20cm, 6～13kg	D.O.P
그뤼에르 (Gruyére)	지 명	스위스 세부 Fribourg 주 뉴샤텔, 베른 주	경 질	우 유 (비살균)	5개월 이상	45.0%	원반형, 직경 55～65cm 높이 9.5～12cm, 25～40kg	A.O.C.
라클렛테 (Raclette)	라클레=깎아 낸다는 뜻	스위스 발레이스(Valais) 프랑스의 샤보와, 프랑슈, 꽁떼 각지	반경질	우 유 (비살균유)	3개월 이상	45.0%	원반형 직경 28～36cm 높이 5.5～7.5cm 4.5～7.0kg	스위스 A.O.C.
로크포르 (Roguefort)	지 명	프랑스 가이엔누 랭규독 로실롱	푸른곰팡이 연질	면양유 (비살균유)	3개월 이상	52%	원반형, 직경 19～20cm 높이 8.5～10.5cm, 2.5～2.9kg	A.O.C

르블류숑 (Reblochon) 또는 르블류숑 두 샤보아)[2]	르블류숑[3]	프랑스 롱 알프스 샤보아 지역	반경질	우 유 (비살균유)	15일 이상	45.0%	원반형, 大 직경 14cm 높이 3.5cm, 小 직경 9cm 높이 3.0cm, 大 450～500g 小 240～280g	A.O.C
몽 도르 (Mont d'Or)	산의 이름 또는 바쉐랑두 오도옵(Vacherin du Haut-Doubs)	프랑스 프랑슈 = 꽁떼지방	반연질 (워시형)	우 유 (비살균유) 살균, 산양유	3～6주간	45.0%	원반형, 직경 12～30cm 높이 4～5cm, 500g～1kg, 1.8～3.0kg	A.O.C 스위스산은 바시앙 몽도르
뮌스터 (Münster)	지 명	프랑스 알자스, 로렌 프랑스 = 꽁떼	반연질 (워시형)	우 유	大 : 3주 이상 小 : 2주 이상	45.0%	원반형, 大 직경 13～19cm 높이 2.4～8cm, 小 직경 7～12cm, 높이 2～6cm 大 : 450g, 小 : 120g	A.O.C
바 농 (Banon)	지 명	프랑스 프로방스 도피네 각지	반연질 -반경질	산양유 (비살균유)	15일 이상 (10일간은 밤나무 잎으로 싸둡니다)	50%	원반형 직경 8～9cm 높이 2.5cm 100g	A.O.C
발랑세 (Valencay)	지 명	프랑스 로이리 발데이		산양유	1주일 이상 (3～8주)	45.0%	상부가 절단된 피라미드 형 상명 1변 3.5～4.0cm 저면 6～7cm, 높이 6～7cm 200～250g	A.O.C P.D.O
브라듀로 (Bra Duro)	브라 = 지명 듀로 = 단단함	이탈리아 피에몬테주	반경질	우유(산양유와 면양유를 일부 첨가한 것도 있음)	6개월 이상	32%	원통형, 직경 30～40cm 높이 7～9cm, 6～8kg	D.O.P

브리 드 모 (Brie de Meaux)	브리 = 지명 모 = 지명	프랑스 샹파뉴, 오르레앙, 블루고뉴, 로레네 각지	흰곰팡이 연질	우 유 (비살균유)	4개월 이상	45.0%	원반형, 직경 36～37cm 높이 2.5cm, 2.5～3.0kg	A.O.C
브라 테네로 (Bra Tenero)	브라 = 지명 테네로 = 부드러움	이탈리아 피에몬테주	반경질	우유(산양유와 면양유를 합한 것도 있음)	45일 이상	32%	원통형, 직경 30～40cm 높이 7～9cm, 6～8kg	D.O.P
블루 스틸튼 (Blue Stiltion)	블루 = 푸른곰팡이 치즈 스틸튼 = 지명	영 국 더 비셔, 레스다셔 노팅검셔 각지	푸른곰팡이 연질	우 유 (비살균유)	2개월 이상	48%	원통형, 직경 20cm 높이 25～30cm, 5～8kg	P.D.O
블루 드와베르 (Blue d'Auvergne)	블루 = 푸른곰팡이 치즈 와베르 = 지명	프랑스 오베즈뉴, 카이엔네 림잔, 랭그독 각지	푸른곰팡이 연질	우 유 (비살균유도 있음)	1kg 이하는 2주 이상, 1kg 이상은 4주 이상	50%	원통형, 大 직경 20cm 높이 8～10cm, 小 직경 10.5cm, 大 2～3kg, 소 350～500g, 1kg	A.O.C
블루 드젝스	블루 = 푸른곰팡이 치즈 젝스 = 지명	프랑스 프랑쥬 = 꽁떼 블르고뉴 각지	푸른곰팡이 숙성연질	우 유 (비살균유)	3주 이상	50%	원반형, 직경 34cm 높이 8～10cm, 7～8kg	A.O.C
산 시몬 (San Simón)	인 명	스페인 가리사아 지방	반경질	우 유 (비살균유 사용 치즈도 있음)	60일 이상	45.0%	원추형, 밑바닥 직경 大 : 13～18cm 小 : 10～13cm, 大 : 800g～1.5kg, 小 : 400～800g	D.O.P 훈연치즈
샤우르스 (Chaource)	지 명	프랑스 샹파뉴, 브르군디	흰곰팡이 숙성연질	우 유	15일(특별히 10일 이상인 것도 있음)	50%	원통형, 大 직경 : 11cm 높이 : 6cm, 小 직경 : 8cm 높이 : 6cm,大 : 450g 小 : 200g	A.O.C P.D.O

셀-수어-쉐르 (Selles-Sur-Cher)	지 명	프랑스 오르렝아 베리 - 지역	반연질- 반경질	산양유 (비살균유)	10일 이상	45.0%	원추대형 밑바닥 직경 9.5cm 높이 2.5～3cm 150g	A.O.C P.D.O
셍 모르 드 투랭 (Sainte-Maure de Touraine)	지명	프랑스	반연질에서 반경질	비살균 산양유	10일 이상	45.0%	가늘고 긴 원통형 길이 17cm, 250g	A.O.C P.D.O
스브린츠 (Sbrinz)	상표명, 지명	스위스 베른 주	경 질	우 유 (비살균)	18개월 이상	45.0%	원반형, 직경 : 45～65cm 높이 : 12～15cm(중심부 14～17cm), 20～45kg	A.O.C
아베이 드 벨로크 (Abbay de Bellocg)	상표명 Abbay=수도원 Bellocg=수도원	프랑스 바스크 지방	반경질	면양젖 (비살균 처리)	3개월 이상	50%	원반형 직경 25cm 높이 10cm, 약 5kg	
오베-카알 로메로 (Oveja al Romero)	오베-카 = 스페인어 "암양" 로메로 = 로즈마리	스페인 카스테리야 라만챠 지방	반경질	면양유		50%	원반형 직경 12cm, 1kg	로즈마리가 전면에 도포되어 있음.
오소-이라테 브리베 피라이녜이(Ossau-Iraty Brebis Pyrěněes)	오소-이라데 피레네 = 지명 브뢰베 = 암양	프랑스 피레네 서부 Běarn 과 Pays Basgue 지역	반경질	면양유 (비살균)	大 : 3개월 이상 小 : 2개월	50%	원반형, 大 : 직경 25.5～26cm, 높이 9～12cm 小 : 18～20cm, 높이 7～10cm, 大 : 4～5kg 小 : 2～3kg	A.O.C P.D.O
이디아자발 (Idiazabal)	지 명	스페인 바스크, 나바라의 각주	반경질 (40℃까지 가열)	면양젖	3개월 이상	45～50%	원반형 직경 10～30cm, 높이 8～12cm, 1～3kg	D.O.P

까망베르 드 노르망디(Camembert de Normandie)	지 명	프랑스 노르망 디 지역	흰색 곰팡이	우 유 (비살균)	3주	45.0%	원반형, 직경 10.5~11cm 높이 3cm, 약 250g	까망베르로 알려져 있음. A.O.C P.D.O
카베이쿠 퀴레	카베이쿠=작은 산양유 치즈 퀴레=잎사귀	프랑스 가이엔누, 보와도-지역	크리미하고 말랑한 연질	산양유	10~15일간	45.0%	원반형 한변이 3cm인 정방형 높이 1cm, 30~40g	잎사귀 포함 감싼 것
카브리 아리에쥬(Cabri - Ariegeois)	카브리=산양을 뜻하는 사투리 아리에쥬와=아리에류(지명)의 콩테드 파와우 지방	프랑스	크리미하고 말랑한 연질	산양유	3주 이상	45.0%	원반형 직경 11cm 높이 약 4cm 45g	
꽁떼 (Comte)	지 명	프랑스 브루군디, 프랑슈 = 꽁떼-로레메 상파뉴의 각 지역	경 질	우 유 (비살균유 사용)	4개월 이상	45.0%	원반형, 직경 50~70cm 높이 8~13cm, 30~55kg	A.O.C P.D.O
크로탄 두 샤비놀 (간단히 샤비놀)	크조탄=크로라고하는 램프 또는 양이나 말의 똥 샤비놀=지명 (치즈숙성 후 모양이 말똥 같음)	프랑스 부르군디 쌩테르	반연질과 반경질 사이의 경도	산양유	10일 (3~4주, 4개월 이상 숙성한 것도 있음)	45.0%	작은 북 모양 직경 5.0~5.5cm 높이 5.5cm 60g 이상	A.O.C

탈레지오 (Taleggio)	지 명	이탈리아 롬바르디아 피에 몬테주 베네트 각지	반연질 (워시형)	우유(비살균유 사용도 있음)	40일 이상	48%	각반형(角盤形) 1변 18∼25cm 높이 5∼7cm 1.7∼2.2kg	D.O.P P.D.O
파르마지아노 레지아노 (Parmagiano Reggiano)	지명	이탈리아 에밀리아 = 로마냐 롬바르디아 각지	경 질	우 유	1년 이상 ∼4년	32%	큰 북모양 직경 35∼45cm 높이 18∼24cm 24kg 이상	D.O.P
프로마쥐 당베르 (Fromage d'Anbert)	포옴 = 형태 앙베르 = 지명	프랑스 오-베르뉴 리요네 각지	푸름곰팡이 연질	우 유 (비살균유)	4주 이상	50%	원반형, 직경 13cm 높이 19cm, 2kg	A.O.C
폰티나 (Fontina)	산의 이름	이탈리아 발다아오스타	반경질	우 유 (비살균유도 있음)	3개월 이상	45.0%	원반형, 직경 30∼45cm 높이 7∼10cm, 8∼18kg	D.O.P
퐁레이벡 (Pont - lÉvegue)	지 명	프랑스 노르망디 메-네 각지	반연질 (워시형)	우 유	2주 이상	45.0%	각반형, 1변 10.5∼11.5cm 높이 3cm, 350∼450kg	A.O.C
프로마쥐 블랑 (Fromage Blanc)	프로마쥬 = 치즈 블랑 = 흰색의 하얀	프랑스 각지	신선형	우유, 산양유, 면양유, 혼합유	없 음	40% (20%, 0%도 있음)		

1) 久保田敬子. 2006. チ-ズのソムエになる. 紫田書店. pp. 126-137.

2) Reblochon de Savoie

3) Reblocher = ① 우유를 두 번 나누어 착유함, ② 방언으로 “훔치다” “절도에 가담하다”라는 뜻.

[부록 7] 목장 유가공장 신제품 출시와 품목제조 보고서 사례

〈유통기간 및 기간설정〉

제 품 명	아침나루 신선치즈
식품의 유형	자연치즈류 - 생치즈
보존 및 유통방법	실온( ) / 상온( ) / 냉장(◯) / 냉동( ) / 기타( )
유통기한	포장일로부터 20일까지
실험수행 기관 종류	자사( ) / 의뢰( ) / 생략(◯)
실험수행 기관명	

〈유통기한 설정근거〉

1. 제품의 원료 및 보존 특성

가. 본 제품의 주성분은 원유로 축산물 위생처리법에 의한 원유검사 기준에 적합한 것으로 원유 특유의 흰색과 원유 고유의 향미를 가지고 있으며 이미와 이취가 없으며 포장재질은 진공포장 또는 플라스틱 통 밀봉으로써 위생적인 상태에서 포장이 되어 외부의 공기 및 습기, 기타 세균이 침투하지 못하므로 다른 오염균의 생육 억제 및 오염원이 차단됨.

나. 보존료는 사용하지 않으며 높은 온도에 영향을 많이 받는 식품으로 치즈의 품질변화를 최소화하기 위해 0～5℃ 냉장보관을 해야 됨.

2. 유사제품 비교

구 분	신규 제품	기존 유통제품
제품명	아침나루 신선치즈	리코타 치즈
제조사	순천대학교 산학협력단(순천만데어리)	목장유가공
식품유형	자연치즈류 - 생치즈	자연치즈류 - 생치즈
성 상	크림과 같은 형태로 치즈 고유의 색과 향미가 있으며 이미 · 이취가 없음.	백색 또는 연한 노랑색의 제품으로 자연치즈 고유의 맛을 낸다.
포장재질	진공포장지(비닐류, 폴리에틸렌), 플라스틱 용기(PET), 뚜껑(HEPE)	폴리에틸렌 필름

(계속)

구 분	신규 제품	기존 유통제품
포장방법	진공포장 또는 플라스틱 통 밀봉	폴리에틸렌 필름에 진공포장
보존 및 유통온도	0～5℃에서 냉관보관	0～10℃에서 냉관보관
보존료 사용여부	사용 안함	사용 안함
유탕·유처리	무	무
살균 또는 멸균방법	63～65℃에서 30분간 저온 유지살균	85℃/15초～20초간 고온단시간 살균(유청치즈로 고온에서 단백질을 결합시켜 만든 치즈)
유통기한	포장일로부터 20일	제조일로부터 35일

3. 종합 판단

① 대장균군 및 일반 세균의 사멸조건인 63～65℃에서 30분 저온유지 살균과정을 거쳤으며 0～5℃ 이하 냉장보관으로 인한 변질을 최소화 할 수 있고, 외부 공기와 습기 차단을 위해 진공포장, 플라스틱통 밀봉으로 품질 변화를 최소화한 제품인 점

② 본 제품과 제품 특성이 유사한 기존 유통제품의 유통기한이 제조일로부터 35일인 점을 감안하여 식품의 유통기한 설정기준 , Ⅲ. 1. 다항에 따라 유통기한 설정실험을 생략하고 본 제품의 유통기한을 포장일로부터 「20일」로 설정함.

상기와 같이 유통기한 설정 사유서를 제출합니다.

첨 부 : 실험결과 보고서(생략)

(식품의약품안전처 고시 제2013-253호 "식품의 유통기한 설정기준" Ⅲ. 1. 다항에 적용되는 경우 생략 가능)

2015년 4월 08일

제출인 : 순천대학교 산학협력단 (인)

■ 축산물 위생관리법 시행규칙 [별지 제28호서식] <개정 2014. 2. 19>

품목제조 보고서

<table>
<tr><td rowspan="2">보고인</td><td colspan="2">성명(법인명) : 순천대학교 산학협력단</td><td>생년월일(법인등록번호)
201371-0002165</td></tr>
<tr><td colspan="2">주소 : 전남 순천시 중앙로 255</td><td>전화번호
061-750-5339</td></tr>
<tr><td rowspan="2">영업소</td><td colspan="3">명칭(상호) : 순천만데어리(Suncheon Bay Dairy)</td></tr>
<tr><td colspan="3">소재지 : 전남 순천시 서면 청소길 80</td></tr>
<tr><td rowspan="9">제품정보</td><td>품목의 유형</td><td>자연치즈류-생치즈</td><td>영업허가번호
전남 제6460000-004-2009-0004호</td></tr>
<tr><td>제품명</td><td colspan="2">아침나루 신선치즈</td></tr>
<tr><td>유통기간</td><td colspan="2">포장일로부터 20 일</td></tr>
<tr><td>원재료 또는 성분명,
배합비율</td><td colspan="2">1. 원 유 - 99.88%
2. 렌 넷
3. 유산균 결정
4. 펙 틴 - 0.12%</td></tr>
<tr><td>용도・용법</td><td colspan="2">직접섭취 및 가공재료</td></tr>
<tr><td>보관방법 및
포장재질</td><td colspan="2">포장방법 : 진공포장 또는 플라스틱 통 밀봉
포장재질 : 진공포장지(비닐류), 플라스틱 용기(PET), 뚜껑(HEPE)</td></tr>
<tr><td>포장단위</td><td colspan="2">100g ~ 10kg</td></tr>
<tr><td>성상</td><td colspan="2">크림과 같은 형태로 치즈 고유의 색택과 향미가 있으며 이미・이취가 없습니다..</td></tr>
<tr><td>고열량・저영양
식품 해당 여부</td><td colspan="2">[ ]예 [○]아니오 [ ]해당 없음</td></tr>
<tr><td>기타</td><td colspan="3"></td></tr>
<tr><td colspan="4">「축산물 위생관리법」 제25조 및 같은 법 시행규칙 제37조제1항에 따라 위의 품목을 제조하였음을 보고합니다.
2015년 4월 08일
보고인 순천대학교 산학협력단장 (서명 또는 인)
전라남도지사 귀하</td></tr>
<tr><td>첨부서류</td><td colspan="3">1. 제조방법설명서 1부
2. 축산물 시험・검사기관이 발급한 축산물의 한시적 가공기준 및 성분규격 검토서(축산물의 가공기준 및 성분규격이 정해지지 아니한 축산물만 해당합니다.) 1부
3. 유통기간 및 기간설정 사유서 1부</td></tr>
<tr><td colspan="4">유의사항</td></tr>
<tr><td colspan="4">1. 품목제조보고서는 제품생산의 개시 전이나 개시 후 7일 이내에 제출하여야 합니다.</td></tr>
</table>

210mm×297mm[백상지 80g/㎡ 또는 중질지 80g/㎡]

〈제조방법 설명서〉

구 분	신 고 내 역	비 고
식품의 유형	자연치즈류-생치즈	
제품명	아침나루 신선치즈	
원재료 또는 성분명 및 배합비율	1. 원유 - 99.88% 2. 렌넷 3. 유산균 결정 4. 펙틴 - 0.12%	
제조방법	1) 원 유 : 낙농진흥회와 계약을 맺은 순천대학교 부속목장으로부터 생산된 원유로 축산물 위생처리법에 의한 원유검사 기준에 적합한 것 2) 살 균 : 63~65℃에서 30분간 저온유지 살균, 펙틴(0.12%) 첨가 3) 냉 각 : 32~33℃로 냉각 4) 유산균 접종 : 유산균 접종 5) 정 치 : 3~4시간 정치(End point : pH 6.2~6.3) 6) 렌 넷 : 렌넷 첨가(2mL/100kg) 7) 배 양 : 12℃~14℃에서 18~24시간 배양 8) 유청빼기 : 망에 국자로 떠서 놓은 후 18~24시간 동안 정치 9) 충전 및 포장 : 포장공정에 의해 포장 10) 냉장보관 : 포장된 것을 5℃ 이하 냉장 보관 11) 출 하 : 자체 품질검사가 완료된 것을 출하	
성 상	크림과 같은 형태로 치즈 고유의 색택과 향미가 있으며 이미·이취가 없습니다.	
용도용법	직접 음용 및 가공재료	
보관방법 및 포장재질	보관방법 : 0~5℃ 이하 냉장보관. 포장재질 : 진공포장지(비닐류), 플라스틱 용기(PET), 뚜껑(HEPE)	
포장방법 및 포장단위	진공포장 또는 플라스틱 통 밀봉, 100g~10kg	
유통기한	포장일로부터 20일	
기 타		

[별지 제28호서식] 〈개정 2000.12.11, 2002. 8. 5, 2004. 8. 4〉

품목제조 보고서

① 보고인	성명(법인명)	순천대학교 산학협력단 (대표 : 박ㅇㅇ)	주민(법인) 등록번호	123456789
	주소	전남 순천시 중앙로 255(전화 : 061-750-5339)		
② 영업장	명칭(상호)	**순천만데어리**(Suncheon Bay Dairy)		
	소재지	전남 순천시		
③ 품목의 유형		자연치즈	④ 영업허가 번호	전남 호
⑤ 제품명		해조음 치즈 (까망베르 치즈)	⑥ 유통기한	포장일로 부터 1개월
⑦ 원료 또는 성분명, 성분 배합비율		(별첨)		
⑧ 용도・용법		개봉 후 직접 섭취		
⑨ 포장방법 및 포장단위		포장방법 : 식품용 유성종이 포장 포장단위 : 100g, 200g		
⑩ 성 상		백색 고체로써 이미・이취 없음		
⑪ 기 타				

축산물가공처리법 제25조 및 동법시행규칙 제37조제1항의 규정에 의하여 상기 품목을 제조하였음을 보고합니다.

2014 년 5월 일

보고인 순천대학교 산학협력단 (서명 또는 인)

전라남도지사 귀하

구비서류
1. 제조방법 설명서
2. 축산물위생검사기관이 발급한 축산물의 한시적 가공기준 및 성분규격 검토서 (축산물의 가공기준 및 성분규격이 정하여지지 아니한 축산물에 한합니다)
3. 유통기간 및 기간설정 사유서

※ 유의사항
품목제조 보고서는 제품생산 개시전이나 제품생산 개시 후 7일 이내에 제출하여야 합니다.

27274-24011일 98. 5. 20 승인 210㎜×297㎜(일반용지 60g/m²)

〈제조방법 설명서〉

구 분	신고내역
식품의 유형	자연치즈(연성 치즈)
제 품 명	해조음 치즈(까망베르 치즈)
원재료 또는 성분명 및 배합비율	1. 원 유 : 99.60% 2. 유산균 스타터(DVS) ; 2.0g/30kg 3. *Penicillium candidium* 2.0g/30kg 4. $CaCl_2$: 0.02% 5. 렌넷(응유효소) : 6.0mL/30kg
제조방법	1) 원 유 : 낙농진흥회와 계약을 맺은 순천대학교 부속동물사육장으로부터 구입한 친환경인증 원유로 축산물 위생처리법에 의한 원유검사 기준에 적합한 것 2) 살 균 : 63℃에서 30분간 살균 3) 냉 각 : 32℃로 냉각 4) 유산균 접종 : 중온성 유산균DVS(직접 접종식) 2.0g/30kg 접종 5) *Penicillium candidium* 접종 : 2.0g / 30kg 6) 염화칼슘($CaCl_2$) 첨가 : Calsol 6.0mL / 30kg 7) 배 양 : 60분 배양 8) 렌넷 첨가 : 6.0mL / 30kg : 60분 정치 9) 커드 절단 : 1.0～2.0cm^3 10)정 치 : 5분 11) 교 반 : 32℃/10분 11) 성 형 : ∅7.0～10cm 몰드에 커드와 유청을 붓기 12) 반 전 : 1차 : 10분간 / 2차 : 20분 / 3차 : 30분 / 4차 : 60분, 5차 90분째마다 반전하여 하룻밤 경야(經夜, overnight) : pH 4.9～4.85 13) 가염 및 곰팡이 접종 : 치즈를 3.0cm 두께로 절단하여 20% 소금물에서 30분 정도 가염. 이때 소금물에 곰팡이 현탁액을 접종(500mL/소금물100kg). 14) 숙 성 : 가염 후 30시간 정도 건조한 치즈에 격일 아침과 저녁에 곰팡이 현탁액을 3회 분무. 여름 15℃, 겨울 18℃, 습도 85～90% 조건으로 20일간 숙성 15) 포장(packaging) : 100g, 200g 단위로 식품용 유성 포장지 사용 16) 판 매
성 상	백색 고체로써 이미·이취 없음
용도 용법	개봉 후 직접 섭취
보관방법 및 포장재질	보관방법 : 0～10℃ 냉장보관, 포장재질 : 식품용 유성포장지
포장방법 및 포장단위	식품용 유성포장지, 100g, 200g.
유통기한	포장일로부터 1개월
기 타	

〈유통기한 설정 사유서〉

제 품 명	해조음 치즈(까망베르 치즈)
식품의 유형	연성 치즈
보존 및 유통방법	실온( ) / 상온( ) / 냉장(◯) / 냉동( ) /기타( )
유통기한	포장일로부터 1.0개월까지
실험수행 기관 종류	자사( ) / 의뢰( ) / 생략(◯)
실험수행 기관명	생 략

<유통기한 설정근거>

1. 제품의 원료 및 보존 특성

가. 본 제품의 주성분은 원유로 축산물 위생처리법에 의한 원유검사 기준에 적합한 것으로 치즈 특유의 불투명 흰색과 원유 고유의 향미를 가지고 있으며, 이미와 이취가 없어야 하고, 포장재질은 식품용 유성 포장지로 포장되어 외부의 공기 및 습기는 다소 유통하되 기타 세균이 침투하지 못하므로 다른 오염균의 생육 억제 및 오염원이 차단됨.

나. 보존료는 사용하지 않으며, 높은 온도에 영향을 많이 받는 식품으로 자연치즈의 품질 변화를 최소화 하기 위해 0~10℃ 냉장보관을 해야 됨.

2. 종합 판단

① 대장균군 및 일반 세균의 사멸조건인 63℃에서 30분간의 살균 과정을 거쳤으며 냉장보관으로 인한 변질을 최소화 할 수 있고, 식품용 종이포장으로 외부공기와 습기가 다소 유통하나 냉장유통으로 품질 변화를 최소화한 제품입니다.

② 본 제품과 제품 특성이 유사한 기존 유통 제품의 유통기한이 제조일로부터 1개월인 점을 감안하여 식품의 유통기한 설정기준 II. 1. 바. 3)에 따라 유통기한 설정실험을 생략하고 본 제품의 유통기한을 「1개월」로 설정합니다.

※ 필요한 경우 제품의 사진이나 기존 유통제품의 표시사항 등 첨부

3. 유사제품 비교

구 분	신규 제품	기존 유통제품
제품명	해조음 치즈(까망베르 치즈)	까망베르 치즈
제조사	학교기업 순천대학교 순천만 데어리	(주)상하치즈
식품유형	자연치즈	자연치즈
성 상	연성치즈	연성치즈
포장재질	식품용 유성 포장지	식품용 유성 포장지
포장방법	종이포장	종이포장
보존 및 유통온도	0～10℃에서 냉관보관	0～10℃에서 냉관보관
보존료 사용여부	미사용	미사용
유탕 · 유처리	무	무
살균 또는 멸균방법	63～65℃ / 25～30분(저온살균)	63℃/30분
유통기한	포장일로부터 1개월	포장일로부터 1개월

상기와 같이 유통기한 설정 사유서를 제출합니다.
첨 부 : 별지 2호 서식의 실험 결과보고서(생략)
(식품의약품안전청 고시 제2007-66호 "식품의 유통기한 설정기준"
Ⅱ. 1. 바항에 적용되는 경우 생략 가능)

2014년 5월 일
제출인 : 순천대학교 산학협력단 (인)

[부록 8] 각종 치즈와 스타터의 매칭(Cheese and Cultures)

출처: http://www.makecheese.ca/pages/cultures

CHEESE	CULTURES
AKAWI (NABULSI)	CHOOZITMA11/14/19
APPENZELLER	CHOOZIT ALP and OPTIONAL: LH 100
ASADERO	CHOOZITTM81
ASIAGO	[YO-MIX 601and CHOOZIT HELV A (LARGE OR SMALL POUCH) or KAZU1.1000L]
BEAUFORT	CHOOZIT MA 11/14/19 and CHOOZIT TA 60 / TA 61
BEL PAESE	CHOOZITTM81
BLUE CHEESE	PROBAT 222 or CHOOZIT MM 100 and ROQUEFORTI PV and OPTIONAL: MD 88 / 89
BOCCONCINI	CHOOZIT TM 81and HOLDBC YM-B
BRIE	CHOOZIT TA 50/52or PROBAT 222 or CHOOZIT MM 100 or SET MILK and PC NEIGE OPTIONAL: YO-MIX 601AND/OR GEO 15OR GEO 17
BURRATTA	CHOOZITTM81
BUTTER, CULTURED	PROBAT 222or CHOOZIT MM 100or SET MILK(single pouchor 5 Pack)
CACIOTTA	CHOOZITMA4001
CAERPHILLY	CHOOZITMA4001
CAL BRA EL VINO – DRUNKEN GOAT	CHOOZITMA4001
CAMBOZOLA AND CASTELLO	CHOOZIT MA 4001/4002and PC NEIGEand Roqueforti PV
CAMEMBERT	CHOOZIT TA 50/52or PROBAT 222 or MM 100 or SET MILK(singleor 5 pack) and PC NEIGE
OPTIONAL: YO-MIX 601AND/OR GEO 15OR GEO 17	
CANTAL	CHOOZITMA4001/4002
CHEDDAR	SET MILK or CHOOZIT RA 21/ RA 24or CHOOZIT MA 11/14/19or KAZU1.1000L or [CHOOZIT MA 4001and CHOOZIT HELV A (LARGE OR SMALL POUCH)] or for a farmhouse cheddar PROBAT 222
CHESHIRE	CHOOZITMA11/14/19

※ 본 스타터 매칭은 균주회사(DuPont Danisco) 균주 상호 변경에 따라 달라질 수 있으니 반드시 확인하고, 변경 시 균주 상호와 기존 상호와 달라진 사항을 비교표로 작성, 사용하시기 바랍니다.

CHEVRE – EASY	CHOOZIT MM 100or PROBAT 222or CHOOZIT MA 4001 or SET MILK(single pouchor 5 pack)
CHEVRE – COMPLEX	CHOOZIT MM 100 or SET MILK(singleor 5 pack)
CHIHUAHUA	CHOOZITRA21/CHOOZIT24
COLBY	CHOOZIT 102
COLLONIA	CHOOZIT ALPand HOLDBC YM-B
COMTE	CHOOZITMA11/14/19
CREME FRAICHE	PROBAT 222or SET MILK (single pouchor 5 pack) or CHOOZIT MA 11/14/19or CHOOZIT RA 21/24or CHOOZIT MM 100
DANABLUE	PROBAT 222and ROQUEFORTI PVor ROQUEFORTI PJ and OPTIONAL: MD 88 / 89
DANBO	PROBAT 222 and OPTIONAL: MD 88 / MD 89
DOUBLE GLOUCESTER	CHOOZITMA4001
DRUNKEN GOAT – CAL BRA EL VINO	CHOOZITRA21/24
EDAM	CHOOZIT RA 21/24 or CHOOZIT MM 100 and OPTIONAL: CHOOZIT MD 88 / MD 89
EDELPILZ	PROBAT 222and ROQUEFORTI PV
EMMENTAL	[CHOOZIT ALP Dand HOLDBAC YM–B] or [CHOOZIT TA 60 / TA 61 and LH 100]
ESROM	PROBAT222
FETA	CHOOZIT FETA A / Bor CHOOZIT MA 4001or CHOOZIT RA 21/ RA 24or CHOOZIT MM 100 or PROBAT 222
FONTINA	PROBAT 222 or SET MILK(single or 5 pack)
FRESH CHEESE	PROBAT 222or CHOOZIT MA 4001 or SET MILK(single pouchor 5 pack)
FRIULANO	CHOOZIT ALP Dand HOLDBAC LC
FROMAGE BLANC	CHOOZIT MM 100 or SET MILK(singleor 5 pack)
GOAT CHEESE WITH ASH	CHOOZIT MM 100 or SET MILK(singleor 5 pack)
GORGONZOLA	
GOUDA	SET MILK(singleor 5 pack) or KAZU1.1000Lor PROBAT 222or CHOOZIT ALP or CHOOZIT MM 100
GRUYERE	[CHOOZIT ALPand HOLDBAC YM–B] or [CHOOZIT TA 60 / TA 61 and LH 100]
HALLOUMI	CHOOZIT MA 4001or CHOOZIT RA 21/24

HAVARTI	PROBAT 222 or CHOOZIT MM 100 AND OPTIONAL: CHOOZIT MD 88 / MD 89
JARSLBERG	PROBAT 222 OR CHOOZIT MM 100 AND PROPRIONI
KASHKAVAL	CHOOZITRA21/24
KEFALOTIRI	CHOOZIT ALPand PROBAT 222 and CHOOZIT HELV A (LARGE OR SMALL POUCH)
KEFIR	KEFIR POUCH(single pouchor multiple pouches) or KEFIR DC(medium size) or KEFIR DG(large size)
LACTIC CHEESE	CHOOZITMA11/14/19
LABAN	YO-MIX495
LABNEH	YO-MIX495
LANCASHIRE	CHOOZITMA4001
LATIN FRESH CHEESE	HOLDBACYM-B
LIMBURGER	B. LINENSand PROBAT 222
LEERDAM OR MAASDAM	CHOOZIT ALP Dand HOLDBAC YM-B
MAASDAM OR LEERDAM	CHOOZIT ALP Dand HOLDBAC YM-B
MANCHEGO	CHOOZITRA21/ CHOOZITRA24
MASCARPONE	PROBAT 222OR TARTARIC ACID
MEZCLA	CHOOZITALP
MONTASIO	
MONTERAY JACK	CHOOZIT MA 4001and HELV A (LARGE OR SMALL POUCH)
MOZZARELLA – SLOW WAY	CHOOZITTM81
MOZZARELLA – FAST WAY	CITRICACID
MUNSTER	PROBAT 222and GEO 17/GEO15 and B. LINENS
NATTO	VEGETBALE CULTURE
NEUFCHATEL	PROBAT 222 or SET MILK(singleor 5 pack) and PC NEIGE
OSSAU IRATY	[CHOOZIT TA 60 / TA 61 and LH 100]
PANIR	HOLDBACYM-B
PARMESAN	KAZU1.1000L
PARMESAN GRANA	CHOOZITALP

PECORINO	YO-MIX 401and CHOOZIT HELV A (LARGE OR SMALL POUCH)
PORT DU SALUT-SAINT PAULIN	CHOOZIT TA 60/61and CHOOZIT ALP D
PROVOLONE	[GUTSTRONG YOGURT CULTUREor YO-MIX 401 or YO-MIX 601 and CHOOZIT HELV A]
QUARK	CHOOZIT BT 01 or PROBAT 222or SET MILK OR [PROBAT 222and HOLDBC YM-B]
QUESO FRESCO	HOLDBACYM-B
RACLETTE	B LINENS and OPTIONAL: LH 100
REBLOCHON	CHOOZIT MA 4001and GEO 17and KL71
REGGANITO	CHOOZITALP
RIBIOLA	PROBAT222
RICOTTA	CHOOZIT HELV A (LARGE OR SMALL POUCH)
ROMANO	CHOOZIT ALPor CHOOZIT HELV Aor CHOOZIT TA 60 /61and HELV A (LARGE OR SMALL POUCH)
ROQUEFORT	PROBAT 222and ROQUEFORTI PV
SAINTE MAURE	CHOOZIT ALP and GEO 15
SAMSØ	PROBAT222
SOUR CREAM	PROBAT 222or CHOOZIT BT 01 or SET MILK(single pouchor 5 pack)
SAINT MAURE DE TORRAINE	CHOOZIT MM 100 and GEO 15
ST.MARCELLIN	
STILTON	PROBAT 222and ROQUEFORTI PV
SWISS MOUNTAIN CHEESE	CHOOZIT ALP D and OPTIONAL: CHOOZIT LH 100
TALLEGIO	YO-MIX 601 or YO-MIX 401
TILISTER	CHOOZITALPD
TOMME DE SAVOIE	PROBAT222
TURKISH WHITE CHEESE	CHOOZITMA11/14/19
	CHOOZITALPD and HOLDBAC LC
TVAROG	CHOOZIT MA 11/14/19 or SET MILK(single pouchor 5 pack)
VACHERIN FRIBOURGEOIS	

[부록 9] 치즈 선진국의 치즈관련 전문용어[409)]

프랑스어

원 어	발 음	해 석
Affinage	아피나쥐	숙성 / Affine(아퓌네) 숙성한
Alpage	알파쥐	고지방목
Artisanal	아티사날	손으로 만든, 장인기술의
Brossage	브로사쥐	표면을 브러쉬로 닦아냄 Croute brosee(크로아트 브로쎄)
Brebis	브르비	면양 암컷
Buron	뷰롱	오베르뉴 산지에서 치즈를 만드는 작은 집
Cave	카뷔	숙성고, 지하창고
Cailler	카이에	응고된 Caillee 환유 Curd(커드)
Cendre	상드레	나무를 태운 재를 바르다. Charbonne(카르보네)
Chevre	쉐브르	유산양 암컷
Croute	크로떼	표피, Croute lavee(크로떼 라뷔) : 세척한 표피, Dure (듀르) : 딱딱한, Pate dure : 경질치즈 생산지, Demi-dure : 반경질
Ecreme	에크렘	크림(지방)을 제거한, Lait ecreme(레 에크렘) : 탈지유
Egouttage	에구타슈	빼기, 치즈 제조 시 유청을 제거하기(유청배제)
Fermier	페르미에	농가, 목장 치즈의 경우 목장치즈, 착유해서 바로 치즈를 목장주가 일관되게 생산하는 것
Fruite	프류이테	과일이나 나무의 열매에서 나는 향
Fruitiere	프류이테이에르	쥬라, 사보와 지방의 치즈공방
Lait	레	젖, Lait cru : 비살균유, Lait pasteurise : 살균유
Laitier	레테이에	유처리, 유가공장
Louche	루-슈	연질치즈를 만드는 과정에서 몰드를 사용하는
Moulage	무라쥬	몰드 채우기, Demoulage(떼무라쥬) : 몰드 해제하기
Moule	무르	치즈몰드

409) C.P.A. 教本委員會. 2008. C.P.A. チズプロフエッショナル教本. 2008. NPO法人チ-ズプロフェッショナル協會 編纂. 飛鳥出判株式會社. 東京. http://www.cheese-professional.com pp. 188-190.

(계속)

원 어	발 음	해 석
Morge	모르쥬	라이넨스(BL, *B. linens*)균이 들어있는 소금물 또는 그것을 묻힌 솔로 치즈 표피 닦는 관리
Naturel	나츄렐	자연적인, Croute naturelle(크로떼 나츄렐) : 자연적인 표피
Noisette	노와젯트	치즈의 향미를 표현할 때 쓰는 말
Pate	팟토	치즈의 생산지, 파스타, Pate molle(팟트 몰레) : 중심이 연한 치즈
Presse	프렛세	가압한, Pate pressee cuite(팟트 프렛세 큐잇트) : 가열, 가압 시킨 치즈
Rocou	로쿠	베니나무 종자로부터 채취한 적색소, 안나토색소
Salage	사라쥬	가염작업, Sel(세르) : 소금
Tomme/Tome	톰	치즈덩어리, 유청을 제거하고 남은 커드 덩어리
Vache	바-슈	암소

이탈리아어

원 어	발 음	해 석
Affumicato	아푸미카-토	훈제한, 스모크 제품
Alpeggio	알페지오	고지방목, 높은 산지 방목
Bufala	바팔라	암컷 물소
Cacio	카씨오	치즈
Cagliata	카리아-타	응유된 응고물, 커드
Caglio	카리오	응유효소, 렌넷
Capra	카프라	암산양
Caprino	카프리노	산양유 치즈
Dolce	돌체	치즈의 경우 온화한, 마일드한
Formaggio	포르마지오	치즈
Fresco	프레스코	프레쉬, 신선한
Grasso	그랏소	지방
Latte	랏떼	젖, Latte curdo(라떼 크루도) : 비살균유
Mucca	뭇카	젖소
Pasta	파스타	치즈 생산지, Pasta filata(파스타 필라타)
Piccante	피칸테	얼얼한맛, 매운맛, sharp
Pecora	페코라	암양

(계속)

원 어	발 음	해 석
Pecorino	페코리노	양젖치즈
Vacca	바카	암소

스페인어

Blando	블랑도	소프트, 연질의
Cabra	카브라	산양
Curado	쿠라도	저장, 보존 숙성한
Duro	듀-로	단단한, 경질의, 하드타입
En Aceite	앵아세이테	올리브 오일, 올리브유에 침지한
Fresco	프레스코	신선한, 프레쉬
Oveja	오베하	면양
Picon	피콘	얼얼한, 매운맛
Queso	퀘소	치즈
Seco	세코	건조시킨, 말린 것
Suave	스와베	온화한 맛, 마일드한
Vaca	바카	암소
Viejo	비에호	숙성한

독일어

Alt	알트	오래된
Frisch	프리쉬	신선한, 프레쉬한
Hart	하르트	단단한, 경질의
Käse	캐제	치즈
Kuh	쿠	암소
Rahm	라-암	크림(남부독일, 스위스, 오스트리아)
Rief	라이프	숙성한
Sahne	자네	크림
Schaf	샤프	면양
Weich	바이히	연질의 소프트한
Ziege	찌거	산양

네덜란드어

원 어	발 음	해 석
Belegen	베라헨	숙성한
Boerenkaas	부렝카스	목장치즈
Geit	하이트	산양
Jong	용	쓴맛의, 쓰디쓴
Kaas	카스	치즈
Koe	쿠	암소
Oude	아와데	오래된
Rijp	라이프	숙성한
Schaap	스하프	면양
Vers	페르스	신선한, 프레쉬한
Zacht	쟈흐트	연질의, 소프트한

[부록 10] 온도단위 전환계수[410)]

온 도

C=(F-32)/1.8 F=9/5℃÷32

℃	°F	℃	°F	℃	°F
0	32.0	34	93.2	68	154.4
1	33.8	35	95.0	69	156.2
2	35.6	36	96.8	70	158.0
3	37.4	37	98.6	71	159.8
4	39.2	38	100.4	72	161.6
5	41.0	39	102.2	73	163.4
6	42.8	40	104.0	74	165.2
7	44.6	41	105.8	75	167.0
8	46.4	42	107.6	76	168.8
9	48.2	43	109.4	77	170.6
10	50.0	44	111.2	78	172.4
11	51.8	45	113.0	79	174.2
12	53.6	46	114.8	80	176.0
13	55.4	47	116.6	81	177.8
14	57.2	48	118.4	82	179.6
15	59.0	49	120.2	83	181.4
16	60.8	50	122.0	84	183.2
17	62.6	51	123.8	85	185.0
18	64.4	52	125.6	86	186.8
19	66.2	53	127.4	87	188.6
20	68.0	54	129.2	88	190.4
21	69.8	55	131.0	89	192.2
22	71.6	56	132.8	90	194.0
23	73.4	57	134.6	91	195.8
24	75.2	58	136.4	92	197.6
25	77.0	59	138.2	93	199.4
26	78.8	60	140.0	94	201.2
27	80.6	61	141.8	95	203.0
28	82.4	62	143.6	96	204.8
29	84.2	63	145.4	97	206.6
30	86.0	64	147.2	98	208.4
31	87.8	65	149.0	99	210.2
32	89.6	66	150.8	100	212.0
33	91.4	67	152.6		

중 량

1kg=2.20462lb

1g=0.0322 oz

부 피

1litre=0.2642US gal

1ml=0.0338US fl oz

압 력

1kPa=0.1450psi

주의 : SI단위는 압력을 나타냄

is Nm^{-2} ; 1P=$1Nm^2$

410) 배인휴 역(Arthur R. Hill 저). 2017. (증보개정판) 치즈과학과 제조기술. 도서출판 유한문화사 p. 270.

[부록 11] 치즈 기술관련 참고문헌/자료

▣ 국내 도서

1. 강국희 등. 1984. 낙농미생물학. 선진문화사(02-744-7525).
2. 강국희, 정충일. 1999. 우유・유제품 미생물학. 유한문화사(02-2668-2055).
3. 강국희 등. 1983. 유가공 실무. 유한문화사(02-2668-2055).
4. 강창기 등. 1997. 축산물의 과학. 유한문화사(02-2668-2055).
6. 김영교 등. 1979. 우유와 유제품의 과학. 선진문화사(02-744-7525).
7. 김현욱 등. 1985. 우유와 유제품의 과학. 선진문화사(02-744-7525).
8. 김현욱 등. 1999. 유가공학. 선진문화사(02-744-7525).
9. 김형기 등. 1984. 최신 축산식품가공학. 세진사(02-744-7525).
10. 배인휴 등. 2001. 축산식품 즉석가공학. 선진문화사(02-744-7525).
11. 배인휴 등. 2011. 증보개정 최신 유가공학. 유한문화사(02-2668-2055).
12. 배인휴, 안종건 역. 2007. 치즈과학과 제조기술. 유한문화사(02-2668-2055).
13. 배인휴 역. 2017. (증보개정판) 치즈과학과 제조기술. 유한문화사.
14. 이부웅 등. 2003. 유식품가공학. 선진문화사(02-744-7525).
15. 이재영. 1973. 우유가공학. 선진문화사(02-744-7525).
16. 이재영 등. 1981. 신제 유가공학. 향문사(02-538-5671).
17. 주디 리지웨이 / 이재성, 이은정 역. 2008. 세계의 명품 치즈(본 목록의 구미서적 146번의 번역본) 도서출판 세경(02-596-3596).
18. 이영미. 2004. 치즈, 잘 먹고 잘 사는 법 046. 김영사.
19. 엄희자. 2005. 매혹적인 치즈 요리. 주부생활.
20. 사토 도미오 / 김숙이 옮김. 2001. 레드와인과 치즈가 노화를 막는다. 삶과 꿈.
21. 마르크 알브레흐트 / 룩 메르츠 / 정상진 옮김. 2009. 목장유가공. 유한문화사.
22. 정호정. 2011. 치즈수첩. 우듬지.
23. 로베르타 뮤어 / 구소영 옮김. 2012. 500 치즈. 도서출판 세경(02-596-3596).
24. 박승용. 2012. 치즈이야기. (주)살림출판사.
25. 앤드류 델비 / 강경이 옮김. 2011. 치즈의 지구사. (주)휴머니스트 출판그룹.
26. 임실군. 황금택 편집 / 지근억. 배인휴 감수. 2007. 치즈종합백과사전. 임실군.
27. 매트 페로즈 / 홍상현 옮김 2013. 나는 치즈가 좋습니다. 이책.
28. 고희성. 2010. 그 남자의 Style 치즈 레시피. (주)영진닷컴.
29. 무라세 미유끼 /구혜영 옮김. 2014. 올어바웃 치즈. 예문사.
30. 수잔 마르티네 / 헬 제임스 그림 / 유윤한 옮김. 2009. 우리 아이 뼈를 튼튼하게

만드는 우유와 치즈 - 단백질과 칼슘. 베틀 북(Better BOOK).
31. 식품의약품안전처. 2016. 2014 축산물의 가공기준 및 성분규격. www.mfds.go.kr
32. NPO法人チーズプロフェッショナル協會 감수 / 송소영 옮김. 2017. 치즈의 모든 것 - 치즈도감. 한스미디어.
33. 배인휴. 2017. 목장유가공론 -지속가능 낙농 길잡이-. 유한문화사.

▣ 일본 서적

34. 中江利孝. 1979. 牛乳・乳製品. 養賢堂.
35. 足立 達. 伊藤尙敏. 1987. 乳とその加工. 建帛社.
36. 上野川修一. 1996. 乳の科學. 朝創書店.
37. 文藝春秋社 編. 1993. チーズ 圖鑑. 文藝春秋.
38. 鴇田文三郎. 1992. チーズのきた道. 河出書房新社.
39. 中江利孝. 1982. 世界の チーズ要覽. 三養出版貿易株式會社.
40. 新沼杏二. 1983. チーズの 話. 新潮社.
41. チーズ & ワインアカデミ-. 東京 1996. Cheese チーズ. 西東社.
42. 新沼杏二. 1967, 1972. チーズ散步(1967), 續 チーズ散步(1972) (2巻 1set). 昭森社.
43. 仁木 達. 1976. チーズあれこれ. (株)紫田書店.
44. 仁木 達. 1974. チーズ博士の册. (株)地球社.
45. 白石敏夫 等 譯. 1980. チーズ全書 The complete Book of CHEESE(Richard Widcombe). 實業圖書株式會社.
46. 松平博雄. 1993. チーズ魅力のすべて(全部). チーズ&ワインアカテミー 東京.
47. クレイソプロデュース. 1989. チーズ工房(Home Making CHEESE). 平凡社.
48 齊藤忠夫, 堂迫俊一, 井越 敬司. 2008. 現代チーズ學. 食品資材硏究會.
49. ホクレン農業協同組合聯合會. 2000. 北海道. ナチュラルチーズの本.
50. 久保田敬子. 2006. チーズソムリエになる. http://www.shibatashoten.co.jp
51. 北海道新聞社. 2009. 北海道チーズ工房めぐり.
52. C.P.A.敎本委員會. 2003, 2008, 2015. C.P.A.チズプロフヱッショナル敎本. 2015. NPO法人チーズプロフェッショナル協會編纂. 飛鳥出判株式會社.
53. ロベール. クルティーヌ(Robert J. Courtine)著. 松木脩司 譯. 1979. ラルース. チーズ 辭典<Larousse des Fromages>. 三洋出版貿易株式會社.
54. 服部 廣, 白石敏夫 共著. 1981, 1997. 增補新訂版 チーズ入門. (株)日本食糧新聞社.
55. 森枝卓士 編著. 1999. 圖說 チーズの文化誌. 河出房新社 /東京.

56. ジュリエット. ハーバット. 2011. 世界チーズ 大圖鑑. (株)紫田書店.

▣ 구미서적(Western Cheese related references)

57. Albrecht-Seidel, M. and L. Mertz 2006. Die HofKäserei. Eugen Ulmer KG. Germany.

58. Allen, T. 1998. Hometown Flavor. Praire Oak Press.

59. Allen, T. 1998. Hometown Flavor. Prairie Oak Press.

60. Amrein-Boyes, D. 2009. 200 Easy Homemade Cheese Recipes. Robert Rose Inc.

61. Apps, J. 1998. Cheese - The Making of a Wisconsin Tradition. Amherst Pressing

62. Apps, J. 1998. Cheese- The making of a Wisconsin Tradition. Amherst Press

63. Ash, R. 2010. Self - Sufficiency Cheesemaking. Skyhorse Publ.

64. Barberis, C. 1990. Atlante Dei Prodotti tipici : I Formaggi Franco Angeli Libri s.r.l., Milano, Italy.

65. Barlow, M. and Aoams, J. 2010. 101 The Things to do with Cheese. Gibbs Smith.

66. Barthélemy, R. and A. Sperat - Czar. 2005. Guide to Cheeses of them World. 1200 Cheeses of the World. Toppan Printing Co., (HK)Ltd.

67. Beckett, F. 2009. Fiona Beckett's Cheese Course. - Styles. Wine pairing. Plates & Boards. Recipes. Ryland Peters & Small.

68. Biss, K. 1988. Practical Cheesemaking. The Crowood Press Ltd.

69. Caldwell, G. 2010. The Farmstead Creamery Advisor. Chelsea Green Publ. Vermont.

70. Caldwell, G. 2012. Mastering Artisan Cheesemaking. - The Ultimate Guide for Home - scale and Market producers - Chelsea Green Publ. Vermont.

71. Callec, C. 2002. The Complete Encyclopedia of CHEESE. Rebo International. B. V. Lisse, Netherland.

72. Carrol, B. and Carrol, R. 1983. Goat Cheese. New England Cheesemaking Supply Company.

73. Carroll, R. 2002. Home Cheese Making. Storey Publishing LLC. USA.

74. Carroll, R. and R. Carroll. 1996. Cheese making made Easy. Storey Books. USA.

75. Christian, G. 1984. Glynn Christian's World Guide to Cheese. Ebury Press. London.

76. Ciletti, B. 1999. Making Great CHEESE. Lark Books N. Carolina.

77. Ciletti, B. 1999. Making Great Cheese. Lark Books
78. Dalby, A. 2009. Cheese - A Global History. Reakton Books.
79. Darlington, T. 2013. - DI BURNO Brothers-House of Cheese. Running Press
80. Davis, S. 2012. The Cheesemaker's Apprentice. Quarry.
81. Donnelly, C. W. ed. 2014. Cheese and Microbes. ASM Press. Washington D.C.
82. Dubach, J. 1989. Traditional Cheese International Technology Publications in association with the Swiss Centre for Appropriate Technology(SKAT).
83. Eck, A. 1986. CHEESE MAKING Science and Technology. Lavoisier Publishing Inc.
84. Edgar, G. 2010. Cheesemonger. Chelsa Green Publ.
85. Eekhof-stork, N. 1976. The Cheese Atlas of Cheese. Paddington Press LTD.
86. Ehle, J. 1972. The Cheeses and Wines of England and France with Notes on Irish Whiskey. Harper and Row, Publishers, Inc.
87. Ehlers, S. and Hurst, J. 2008. The Complete IDOT'S Guide to Cheese of the World. ALPHA, A member of Penguin Group, Inc.
88. Engelman, B. and Holler, P. 2008. Goumet's Guide Cheese(original German Title : Das Feinschmecker-handbuch Käse) h.f.ullmann.
89. Farnham, J. and Druart, M. 2011. The Joy of Cheesemaking. Skyhorse Publishing Co.
90. Farrell-Kingsley, K. 2008. The Home Creamery. Storey Publ.
91. Fletcher, J. 2000. The Cheese Course. Chronicle Books.
92. Fletcher, J. 2006. Cheese and Wine, Chronicle Books. San Francisco.
93. Fletcher, J. 2013. Cheese and Beer. Andrews McMeel Publishing, LLC.
94. Ganugi, G. 2004. Cheese. The wine Appreciation Guide.
95. Goldbeck, N. 2001. Eat well the YoChee [Yoghurt Cheese] Way. Ceres Press. NY.
96. Gumpert, D. E. 2009. The Raw Milk revolution. Chelsea Green Publishing, White River Junction, Vermont.
97. Harbutt, J. 1998. The World Encyclopedia of Cheese. Lorenz Books.
98. Harbutt, J. 1999. A Complete Illustrated Guide to the Cheeses of the World. Lorenz Books.
99. Harbutt, J. 1999. Cheese - A complete guide to over 300 cheeses of distinction. Willow Creek Press.
100. Harbutt, J. 1999. Cheese. Willow Cheek Press. USA.
101. Harbutt, J. 2009. Same as above. Updated. USA.

102. Harbutt, J. 2009. World Cheese Book - The Finest Selection. Dorling Kindersley Ldt. UK.

103. Hasheider, P. 2011. The Family Cow Handbook. Voyageur Press. MN. USA.

104. Herbst, S. and R. Herbst. 2007. The Cheese Lover's Companion. William Morrow.

105. Hobson, P. 1980. Making Cheese, Butter and Yogurt. A Storey Country Wisdom Bulletin.

106. Hobson, P. 1980. Making Cheese, Butter, Yogurt A. Storey County Wisdom Bulletin.

107. Hooper, A. 2009. In a Cheesemaker's Kitchen. The Countryman.

108. Hurst, J, 2011. HOMEMADE CHEESE - Recipes for 50 Cheeses from Artisan Cheesemakers. Voyageur Press.

109. Iburg, A. 2004. Lexicon of Cheese - Production, Origin, Types, Taste Rebo International b.v.

110. Im, J. Y and Bae, I. 2011. Cheese : Types, Nutrition and Consumption(in Chapter 15). Nova Science Publishers NY. USA.

111. Jean-Claude Le Jaouen. 1987. The Fabrication of Farmstead Goat Cheese makers Journal.

112. Jenkins, S. 1996. Cheese Primer. Workman publishing Company, Inc.

113. Jones, E. 1976. The World of Cheese. Alfred A. Knopf Inc.,

114. Karlin, M. 2011. Artisan cheese making at HOME. Crown Publishing Group.

115. Katz, S. E. 2012. The Art of Fermentation. Chelsea Green Publishing.

116. Kessler, H. G. 1981. Food Engineering and Dairy Technology. Verlag A. Kessler. Switzerland.

117. Kindstedt, P. 2005. American Farmstead Cheese. Chelsea Green Publishing Company.

118. Kindstedt, P. S. 2012. Cheese and Culture. Chelsea Green Publishing, White River Junction, Vermont.

119. Klassiker, K. 2003. Käse. Bellavista, Germany.

120. Kosikowski, F. V. and V. V. Mistry. 1997. Cheese and Fermented Milk Foods. Vol. Ⅰ.Ⅱ. F. V. Kosikowski, L.L.C.

121. Kreger, C. 2002. Cheese - from Start to Finish. Tomson Gale.

122. Kristensen, J. M. B. 1999. Cheese Technology - A Northern European Approach International Dairy Books. Sweden.

123. Law, B. A. and Tamime, A. Y. 2010. Technology of Cheesemaking . 2nd.

Edition. Wiley-Blackwell.

124. Layton, T. A. 1973. The Cheese Handbook - over 250 varieties described, with recipes. Dover Publications, Inc.

125. LeMay, E. 2010. Immotal milk Adventures in cheese. Free Press, NY.

126. Leverentz, J. R. 2010. The Complete IDOT'S Guide to Cheese making. ALPHA, A member of Penguin Group, Inc.

127. Maier, V. 1993. Käse in Österreich. Falter Verlag. Austria.

128. Marquis, V. and P. Haskell. 1964. The Cheese book. Simon and Schuster

129. Masui, K. and T. Yamada. 1996. French Cheeses DK Publishing Inc.

130. McCalman, M. and D. Gibbons. 2000. The Cheese Plate. Clarkson Potter

131. Calman, M. and Gibbons, D. 2005. Cheese - a Connoisseur's guide to the World' Best. Clarkson Potter/Publ. NY. USA.

132. CMichelson, P. 2001. The Cheese Room. The Penguin group.

133. Michelson, P. 2010. Cheese - Exploring Taste and Tradition. Gibbs Smith.

134. Miller, L. 2012 Cheese for Dummies. John Wiley & Sons Canada Ltd.

135. Ont-Laurier, B. Nuns(Eveline Inksetter) 1983. Goat Cheese - Small - scale Production. New England Cheese making Supply Company.

136. Nantet, B. P. Rance, F. Botkine, N. Lyon and J. C. Ribaut. 1993 Cheese of the World. Rizzoli International Publications, Inc.

137. Norton, J. and Dilley, B. 2009. The Master Cheesemakers of Wisconsin. The University of Wisconsin Press.

138. Paré, J. 2001. Fondues Cooking at Your Table. COMPANY'S COMING PUBLISHING LIMITED.

139. Park, Y. W and Haenlein, F. W. 2013. Milk and Dairy Products in Human Nutrition. Wiley-Blackwell.

140. 55 Parr, T. 2009. Artisan Cheese of the Pacific Northwest. The Countryman Press.

141. Peacock, P. 2007. The Cheese Making Book. Farming Books and Videos. Preston.

142. Pretty, G. 2006. The Definitive Guide to CANADIAN ARTISANAL and fine CHEESE. Whitecap.

143. Rance, P. 1993. Cheeses of the World. Rizzoli International Publications, Inc.

144. Rasic, J. Lj. and J. A. Kurmann. 1978. Yoghurt. by Authors.

145. Ray, B. and N. 2006. Wine and Cheese Pairing Guide. Rayve Productions Inc.

146. Ridgway, J. 1999. The Cheese Companion. - The Connoisseur's Guide. Running Press. USA.

147. Roberts, J. P. 2007. The Atlas of American Artisan Cheese. Chelsea Green Publishing Co.

148. Robinson, R. K. 1995. A colour Guide to Cheese and Fermented Milks. Chapman & Hall.

149. Robuchon, J. 1996. French Cheeses. DK Publishing, Inc.

150. Rosenblatt, L. and J. Meyer. 2004. Schweizer Käse - Fromages Suisses-Swiss Cheese. FONA GmBt. Switzerland.

151. Roth, E. and B. Straubhaar. 2005. Z'Bärg Im Obersimental. Weber AG Verlag. Germany.

152. Roz, D. 2005. 70 Great Cheese recipes. Southwater.

153. Sammis, J. L. 1948. Cheese making. Straus Printing Co., Madison, Wis. USA.

154. Sardo, P. et al. 2000. Two Hundred Traditional types Italian Cheese Slow Food Arcigola Editore.

155. SCA(Specialist Cheesemakers Association). 2016. The Specialist Cheesemakers Code of Best Practice(E-book).
http//:www.specialistcheesemakers.co.uk

156. Schinner, N. Miyoko. 2012. Artisan Vegan Cheese. from everyday to Gourmet. Book Publishing Company. TN.

157. Schmid, R. 2003. The Untold Story of Milk. New Trend Publishing.

158. Scholz, W. 1999. Käse aus Schaf-, Ziegen-, und Kuhmilch Selbstgemacht. Eugen Ulmer GmbH And Co. Germany.

159. Scott, R. 1981. Cheesemaking Practice. 1st. Ed. Elsevier applied science Publishers.

160. Scott, R. 1998. Cheesemaking Practice. 3rd. Ed. Aspen Publishers, Inc.

161. Scott, R. 1981. Cheese making Practice Elsevier Applied Science Publishers.

162. Scotto, P. 1999. Cheese and Wine of Italy. GREMESE.

163. Selbstgemacht, L. 2004. Käse, Jghurt, Butter. Hädecke. Germany.

164. Simon, A. 1956. Cheese of the World. Faber and Faber. USA.

165. Smith, T. 2005. Making Artisan Cheese. Quarry Books.

166. Sokol, S. 2001. And That's How You Make Cheese! Writers Club press San Jose. New York Lincoln Shanghai.

167. Tamime, A. Y. and R. K. Robinson. 1985. Yoghurt - Science and Technology Pergamon Press.

168. Tetra Pak. 1995. Dairy Processing Handbook Tetra Pak Processing Systems AB.

169. Teubner, C. 1998. The Cheese Bible. Penguin Studio.

170. Teubner, C. 1998. The Cheese Bible. The Penguin Group.

171. Teubner, O. et al. 2003. Das Grosse Buch vom Käse. Teubner. Germany

172. Tewksbury, H. 2002. Cheeses of Vermont - A Goumet guide to Vermont's Artisanal Cheese Makers. The Countryman Press.

173. Tisdale, C. W. W. and Robinson, T. R. 1st ed. 1903, 2nd ed. 1908, 3rd ed. 1910., 4th ed. <remade 2005>. The Practice of Soft Cheesemaking. Read Books.

174. Toth, M. Jane. 1989. Goats Produce Too! Mary Jane Toth.

175. Van Slyke, L. L. and Price, W V. 1927. CHEESE Orange Jude Publishing Company.

176. Walton, S. 1996, 2009. The World Encyclopedia of Wine. Lorenz Books.

177. Weaver, S. 2011. The Backyard GOAT. Storey Publshing.

178. Wellin, L. 2003. The All American Cheese and Wine Book. Stewart Tabori and Chang.

179. Wellin, L. 2007. Laura Wellin's Cheese Essentials. Stewart, Tabori & Chang.

180. Werlin, L. 2000. The New American Cheese. Stewart Tabori & Chang.

181. Widmer, P. 1988. Culinary Excursions through Switzerland. Siglough Edition, Künzelsau.

▣ 세계 주요 치즈 경진대회

1. International Cheese Award(ICA)[411] : 1897년부터 매년 개최되는 세계 최대 규모의 치즈경진대회입니다. 2015년에는 118회차로 열리는데, 1946년부터 영국의 Nantwich 외곽지역에 자리 잡은 Dorfold Park에서 열립니다. 주최는 Nantwich Agricultural Society가 맡고, 후원자로는 세계적인 식품회사들인 Adams Foods, Asda, Bel UK, Belton Cheese, Bradburys, Cathedral City, Cheese from Switzland(Le Gruyere), Chaishire East Council, Culina, Isgny Saint-Mere and Wyke Farm 등이고, 도·소매 업체로는 Asda, Marks& Spencer, Co-operative Food, Tesco, Sainsbury's and Waitrose 등이 돕고 있습니다. 80,500평방피트(24,423m^2)의 면적에 26개국에서 4,000명의 참가자가 는데 2013년에는 4,286 참가자가 왔고, 180명의 심사위원들이 심사를 했습니다.

411) Dairy Industries international 2014.79(7):17

예년의 경우에 비추어 날씨만 좋았다면 3만 3천명 이상의 방문자가 올 것이라고 주최측은 예상했습니다. 2009년 Nantwich Agricultural Society는 Nantwich Cheese Show를 International Cheese Award(ICA)로 다시 브랜드화 하였습니다.

2. World Cheese Awards(WCA)[412] : 영국에서 3년 주기로 개최되는 세계 치즈 챔피언 선발대회입니다. 2014년/2015년차 대회는 2014년 11월 26차 대회로 런던에서 개최되었으며, 3년 뒤인 2017년에는 버밍햄(Birmingham)에 있는 NEC에서 개최 예정이며 BBC방송, Good Food Show로 소개될 것입니다.

이번 치즈경진대회를 요약하자면 다음과 같습니다.

- 오직 치즈만 출품 가능하며 26차 대회였습니다.
- 33개국 참가(영국, 아일랜드, 뉴질랜드, 개나다, 호주, 멕시코, 아르헨티나, 브라질, 이탈리아, 네덜란드, 노르웨이, 벨기에, 스웨덴, 오스트리아, 프랑스, 독일, 스페인 등이 중심)
- 26개국에서 250명의 심사위원 참가
- 심사진행 광경은 World Cheese TV에서 방영함.
- 최고 심사위원회(Panel of Supreme judges)에서 세계 챔피언 치즈를 최종 심사하여 결정 발표함.
- 3만 명 이상이 BBC방송의 Good Food show London을 통해 세계 치즈상 수상을 시청함.

▣ 「목장치즈」 관련 주요 웹 사이트(Web-site)

1. 캐나다 농림부 : Agriculture Canada, http://res2.agr.ca/CDRN/home.htmL
2. 캐나다 궬프대학교 식품과학과 치즈 사이트 :
   http://www.uoguelph.ca/foodscience/
3. 미국 위스콘신대학교 치즈연구소(Centre For Dairy Research, Madison, WI.)
   http://www.cdr.wisc.edu/
4. 영국의 치즈 교육 사이트 :
   http://www.efr.hw.ac.uk/SDA/cheese2.htm
5. 낙농과 치즈 사이트 : www.dairyconnection,com
6. http://www.milkingredients.ca/dcp/index e. asp
7. www.dk.com

412) Dairy Industries international 2015. 80(1):18~21

8. 미국 치즈협회 : http://www.cheesesociety.org
9. 치즈용품 공급 업체 : www.glengarrycheesemaking.on.ca
10. 치즈 기술 정보에 강한 사이트 : http://www.dairyscience.info

▣ 세계의 치즈 페스티벌, 치즈 품평회, 이벤트

1. TEN CHEESE FESTIVALS You Should'nt Miss
2. American Cheese Society Festival of cheese(미국 치즈협회 치즈 페스티벌, 매년 7월말~8월 초에 걸쳐 미국, 캐나다의 주요 도시를 순회하며 열리는 협회 연차대회의 행사 중 하나) : www.cheesesociety.org
3. Califonia Artisan Cheese Festival : www.artisancheesefestival.com
4. Cheese School of San Francisco : www.cheeseschoolsf.com
5. Vermont Cheesemaker's Festival : www.vtcheesefest.com
6. Oregon Cheese Festival : www.roguecreamery.com
7. Bra Cheese Festival : http://cheese.slowfood.it/welcome_en.lasso.
8. Great British Cheese Festival : www.greatbritishcheesefestival.co.uk
9. 미국 위스콘신 주의 전통 치즈 페스티벌 : www.wicheesefest.com
10. The Great Canadian Cheese Festival : http://cheesefestival.ca
11. Seattle Cheese Festival : www.seattlecheesefestival.com
12. Amish Country Cheese Festival : www.arthurcheesefestival.com

※ YouTube에서 「Cheese Festival」을 검색하시면 세계 각국의 「치즈 페스티벌」 광경을 동영상으로 만나실 수 있습니다!

찾아보기

ㅇ

ㅈ

Index

D

E

F

J

K

L

M

N

O

P

Q

R

S

T

V

저자소개

- 성 명(한자) : 배인휴(裵仁烋) / Dr. Inhyu Bae
- 연락처 : 061) 751-5493, 010-2254-5493
- 주 소 : 전남 순천시 북정 1길 46 (매곡동 43-24)
- E-mail : cheskor@hanmail.net/cheskor@naver.com

- 1975. 건국대학교 축산대학 낙농학과 농학사
- 1981. 건국대학교 대학원 낙농학과 농학석사
- 1989. 성균관대학교 대학원 낙농학과 농학박사
- 1991. 스위스 연방공과대학(ETH) 낙농식품연구소 Post-Doc.
- 일본 북해도대학, 낙농학원대학(1995, 1996) 방문교수
- 캐나다 Guelph 대학(2003. 12, 2004. 05) 연구교수
- 독일 노르트 라인 베스트팔렌주립 Haus Riswick 축산시험장학교(2005, 2007) 방문교수
- 2018. 순천대학교 명예교수 / 에코드림치즈연구소 소장

저·역서	출판사
1. 농가형 유가공장 운영론(1998. 7)	도서출판 필방(서울)
2. 축산식품 즉석 가공학(2001. 3 공저)	선진문화사(서울)
3. 유식품가공학(2002. 9 공저)	선진문화사(서울)
4. 최신 유가공학(2005. 3.1 공저)	유한문화사(서울)
5. 유산균 실험메뉴얼(2005. 2.25 번역서)	느티나무(수원)
6. 치즈과학과 제조기술(2007. 11 번역서)	유한문화사(서울)
7. (증보개정) 최신 유가공학(2011. 03 공저)	유한문화사(서울)
8. Cheese : Types, Nutrition and Consumption(2011. 09 제15장 공저)	Nova Science Publishers (뉴욕)
9. 동물자원미생물공학(2012. 03 공저)	유한문화사(서울)
10. 국가표준직무능력(NCS) 교재, 유가공 분야 (대표 집필자) 2015. 02.	교육부, 고용노동부
11. (증보개정판) 치즈과학과 제조기술 (2017. 10 번역서)	유한문화사(서울)
12. 목장유가공론 -지속가능 낙농 길잡이- (2017. 11)	유한문화사(서울)

梅岸 배인휴 교수와 함께 하는

실용치즈전서

[HANDBOOK OF CHEESEMAKING
with Professor MaeAhn BAE]

2018년 7월 25일 초판 인쇄
2018년 7월 30일 초판 발행

저 자 : 배인휴/Dr. Inhyu Bae

펴낸이 : 천승배
펴낸곳 : 도서출판 유한문화사
주소 : 경기도 고양시 덕양구 지도로124번길 8-35
전화 : 2668-2055
팩스 : 2668-2565
http://www.yuhansa.com
E-mail : yuhansa@hanmail.net
등록 : 제 5-31호. 1979. 3. 6.

값 50,000 원

ISBN : 978-89-7722-933-4 93590

題字 : 無空 金泳亮(무공 김영양)